应用有机化学基础

主编 霍文兰 副主编 温俊峰 李 健 代宏哲

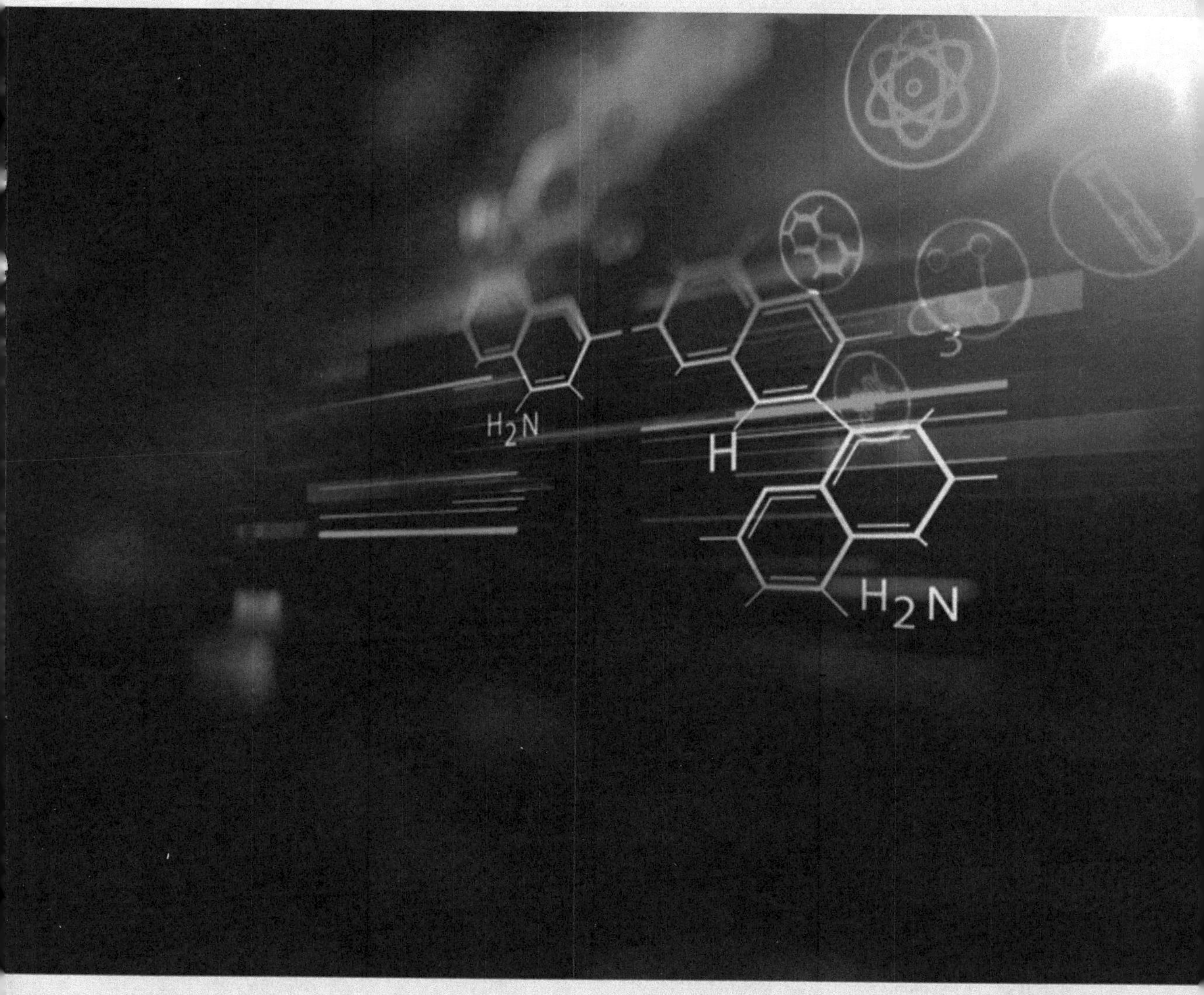

图书在版编目(CIP)数据

应用有机化学基础/霍文兰,主编.—西安:西安交通大学出版社,2020.7(2024.7 重印)
ISBN 978-7-5693-0062-8

Ⅰ.①应… Ⅱ.①霍… Ⅲ.①有机化学—高等学校—教材 Ⅳ.①062

中国版本图书馆 CIP 数据核字(2020)第 095119 号

书　　名 应用有机化学基础
主　　编 霍文兰
副 主 编 温俊峰　李　健　代宏哲
责任编辑 侯君英
责任校对 雷萧屹

出版发行 西安交通大学出版社
(西安市兴庆南路 1 号　邮政编码 710048)
网　　址 http://www.xjtupress.com
电　　话 (029)82668357　82667874(发行中心)
(029)82668315(总编办)
传　　真 (029)82668280
印　　刷 西安五星印刷有限公司

开　　本 787mm×1092mm　1/16　**印张** 23.5　**字数** 700 千字
版次印次 2020 年 7 月第 1 版　2024 年 7 月第 2 次印刷
书　　号 ISBN 978-7-5693-0062-8
定　　价 58.00 元

订购热线:(029)82668525　(029)82668531
投稿热线:(029)82668525

前　言

为了适应高校教学改革的发展，针对地方应用型本科院校人才培养目标，在《国家中长期教育改革和发展规划纲要(2010—2020)》指导下，根据教育部《普通高等学校本科专业类教学质量国家标准》，笔者编写了《应用有机化学基础》教材。本教材包括七部分内容，前三部分为有机化学基础(霍文兰编写)，第四部分为三大合成材料(代宏哲编写)，第五部分为健康与有机化学(温俊峰编写)，第六部分为能源与有机化学(李健编写)，第七部分为自然环境与有机化学(温俊峰编写)。教材可面向化学与化工工艺、材料科学与工程、石油工程、植物科学、动物科学、生物科学、医学等专业的学生使用。

教材编写注重了以下几方面：

(1)在内容深度上，以“应用”和“基础”为着眼点，针对地方应用型本科院校学生的实际情况，力求精练准确、逻辑性强、浅显易懂；在知识的应用方面注重时代气息，反映了当代有机化学在各学科中的渗透作用。

(2)在内容编排上，为了与模块化教学相适应，根据模块化教材的要求，模块间相互独立成篇，各专业可依据专业特点对模块进行合理搭配。例如，化学与化工工艺专业和石油工程专业选择前三部分有机化学基础和第六部分能源与有机化学；材料科学与工程专业选择前三部分有机化学基础和第四部分三大合成材料；植物科学、动物科学、生物科学、医学等专业选择前三部分有机化学基础、第五部分健康与有机化学和第七部分自然环境与有机化学。

(3)在知识更新上，目前大多数教材对有机化合物的命名遵循 1983 年出版的中国化学会审定的《有机化学命名原则》，而 2017 年 12 月 20 日，中国化学会又正式发布了《有机化合物命名原则 2017》。本教材在保留原命名规则的同时以拓展知识的形式，在章节中编写了各类有机化合物的新命名规则。

(4)为了使学生能及时巩固有机化学基本知识,温故而知新,在重要知识点后有问题与思考,每章后面有本章小结和习题等内容。

本教材在筹备和编写过程中,得到了南京大学冯骏材老师、西安交通大学唐玉海老师的悉心帮助,榆林学院张富林老师、马亚军老师、王玲老师和闫龙老师为本教材提出了建设性的意见和建议,西安交通大学出版社为本教材的出版给予了大力支持,在此一并致谢。

限于编者的水平,书中的疏漏和不妥之处,敬请各位读者批评指正。

编者

2020 年 3 月 7 日

目　录

第二部分　有机化学中的波谱知识

第三部分　烃的衍生物

第四部分　三大合成材料

第五部分　健康与有机化学

第六部分 能源与有机化学

第七部分　自然环境与有机化学

绪 论

一、有机化合物和有机化学

有机化合物大量存在于自然界中，粮、油、棉、麻、毛、丝、木材、糖、蛋白质、农药、塑料、染料、香料、医药、石油等的成份大多属于有机化合物。人类应用有机化合物的历史可以追溯到非常久远的时代，如我国古代就有关于酿酒、制醋、制糖及造纸术的记载。19 世纪初期，当化学刚成为一门科学的时候，由于那时的有机化合物都是从动、植物体内得到，与由矿物界得到的矿石、金属、盐类等物质相比有很大的不同，所以当时根据来源将化学物质分为无机化合物和有机化合物两大类，"有机"即有生机的物质。由于当时宗教思想的束缚和科学水平的限制，人们对生命现象的本质认识较少，认为有机化合物不能用人工方法合成，必须在"生命力"的作用下才能生成。有一段时间，"生命力"学说限制了人们对有机化合物的深入研究，阻碍了生产力的进一步发展。1828 年贝采利乌斯的学生德国化学家魏勒，在实验室加热氰酸铵的水溶液时，偶然得到了一种新的物质——尿素。

$$\underset{\text{氰酸铵}}{NH_4^+CNO^-} \xrightarrow{\text{加热}} \underset{\text{尿素}}{H_2N-\overset{\overset{\displaystyle O}{\|}}{C}-NH_2}$$

这是世界上第一次在实验室的玻璃器皿中由无机化合物制得有机化合物。这一事实是对"生命力"学说的有力冲击。魏勒的发现开辟了人工合成有机化合物的新纪元，此后，许多天然有机化合物被合成出来，比如在 1845 年克尔柏用单质合成了醋酸，1853 年柏塞罗合成了油脂等等，许多自然界不存在的有机化合物也被陆续制造出来。"生命力"学说被彻底否定了，有机化合物的含义也发生了本质的变化。有机合成的迅速发展，使人们清楚地认识到，在有机化合物和无机化合物之间并没有明显的界限，但在组成和性质上，它们之间确实存在着某些不同之处，于是化学家们就从组成上开始研究，究竟什么是有机化合物。其实，早在 1781 年，被后世尊称为"化学之父"的拉瓦锡在燃烧有机化合物时就提出有机化合物中含有 C、H、O。在这个基础上被称为"有机化学之父"的李比希进一步研究发现，有机化合物都含有 C 元素，绝大多数含有 H 元素，还有些含有 N 元素和 O 元素。于是在 1848 年德国化学家葛梅林就提出有机化合物就是含碳的化合物，有机化学是研究含碳化合物的化学，但一氧化碳、二氧化碳、碳酸盐等含碳的化合物仍属于无机化学研究的范畴。十几年后德国化学家肖莱马在研究脂肪烃的过程中发现其他的含碳化合物都是其他元素取代烃中的氢衍生得到的，于是他定义有机化合物为碳氢化合物及其衍生物，他认为组成有机化合物的最基本元素是碳和氢，除此之外还有氮、磷、氧、硫、氟、氯、溴、碘、硼、硅等。

有机化学是研究有机化合物的组成、结构、性质、制备及其应用的一门学科。通常，把含有碳氢两种元素的化合物称为烃，其他有机化合物都可看作是烃中的氢原子被其他原子或原子团取代的产物。因此，有机化学就是研究烃及其衍生物的化学。

问题与思考

试判断下列化合物中，哪些是有机化合物？哪些是无机化合物？

(1)蛋白质　(2)糖　(3)淀粉　(4)CO_2　(5)尿素　(6)纤维素　(7)金刚石　(8)脂肪　(9)酒精

二、有机化合物的特点

(一)组成、结构特点

虽然组成有机化合物的元素并不算多，除碳和氢两种主要元素外，还有氮、磷、氧、硫、氟、氯、溴、碘、硼、硅及某些金属元素(如 Fe、Mg、Co、Cu 等)，但构成的有机化合物的数目却非常庞大且分子结构复杂。据美国化学文摘服务社 CAS 统计数据，截至 2017 年 10 月，共有一亿三千多万个有机化合物，而且这个数目还在不断增长，其原因主要是碳原子强大的成键能力。碳原子是 6 号元素，电子排布式为 $1s^2 2s^2 2p^2$，最外层有 4 个电子，为半充满状态，既难失去 4 个电子也难得到 4 个电子，但碳原子在激发态时成键能力非常强，既可以形成碳碳单键，又可以形成碳碳双键，还可以形成碳碳三键。另外，碳原子互相结合时，形成分子的骨架既可以是直链的，还可以是带有支链的，既可以形成小环又可以形成大环，同时还可以与其他原子成键。

(二)物理、化学性质特点

与无机物相比，有机化合物不仅种类繁多，而且在物理、化学性质等方面也有明显的特点。有机化合物大多为弱极性或非极性的物质，分子间的吸引力是一种比离子间静电引力小得多的范德华力，因此大多数有机化合物易挥发，熔点、沸点也比较低，难溶于水，易溶于一些弱极性或非极性的溶剂中；组成有机化合物最基本的元素是碳和氢，因此大部分有机化合物易燃、易爆；有机化合物分子中存在的化学键主要是共价键，大部分物质要发生化学反应必须先发生有效碰撞，形成自由基或离子才能进一步反应，再加上有机化合物分子本身比较大，运动缓慢，每次的碰撞不能保证形成自由基或离子，而且键的断裂较难控制，因此大多数有机化学反应速度慢，产物复杂。

问题与思考

1.下列有机化合物中，哪些能溶于水？哪些能溶于乙醚？

(1)CH_3CH_2OH　(2)CCl_4　(3)CH_3COOH　(4)$CH_3CH_2CH_2CH_3$　(5)CH_3COCH_3

2.下列有机化合物中，哪些是同分异构体？

(1)CH_3CH_2OH　(2)CH_3OCH_3　(3)$(CH_3)_2CHCH_3$　(4)$CH_3CH_2CH_2CH_3$　(5)$CH_3CH_2CH_3$

三、有机化合物的结构理论

物质的性质取决于物质的结构，掌握有机化合物的结构特征是学习有机化学的基础，掌握结构知识对理解有机化合物的反应非常重要。

(一)原子轨道和八隅体

电子在原子中是高速运动的，为了形象地描述电子的运动状态，人们提出原子轨道的概念，即电子在原子中的运动状态，用波函数 ψ 来表示。不同能量的电子占有不同的轨道，而轨道有不同的形状、大小和能量，它们的形状和排列与分子的结构和性质有密切的关系。依据不确定原理，无法用经典力学描述电子的运动，电子运动可以看作是一团带负电荷的电子云，电子云的形状也就是轨道的形状。

1s 轨道是能量最低的轨道，其电子云是以原子核为中心的球体（见图 0－1）。

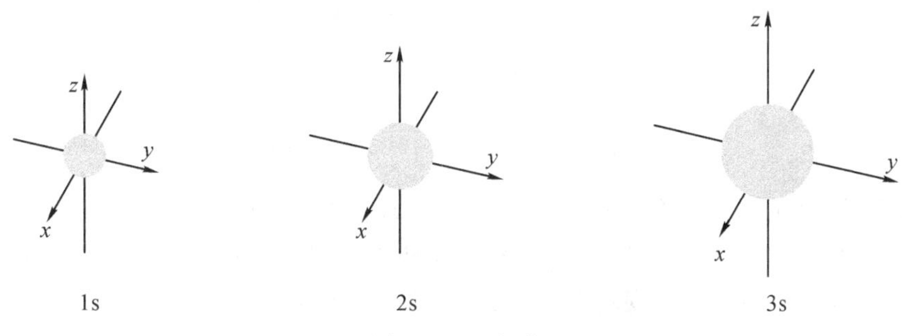

图 0－1　s 轨道

2p 轨道有三个能量相同的 p_x、p_y、p_z 轨道，彼此相互垂直，分别在 x、y、z 轴上，呈哑铃状，原子核在哑铃状轨道的中间坐标为零处。p 电子集中在原子核两边一定的区域内，通过原子核呈轴对称分布（见图 0－2）。s 轨道和 p 轨道是有机化合物成键的主要原子轨道。

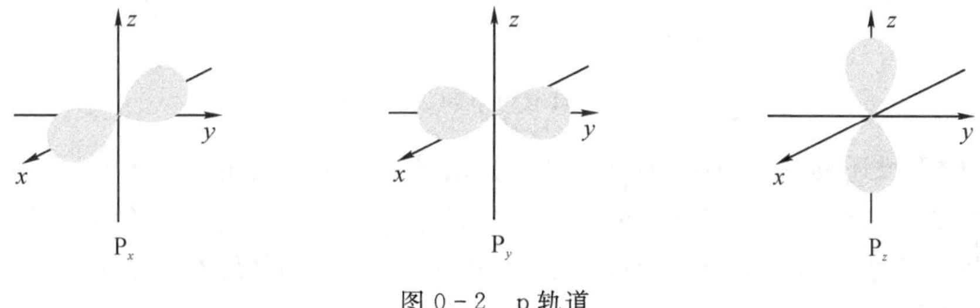

图 0－2　p 轨道

电子完全充满原子轨道的原子是稳定的，例如惰性气体的原子。1915 年，美国化学家路易斯提出原子键合理论，外层电子未充满的原子，通过与其他原子进行电子转移或者共享彼此电子达到全充满，形成类似惰性气体的电子构型，进而达到稳定状态。对于第二周期元素的原子来说，最外层轨道上的电子数目为 8 时达到全充满，称为八隅体，这样形成的分子处于较低能级状态。

碳元素在周期表中第二周期第 IV_A 族，最外层只有 4 个电子，为半充满状态，既难失去 4 个电子也难得到 4 个电子，因此要形成稳定的八隅体结构，一个碳原子与一个或多个原子通过共享外层电子，由此组成比较稳定的化学结构，这种通过彼此共享一对电子形成的化学键叫作共价键，共价键是有机化合物中主要存在的化学键，通常用一根短线表示一个共价电子。

（二）价键理论

在有机化合物中，原子之间如何形成共价键？根据量子力学的处理方法，采用价键理论可以得到满意的解释。近年来分子轨道理论有了迅速的发展，虽然分子轨道理论对共价键的描述更为确切，但由于价键理论更为直观，易于理解，因此在有机化学中经常用价键理论解释分子结构。

价键理论认为共价键是通过成键原子之间的原子轨道重叠或电子云交叠的方式形成的。具有成单电子的两个原子轨道(电子自旋方向相反)可以相互重叠,两个原子核间电子的概率密度增大,增加了两个成键原子核对负电荷区域的吸引,降低了体系能量,形成稳定的共价键。例如,氢分子的形成(见图 0-3)。

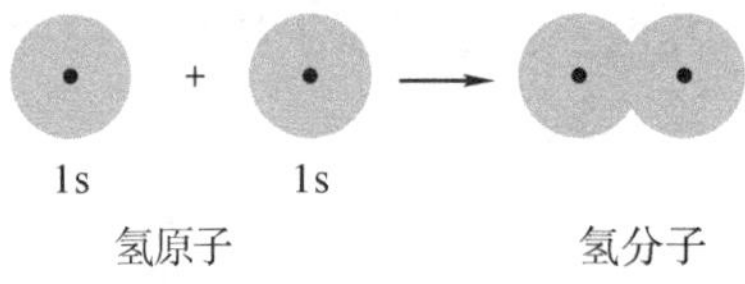

图 0-3　氢分子的形成示意图

除 s 轨道外,其他成键的原子轨道都不是球形对称的,p 轨道是哑铃形的,共价键形成时有明显的方向性。s 轨道与 p 轨道相互重叠形成共价键时,是沿着键轴方向发生电子云重叠(见图 0-4)。电子云的重叠程度越大,形成的共价键就越牢固。

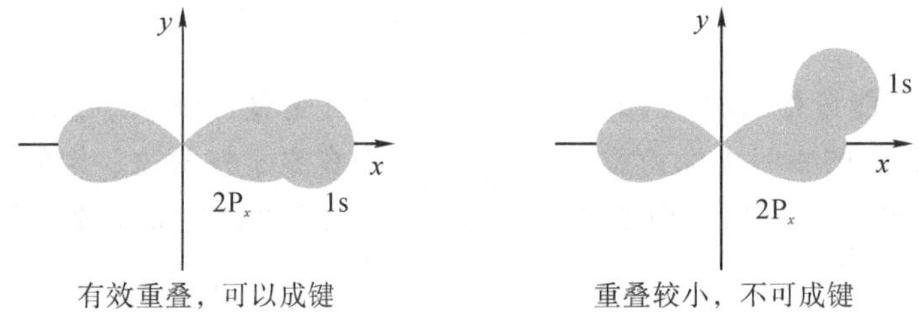

图 0-4　s 轨道与 p 轨道重叠示意图

共价键的形成还具有饱和性,即成键电子必须是自旋反平行的未成对电子才能相互接近而结合成键,如果一个原子的未成对电子已经与另一个原子的未成对电子结合,就不能再与第三个电子配对。比如氢原子只有一个单电子,因此一个氢原子只能结合一个氢原子形成氢分子。

(三)轨道杂化理论

按照价键理论的观点,成键电子必须是自旋反平行的未成对电子才能相互接近而结合形成共价键。碳原子的电子排布式是 $1s^2 2s^2 2p_x^1 2p_y^1 2p_z^0$,碳原子只有两个单电子,应该只能形成两个共价单键,然而有机化合物分子中的碳原子都是四价。那么为什么碳原子成键不是两价而是四价?

1931 年,美国化学家鲍林和斯莱特提出轨道杂化理论,轨道杂化理论认为,碳原子成键前的电子排布式为 $1s^2 2s^2 2p_x^1 2p_y^1 2p_z^0$ 的状态称为基态,碳原子成键形成分子时,首先要吸收能量,2s 轨道中的一个电子会跃迁到 $2p_z$ 轨道,形成 $1s^2 2s^1 2p_x^1 2p_y^1 2p_z^1$ 的电子排布,此时碳原子的状态称为激发态,然后 2s 轨道和 2p 轨道进行原子轨道的重新组合,组合后形成能量相等的几个新轨道,组合后的轨道叫作杂化轨道。如果是一个 2s 轨道与三个 2p 轨道杂化称为 sp^3 杂化,如果是一个 2s 轨道与两个 2p 轨道杂化称为 sp^2 杂化,如果是一个 2s 轨道与一个 2p 轨道杂化称为 sp 杂化。碳原子的三种杂化过程可以用图 0-5 来描述。

碳原子杂化以后,可以形成四个单电子,因此,成键时可与携带单电子的原子形成四个共价键,表现为四价。杂化轨道理论认为,杂化是成键的必然结果,杂化和成键是同步进行的,不同的成键情况一定会造成不同的杂化情况,也可以说每种不同的杂化形式也必然与不同的键型相适应。

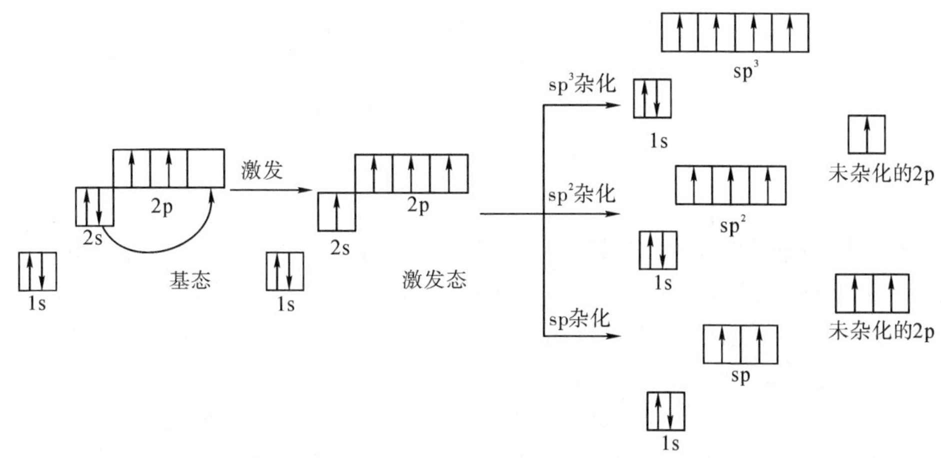

图 0-5　碳原子的三种杂化过程

问题与思考

指出下列化合物中各碳原子的杂化状态。

(1)CH_3-CH_3　(2)$CH_2=CH_2$　(3)$CH\equiv C-CH_3$　(4)$CH_2=CH-C\equiv CH$

(四)共价键的属性

表征共价键的基本属性有键长、键角、键能和偶极矩。

1.键长

键长是形成共价键的两个原子之间的吸引力和排斥力达到平衡时的距离,键长的单位是nm。因为共价键在分子中不是孤立存在的,键与键之间会相互影响,因此,相同的共价键接近相同但又有所不同,比如丙炔、丙烯、丙烷中的 C—C 单键的键长稍有不同。

$CH\equiv C-CH_3$　0.1456 nm　　$CH_2=CH-CH_3$　0.1510 nm　　$CH_3-CH_2-CH_3$　0.1530 nm

2.键角

键角是两个共价键之间的夹角,键角反映了分子的空间结构,键角的大小与成键的中心原子有关,由于分子中各原子或基团是相互影响的,因此,同类键角会随着结构的不同而有所改变。

CH_4（H—C—H）109° 28′　　$(CH_3)_2CH_2$（H₃C—C—H）106°　　Cl_2CH_2（Cl—C—H）112°

3.键能

键能是化学键形成时放出的能量或化学键断裂时吸收的能量。气态双原子分子的键能也是键的解离能,对于多原子分子的键能与解离能并不完全一致。比如甲烷分子每断裂一个C—H键的键解离能是不一样的。甲烷分子中 C—H 键的键能是解离能的平均值,为414 kJ/mol。

$$CH_4 \longrightarrow \cdot CH_3 + \cdot H \quad E_d=423\ kJ/mol$$
$$\cdot CH_3 \longrightarrow \cdot\dot{C}H_2 + \cdot H \quad E_d=439\ kJ/mol$$
$$\cdot\dot{C}H_2 \longrightarrow \cdot\dot{C}H + \cdot H \quad E_d=448\ kJ/mol$$
$$\cdot\dot{C}H \longrightarrow \cdot\dot{C}\cdot + \cdot H \quad E_d=347\ kJ/mol$$

4.键的极性

电负性不同的原子形成的共价键，由于原子吸引电子的能力不同，使得分子中共用电子对的电荷非对称分布，导致成键原子分别带有微量正、负电荷，这样的共价键叫作极性键。如果形成共价键的两个原子电负性相同，共用电子对不偏向任何一个原子，电荷在两个原子核附近对称分布，这样的共价键称为非极性键。

共价键的极性大小如何衡量？共价键的极性能否代表一个分子的极性？偶极矩是判断共价键的极性或分子极性大小的一个参数。偶极矩是指共价键成键原子正（负）电荷的电荷值（q）与正负电荷中心之间距离（d）的乘积，用 μ 表示，单位是库仑・米。偶极矩既有大小又有方向，方向是从正电荷指向负电荷。

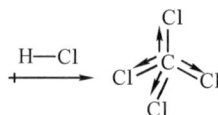

H—Cl (dipole arrow) ; CCl_4 (C with four Cl, bond dipole arrows)

偶极距可分为键的偶极距和分子的偶极距，键的偶极距越大，键的极性就越强，同样分子的偶极距越大，说明分子的极性就越大。键的偶极矩并不能代表分子的偶极距，对于双原子分子，因为只有一个共价键，键的偶极矩就是分子的偶极距，但对于多原子分子，分子的偶极矩是各个键的偶极矩的矢量和。比如 CCl_4 是正四面体结构，每个 C－Cl 键的偶极距不为零，但各键的偶极距的矢量和为零，即 CCl_4 分子的偶极矩为零，表明这个分子没有极性。

共价键的极性通常是静态下表现出来的一种固有属性，但无论是极性的还是非极性的共价键，在外界电场的影响下，共用电子对的电荷分布均会发生改变，这种性质称为共价键的可极化性。可极化性与成键原子的性质密切相关，原子半径大，电负性小，对电子的约束力就小，在外电场作用下就会引起共用电子对的电荷分布发生较大程度的改变，可极化性就大。例如，C－X（卤素）键的可极化性大小顺序为 C－I>C－Br>C－Cl。键的可极化性是在外电场存在下产生的，是一种暂时性质，一旦外电场消失，可极化性也随之消失。

常见共价键的键长、键能和偶极距见表 0－1。

表 0－1　常见共价键的键长、键能和偶极距

共价键	键长/nm	键能/（$kJ \cdot mol^{-1}$）	偶极距/（10^{-3}cm）
C—H	0.109	415	1.3
C—C	0.154	345.6	0
C═C	0.134	610	0
C≡C	0.120	835	0
C—N	0.146	304.6	0.73
C═N	0.127	748.9	3
C≡N	0.115	880.2	11.7
C—O	0.144	357.7	2.47
C═O	0.122	736（醛）　748（酮）	7.7
C—S	0.181	272	3

续表

共价键	键长/nm	键能/(kJ・mol^{-1})	偶极距/(10^{-3}cm)
C=S	0.163	575	8.7
C—F	0.142	485.3	4.7
C—Cl	0.177	338.6	4.87
C—Br	0.193	284.5	4.6
C—I	0.212	217.6	3.97
N—H	0.104	390.8	4.36
O—H	0.096	462.8	5.03
S—H	0.135	347.3	2.27

问题与思考

下列化合物哪些是极性分子？哪些是非极性分子？

(1)CH_3CH_2OH　(2)CH_3OCH_3　(3)CH_3Cl　(4)CH_3CH_3　(5)H_2O　(6)CO_2

四、有机化学反应类型

(一)共价键的断裂方式

共价键断裂的方式有两种，一种是键断裂时成键电子平均分配给两个成键原子或原子团，这种断裂方式称为均裂，均裂生成具有未成对电子的原子或原子团称为自由基。例如：

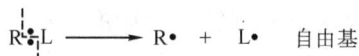

$$R:L \longrightarrow R\cdot + L\cdot \quad \text{自由基}$$

均裂一般在光或热的作用下发生。

另一种断裂方式是成键的一对电子全被一个成键原子占有，形成正离子和负离子，这种断裂方式称为异裂，例如：

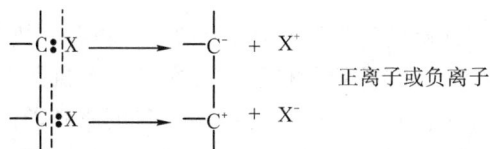

$$-\overset{|}{\underset{|}{C}}:X \longrightarrow -\overset{|}{\underset{|}{C}}^{-} + X^{+}$$

$$-\overset{|}{\underset{|}{C}}:X \longrightarrow -\overset{|}{\underset{|}{C}}^{+} + X^{-}$$

正离子或负离子

异裂一般在酸、碱的催化下，或在极性溶剂中进行。

(二)有机化学反应类型

根据共价键断裂方式的不同，把有机化学反应分为不同的类型，把通过均裂引起的反应称为自由基型的反应；通过异裂引起的反应称为离子型的反应。

另外还存在一类反应，它不同于以上两类反应，反应过程中不生成自由基或离子活性中间体，而是旧键的断裂和新键的生成同时进行，这类反应称为协同反应。周环反应是协同反应的一种。

五、分子间作用力

分子间作用力是存在于中性分子或原子之间的一种电性作用力。分子间作用力包括氢键和范德华力。氢原子与电负性大的原子 X 以共价键结合形成化合物X—H，当与 Y(O、F、N等)原子接近时，X 与 Y 之间以氢为媒介，生成 X—H⋯Y 形式的一种特殊的分子间作用力，称为氢键。例如：CH_3CH_2O—H⋯H—OCH_2CH_3 或 CH_3CH_2O—H⋯H—O—H。范德华力包括取向力、诱导力和色散力。

取向力是极性分子固有偶极之间的静电引力。因为两个极性分子相互接近时，同极相斥，异极相吸，使分子发生相对转动，当分子之间接近到一定距离后，排斥和吸引达到相对平衡，极性分子按一定方向排列，体系能量达到最小值。

诱导力是在极性分子的固有偶极诱导下，临近它的分子会产生诱导偶极，分子间的诱导偶极与固有偶极之间产生的一种作用力。在极性分子和非极性分子之间以及极性分子和极性分子之间都存在诱导力。在极性分子和非极性分子之间，由于极性分子偶极所产生的电场对非极性分子发生影响，使得非极性分子发生变形产生诱导偶极，诱导偶极和固有偶极相互吸引，产生诱导力。同样，在极性分子和极性分子之间，除了取向力外，由于极性分子的相互影响，每个分子会发生变形，产生诱导偶极，其结果使分子的偶极矩增大，即极性分子之间既具有取向力又具有诱导力。

色散力是由分子的瞬时偶极产生的一种分子间作用力。任何一个分子，由于电子的不断运动和原子核的不断振动，常发生电子云和原子核之间的瞬时相对位移，从而产生瞬时偶极。分子靠瞬时偶极而相互吸引，这种力称为色散力。色散力主要与分子的变形性有关，分子的变形性越大，色散力越强，它是存在于一切分子之间的一种作用力。

六、有机化学的重要性及发展前景

自从 1828 年合成尿素以来，有机化学的发展是日新月异，发展速度越来越快。近两个世纪以来，有机化学学科的发展，揭示了构成物质世界的有机化合物分子中原子键合的本质以及有机分子转化的规律，并设计、合成了具有特定性能的有机分子；它又为相关学科(如材料科学、生命科学、环境科学等)的发展提供了理论、技术和材料。有机化学是一系列相关工业的基础，在能源、材料、人口与健康、环境、国防计划的实施中，在为推动科技发展、社会进步，提高人类的生活质量，改善人类的生存环境的努力中，有机化学已经并将继续显示出它的高度开创性和解决重大问题的巨大能力。

在 21 世纪，有机化学将面临新的发展机遇。一方面，随着有机化学本身的发展及新的分析技术、物理方法以及生物学方法的不断涌现，人类在了解有机化合物的性能、反应以及合成方面将有更新的认识和研究手段；另一方面，材料科学和生命科学的发展，以及人类对于环境和能源的新的要求，都给有机化学提出了新的课题和挑战。有机化学将在物理有机化学、有机合成化学、天然产物化学、金属有机化学、化学生物学、绿色化学、农药化学、药物化学、有机材料化学等各个方面得到发展。

有机化学对于社会进步以及其他学科发展的贡献也是巨大的。在重要的天然产物和生命基础物质的研究中，有机化学取得了丰硕的成果。维生素、抗生素、生物碱、碳水化合物、肽、核酸等的发现、结构测定和合成，为学科本身的发展增添了丰富的内容，为人类的医药卫生事业提供了有效的武器。高效低毒农药、动植物生长调节剂和昆虫信息物质的研究和开发，为农业的发展提供了重要的保证。自由基化学和金属有机化学等的发展，促进了高分子材料，特别是新功能材料的出现。有机化学以其价键理论、构象理论及反应机理成为现代生物化学和化学生物学的理论基础。有机化学在蛋白质和核酸的组成与结构研究、序列测定方法的建立、合成方法创建等方面取得的成就为分子生物学的建立和发展奠定了基础。

问题与思考

试列举出不少于10个日常生活中的有机化合物。

习 题

选出下列各小题的正确答案。

1.在下列有机化合物中,偶极矩最大的是(　　)。

A.CH_3CH_2Cl　　B.CH_3CH_2Br　　C.$CH_3CH_2CH_3$　　D.$CH_3CH_2CH_2CH_3$

2.根据当代的观点,有机化合物准确说法应该是(　　)。

A.来自动植物的化合物　　B.来自自然界的化合物

C.碳氢化合物及其衍生物　　D.含碳的化合物

3.1828年维勒合成尿素时,他用的原料是(　　)。

A.碳酸铵　　B.醋酸铵　　C.氰酸铵　　D.草酸铵

4.有机化合物的特点之一是种类繁多,其根本原因是(　　)。

A.组成有机化合物的元素多　　B.同分异构现象

C.不饱和键的存在　　D.碳原子的成键能力

5.烷烃分子中碳原子的杂化状态是(　　)。

A.sp^3　　B.sp^2　　C.sp　　D.任意杂化

第一部分 有机化合物的母体——烃

分子中只含有碳和氢两种元素的有机化合物称为碳氢化合物，简称烃。其他有机化合物可以看成烃的衍生物，所以一般认为烃是有机化合物的母体。

烃的种类很多，根据烃分子中碳原子的连接方式，可大体分类如下：

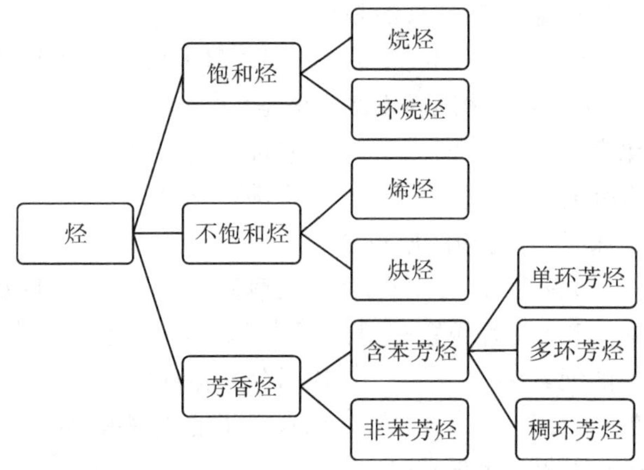

饱和烃分子中只含有 C—C σ 键和 C—H σ 键，由于碳和氢的电负性相近，C—H 键极性很小，键能较大，键比较牢固，一般不易断裂。因此，除个别化合物外，饱和烃的化学性质都比较稳定。

不饱和烃分子中含有 C═C 和 C≡C，由于 π 键的存在，π 电子云具有较大的流动性，易受外界影响被极化，故不饱和烃具有较活泼的化学性质。

芳香烃分子中具有闭合的共轭多烯烃结构，结构中存在 π 键，因为共轭导致结构比较稳定，π 电子的活泼性大大降低。因此，芳香烃不易发生加成，也不易被氧化，而容易发生取代反应。

第一章 饱和烃

饱和烃分子中的碳原子都是以单键相连，碳原子的其余价键完全被氢原子所饱和。

饱和烃分子中的碳原子连接成链结构的称为烷烃；碳原子相互连接成环状结构的称为环烷烃。

第一节 烷烃

一、烷烃的同系列和同分异构

最简单的烷烃是甲烷，分子式是 CH_4，其他的烷烃随着分子中碳原子数的增加，氢原子数也相应有规律的增加，比如 $C_2H_{2\times2+2}$、$C_3H_{2\times3+2}$、$C_4H_{2\times4+2}$……可以用一个通式 C_nH_{2n+2} 来表示烷烃，其中 n 为碳原子数目。目前已知的烷烃中，n 已大于 100。从烷烃的例子可以看出，任何两个烷烃的分子间都相差一个或几个 CH_2 基团。这些具有同一通式、结构和性质相似、相互间相差一个或几个 CH_2 基团的一系列化合物称为同系列。同系列中的各个化合物互为同系物。相邻同系物之间的差“CH_2”叫作系差。同系列是有机化学中的普遍现象，同系列中各个同系物（特别是高级同系物）具有相似的结构和性质。

在烷烃的同系列中，从丁烷开始，分子中的碳原子可以有不同的排列方式，例如丁烷（分子式为 C_4H_{10}）有两种排列方式，一种是一条直链，一种有支链。

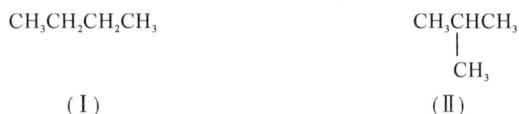

$$CH_3CH_2CH_2CH_3 \quad (\text{I})$$

$$\begin{array}{l}CH_3CHCH_3\\ \quad\;\;\, | \\ \quad\;\; CH_3\end{array} \quad (\text{II})$$

再比如戊烷（分子式为 C_5H_{12}）有三种排列方式。

$$CH_3CH_2CH_2CH_2CH_3 \quad (\text{I})$$

$$\begin{array}{l}CH_3CHCH_2CH_3\\ \quad\;\;\, | \\ \quad\;\; CH_3\end{array} \quad (\text{II})$$

$$\begin{array}{l}\quad\;\; CH_3\\ \quad\;\;\, | \\ CH_3CCH_3\\ \quad\;\;\, | \\ \quad\;\; CH_3\end{array} \quad (\text{III})$$

随着分子中碳原子数的增加，碳原子间有更多的排列方式，比如己烷有 5 种不同的排列方式，庚烷有 9 种不同的排列方式，辛烷有 18 种不同的排列方式，而癸烷有 75 种不同的排列方式，二十烷有 366319 种不同的排列方式。这种具有相同的分子式而结构不同的化合物互为同分异构体，这种现象称为同分异构现象。同分异构现象在有机化学中非常普遍，烷烃的同分异构现象是由于分子中碳原子的排列方式不同而引起的，又称为碳链异构，碳链异构是同分异构现象中的一类。

结构包括构造、构型和构象，因此，同分异构现象应分为构造异构现象、构型异构现象和构象异构现象。构造是指分子中原子互相连接的方式和次序；构型是指具有一定构造的分子在空间的排列；构象是指具有一定构造的分子，因单键旋转而呈现的不同立体形象。从它们的概念可以看出，构造反映的是分子中各原子或基团的排列顺序，构型和构象反映的是物质在空间的立体结构，因此，同分异构现象可分为构造异构现象和立体异构现象两大类。

构造异构现象是指分子式相同，各原子或基团的排列方式或次序不同的同分异构现象，包括碳链异构、位置异构、官能团异构。碳链异构是指碳原子的排列方式或次序不同引起的异构，如戊烷的三种排列方式就属于碳链异构。位置异构是分子中官能团的位置发生改变引起的异构，比如 1-丁烯和 2-丁烯，双键由链端移到了中间，因此互为位置异构。

$$CH_2{=}CHCH_2CH_3 \quad \text{1-丁烯}$$

$$CH_3CH{=}CHCH_3 \quad \text{2-丁烯}$$

官能团异构是指官能团不同引起的异构。比如乙醇和甲醚，乙醇的官能团是“— OH”，甲醚的官能团是“— O —”，互为官能团异构。

$$CH_3CH_2OH \quad \text{乙醇}$$

$$CH_3OCH_3 \quad \text{甲醚}$$

立体异构现象是指在构造式相同的前提下，基团在空间相对位置不同的同分异构现象，包括构型异构和构象异构，其中构型异构又分为对映异构和顺反异构。对映异构是指构造式相同的两分子彼此为物和像的关系，但不能重合的立体异构。比如我们的双手，左手是右手的像，右手是左手的像，但二者不可以重合，因此左右手互为对映异构。顺反异构是构造式相同的两分子，由于分子中存在限制键旋转的因素，比如双键或环的存在，使分子中各基团在空间的伸展方向不同引起的异构，比如顺-2-丁烯和反-2-丁烯：顺-2-丁烯的两个甲基在双键的同侧，反-2-丁烯的两个甲基在双键的两侧，二者互为顺反异构。

$\overset{H}{\underset{CH_3}{}}\!\!>C=C<\!\!\overset{H}{\underset{CH_3}{}}$　　　　$\overset{CH_3}{\underset{H}{}}\!\!>C=C<\!\!\overset{H}{\underset{CH_3}{}}$

顺-2-丁烯　　　　反-2-丁烯

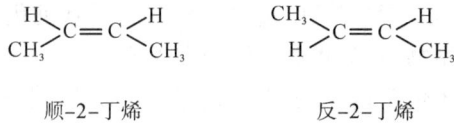

构象异构是指构造式一定的分子，由于单键的旋转而使各基团在空间的伸展方向不同而引起的异构，比如环己烷的船式构象和椅式构象。

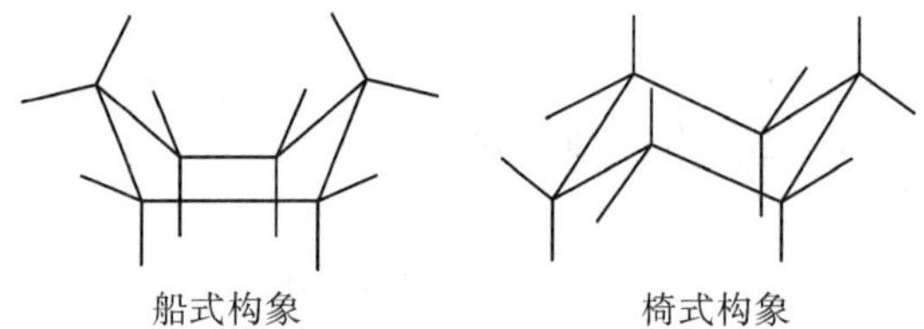

船式构象　　　　椅式构象

同分异构体的分类见图1-1。

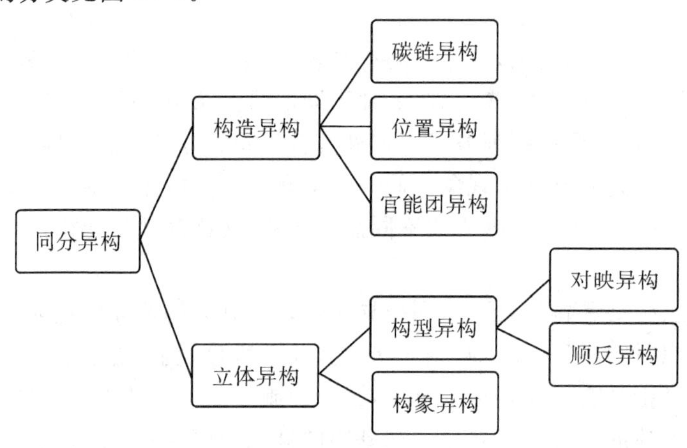

图1-1　同分异构体的分类

二、烷烃的命名

有机化合物最初是根据其来源命名的。例如，甲烷最初是从沼池里动植物腐烂产生的气体中得到的，故称为沼气。乙醇称为酒精、甲酸称为蚁酸等都是类似情况，这种名称为俗名。随着有机化合物数量的不断增加，尽管某些结构复杂的有机化合物称为俗名比较方便，但更多的是根据结构来命名的，这种命名法更科学。有机化合物数目众多，如果没有一个系统的、完整的命名方法来区分或指定某个化合物，给学习和研究带来的混乱是显而易见的。因此，认真学习并掌握每一类化合物的命名方法是学习有机化合物的基本要求。

(一)碳、氢原子的种类

在烷烃分子中根据碳原子所连接的碳原子数目可以分为四类。只与一个碳原子相连的碳原子称为伯碳原子，又称为一级碳原子(以1°表示)；与两个碳原子相连的碳原子称为仲碳原子，又称为二级碳原子(以2°表示)；与三个碳原子相连的碳原子称为叔碳原子，又称为三级碳原子(以3°表示)；与四个碳原子相连的碳原子称为季碳原子，又称为四级碳原子(以4°表示)。与伯、仲、叔碳原子相连接的氢原子分别称为伯氢、仲氢、叔氢。例如：

$$\begin{array}{c} \quad CH_3 \qquad\qquad\qquad\qquad \\ 4^\circ| \quad 2^\circ \quad\ 3^\circ \quad\ 1^\circ \\ CH_3-C-CH_2-CH-CH_3 \\ \quad | \qquad\qquad | \qquad \\ \quad CH_3 \qquad\ CH_3 \qquad \end{array}$$

(二)烷基

烷烃分子中去掉一个氢原子剩下的基团称为烷基,其通式为 C_nH_{2n+1},通常用 R—表示。如果去掉不同的氢原子,可形成异构烷基。

表 1-1　常见烷基的中、英文名称

烷基结构	中文名称	英文名称	英文缩写
$CH_3—$	甲基	methyl	Me-
$CH_3CH_2—$	乙基	ethyl	Et-
$CH_3CH_2CH_2—$	正丙基	n-propyl	n-Pr-
$(CH_3)_2CH—$	异丙基	iso-propyl	i-Pr-
$CH_3CH_2CH_2CH_2—$	正丁基	n-butyl	n-Bu-
$(CH_3)_2CHCH_2—$	异丁基	iso-butyl	i-Bu-
$CH_3CH_2\underset{\mid}{C}HCH_3$	仲丁基	sec-butyl	s-Bu-
$(CH_3)_3C—$	叔丁基	tert-butyl	t-Bu-
$(CH_3)_3CCH_2—$	新戊基	neo-pintyl	

异某基结构特点是基的一端有异丙基结构,另一端失去氢原子形成基,中间再没有其他取代基。新某基结构特点是基的一端有叔丁基结构,另一端失去氢形成基,中间没有其他取代基。

(三)次序规则

次序规则也称为顺序规则,是有机化学中判断各基团优先次序的一个重要规则。在对物质进行命名时,主链上往往会连有不同的取代基,这些取代基的相对"大小"用次序规则进行判定。

次序规则的基本内容:如果取代基的连接原子不同时,原子序数较大者为较优基团,原子序数较小者为非较优基团。比如甲基和羟基,甲基连接原子是碳,羟基连接原子是氧,因为氧的原子序数大于碳原子,因此羟基为较优基团,甲基为非较优基团。再比如氯与溴,溴的原子序数较大,因此溴为较优基团,氯为非较优基团。

$$CH_3— < HO— \qquad Cl— < Br—$$

如果取代基连接原子的原子序数相同时,按同位素的质量数比较,质量数较大的为较优基团。比如氘和氢,氘的质量数比氢的大,所以为较优基团,D—>H—。

当取代基连接的第一个原子相同时,依次比较与该原子相连的下一级各原子,依此类推。比如甲基和乙基:

$$\begin{array}{cc} CH_3— < & CH_3CH_2— \\ (H\ H\ H) & (C\ H\ H) \end{array}$$

连接的第一个原子都是碳原子,下来将甲基碳原子上连接的三个原子按照原子序数由大到小的顺序写在括号内,分别是(H　H　H),乙基一级碳原子上连接的三个原子也按照原子序数由大到小的顺序写在括号内，分别是(C　H　H)，然后括号内的原子按顺序一对一进行比较，直到比较出原子序数不同的原子，原子序数较大者为较优基团，原子序数较小者为非较优基团。因此，乙基为较优基团，甲基为非较优基团。同样的方法可以比较正丙基和异丙基的较优性：

$$\underset{(C\ H\ H)}{CH_3CH_2CH_2—} < \underset{(C\ C\ H)}{\underset{|\atop CH_3}{CH_3CH—}}$$

连接不饱和键的碳原子可以看作是连有两个或三个相同原子。比如乙基和乙烯基的比较，乙基下一级连接的原子是(C　H　H)，乙烯基下一级可看作是连接有两个碳原子，下一级连接的原子分别是(C　C　H)，因此乙烯基是较优基团，乙基是非较优基团。

$$\underset{(C\ H\ H)}{CH_3CH_2—} < \underset{(C\ C\ H)}{CH_2{=}CH—}$$

问题与思考

1.写出下列各基团的名称。

(1)$(CH_3)_2CH—$　(2)$(CH_3)_3CCH_2CH_2—$　(3) $\underset{|}{CH_3CH}CH_2CH_2CH_3$

(4)$CH_3(CH_2)_5CH_2—$

2.按次序规则将下列各基团的较优性按照由大到小的顺序排列。

(1)$(CH_3)_2CH—$　(2)$(CH_3)_3C—$　(3)$—OH$　(4)$CH_2{=}CH—$

(四)烷烃的命名

1.普通命名法

普通命名法又称为习惯命名法，比较简单的烷烃常用普通命名法。碳原子数在十以内的直链烷烃的普通命名，分别用甲、乙、丙、丁、戊、己、庚、辛、壬、癸表示碳原子的数目，称为甲烷、乙烷、丙烷、丁烷……；十个碳原子以上的用十一、十二……数目字表示，称为十一烷、十二烷……。对连接有取代基烷烃的习惯命名用“正”“异”“新”等前缀区别构造异构体：“正”代表是直链烷烃；“异”指仅在一末端具有异丙基[$(CH_3)_2CH—$]结构而再无其他取代基的烷烃；“新”指仅在一末端具有叔丁基[$(CH_3)_3C—$]结构而再无其他取代基的烷烃。

比如：

$CH_3CH_2CH_2CH_2CH_3$　　$\underset{|\atop CH_3}{CH_3CH}—CH_2CH_3$　　$CH_3—\overset{CH_3\atop |}{\underset{|\atop CH_3}{C}}—CH_3$

正戊烷　　异戊烷　　新戊烷

2.系统命名法

系统命名法是采用1980年版国际通用的IUPAC命名原则。直链烷烃的系统命名法与普通命名法基本一致，带有取代基的烷烃的系统命名法命名规则概括如下：

(1)选主链。选择碳原子数最多的直链作为主链，根据主链上的碳原子总数确定母体名称，称为某烷。

(2)编号。对主链碳原子编号。原则是使取代基所在的位次尽可能的小，即从靠近取代基的一端开始用阿拉伯数字进行编号，取代基的位置以它所连接的主链中碳原子的编号数来表示。

(3)写名称。取代基名称写在母体名称的前面，取代基的位次用主链上碳原子的编号表示，写在取代基名称前面，编号与取代基之间用短杠连接。有多个取代基的有机化合物，取代基相同时，相同的取代基，要分别标出它们的位置，表示取代基位次的数字之间用逗号分开，取代基总数目用汉字表示。例如：

$$\begin{array}{l} CH_3CH_2\underset{\displaystyle CH_3}{\underset{|}{C}}HCH_2CH_2CH_3 \end{array}$$

3-甲基己烷

$$CH_3\overset{\displaystyle CH_3}{\overset{|}{\underset{\displaystyle CH_3}{\underset{|}{C}}}}-\overset{\displaystyle CH_3}{\overset{|}{C}}HCH_2CH_3$$

2,2,3-三甲基戊烷

取代基不同时，较优基团靠近母体，非较优基团远离母体，取代基之间用短杠连接。例如：

$$CH_3\overset{\displaystyle CH_3}{\overset{|}{C}}HCH_2\overset{\displaystyle CH_2CH_3}{\overset{|}{C}}HCH_2CH_3$$

2-甲基-4-乙基己烷

选主链时，如果分子中有两个或两个以上含同数目碳原子的链可选择时，为了使取代基简单化、命名更方便，规定选择其中连接取代基数目最多的一条链作为主链。例如：

$$CH_3CH_2\underset{\displaystyle CH_3}{\underset{|}{C}}H\overset{\displaystyle CH_3\overset{\displaystyle CH_3}{\overset{|}{C}}HCHCH_3}{\overset{|}{C}}HCH_2CH_2CH_3$$

2,3,5-三甲基-4-丙基庚烷

对主链编号时，可能存在以下两种情况：

第一种是从左向右或从右向左在相同编号处都有取代基，但取代基不同，编号应该使非较优基团的位次最小。例如：

$$\overset{7}{C}H_3\overset{6}{C}H_2\underset{\displaystyle CH_2CH_3}{\underset{|}{\overset{5}{C}}}H-\overset{4}{C}H_2\underset{\displaystyle CH_3}{\underset{|}{\overset{3}{C}}}H\overset{2}{C}H_2\overset{1}{C}H_3$$

3-甲基-5-乙基庚烷

第二种是从左向右或从右向左在相同编号处都有取代基，而且取代基相同，编号时要遵循最低系列，即为主链编号时，以最先遇到取代基位次最低为规则。例如：

$$CH_3\overset{\displaystyle CH_3}{\overset{|}{\underset{\displaystyle CH_3}{\underset{|}{C}}}}CH_2CH_2CH_2CH_2\overset{\displaystyle CH_3}{\overset{|}{\underset{\displaystyle CH_3}{\underset{|}{C}}}}-\overset{\displaystyle CH_3}{\overset{|}{C}}HCH_3$$

2,2,7,7,8-五甲基壬烷

系统命名法的优点是其确切性，从构造式可写出它的名称，从化合物的名称也可以准确无误地写出构造式。只要遵守规则，无论多么复杂的分子，都可以用系统命名法命名。但是对于复杂分子用系统命名法命名时名称太长，反而有些不方便，故一些有机化合物俗名一直沿用。

问题与思考

1.用系统命名法命名下列有机化合物。

(1)$(CH_3)_3CH$　(2)$(CH_3)_3CCH_2CH_3$　(3)$CH_3CH_2CH_2CH_2CH_3$

(4)$(CH_3)_3CCH_2CH_2CH(CH_3)_2$

2.根据下列物质的名称写出其构造式。

(1)异辛烷 (2)新戊烷 (3)沼气主要成分 (4)2,2-二甲基丙烷

拓展知识

注:参考依据为2017年12月20日中国化学会正式发布的《有机化合物命名原则2017》。

烷烃命名新规则

(1)基本概念。

①烷基、叉基和亚基。烷烃分子中失去一个氢原子剩下的基团叫作烷基,失去两个氢原子剩下的基团,如果以两个单键分别连接分子骨架的两个原子,该基团称为叉基;以两个单键连接分子骨架的同一原子(即双键),该基团称为亚基。例如:

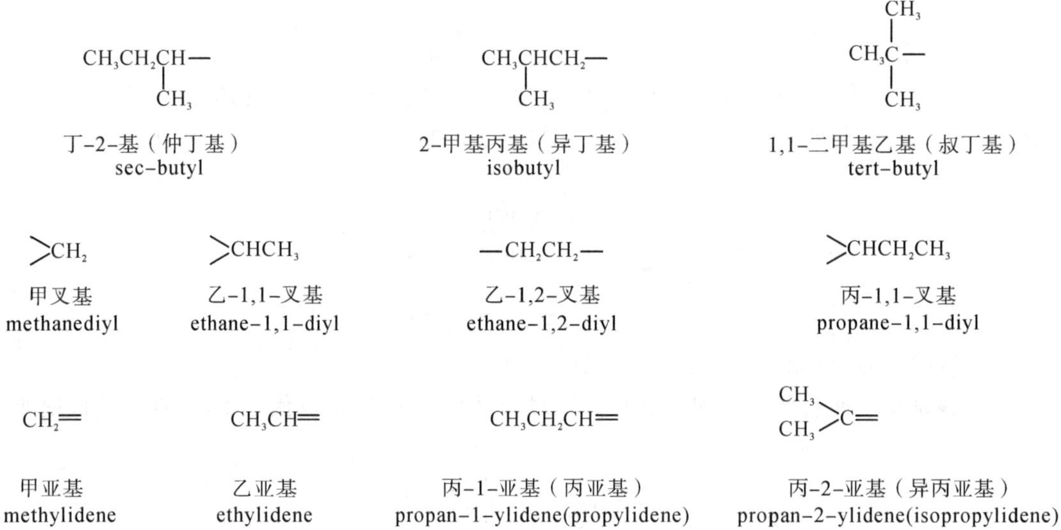

②母体氢化物。指无分叉的无环或环状结构以及有半系统命名或俗名的无环或环状结构,而其上仅连接有氢原子的化合物。例如:

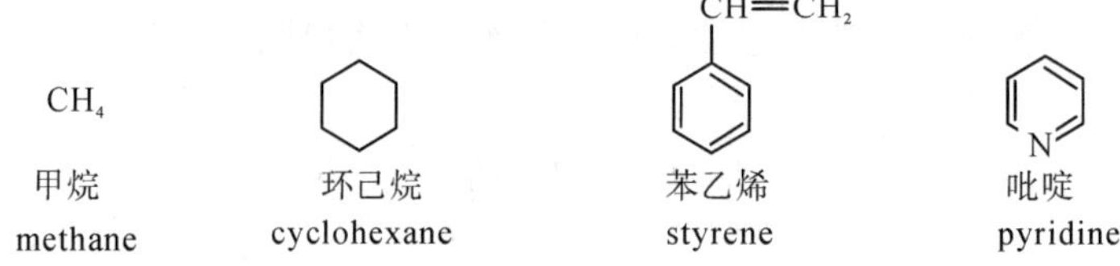

③半系统命名。名称中至少有部分系统命名中采用的字和字节。

④特性基团和官能团。特性基团包括:加在母体氢化物上的单个杂原子,如$—Cl$和$=O$;带一个或多个氢或其他杂原子的杂原子基团,如$—NH_2$、$—OH$、$—SO_3H$等;含有一个碳原子的杂原子基团,如$—CHO$、$—CN$、$—COOH$等。

在以往有机化学的术语中,相应于"特性基团"的术语为"官能团"。官能团在物理有机化学中的定义为"有机化合物通常是由相对较不活泼的骨架(如饱和的碳链)和若干官能团组成,官能团可以是一个原子或一组原子,当它们存在于不同的化合物中时,仍能显示出相类似的化学性质。有机化合物类别的物理和化学特性取决于它所具有的"官能团"。"官能团"一词在某些场合下难以认定,因此,国际纯粹与应用化学联合会(IUPAC)在有机化合物命名时改而使

用“特性基团”，但实际上仍将“functional group”一词以同义词形式加括号置于“characteristic group”之后。为此中文“官能团”一词也作类似处理，在不致引起误解的情况下，也可作为特性基团的俗称使用。（引用自《有机化合物命名原则 2017》第 22 页）

（2）烷烃的系统命名。直链烷烃和连接有一个取代基烷烃的命名规则与原规则相同，不再重复。

连接有多个取代基烷烃的命名，新规则规定：编号首先遵循“最低位次组（最低系列）”。书写名称时，按英文名称的字母顺序，依次写出取代基的名称，最后写出母体氢化物（母体）的名称。例如：

$$\begin{array}{c} CH_3 \quad\quad CH_2CH_3 \\ | \quad\quad\quad | \quad\quad \\ CH_3CHCH_2CHCH_2CH_3 \end{array}$$

4-乙基-2-甲基己烷
4-ethyl-2-methylhexane

$$\begin{array}{c} CH_3 \quad\quad\quad\quad\quad\quad\quad CH_3CH_3 \\ CH_3CCH_2CH_2CH_2CH_2C—CHCH_3 \\ CH_3 \quad\quad\quad\quad\quad\quad\quad CH_3 \end{array}$$

2,2,7,7,8-五甲基壬烷
2,2,7,7,8-pentamethylnonane

编号在遵循“最低位次组（最低系列）”的前提下有多种情况时，应选择取代基的位次按照英文名称的顺序依次编号。例如：

$$\begin{array}{c} CH_2CH_3 \quad\quad\quad\quad \\ | \quad\quad\quad\quad\quad\quad \\ CH_3CH_2CHCH_2CHCH_2CH_3 \\ \quad\quad | \\ \quad\quad CH_3 \end{array}$$

3-乙基-5-甲基庚烷
3-ethyl-5-methylheptane

三、烷烃的结构

（一）烷烃的构型

构型是分子中由于各原子或基团间特有的固定的空间排列方式，使分子呈现出特定的立体结构。

1.甲烷的构型和 σ 键

1874 年，荷兰化学家范特霍夫和法国化学家勒贝尔分别提出了碳原子的正四面体学说，现在物理方法也测得甲烷分子是正四面体，可用模型来表示（见图 1 - 2）。

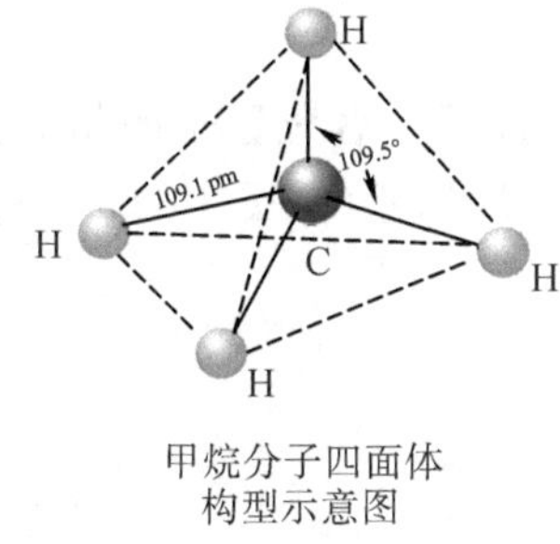

甲烷分子四面体
构型示意图

球棍模型
（凯库勒模型）

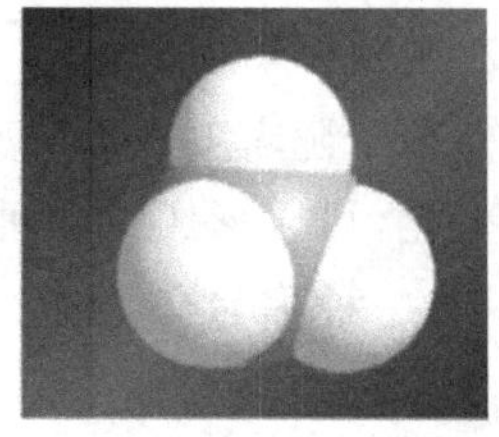

比例模型
（斯陶特模型）

图 1 - 2　甲烷分子的结构示意图

甲烷分子中碳原子采取 sp^3 杂化，H — C — H 键角是 109.5°，四个 sp^3 杂化轨道向四面体的四个顶点方向伸展。这样的排列可以使四个轨道彼此在空间的距离最远。电子之间的相互斥力最小，体系最稳定。碳原子与四个氢原子成键时，四个氢原子的 1s 轨道与碳原子的四个 sp^3 杂化轨道的头最大程度的重叠形成共价键。碳原子和氢原子成键时并没有改变 sp^3 杂化轨道的四面体结构，因此甲烷分子是正四面体构型。

原子轨道通过头对头相互重叠形成的共价键称为σ键。原子轨道头对头重叠时，电子云的重叠程度最大，因此σ键最牢固。另外σ键可以沿着键轴任意旋转而不改变键的强度。

2.乙烷的构型

乙烷分子中的碳原子也是sp^3杂化的，两个碳原子各利用一个sp^3杂化轨道头对头重叠形成C—C σ键，6个氢原子各利用s轨道和碳原子的剩余sp^3杂化轨道重叠形成6个相同的C—H σ键，成键后的每个碳原子仍然保持四面体结构(见图1-3)。

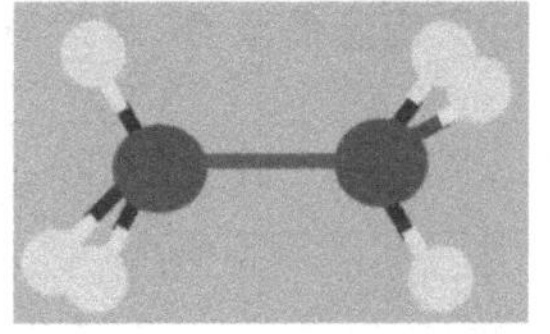

图1-3 乙烷的构型

3.其他烷烃的构型

其他烷烃的碳原子也都是sp^3杂化，从模型图(见图1-4)中可看出，碳原子呈锯齿状排列，这样的排列能保证每个碳原子sp^3的四面体结构。但是在气态和液态时，由于σ键自由旋转而形成多种曲折形式，在结晶状态时，烷烃的碳链排列整齐且呈锯齿状。

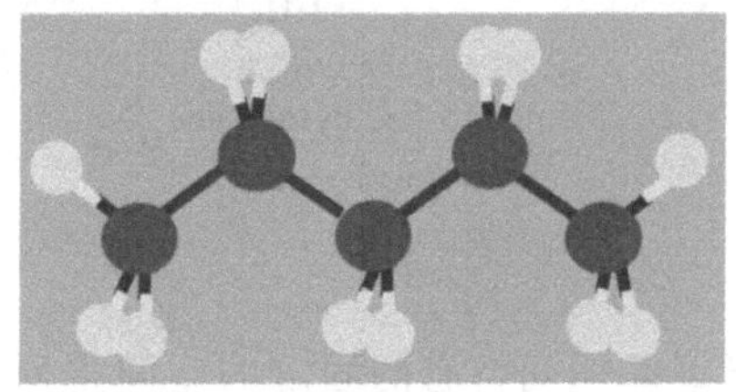

图1-4 戊烷的构型

(二)烷烃的构象

构象是指在有机化合物分子中，由C—C单键旋转而产生的原子或基团在空间排列的无数特定的形象。

1.乙烷的构象

乙烷分子随着C—C σ键的不断旋转，乙烷分子的两个碳原子上各氢原子的相对位置在不断的变化，可以形成无数种构象。在无数种构象中，有两种极端构象(见图1-5)，一种称为重叠式，另一种称为交叉式。

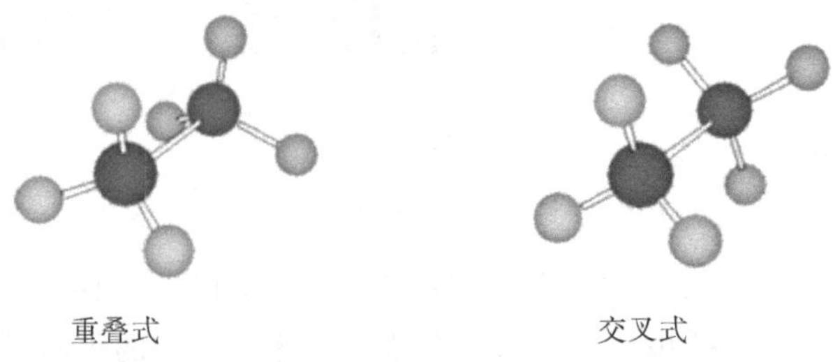

图1-5 乙烷分子的两种极端构象——球棍模型

常用来表示构象的，除分子模型以外，还有锯架透视式、楔形透视式和纽曼投影式(见图1-6、图1-7和图1-8)。

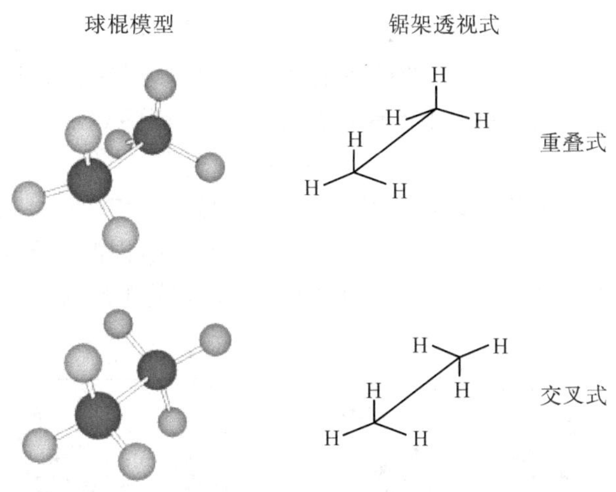

图 1-6　乙烷分子的两种极端构象——锯架透视式

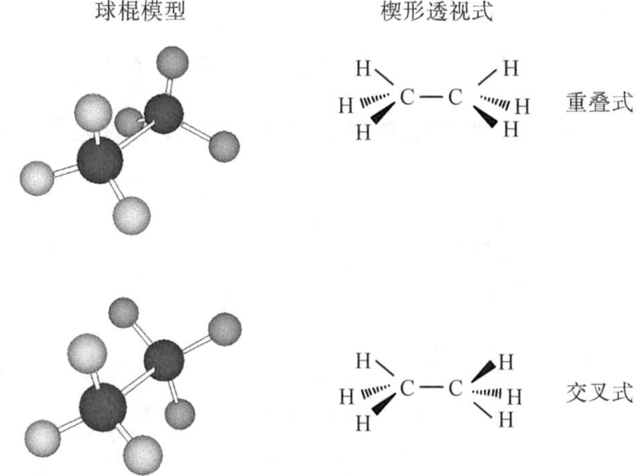

图 1-7　乙烷分子的两种极端构象——楔形透视式

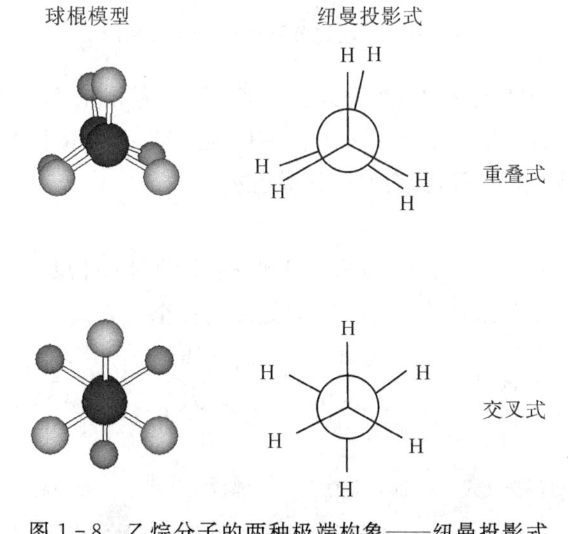

图 1-8　乙烷分子的两种极端构象——纽曼投影式

锯架透视式中 C—C 和 C—H 都是以实线表示；楔形透视式中用实线表示的碳碳单键和碳氢单键在纸平面上，用实楔形表示的键在纸平面的前方，用虚楔形表示的键在纸平面的后方；纽曼投影式中，用圆心表示距离观察者较近的碳原子，圆圈表示距离观察者相对较远的碳原子。

介于交叉式和重叠式两种构象之间还有无数种构象。乙烷的各种构象异构体的内能和稳定性各不相同。各原子或基团的相对位置越近，排斥力越大，内能就会越高。乙烷的重叠式构象同侧氢之间的距离为 0.229 nm，交叉式构象同侧氢之间的距离为 0.25 nm（见图 1-9）。

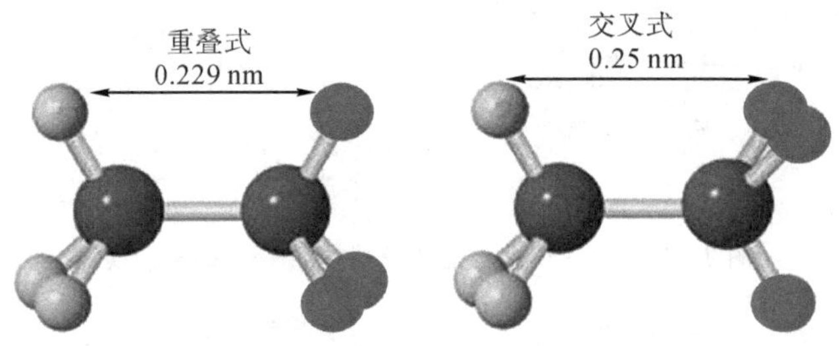

图 1-9　乙烷不同构象氢原子间距离

因此交叉式构象相对较稳定。二者的相对稳定性也可以从位能关系图（见图 1-10）中得到证实。

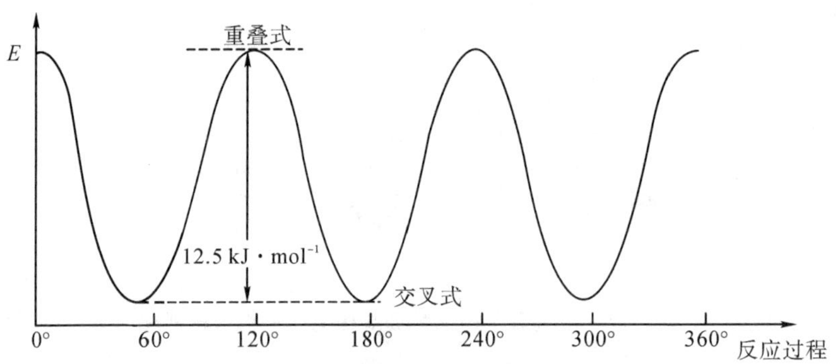

图 1-10　乙烷分子构象位能关系图

从图中可看出，交叉式位于能谷，重叠式位于能峰，二者相差 12.5 $kJ \cdot mol^{-1}$ 的能量。这个能量比分子碰撞产生的能量小得多。分子在不停地运动，相互碰撞并交换能量，若取得的能量超过围绕 σ 键旋转所需的能量，就会发生构象互变。

2.丁烷的构象

以 C_2—C_3 单键旋转分析丁烷的构象。丁烷的 4 种极端构象的纽曼投影式表示见图 1-11，分别称为对位交叉式、部分重叠式、邻位交叉式和全重叠式。

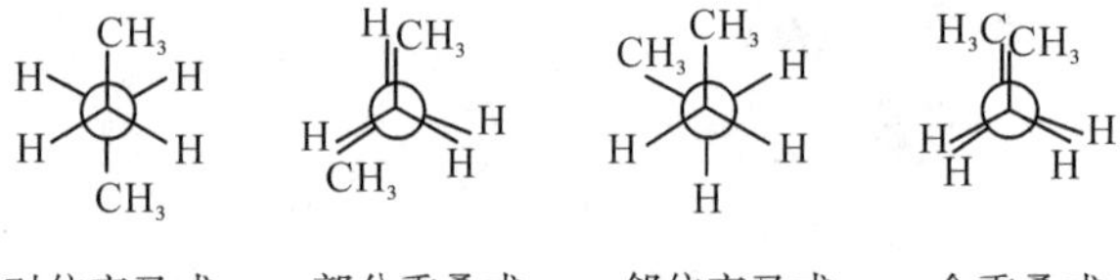

对位交叉式　部分重叠式　邻位交叉式　全重叠式

图 1-11　丁烷分子四种极端构象的纽曼投影式

在对位交叉式中，两个体积较大的甲基距离最远，其能量最低，最为稳定，是正丁烷的优势构象。邻位交叉式中，两个甲基处于邻位，它们虽然也是交叉式，但两个甲基之间存在的斥力使其能量比对位交叉式高。在全重叠式中，两个甲基及氢原子都处于重叠位置，其间的距离最近，存在较大的扭转张力，因而相对最不稳定。部分重叠式也有相对较大的扭转张力，但比全重叠式稳定一些。4 种构象的相对稳定性顺序是：对位交叉式＞邻位交叉式＞部分重叠式＞全重叠式。这样的结论同样可以从位能关系图（见图 1－12）中得到证实。

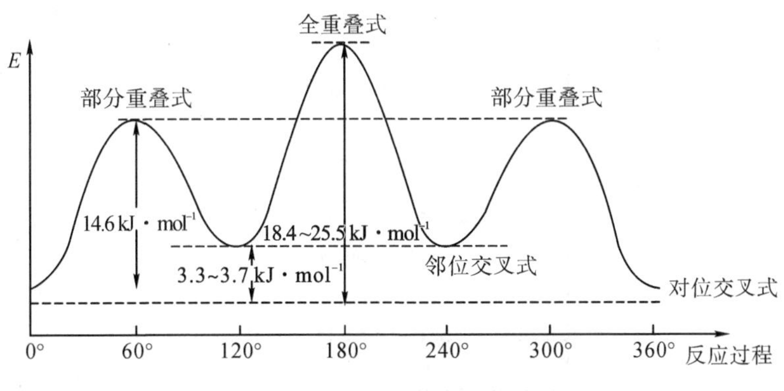

图 1－12　丁烷分子构象位能关系图

从图中可看出，处于最低能谷的是对位交叉式，是最稳定构象，处于较高能谷的是邻位交叉式，处于较高能峰的是部分重叠式，处于最高能峰的是全重叠式。对位交叉式和全重叠式之间的能级差为 18.4～25.5 kJ · mol^{-1}。在室温下，丁烷分子间碰撞所产生的能量足以引起各构象的迅速转化。因此丁烷实际上也是由无数个构象组成的处于动态平衡状态的混合体系，但主要以交叉式构象存在，对位交叉式约占 68%，邻位交叉式约点 32%，其他构象所占比例很小。

问题与思考

写出 1，2－二溴乙烷的几种极端构象，分别用锯架透视式和纽曼投影式表示。

四、烷烃的物理性质

（一）状态

在常温常压下，C_4 以下的直链烷烃是气体，C_5～C_{16} 的烷烃是液体，大于 C_{17} 的烷烃是固体。烷烃分子是完全由共价键连接而成的，碳原子和氢原子的电负性相差不大，C－C 键没有极性，C－H 键极性也很小，因此，烷烃分子一般没有或仅有很小的极性，分子间主要存在范德华力。随着碳原子数的增多，分子变大，表面积增加，范德华力也变大，常温下相态也由气相向液相和固相转变。

（二）沸点

直链烷烃的沸点随分子质量的增加而有规律地升高。碳链的分支对沸点有显著影响。在烷烃的同分异构体中，直链异构体的沸点最高，取代基愈多，沸点愈低，如正戊烷的沸点为 36.1 ℃，而异戊烷的沸点为 27.9 ℃，新戊烷的沸点为 9.5 ℃。

烷烃分子中只有 C－C 键和 C－H 键，由于碳和氢的电负性相近，C－H 键的极性很小，而且碳的四个共价键在空间对称分布，所以烷烃是非极性分子。在非极性分子中，分子之间的吸引力主要是由范德华力产生的。范德华力的大小又与分子中原子的数目和大小成正比，分子质量大者分子间的接触面也大。所以，烷烃分子中碳原子数愈多，范德华力也愈大。直链烷烃的沸点随分子质量的增加而有规律地升高，但范德华力只有在近距离内才能起到有效地作用，随距离的增加范德华力很快地减弱。在取代基烷烃中，由于取代基的阻碍，分子间不能像直链烷烃那样靠得很近，因此，它们之间的范德华力较直链烷烃弱，沸点也较直链烷烃低（见图 1-13）。

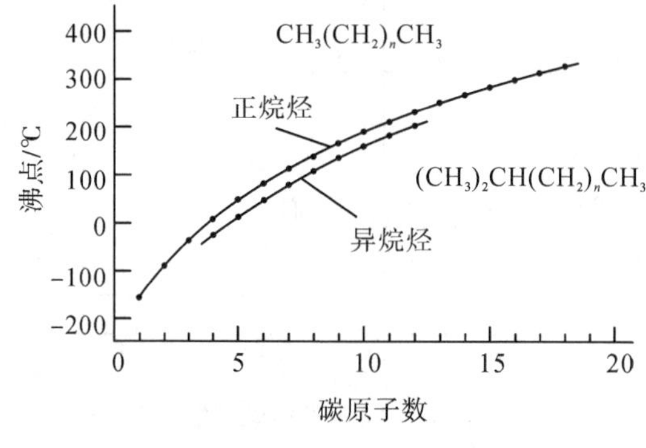

图 1-13　烷烃的沸点

（三）熔点

烷烃的熔点基本上也是随分子质量增加而升高。不过含奇数碳原子的烷烃和含偶数碳原子的烷烃分别构成两条熔点曲线，一般对称性大的烷烃熔点要高一些。随着分子质量的增加，两条曲线逐渐趋于一致（见图 1-14）。

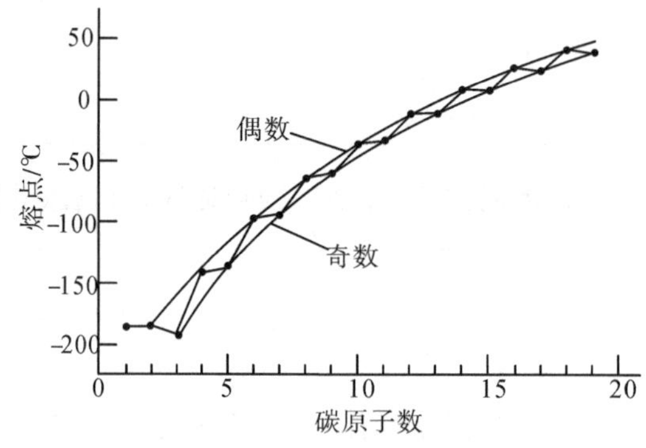

图 1-14　直链烷烃的熔点

熔点也是由范德华力决定的。分子质量越大，分子排列越紧密，范德华力作用越强。偶数碳原子的烷烃分子对称性好，因此，它们在晶格中排列越紧密，分子间的范德华力作用也越强，所以熔点要高一些。

（四）溶解性

烷烃是非极性分子，根据“相似相溶”经验规律，烷烃不溶于水，而易溶于有机溶剂，如四氯化碳、乙醚等。

（五）相对密度

烷烃相对密度的大小也与分子间的作用力有关，分子质量越大，作用力也越大，因此，相对密度随分子质量增加而逐渐增大，但都小于1。

一些常见的直链烷烃的物理常数见表1-2。

表1-2 常见直链烷烃的物理常数

名称	熔点/℃	沸点/℃	密度/$g \cdot cm^{-3}$(20 ℃)	折射率(n_D^{20})
甲烷	−182.5	−161.5	0.5547	—
乙烷	−183.3	−88.6	0.5720	—
丙烷	−189.7	−42.1	0.5005	1.3397
丁烷	−138.4	−0.5	0.5788	1.3562
戊烷	−129.7	36.1	0.6262	1.3577
己烷	−94.9	68.7	0.6603	1.3750
庚烷	−90.6	98.4	0.6837	1.3877
辛烷	−56.8	125.7	0.7026	1.3976
壬烷	−51.0	150.8	0.7176	1.4056
癸烷	−29.7	174.1	0.7300	1.4120
十一烷	−26.0	195.9	0.7401	1.4173
十二烷	−10.0	216.3	0.7487	1.4216

五、烷烃的化学性质

烷烃中存在的化学键是σ键，σ键的特点是电子云重叠程度大，键牢固，而且C—H键的极性很小，烷烃中又没有官能团，因此，烷烃是最稳定的有机化合物，一般情况下与强酸、强碱、强氧化剂、强还原剂等都不发生反应。但烷烃的这种稳定性也不是绝对的，比如在高温或有催化剂存在下，烷烃也可以与一些试剂发生反应。

(一)氧化和燃烧

在催化剂的作用下，烷烃在其着火点以下，可以被氧气氧化，氧化的结果是碳链在任何部位都可能断裂，生成含碳原子较原来少的含有氧的有机化合物，如醇、醛、酮、酸等。

$$CH_3CH_2CH_2CH_3 \xrightarrow[70\ atm,170\sim200\ ℃]{空气} 2CH_3COOH$$

$$R\!-\!CH_2\!-\!CH_2\!-\!R' \ (石蜡) \xrightarrow[110\ ℃]{O_2,MnO_2} RCOOH + R'COOH$$

控制甲烷氧化可以制得氢气、一氧化碳、乙炔等，其中氢气和一氧化碳是合成气的主要原料，合成气的生产和应用在化学工业中具有极为重要的地位。由合成气生产的甲醇，是一个重要的有机化工产品。甲醇羰基化可制得醋酸。甲醇经氧化脱氢可得甲醛，进一步可制得乌洛托品，醛酸和甲醛都是高分子化工的重要原料。由醋酸甲酯羰基化生产醋酐，被认为是当前生产醋酐最经济的方法。此外，正在开发的还有甲醇生产低碳烯烃、生产乙醇、乙二醇等。因此，甲烷是重要的化工原料。

高级烷烃的氧化是制备高级脂及酸常用的方法。高级醇和高级脂肪酸是合成表面活性剂及肥皂的原料。

烷烃在高温和足够的空气中燃烧，完全氧化，生成二氧化碳和水，并能放出大量的热。

$$CH_4 + 2O_2 \xrightarrow{燃烧} CO_2 + 2H_2O \quad \Delta H=-891\ kJ \cdot mol^{-1}$$

$$2CH_3CH_3 + 7O_2 \xrightarrow{燃烧} 4CO_2 + 6H_2O \quad \Delta H=-1427\ kJ \cdot mol^{-1}$$

这就是汽油在内燃机中的基本反应。

(二)裂化

裂化反应是指在高温和隔绝空气条件下,烷烃分子中的 C—C 键或 C—H 键发生断裂,由较大分子转变成较小分子的过程。

裂化反应可分为热裂化和催化裂化,前者在高温而又无催化剂存在的情况下发生,后者在催化剂存在下发生。

$$CH_3CH_2CH_2CH_3 \xrightarrow{600℃} \begin{cases} CH_4 + CH_2{=}CHCH_3 \\ CH_3CH_3 + CH_2{=}CH_2 \\ CH_3CH{=}CHCH_3 + H_2\uparrow \end{cases}$$

催化裂化一般在 450～500 ℃、常压下进行,应用最广泛的催化剂为硅酸铝,目的是使石油工业的重馏分转变为轻馏分,提高汽油的产量和质量。

(三)卤代反应

烷烃中的氢原子被其他原子或原子团所替代的反应称为取代反应。分子中的氢原子被卤原子取代的反应称为卤代反应。

1.甲烷的氯代反应

甲烷与氯气在光照或加热条件下,可剧烈反应,首先生成一氯甲烷及氯化氢。

$$CH_4 + Cl_2 \xrightarrow{漫射光} CH_3Cl + HCl$$

$$CH_3Cl \xrightarrow{Cl_2} CH_2Cl_2 \xrightarrow{Cl_2} CHCl_3 \xrightarrow{Cl_2} CCl_4$$

反应很难停留在一氯甲烷阶段,余下的氢进一步被取代,得到二氯甲烷、三氯甲烷、四氯化碳等,所得产物是氯代产物的混合物。控制反应可以使主要产物为某一种氯代烷,若反应温度控制在 400～500 ℃,甲烷与氯气之比为 10∶1 时,则主要产物为一氯甲烷;若控制甲烷与氯气之比为 0.263∶1,则主要产物为四氯化碳。

甲烷的氯代在强光直射下极为剧烈,以致发生爆炸,产生碳和氯化氢。

2.甲烷的氯代反应机理

反应机理又叫反应历程,是研究反应所经历的过程,它是有机化学理论的主要组成部分。反应机理是在综合大量实验事实的基础上提出的一种理论假设。如果这种假设能圆满地解释实验事实和所观察到的现象,并且根据这种假设所做的推论又能被新的实验事实所证实,那么这种理论假设就是该反应的反应机理。

氯气与甲烷反应有如下实验事实:

①甲烷和氯气混合物在室温下及黑暗处长期放置并不发生化学反应。

②将氯气用光照射后,在黑暗处放置一段时间再与甲烷混合,反应不能进行;若将氯气用光照射,迅速在黑暗处与甲烷混合,反应立即发生,且放出大量的热量。

③将甲烷用光照射后,在黑暗处迅速与氯气混合,也不发生化学反应。

从上述实验事实可以看出,甲烷氯代反应的进行与光对氯气的照射有关。

首先,在光照射下氯气分子吸收能量,其共价键发生均裂,产生两个活泼氯原子(氯自由基)。

$$Cl:Cl \xrightarrow{\text{光照}} 2Cl\cdot$$ 链引发

氯自由基非常活泼，与甲烷分子碰撞，夺取甲烷分子中的一个氢原子，生成甲基自由基和氯化氢。

$$Cl\cdot + CH_4 \longrightarrow HCl + \cdot CH_3$$

甲基自由基与氯自由基一样活泼，它与氯气分子作用，生成一氯甲烷，同时产生新的氯自由基。

新的氯自由基不但可以夺取甲烷分子中的氢，也可以夺取氯甲烷分子中的氢，生成氯甲基自由基。

$$\cdot CH_3 + Cl_2 \longrightarrow CH_3Cl + Cl\cdot$$ 链增长
$$Cl\cdot + CH_3Cl \longrightarrow HCl + \cdot CH_2Cl$$
$$\cdot CH_2Cl + Cl_2 \longrightarrow CH_2Cl_2 + Cl\cdot$$
……

如此循环，可以使反应连续进行，生成一氯甲烷、二氯甲烷、三氯甲烷、四氯化碳等。

由自由基引起的、连续进行的反应称为自由基取代反应，又称为链锁反应。

在自由基反应中，虽然只有少数自由基就可以引起一系列反应，但反应不能无限制地进行下去。随着反应的进行，氯气和甲烷的含量不断降低，自由基的含量相对增加，自由基之间的碰撞机会增加，产生了自由基之间的结合，从而导致反应的终止。

$$Cl\cdot + Cl\cdot \longrightarrow Cl_2$$ 链终止
$$\cdot CH_3 + \cdot CH_3 \longrightarrow CH_3CH_3$$
$$Cl\cdot + \cdot CH_3 \longrightarrow CH_3Cl$$

由此可见，反应的最终产物是多种卤代烃的混合物。

从上述反应的全过程可以看出，自由基反应通常包括三个阶段：链引发，即吸收能量开始产生自由基的过程；链增长，即反应连续进行的阶段，其特点是生成产物和新的自由基；链终止，即自由基相互结合，使反应终止。

甲烷氯代反应的能量变化见图 1-15。

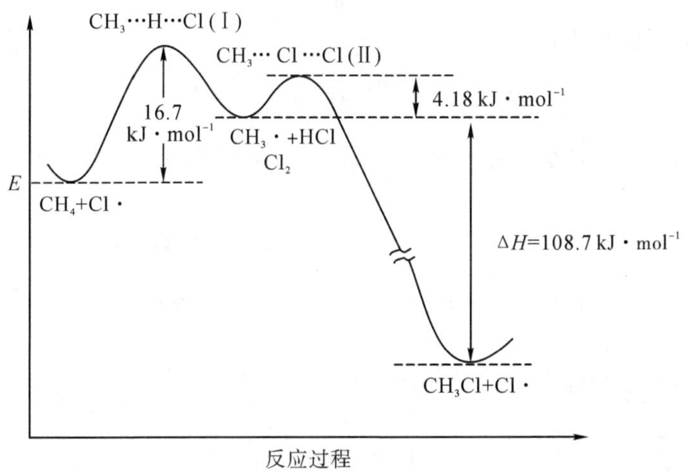

图 1-15　甲烷氯代反应过程能量变化图

从图 1-15 中可以看出，氯自由基和甲烷作用只需较小的活化能（16.7 kJ · mol^{-1}）即可形成过渡态（Ⅰ），由过渡态（Ⅰ）产生甲基自由基。甲基自由基与氯作用只需 4.18 kJ · mol^{-1}

的能量即可形成过渡态(Ⅱ),最终生成一氯甲烷,释放出 108.7 kJ·mol^{-1}的热量。尽管反应是放热反应,但链引发需要较高的活化能(Cl_2均裂需吸收 242.4 kJ·mol^{-1}),因此反应只有在光照或高温加热时才能进行。

$$\underset{\text{键能/kJ·mol}^{-1}\quad +434.7}{CH_3—H} + \underset{+239.8}{Cl—Cl} \longrightarrow \underset{-351.9}{CH_3—Cl} + \underset{-431.3}{HCl} \qquad \Delta H=-108.7\ kJ\cdot mol^{-1}$$

从甲烷 C—H 键的键能与氯分子 Cl—Cl 的键能看出:甲烷 C—H 键的键能比 Cl—Cl 键的键能高很多,光照很难使甲烷均裂。因此,将甲烷用光照射后,在黑暗处迅速与氯气混合,因没有自由基的产生,故反应不能进行。

3.其他烷烃的氯代反应

其他烷烃的氯代反应与甲烷的氯代反应一样,均为自由基反应。但对不同的烷烃,由于结构的差异,产物较甲烷复杂。例如,氯与丙烷的反应,由于丙烷分子中存在伯氢和仲氢,因此得到两种不同的一氯代产物 1-氯丙烷和 2-氯丙烷,其产物比例如下。

$$CH_3CH_2CH_3 \xrightarrow[25℃]{Cl_2,光照} \underset{43\%}{CH_3CH_2CH_2Cl} + \underset{57\%}{CH_3\underset{\displaystyle Cl}{\underset{|}{C}}HCH_3}$$

丙烷分子中有 6 个伯氢和 2 个仲氢,氯自由基与伯氢相遇的机会为仲氢的三倍,但一氯代产物中 2-氯丙烷的收率反而比 1-氯丙烷高,说明仲氢比伯氢活性大,更容易被取代。伯氢与仲氢的相对活性为:

$$\frac{43}{6}:\frac{57}{2}\approx 1:4$$

异丁烷与氯的反应也生成两种一氯代产物,产物比例如下。

$$CH_3—\overset{\displaystyle CH_3}{\overset{|}{\underset{\displaystyle CH_3}{\underset{|}{C}}}}H \xrightarrow[25℃]{Cl_2,光照} \underset{64\%}{\underset{\displaystyle Cl}{\underset{|}{CH_2}}—\overset{\displaystyle CH_3}{\overset{|}{\underset{\displaystyle CH_3}{\underset{|}{C}}}}H} + \underset{36\%}{CH_3—\overset{\displaystyle CH_3}{\overset{|}{\underset{\displaystyle CH_3}{\underset{|}{C}}}}—Cl}$$

伯氢与叔氢的相对活性为:

$$\frac{64}{9}:\frac{36}{1}\approx 1:5$$

以上结果表明烷烃中三种氢的相对活性顺序为:叔氢>仲氢>伯氢。其原因可由键的解离能加以解释。

$$CH_3—H \longrightarrow CH_3\cdot + \cdot H \qquad \Delta H=435.1\ kJ\cdot mol^{-1}$$

$$CH_3CH_2CH_2—H \longrightarrow CH_3CH_2CH_2\cdot + \cdot H \qquad \Delta H=410\ kJ\cdot mol^{-1}$$

$$CH_3\underset{\displaystyle H}{\underset{|}{C}}HCH_3 \longrightarrow CH_3\dot{C}HCH_3 + \cdot H \qquad \Delta H=397.5\ kJ\cdot mol^{-1}$$

$$CH_3\overset{\displaystyle CH_3}{\overset{|}{\underset{\displaystyle H}{\underset{|}{C}}}}CH_3 \longrightarrow CH_3\overset{\displaystyle CH_3}{\overset{|}{\dot{C}}}CH_3 + \cdot H \qquad \Delta H=380.7\ kJ\cdot mol^{-1}$$

不同类型氢的解离能不同,叔氢的解离能最小,反应时这个键最容易断裂,所以叔氢在反应中活性最高。

4.卤代反应中卤素的活泼性比较

以甲烷的卤代为例来比较卤素活泼性。对于某一化学反应能否进行以及进行的难易实质上取决于反应的活化能。但大多数反应也可以从反应的反应热进行判断。一般情况放热反应比吸热反应易于进行，一个反应的放热量越大反应速率就越快。甲烷的卤代反应生成一卤代甲烷的反应热分别为：

$$CH_4 + X_2 \longrightarrow CH_3X + HX$$

反应热 ΔH		
	F_2	$-422.6\ kJ \cdot mol^{-1}$
	Cl_2	$-104.8\ kJ \cdot mol^{-1}$
	Br_2	$-37.3\ kJ \cdot mol^{-1}$
	I_2	$+52.7\ kJ \cdot mol^{-1}$

氟代、氯代、溴代反应都是放热反应，其中氟代反应放热量最大。碘代反应是吸热反应。根据反应热推测氟代反应最容易，碘代反应最难。实际反应情况氟代反应非常剧烈，反应难以控制，氯代反应比溴代反应快，烷烃和碘通常不起反应。碘代反应难以进行的另一个原因是碘代反应生成的 HI 是还原剂，会将生成的碘代烷再还原为烷烃。用反应热很好地说明了卤代反应中卤素的活性顺序为氟＞氯＞溴＞碘。

问题与思考

将下列自由基按稳定性大小排列。

(1)$CH_3CH_2\dot{C}HCH_3$　(2)$CH_3CH_2CH_2\dot{C}H_2$　(3)$CH_3\dot{C}(CH_3)_2$

第二节　环烷烃

分子中具有碳环结构的烷烃称为环烷烃，单环烷烃的通式为 C_nH_{2n}，与单烯烃互为同分异构体。

一、环烷烃的分类、命名

(一)环烷烃的分类

环烷烃的分类见图 1－16。

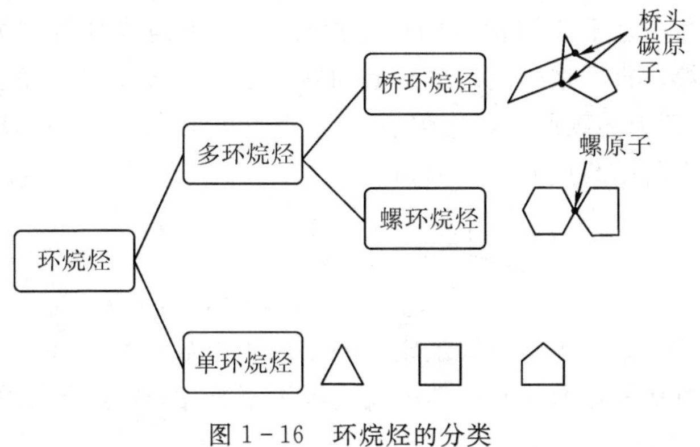

图 1－16　环烷烃的分类

(二)环烷烃的命名

1.单环烷烃的系统命名

环上不连取代基的环烷烃，根据组成环的碳原子总数称为环某烷，例如：

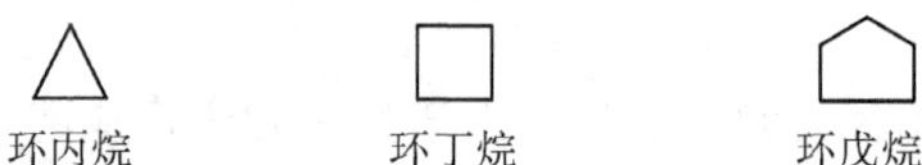

环丙烷　　环丁烷　　环戊烷

环上连接有取代基的，当取代基比较简单时，以环为母体，根据成环的碳原子总数称为环某烷。编号方式类似于烷烃的命名，应使取代基的位次尽可能最小，环上有多取代基时，遵循次序规则和最低系列，使最小基团的位次最小。例如：

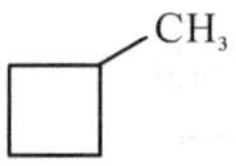

甲基环丁烷 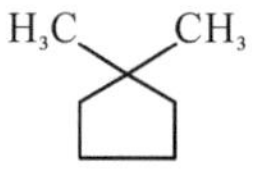　　1,1-二甲基环戊烷 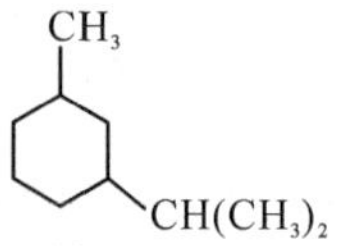　　1-甲基-3-异丙基环己烷

对于连接有多个取代基的环烷烃，有可能存在构型异构，因此，命名时不仅对其构造命名，还要命名其构型。比如1,2-二甲基环丙烷，三个碳原子组成一个平面，不同碳原子上的两个甲基具有在环的同侧还是异侧的立体关系，这种现象称为顺反异构现象，二者互为顺反异构体。两个甲基位于环同侧的是顺式异构体，位于环异侧的是反式异构体。

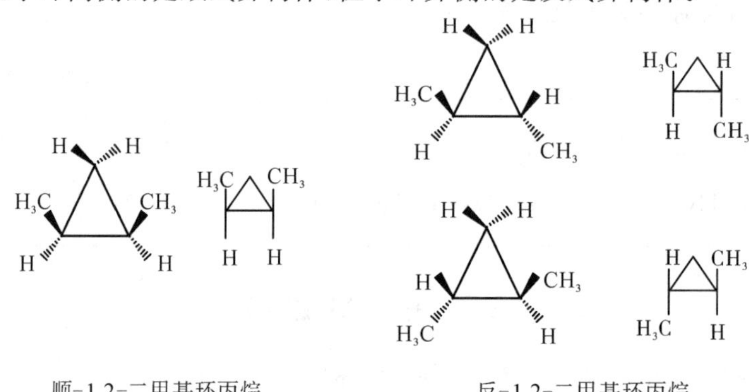

顺-1,2-二甲基环丙烷　　反-1,2-二甲基环丙烷

当取代基比较复杂时，把环作为取代基命名。例如：

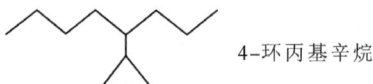

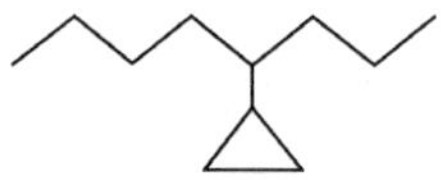

4-环丙基辛烷

2.二环烷烃的系统命名

(1)桥环烷烃的命名。不连取代基的桥环烷烃，先根据组成环的碳原子总数确定母体名称，称为二环[　]某烷。再下来确定每一桥上的碳原子数。确定每一桥上碳原子数时不包括桥头碳原子。将每一桥上的碳原子数用阿拉伯数字表示，按由大到小的顺序写在二环和某烷之间的[　]内，数字之间用圆点隔开。例如：

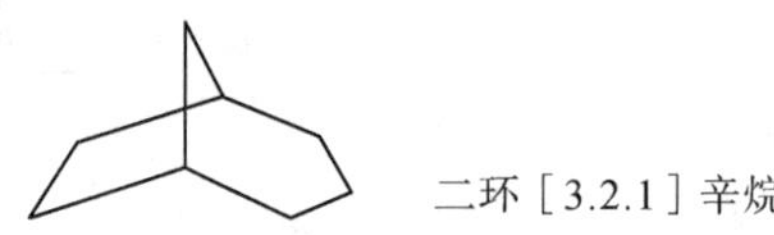

二环[3.2.1]辛烷

环上连有取代基时，第一步先根据组成环的碳原子总数称为二环[　]某烷。下来要对环上碳原子编号，编号时从靠近取代基一端的桥头碳原子开始，先编最长桥，再依次编第二长桥和第三短桥。例如：

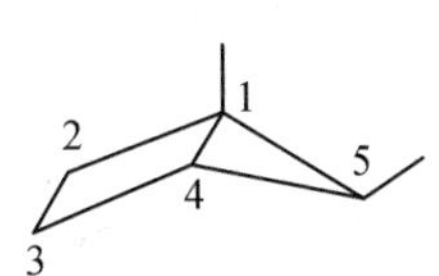

1,5-二甲基二环[2.1.0]戊烷

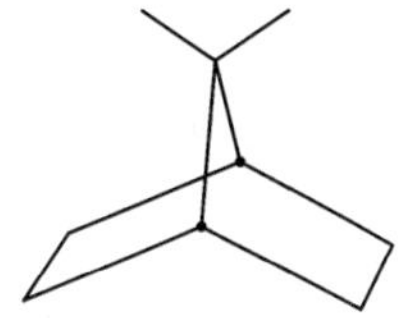

7,7-二甲基二环[2.2.1]庚烷

(2)螺环烷烃的命名。不连取代基的螺环烷烃的命名，根据成环碳原子总数称为螺[　]某烷。下来确定每一环上的碳原子数，确定每一环上的碳原子数时不包括螺原子。把每一环上的碳原子数目用阿拉伯数字表示，按由小到大顺序写在螺和某烷之间的[　]内，数字之间用圆点隔开。例如：

螺[3.4]辛烷

环上连有取代基时，同样先确定母体名称。下来对环上碳原子编号，编号时从靠近螺原子的小环碳原子开始编号，小环编完再编大环。原则使取代基位次尽可能小，遵循次序规则和最低系列。例如：

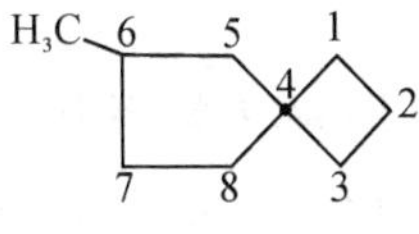

6-甲基螺[3.4]辛烷

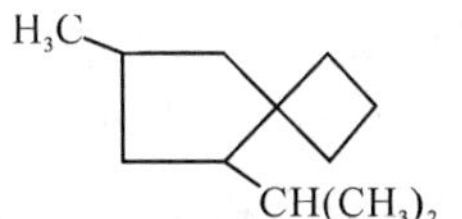

7-甲基-5-异丙基螺[3.4]辛烷

问题与思考

用系统命名法命名下列化合物。

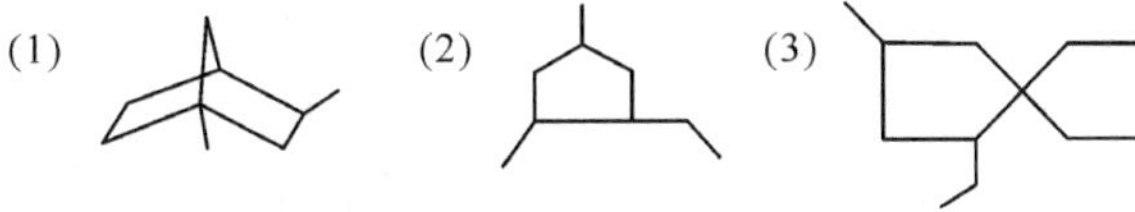

拓展知识

环烷烃系统命名新规则：

(1)单环烷烃的命名。单环烷烃的命名与烷烃类似，根据成环碳原子数称为环某烷，将环上的支链作为取代基。环上有多个取代基时，首先按照“最小位次组”原则进行编号，使所有取代基的编号尽可能最小。书写名称时，按英文名称的字母顺序，依次写出取代基的名称，最后写出母体氢化物(母体)的名称。

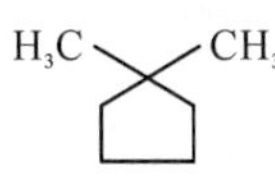

1,1-二甲基环戊烷
1,1-dimethylcy clopentane

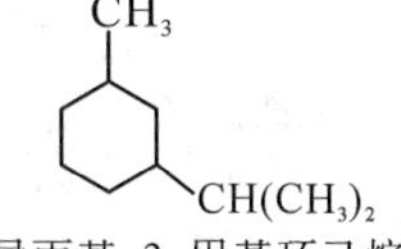

1-异丙基-3-甲基环己烷
1-isopropyl-3-methylcy clohexane

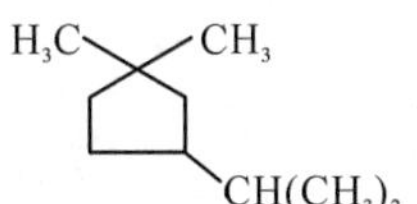

3-异丙基-1,1-二甲基环戊烷
3-isopropyl-1,1-dimethylcy clopentane

(2)二环烷烃的命名。

①桥环烷烃的命名。母体氢化物(母体)的名称有固定的格式：双环[$a.b.c$]某烷($a \geqslant b \geqslant c$，$a$、$b$、$c$ 分别代表每一桥上的碳原子数，不包括桥头碳原子)。其他命名规则与烷烃类似。

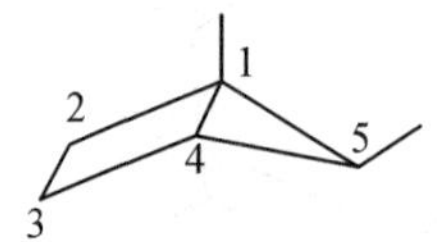

1,5-二甲基双环[2.1.0]戊烷
1,5-dimethylbicyclo[2.1.0]pentane

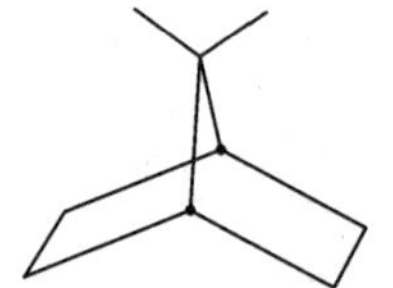

7,7-二甲基双环[2.2.1]庚烷
7,7-dimethylbicyclo[2.2.1]heptane

②螺环烷烃的命名。母体氢化物(母体)的名称有固定的格式:[$a.b$]某烷($a \leqslant b$,a、b 分别代表每一环上的碳原子数,不包括螺原子)。其他命名规则与烷烃类似。

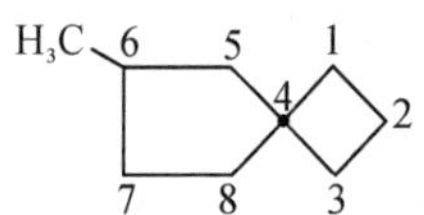

6-甲基螺[3.4]辛烷
6-methylspiro[3.4]octane

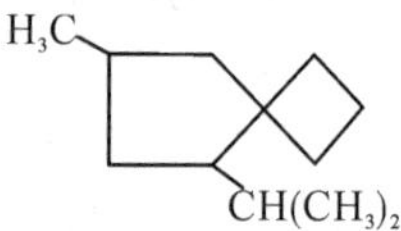

5-异丙基-7-甲基螺[3.4]辛烷
5-isopropyl-7-methylspiro[3.4]actane

二、环烷烃的性质

(一)环烷烃的物理性质

在常温常压下,环丙烷与环丁烷为气体,环戊烷、环己烷为液体,其他高级环烷烃为固体。

环烷烃不溶于水,易溶于有机溶剂,比水轻。环烷烃的沸点、熔点、相对密度都比同碳数的烷烃高(见表 1-3)。

表 1-3　常见环烷烃的物理常数

名称	熔点/℃	沸点/℃	相对密度/g·cm^{-3}(20 ℃)
环丙烷	−127	−34.5	0.6889
环丁烷	−90	−12.5	0.6890
环戊烷	−93	49.5	0.7458
环己烷	6	80.0	0.7780
环庚烷	8	119.0	0.8009
环辛烷	4	148.0	0.8301

(二)环烷烃的化学性质

环烷烃的化学性质,既有与烷烃类似的性质,如发生取代和氧化反应,又由于碳环的存在,也具有与烷烃不同的特性,如三元、四元环易发生开环加成反应。

1.取代反应

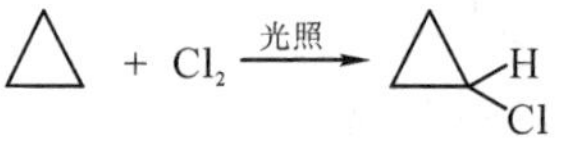

$$\text{环丙烷} + Cl_2 \xrightarrow{\text{光照}} \text{氯代环丙烷}(C_3H_5Cl)$$

$$\text{甲基环己烷} + Cl_2 \xrightarrow{\text{光照}} \text{1-甲基-1-氯环己烷} + HCl$$

2.加成反应

(1)催化加氢。环丙烷、环丁烷和环戊烷在催化剂作用下与 H_2 反应,开环加 H_2 生成烷烃,反应的活性和环的大小有关。

$$\triangle + H_2 \xrightarrow[80\ ℃]{Ni} CH_3CH_2CH_3$$

$$\square + H_2 \xrightarrow[100\ ℃]{Ni} CH_3CH_2CH_2CH_3$$

$$⬠ + H_2 \xrightarrow[300\ ℃]{Pt} CH_3CH_2CH_2CH_2CH_3$$

从以上反应式可看出，环丙烷、环丁烷与 H_2 加成相对容易，环戊烷较难。

(2)与卤素的加成。环丙烷在室温下、环丁烷在加热条件下，即可与溴发生开环加成反应。环戊烷以上的环烷烃与卤素只发生取代反应，不发生加成。

$$\triangle + Br_2 \longrightarrow BrCH_2CH_2CH_2Br$$

$$\square + Br_2 \xrightarrow{\triangle} BrCH_2CH_2CH_2CH_2Br$$

(3)与 HX 的加成。环丙烷常温下与 HX 加成得到卤代烷，环丁烷需加热才能与 HX 加成，而环戊烷加热也难与 HX 加成。烷基取代的环烷烃与 HX 加成时，开环的位置是从连接有取代基最多和最少的 C—C 键处断开，H^+ 加成到含氢较多的碳原子上，X^- 加成到含氢较少的碳原子上，这个规则称为马氏规则。例如：

$$CH_3-\triangle + H—Br \longrightarrow CH_3CH(Br)CH_2CH_3$$

$$(CH_3)_2C\triangle CH-CH_3 + H—Br \longrightarrow CH_3—C(Br)(CH_3)—CH(CH_3)—CH_3$$

3.燃烧反应

环烷烃不易被高锰酸钾、臭氧等强氧化剂氧化，但易燃烧。燃烧时多数环烷烃的每个亚甲基(—CH_2—)的平均燃烧热比烷烃的高，高出的能量称为张力能。部分环烷烃的亚甲基的平均燃烧热及张力能见表 1-4。

表 1-4　部分环烷烃亚甲基的平均燃烧热及张力能

名称	亚甲基的平均燃烧热/($kJ \cdot mol^{-1}$)	每个亚甲基的张力能/($kJ \cdot mol^{-1}$)	总张力能/($kJ \cdot mol^{-1}$)
环丙烷	697.1	697.1－658.6＝38.5	115.5
环丁烷	686.2	686.2－658.6＝27.6	110.4
环戊烷	664.0	664.0－658.6＝5.4	27.0
环己烷	658.6	0	0
烷烃	658.6		

由表 1-4 数据说明，从环丙烷到环己烷，环越大，环的张力能越小，也就是分子的内能越小，环越稳定。

问题与思考

用简单的化学方法鉴别下列物质。

空气、丙烷、环丙烷

三、环的稳定性解释与环己烷的构象

(一)环的稳定性解释

环烷烃的碳原子与烷烃一样,也是以 sp^3 杂化轨道参与成键的,但由于成环,使成键轨道不能最大程度的重叠。比如环丙烷,三个碳原子在一个平面上,按正三角形几何形状,键角应为 60°,但电子衍射等实验方法测得的结构表明,环丙烷的键角约为 105.5°,既不是 60°,也不是正常的 sp^3 杂化轨道键角 109.5°。成键时,两个成键碳原子在面内会产生角张力,这种张力又称为拜尔张力(由于偏离正常键角 109.5°所导致的一种力图使其恢复正常状态的力)。向外的角张力和向内的电子对成键的键合力相抗衡,形成一个弯曲键(见图 1-17)。由于环丙烷的平面结构使相邻碳原子的 C—H 键是重叠的,存在较大的扭转张力,所以环丙烷不稳定,易发生开环反应。

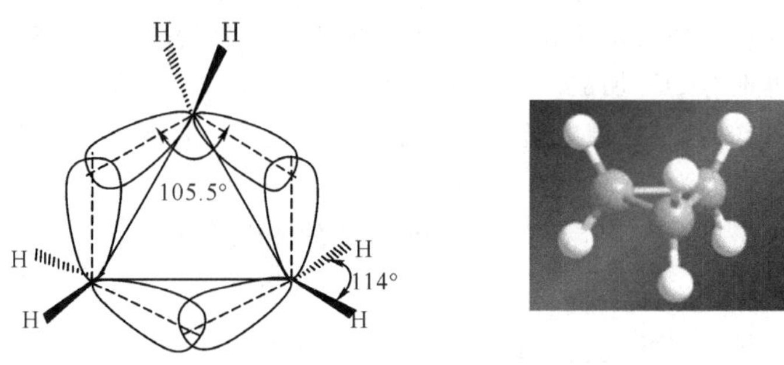

图 1-17　环丙烷的结构示意图

环丁烷以上的环烷烃成环碳原子不在同一平面上。环丁烷分子以"蝴蝶式"结构存在[见图 1-18(a)],键角约为 111.5°,也存在着角张力,但比环丙烷的小。同时"蝴蝶式"结构的相邻碳原子的 C—H 键也不是完全重叠的,扭转张力也比环丙烷的小。因此,环丁烷比环丙烷稳定。

环戊烷分子以两种结构"信封型""扭曲型"存在[见图 1-18(b)、(c)],键角约为 108°,接近正常键角,所以角张力很小。分子比较稳定,不易开环发生加成反应。

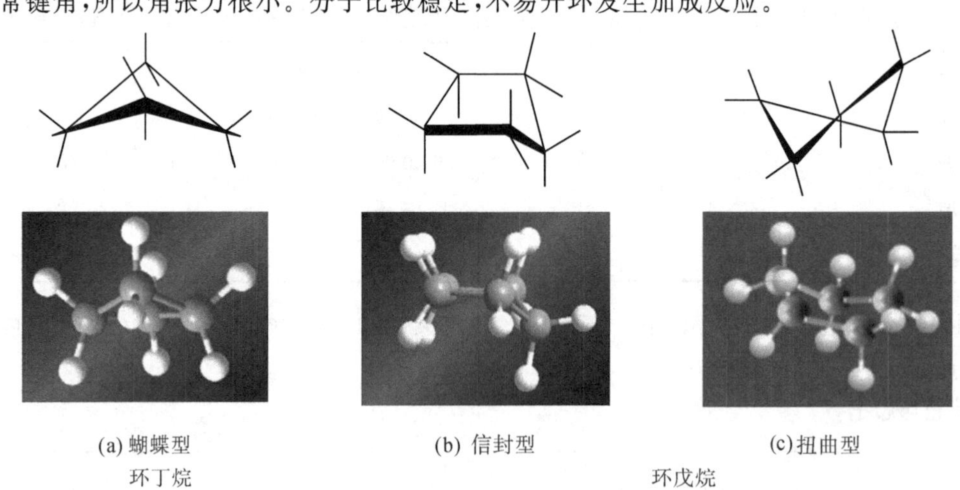

(a) 蝴蝶型　　(b) 信封型　　(c) 扭曲型

环丁烷　　环戊烷

图 1-18　环丁烷、环戊烷的结构示意图

环己烷分子键角为 109.5°,没有角张力,是自然界中存在最广的一类环。7～12 个碳原子

组成的环烷烃，虽然保持了正常键角，不存在角张力，但由于环上 C—H 键之间相互重叠而存在扭转张力，因此，没有环己烷稳定。当环进一步增大时，稳定性与环己烷相似。如环三十烷就是无张力环(见图 1-19)。

图 1-19　环三十烷结构示意图

(二)环己烷的构象

环己烷分子中 6 个碳原子不共平面，分子中碳碳键可以在环不受破裂的范围内旋转。因此，环己烷有多种构象，其中有两种极端构象，分别是船式构象和椅式构象(见图1-20)。

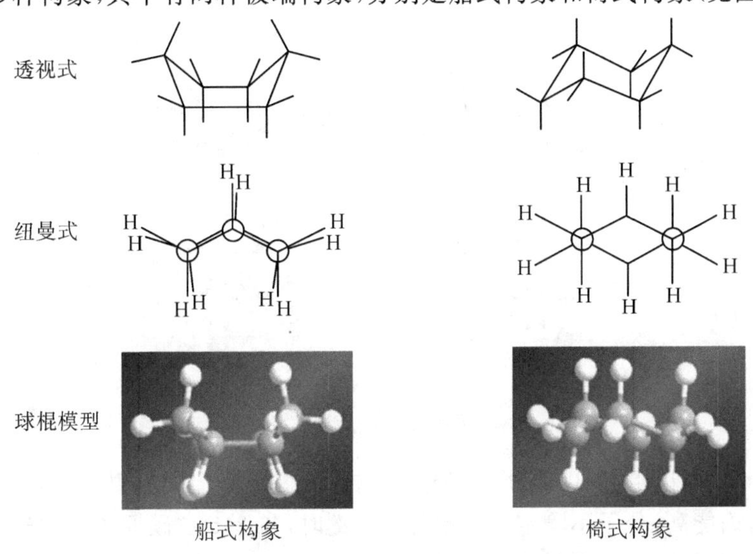

图 1-20　环己烷的构象示意图

从图 1-20 中可看出，椅式构象为交叉式构象，船式构象为重叠式构象，椅式构象为稳定式构象。椅式构象的稳定性可以从位能图中得到证实(见图 1-21)。

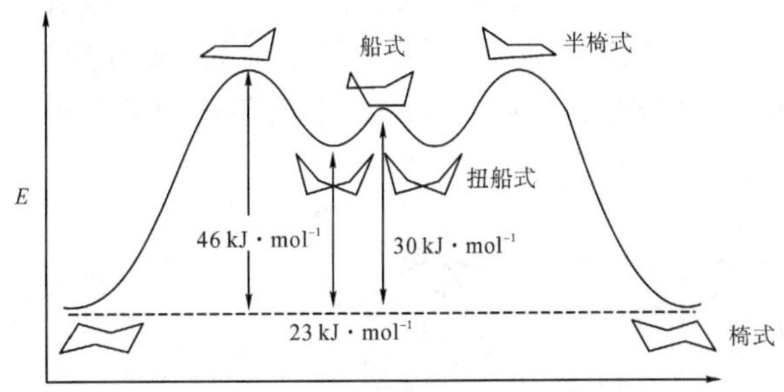

图 1-21　环己烷构象的位能示意图

1.环己烷的椅式构象

环己烷椅式构象中的 12 个 C—H 键可分为两类：第一类，与分子对称轴平行的 6 个 C—

H键称为直立键或a键，其中3个朝上3个朝下；第二类，6个与对称轴成109.5°角度的键称为平伏键或e键(见图1-22)。环己烷椅式构象也有两种，两种椅式构象可以通过分子的热运动发生环的翻转振动互变，这种互变叫作转环作用。构象转变时，原来的a键转变为e键，原来的e键转变为a键(见图1-23)。

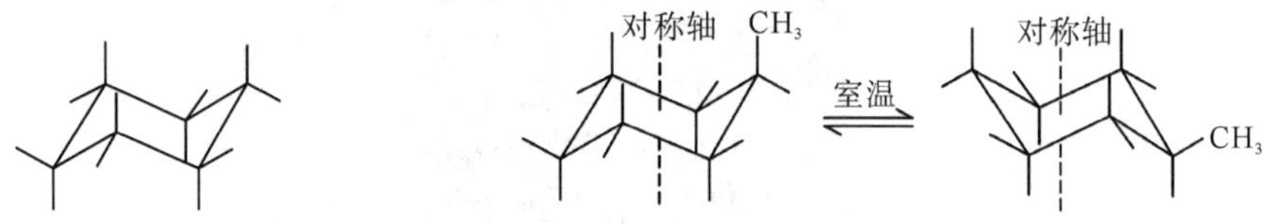

图1-22　环己烷的椅式构象　　图1-23　椅式构象转变示意图

2.取代环己烷的椅式构象

当环己烷中的氢原子被其他基团取代后，就形成一元、二元等取代物。环己烷的一元取代物有两种椅式构象，例如甲基环己烷(见图1-24)。

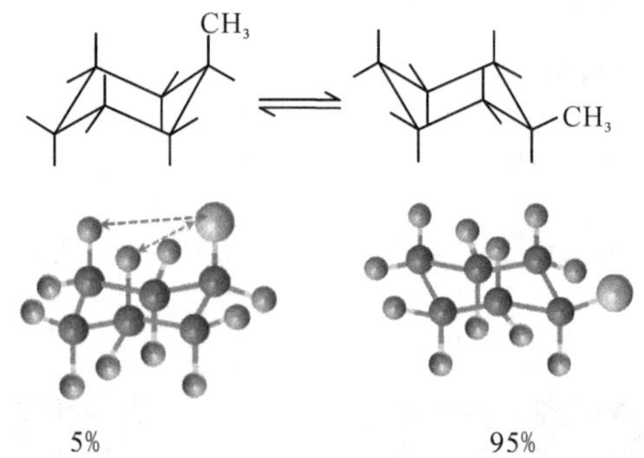

图1-24　甲基环己烷的椅式构象示意图

从图1-24中可以看到，甲基处在a键时，与3、5位碳子上的氢原子在同一侧，距离较近，基团的斥力大，内能高，分子不稳定。甲基处在e键时，与3、5位碳原子上的氢原子在异侧，斥力小，内能低，分子较稳定。甲基环己烷的e键取代物约占95%。环己烷的一元取代物是两种椅式构象的平衡混合物，常温下可以互变。其中e键的取代物占有优势，为稳定构象。

对于多元取代环己烷，一般来说最稳定的构象应是取代基在e键上最多的椅式构象，尤其是大的取代基处于e键上更为稳定。比如二元取代物，根据取代基在环上位置不同分为1,2、1,3和1,4取代物。取代基可在a键上，也可在e键上，因此又可分为ee型、ea型和aa型，其中ee型为优势构象，为最稳定构象。例如1,3-二甲基环己烷的三种构象(见图1-25)，其中ee型或aa型为顺式构象，ea型为反式构象。

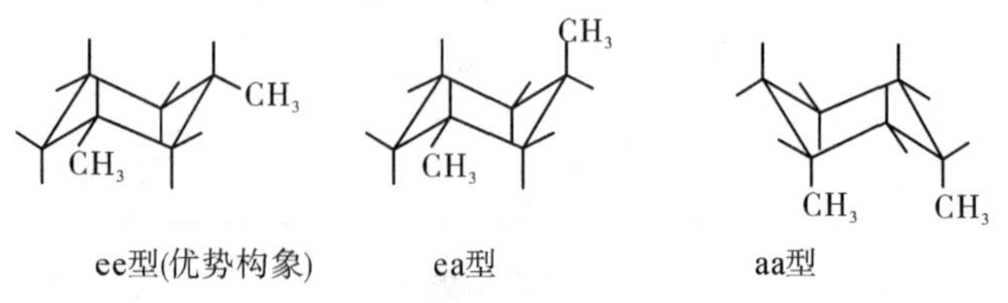

图1-25　1,3-二甲基环己烷的三种构象

问题与思考

试写出顺-1-甲基-2-异丙基环己烷的最稳定构象式。

第三节　饱和烃的主要来源和用途

饱和烃广泛存在于自然界中，它的主要来源是天然气和石油。天然气的主要成分是甲烷，石油的成分很复杂，其中的有机化合物主要是各种烷烃的混合物，还有一些环烷烃及芳香烃类物质。

某些动、植物中也有少量烷烃存在，如在烟草叶上的蜡中含有二十七烷和三十一烷，白菜叶上的蜡含有二十九烷，苹果皮上的蜡含二十七烷和二十九烷。此外，某些昆虫的外激素就是烷烃。所谓“昆虫外激素”，是同种昆虫之间借以传递信息而分泌的化学物质。例如有一种蚁类，它们通过分泌一种有气味的物质来传递警戒信息，经分析，这种物质含有正十一烷和正十三烷。又如雌虎蛾引诱雄虎蛾的性外激素是2-甲基十七烷。

饱和烃的主要用途是作为燃料和化工原料，具体的用途见表1-5。

表1-5　烷烃的主要用途

名称		大致组成	沸点范围/℃	用途
石油气		$C_1\sim C_4$	40以下	燃料、化工原料
粗汽油	石油醚	$C_5\sim C_6$	40～60	溶剂
	汽油	$C_7\sim C_9$	60～205	内燃机燃料、溶剂
	溶剂油	$C_9\sim C_{11}$	150～200	溶剂(溶解橡胶、油漆)
煤油	航空煤油	$C_{10}\sim C_{15}$	145～245	喷气式飞机燃料油
	一般煤油	$C_{11}\sim C_{16}$	160～310	照明、燃料、工业洗涤油
柴油		$C_{16}\sim C_{18}$	180～350	柴油机燃料
机械油		$C_{10}\sim C_{20}$	350以上	机械润滑
凡士林		$C_{18}\sim C_{22}$	350以上	制药、防锈涂料

本章小结

(1)由碳氢两种元素组成的化合物称为烃。烷烃的通式为C_nH_{2n+2}，通过烷烃了解同系列、同系物、系差的含义。烷烃分子中去掉一个氢原子，剩余的基团叫烷基(R—)。烷烃通常用普通命名法和系统命名法来命名。

(2)同分异构现象是有机化合物中普遍存在的现象，从丁烷起，烷烃有碳链异构，碳原子数越多，异构体的数目越多。在烷烃分子中，根据碳原子直接连接的碳原子个数，可将碳原子分为一级、二级、三级、四级碳原子，与相应碳原子相连的氢原子分别称为一级、二级、三级氢原子。

(3)烷烃的物理性质(沸点、熔点、溶解度和密度等)随着分子质量的增加而呈现规律性变化。

(4)烷烃分子中碳原子以 sp^3 杂化轨道成键，sp^3 杂化轨道的键角为 109.5°，碳原子 4 个价键指向以碳原子为中心的四面体的 4 个顶点。烷烃分子中的化学键都是 σ 键，因此烷烃的化学性质比较稳定。但在一定条件下可以发生卤代等化学反应。烷烃的卤代反应是自由基取代反应。自由基反应多属于链锁反应，通常包括链引发、链增长和链终止三个阶段。

(5)构象是由于单键的自由旋转而产生的分子中各原子或基团不同的空间排布。乙烷的构象式中，交叉式最稳定，重叠式最不稳定；丁烷的构象式中，对位交叉式最稳定，完全重叠式最不稳定，最稳定的构象称为优势构象。

(6)环烷烃分为单环和多环两大类，多环又按共用碳原子数不同分为螺环和桥环。单环烷烃通式为 C_nH_{2n}。单环烷烃的命名原则与相应的烷烃类似，只是在某烷前冠以“环”字，环上有取代基时尽可能取小的编号；环烷烃除碳链异构外还有顺反异构，因此命名时还要对其构型进行命名。

(7)环烷烃中小环存在很大张力，不稳定，易发生开环加成反应。取代环烷烃与 HX 加成时遵循马氏规则。常温下环丙烷不与高锰酸钾等氧化剂反应。

(8)环戊烷与环己烷分子中不存在张力，环非常稳定，在光照和加热的条件下可发生卤代反应，与烷烃的性质相似。

(9)环己烷有船式和椅式两种典型构象，椅式构象为优势构象。椅式构象中 C—H 键分为 a 键和 e 键，一取代环己烷取代基处在 e 键上为优势构象，多取代环己烷取代基处于 e 键上越多构象越稳定。

习　题

1-1.用系统命名法命名下列化合物。

(1)$(CH_3)_2CH—C(CH_3)_3$

(2)$(CH_3)_2CH—CH_2—CH(CH(CH_3)_2)—CH_2CH_2CH_3$

(3)$C(CH_3)_4$

(4)$CH_3CH_2CH_2—CH(CH(CH_3)_2)CH_2CH_3$

(5)

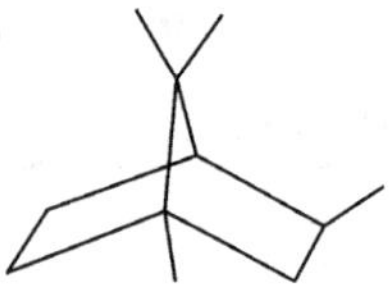

(6)$CH_3CH(CH_3)CH_2CH_2CH(CH_3)_2$

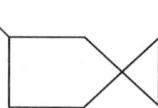

(7)

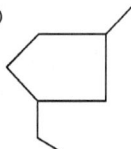

(8)

(9)

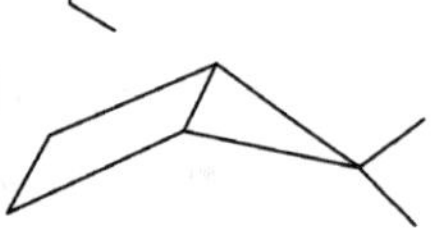

(10)

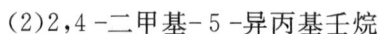

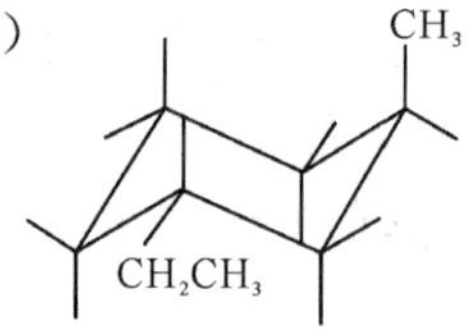

1-2.根据下列化合物的名称写出其构造式，对于违反系统命名原则的写出正确名称。

(1)3,3-二甲基丁烷

(2)2,4-二甲基-5-异丙基壬烷

(3)2,2,3-三甲基戊烷　　(4)2,3-二甲基-2-乙基丁烷

(5)2-异丙基-4-甲基己烷　　(6)4-乙基-5,5-二甲基辛烷

(7)异己烷　　(8)新庚烷

1-3.写出符合下列条件的含6个碳原子烷烃的构造式。

(1)含有两个三级碳原子的烷烃。

(2)含有一个异丙基的烷烃。

(3)含有一个四级碳原子及一个二级碳原子的烷烃。

1-4.写出下列化合物的结构式。

(1)异丙基环戊烷　　(2)1,3-二甲基环己烷

(3)顺-1-甲基-4-叔丁基环己烷　　(4)反-1-甲基-2-乙基环丁烷

(5)1,7,8-三甲基二环[3.2.1]辛烷　　(6)1,6-二甲基螺[4.5]癸烷

1-5.以 $C_1—C_2$ 的 σ 键旋转丁烷分子，试用纽曼投影式表示出可能形成的几种极端构象。

1-6.判断下列各组化合物是构造异构、构象异构还是相同化合物。

(1)　　(2)

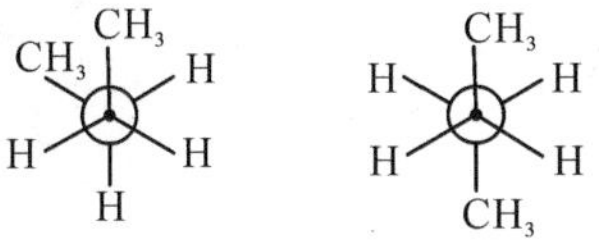

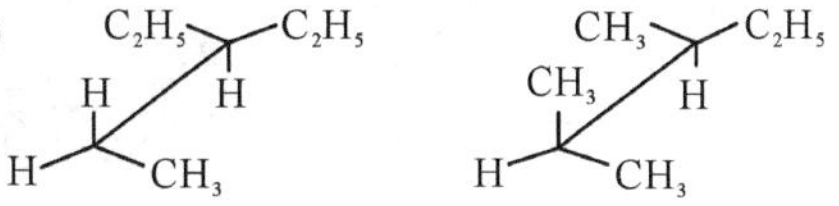

(3)

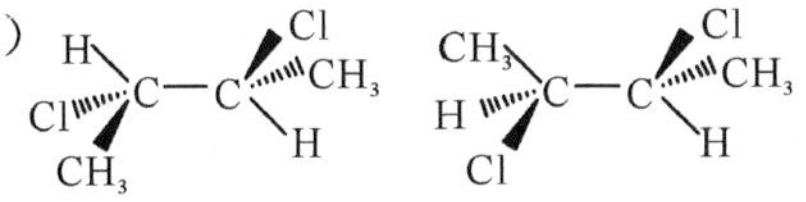

(4) $(CH_3)_3CCH_2CH_3$　　$(CH_3)_2CHCH(CH_3)_2$　　$CH_3(CH_2)_4CH_3$

1-7.甲烷在光照条件下进行氯代反应时，可以观察到如下现象：

(1)将氯气光照，在黑暗中放置一段时间再与甲烷混合，没有得到氯代产物。

(2)将氯气光照，然后立即在黑暗中与甲烷混合，可以得到氯代产物。

用反应机理解释上述实验现象。

1-8.写出下列化合物的优势构象，如该化合物有顺反异构体，请指出其优势构象是顺式还是反式。

(1)1,2-二甲基环己烷　　(2)1-甲基-1-异丙基环己烷

(3)1-甲基-3-溴环己烷　　(4)1,4-二甲基环己烷

第二章　不饱和烃

不饱和烃是指分子中含有碳碳不饱和键(碳碳双键或碳碳三键)的碳氢化合物，分子中含有碳碳双键的烃称为烯烃；分子中含有碳碳三键的烃称为炔烃。碳碳双键和碳碳三键分别是烯烃和炔烃的官能团。

第一节　单烯烃

只含一个碳碳双键的烃称为单烯烃，比相应的烷烃少两个氢原子，通式为 C_nH_{2n}。

一、单烯烃的结构

乙烯是最简单的单烯烃。乙烯的分子式为 C_2H_4，结构模型见图 2-1。

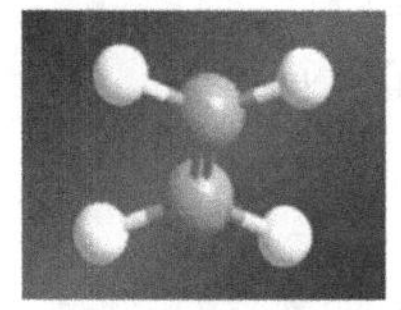
球棍模型

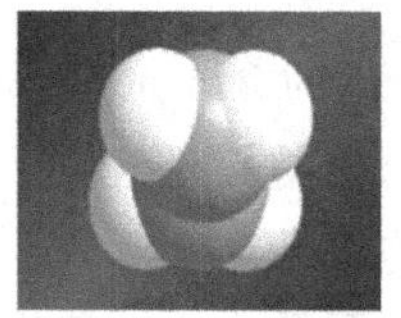
比例模型

图 2-1 乙烯分子的模型

从乙烯分子的球棍模型可以看到，乙烯分子的两个碳原子、四个氢原子在一个平面上。

轨道杂化理论认为，形成乙烯分子的碳原子是以 sp^2 杂化，杂化轨道之间的夹角为 120°，三个 sp^2 杂化轨道共平面，每个 sp^2 杂化轨道向正三角形的三个顶点伸展。碳原子未参与杂化的 2p 轨道垂直于三个 sp^2 杂化轨道所在的平面（见图 2-2）。

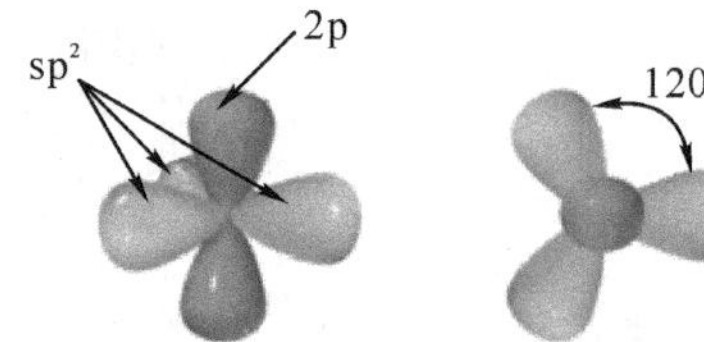

图 2-2 乙烯碳原子的 sp^2 杂化

形成乙烯分子的碳原子成键时，每个碳原子各利用一个 sp^2 杂化轨道通过头对头重叠形成 C—C σ 键，另外两个 sp^2 杂化轨道分别与两个氢原子 1s 轨道头对头重叠形成 C—H σ 键。由于三个 sp^2 杂化轨道共平面，因此成键后的两个碳原子、四个氢原子在一个平面上。两个碳原子的未杂化的 2p 轨道都垂直于这个平面，因此相互平行，成键时只能肩并肩重叠形成共价键（见图 2-3）。

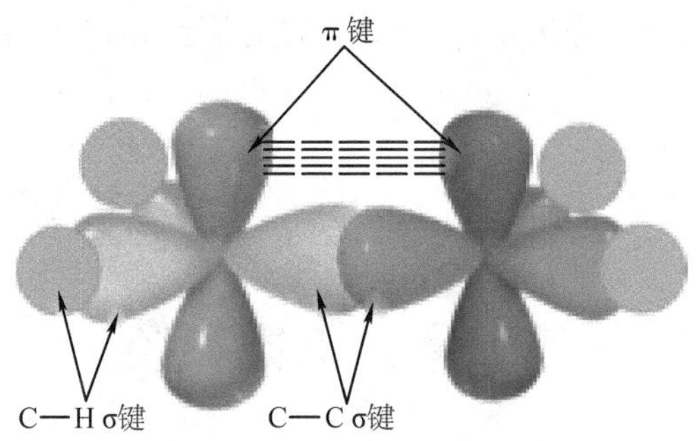

图 2-3 乙烯分子的形成

原子轨道通过肩并肩相互重叠形成的共价键称为 π 键。

π 键和 σ 键相比，由于是原子轨道的侧面重叠，重叠程度没有 σ 键大。π 键上的电子称为 π 电子，分布在平面的上下，受碳原子核的束缚较小，容易受到外界电场的影响而极化。实验测得碳碳双键的键能为 610 $kJ \cdot mol^{-1}$，不是碳碳单键键能 345.6 $kJ \cdot mol^{-1}$ 的两倍，说明 π 键没有 C—C σ 键牢固，相对容易断开。π 键和 σ 键相比还有一个特点，σ 键可以绕着键轴任意旋转，但 π 键却不可以旋转，旋转会引起 π 键的断裂。

二、单烯烃的同分异构

烯烃的异构现象比烷烃要复杂。除了碳链异构以外，还可能因官能团的位置不同而产生异构。由官能团位置发生改变引起的异构称为位置异构。例如：

$CH_3CH_2CH{=}CH_2$　　$CH_3CH{=}CHCH_3$　　$CH_3C(CH_3){=}CH_2$

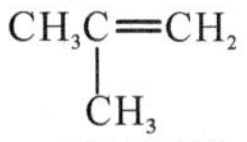

1-丁烯　　2-丁烯　　2-甲基丙烯

1-丁烯与2-甲基-1-丙烯互为碳链异构，1-丁烯与2-丁烯互为位置异构。碳链异构和位置异构均属于构造异构。

烯烃分子中由于π键的存在，同分异构不仅有构造异构，有的还存在构型异构。比如2-丁烯存在两种排列方式。

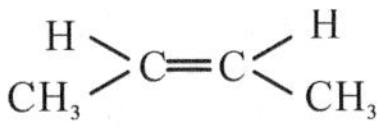

$(H)(CH_3)C{=}C(H)(CH_3)$　　$(CH_3)(H)C{=}C(H)(CH_3)$

顺-2-丁烯 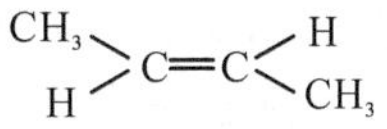　　反-2-丁烯

两个甲基在双键同侧的称为顺-2-丁烯，两个甲基在双键异侧的称为反-2-丁烯。并不是所有的单烯烃都存在顺反异构体。产生顺反异构现象的条件有：首先，分子中要有限制键旋转的因素，如环或双键的存在；其次，对烯烃而言，双键同一个碳原子上分别要连接有不同的基团，即当双键的任何一个碳原子上连接的两个基团相同时，就不存在顺反异构现象。下列化合物就不存在顺反异构现象。

$(a)(a)C{=}C(b)(b)$　　$(a)(a)C{=}C(b)(c)$

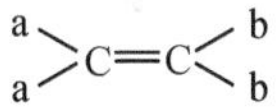

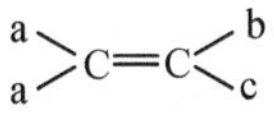

三、单烯烃的命名

(一)烯基

烯烃去掉一个氢原子剩下的基团叫作烯基。乙烯分子只有一类氢，失去一个氢原子剩下的基团叫作乙烯基；丙烯失去氢原子有三种情况，失去末端双键碳上的氢原子形成的基叫作丙烯基；失去双键第2个碳上的氢原子形成的基叫作异丙烯基；失去甲基碳上的氢原子形成的基叫作烯丙基。

$CH_2{=}CH{-}$　　$CH_3CH{=}CH{-}$　　$CH_2{=}C(CH_3){-}$　　$CH_2{=}CHCH_2{-}$

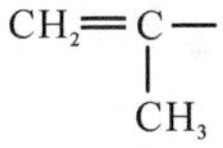

乙烯基　　丙烯基　　异丙烯基　　烯丙基

(二)命名

1.普通命名法

烯烃的命名多采用系统命名法，个别简单的烯烃也可以用普通命名法命名。例如：

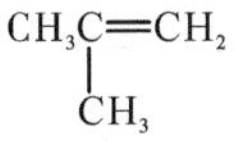

$CH_3C(CH_3){=}CH_2$　异丁烯

2.系统命名法

选主链。选择含有双键的最长碳链作为主链，根据主链上碳原子总数确定母体名称，称为某烯。

编号。从靠近双键的一端开始编号，原则上使双键和取代基的位次尽可能最小。

写名称。将双键的位次用阿拉伯数字表示，写在母体名称的前面，数字与母体之间用短杠隔开。如果有取代基，取代基书写原则与烷烃命名原则相同。例如：

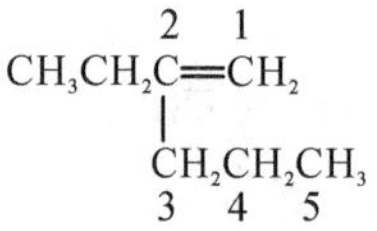

$$\begin{array}{l} \quad\;\; 2 \quad 1 \\ CH_3CH_2C{=}CH_2 \\ \quad\quad\;\;| \\ \quad\quad CH_2CH_2CH_3 \\ \quad\quad\;\; 3 \quad 4 \quad 5 \end{array}$$

2-乙基-1-戊烯

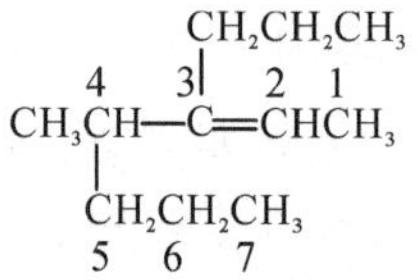

$$\begin{array}{l} \quad\quad\quad\quad CH_2CH_2CH_3 \\ \quad 4 \quad\;\; 3| \quad 2 \quad 1 \\ CH_3CH{-}C{=}CHCH_3 \\ \quad\;\;| \\ \quad CH_2CH_2CH_3 \\ \quad 5 \quad 6 \quad 7 \end{array}$$

4-甲基-3-丙基-2-庚烯

对于存在顺反异构体的单烯烃，需对其构型进行标记。顺反异构体的标记有两种，一种是用顺或反标记，另一种是用Z或E标记。如果双键的两个碳原子上连接有相同的基团，可以用顺或反标记，相同基团在同侧为顺，异侧为反。例如：

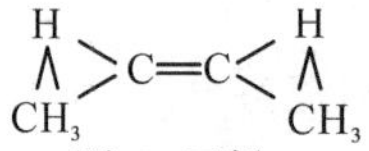

$$\begin{array}{c} H \\ \wedge \\ CH_3 \end{array} > C{=}C < \begin{array}{c} H \\ \wedge \\ CH_3 \end{array}$$

顺-2-丁烯

$$\begin{array}{c} CH_3 \\ \vee \\ H \end{array} > C{=}C < \begin{array}{c} H \\ \wedge \\ CH_3 \end{array}$$

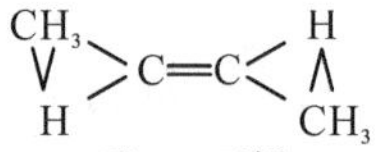

反-2-丁烯

如果双键的两个碳原子上没有相同的基团，则不能用顺或反标记，必须采用Z或E标记：首先对双键的同一碳原子上连接的两个基团按次序规则进行"较优"比较，如果双键的两个碳原子上较优基团在双键同侧的构型用Z标记，较优基团在双键异侧的构型用E标记。例如：

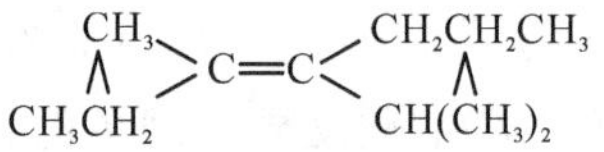

$$\begin{array}{c} CH_3 \\ \wedge \\ CH_3CH_2 \end{array} > C{=}C < \begin{array}{c} CH_2CH_2CH_3 \\ \wedge \\ CH(CH_3)_2 \end{array}$$

(Z)-3-甲基-4-异丙基-3-庚烯

能用顺或反标记的都可以用Z或E标记。例如：

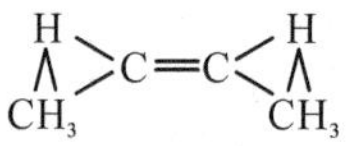

$$\begin{array}{c} H \\ \wedge \\ CH_3 \end{array} > C{=}C < \begin{array}{c} H \\ \wedge \\ CH_3 \end{array}$$

顺-2-丁烯

(Z)-2-丁烯

$$\begin{array}{c} CH_3 \\ \vee \\ H \end{array} > C{=}C < \begin{array}{c} H \\ \wedge \\ CH_3 \end{array}$$

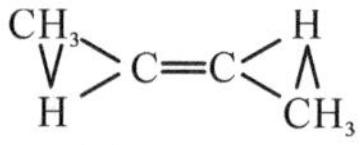

反-2-丁烯

(E)-2-丁烯

顺或反标记和Z或E标记仅仅是人为规定对构型的两种称呼，这两种称呼之间没有必然的联系。顺式的既可以是Z式，又可以是E式，同样反式的可以是Z式，也可以是E式。例如：

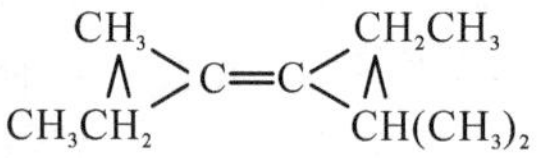

$$\begin{array}{c} CH_3 \\ \wedge \\ CH_3CH_2 \end{array} > C{=}C < \begin{array}{c} CH_2CH_3 \\ \wedge \\ CH(CH_3)_2 \end{array}$$

反-2.4-二甲基-3-乙基-3-己烯

(Z)-2.4-二甲基-3-乙基-3-己烯

$$\begin{array}{c} CH_3 \\ \wedge \\ CH_3CH_2 \end{array} > C{=}C < \begin{array}{c} CH_2CH_3 \\ \vee \\ H \end{array}$$

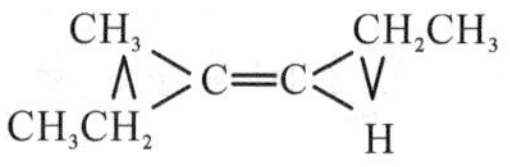

反-3-甲基-3-己烯

（E）-3-甲基-3-己烯

问题与思考

1.分析 σ 键和 π 键的形成过程，写出各自的特点。

2.试判断下列化合物有无顺反异构现象，如果有，写出其构型和名称。

(1)异丁烯　(2) 4 -甲基- 3 -庚烯　(3) 2 -己烯

拓展知识

单烯烃系统命名新规则

(1)烯基的命名。烯烃分子中失去一个氢原子剩下的基团统称为烯基。例如：

$CH_2{=}CH-$	$CH_3CH{=}CH-$	$CH_2{=}C(CH_3)-$	$CH_2{=}CHCH_2-$
乙烯基	丙-1-烯-1-基（丙烯基）	丙-1-烯-2-基（异丙烯基）	丙-2-烯-1-基（烯丙基）
Vinyl	prop-1-en-1-yl(propenyl)	prop-1-en-2-yl(isopropenyl)	prop-2-en-1-yl(allyl)

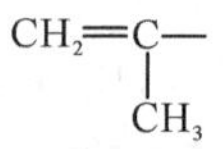

(2)单烯烃的系统命名。烯烃的系统命名规则与烷烃类似。

①选择最长碳链为母体氢化物，从靠近双键一端开始编号，用阿拉伯数字表示双键或取代基的位置。例如：

$\overset{6}{C}H_3\overset{5}{C}H_2\overset{4}{C}H(CH_3)\overset{3}{C}H{=}\overset{2}{C}H\overset{1}{C}H_3$

4-甲基己-2-烯

4-methylhexa-2-ene

$\overset{1}{C}H_3\overset{2}{C}H_2\overset{3}{C}(=CH_2)\overset{4}{C}H_2\overset{5}{C}H_2\overset{6}{C}H_3$

3-甲亚基己烷

3-methylidenehexane

$CH_3\overset{5}{C}H(\overset{6}{C}H_2\overset{7}{C}H_2\overset{8}{C}H_3)—\overset{4}{C}(\overset{3}{C}H_2\overset{2}{C}H_2\overset{1}{C}H_3){=}CHCH_3$

4-乙亚基-5-甲基辛烷

4-ethylidene-5-methyloctane

②具有两种或两种以上相同长度的最长碳链时，选择连有双键的碳链作为母体氢化物，编号时从靠近双键的一端开始编号。例如：

$CH_3\overset{2}{C}(\overset{3}{C}H_2\overset{4}{C}H_2\overset{5}{C}H_3){=}\overset{1}{C}H_2$

2-甲基戊-1-烯

2-methypent-1-ene

$CH_3\overset{4}{C}H(\overset{5}{C}H_2\overset{6}{C}H_2\overset{7}{C}H_3)—\overset{3}{C}(CH_2CH_3){=}\overset{2}{C}H\overset{1}{C}H_3$

3-乙基-4-甲基庚-2-烯

3-ethyl-4-methylhept-2-ene

③环烯烃的命名。以环烯为母体氢化物，对连有取代基的环烯进行编号时，从双键碳原子开始编号。例如：

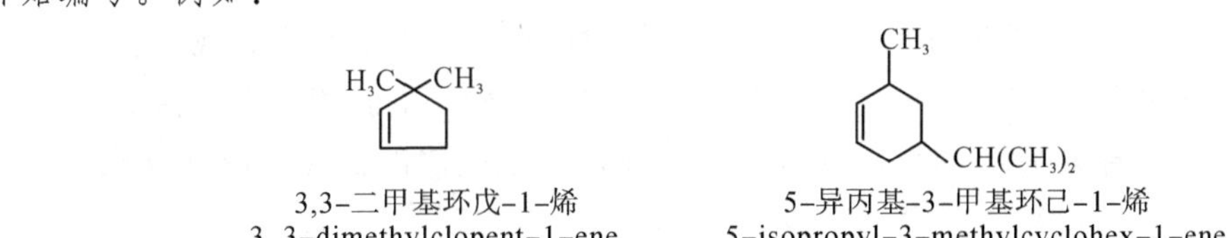

3,3-二甲基环戊-1-烯　　5-异丙基-3-甲基环己-1-烯

3, 3-dimethylclopent-1-ene　　5-isopropyl-3-methylcyclohex-1-ene

④烯烃顺反异构体的命名。构型的标记保留原命名规则：两个双键碳原子上有相同基团时，相同的基团在双键同侧称为顺式，异侧称为反式；当顺反异构体的双键碳原子上没有相同基团时，构型用 Z 或 E 标记法。例如：

$(CH_3)(CH_3CH_2)C{=}C(CH_2CH_2CH_3)(CH(CH_3)_2)$

(Z)-4-异丙基-3-甲基庚-3-烯

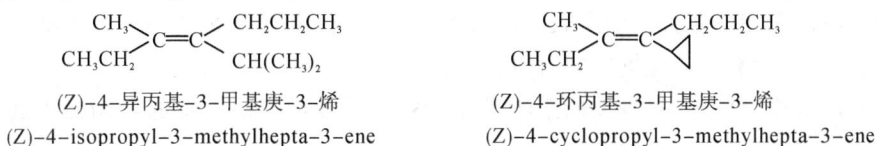

(Z)-4-isopropyl-3-methylhepta-3-ene

$(CH_3)(CH_3CH_2)C{=}C(CH_2CH_2CH_3)(C_3H_5)$

(Z)-4-环丙基-3-甲基庚-3-烯

(Z)-4-cyclopropyl-3-methylhepta-3-ene

注：CIP 顺序规则(次序规则)对双键和三键的处理。双键或三键可考虑为以单键连接有一个真实原子外还连接有一个或两个复制的同样原子，复制的原子假设其也是四价原子，其上其余连接着的是原子序数为“0”的假想原子。复制的原子表示为(元素符号)$_{000}$，比如(C)$_{000}$。

$—CH{=}CH_2$ 相当于 $—CH(C)_{000}—CH_2$

$—C{\equiv}CH$ 相当于 $—C((C)_{000})((C)_{000})—CH$

CIP 顺序规则(次序规则)对环的处理。将环处理为分叉的原子链，链的两端均分别延伸到分叉的端点，并将端点作为一个复制的原子，假设其也是四价原子，其上其余连着的是原子序数为“0”的假想原子。例如：

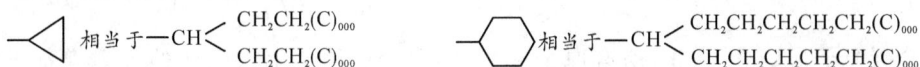

—环丙基 相当于 $—CH<\begin{matrix}CH_2CH_2(C)_{000}\\CH_2CH_2(C)_{000}\end{matrix}$

—环己基 相当于 $—CH<\begin{matrix}CH_2CH_2CH_2CH_2CH_2(C)_{000}\\CH_2CH_2CH_2CH_2CH_2(C)_{000}\end{matrix}$

四、电子效应

电子效应作为有机化学一个重要的结构概念，在解释有机化合物的空间结构、反应活性、反应的选择性、物质的稳定性以及反应机理等方面有着极为广泛的应用。从本质上讲，电子效应就是由于不同原子之间存在电负性差别，导致了化学键的极化。这种极化的结果可以沿着化学键传导，从而对分子本身的物理性质和化学性质产生影响。根据传递方式的不同，可分为诱导效应、共轭效应、场效应等。其中诱导效应和共轭效应更为常见，也更为重要。

(一)诱导效应

诱导效应是指在分子中引入一个电负性不同的基团，分子中成键电子云密度分布发生变化，成键电子沿碳链向电负性较大的基团方向偏移，从而使化学键发生极化的现象。用符号 I 表示。例如：

$$\underrightarrow{CH_3—CH_2—CH_2—CH_2—Cl}$$

诱导效应是一种静电作用，其影响随距离的增加而迅速减弱或消失。诱导效应在一个 σ 体系传递时，一般认为每经过一个原子，影响降低为原来的 1/3，经过三个原子以后，影响就极弱了，超过五个原子后便没有影响。诱导效应具有叠加性，当几个基团同时对某个键产生诱导效应时，方向相同，效应相加，方向相反，效应相减。此外，诱导效应沿单键传递时，只涉及电子云密度分布的改变，共用电子对并不完全转移到另一原子上。

诱导效应的强度由原子或基团的电负性决定。相对电负性较大的基团表现出吸电性，称为吸电子基，产生吸电诱导效应，一般用－I 表示；相对电负性较小的基团表现出供电性，称为供电子基，产生供电诱导效应，一般用＋I 表示。常见原子或基团的诱导效应强弱次序具体如下。

吸电诱导效应(－I)：$—NO_2>—COOH>—F>—Cl>—Br>—I>—OH>RC\equiv C—>C_6H_5—>R'CH=CH—$

供电诱导效应(＋I)：$(CH_3)_3C—>(CH_3)_2CH—>CH_3CH_2—>CH_3—$

上面所讲的是在静态分子中所表现出来的诱导效应，称为静态诱导效应，它是分子在静止状态的固有性质，没有外界电场影响时也存在。

在化学反应中，分子受外电场的影响或在反应时受极性试剂进攻的影响而引起的电子云分布的改变，称为动态诱导效应。

(二)共轭体系和共轭效应

1.共轭体系

共轭体系是指分子中发生原子轨道重叠、电子离域的部分，可以是分子的一部分或是整个分子。根据形成共轭体系的轨道不同，共轭体系可分为以下几种类型。

(1)π－π 共轭体系。由两个以上 π 键的 p 轨道相互重叠形成的体系。凡含有双键与单键交替连接的结构都属于此类型。例如 1,3－丁二烯：

$$\overset{1}{C}H_2=\overset{2}{C}H—\overset{3}{C}H=\overset{4}{C}H_2$$

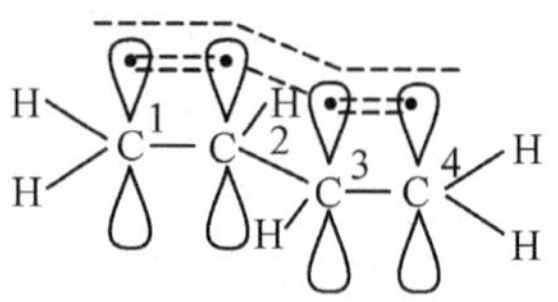

四个碳原子都是 sp^2 杂化，所有原子共平面，每个碳原子上未杂化的 p 轨道都垂直于平

面，相互平行，因此 C_1 和 C_2 未杂化的 p 轨道侧面重叠形成 π 键，C_3 和 C_4 未杂化的 p 轨道侧面重叠也形成 π 键，C_2 和 C_3 中形成 π 键的 p 轨道也相邻，也可以侧面重叠，重叠的结果使两个 π 键上的电子（π 电子）运动区域加大，π 电子发生了离域，形成 π－π 共轭体系。

(2)p－π 共轭体系。由 p 轨道与形成 π 键的 p 轨道相互重叠而成的体系。根据 p 轨道上容纳的电子数不同，p－π 共轭可分为以下几种情况。

①缺电子的 p－π 共轭体系。烯丙基正离子 $CH_2=CH-\overset{+}{C}H_2$，该体系中的 3 个碳原子均为 sp^2 杂化，带正电荷的碳原子的 p 轨道中无电子。该 p 轨道与形成 π 键的 p 轨道发生侧面重叠，形成以 3 个碳原子为中心，包含 2 个 p 电子的共轭体系。由于成键轨道数多于成键电子数，因此称为缺电子的 p－π 共轭体系[见图 2－4(1)]。

②等电子 p－π 共轭体系。烯丙基自由基 $CH_2=CH-\dot{C}H_2$，类似烯丙基碳正离子，只是与双键相连的碳原子的 p 轨道中有一个电子。该 p 轨道与形成 π 键的 p 发生侧面重叠，形成以 3 个碳原子为中心，包含 3 个 p 电子的共轭体系。由于成键轨道数等于成键电子数，因此称为等电子的 p－π 共轭体系[见图 2－4(2)]。

③多电子 p－π 共轭体系 $CH_2=CH-\ddot{C}l$，氯原子以 σ 键直接和双键碳原子相连，由于氯原子具有孤对 p 电子，能与形成 π 键 p 轨道侧面重叠，形成以 C、C、Cl 三原子为中心，包含 4 个 p 电子的共轭体系。由于成键轨道数少于成键电子数，因此称为多电子的 p－π 共轭体系[见图 2－4(3)]。

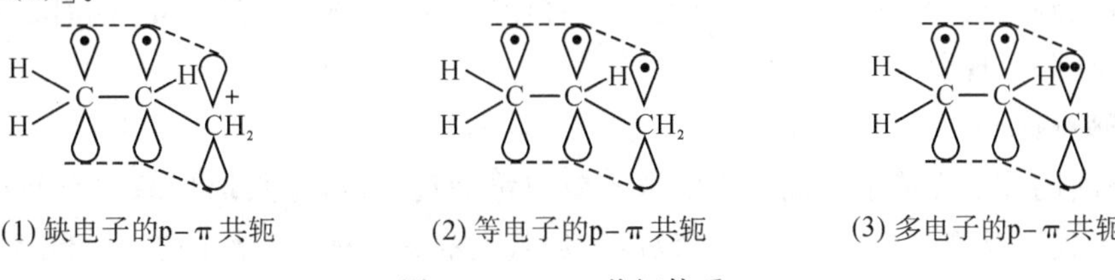

图 2－4　p－π 共轭体系

(3)超共轭体系。由于 C－C σ 键可以绕键轴旋转，α—碳原子上每一个 C－H σ 键均可旋转至与 p 轨道部分重叠产生类似电子离域现象，这样形成的体系称为 σ－π 或 σ－p 超共轭体系（见图 2－5）。

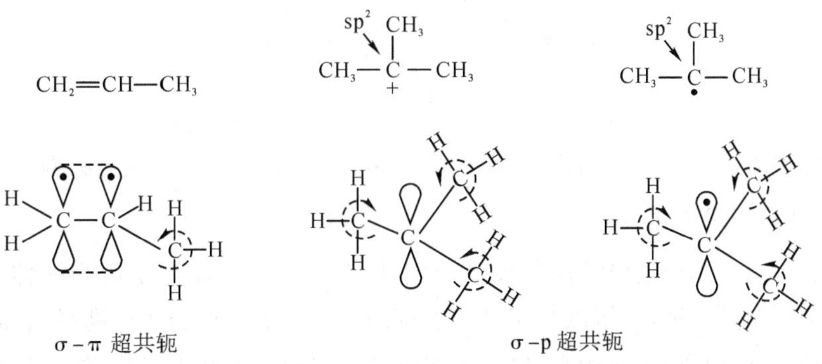

图 2－5　超共轭体系

2.共轭效应

在共轭体系中，原子间相互影响，引起键长和电子云分布平均化，体系能量降低，分子更稳定，这种效应称为共轭效应。例如1,3-丁二烯：

$$\underset{\uparrow\,0.137\text{ nm}}{CH_2{=}CH}\underset{\uparrow\,0.147\text{ nm}}{-}CH{=}CH_2 \qquad \underset{\uparrow\,0.134\text{ nm}}{CH_2{=}CH_2} \qquad \underset{\uparrow\,0.153\text{ nm}}{CH_3{-}CH_3}$$

C═C双键键长比乙烯的长，C—C单键键长比乙烷的短，键长趋于平均化。

以上三种共轭体系的共轭效应，超共轭效应比π-π共轭和p-π共轭效应弱得多，一般情况不考虑超共轭效应的影响。

共轭效应又可分为静态共轭效应和动态共轭效应两种。

静态共轭效应是共轭体系中由于电子离域，使体系内能降低，键长平均化和静态极化作用，是分子内固有的效应。例如丙烯醛分子中，由于氧的吸电子性，使整个分子电荷密度出现交替极化：

$$\overset{\delta^+}{CH_2}{=}\overset{\delta^-}{CH}{-}\overset{\delta^+}{\underset{|\,H}{C}}{=}\overset{\delta^-}{O}$$

动态共轭效应是共轭体系受外界电场、试剂等作用时的极化现象。例如1,3-丁二烯分子，当受到亲电试剂进攻时，分子发生极化，分子中电荷密度也出现交替极化。

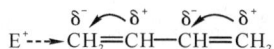

$$E^+ \dashrightarrow \overset{\delta^-}{CH_2}{=}\overset{\delta^+}{CH}{-}\overset{\delta^-}{CH}{=}\overset{\delta^+}{CH_2}$$

共轭效应只存在于共轭体系中，沿共轭链传递，其强度不因共轭链的增长而减弱；当共轭体系的一端受到电场的影响时，这种影响将一直传递到共轭体系的另一端，同时在共轭链上产生电荷正负交替的现象。

（三）场效应

通过空间的分子内静电作用产生的电子效应称为场效应，即某取代基在空间产生一个电场，它对另一处的反应产生影响的电子效应。场效应的是一种长距离的极性相互作用，作用距离超过两个C—C键长时的极性效应。比如对氯苯基丙炔酸酸性比邻氯苯基丙炔酸的酸性强，其原因是邻氯苯基丙炔酸分子中存在场效应。氯原子产生供电子的场效应，减弱了羧基上氢原子的活性，从而使其酸性减弱。例如：

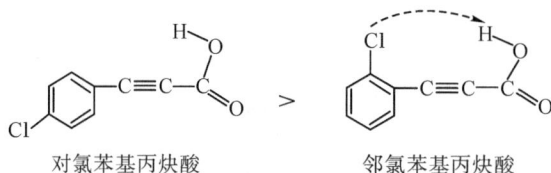

$$p\text{-}ClC_6H_4{-}C{\equiv}C{-}COOH \quad > \quad o\text{-}ClC_6H_4{-}C{\equiv}C{-}COOH$$

对氯苯基丙炔酸　　　　邻氯苯基丙炔酸

场效应与前两种电子效应相比，存在机会不多，一般不考虑场效应的影响。

五、单烯烃的物理性质

在常温下，含2～4个碳原子的单烯烃为气体，含5～18个碳原子的为液体，19个碳原子以上的为固体。它们的沸点、熔点和相对密度都随分子质量的增加而升高，但相对密度都小于1。单烯烃均为无色物质，不溶于水，易溶于非极性和弱极性的有机溶剂，如石油醚、乙醚、四氯化碳等。含相同碳原子数目的直链烯烃的沸点比支链的高。顺式异构体的沸点比反式的高，熔点比反式的低。常见烯烃的物理常数见表2-1。

表 2-1　常见烯烃的物理常数

名称	结构式	熔点/℃	沸点/℃	相对密度(d_4^{20})
乙烯	$CH_2=CH_2$	−169.5	−103.7	0.3840
丙烯	$CH_3CH=CH_2$	−185.2	−47.7	0.5193
1-丁烯	$CH_3CH_2CH=CH_2$	−130	−6.4	0.5951
顺-2-丁烯	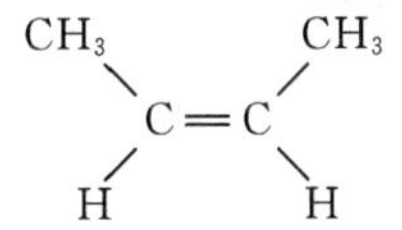 $CH_3(H)C=C(H)CH_3$（两个 CH_3 在同侧）	−139.3	3.5	0.6213
反-2-丁烯	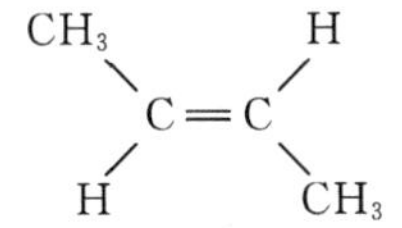 $CH_3(H)C=C(CH_3)H$（两个 CH_3 在异侧）	−105.5	0.9	0.6042
2-甲基丙烯	$CH_3C(CH_3)=CH_2$	−140.8	−6.9	0.5902
1-戊烯	$CH_3CH_2CH_2CH=CH_2$	−166.2	30.1	0.6405
2-甲基-1-丁烯	$CH_3CH_2C(CH_3)=CH_2$	−137.6	31.2	0.6501
3-甲基-1-丁烯	$CH_3CH(CH_3)CH=CH_2$	−168.5	20.1	0.6330
1-己烯	$CH_3(CH_2)_3CH=CH_2$	−139	63.5	0.6731
1-十八碳烯	$CH_3(CH_2)_{15}CH=CH_2$	17.5	314.9	0.7910

六、单烯烃的化学性质

碳碳双键(C=C)是烯烃的官能团，是烯烃类化合物的反应中心。烯烃的化学反应主要发生在双键上，主要为加成、氧化、聚合等反应。如果双键中的 π 键被打开，在双键的碳原子上加两个基团，一个 π 键就转变为两个 σ 键，这类反应称为加成反应；烯烃在氧化剂的作用下，π 键或双键彻底断裂，生成含氧化合物的反应称为氧化反应；若干个烯烃中的 π 键断裂，由小分子变成大分子的反应称为聚合反应。另外，α-C(与官能团直接要连接的碳原子)上的氢原子(又称为α-H)由于受诱导效应的影响，表现出一定的活泼性，易于被其他基团取代，这类反应称为取代反应。

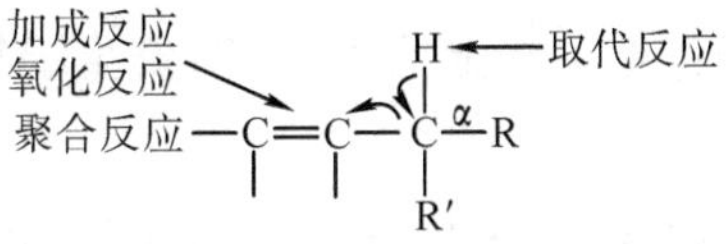

加成反应、氧化反应、聚合反应 → $-\overset{|}{C}=\overset{|}{C}-\overset{H}{\underset{R'}{C}}{}^{\alpha}-R$；H ← 取代反应

(一)加成反应

$$>C=C< + X-Y \longrightarrow >\underset{X}{C}-\underset{Y}{C}<$$

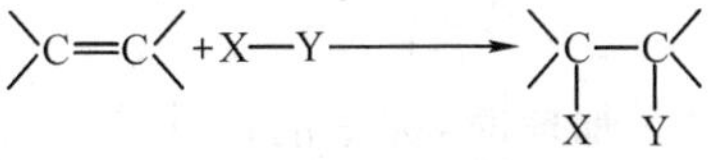

1.催化加氢

常温常压下，烯烃很难与 H_2 发生反应，但是在催化剂(如铂、钯、镍等)存在下，烯烃与 H_2 发生加成反应，生成相应的烷烃。

$$RCH{=}CHR + H_2 \xrightarrow{Ni\ or\ Pt} RCH_2CH_2R$$

催化加氢机理还不很清楚。一般认为 H_2先被吸附在催化剂表面发生均裂,生成氢自由基,烯烃到达催化剂表面,π 键被活化,最终 π 键断裂与 H· 自由基加成生成产物,最后产物脱离催化剂表面(见图 2-6)。

催化加氢的整个过程是吸附—反应—脱附的过程,加氢时 H· 是从双键的同侧加上去的,立体化学把这种基团分子同侧加成的反应称为顺式加成。

需要注意的是顺式加成是指反应的过程是顺式的,并不一定反应产物为顺式产物。

由于催化加氢反应是定量反应,所以可以通过测量所吸收氢气体积的方法,确定分子中所含碳碳不饱和键的数目。

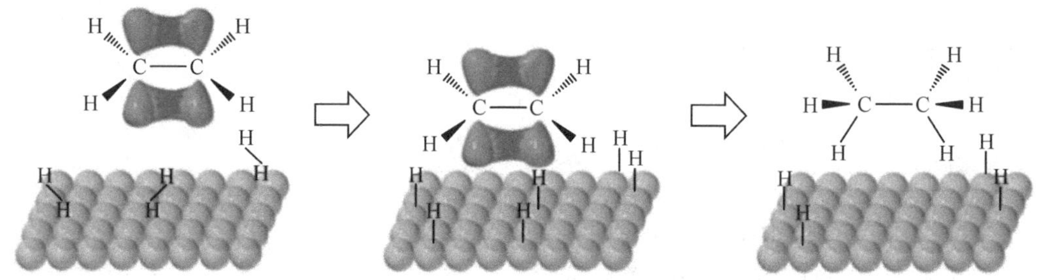

图 2-6 催化加氢机理

氢化反应是放热反应,1 mol 不饱和化合物氢化时放出的热量称为氢化热。每个双键的氢化热大约为 125 $kJ \cdot mol^{-1}$,可以通过测定不同烯烃的氢化热,比较烯烃的相对稳定性。氢化热越小的烯烃越稳定。例如,顺 2-丁烯和反 2-丁烯氢化的产物都是丁烷,氢化时反式比顺式少放出 4.2 $kJ \cdot mol^{-1}$的热量,意味着反式的内能比顺式少 4.2 $kJ \cdot mol^{-1}$。内能越低,分子越稳定,所以反-2-丁烯更稳定。

烯烃的催化加氢在工业上和研究工作中都具有重要意义,如油脂氢化制硬化油、人造奶油等;为除去粗汽油中的少量烯烃杂质,可进行催化氢化反应,将少量烯烃还原为烷烃,从而提高油品的质量。

2.亲电加成

由于 π 键电子云分布的特点,烯烃 π 键容易给出电子,易受到带正电荷或带部分正电荷的缺电子试剂(称为亲电试剂)进攻而发生反应。这种由亲电试剂进攻而引起的加成反应称为亲电加成反应。常用的亲电试剂主要有卤素(Cl_2、Br_2)、卤化氢、硫酸和水等。

(1)与卤素加成。烯烃很容易与卤素发生加成反应,生成相应的多卤代烃。例如,将乙烯通入溴的四氯化碳溶液后,溴的红棕色马上消失,表明发生了加成反应。在实验室中,常利用这个反应来检验烯烃的存在。

$$\underset{\text{红棕色}}{CH_2{=}CH_2 + Br_2} \xrightarrow[\text{室温}]{CCl_4} \underset{\text{无色}}{\underset{Br\quad\ \ Br}{RCH{-}CHR}}$$

相同的烯烃和不同的卤素进行加成时,卤素的活性顺序为:氟>氯>溴>碘。氟与烯烃的反应太剧烈,往往使碳链断裂;碘与烯烃难于发生加成反应,所以一般烯烃与卤素的加成,实际上是指与氯或溴的加成。

烯烃和卤素加成的反应有以下两个实验事实。

实验1：把干燥的乙烯通入溴的四氯化碳溶液中，发现红棕色没有消失；但当加入少量水，红棕色立即褪去。由此说明，这个反应是受极性物质（如 H_2O）影响的。

实验2：将乙烯通入溴的氯化钠水溶液中时，通过对产物鉴定，发现产物中除了1,2-二溴乙烷外，还有1-氯-2-溴乙烷和2-溴乙醇产物，但没有1,2-二氯乙烷。

$$CH_2{=}CH_2+Br_2\xrightarrow{NaCl,H_2O}BrCH_2CH_2Br+BrCH_2CH_2Cl+BrCH_2CH_2OH$$

实验说明，烯烃与溴的加成不是简单地把溴分子的两个原子同时加到两个双键碳原子上，而是分两步进行的。若是一步反应，两个溴原子应同时加到双键上，产物仅为1,2-二溴乙烷，而不可能有1-氯-2-溴乙烷和2-溴乙醇。由于三种产物中都含有溴原子，说明 Cl^- 和 OH^- 不可能参加第一步反应，可以断定 Cl^- 和 OH^- 是在反应的第二步才加上去的。

乙烯双键由于受极性溶剂 H_2O 的影响，使 π 电子云发生极化。同样，溴分子在接近双键时也会被极化，使靠近双键的溴原子相对显正性，而另一溴原子则相对显负性。

$$\overset{\delta^-}{Br}-\overset{\delta^+}{Br}$$

由于带微正电荷的溴原子较带微负电荷的溴原子更不稳定，所以，第一步反应是被极化的溴分子中带微正电荷的溴原子（$\overset{\delta^+}{Br}$）首先向乙烯中的 π 键进攻，形成环状溴离子中间体。由于 π 键的断裂和溴分子中 σ 键的断裂都需要一定的能量，这步反应速度较慢，是决定反应速度的一步。

$$Br_2+ \;\text{C=C}\; \xrightarrow{慢} \text{C—C（Br}^+\text{桥）} + Br^-$$

鎓离子

第二步反应体系中带负电荷的基团如 Br^-、Cl^-、OH^- 进攻环状溴离子中间体生成产物，这一步反应是离子之间的反应，反应速度较快。

Br⁺桥环状中间体（Br⁻、Cl⁻、OH⁻）—快→

- Br^-：C(Br)—C(Br) + C(Br)—C(Br)
- Cl^-：C(Br)—C(Cl) + C(Cl)—C(Br)
- OH^-：C(Br)—C(OH) + C(OH)—C(Br)

以上的加成反应首先是由亲电试剂 Br^+ 对 π 键进攻引起的，所以叫作亲电加成反应。

（2）与卤化氢的加成。烯烃与卤化氢气体或浓的氢卤酸溶液反应，生成相应的卤代烷烃。例如：$CH_2=CH_2+HX\longrightarrow CH_3CH_2X$

卤化氢的反应活性顺序为：HI＞HBr＞HCl，氟化氢一般不与烯烃加成。

乙烯是对称分子，无论氢离子或卤离子加成到哪一个双键碳原子上，得到的产物是一样的。但是不对称烯烃与卤化氢加成时，可得到两种不同的产物。

1868年俄国化学家马尔科夫尼科夫在总结了大量实验事实的基础上，提出了一条重要的经验规则：不对称烯烃与卤化氢发生加成反应时，H^+ 总是加到含氢较多的双键碳原子上，X^- 加在含氢较少的双键碳原子上。这个规则称为马尔科夫尼科夫规则，简称马氏规则。

$$R-CH=CH_2+HBr \longrightarrow \underset{\text{主要产物}}{R-\underset{|}{\overset{}{CH}}(Br)-CH_3} + R-CH_2-CH_2Br$$

烯烃与卤化氢的加成反应机理和烯烃与卤素的加成相似，也属于亲电加成反应。不同的是 H^+ 进攻 π 键，不生成环状卤离子中间体，而是生成碳正离子中间体，原因是 H^+ 原子半径较小。

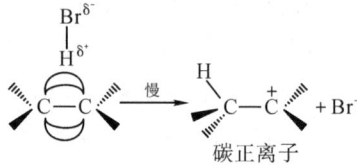

$$\overset{Br^{\delta^-}-H^{\delta^+}}{>C=C<} \xrightarrow{\text{慢}} \underset{\text{碳正离子}}{>C(H)-\overset{+}{C}<} + Br^-$$

然后 X^- 进攻碳正离子生成产物。

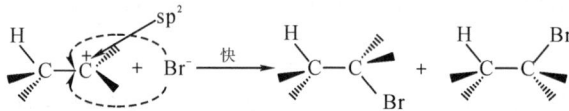

$$>C(H)-\overset{+}{C}<\ (sp^2) + Br^- \xrightarrow{\text{快}} >C(H)-C(Br)< + >C(H)-C(Br)<$$

碳正离子的中心碳原子是 sp^2 杂化，连接的三个 σ 键在一个平面，X^- 进攻碳正离子时，可以从平面的两侧进攻，因此没有立体选择性。生成碳正离子这一步较慢，决定反应的速率。

(3)与水的加成。在酸(常用硫酸或磷酸)催化下，烯烃与水直接加成生成醇。不对称烯烃与水的加成反应遵守马氏规则。例如：

$$CH_2=CH_2+H_2O \xrightarrow[300\ ℃,70\ atm]{H_3PO_4,\text{硅藻土}} CH_3CH_2OH$$

$$CH_3-CH=CH_2+H_2O \xrightarrow{H^+} CH_3-\underset{OH}{CH}-CH_3$$

这是醇的工业制法之一，称为直接水合法。此法简单，但对设备要求较高。

(4)与硫酸的加成。烯烃与冷的浓硫酸混合，反应生成硫酸氢酯，硫酸氢酯水解生成相应的醇。

不对称烯烃与硫酸的加成反应同样遵守马氏规则。例如：

$$R-CH=CH_2+H-OSO_3H \longrightarrow R-\underset{OSO_3H}{CH}-CH_3 \xrightarrow{H_2O} R-\underset{OH}{CH}-CH_3+H_2SO_4$$

这也是工业上制备醇的方法之一，其优点是对烯烃的原料纯度要求不高，技术成熟，转化率高。但由于反应需使用大量的酸，易腐蚀设备，且后处理困难。由于硫酸氢酯能溶于浓硫酸，因此可用于提纯。比如，烷烃中少量的烯烃杂质可以用冷的浓硫酸洗涤去除。

(5)马氏规则的理论解释。马氏规则的理论解释可以从结构和反应历程两方面理解。从不对称烯烃的结构分析不难理解马氏规则。例如当 2-甲基丙烯与 HCl 加成反应，2-甲基丙烯分子中，双键碳原子是 sp^2 杂化，甲基碳原子是 sp^3 杂化，sp^2 杂化的碳原子比 sp^3 的碳原子的电负性大，因此甲基对双键产生供电子的诱导，同时甲基 σ 键与 π 键还存在供电子的σ-π超共轭效应，诱导效应和共轭效应共同作用的结果，使双键上的 π 电子云发生极化，含氢原子较少的双键碳原子带部分正电荷，含氢原子较多的双键碳原子则带部分负电荷。因此与 HCl 加成时，H^+ 进攻带负电荷的(即含氢较多的)双键碳原子，Br^- 进攻含氢较少的双键碳原子，产物符合马氏规则。

$$CH_3-\underset{CH_3}{\underset{|}{C}}=CH_2 \qquad H-\underset{H}{\overset{H}{C}}-\overset{H-\overset{H}{C}-H}{C}=CH_2$$

$$CH_3-\underset{CH_3}{\underset{|}{\overset{\delta^+}{C}}}=\overset{\delta^-}{C}H_2+HCl \longrightarrow CH_3-\underset{CH_3}{\underset{|}{\overset{Cl}{\overset{|}{C}}}}-CH_3$$

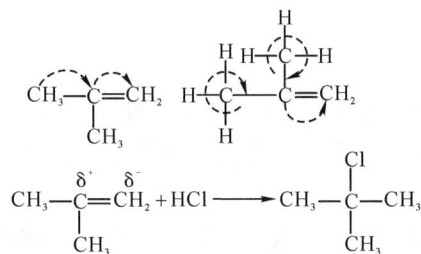

马氏规则也可以由反应历程中生成的活性中间体碳正离子的稳定性来解释。以 2 -甲基丙烯与 HCl 加成反应为例，第一步反应生成的碳正离子中间体有两种可能：

$$CH_3\underset{CH_3}{\underset{|}{C}}=CH_2+H-Cl \longrightarrow \begin{cases} CH_3\underset{CH_3}{\underset{|}{\overset{+}{C}}}-CH_3 & (\text{Ⅰ}) \\ CH_3\underset{CH_3}{\underset{|}{C}}H-\overset{+}{C}H_2 & (\text{Ⅱ}) \end{cases}$$

生成哪一种碳正离子为主，取决于碳正离子的相对稳定性。根据物理学规律，一个带电体系的稳定性取决于所带电荷的分散程度，电荷愈分散，体系愈稳定。碳正离子是缺电子基团，且中心碳原子是 sp^2 杂化，因此碳正离子上连接的烷基越多（烷基碳原子是 sp^3 杂化），烷基向中心碳原子提供的电子就越多，碳正离子的正电荷就会越分散，体系就会越稳定。一般烷基碳正离子的稳定性次序为：叔＞仲＞伯＞甲基正离子，即 3°＞2°＞1°＞CH_3^+。碳正离子（Ⅰ）比（Ⅱ）稳定，因此主要生成碳正离子（Ⅰ），主要产物是 2 -甲基- 2 -氯丙烷，主要产物遵循马氏规则。

3.自由基加成——与 HBr 的加成

HBr 在过氧化物存在下与不对称烯烃的加成是反马氏规则的。例如：在过氧化物存在下，2 -甲基丙烯与溴化氢加成，生成的主要产物是 2 -甲基- 1 -溴丙烷，而不是 2 -甲基- 2 -溴丙烷。

$$CH_3-\underset{CH_3}{\underset{|}{C}}=CH_2+HBr \xrightarrow{H_2O_2} CH_3-\underset{CH_3}{\underset{|}{C}}H-\underset{Br}{\underset{|}{C}}H_2$$

这种由于过氧化物的存在而引起烯烃加成取向发生改变的效应，称为过氧化物效应。该反应的反应历程用自由基加成反应历程，得到很好的解释。

第一步：过氧化物在一定条件（光或热）下均裂产生的自由基与 HBr 碰撞，产生 Br·。

$$H_2O_2 \xrightarrow{\triangle} 2HO\cdot$$

$$HO\cdot+HBr \longrightarrow Br\cdot+H_2O$$

Br·是缺电子基，进攻不对称烯烃的双键碳原子时也有两种选择。

$$R-CH=CH_2+Br\cdot \longrightarrow \begin{cases} R-\dot{C}H-CH_2Br & (\text{Ⅰ}) \\ R-\underset{Br}{\underset{|}{C}}H-\dot{C}H_2 & (\text{Ⅱ}) \end{cases}$$

究竟生成以哪一种碳自由基为主，取决于碳自由基的相对稳定性。碳自由基类似于碳正离子，也是缺电子基，中心碳原子也是 sp^2 杂化。其上连接的供电子基越多，碳自由基越稳定。因此一般碳自由基的稳定性次序为：叔＞仲＞伯＞甲基自由基。因此以生成（Ⅰ）自由基为主，最终产物主要为反马氏规则的产物。

不对称烯烃与 HCl 和 HI 的加成反应没有过氧化物效应。其原因是 HCl 的键能较大（431 kJ·mol^{-1}），极性较强，难以发生均裂，与 HI 加成时，虽然 I·容易生成，但活性差，难与烯烃迅速加成。

(二)氧化反应

烯烃可被多种氧化剂氧化,在较温和的条件下氧化仅 π 键断裂,条件剧烈时 σ 键也随之断裂,氧化产物与烯烃的结构、氧化剂和氧化条件等因素都有关系。

1.高锰酸钾的氧化

高锰酸钾在不同介质中其氧化性能有所不同。在中性或碱性介质中,稀、冷的高锰酸钾氧化性能要弱一些,酸性介质中的高锰酸钾氧化性能要强一些。

(1)稀、冷的中性或碱性高锰酸钾的氧化。用稀、冷的中性或碱性高锰酸钾的氧化烯烃,双键中的 π 键断开,双键碳原子上引入两个羟基,生成邻二醇。反应过程中,高锰酸钾溶液的紫色褪去,并有棕褐色的二氧化锰沉淀生成。

$$RCH{=}CHR + KMnO_4 \xrightarrow{OH^-, H_2O} \underset{OH}{RCH}-\underset{OH}{CHR} + MnO_2\downarrow$$

$$\text{环己烯} \xrightarrow[OH]{KMnO_4} \text{顺-1,2-环己二醇(H、H、OH、OH)}$$

该反应的立体化学特征是顺式氧化(羟基在同侧)。

烯烃的氧化反应是制备邻二醇最重要的方法。可以根据顺反构型的要求选择不同的氧化剂实现产物的构型要求。例如烯烃用过氧甲酸氧化则进行的是反式氧化。

$$\text{环己烯} \xrightarrow{HCO_3H} \text{环氧环己烷(O)} \xrightarrow{H_3O^+} \text{反-1,2-环己二醇(H、HO、OH、H)} + \text{反-1,2-环己二醇(OH、H、H、HO)}$$

(2)酸性高锰酸钾的氧化。用酸性高锰酸钾溶液氧化烯烃,碳碳双键完全断裂。不同结构的烯烃其氧化产物不同。利用反应产物可以推测烯烃的结构。

$$CH_3\underset{CH_3}{C}{=}CHCH_3 \xrightarrow[H^+]{KMnO_4} CH_3\underset{CH_3}{C}{=}O + CH_3COOH$$

$$CH_3CH_2CH{=}CH_2 \xrightarrow[H^+]{KMnO_4} CH_3CH_2COOH + CO_2\uparrow$$

重铬酸钾也是一种强氧化剂,它也可以将烯烃的双键完全断裂,将烯烃氧化为羧酸、酮或 CO_2。

2.臭氧的氧化

将含有 6%~8%臭氧的氧气通入烯烃的非水溶液中,能迅速生成糊状的臭氧化合物,臭氧化物不稳定易爆炸,因此反应过程中不必把它从溶液中分离出来,可以直接在溶液中水解生成醛、酮和过氧化氢。为防止生成的醛被过氧化氢进一步氧化,水解时通常加入还原剂(如锌粉等)。利用臭氧氧化的产物也可用于烯烃结构的推测。

$$R-CH{=}CH_2 + O_3 \longrightarrow R-\text{CH(臭氧化物环:O、O—O)}CH_2$$

$$R-\text{CH(臭氧化物环:O、O—O)}CH_2 + H_2O \xrightarrow{Zn粉} RCH{=}O + O{=}CH_2 \boxed{+H_2O_2}$$

3.催化氧化

工业上，在 Ag 或 AgO 催化剂存在下，烯烃可被氧化为臭氧化物；在 $PdCl_2-CuCl_2$ 存在下，烯烃可被氧化为醛、酮等有机化合物。

$$CH_2=CH_2+O_2\xrightarrow[200\sim300\ ℃]{Ag}\underset{\diagdown O \diagup}{CH_2-CH_2}$$

$$CH_2=CH_2+O_2\xrightarrow[100\sim125\ ℃]{PdCl_2-CuCl_2}CH_3CHO$$

$$CH_3CH=CH_2+O_2\xrightarrow[120\ ℃]{PdCl_2-CuCl_2}CH_3\overset{O}{\overset{\|}{C}}CH_3$$

(三)聚合反应

聚合反应是烯烃的重要化学反应。在催化剂或引发剂的作用下，烯烃 π 键打开，相当数量的烯烃分子连接成长链大分子，生成的产物称为聚合物，亦称为高分子化合物。反应中的烯烃分子称为单体。现代有机合成工业中，常用的重要烯烃单体有乙烯、丙烯、异丁烯、氯乙烯、苯乙烯等。例如，在 Ziegler-Natta 催化剂[$TiCl_4-Al(C_2H_5)_3$]的作用下，乙烯、丙烯可以聚合为聚乙烯、聚丙烯。

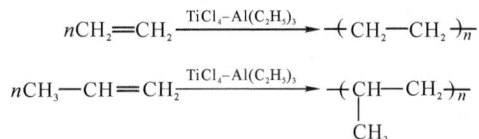

$$nCH_2=CH_2\xrightarrow{TiCl_4-Al(C_2H_5)_3}+\!\!\!\left(CH_2-CH_2\right)\!\!\!+_n$$

$$nCH_3-CH=CH_2\xrightarrow{TiCl_4-Al(C_2H_5)_3}+\!\!\!\left(\underset{\underset{CH_3}{|}}{CH}-CH_2\right)\!\!\!+_n$$

很多高分子聚合物均有广泛的用途，如聚乙烯是一种电绝缘性能好、用途广泛的塑料；聚氯乙烯用作管材、板材等；聚 1 -丁烯用作工程塑料；聚四氟乙烯称为塑料王，广泛用于电绝缘材料、耐腐蚀材料和耐高温材料等。

拓展知识

随着塑料消费量的不断增长，废弃塑料量也与日俱增。有关数据表明，塑料总量中约有 70%～80%为通用塑料，这些塑料中的 80%将在 10 年内转化为废塑料。自 20 世纪 90 年代以来，我国塑料废弃物污染问题日趋严重，特别是塑料地膜、垃圾袋、购物袋、餐具、食品包装、杂品和工业品包装材料等一次性塑料废弃物，可污染农田、旅游胜地及海岸港口。以我国农用地膜为例，1990 年地膜覆盖面积为 3287 万公顷，1995 年增加到 4200 万公顷。目前地膜覆盖面积已达 4667 万公顷，地膜用量高达每年 30 万吨，居世界第一。地膜回收率极低，大量废弃地膜对土壤和作物生长将造成严重危害。由于塑料包装物大多呈白色，因此造成的污染被称为“白色污染”。白色污染会对人体、环境、动物和农作物造成危害。一些专家已把“白色污染”列为继水污染、大气污染后的第三大社会公害污染。如何减少“白色污染”的危害，已引起人们的密切关注。

(四)α - H 的反应

烯烃与卤素在室温下可发生双键的亲电加成反应，但在高温(500～600 ℃)时，则主要发生 α - H 被卤原子取代的反应。例如，丙烯与氯气在约 500 ℃主要发生 α - H 取代反应，生成 3 -氯- 1 -丙烯。

$$CH_3CH=CH_2+Cl_2\xrightarrow{500\ ℃}\underset{\underset{Cl}{|}}{\overset{\alpha}{C}H_2}-CH=CH_2$$

这是工业上生产 3 -氯- 1 -丙烯的方法。3 -氯- 1 -丙烯主要用于制备甘油、环氧氯丙烷和树脂等。与烷烃的卤代反应相似，烯烃的α-氢的卤代反应也是受光、高温、过氧化物（如过氧化苯甲酸）引发进行的自由基取代反应，反应很难停留在一取代阶段，只有控制反应物用量才能得到较多所需的产物。

在实验室中可用N-溴代丁二酰亚胺（NBS）或N-氯代丁二酰亚胺（NCS）作为卤化剂进行取代，能使反应停留在一元取代阶段。但NCS不稳定使用受到局限。

$$\begin{array}{l}CH_2-CO \\ | \qquad\qquad\quad \rangle N-Cl \\ CH_2-CO\end{array} \quad \text{N-氯代丁二酰亚胺（NCS）}$$

$$\begin{array}{l}CH_2-CO \\ | \qquad\qquad\quad \rangle N-Br \\ CH_2-CO\end{array} \quad \text{N-溴代丁二酰亚胺（NBS）}$$

$$CH_3CH_2CH{=}CH_2 \xrightarrow[CCl_4]{NBS} \underset{\displaystyle Br}{CH_3\underset{|}{C}HCH{=}CH_2}$$

问题与思考

1.完成下列反应式，写出主要产物。

(1) $CH_2{=}CHCH_2CH_3 + HBr \xrightarrow[\triangle]{\text{过氧化物}}$

(2) $CH_2{=}C(CH_3)_2 \xrightarrow[H^+]{KMnO_4}$

(3) $CH_3CH{=}CH_2 + Cl_2 \xrightarrow{500\ ℃}$

2.用简单的化学方法鉴别下列化合物。

丙烷、环丙烷、丙烯

第二节　炔烃

只含碳碳三键（C≡C）的烃称为炔烃。炔烃比相应的单烯烃少两个氢原子，通式为 C_nH_{2n-2}。

一、炔烃的结构

乙炔是最简单的炔烃。以乙炔为例分析炔烃的结构。

乙炔的分子式为 C_2H_2，结构模型见图2-7。

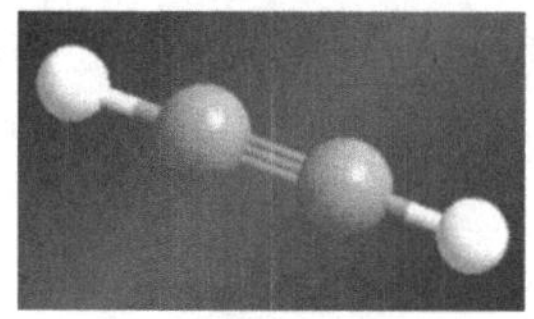

球棍模型

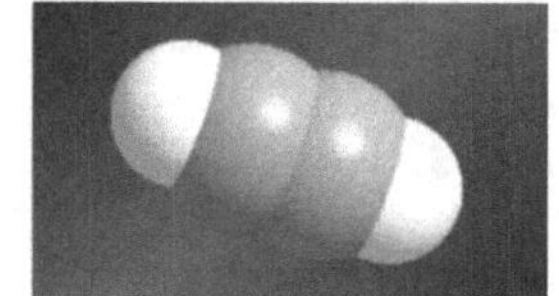

比例模型

图2-7　乙炔的模型

从图2-7可看出，乙炔的两个碳原子、两个氢原子都在一条直线上。

现代物理方法证明，乙炔分子中4个原子在一条直线上，碳碳三键的键长为0.12 nm，比碳碳双键的键长短。三键的键能为836.8 kJ·mol^{-1}，比三个C—C σ键的键能之和（345.6 kJ·mol^{-1}×3）小。

杂化轨道理论认为，乙炔分子中的碳原子采取 sp 杂化，即碳原子的一个 2s 轨道和一个 2p 轨道进行杂化，形成两个等同的 sp 杂化轨道，且两个 sp 杂化轨道的对称轴在一条直线上，互成 180°角，两个未参与杂化的 2p 轨道，对称轴不仅相互垂直，而且都垂直于 sp 杂化轨道决定的那条直线，见图 2-8。

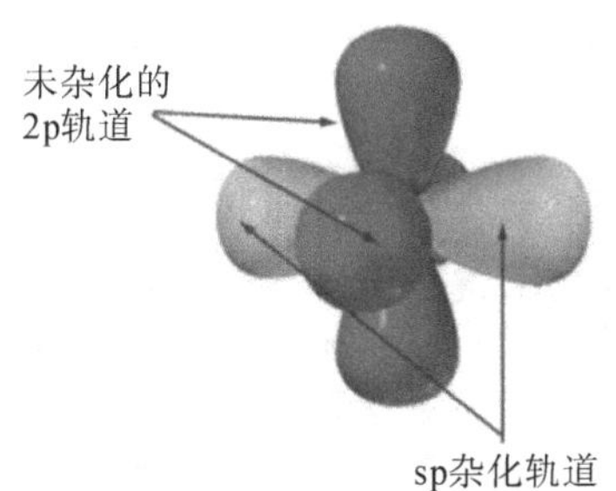

图 2-8　碳原子的 sp 杂化

成键时两个碳原子各以一个 sp 轨道互相重叠形成一个 C—C σ 键，每个碳原子又各以一个 sp 杂化轨道与一个氢原子的 1s 轨道重叠，各形成一个 C—H σ 键。此外，两个碳原子未杂化的 2p 轨道，相互“肩并肩”重叠形成两个相互垂直的 π 键，构成了碳碳三键。两个 π 键电子云对称地分布在 C—C σ 键周围，见图 2-9。

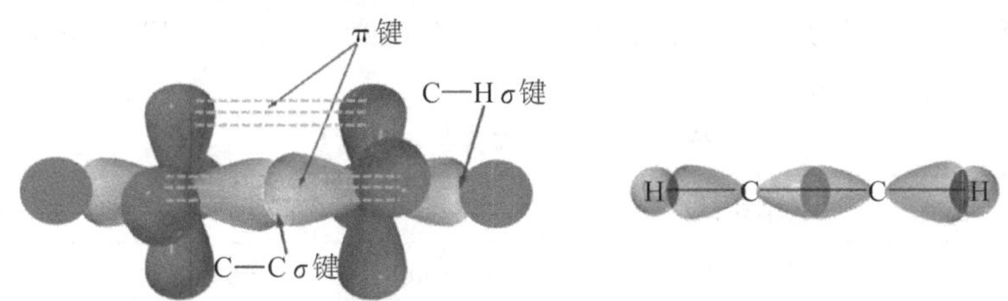

图 2-9　乙炔分子的形成

二、炔烃的同分异构和命名

炔烃的同分异构比较简单，主要由碳链不同或三键的位置不同而引起的异构，炔烃不存在顺反异构。

$CH_3CH_2CH_2C\equiv CH$　　1-戊炔

$CH_3CH_2C\equiv CCH_3$　　2-戊炔

$CH_3CH(CH_3)C\equiv CH$　　3-甲基-1-丁炔

简单炔烃可以作为乙炔的衍生物来命名。例如：

$CH_3—C\equiv CH$　　甲基乙炔

$CH_2=CH—C\equiv CH$　　乙烯基乙炔

$CH_3CH_2C\equiv CCH_3$　　甲基乙基乙炔

复杂的炔烃用系统命名法，命名原则与烯烃的命名相似，即以包含三键在内的最长碳链作为主链，按主链的碳原子总数命名为某炔；编号时以三键的位次为最小的前提下保证取代基位次尽可能小。例如：

$CH_3CH_2C\equiv CCH_3$　　2-戊炔

$(CH_3)_2CHC\equiv CH$　　3-甲基-1-丁炔

$CH_3C(CH_3)_2C\equiv CCH(CH_3)CH_3$　　2,2,5-三甲基-3-己炔

含有双键的炔烃称为烯炔类化合物。命名时选择既含双键又含三键的最长碳链作为主

链，编号时从靠近不饱和键的一端开始编号，主链名称为几-某烯-几-炔。当双键、三键处于相同的位次供选择时，以双键的编号最低为原则。例如：

$CH_3CH{=}CHC{\equiv}CH$
3-戊烯-1-炔

$HC{\equiv}C{-}C(CH_3){=}CH_2$
2-甲基-1-丁烯-3-炔

 **拓展知识**

炔烃系统命名新规则　单炔烃的命名类似单烯烃的命名。

烯炔的命名。分子中同时含有双键和三键时，一般称为某-几-烯-几-炔，编号尽量使双键和三键的位次尽可能最小；如果双键、三键处于相同的位次供选择时，优先给双键以最低编号。例如：

$CH_3CH{=}CHC{\equiv}CH$
戊-3-烯-1-炔

$CH{\equiv}C{-}CH_2{-}CH_2{-}C(CH_3){=}CH_2$
2-甲基己-1-烯-5-炔

三、炔烃的物理性质

简单炔烃的沸点、熔点以及相对密度，一般比碳原子数相同的烷烃和烯烃高一些。这是由于炔烃的极性较大，且分子较短小、细长，在液态和固态中，分子可以彼此靠得很近，分子间的范德华作用力较强。炔烃分子不易溶于水，易溶于石油醚、乙醚、苯和四氯化碳等有机溶剂中。一些单炔烃的物理常数见表 2-2。

表 2-2　常见炔烃的物理常数

名称	结构式	熔点/℃	沸点/℃	相对密度(d_4^{20})
乙炔	$CH{\equiv}CH$	−80.8	−84.0(升华)	0.6181(−32 ℃)
丙炔	$CH_3C{\equiv}CH$	−101.5	−23.2	0.7062(−50 ℃)
1-丁炔	$CH_3CH_2C{\equiv}CH$	−125.7	8.1	0.6784(0 ℃)
2-丁炔	$CH_3C{\equiv}CCH_3$	−32.3	27.0	0.6910
1-戊炔	$CH_3CH_2CH_2C{\equiv}CH$	−90.9	40.0	0.6901
2-戊炔	$CH_3C{\equiv}CCH_2CH_3$	−101.0	56.1	0.7107
3-甲基-1-丁炔	$CH_3CH(CH_3)C{\equiv}CH$	−89.7	29.3	0.6660
1-己炔	$CH_3(CH_2)_3C{\equiv}CH$	−132.0	71.3	0.7155
1-庚炔	$CH_3(CH_2)_4C{\equiv}CH$	−81.0	99.7	0.7328
1-辛炔	$CH_3(CH_2)_5C{\equiv}CH$	−79.3	125.2	0.7470
1-壬炔	$CH_3(CH_2)_6C{\equiv}CH$	−50.0	150.8	0.7600
1-癸炔	$CH_3(CH_2)_7C{\equiv}CH$	−36.0	174.0	0.7650

四、炔烃的化学性质

炔烃的化学性质与烯烃类似，主要表现为加成、氧化、聚合等反应。另外炔烃三键碳原子上的氢(称为炔氢)表现出一定的弱酸性。

(一)炔氢的酸性

由于 sp 杂化碳原子的电负性较强,因此三键碳原子上的氢原子具有微弱酸性,可以被某些金属离子取代生成金属炔化物。例如,将乙炔通过熔融的金属钠时,可以得到乙炔钠和乙炔二钠。

$$CH\equiv CH + 2Na \xrightarrow{110\ ℃} \underset{\text{乙炔钠}}{HC\equiv CNa} \xrightarrow{110\ ℃} \underset{\text{乙炔二钠}}{NaC\equiv CNa}$$

金属炔化物既是强碱,也是很强的亲核试剂,它能和伯卤代烷发生亲核取代反应,可制备碳链增长的炔烃。

$$CH_3CH_2C\equiv CNa + CH_3Cl \longrightarrow CH_3CH_2C\equiv CCH_3$$

炔化物在鉴别乙炔和末端炔烃中发挥了重要的作用。例如,将乙炔通入银氨溶液或亚铜氨溶液中,则分别析出白色和红棕色的炔化物沉淀:

$$RC\equiv CH + AgNO_3 \xrightarrow{NH_3,H_2O} RC\equiv CAg\downarrow(\text{白})$$

$$RC\equiv CH + Cu_2Cl_2 \xrightarrow{NH_3,H_2O} RC\equiv CCu\downarrow(\text{红})$$

反应很容易进行,现象也便于观察,因此常用于乙炔和末端炔烃的定性检验。由于干燥的炔化银易爆炸,因此反应完毕应加稀硝酸分解。

(二)加成反应

1.催化加氢

炔烃的催化氢化是逐步实现的,首先生成烯烃,然后继续加氢,生成烷烃。

如果只希望得到烯烃,可使用活性较低的催化剂。常用的有林德拉(Lindlar)催化剂(将钯附着于碳酸钙上,加少量醋酸铅和喹啉使之部分毒化,从而降低催化剂的活性),在其催化下,炔烃的氢化可以停留在烯烃阶段,且为顺式加氢。在液氨中用钠或锂还原炔烃,也可得到烯烃,但主要是反式加氢。炔烃的部分氢化在合成上有广泛的用途。

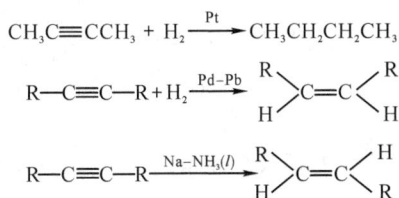

$$CH_3C\equiv CCH_3 + H_2 \xrightarrow{Pt} CH_3CH_2CH_2CH_3$$

$$R—C\equiv C—R + H_2 \xrightarrow{Pd-Pb} \text{(R)(H)}C=C\text{(R)(H)}\ \text{(顺式)}$$

$$R—C\equiv C—R \xrightarrow{Na-NH_3(l)} \text{(R)(H)}C=C\text{(H)(R)}\ \text{(反式)}$$

2.亲电加成

(1)与卤素加成。炔烃与卤素的加成反应也属于亲电加成。炔烃加卤素的反应是分步进行的,先加一分子卤素生成二卤代烯烃,然后继续加成得到四卤代烷烃。

$$RC\equiv CR \xrightarrow{Br_2} RC\overset{\overset{Br}{+}}{=}CR \xrightarrow{Br^-} \text{(Br)(R)}C=C\text{(R)(Br)} \xrightarrow{Br_2} R—CBr_2—CBr_2—R$$

同样,炔烃与红棕色的溴溶液反应生成无色的溴代烃,所以此反应也可用作炔烃的定性鉴定。

炔烃与卤素的亲电加成反应活性比烯烃小,反应速度慢。实验证明,烯烃可使溴的四氯化碳溶液立刻褪色,炔烃却需要几分钟才能使之褪色,乙炔甚至需在光或三氯化铁催化下才能加溴。当分子中同时存在双键和三键与溴的加成,首先在双键上发生加成。例如在低温、缓慢地加入溴的条件下,三键可以不参与反应。

$$CH_2{=}CHCH_2C{\equiv}CH \xrightarrow{Br_2} \underset{Br}{\underset{|}{CH_2}}-\underset{Br}{\underset{|}{CH}}CH_2C{\equiv}CH$$

炔烃亲电加成反应不如烯烃活泼是由于不饱和碳原子的杂化状态不同造成的。三键中的碳原子为 sp 杂化，与 sp^2 和 sp^3 杂化相比，含有较多的 s 成分，成键电子更靠近原子核，原子核对成键电子的约束力较大，所以三键的 π 电子比双键的 π 电子难以极化。换言之，sp 杂化的碳原子电负性较强，不容易给出电子与亲电试剂结合，因而三键的亲电加成反应比双键的加成反应慢。不同杂化碳原子的电负性大小顺序为：$C_{sp}>C_{sp2}>C_{sp3}$。

(2)与卤化氢加成。炔烃与烯烃一样，可与卤化氢进行亲电加成反应，加成服从马氏规则。反应是分两步进行的，控制试剂的用量可生成卤代烯烃。例如：

$$R-C{\equiv}CH \xrightarrow{HX} R-\underset{X}{\underset{|}{C}}{=}CH_2 \xrightarrow{HX} R-\overset{X}{\overset{|}{\underset{X}{\underset{|}{C}}}}-CH_3$$

乙炔和氯化氢的加成要在氯化汞催化下才能顺利进行。例如：

$$CH{\equiv}CH \xrightarrow[HgCl_2,120\ ℃]{HCl} CH_2{=}CHCl \xrightarrow[HgCl_2,120\ ℃]{HCl} CH_3-CHCl_2$$

(3)与水加成。在稀硫酸水溶液中，用汞盐作催化剂，炔烃可以和水发生加成反应。例如，乙炔在 10%硫酸和 5%硫酸汞水溶液中发生加成反应，生成乙醛，这是工业上生产乙醛的方法之一。

$$CH{\equiv}CH+H_2O \xrightarrow[H_2SO_4]{HgSO_4} [CH_2{=}\underset{OH}{\underset{|}{CH}}] \longrightarrow CH_3CH{=}O$$

反应时，首先是三键与一分子水加成，生成羟基与双键碳原子直接相连的产物，称为烯醇。具有烯醇结构的化合物很不稳定，容易发生重排，形成稳定的羰基化合物。

不对称炔烃与水的加成服从马氏规则，因此除乙炔得到乙醛外，其他炔烃与水加成均得到酮。

$$RC{\equiv}CH+H_2O \xrightarrow[H_2SO_4]{HgSO_4} [R\underset{OH}{\underset{|}{C}}{=}CH_2] \xrightarrow{互变} R-\underset{O}{\underset{\|}{C}}-CH_3$$

3.亲核加成

乙炔可与 RCOOH、HCN 等含有活泼氢的化合物发生加成反应，反应的结果可以看作是这些试剂中的氢原子被乙烯基($CH_2=CH-$)取代，因此这类反应通称为乙烯基化反应。实验证明该反应机理不是亲电加成，而是亲核加成。烯烃不能与这些化合物发生加成反应。

$$CH{\equiv}CH+CH_3COOH \xrightarrow{(CH_3COO)_2Zn} CH_3COO-CH{=}CH_2$$

$$\xrightarrow{聚合} \underset{\text{聚醋酸乙烯酯}}{\left(\underset{OCOCH_3}{\underset{|}{CH}}-CH_2\right)_n} \xrightarrow{H_2O,H^+} \underset{\text{聚乙烯醇}}{\left(\underset{OH}{\underset{|}{CH}}-CH_2\right)_n}$$

$$CH{\equiv}CH+HCN \xrightarrow[80\sim90\ ℃]{CuCl} \underset{\text{丙烯腈}}{CH_2{=}CH-CN}$$

反应历程：

$$CH{\equiv}CH+\overset{\delta^+}{H}-\overset{\delta^-}{Nu} \longrightarrow \overset{-}{C}H{=}CH-Nu \xrightarrow{H^+} CH_2{=}CH-Nu$$

聚醋酸乙烯酯主要用作涂料、胶黏剂、纸张、口香糖基料和织物整理剂，也可用作聚乙烯醇和聚乙烯醇缩醛的原料。聚乙烯醇主要用于制造聚乙烯醇缩醛、耐汽油管道和维尼纶合成纤维、织物处理剂、乳化剂、纸张涂层、粘合剂等。丙烯腈是工业上合成腈纶和丁腈橡胶的重要单体。

4.氧化反应

炔烃和臭氧、高锰酸钾等氧化剂的反应，往往可以使碳碳三键断裂，生成相应的羧酸或 CO_2。

$$RC\equiv CR' \xrightarrow{KMnO_4} RCOOH + R'COOH$$

$$RC\equiv CH \xrightarrow[H^+]{KMnO_4} RCOOH + CO_2$$

$$RC\equiv CR' \xrightarrow[CCl_4]{O_3} R-\underset{\underset{O-O}{|}}{\overset{O}{C-C}}-R' \xrightarrow{H_2O}$$

$$R-\underset{\underset{O}{\|}}{C}-\underset{\underset{O}{\|}}{C}-R' + H_2O_2 \longrightarrow RCOOH + R'COOH$$

5.聚合反应

乙炔在催化剂作用下，也可以发生聚合反应，生成链状或环状的聚合物。与烯烃不同，它一般不聚合成高聚物。例如，在氯化亚铜和氯化铵的作用下，乙炔可以发生二聚或三聚作用。这种聚合反应可以看作是乙炔的自身加成反应。

$$2CH\equiv CH \xrightarrow{CuCl-NH_4Cl} CH_2=CH-C\equiv CH$$

$$3CH\equiv CH \xrightarrow{500\ ℃} \text{(苯环)}$$

问题与思考

1.完成下列反应式，写出主要产物。

(1) $HC\equiv CCH_2CH_3 + H_2O \xrightarrow[H_2SO_4]{HgSO_4}$

(2) $HC\equiv CCH_3 \xrightarrow[H^+]{KMnO_4}$

2.用简单的化学方法鉴别下列物质。

空气、甲烷、乙烯、乙炔

第三节　二烯烃

分子中含有两个或两个以上碳碳双键的碳氢化合物称为多烯烃。其中含有两个碳碳双键的称为二烯烃或双烯烃，通式为 C_nH_{2n-2}，与碳原子数目相同的单炔烃互为同分异构体。

一、二烯烃的分类和命名

根据二烯烃分子中两个双键的相对位置不同，可将二烯烃分为三种类型。

累积二烯烃，两个双键连在同一个碳原子上，这类化合物不稳定，数量少。例如：

$$H_2C=C=CH_2$$

丙二烯

共轭二烯烃，两个双键之间被一个单键隔开。例如：

$$H_2C=CH-CH=CH_2$$

1,3-丁二烯

共轭二烯烃特殊的结构决定其具有一些特殊的性质。

隔离二烯烃，两个双键之间被两个或两个以上的单键隔开，双键之间基本没有影响，因此性质与单烯烃相似。

$$H_2C=CH(CH_2)_nCH=CH_2 \quad n\geq 1$$

二烯烃的系统命名法与单烯烃相似。命名时，取含两个双键的最长碳链为主链，称为“某二烯”，主链碳原子的编号从距离双键最近的一端开始，在主链名称前注明各个双键的位置。例如：

$$\underset{\displaystyle CH_3}{\overset{}{CH_2=\underset{|}{C}-CH=CH_2}}$$

2-甲基-1,3-丁二烯

与单烯烃一样，多烯烃的双键两端连接的原子或基团各不相同时，也存在顺反异构现象。命名时要逐个标明其构型。例如：

$$\begin{array}{c} C_2H_5 \quad\quad H \\ \quad\; C=C \quad\quad\;\; H \\ H \quad\quad\quad C=C \\ \quad\quad\quad CH_3 \quad\quad CH_3 \end{array}$$

(2E,4E)-3-甲基-2,4-庚二烯或顺,反-3-甲基-2,4-庚二烯

拓展知识

二烯烃系统命名新规则：二烯烃的命名与单烯烃相似。用阿拉伯数字标明两个双键的位次，用顺/反或Z/E标明双键的构型。例如：

$$\underset{\displaystyle CH_3}{CH_2=\underset{|}{C}-CH=CH_2}$$

2-甲基丁-1,3-二烯
2-methylbuta-1,3-diene

$$\begin{array}{c} C_2H_5 \quad\quad H \\ \quad\; C=C \quad\quad\;\; H \\ H \quad\quad\quad C=C \\ \quad\quad\quad CH_3 \quad\quad CH_3 \end{array}$$

(2E,4E)-3-甲基庚-2,4-二烯
(2E,4E)-3-methylhepta-2,4-diene

二、1,3-丁二烯的结构

共轭二烯烃在结构和性质上都表现出一系列的特征。1,3-丁二烯是最简单的共轭二烯烃，下面以它为例来分析共轭二烯烃的结构特点。

价键理论认为：在1,3-丁二烯分子中，四个碳原子都是sp^2杂化的，相邻碳原子之间以sp^2杂化轨道头对头重叠形成三个C—C σ键，其余的sp^2杂化轨道分别与氢原子的1s轨道重叠形成六个C—H σ键。这些σ键都处在同一平面上，即1,3-丁二烯的四个碳原子和六个氢原子共平面。

此外，每个碳原子还有一个未参与杂化的p轨道，这些p轨道垂直于分子平面，彼此相互平行。因此，不仅C_1与C_2、C_3与C_4的p轨道发生侧面重叠，而且C_2与C_3的p轨道也发生了一定程度的重叠（但比$C_1 \sim C_2$或$C_3 \sim C_4$之间的重叠要弱一些），形成了包含四个碳原子的四个π电子的大π键（见图2-10、图2-11）。

乙烯分子中的π电子在两个碳原子间运动，称为π电子定域，而在1,3-丁二烯分子中，π电子云并不是“定域”在$C_1 \sim C_2$、$C_3 \sim C_4$之间，而是扩展（或称离域）到整个共轭双键的四个碳原子周围，即发生了π电子的离域。

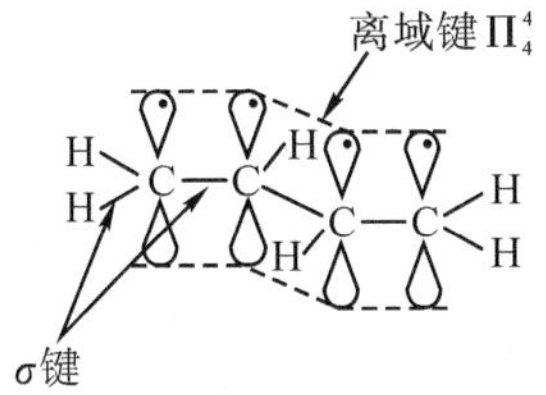

图 2-10　1,3-丁二烯分子的形成

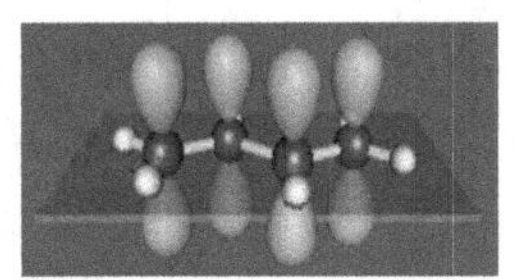
图 2-11　1,3-丁二烯的球棍模型

由于 π 电子的离域，使得共轭烯烃中单、双键的键长趋于平均化。例如，1,3-丁二烯分子中 $C_1 \sim C_2$、$C_3 \sim C_4$ 的键长为 0.1337 nm，比乙烯的双键键长 0.134 nm 稍长；而 $C_2 \sim C_3$ 的键长为 0.146 nm，比乙烷分子中的 C—C 单键键长 0.154 nm 短。

π 电子离域的结果，使共轭烯烃的能量显著降低，稳定性明显增加。这可以从氢化热的数据中看出。例如，1,3-戊二烯(共轭烯烃)和 1,4-戊二烯(非共轭烯烃)分别加氢时，它们的氢化热明显不同。

$$CH_2{=}CH{-}CH{=}CH{-}CH_3 + 2H_2 \longrightarrow CH_3CH_2CH_2CH_2CH_3 \quad \text{氢化热} \quad 226\ kJ \cdot mol^{-1}$$

$$CH_2{=}CH{-}CH_2CH{=}CH_2 + 2H_2 \longrightarrow CH_3CH_2CH_2CH_2CH_3 \quad \text{氢化热} \quad 254\ kJ \cdot mol^{-1}$$

两个反应产物相同，1,3-戊二烯的氢化热比 1,4-戊二烯低 28 kJ · mol^{-1}，说明 1,3-戊二烯的能量比 1,4-戊二烯的低。这种能量差值是由于共轭烯烃分子内电子离域引起的，故称为离域能或共轭能。共轭体系越长，离域能越大，体系的能量越低，分子越稳定。

三、共轭二烯烃的化学性质

共轭二烯烃特殊结构决定了此类物质除具有单烯烃的性质外，还会表现出一些特殊的化学性质。

(一)1,2-加成和 1,4-加成

与烯烃相似，共轭二烯烃也容易与卤素、卤化氢等亲电试剂发生亲电加成反应，主要产物有两种。

$$CH_2{=}CH{-}CH{=}CH_2 + HBr \xrightarrow[\text{1,2-加成}]{\text{正已烷或低温}} CH_2{=}CH{-}\underset{Br}{CH}{-}\underset{H}{CH_2}$$

$$CH_2{=}CH{-}CH{=}CH_2 + HBr \xrightarrow[\text{1,4-加成}]{\text{氯仿或高温}} \underset{Br}{CH_2}CH{=}CH\underset{H}{CH_2}$$

反应历程：

$$\overset{4}{\overset{\delta^+}{CH_2}}{\cdots}\overset{3}{\overset{\delta^-}{CH}}{\cdots}\overset{2}{\overset{\delta^+}{CH}}{-}\overset{1}{\underset{H}{CH_2}} \xrightarrow{Br^-} \begin{cases} \xrightarrow[\text{低温}]{\text{1,2-加成}} CH_2{=}CH{-}\underset{Br}{CH}{-}\underset{H}{CH_2} & ① \\ \xrightarrow[\text{高温}]{\text{1,4-加成}} \underset{Br}{CH_2}{-}CH{=}CH{-}\underset{H}{CH_2} & ② \end{cases}$$

第一步 HBr 异裂产生的 H^+ 与一个双键含氢较多的碳原子结合，π 键断裂，生成的碳正离子与共轭二烯烃中的另一个 π 键发生 p-π 共轭，形成电荷正负交替的共轭体系。第二步 Br 与进攻碳正离子，与第 2 位带正电荷的碳原子结合，生成 1,2-加成产物，与第 4 位带正电荷的碳原子结合，生成 1,4-加成产物。

以上反应条件表明，低温有利于 1,2-加成，高温有利于 1,4-加成。其原因可以用过渡态理论得以解释(见图 2-12)。

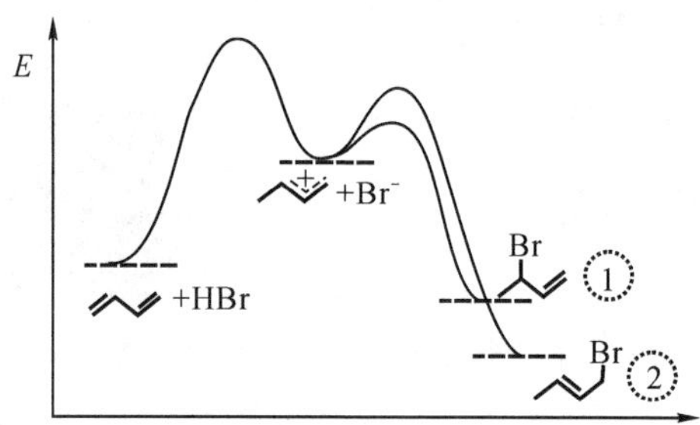

图 2-12 1,3-丁二烯与 HBr 加成反应位能图

从位能图中可以看出，1,2-加成需要的活化能比 1,4-加成所需的活化能低。因此低温主要以 1,2-加成产物为主。

从位能图中还可看出，1,4-加成产物的内能比 1,2-加成产物的低，说明 1,4-加成产物较稳定。因此，当温度升高到 1,4-加成所需要的活化能温度时，1,4-加成反应开始，此时 1,2-加成反应也同时进行，且 1,2-加成反应的逆反应也同时加快，最终主要产物是什么取决于产物的稳定性。

(二)双烯合成

1928 年，德国化学家狄尔斯和阿尔德发现，共轭二烯烃与含有双键或三键的化合物能发生 1,4-加成反应，生成六元环状化合物，这类反应称为狄尔斯-阿尔德反应，又称为双烯合成。

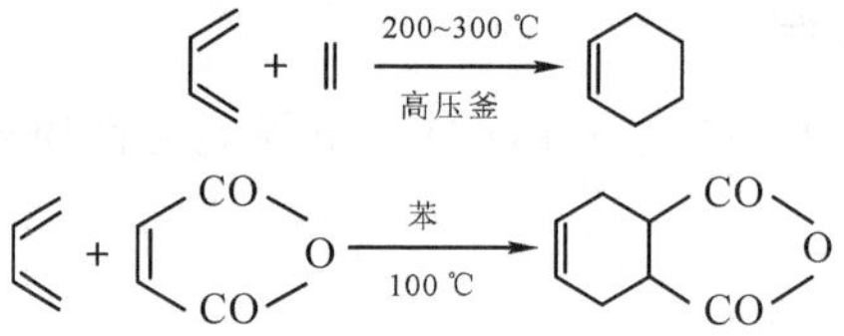

200~300 ℃，高压釜

苯，100 ℃

顺丁烯二酸酐　　100% 固体

共轭二烯烃与顺丁烯二酸酐的加成产物是固体，反应放热，在高温时又分解为原来的二烯烃。故可用来鉴定和分离二烯烃。

进行双烯合成反应时，反应物分子彼此靠近，互相作用，形成环状过渡态，然后转化为产物分子。反应是一步完成的，没有活性中间体(自由基或离子)生成，旧键的断裂和新键的生成同时完成，此类反应称为协同反应，成环的协同反应又称周环反应。

双烯合成反应中，通常将共轭二烯烃称为双烯体，与双烯体反应的不饱和化合物称为亲双烯体。实践证明，亲双烯体上连有吸电子基团(如硝基、羧基、羰基等)、双烯体上连有给电子基团时，反应容易进行。

双烯合成是立体专一的顺式加成反应，参与反应的亲双烯体顺反结构不变。例如：

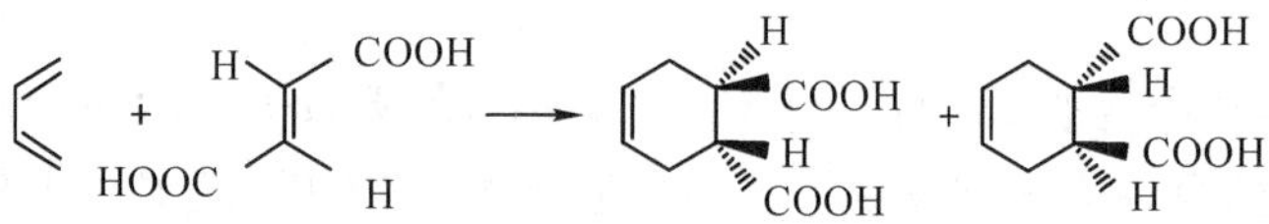

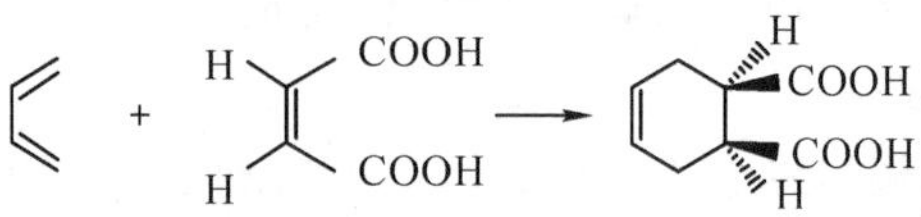

当双烯体和亲双烯体上均有取代基时，可产生两种不同的产物，实验证明，邻或对位的产

物占优势。

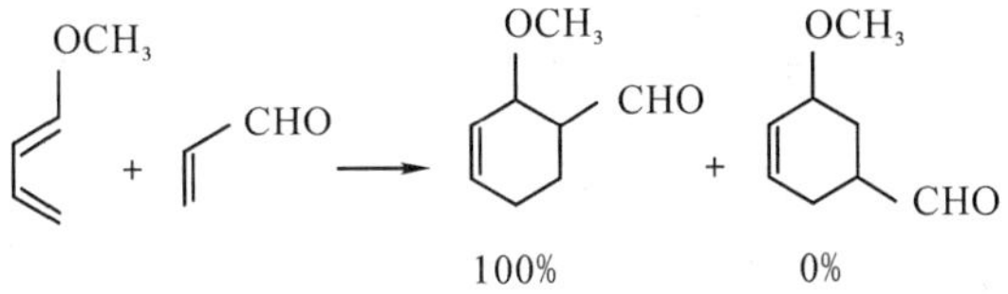

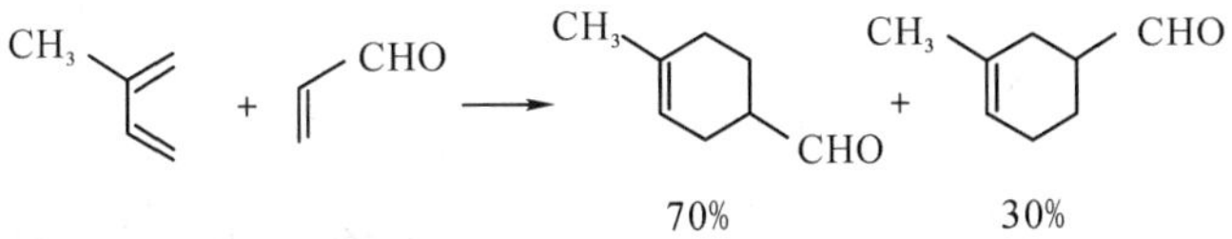

OCH_3 + CHO → OCH_3 CHO + OCH_3 CHO

100%　　0%

CH_3 + CHO → CH_3 CHO + CH_3 CHO

70%　　30%

双烯合成反应是由直链化合物合成环状化合物的方法之一，应用范围广泛，在理论上和生产上都具有重要地位。

问题与思考

用简单的化学方法鉴别下列化合物。

1 -丁烯、1 -丁炔、2 -丁烯、1，3 -丁二烯

第四节　不饱和烃的主要来源

一、单烯烃的工业生产和实验室制法

（一）单烯烃的工业生产

目前在工业上主要采用天然气、石油裂解和炼厂气分离等方法得到低级烯烃（C_2～C_4）。

1.石油、天然气裂解

以石油的某一段馏分或天然气为原料，与水蒸气混合，在 750～930 ℃经高温快速裂解，然后冷却至 300～400 ℃生成低级烃混合物称为裂解气。裂解气中含有大量的乙烯、丙烯等低级烯烃，经分离后可得到乙烯、丙烯等重要化工原料。乙烯的产量被认为是衡量一个国家石油化工发展水平的标志。目前我国乙烯产能位居世界第二，仅次于美国。美国生产能力为 2759.3 万吨，约占世界总生产能力的 18.5％；我国的生产能力为 1703.5 万吨，约占世界总生产能力的 11.6％。

2.炼厂气分离

乙烯和丙烯还可以从炼油厂炼制石油时所得到的副产物炼厂气分离得到。不同来源的炼厂气组成各异，主要成分为 C_4 以下的烷烃、烯烃以及氢气和少量氮气、二氧化碳等气体。

（二）单烯烃的实验室制法

1.醇脱水

醇分子内脱水可得到烯烃。

$$CH_3CH_2OH \xrightarrow[350\ ℃]{Al_2O_3} CH_2=CH_2 + H_2O$$

$$(CH_3)_2C(OH)CH_3 \xrightarrow[85\ ℃]{H_2SO_4} (CH_3)_2C=CH_2$$

$$CH_3CH_2OH \xrightarrow[170\ ℃]{H_2SO_4} CH_2=CH_2$$

2.卤代烃脱卤化氢

$$\underset{\underset{Br}{|}}{CH_3CHCH_3} + NaOC_2H_5 \xrightarrow[55\ ℃]{C_2H_5OH} CH_3CH=CH_2 + NaBr + C_2H_5OH$$

$$CH_3CH_2\underset{\underset{Br}{|}}{CHCH_3} \xrightarrow[80\ ℃]{KOH,\ C_2H_5OH} \underset{主要产物}{CH_3CH=CHCH_3} + CH_3CH_2CH=CH_2$$

3.维蒂希反应

$$\text{环己酮}(\text{C}_6\text{H}_{10}=O) + Ph_3\overset{+}{P}-\overset{-}{C}H_2 \longrightarrow \text{C}_6\text{H}_{10}=CH_2 + Ph_3PO$$

该反应为德国化学家格奥尔格·维蒂希于1954年发明,他因此获得1979年诺贝尔化学奖。

二、炔烃的工业生产和实验室制法

乙炔是最重要的一种炔烃,在工业中可用以照明、焊接及切断金属(氧炔焰),也是制造乙醛、醋酸、苯、合成橡胶、合成纤维等的基本原料。

(一)乙炔的工业生产

1.电石法

焦炭和石灰在高温电炉中反应,可得到碳化钙(CaC_2,俗称电石),需要乙炔时,用水与电石反应可得到乙炔。

$$3C + CaO \xrightarrow{2000\ ℃} CaC_2 + CO$$

$$CaC_2 + 2H_2O \longrightarrow HC\equiv CH + Ca(OH)_2$$

该方法曾经是工业生产乙炔的唯一方法。但因能耗太大,成本高,现在只有极少数国家在使用。

2.甲烷部分氧化法

高温下,天然气(甲烷)可通过一系列反应生成乙炔。这是一个强烈的吸热反应。工业上又加入氧气,使一部分甲烷同时被氧化,由此产生的热量供给由甲烷合成乙炔所需要的大量热量,故称为甲烷部分氧化法。这是生产乙炔的重要方法。

$$2CH_4 \xrightarrow{1500\sim1600\ ℃} HC\equiv CH + 3H_2$$

$$4CH_4 + O_2 \longrightarrow HC\equiv CH + 2CO + 7H_2$$

(二)炔烃的实验室制法

1.邻二卤代烷或偕二卤代烷脱卤化氢

$$\underset{\underset{Br}{|}}{RCH}-\underset{\underset{Br}{|}}{CHR} \xrightarrow[C_2H_5OH]{KOH} \underset{\underset{Br}{|}}{RC}=CHR \xrightarrow{NaNH_2} RC\equiv CR$$

$$\text{(RCHBr—CHBrR} \xrightarrow{NaNH_2} RC\equiv CR)$$

2.偶联反应

$$CH_3C\equiv CNa + CH_3CH_2Br \longrightarrow CH_3C\equiv CCH_2CH_3$$

$$CH\equiv CH \xrightarrow[\triangle]{NaNH_2} NaC\equiv CNa \xrightarrow{C_2H_5Br} C_2H_5C\equiv CC_2H_5$$

三、重要共轭二烯烃的工业生产

(一)1,3-丁二烯的工业生产

1.从裂解气提取

由裂解气生产乙烯、丙烯时，C_4馏分中含有大量的1,3-丁二烯，可用N,N-二甲基甲酰胺(DMF)、N-甲基吡咯烷酮(NMP)、N,N-二甲基亚砜(DMSO)等溶剂将其提取出来。由于乙烯生产的发展，此法原料丰富价廉，是1,3-丁二烯最为经济的工业生产方法。

2.由丁烷和丁烯脱氢生产

在催化剂作用下，丁烷或丁烯在较高温度下脱氢生成1,3-丁二烯：

$$CH_3CH_2CH_2CH_3 \xrightarrow[\text{约}600\ ^\circ C,\ -H_2]{CrO_3-Al_2O_3} CH_2=CHCH=CH_2$$

$$CH_3CH_2CH_2CH_3 \xrightarrow[-H_2]{\text{催化剂},\Delta} \begin{matrix} CH_2=CHCH_2CH_3 \\ CH_3CH=CHCH_3 \end{matrix} \xrightarrow[-H_2]{\text{催化剂},\Delta} CH_2=CHCH=CH_2$$

(二)2-甲基-1,3-丁二烯的工业生产

1.从裂解气提取

由石脑油裂解的C_5馏分中可提取2-甲基-1,3-丁二烯。可用N,N-二甲基甲酰胺(DMF)、N-甲基吡咯烷酮(NMP)、N,N-二甲基亚砜(DMSO)等溶剂提取，也可采用精馏、萃取等方法得到。

2.异戊烷和异戊烯脱氢生产

该方法与由丁烷或丁烯生产1,3-丁二烯的方法类似，在工业上已经应用于2-甲基-1,3-丁二烯的生产。

本章小结

(1)分子中含有碳碳不饱和键(碳碳双键或碳碳三键)的碳氢化合物，称为不饱和烃，其中含碳碳双键的称为烯烃，含碳碳三键的称为炔烃。

(2)单烯烃的通式为C_nH_{2n}，碳碳双键是烯烃的官能团。炔烃和具有相同碳原子数的二烯烃互为同分异构体，通式均为C_nH_{2n-2}，碳碳三键是炔烃的官能团。

(3)烯烃和炔烃除存在碳链异构外，还存在因官能团位置不同而产生的位置异构。碳链异构和位置异构都是由于分子中原子之间的连接方式不同而产生的，属于构造异构。由于双键不能自由旋转，当双键同一碳原子上连接的两个基团均不相同时，烯烃还产生顺反异构。

(4)顺反异构体的标记可采用两种方法：顺/反标记法和Z/E标记法。炔烃不存在顺反异构现象。

(5)烯烃分子中双键碳原子均为sp^2杂化，双键中含一个σ键和一个π键。炔烃分子中三键碳原子均为sp杂化，三键中含一个σ键和两个π键。由于π键电子云受原子核约束力小，流动性大，易给出电子，容易被亲电试剂进攻，因此烯烃和炔烃均易发生亲电加成反应，但炔烃一般比烯烃活性小，亲电加成取向服从马氏规则。在过氧化物存在下，烯烃与HBr发生自由基加成反应，得到反马氏规则的加成产物。亲电加成反应历程分两步进行，活性中间体为碳正离子，碳正离子的稳定性次序为：$3^\circ>2^\circ>1^\circ>CH_3^+$。

(6)除亲电加成外，烯烃和炔烃还可进行催化加氢、聚合、氧化等反应。烯烃的高锰酸钾氧化和臭氧氧化，以及炔烃的高锰酸钾氧化可用于推断烯烃和炔烃的结构；烯烃在光照或高温时

可发生 α－H 卤代反应；分子中带有炔氢的炔烃有微弱酸性，与银氨溶液或亚铜氨溶液反应，生成白色或红棕色沉淀，用于炔氢的鉴别。

（7）二烯烃分为累积二烯烃、隔离二烯烃和共轭二烯烃。共轭二烯烃中单双键交替排列的体系称为 π－π 共轭体系。由于共轭体系内原子间的相互影响，引起键长和电子云分布的平均化，体系能量降低，分子更稳定。

（8）共轭二烯烃除具有烯烃的一般性质外，由于共轭效应的影响还表现出一些特殊的化学性质，如双烯合成反应、与亲电试剂发生 1，2－加成和 1，4－加成反应等。

（9）用工业生产和实验室制法可得到不饱和烃。

习　题

2－1.写出下列基团或化合物的结构式。

（1）乙烯基　　　　（2）丙烯基

（3）烯丙基　　　　（4）异丙烯基

（5）顺－4－甲基－2－戊烯　　　　（6）(E)－3，4－二甲基－3－庚烯

2－2.用系统命名法命名下列化合物，并用 Z/E 标记法标明其构型。

（1）$CH_2=C(CH_3)-C(CH_3)=CH_2$

（2）$HC\equiv C-CH=CH-CH(CH_3)_2$

（3）$(CH_3)_2C=CHCH_2CH(CH_3)_2$

（4）

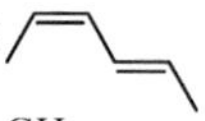

（5）$\begin{matrix} H \\ CH_3 \end{matrix}\!>C=C<\!\begin{matrix} CH_2CH_3 \\ CH(CH_3)-CH_3 \end{matrix}$

（6）$\begin{matrix} CH_3 \\ CH_3 \end{matrix}\!>C=C<\!\begin{matrix} CH_2CH_3 \\ CH(CH_3)-CH_3 \end{matrix}$

2－3.写出下列反应的主要产物。

（1）1－丁烯－3－炔与 Br_2 发生亲电加成反应

（2）1－丁烯与冷高锰酸钾反应

（3）1，3－丁二烯与乙炔的反应

（4）1－丁烯与 NBS 的反应

2－4.完成下列反应式，写出主要产物。

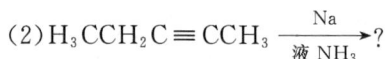

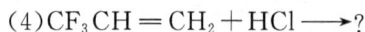

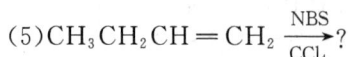

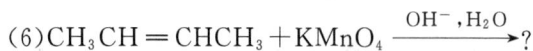

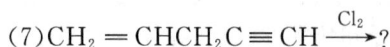

（1）环己烯 $\xrightarrow[H^+]{KMnO_4}$?

（2）$H_3CCH_2C\equiv CCH_3 \xrightarrow[\text{液 }NH_3]{Na}$?

（3）$CH_3CH_2C\equiv CH+H_2O \xrightarrow[H_2SO_4]{HgSO_4}$? $\xrightarrow{H_2O}$?

（4）$CF_3CH=CH_2+HCl \longrightarrow$?

（5）$CH_3CH_2CH=CH_2 \xrightarrow[CCl_4]{NBS}$?

（6）$CH_3CH=CHCH_3+KMnO_4 \xrightarrow{OH^-,H_2O}$?

（7）$CH_2=CHCH_2C\equiv CH \xrightarrow{Cl_2}$?

(8) $CH_3\underset{\underset{CH_3}{|}}{C}=CHCH_3 \xrightarrow[H^+]{KMnO_4} ?$

(9) $CH_3CH=CHCH_3+H_2SO_4 \longrightarrow ? \xrightarrow{H_2O} ?$

(10) 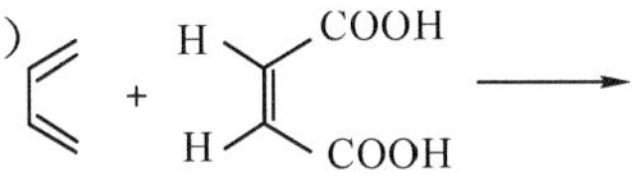 1,3-丁二烯 + $\underset{H}{\overset{H}{}}\!\!>C=C<\!\!\underset{COOH}{\overset{COOH}{}}$ $\longrightarrow$

2-5.用简单的化学方法鉴别下列各组化合物。

(1)己烷、1-己烯、1-己炔、2,4-己二烯

(2)环丙烷、1-丙烯、1-丙炔

2-6.将下列碳正离子按稳定性排列成序，并说明理由。

$CH_3CH_2\overset{+}{C}H_2$　　$CH_2=CH-\overset{+}{C}H_2$　　$CH_3\overset{+}{C}HCH_3$

2-7.炔烃的不饱和程度比烯烃大，但是炔烃与溴水、卤化氢加成却比烯烃困难，为什么？

2-8.化合物A的分子式为C_4H_8，与Br_2可发生加成反应，且分子内只含有一种氢，试推断A的结构。

2-9.某化合物A(C_6H_{12})与溴水不发生反应，在光照下能与溴反应只生成一种一溴代物B，B与氢氧化钾溶液作用得到C(C_6H_{10})，化合物C经高锰酸钾氧化得到己二酸[HOOC(CH_2)$_4$COOH]。写出A、B、C的构造式。

2-10.比较甲烷、乙烯、乙炔之间有哪些相似性质？有哪些不同的性质？试从各物质的结构上进行分析。

第三章　芳香烃

芳香烃主要是指分子中含有苯环结构的烃。在有机化学发展初期，芳香烃是从天然产物树脂或香精油中提取得到的具有芳香气味的物质，故称为芳香烃。但后来发现许多含有苯一类的化合物不仅没有香味，反而有难闻的气味，“芳香”二字也就失去了原来的意义。但由于历史原因，这一名称至今仍然沿用。现在所说的芳香烃是指具有芳香性的烃，所谓芳香性是指不易加成、不易氧化、而易发生亲电取代和碳环异常稳定的性质。

芳香烃根据分子中是否含有苯环可分为含苯芳香烃和非苯芳香烃两大类。根据分子中所含苯环的数目和结合方式，含苯芳烃可分为三类。

(1)单环芳香烃，指分子中只有一个苯环的芳香烃，例如：

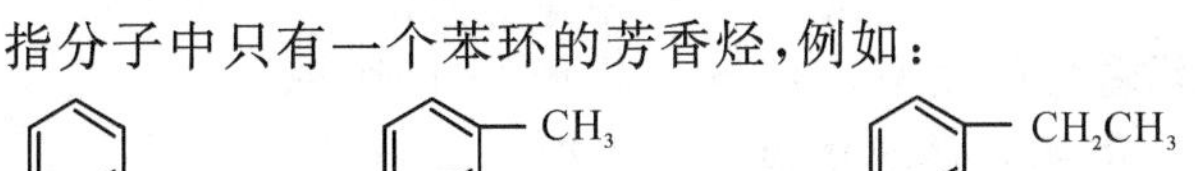

苯　　甲苯（$C_6H_5-CH_3$）　　乙苯（$C_6H_5-CH_2CH_3$）

(2)多环芳香烃，指分子中含有两个或两个以上独立苯环的芳香烃。例如：

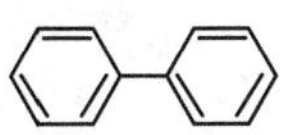

联苯 　　三苯甲烷（$(C_6H_5)_3C-H$）

(3)稠环芳香烃,指分子中含有两个或多个苯环,彼此间通过共用两个相邻碳原子稠合而成的芳香烃。例如:

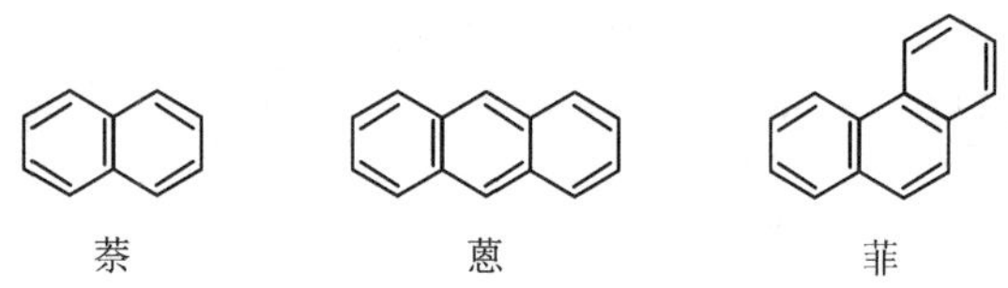

第一节　单环芳香烃

一、苯的结构

苯的分子式为 C_6H_6,碳氢数目比为 1∶1,以其分子式来看,苯显示出高度不饱和性。但苯在一般条件下,却不能被高锰酸钾等氧化剂氧化,也不能与卤素、卤化氢等进行加成反应,主要发生亲电取代反应,始终保持六元环状结构。

苯进行亲电取代反应时,它的一元取代物只有一种,说明苯分子中六个氢原子的位置完全是等同的。根据这一事实,同时又能满足碳原子四价、氢原子一价的需要,1865 年德国化学家,凯库勒提出了苯的环状对称结构式。

简写式

凯库勒提出苯的环状结构,在有机化学发展史上起了重要的作用。凯库勒构造式中碳环是由三个 C═C 和三个 C—C 交替排列而成,它可以说明苯分子的组成及原子间相互连接的次序,六个氢原子的位置等同,因而可以解释苯的一元取代产物只有一种的实验事实。但是不能解释苯环在一般条件下不能发生类似烯烃的加成和氧化反应;也不能解释苯的邻位二元取代产物只有一种的实验事实。

根据凯库勒构造式来推测苯的邻位二元取代产物,应该有以下两种。

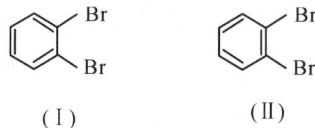

(Ⅰ)　　(Ⅱ)

(Ⅰ)式中两个取代基之间是 C—C 键,(Ⅱ)式中两个取代基之间是 C═C 键。但实际情况是两种取代物完全相同。

近代物理方法测定结果:苯分子中的六个碳原子和六个氢原子都在同一平面上,六个碳原子组成一个正六边形,C—H 键长为 0.11 nm,C—C 键长均为 0.1396 nm,键角都是 120°(见图 3-1)。

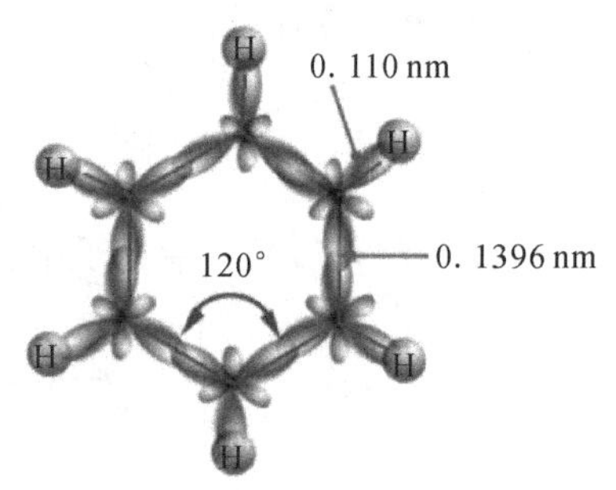

图 3-1　苯的骨架

现代价键理论认为,苯分子中的碳原子均为 sp^2 杂化,每个碳原子的三个 sp^2 杂化轨道分别与相邻的两个碳原子的

sp^2杂化轨道和氢原子的 s 轨道重叠形成三个 σ 键。由于三个 sp^2杂化轨道都在同一平面，因此，苯分子中的六碳原子和六个氢原子都在同一平面内，碳原子形成了一个正六边形，键角均为 120°。另外，每个碳原子上还有一个未参与杂化的 p 轨道，这些 p 轨道的对称轴互相平行，且垂直于苯环所在的平面[见图 3-2(1)]。p 轨道之间彼此重叠形成一个闭合共轭体系，称为闭合的大 π 键[见图 3-2(2)]。大 π 键的六个 π 电子高度离域，使 π 电云完全均匀分布在苯环的上下面[见图 3-2(3)]。

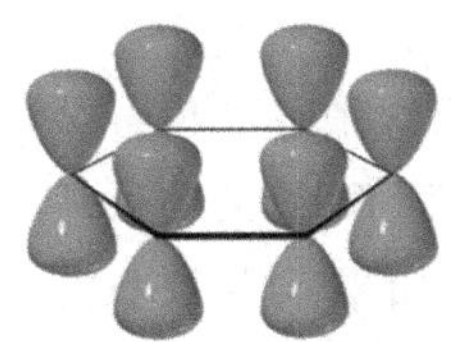

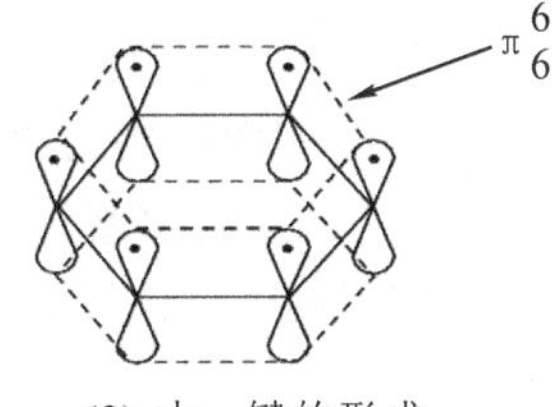

(2) 大π键的形成

(3) 苯环上π电子分布

图 3-2　苯分子的结构

苯环中的共轭体系使 π 电子高度离域，键长完全平均化，分子能量大大降低，因此表现出特殊的稳定性。苯分子的稳定性可用氢化热加以证明，环己烯的氢化热为 119.5 kJ · mol^{-1}。

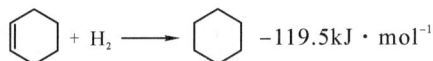

$$\text{环己烯} + H_2 \longrightarrow \text{环己烷} \quad -119.5\text{kJ} \cdot \text{mol}^{-1}$$

如果把苯的结构看作是凯库勒式所表示的结构，它的氢化热应该是环己烯的 3 倍，即为 358.5 kJ · mol^{-1}，而实际测得苯的氢化热仅为 208 kJ · mol^{-1}，缺少了 150.5 kJ · mol^{-1}，少的这部分能量是苯的离域能。可见苯具有较低的内能，体系比较稳定。

问题与思考

试分析苯的凯库勒式的优点与不足。

二、单环芳香烃的构造异构

如果不考虑侧链烃基的异构，一元取代苯只有一种结构式，二元取代苯有邻、间、对三种异构体，三元取代苯有连、偏、均三种异构体。例如：

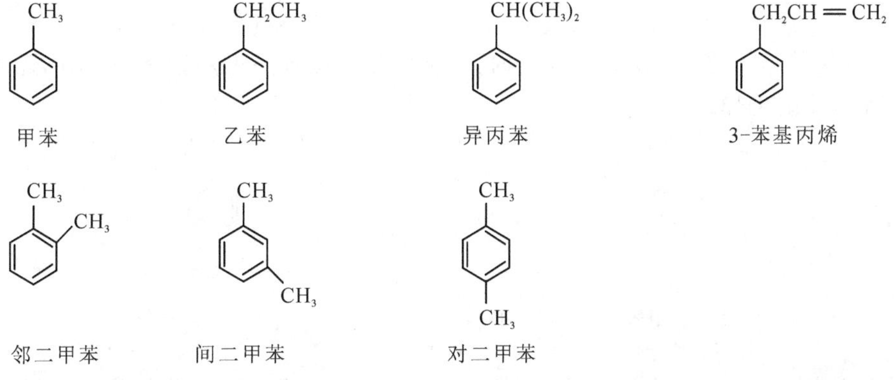

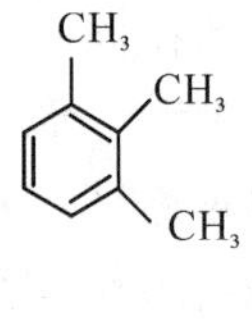

连三甲苯 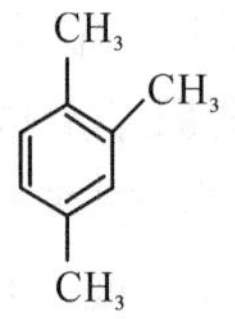　　偏三甲苯 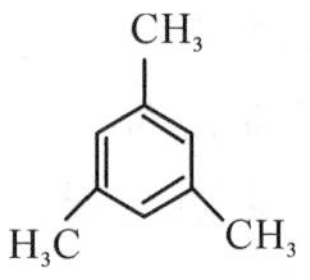　　均三甲苯

三、单环芳香烃及其衍生物的命名

(一)芳基(Ar—)

芳香烃如果去掉一个氢原子后剩下的基团统称为芳基,用 Ar—表示。苯环上只有一种氢原子,苯形成的基称为苯基,用 Ph—表示。甲苯的甲基和苯环上都有氢原子,如果从苯环上失去氢原子形成的基称为甲苯基,包括有邻甲苯基、间甲苯基、对甲苯基。如果从甲基上失去氢原子形成的基称为苯甲基,又称苄基。

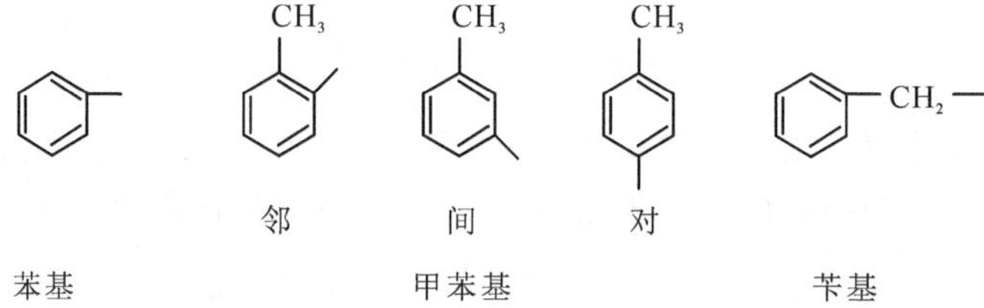

苯基　　甲苯基　　苄基

(二)单环芳香烃的系统命名

(1)当苯环上连接的烃基为较简单的饱和烃基,命名时一般以苯环为母体。例如:

乙苯　　异丙苯　　叔丁苯

(2)当苯环上连接的烃基较为复杂或为不饱和烃基,命名时一般将苯环作为取代基。例如:

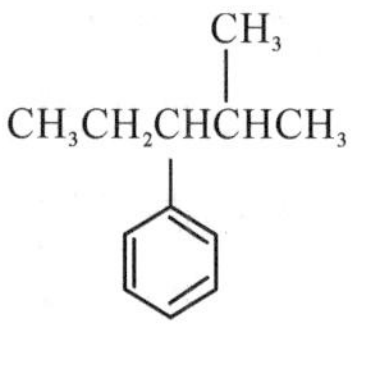

2-甲基-3-苯基戊烷 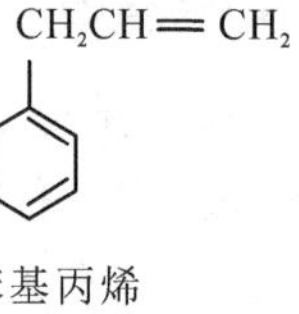　　3-苯基丙烯

(3)两个烷基相同的二元取代苯命名时,烷基的相对位置除可用数字表示外,还可用“邻”“间”“对”来表示。例如:

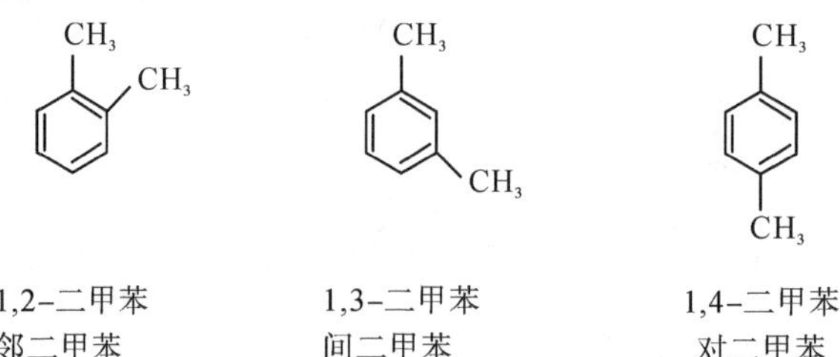

1,2-二甲苯　　1,3-二甲苯　　1,4-二甲苯
邻二甲苯　　间二甲苯　　对二甲苯

三个烷基相同的三元取代苯命名时,烷基的相对位置除可用数字表示外,还可用“连”“偏”“均”来表示。例如:

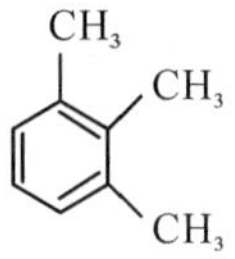

1,2,3-三甲苯 连三甲苯	1,2,4-三甲苯 偏三甲苯	1,3,5-三甲苯 均三甲苯

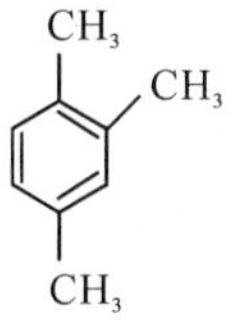

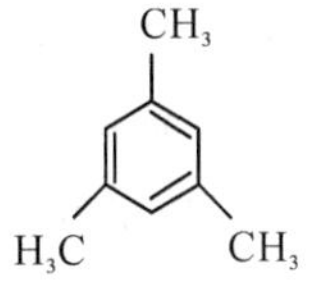

（三）芳香烃衍生物的系统命名

芳香烃衍生物是指苯环上连接的取代基除烃基以外的其他芳香化合物。

（1）取代基若为硝基或卤素，以苯环为母体来命名。例如：

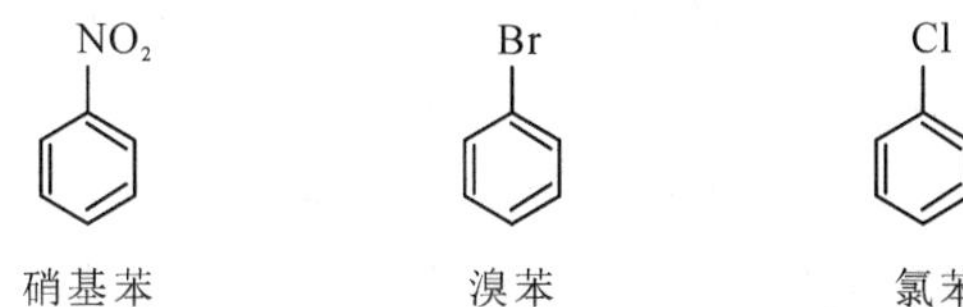

硝基苯　　溴苯　　氯苯

（2）取代基为氨基（$-NH_2$）、羟基（$-OH$）、醛基（$-CHO$）、羧基（$-COOH$）、磺酸基（$-SO_3H$）时，则当作一类化合物命名。例如：

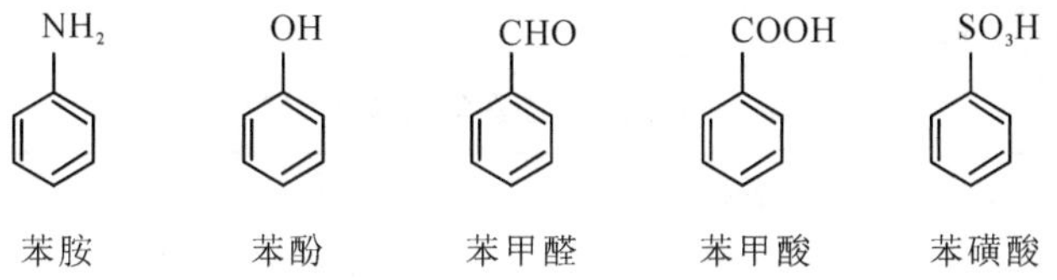

苯胺　　苯酚　　苯甲醛　　苯甲酸　　苯磺酸

（3）当环上有多个不同取代基（烃基和非烃基），选取母体的顺序为：$-SO_3H$（磺酸）、$-COOH$（酸）、$-COOR$（酯）、$-COCl$（酰卤）、$-CONH_2$（酰胺）、$-CN$（腈）、$-CHO$（醛）、$-COR$（酮）、$-OH$（醇）、$-OR$（醚）、$-SH$（硫醇）、$-NH_2$（胺）、$-C\equiv C$（炔）、$-C=C$（烯）、$-R$（烷）、$-X$（卤素）、$-NO_2$（硝基）等。例如：

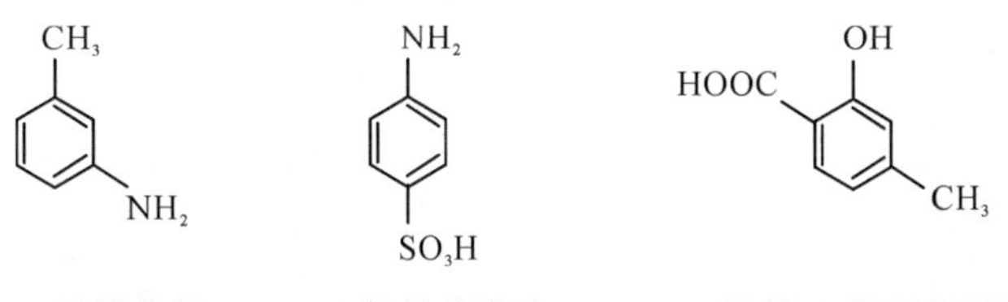

3-甲基苯胺　　4-氨基苯磺酸　　4-甲基-2-羟基苯甲酸

问题与思考

1.写出分子式为 C_9H_{12} 的单环芳香烃的所有异构体，并给其命名。

2.命名下列化合物。

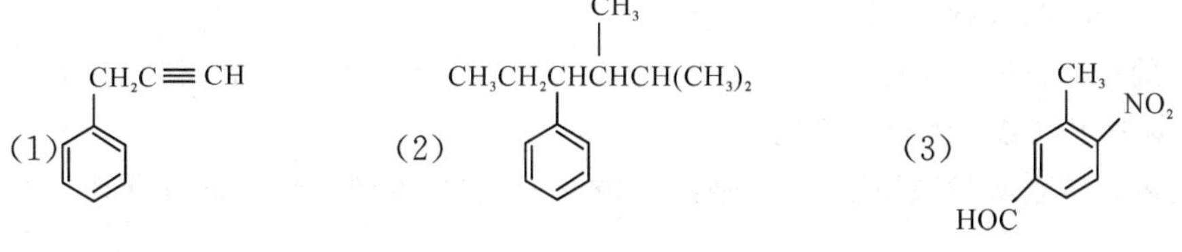

拓展知识

芳香烃及其衍生物系统命名新规则　芳香烃的命名，有时芳环为母体，有时芳环为取代基。如何确定，基本原则是保留原命名规则。当芳环作为母体时，除取代基书写按英文名称字母顺序依次写出，其他保留原命名规则；当芳环为取代基时，类似烃的命名，芳环同其他取代基按英文名称的字母顺序写在母体氢化物的前面。例如：

$CH(CH_3)_2$　　　$CH_2CH{=}CH_2$　　　NH_2 / SO_3H

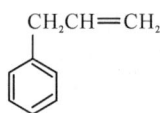

异丙苯	3-苯基丙-1-烯	4-氨基苯磺酸
isopropylbenzene	3-phenylprop-1-ene	4-aminobenzenedisulfonic acid

四、单环芳香烃的物理性质

单环芳香烃大多为无色液体，具有特殊气味，相对密度在 0.8600～0.9300，不溶于水，易溶于乙醚、石油醚、乙醇等多种有机溶剂，同时它们本身也是良好的有机溶剂。液体单环芳香烃与皮肤长期接触，会因脱水或脱脂而引起皮炎，使用时要避免与皮肤接触。单环芳香烃具有一定的毒性，长期吸入其蒸气，会损坏造血器官及神经系统，大量使用时应注意防毒。一些常见的单环芳香烃的物理常数列于表 3－1。

表 3－1　常见芳香烃的物理常数

名称	熔点/℃	沸点/℃	相对密度(d_4^{20})
苯	5.5	80.1	0.8786
甲苯	－95	111.6	0.8669
邻二甲苯	－25.5	144.4	0.8802
间二甲苯	－47.9	139.1	0.8642
对二甲苯	13.2	138.4	0.8611
乙苯	－95	136.2	0.8670
正丙苯	－99.6	159.3	0.8620
异丙苯	－96	152.4	0.8618
苯乙烯	－33	145.8	0.9060

五、单环芳香烃的化学性质

苯环是单环芳香烃的官能团，环上高度离域的大 π 键使苯环具有特殊的稳定性：

(1)不易加成，不易氧化。但苯环上的 π 电子云分布在苯环平面的两侧，受原子核的束缚小，容易给出电子，易与亲电试剂发生取代反应。

(2)苯环上的烃基侧链由于受苯环上大 π 键的影响，α－氢原子变得比较活泼，易发生氧化反应；同时，α－氢原子也易发生卤代反应。

(3)苯环的闭合体系虽然很稳定，但在强烈的条件下，也可表现出烯烃的性质而发生加成反应。

(一)亲电取代反应

分子中的原子或原子团被亲电试剂取代的反应称为亲电取代反应。苯环上的氢原子被亲电试剂取代的反应。主要包括卤代、硝化、磺化和傅-克反应(烷基化和酰基化)。

(1)卤代反应。苯与氯、溴在铁或三卤化铁等催化剂存在下，苯环上的氢原子被卤原子取代，生成一卤代苯。一卤代苯继续反应，反应温度较一卤代反应的温度高，且主要生成邻二卤代苯和对二卤代苯。例如苯的溴代反应。

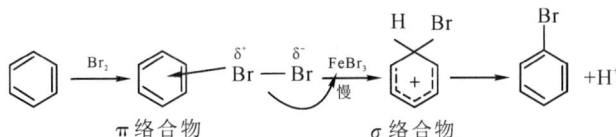

$$C_6H_6 + Br_2 \xrightarrow[55\sim60\ ℃]{FeBr_3} C_6H_5Br \xrightarrow[70\ ℃]{FeBr_3} o\text{-}C_6H_4Br_2 + p\text{-}C_6H_4Br_2$$

反应历程：

$$C_6H_6 \xrightarrow{Br_2} C_6H_6 \leftarrow \overset{\delta^+}{Br}-\overset{\delta^-}{Br} \xrightarrow[慢]{FeBr_3} [C_6H_6Br]^+ \longrightarrow C_6H_5Br + H^+$$

π络合物　　　σ络合物

第一步，被催化剂极化的溴分子与苯环形成 π 络合物；第二步，π 络合物中 Br_2 逐渐异裂，进而形成 σ 络合物；第三步，σ 络合物是一个五中心四电子（五个碳原子共用四个电子）的不稳定正离子中间体，很快失去 H^+ 生成产物。

整个反应过程形成 σ 络合物这一步最慢，是决定反应速率的步骤。形成 π 络合物这一步对反应几乎没有什么影响，以下反应历程省去 π 络合物步骤。

(2)硝化反应。苯与浓硝酸和浓硫酸的混合物共热，苯环上的氢原子被硝基（$-NO_2$）取代生成一硝基苯。一硝基苯进一步硝化，反应条件有所提高，且产物主要是间二硝基苯。

$$C_6H_6 + HNO_3 \xrightarrow[60\ ℃]{H_2SO_4} C_6H_5NO_2 + H_2O$$

$$C_6H_5NO_2 + HNO_3(发烟) \xrightarrow[95\ ℃]{H_2SO_4} m\text{-}C_6H_4(NO_2)_2\ (93\%)$$

反应历程：

$$2H_2SO_4 + HNO_3 \rightleftharpoons NO_2^+ + 2HSO_4^- + H_3O^+$$

$$C_6H_6 + NO_2^+ \xrightarrow{慢} [C_6H_6NO_2]^+ \longrightarrow C_6H_5NO_2 + H^+$$

σ络合物

苯与浓硝酸在浓硫酸的作用下，生成硝基正离子（NO_2^+），然后硝基正离子与苯环形成 σ 络合物，这一步为慢反应，决定反应的速率，最后HSO_4^- 进攻 σ 络合物夺取 H^+ 形成产物。

(3)磺化反应。苯与 98%的浓硫酸共热，或与发烟硫酸在室温下作用，苯环上的氢原子被磺酸基（$-SO_3H$）取代生成苯磺酸，进一步反应生成间苯二磺酸。

$$C_6H_6 \underset{}{\overset{浓硫酸,\ 70\sim80\ ℃}{\rightleftharpoons}} C_6H_5SO_3H \xrightarrow[200\sim300\ ℃]{10\%发烟硫酸} m\text{-}C_6H_4(SO_3H)_2$$

甲苯磺化要比苯的磺化容易一些，低温条件下主要生成邻甲基苯磺酸和对甲基苯磺酸混合物，高温条件下主要生成对甲基苯磺酸。

CH_3 浓H_2SO_4 0 ℃ CH_3 SO_3H 43% + CH_3 SO_3H 53%

100 ℃ CH_3 SO_3H 79%

反应历程：

$$2H_2SO_4 \longrightarrow SO_3 + H_3O^+ + HSO_4^-$$

$$+ \; O=S^+(=O)-O^- \longrightarrow (H, SO_3^-, +) \xrightarrow{HSO_4^-} (SO_3^-) + H_2SO_4 \xrightarrow{H_3O^+} (SO_3H)$$

硫酸产生的 SO_3 虽然不带正电荷，但极化使硫原子显正电性，易于进攻苯环。

(4)傅-克反应。傅瑞德尔-克拉夫茨反应简称傅-克反应。

在无水三氯化铝等的催化下，苯环上的氢原子被烷基或酰基(RCO —)取代的反应，叫做傅-克反应。傅-克反应包括烷基化和酰基化反应。

①傅-克烷基化反应，常用的烷基化试剂为卤代烷，有时也用烯烃、醇等。常用的催化剂是无水三氯化铝，有时还用三氯化铁、三氟化硼、质子酸等。

$$+ \; R-Cl \xrightarrow{AlCl_3} (R) + HCl$$

$$+ \; CH_3CH=CH_2 \xrightarrow{H^+} (CH(CH_3)_2)$$

$$+ \; ROH \xrightarrow{H^+} (R) + H_2O$$

反应历程：

$$R-Cl + AlCl_3 \longrightarrow \overset{\delta^+}{R} \cdots Cl \cdots \overset{\delta^-}{AlCl_3} \longrightarrow R^+ + AlCl_4^-$$

$$\xrightarrow{R^+AlCl_4^-} (H, R, +) \cdot AlCl_4^- \longrightarrow (R) + HCl + AlCl_3$$

$$CH_3CH=CH_2 + H^+ \longrightarrow CH_3\overset{+}{C}HCH_3$$

$$\text{C}_6\text{H}_6 \xrightarrow{^{+}\text{CH(CH}_3)_2} [\text{C}_6\text{H}_6\text{(H)(CH(CH}_3)_2)]^{+} \xrightarrow{-\text{H}^{+}} \text{C}_6\text{H}_5\text{CH(CH}_3)_2$$

$$\text{ROH} \xrightarrow{\text{H}^{+}} \overset{+}{\text{ROH}_2} \longrightarrow \text{R}^{+} + \text{H}_2\text{O}$$

$$\text{C}_6\text{H}_6 \xrightarrow{\text{R}^{+}} [\text{C}_6\text{H}_6\text{(H)(R)}]^{+} \xrightarrow{-\text{H}^{+}} \text{C}_6\text{H}_5\text{R}$$

三个碳以上的烷基化试剂进行烷基化反应时，常伴有异构化（重排）现象发生。

$$\text{C}_6\text{H}_6 \xrightarrow[\text{AlCl}_3]{\text{CH}_3\text{CH}_2\text{CH}_2\text{Cl}} \underset{30\%}{\text{C}_6\text{H}_5\text{CH}_2\text{CH}_2\text{CH}_3} + \underset{70\%}{\text{C}_6\text{H}_5\text{CH(CH}_3)_2}$$

$$\text{CH}_3\text{CH}_2\text{CH}_2\text{Cl} \xrightarrow{\text{AlCl}_3} \text{CH}_3\text{CH}_2\text{CH}_2^{+} \overset{\text{重排}}{\rightleftharpoons} \text{CH}_3\overset{+}{\text{C}}\text{HCH}_3$$

傅氏烷基化反应通常很难停留在一元取代阶段。要想得到一元烷基苯，必须使用过量的芳香烃。

②傅-克酰基化反应，常用的酰基化试剂为酰氯或酸酐。

$$\text{C}_6\text{H}_6 + \text{CH}_3-\overset{\overset{\displaystyle\text{O}}{\|}}{\text{C}}-\text{Cl} \xrightarrow{\text{AlCl}_3} \text{C}_6\text{H}_5-\overset{\overset{\displaystyle\text{O}}{\|}}{\text{C}}-\text{CH}_3$$

$$\text{C}_6\text{H}_6 + (\text{CH}_3\text{CO})_2\text{O} \xrightarrow{\text{AlCl}_3} \text{C}_6\text{H}_5-\overset{\overset{\displaystyle\text{O}}{\|}}{\text{C}}-\text{CH}_3$$

反应历程：

$$\text{CH}_3-\overset{\overset{\displaystyle\text{O}}{\|}}{\text{C}}-\text{Cl} \xrightarrow{\text{AlCl}_3} -\overset{\overset{\displaystyle\text{O}}{\|}}{\underset{+}{\text{C}}}-\text{CH}_3 + [\text{AlCl}_4]^{-}$$

$$(\text{CH}_3\text{CO})_2\text{O} \xrightarrow{\text{AlCl}_3} -\overset{\overset{\displaystyle\text{O}}{\|}}{\underset{+}{\text{C}}}-\text{CH}_3 + [\text{CH}_3\text{COOAlCl}_3]^{-}$$

$$\text{C}_6\text{H}_6 \xrightarrow[{[\text{AlCl}_4]^{-}}]{\text{CH}_3\overset{+}{\text{C}}\text{O}} [\text{C}_6\text{H}_6\text{(H)(COCH}_3)]^{+} \xrightarrow{[\text{AlCl}_4]^{-}} \text{C}_6\text{H}_5\text{COCH}_3 + \text{HCl} + \text{AlCl}_3$$

酰基化反应不发生异构化，也不会发生多元取代。因此傅-克酰基化反应在合成中有更重要的意义。

烷基化反应和酰基化反应使用的催化剂相同，反应历程相似。当苯环上连接有强吸电子基如硝基、磺酸基、羧基、酰基时，环上的电子云密度大大降低，不发生傅-克反应。另外，环上连接有氨基时，氨基会导致催化剂失活，也不可以发生傅-克反应。

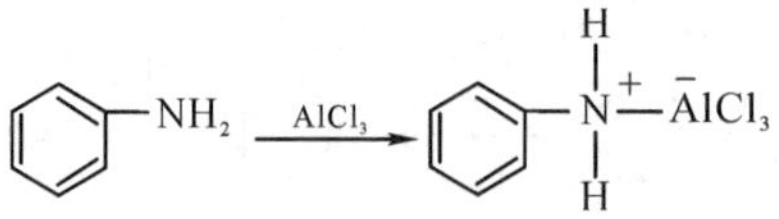

$$C_6H_5NH_2 \xrightarrow{AlCl_3} C_6H_5NH_2^+\text{—}\bar{A}lCl_3$$

(二)氧化反应

苯环不易被氧化,但在高温和催化剂五氧化二钒存在下,可被空气氧化,这时苯环破裂,生成顺丁烯二酸酐。

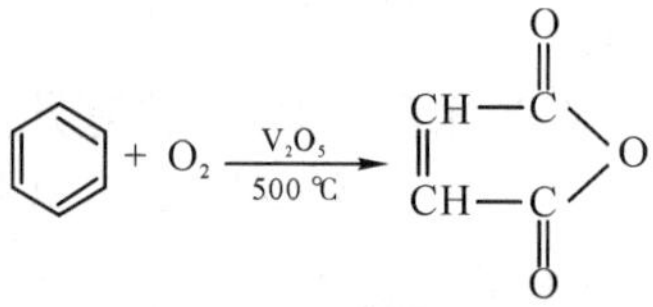

$$C_6H_6 + O_2 \xrightarrow[500\ ℃]{V_2O_5} \text{(顺丁烯二酸酐)}$$

苯环侧链烃基如果连接有 α-氢原子,易被高锰酸钾、重铬酸钾、稀硝酸等氧化剂所氧化。

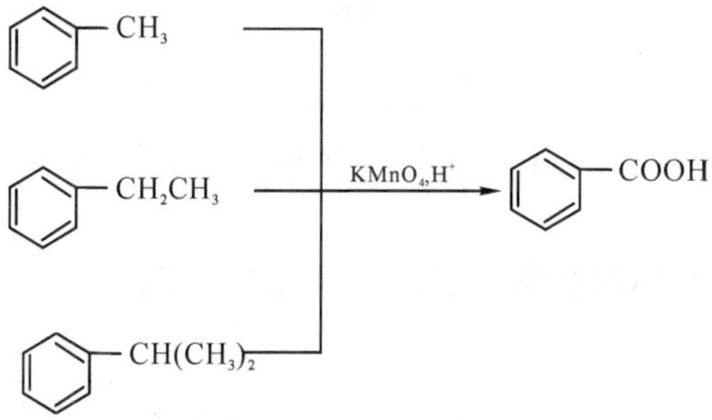

$$C_6H_5CH_3,\ C_6H_5CH_2CH_3,\ C_6H_5CH(CH_3)_2 \xrightarrow{KMnO_4,H^+} C_6H_5COOH$$

没有 α-氢原子的侧链烃基不易被氧化。例如:

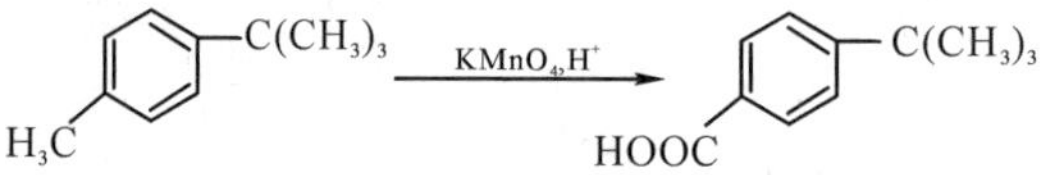

$$H_3C\text{—}C_6H_4\text{—}C(CH_3)_3 \xrightarrow{KMnO_4,H^+} HOOC\text{—}C_6H_4\text{—}C(CH_3)_3$$

(三)加成反应

苯环在特定条件下,如催化剂、高温、高压或光照等条件下可发生加成反应。如加氢、加卤素等。

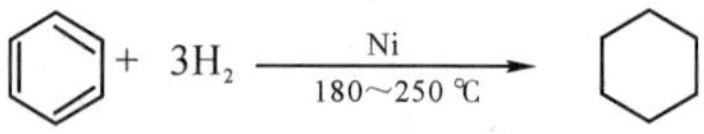

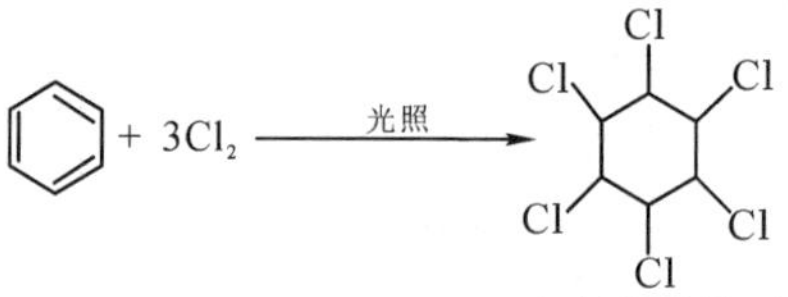

$$C_6H_6 + 3H_2 \xrightarrow[180\sim250\ ℃]{Ni} C_6H_{12}$$

$$C_6H_6 + 3Cl_2 \xrightarrow{光照} C_6H_6Cl_6$$

六氯环己烷(六六六)

六氯环己烷,俗称六六六,是有机氯广谱杀虫剂。由于对人、畜都有一定毒性,20 世纪 60 年代末停止生产或禁止使用。

问题与思考

完成下列反应式,写出主要产物。

(1) 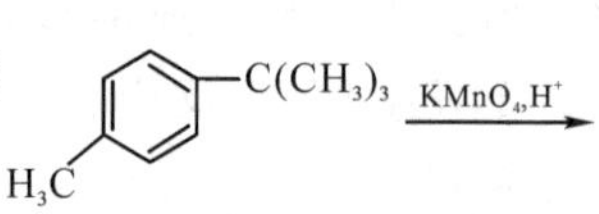 $H_3C\text{—}C_6H_4\text{—}C(CH_3)_3 \xrightarrow{KMnO_4,H^+}$

(2) 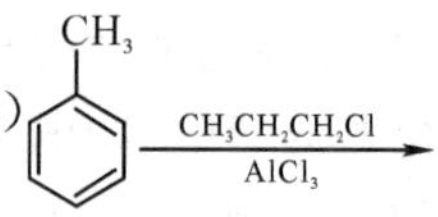 $C_6H_5CH_3 \xrightarrow[AlCl_3]{CH_3CH_2CH_2Cl}$

六、共振论简介

（一）共振论的基本概念

共振论是由美国化学家鲍林在 20 世纪 30 年代提出的一种分子结构理论，它是用以弥补经典价键理论一个价键结构式对应一个分子结构的不足。比如CO_3^{2-}中三个碳氧键完全是等同的，但价键式只能表示为一种。

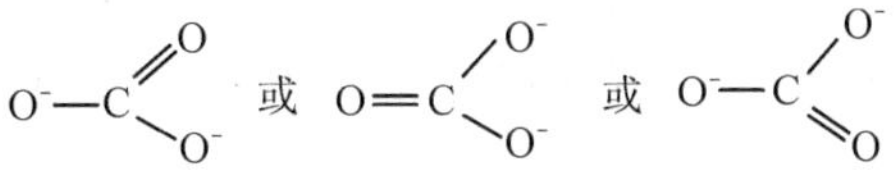

$$\mathrm{O^-{-}C(=O)(O^-)}\quad\text{或}\quad\mathrm{O{=}C(O^-)(O^-)}\quad\text{或}\quad\mathrm{O^-{-}C(O^-)(=O)}$$

如果以共振论观点表示CO_3^{2-}，可以看作是这三种极限结构的杂化体。

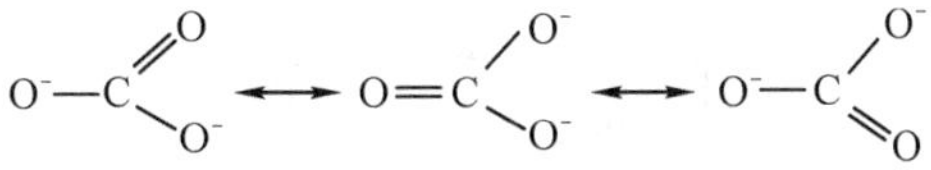

$$\mathrm{O^-{-}C(=O)(O^-)}\longleftrightarrow\mathrm{O{=}C(O^-)(O^-)}\longleftrightarrow\mathrm{O^-{-}C(O^-)(=O)}$$

在理解极限结构时需要注意的是，这些极限结构均不是一个分子、离子或自由基的真实结构，真实结构应该是所有极限结构的杂化体。极限结构之间只是电子排布不同，极限结构的杂化体既不是混合物也不是互变平衡关系。

（二）极限结构书写原则

书写极限结构时，第一，要保证原子核的相对位置和电子对的数目不改变，只是改变电子对的排列，一般指 p 轨道上的电子；第二，要遵守价键理论，比如氢原子的外层电子数不能超过两个，第二周期元素的最外层电子数不能超过 8 个；第三，在所有极限结构中未共用电子数必须相等；第四，参与共振的原子应该有 p 轨道。

例如烯丙基自由基的这三种极限结构：

$$CH_2{=}CH{-}\dot{C}H_2 \longleftrightarrow \dot{C}H_2{-}CH{=}CH_2 \not\longleftrightarrow \dot{C}H_2{-}\dot{C}H{-}\dot{C}H_2$$

前两个烯丙基自由基各有一个未共用电子，后面这个结构有三个未共用电子，不符合极限结构书写原则。因此，烯丙基自由基只能用前面两个极限结构表示。

（三）极限结构的稳定性判断

每一个极限结构对共振杂化体的贡献是不同的，越稳定的极限结构贡献越大；不稳定的极限结构贡献小；真实分子的能量低于能写出的任何一个极限结构的能量。

判断一个极限结构的稳定性大小，从以下四方面进行判定。

第一，极限结构中所有原子的价电子层结构均有完整的价电子层结构是最稳定的。原因是原子完整的价电子层意味着该原子的成键电子层已达到全充满状态。例如 1,3 -丁二烯这两个极限结构：

$$CH_2{=}CH{-}CH{=}CH_2 > \overset{+}{C}H_2{-}CH{=}CH{-}\overset{-}{C}H_2$$

前面的极限结构碳原子最外层电子有 8 个，氢原子最外电子层有 2 个，都已达到各自的完整的价电子层结构；而后面的极限结构的碳正离子最外层电子只有 6 个，是缺电子基团，不稳定。

第二，参与共振的极限结构越多，分子越稳定。这是因为如果一个分子参与共振的极限结构越多，说明该分子中电子的离域程度越大，分子体系的能量就越低，分子就越稳定。比如 1,3 -丁二烯可以写出三个极限结构：

$$CH_2{=}CH{-}CH{=}CH_2 \longleftrightarrow \overset{+}{C}H_2{-}CH{=}CH{-}\overset{-}{C}H_2 \longleftrightarrow \overset{-}{C}H_2{-}CH{=}CH{-}\overset{+}{C}H_2$$

苯可以写出六个极限结构：

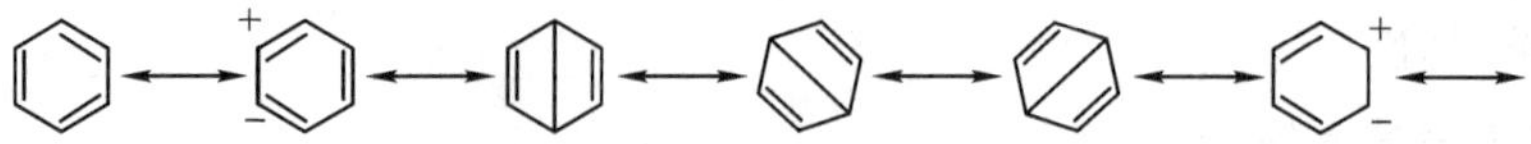

实验证明苯比 1,3 -丁二烯更稳定。

第三,极限结构中相邻原子带相同电荷的共振极限结构不稳定。相邻原子带相同电荷只能会使对方正的更正、负的更负,不利于电荷的分散。带有正电荷或负电荷的原子要稳定,需要有异性电荷的分散才能趋于稳定。例如,硝基苯亲电取代反应:亲电试剂进攻硝基的邻位碳原子时,其中的一个极限结构是带正电荷的碳原子与带正电荷的氮原子相连,这样的极限结构不稳定。

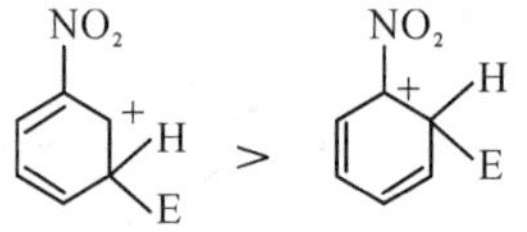

第四,等价极限结构对共振杂化体的贡献相等。例如苯、1,3 -丁二烯的两个等价极限结构:

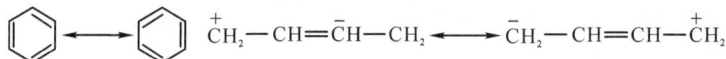

$$\overset{+}{C}H_2—CH=\overset{-}{C}H—CH_2 \longleftrightarrow \overset{-}{C}H_2—CH=CH—\overset{+}{C}H_2$$

(四)共振论的应用

(1)利用共振论可以解释物质结构与性质的紧密关系。例如,1,3 -丁二烯既可以进行 1,2 -加成又可以进行 1,4 -加成的原因。用共振论的观点解释:因为 1,3 -丁二烯其中一个极限结构中,1,2 位上有碳碳双键,因此可以发生 1,2 -加成反应;可以进行 1,4 -加成反应是因为另外两个极限结构 1,3 -丁二烯的 1,4 位碳原子上分别带有正电荷和负电荷。

(2)利用共振论可以阐明共价键属性。例如氯乙烷和氯乙烯中,为什么氯乙烯的 C — Cl 键键长(0.172 nm)比氯乙烷(0.177 nm)的小。从氯乙烯的两种极限结构可以解释:氯乙烯的一个极限结构 C — Cl 键是双键,而氯乙烷的 C — Cl 键是单键。

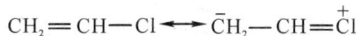

$$CH_2=CH—Cl \longleftrightarrow \overset{-}{C}H_2—CH=\overset{+}{Cl}$$

(3)利用共振论可以解释反应速率的大小。例如 3 -溴丙烯和 1 -溴丙烷的水解反应,3 -溴丙烯比 1 -溴丙烷水解的快。共振论观点认为,因为烯丙基碳正离子可以写出两种极限结构,而丙基碳正离子只有一种极限结构,因此烯丙基碳正离子比丙基碳正离子稳定。

$$CH_2=CH—CH_2Br \xrightarrow{-Br^-} \boxed{CH_2=CH—\overset{+}{C}H_2} \xrightarrow{OH^-} CH_2=CH—CH_2OH$$

$$CH_2=CH—\overset{+}{C}H_2 \longrightarrow \overset{+}{C}H_2—CH=CH_2$$

$$CH_3—CH_2—CH_2Br \xrightarrow{-Br^-} \boxed{CH_3—CH_2—\overset{+}{C}H_2} \xrightarrow{OH^-} CH_3—CH_2—CH_2OH$$

七、苯环上亲电取代反应的定位规则

苯进行亲电取代反应时,因为分子中的 6 个氢原子是等同的,故一元取代物只有一种。但一元取代苯再进一步发生取代时,从结构上看可以进入取代基的邻位、间位和对位三个不同的位置。

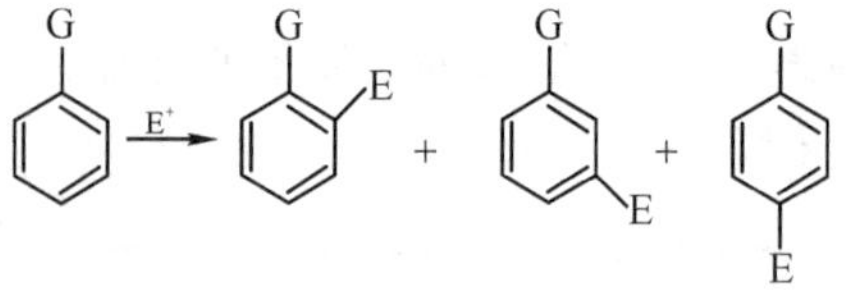

如果环上 5 个氢原子被取代的机会均等,生成的三种异构体的比例应该是邻位∶间位∶

对位＝40％(2/5)∶40％(2/5)∶20％(1/5)。事实上，这三个位置被取代的机会并不均等，且随原有取代基的不同，各异构体的比例会发生变化。

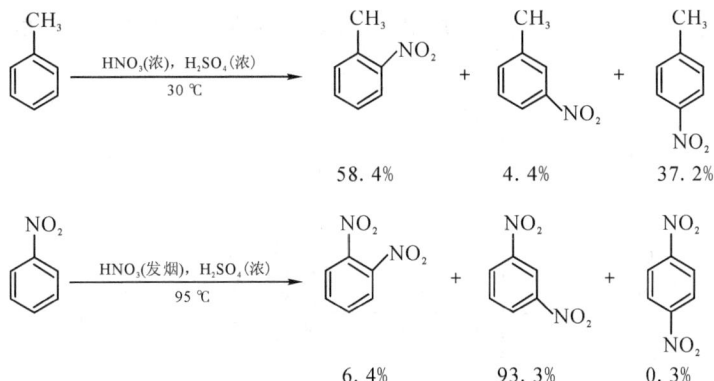

$$\text{甲苯} \xrightarrow[30\ ℃]{HNO_3(浓),\ H_2SO_4(浓)} \text{邻硝基甲苯} + \text{间硝基甲苯} + \text{对硝基甲苯}$$

58.4%　　4.4%　　37.2%

$$\text{硝基苯} \xrightarrow[95\ ℃]{HNO_3(发烟),\ H_2SO_4(浓)} \text{邻二硝基苯} + \text{间二硝基苯} + \text{对二硝基苯}$$

6.4%　　93.3%　　0.3%

苯环上已有的取代基对后进入的基团位置的制约作用，称为取代基的定位效应，已有的取代基叫作定位基。根据定位基定位效应的不同，将定位基分为两类：邻对位定位基(邻对位产物＞60％)和间位定位基(间位产物＞40％)。

(一)邻、对位定位基

邻、对位定位基使第二个取代基主要进入它的邻位或对位。常见的邻、对位定位基(定位能力由强到弱排列)有：$-NH_2(-NHR、-NR_2)$、$-OH$、$-OCH_3(-OR)$、$-NHCOCH_3$、$-OCOCH_3$、$-CH_3(-R)$、$-C_6H_5(-Ar)$、$-CH=CH_2$、$-F$、$-Cl$、$-Br$、$-I$等。

邻对位定位基结构特点是：与苯环直接相连的原子一般只连接有单键，有的具有孤电子对或带有负电荷。除卤原子外，其他的邻、对位定位基对苯环进一步发生亲电取代都起到活化作用，即发生取代反应比苯更容易。

为什么邻、对位定位基产生邻、对位的定位作用？为什么除卤原子，其他定位基对苯环起到活化作用？这可以从取代基产生的电子效应来讨论。例如甲苯。

甲基碳原子是sp^3杂化，苯环碳原子是sp^2杂化，甲基对苯环产生供电子的诱导效应；同时甲基C—H σ键与苯环的大π键产生供电子的σ-π超共轭效应。供电子的诱导和供电子的共轭使苯环上的电子云密度增加，甲基的存在活化了苯环，因此甲苯的亲电取代反应比苯容易。那么为什么甲基是邻、对位定位基？

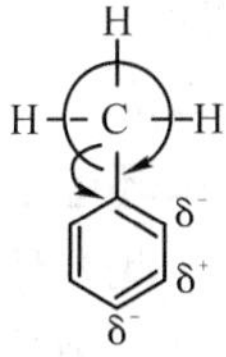

甲基的定位效应可以用反应历程和共振论解释。

根据前面讲的亲电取代反应历程，亲电取代反应生成σ络合物决定反应的速率，而σ络合物的稳定性又决定生成σ络合物的难易。越稳定的σ络合物越容易生成，亲电取代反应也就越快。当亲电试剂进攻甲基的邻、对、间位后，生成三种不同的σ络合物。

(Ⅰ)　　(Ⅱ)　　(Ⅲ)

σ络合物本身是一个共轭体系，电荷分布呈极性交替现象。(Ⅰ)和(Ⅱ)甲基直接和带部分正电荷(δ^+)的碳原子相连，甲基的供电子性使正电荷得到分散，(Ⅰ)和(Ⅱ)比较稳定；而(Ⅲ)是甲基与带部分负电荷(δ^-)的碳原子相连，甲基的供电子性使碳原子上的负电荷更多，负电荷没有分散，反而更富集。（Ⅲ）没有（Ⅰ）和（Ⅱ）稳定，因此，甲苯的亲电取代产物主要是邻、对位产物。

共振论的观点认为，当亲电试剂进攻甲基的间位、邻位和对位时，生成的 σ 络合物分别可用三种极限结构式表示。

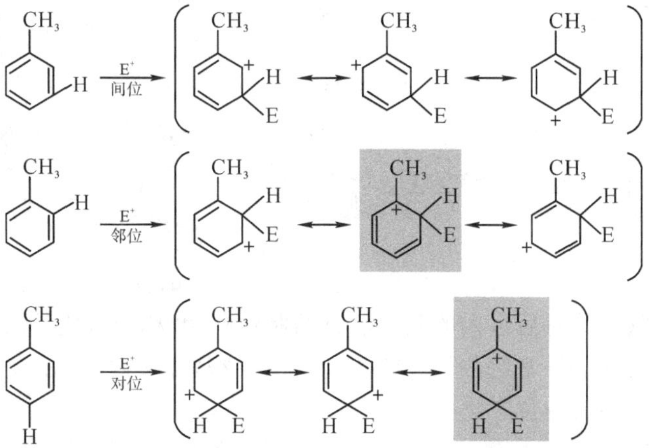

进攻邻位和对位的极限结构式中，都有一个带正电荷的碳原子与甲基相连的较稳定的极限结构（甲基的供电子性会使碳原子的正电性得到分散），而进攻间位的极限结构式中没有相对稳定的极限结构存在，因此主要产物是邻、对位产物。比如苯酚。

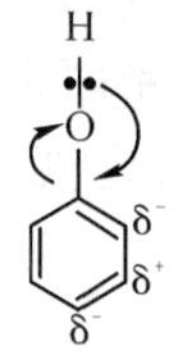

由于氧原子的电负性大于碳原子的电负性，因此羟基氧原子对苯环产生吸电子的诱导效应，结果使苯环上的电子云密度减小；同时羟基氧原子上的孤电子对可与苯环发生 p－π 共轭效应，p－π 共轭是七原子八电子的共轭体系，结果使苯环上的电子云密度增加。共轭效应使苯环电子云密度增加，而诱导效应使苯环电子云密度减小，但 p－π 共轭效应的影响更大一些，因此苯环上的电子云密度是增加的，即羟基活化了苯环。

为什么羟基是邻、对位定位基？其定位效应也可以用反应历程和共振论解释。

当亲电试剂进攻苯环邻位、对位、间位后，羟基和甲基的情况类似，生成了三种不同的 σ 络合物。

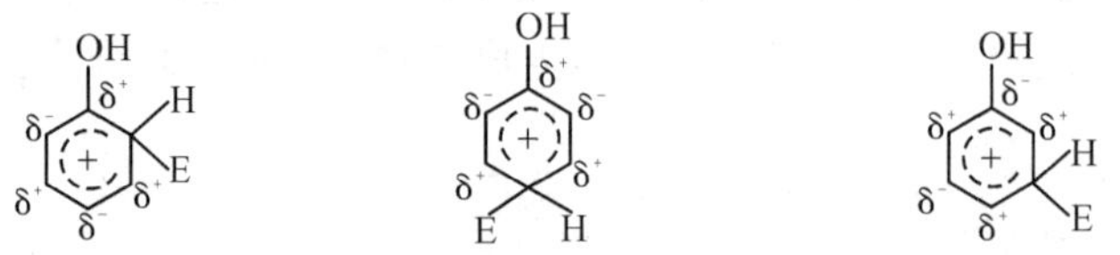

（Ⅰ） （Ⅱ） （Ⅲ）

（Ⅰ）和（Ⅱ）比较稳定，因此羟基是邻对位定位基。

共振论认为，亲电试剂进攻羟基的邻位、对位时，生成的 σ 络合物分别可以写出四种极限结构。

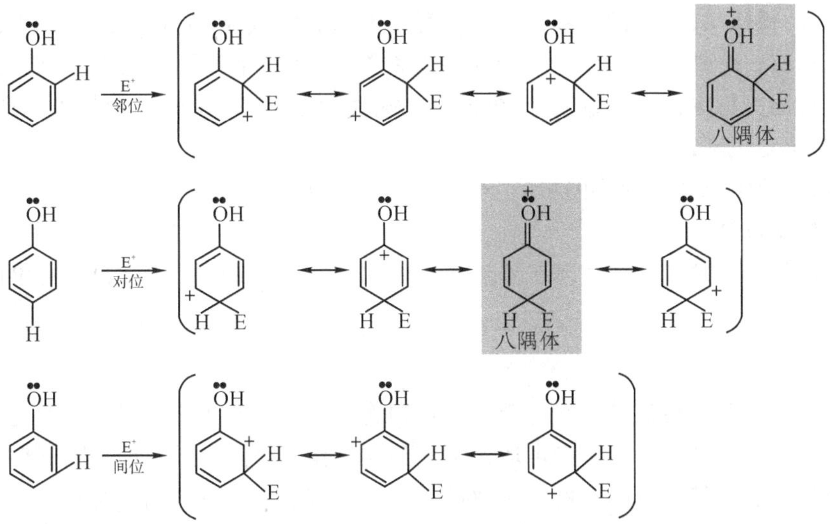

其中各有一个八隅体的稳定极限结构；当亲电试剂进攻羟基的间位时，写出的三种极限结构中都有一个外层只有 6 个电子的碳正离子。极限结构的数目和稳定性都说明，亲电试剂进攻羟基的邻、对位的产物是主要产物，因此羟基是邻、对位定位基。

再来分析卤原子。邻、对位定位基中只有卤原子对苯环的亲电取代反应是钝化的。以氯苯为例进行分析。

氯原子连在苯环上对苯环有吸电子的诱导作用，使苯环上的电子云密度降低；同时氯原子 p 轨道上的孤对电子与苯环产生 p－π 共轭效应，又使苯环上的电子云密度增加。由于氯原子强的吸电子性使得对苯环的诱导效应强于共轭效应，结果使苯环上的电子云密度降低，钝化了苯环。那么为什么卤原子对苯环产生又是邻对位定位效应？

共振论观点认为亲电试剂进攻卤原子的邻、对、间位，形成的 σ 络合物可以写出的极限结构与羟基的类似。

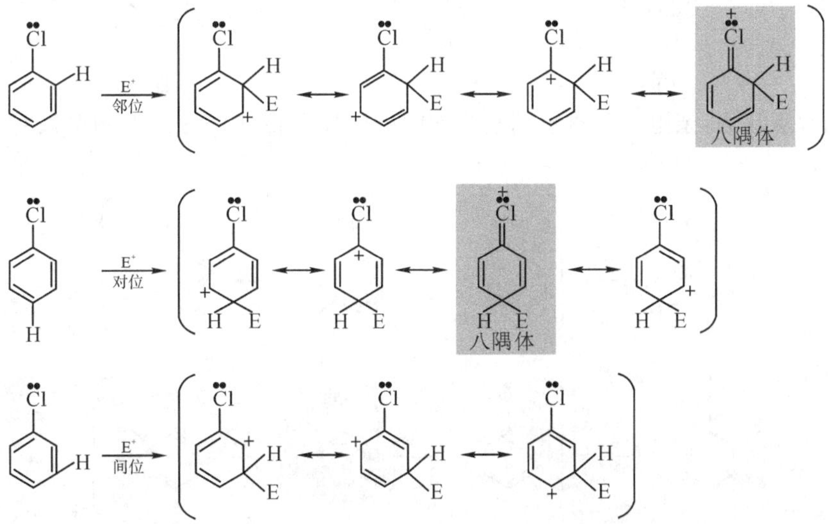

邻、对位的极限结构式各有四种，其中各有一个八隅体结构；间位的极限结构有三种，三种极限结构也都有一个外层只有6个电子的碳正离子，没有一个较稳定的极限结构。无论是极限结构的数目还是稳定性也都说明，亲电试剂进攻卤原子邻、对位的产物是主要产物，因此卤原子为邻、对位定位基。

其他邻、对位定位基对苯环的影响与甲基、羟基类似。

(二)间位定位基

间位定位基能使第二个取代基主要进入它的间位。常见的间位定位基(定位能力由强到弱排列)有：$-\overset{+}{N}H_3$、$-\overset{+}{N}R_3$、$-NO_2$、$-CCl_3$、$-CN$、$-SO_3H$、$-CHO$、$-COR$、$-COOH$、$-CONH_2$。

间位定位基的结构特点是一般与苯环直接相连的原子上有不饱和键或带有正电荷。所有的间位定位基对苯环进一步发生亲电取代都起到钝化作用，即发生取代反应比苯难。

为什么间位定位基产生间位的定位效应？而且所有的间位基都对苯环发生亲电取代产生钝化作用？以硝基为例进行分析。

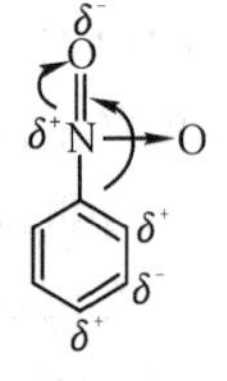

硝基连在苯环上，由于氧原子、氮原子的电负性都大于碳原子的电负性，因此硝基对苯环产生吸电子的诱导效应，结果使苯环上的电子云密度减小。同时硝基氮氧双键与苯环大π键发生π-π共轭效应，由于氮氧双键是极性的双键，且氧原子的电负性较大，因此π-π共轭体系的电子向氧原子偏移，结果使苯环上的电子云密度减小。吸电子的诱导和吸电子的共轭使苯环上电子云密度大大降低，因此硝基连在苯环上，使苯环进一步发生亲电取代变得更难，即硝基钝化了苯环。

硝基为什么是间位定位基？从反应历程分析。亲电试剂进攻苯环不同碳原子生成的σ络合物。当亲电试剂进攻间位，带负电荷的碳原子与硝基直接相连(Ⅲ)，硝基的吸电子性使碳原子上的电子得到分散，结构趋于稳定；进攻邻、对位生成的σ络合物(Ⅰ)和(Ⅱ)是带有部分正电荷的碳原子与硝基直接相连，硝基会使带有部分正电荷的碳原子正性更强，σ络合物不稳定。因此硝基是间位定位基。

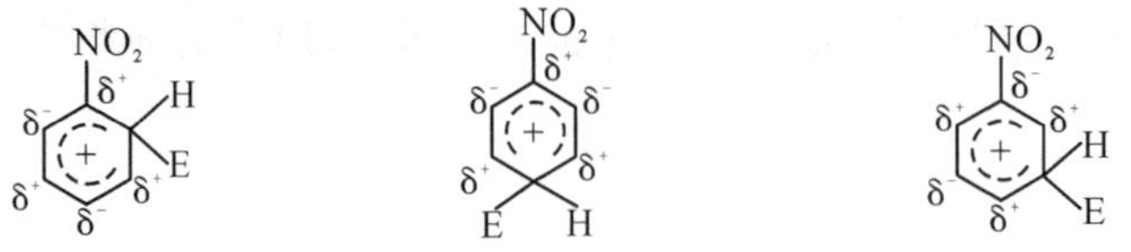

(Ⅰ)　　(Ⅱ)　　(Ⅲ)

共振论观点认为，亲电试剂进攻硝基苯不同的碳原子形成的σ络合物可以写出三种极限结构。

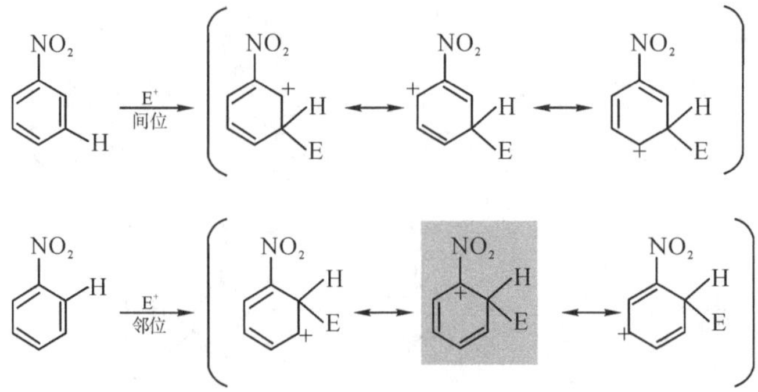

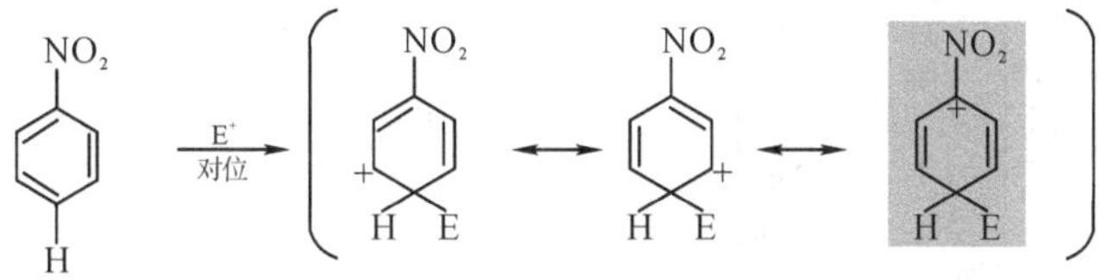

邻、对位的极限结构式中各有一个带正电荷的碳原子与硝基相连的相对不稳定的极限结构，而间位的极限结构中没有这样的不稳定结构，因此硝基是间位定位基。

其他的间位定位基对苯环影响与硝基的影响类似。

对于一个亲电取代反应，反应产物除受电子效应的影响外，还会受到空间效应的影响。当苯环上连有邻、对位定位基时，邻、对位产物异构体的比例将随原取代基空间因素的大小不同而变化。原取代基空间位阻越大，邻位异构体就越少。同时也与新引入基团的空间因素有关，新引入基团空间位阻越大，邻位产物也会越少。比如叔丁苯、氯苯的磺化，产物几乎百分之百的是对位产物。

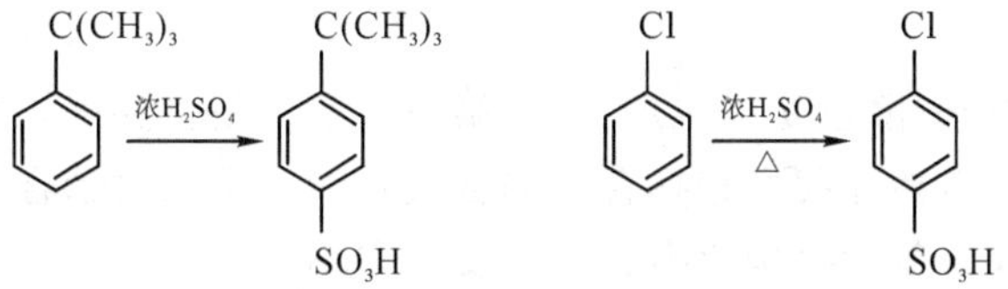

问题与思考

将下列化合物进行卤代反应的活性由强到弱排序。

(1) 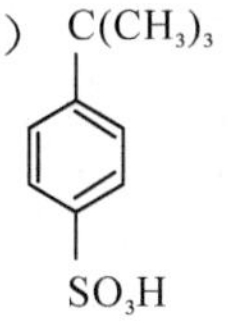　(2) 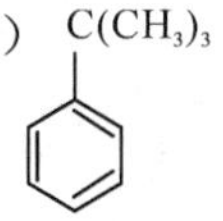　(3) 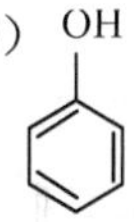　(4)

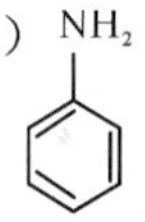

(三)定位规则的应用

应用定位规则可以预测反应的主要产物。当苯环上已有两个取代基，第三个取代基的引入必然受到原有的两个取代基的影响。如果两个取代基的定位位置统一，第三个取代基就进入他们共同决定的位置。例如，对硝基甲苯进一步取代，第三取代基主要进入的位置是甲基的邻位，硝基的间位。再比如间硝基苯磺酸，硝基和磺酸基都是间位定位基，第三个取代基进入的位置刚好是硝基和磺酸基的间位。

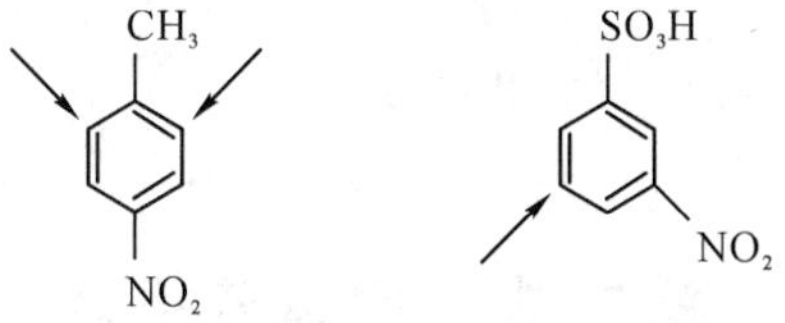

如果两个取代基的定位位置不统一，当两个取代基属于同类型的定位基，比如都属于邻、对位或都属于间位定位基，第三个取代基进入的位置由定位效应比较强定位基决定。例如：

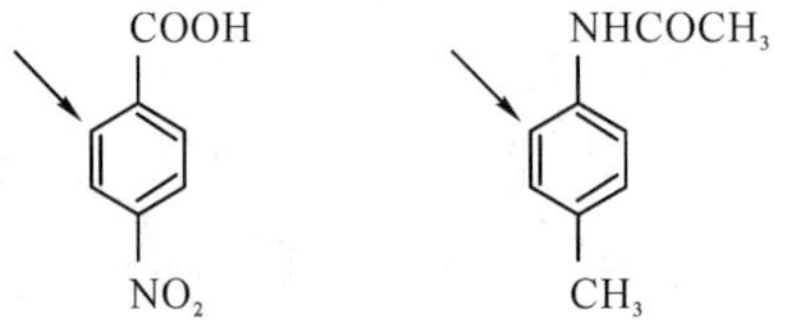

COOH / NO_2 (对硝基苯甲酸)　　$NHCOCH_3$ / CH_3 (N-(对甲基)苯基乙酰胺)

对硝基苯甲酸硝基和羧基都是间位定位基,第三个取代基进入的位置由定位效应较强的硝基决定,在硝基的间位。N -(对甲基)苯基乙酰胺中,甲基和乙酰氨基都是邻对位定位基,第三个取代基进入的位置由定位效应较强的乙酰氨基决定。

如果两个取代基属于不同类型的定位基,比如一个是邻、对位定位基,一个是间位定位基,第三个取代基进入的位置主要由邻、对位定位基决定。例如间羟基苯甲醛。

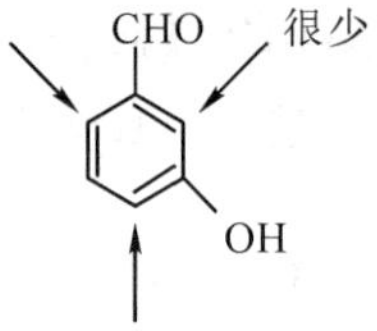

CHO　很少　OH

羟基是邻对位定位基,醛基是间位定位基,第三个取代基主要进入羟基的邻、对位。

应用定位规则还可以指导我们选择合理的合成路线。例如由苯合成间硝基氯苯和对硝基氯苯。先硝化再氯代和先氯代再硝化得到的主要产物不一样。

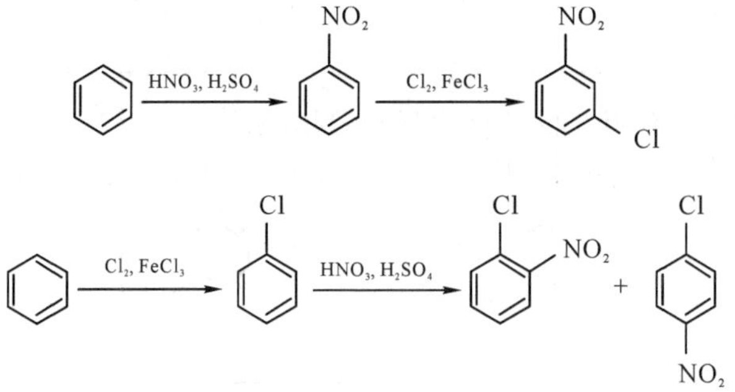

$$C_6H_6 \xrightarrow{HNO_3,\ H_2SO_4} C_6H_5NO_2 \xrightarrow{Cl_2,\ FeCl_3} m\text{-}ClC_6H_4NO_2$$

$$C_6H_6 \xrightarrow{Cl_2,\ FeCl_3} C_6H_5Cl \xrightarrow{HNO_3,\ H_2SO_4} o\text{-}ClC_6H_4NO_2 + p\text{-}ClC_6H_4NO_2$$

问题与思考

1.用箭头指出下列化合物硝化反应时硝基进入的主要位置。

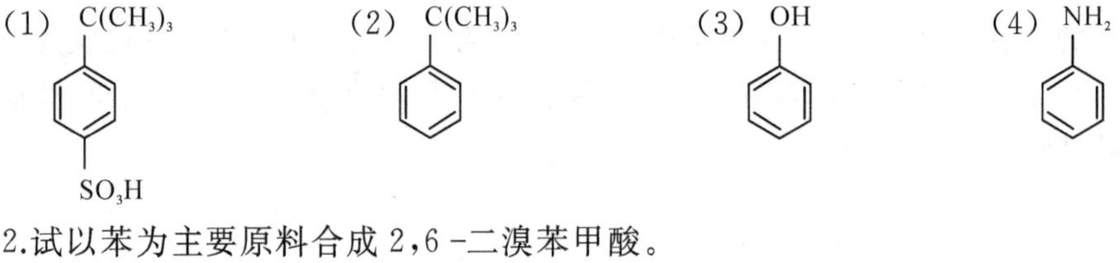

(1) $C(CH_3)_3$ / SO_3H　(2) $C(CH_3)_3$　(3) OH　(4) NH_2

2.试以苯为主要原料合成 2,6 -二溴苯甲酸。

第二节　稠环芳香烃

稠环芳香烃的母体采用单译名,芳环中各个碳原子的位次也有固定编号。

其中 1、4、5、8 位称为 α 位,2、3、6、7 位称为 β 位,9、10 位称为 γ 位。例如:

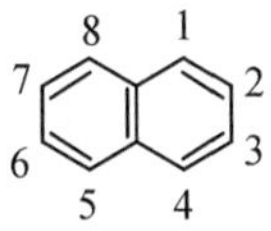

萘 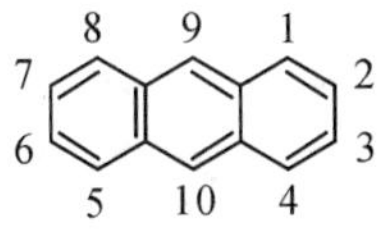　　　　蒽 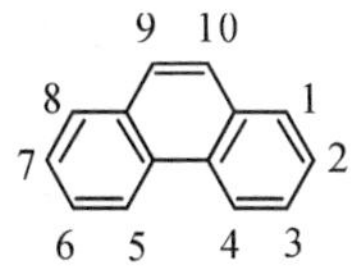　　　　菲

一、萘

萘是稠环芳香烃中最简单的一种，分子式为 $C_{10}H_8$。它是煤焦油中含量最多的化合物，约含 6%，可以从煤焦油中提炼得到萘。

（一）萘的结构

与苯类似，萘的结构是一个平面状分子。萘分子中每个碳原子均以 sp^2 杂化轨道与相邻的碳原子形成 C—C σ 键，每个碳原子未杂化的 p 轨道互相平行，侧面重叠形成一个闭合共轭大 π 键，因此具有芳香性。但萘和苯的结构不相同的是萘分子中两个共用碳上的 p 轨道除了彼此重叠外，还分别与相邻的另外两个碳上的 p 轨道重叠，因此闭合大 π 键电子云在萘环上不是均匀分布的，导致 C—C 键长不完全等同，所以萘的芳香性比苯差。

（二）萘的性质

萘是白色片状晶体，熔点为 80.5 ℃，沸点为 218 ℃，不溶于水，易溶于乙醇、乙醚和苯等有机溶剂。燃烧时光亮弱、烟多。萘挥发性大，易升华，有特殊气味，具有驱虫防蛀作用，过去曾用于制作“卫生球”。近年来研究发现，萘可能有致癌作用，现使用樟脑取代萘制造防虫剂。萘在工业上主要用于合成染料、农药等。

萘的取代反应比苯容易。因萘的芳香性比苯差，较易发生加成、氧化反应，表现出一定不饱和烃的性质。

（1）亲电取代反应。经测定，萘环的 α-位电子云密度比 β-位高，因此亲电取代主要发生在 α-位。

在三氯化铁催化下，将氯气通入萘的氯苯溶液中，主要生成 α-氯代萘。

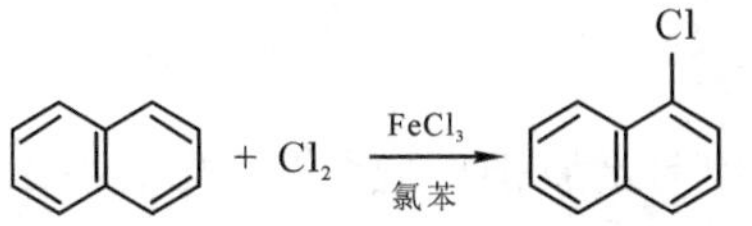

$$\text{萘} + Cl_2 \xrightarrow[\text{氯苯}]{FeCl_3} \text{α-氯代萘（>92\%）}$$

萘用混酸进行硝化，主要生成 α-硝基萘。α-硝基萘是合成染料和农药的中间体。

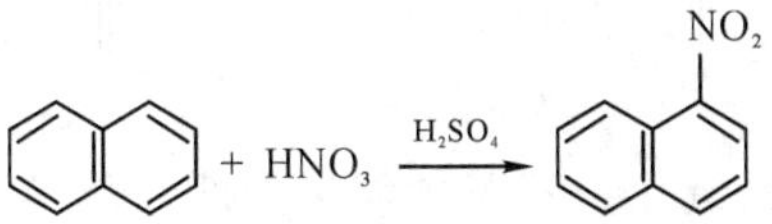

$$\text{萘} + HNO_3 \xrightarrow{H_2SO_4} \text{α-硝基萘（92\%～94\%）}$$

萘在较低的温度下磺化，主要生成 α-萘磺酸。在较高温度下磺化，主要生成 β-萘磺酸。因磺化反应是可逆的，温度升高使最初生成的 α-萘磺酸转化为对热更为稳定的 β-萘磺酸。

$$\text{萘} + H_2SO_4 \xrightarrow{0\sim60\ ℃} \alpha\text{-萘磺酸}$$

$$\text{萘} + H_2SO_4 \xrightarrow{165\ ℃} \beta\text{-萘磺酸}$$

$$\alpha\text{-萘磺酸} \xrightarrow{H_2SO_4,\ 165\ ℃} \beta\text{-萘磺酸}$$

萘的亲电取代反应一般发生在 α-位，主要得到 α-取代产物。比较而言，萘的磺化反应容易得到 β-位取代产物，即 β-萘磺酸。因此萘的衍生物常常可以通过 β-萘磺酸来制取。例如，由 β-萘磺酸可得到 β-萘酚。

$$\beta\text{-萘磺酸} \xrightarrow[300\ ℃]{NaOH} \beta\text{-萘酚钠 (ONa)} \xrightarrow{H^+} \beta\text{-萘酚 (OH)}$$

由 β-萘酚又可以转变为 β-萘胺。

$$\beta\text{-萘酚} \xrightarrow[150\ ℃,0.6MPa]{(NH_4)_2SO_3\text{或}NH_4HSO_3} \beta\text{-萘胺 (NH}_2\text{)} + H_2O$$

萘酚和萘胺都是合成偶氮染料的重要中间体。因此萘的磺化反应，尤其高温磺化，在有机合成上特别是合成染料方面有着重要的应用。

(2)加氢反应。萘环表现出一定双键的性质，它比苯环容易加氢和还原：

$$\text{萘} + H_2 \xrightarrow[\text{或Pd-C, 加压, }\triangle]{Ni,\ 140\sim160℃,\ 0.3MPa} \text{四氢化萘}$$

$$\text{萘} + H_2 \xrightarrow[\text{或Pt, 加压, }\triangle]{Ni,\ 200℃,\ 1\sim3MPa} \text{十氢化萘}$$

萘在液氨和乙醇的混合液中与金属钠反应，也可发生还原反应，生成 1,4-二氢化萘。还可以将萘还原为四氢化萘。四氢化萘也称为萘满，常温下为液态，沸点为 270.2 ℃。十氢化萘也称为萘烷，常温下也是液态，沸点为 191.7 ℃，它们都可以作为高沸点溶剂。

$$\text{萘} \xrightarrow{Na,C_2H_5OH,NH_3(\text{液})} \text{1,4-二氢化萘}$$

(3)氧化反应。萘比苯容易氧化。不同的氧化条件，萘被氧化成不同的产物。例如在醋酸溶液中用三氧化铬对萘进行氧化，萘的一个环被氧化成醌，生成 1,4-萘醌。

$$\text{萘} \xrightarrow[10\sim15℃]{CrO_3,\ CH_3COOH} \text{1,4-萘醌}$$

在更强烈的氧化条件下，萘的一个环发生破裂，生成邻苯二甲酸酐。

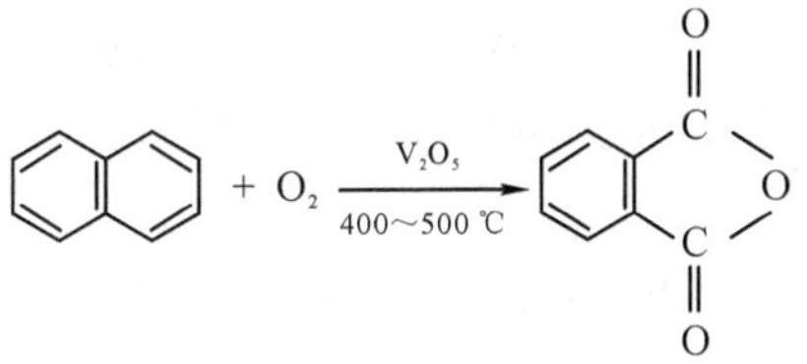

$$\text{萘} + O_2 \xrightarrow[400\sim500\ ℃]{V_2O_5} \text{邻苯二甲酸酐}$$

邻苯二甲酸酐在化学工业上有广泛的用途，它可以作为许多树脂、增塑剂、染料的合成原料。

(三)萘的定位规律

与苯相比，萘环上取代基的定位作用要复杂些。一般来说，由于萘环 α-位的活性高，新导入的取代基容易进入 α-位。环上原有取代基主要决定的是第二个取代基发生的是同环取代还是异环取代，这与原有取代基的性质、位置以及反应条件都有关系。

如果原有取代基是邻、对位定位基时，它对直接相连的环具有活化作用，因此第二个取代基主要会发生同环取代。如果原取代基在 α-位，那么第二个取代基进入同环的另一个 α-位；如果原取代基在 β-位，那么第二个取代基进入相邻的 α-位。

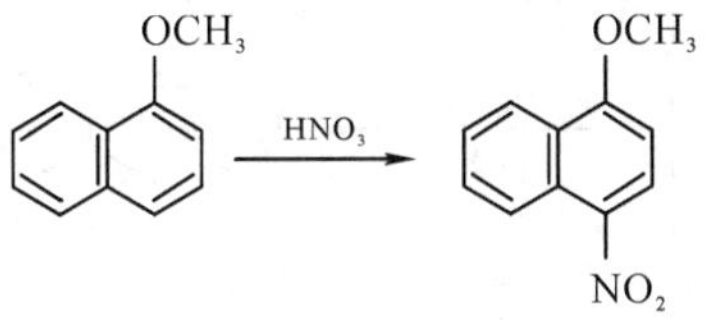

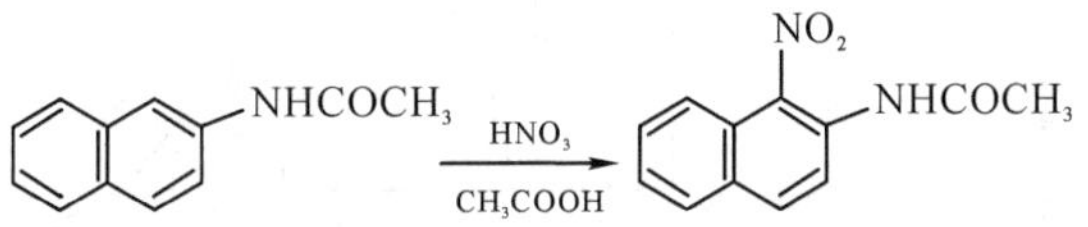

$$\text{1-}OCH_3\text{-萘} \xrightarrow{HNO_3} \text{1-}OCH_3\text{-4-}NO_2\text{-萘}$$

$$\text{2-}NHCOCH_3\text{-萘} \xrightarrow[CH_3COOH]{HNO_3} \text{1-}NO_2\text{-2-}NHCOCH_3\text{-萘}$$

如果原有取代基为间位定位基时，无论是在 α-位还是 β-位都发生异环取代，一般进入另一环的 α-位。例如：

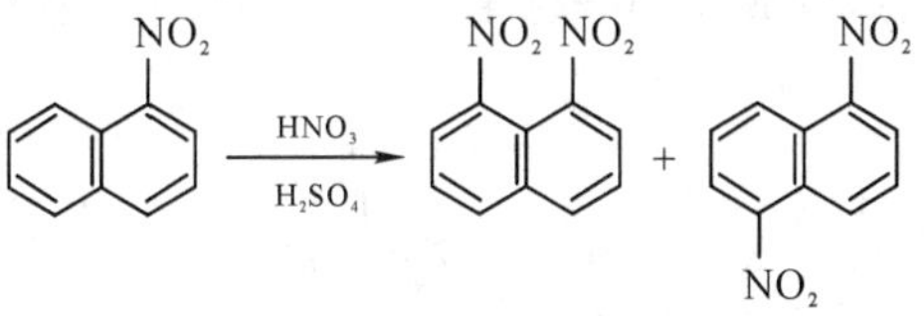

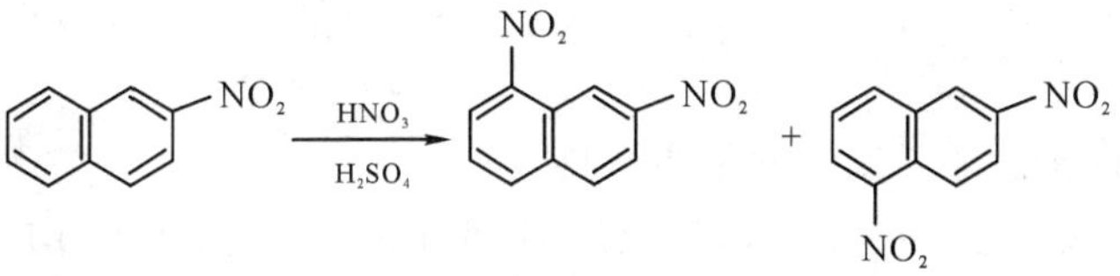

$$\text{1-}NO_2\text{-萘} \xrightarrow[H_2SO_4]{HNO_3} \text{1,8-二}NO_2\text{-萘} + \text{1,5-二}NO_2\text{-萘}$$

$$\text{2-}NO_2\text{-萘} \xrightarrow[H_2SO_4]{HNO_3} \text{1,7-二}NO_2\text{-萘} + \text{1,6-二}NO_2\text{-萘}$$

二、蒽和菲

蒽和菲的分子式都是 $C_{14}H_{10}$，互为同分异构体。它们都是由三个苯环稠合而成的，并且三个苯环都处在同一平面上。不同的是，蒽的三个苯环的中心在一条直线上，而菲的三个苯环的中心不在一条直线上。

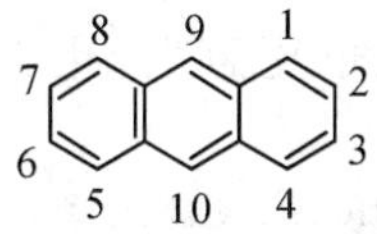

蒽（编号 1–10） 菲（编号 1–10）

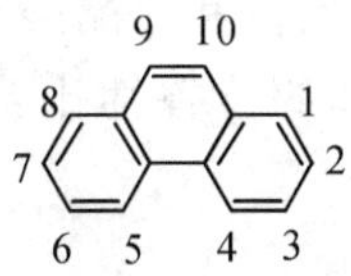

蒽、菲分子中的碳原子均为 sp^2 杂化，每个碳原子上的 p 轨道互相平行，从侧面重叠形成

闭合大π键,因此它们都具有芳香性。但各个p轨道重叠的程度不完全等同,环上电子云密度分布比萘环更加不均匀,所以蒽、菲的芳香性比萘差。

(一)蒽

蒽为无色片状晶体,有蓝紫色荧光,熔点为216.2 ℃,沸点为340 ℃,不溶于水,难溶于乙醇、乙醚等,易溶于热苯。

蒽的化学性质比萘更加活泼,容易发生氧化、加成及亲电取代反应。在蒽环上,9、10位(也称γ位)的电子云密度最高,使得9、10位最活泼,大部分反应发生在这两个位置上。

(1)加成反应。蒽容易发生加成反应,反应部位主要在9、10位上。不仅可以催化加氢还原,还能与卤素加成,也可以作为双烯体发生双烯合成反应。例如:

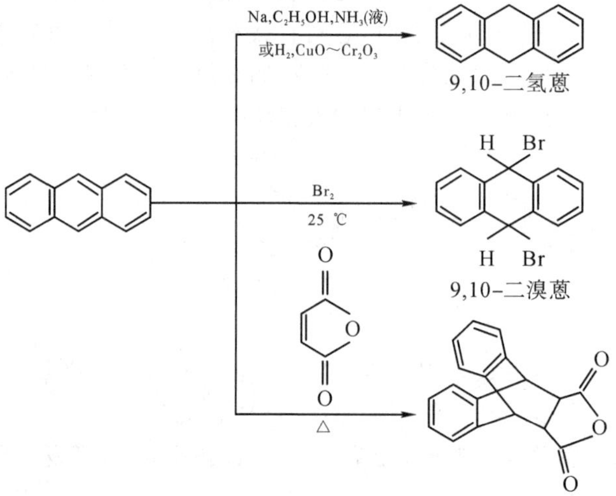

Na,C_2H_5OH,NH_3(液) 或$H_2,CuO \sim Cr_2O_3$

9,10-二氢蒽

Br_2 25 ℃

H Br H Br

9,10-二溴蒽

O O O △ O O O

(2)氧化反应。用氧化剂氧化蒽,生成9,10-蒽醌。9,10-蒽醌是生产阴丹士林系列染料的原料。

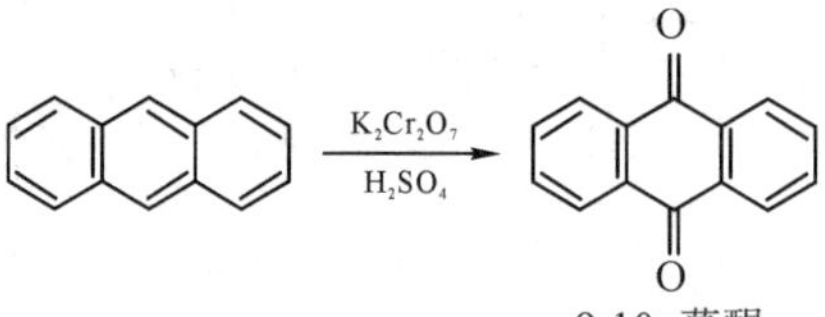

$K_2Cr_2O_7$ H_2SO_4

O O

9,10-蒽醌

蒽醌衍生物是许多蒽醌类染料的重要原料。

(3)亲电取代反应。蒽发生亲电取代反应时,取代基主要进入9、10位;当进行磺化反应时,磺酸基主要进入蒽环的α-位,但由于取代产物往往都是混合物,故在有机合成上实用意义不大。

(二)菲

菲为带光泽的白色片状晶体,溶液发蓝色荧光;其熔点为101 ℃,沸点为340 ℃,不溶于水,能溶于乙醚、乙醇、氯仿和冰醋酸等;其可用于制造农药和塑料,也用作高效低毒农药和无烟火药的稳定剂。菲的芳香性比蒽强,稳定性也比蒽大,化学反应易发生在9、10位。例如:

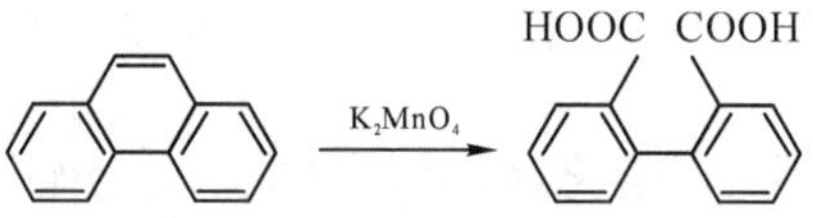

K_2MnO_4

HOOC COOH

$\xrightarrow{CrO_3}$

9,10-菲醌

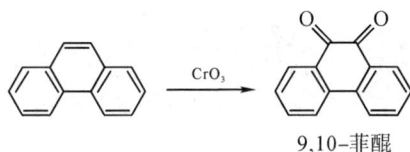

菲的结构在生物化学的应用方面具有重要的意义，许多天然化合物如甾醇、胆酸、性激素等的分子结构中都含有氢化菲的碳环结构。

三、富勒烯和石墨烯

富勒烯是 C_{50}、C_{60}、C_{70}、C_{78}、C_{82}、C_{84}、C_{90} 等一系列碳原子簇化合物的总称。由于 C_{60} 的结构很像美国著名设计师理查德·巴克敏斯特·富勒所设计的蒙特利尔世界博览会网格球体主建筑，故在 1985 年发现 C_{60} 时，将其命名为巴克敏斯特·富勒烯，此后，便将这一类由碳原子簇形成的具有笼形结构的特殊分子命名为富勒烯，又称足球烯。C_{60} 的发现者克罗托、科尔、史沫莱在 1996 年共同荣获诺贝尔化学奖。在富勒烯家族中，结构最稳定且研究最多的是 C_{60}。

C_{60} 的分子结构为球形 32 面体，是由 60 个碳原子以 20 个非平面六元环及 12 个非平面五元环连接而成的足球状空心对称分子（见图 3 - 3）。每个碳原子都是 sp^2 杂化，每个 sp^2 杂化碳原子的 3 个 σ 键分别参与构成一个五边形和两个六边形，碳原子的 3 个 σ 键不完全共平面。每个碳原子未杂化的 p 轨道不是完全相互平行，它们彼此重叠形成包括 60 个碳原子的大 π 键。整个分子是高度对称的，π 电子有最大程度的离域，因此 C_{60} 非常稳定，在 C_{60} 上不能直接进行取代反应，但可以进行加成和氧化反应，可由此向 C_{60} 上引入其他基团，从而对 C_{60} 的表面结构进行修饰。这就使 C_{60} 等富勒烯在材料科学、生命科学及医学等重要的研究领域中，显示出其理论价值和广阔的应用前景。

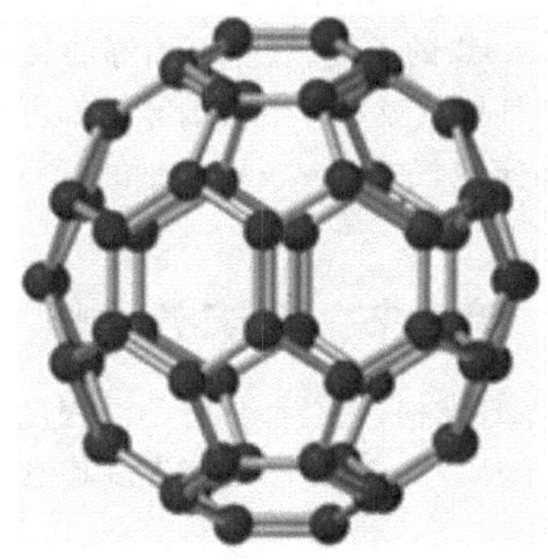

图 3 - 3　C_{60} 的分子结构

1990 年，科学家以石墨作为电极，在直流电下首次人工合成了 C_{60}。

2004 年，盖姆和诺沃肖洛夫等使用透明胶带反复撕揭的方法获得了石墨烯，并发现了其独特的性能，引发了关于石墨烯的研究热潮，他们也因此获得 2010 年诺贝尔物理学奖。

单层石墨烯的厚度为 0.335 nm，是构建其他维数碳质材料（零维富勒烯、一维碳纳米管、三维石墨）的基本单元（见图 3 - 4）。

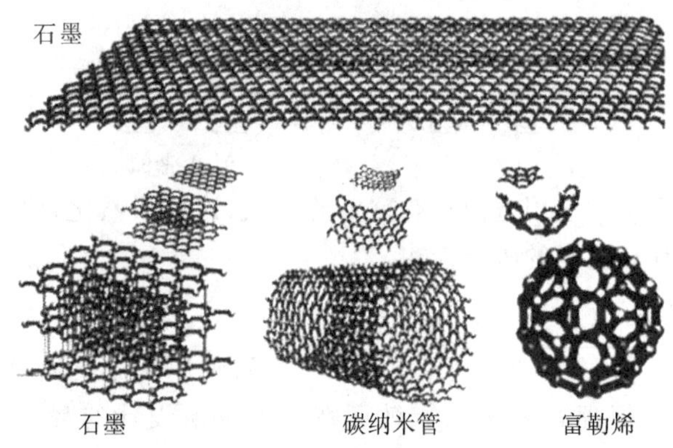

图 3－4　石墨烯构建各种碳材料示意图

石墨烯的结构决定了其具有比表面积大、导电性高等特点，它是目前发现的最薄而且透光性和强度都极高的纳米材料。石墨烯可作为性能优越的催化剂载体应用于有机反应中，也可以作为微电子、储氢、储能材料以及特殊光学材料而获得应用。

除以上介绍的几种稠环芳香烃外，煤焦油中还含有一些其他稠环芳香烃。例如：

芘　　3,4-苯并芘

煤、烟草、木材等不完全燃烧也会产生较多的稠环芳香烃，其中某些稠环芳香烃具有致癌作用，如苯并芘类稠环芳香烃，特别是 3,4－苯并芘有强烈的致癌作用。3,4－苯并芘为浅黄色晶体，1933 年从煤焦油分离得来。煤的干馏、煤和石油等的燃烧焦化时，都可产生 3,4－苯并芘，在煤烟和汽车尾气污染的空气以及吸烟产生的烟雾中都可检测出 3,4－苯并芘，这是环境化学值得注意的严重问题。测定空气中 3,4－苯并芘的含量，是环境监测项目的重要指标之一。

第三节　非苯芳香烃

以上讨论的芳香烃都含有苯环结构，它们都具有不同程度的芳香性。这并不意味着具有芳香性的化合物一定都要含有苯环。除苯以外，还有许多其他环状化合物也具有芳香性。

一、休克尔规则

1936 年，德国物理学家休克尔根据大量实验结果，应用分子轨道法计算了单环多烯 π 电子的能级，提出了一个判别芳香体系的规则，称为休克尔规则。其要点是：首先组成环的各原子在同一个平面上，且形成闭合的环状共轭体系；其次环上 π 电子数，准确地说是参与共轭的电子数符合 $4n+2$，其中 n 是自然数。结构上满足休克尔规则的化合物具有芳香性。休克尔规则在解释大量实验事实和预言新的芳香体系方面是非常成功的。

二、常见的几种非苯芳香烃

(一)环戊二烯负离子

环戊二烯负离子是最早认识的一个芳香负离子。在苯中用钾处理环戊二烯，可以很方便地制得环戊二烯负离子的钾盐。

环戊二烯负离子为平面结构，存在一个闭合大 π 键，π 电子数为 6，符合休克尔规则（$n=1$），所以具有芳香性。它的 6 个 π 电子平均分布在 5 个碳原子上，是较稳定的负离子，能同许多亲电试剂发生取代反应。

（二）轮烯

轮烯的通式为 C_nH_n，是单双键交替的单环共轭烯烃。一般 $n \geqslant 10$ 称为轮烯。

轮烯分为两类：$(4n+2)\pi$ 电子轮烯和 $4n\pi$ 电子轮烯。后一类没有芳香性。[10]轮烯和[14]轮烯的 π 电子数分别为 10 和 14，符合 $4n+2$，但由于环比较小，轮内的氢原子间具有强烈的排斥作用，使环不能在同一平面上，因此几乎没有芳香性。[18]轮烯分子中有 18 个 π 电子，符合 $4n+2$，分子基本处于同一平面上，具有一定的芳香性。

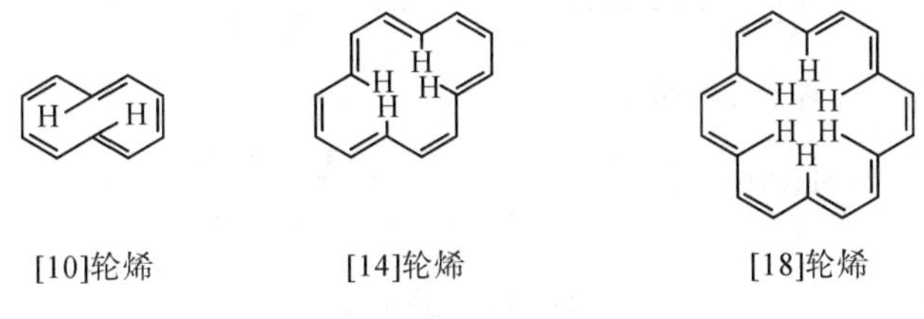

[10]轮烯　　[14]轮烯　　[18]轮烯

问题与思考

苯、萘的结构是否符合休克尔规则？试加以分析。

第四节　芳香烃的主要来源

目前芳香烃的主要来源是煤和石油。

一、煤焦油分馏

将煤隔绝空气加强热，煤转变为焦炉煤气、煤焦油、焦炭。将煤焦油再经过分馏可得到各种不同的芳香烃混合物。

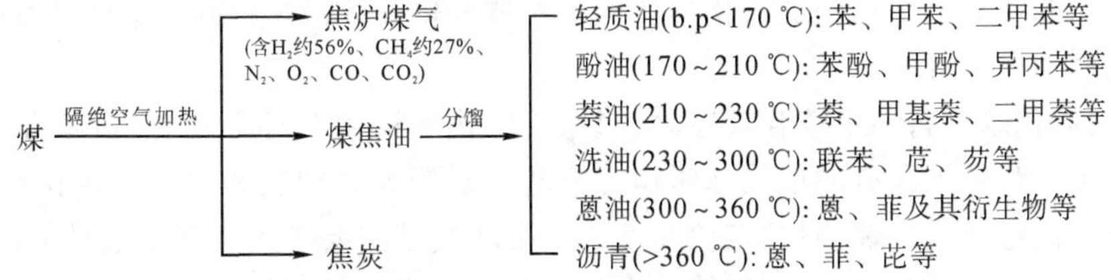

各馏分再经过萃取、磺化或分子筛吸附法进行分离提纯，便可获得芳香烃。

二、从石油裂解产品分离

在石油裂解制乙烯、丙烯的过程中，产生的副产物中含有芳香烃；将副产物进一步分馏，可得到苯、烷基苯、萘等芳香烃。由于生产乙烯、丙烯的石油裂解企业较多，且规模庞大，所以副产物芳香烃的量也很大，也是芳香烃的重要来源之一。

三、石油的芳构化

石油中含有的芳香烃较少，但通过石油的芳构化可制取大量芳香烃。

芳构化是指将烷烃或环烷烃转化为芳香烃的过程。芳构化常在加热、加压和催化剂存在下进行，常用的催化剂有铂、铼等。

芳构化的过程比较复杂，主要发生下列三种类型的反应：

第一类，环烷烃催化脱氢。

$$\text{环己烷} \xrightarrow{\text{Pt, 高温}} \text{苯} + 3H_2$$

$$\text{甲基环己烷} \xrightarrow{\text{Pt, 高温}} \text{甲苯} + 3H_2$$

第二类，环烷烃异构化、脱氢。

$$\text{环戊烷} \xrightarrow[\text{异构化}]{\text{Pt, 高温}} \text{环己烷} \xrightarrow{\text{Pt, 高温}} \text{苯} + 3H_2$$

第三类，烷烃的脱氢、环化、再脱氢。

$$CH_3(CH_2)_4CH_3 \xrightarrow[-H_2]{\text{Pt, 高温}} \text{环己烷} \xrightarrow{\text{Pt, 高温}} \text{苯} + 3H_2$$

本章小结

(1)根据分子中苯环的数目和结合方式不同，芳香烃分为单环芳香烃、多环芳香烃和稠环芳香烃。

(2)单环芳香烃命名时，若苯环上连接有简单烷基，以苯为母体；若连接有烯基、炔基或复杂烷基，以烯烃、炔烃和烷烃为母体，苯作为取代基；芳香烃衍生物的命名，确定母体名称时有一定的规定；稠环芳香烃的命名原则与单环芳香烃基本相似，仅编号有特殊的规定。

(3)含苯芳香烃的结构特点均含有苯环，苯环具有闭合大 π 键，大 π 键电子云密度分布完全平均化，因此苯环非常稳定。一般条件下不易发生加成、氧化反应，而易发生取代反应。此性质称为“芳香性”。苯及其同系物容易发生卤代、硝化、磺化、傅-克烷基化和酰基化等亲电取代反应；在光照条件下，芳香烃侧链的 α－H 易被卤素取代；含 α－H 的侧链易被氧化，侧链被氧化成羧基。苯环只有在剧烈的氧化条件下才能被氧化；在特殊条件时，苯环可发生某些加成反应(如加氢、加卤素等)。

(4)一元取代苯进行亲电取代反应时，第二个取代基进入苯环的位置，由苯环上原有取代基的性质决定。苯环上原有的取代基叫作定位基。根据大量的实验事实将定位基分为邻、对位定位基和间位定位基。邻、对位定位基使第二个取代基主要进入其邻位或对位，并对苯环有致活作用(卤素除外)；间位定位基使第二个取代基主要进入其间位，并对苯环有致钝作用。二元取代苯进行亲电取代反应时，两个取代基如果定位位置不统一，若原有的两个取代基为同一类，第三个取代基进入苯环的位置由定位能力强的定位基决定；若原有的两个取代基为不同类，第三个取代基进入苯环的位置由邻、对位定位基决定。在应用定位规则的同时，还要考虑到空间位阻的影响。

(5)萘、蒽、菲是常见的稠环芳香烃，都具有芳香性，但芳香性均比苯差。萘的加成、氧化及亲电取代反应均比苯容易，萘的亲电取代反应主要发生在电子云密度高的 α-位。

(6)休克尔规则是指均由 sp^2 杂化的原子组成的平面单环多烯体系中，π 电子数符合 $4n+2$ 规则时，便具有芳香性。结构符合休克尔规则的物质均具有一定的芳香性。

(7)芳香烃主要来源于煤和石油。煤经过干馏转变为焦炉煤气、煤焦油、焦炭。将煤焦油再经过分馏可得到各种不同的芳香烃混合物。石油中含芳香烃较少，但通过石油的芳构化可制取大量芳香烃。

习　题

3-1.写出下列化合物或基团的结构式。

(1)2-甲基-3-苯基-2-丁烯　　(2)2-氯-4-溴甲苯

(3)2,4-二硝基苯甲醛　　(4)对甲酰基苯磺酸

(5)α-甲基萘　　(6)9,10-蒽醌

(7)苄基　　(8)间甲苯基

3-2.命名下列化合物。

(1) COOH, NO_2, CH_3

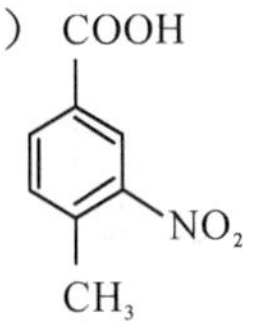

(2) $CH_2CH=CHCH_3$

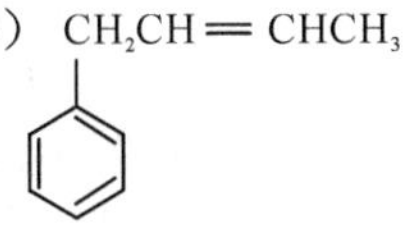

(3) $CH(CH_3)_2$, CH_3

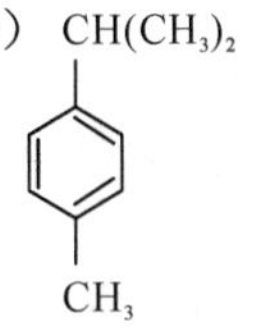

(4) CHO, CH_3

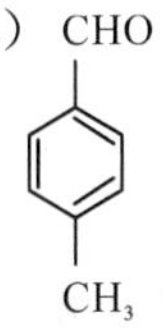

(5) CH_3, SO_3H, NH_2

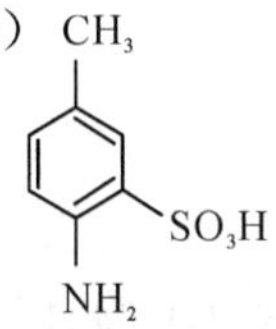

(6) CH_3, C=C, H, CH_3

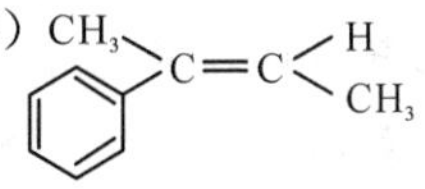

(7) OH, SO_3H

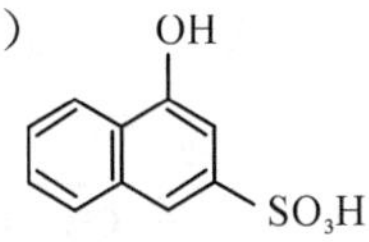

(8) Br, CH_3

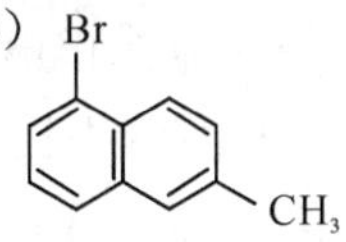

3-3.将下列各组化合物按亲电取代反应活性的强弱排序(由强到弱)。

(1)苯、甲苯、间二甲苯、连三甲苯

(2)苯酚、苯甲醛、甲苯、苯甲酸

(3)苯甲酸、对苯二甲酸、对甲基苯甲酸、对硝基苯甲酸

3-4.完成下列反应式，写出主要产物。

(1) CH_3 —?→ CH_3, NO_2 + CH_3, NO_2 —$KMnO_4$→ ?

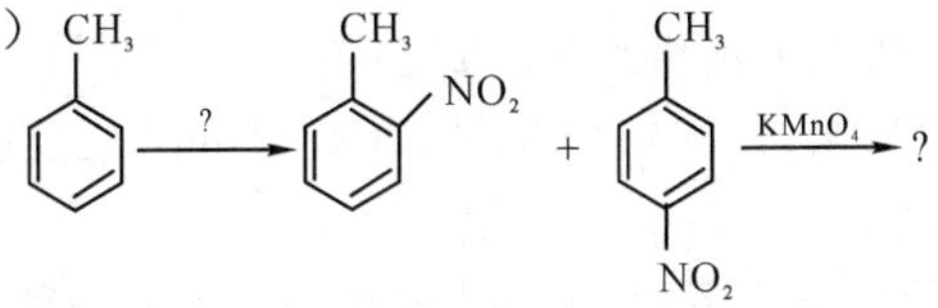

(2) —HBr→ ? —(苯, 无水$AlCl_3$)→ ? —NBS→ ?

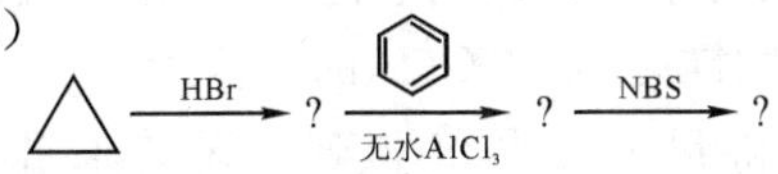

(3) CH_3, $C(CH_3)_3$ —$KMnO_4$/H^+→ ?

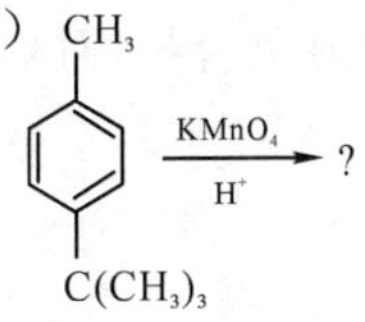

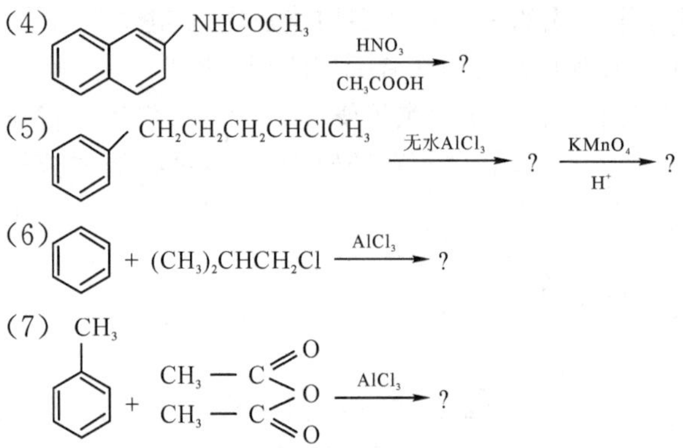

3－5.用箭头标出下列化合物进行亲电取代反应时，取代基进入苯环的主要位置。

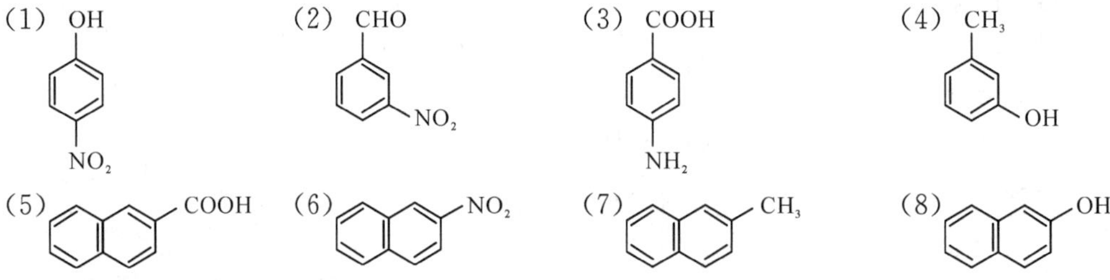

3－6.用简单的化学方法鉴别下列各组化合物。

(1)苯、甲苯、苯乙烯

(2)苯、1,3－环己二烯、环己烷

(3)苯、乙苯、苯乙烯、苯乙炔

3－7.以苯为原料合成下列化合物，三个碳以下的有机化合物任选(用反应式表示)。

(1)对氯苯磺酸　(2)间溴苯甲酸　(3)对硝基苯甲酸　(4)对苄基苯甲酸

3－8.用休克尔规则判断下列哪些化合物具有芳香性？

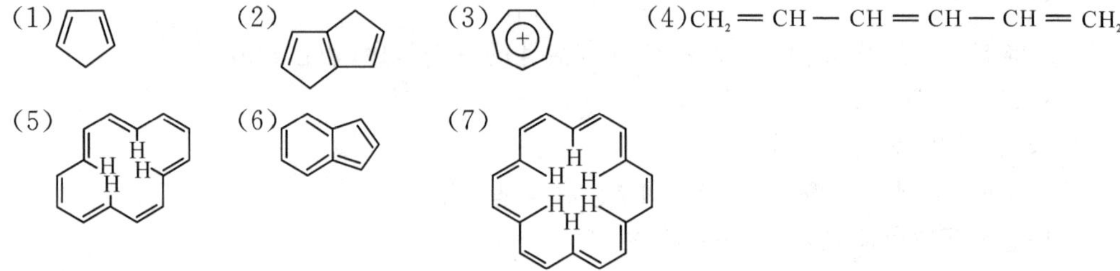

3－9.某烃 A 的分子式为 C_9H_8，能与 $AgNO_3$ 的氨溶液反应生成白色沉淀。A 与 2 mol 氢加成生成 B，B 被酸性高锰酸钾氧化生成 C($C_8H_6O_4$)。在铁粉存在下 C 与 1 mol 氯反应，得到的一氯代产物只有一种。试推测 A、B、C 的结构式。

3－10.化合物 A 分子式为 C_8H_{10}，在三溴化铁催化下，与 1 mol 溴作用只生成一种产物 B，B 在光照下与 1 mol 氯反应，生成两种产物 C 和 D。试推测 A、B、C、D 的结构式。

3－11.三种芳香烃分子式均为 C_9H_{12}，氧化时 A 得到一元酸，B 得到二元酸，C 得到三元酸；进行硝化反应时，A 主要得到两种一硝基化合物，B 只得到两种一硝基化合物，而 C 只得到一种一硝基化合物。试推测 A、B、C 的结构式。

第二部分　有机化学中的波谱知识

有机化合物分子的结构鉴定是有机化学的重要组成部分。在波谱学发展之前，主要通过传统的化学方法鉴定有机化合物的结构，样品用量大，且费时、费力。例如吗啡碱的结构鉴定，从1805年开始，直到1952年才彻底完成。20世纪50年代以来，波谱学的发展，给有机化合物的结构分析带来了质的飞跃。波谱方法具有微量、快速、准确等特点，已经成为检测、表征有机化合物不可缺少的重要手段。

有机化学中应用最广泛的波谱有红外光谱（IR）、紫外光谱（UV）、核磁共振谱（NMR）以及质谱（MS）。红外光谱主要是通过有机化合物分子中基团振动能级的跃迁解析有机化合物的结构信息；紫外光谱又称为电子吸收光谱，它主要通过不同电子在分子中不同轨道的跃迁来研究有机化合物分子的结构；核磁共振谱是有机化合物在强磁场中，通过^{1}H或^{13}C核的能级跃迁，研究有机化合物分子中氢原子与碳原子的连接方式（氢谱）或碳原子之间的连接方式（碳谱）；质谱是有机化合物分子经高能电子流的轰击而形成分子离子和碎片离子，以确定有机化合物分子的相对分子质量与结构。这四种分析方法俗称“四谱”，“四谱”中除质谱外，其他三种波谱都是通过吸收电磁波产生的。

电磁波的区域范围很广，不同电磁波所具有的能量不同。依照波长大小排列，可将电磁波分为若干个区域。

有机化合物分子有不同的运动状态，其运动形式有平动、振动、转动、核外电子运动以及外加磁场中磁性核的自旋运动等。当分子吸收电磁波后，从能量较低的运动状态（低能级）跃迁到能量较高的运动状态（高能级）。根据量子力学理论，物质在吸收能量后，能级的跃迁是量子化的，跃迁所吸收的能量符合下列关系式：

$$\Delta E = E_{高} - E_{低} = hc/\lambda = h\nu \tag{4-1}$$

c：波速，单位：m/s，真空中约等于3×10^{8} m/s

ν：频率，单位：Hz

λ：波长，单位：m

h：普朗克（Planck）常数，$h=6.63\times10^{-34}$ J·s

ΔE：跃迁能级差，单位：J

不同结构的分子，跃迁的能级差不同，所吸收的电磁波频率就不同。用仪器记录分子对不同频率电磁波的吸收情况，便可得到相应的谱图，获得分子的结构信息。

第四章　红外光谱和紫外光谱

第一节　红外光谱(IR)

红外光谱(IR)是分子选择性吸收某些波长的红外线,引起分子中振动能级和转动能级的跃迁,检测红外线被吸收的情况,又称分子振动光谱或振转光谱。红外光谱是测定有机化合物分子结构的一种重要手段,根据红外光谱图上吸收峰的位置和强度,主要用于确定有机分子中的官能团和某些化学键是否存在以及鉴别两个化合物是否相同。

红外线分为远、中、近三个区域,见表 4-1。红外光谱法主要讨论有机化合物对中红外区的吸收。

表 4-1　红外线波段的划分

区域名称	波长(λ)/μm	波数(σ)/cm^{-1}
近红外区	0.78～2.5	12820～4000
中红外区	2.5～25	4000～400
远红外区	25～1000	400～10

$$\sigma(cm^{-1})=\frac{10^4}{\lambda(\mu m)} \qquad (4-2)$$

一、基本原理

(一)分子的振动类型

分子中原子的振动包含键的伸缩振动和键的弯曲振动。伸缩振动是指原子沿键轴伸长和缩短,振动时键长发生变化而键角不变。伸缩振动可分为对称伸缩振动和不对称伸缩振动(见图 4-1)。

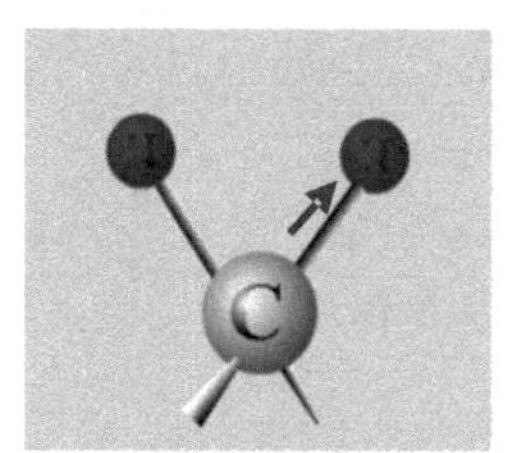

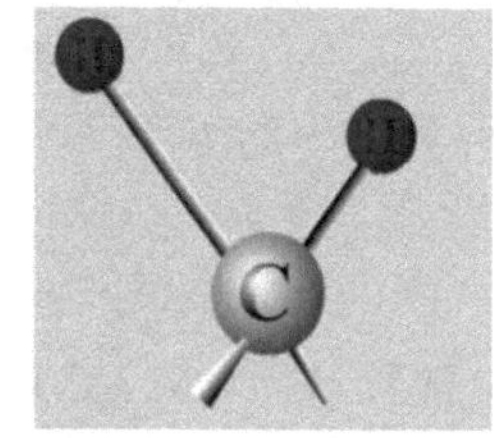

图 4-1　键的伸缩振动

弯曲振动是指成键两原子之一在键轴前后或左右弯曲,振动时键长不变,而键角发生了变化。弯曲振动可分为面内弯曲和面外弯曲两种。面内弯曲振动又可分为剪式振动和平面摇摆;面外弯曲振动又可分为非平面摇摆和扭曲振动(见图 4-2)。

由于弯曲振动不改变键长,因此它所需要的能量较小,即吸收在低频区,一般在 1500 cm^{-1} 以下。

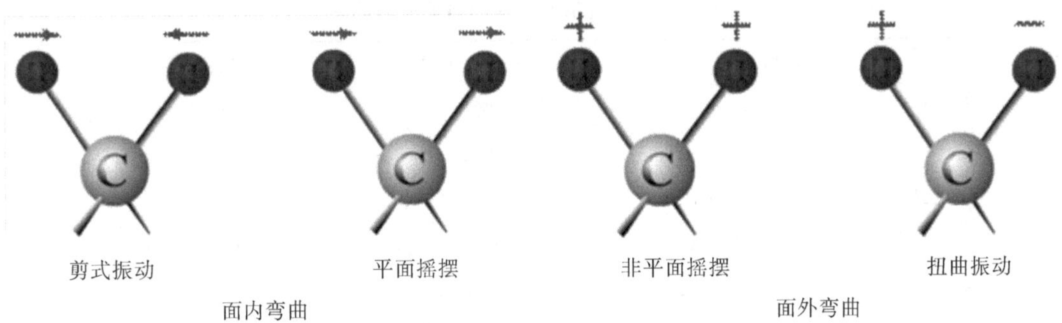

图 4-2　键的弯曲振动

(二)分子的振动频率

分子中两个原子之间的伸缩振动可以看作是一种简谐振动(见图 4-3)。

图 4-3　简谐振动

根据胡克定律：

$$\nu=\frac{1}{2\pi}\sqrt{k\left(\frac{1}{m_1}+\frac{1}{m_2}\right)} \tag{4-3}$$

其中，ν 为振动频率，k 为化学键的力常数，m_1、m_2 为原子质量。分子中原子间的振动频率主要与键的强度和原子的质量有关。键的强度越大，原子质量越小，则振动频率就越高；键的强度越小，原子质量越大，则振动频率越低。当振动频率和入射光频率一致时，入射光就被吸收，从而产物红外光谱。

(三)红外光谱图的表示方法

红外光谱图是以波长(λ)或波数(σ)为横坐标，表示吸收峰的位置；用透射率(T)或吸光度(A)为纵坐标，表示吸收强度。

透射率(T)：指通过样品的光强度(I)占入射光强度(I_0)的百分数。

$$T=I/I_0 \tag{4-4}$$

吸光度(A)：指通过样品前入射光强度(I_0)与通过样品的透射光强度(I)比值的对数值。

$$A=\lg I_0/I=\lg(1/T) \tag{4-5}$$

整个红外光谱图反映了一个化合物在不同波长的光谱区内吸收能力的分布情况。

二、红外光谱与分子结构的关系

由于多原子有机化合物的振动方式很多，所以它的红外光谱图是很复杂的。要想从理论上全面分析一个红外光谱是非常困难的。但是，我们可以识别在一定范围内出现的吸收峰是由哪些化学键或基团的振动所产生的。由于同一基团或化学键的振动频率大致相同，所以相同的官能团或相同的键型往往具有相同的红外吸收特征频率。例如，烷烃中 C—H 伸缩振动在 2850～3000 cm^{-1}区域内出现吸收峰。各种键振动所产生的吸收峰区域见表 4-2 和表 4-3。

表 4-2　一些重要基团的伸缩振动频率

键的类型		化合物类型	波数/cm^{-1}
Y—H 伸缩振动	C—H	烷烃	2850～3000
	═C—H	烯烃	3010～3100
	≡C—H	炔烃	3200～3350
	O—H	醇、羧酸	3100～3650
	N—H	胺、酰胺	3100～3550
Y═Z 和 Y≡Z 伸缩振动	C═C	烯烃	1600～1680
	C═O	醛、酮、羧酸及其衍生物	1650～1850
	苯环	芳香烃	1450～1600(四个峰)
	C≡C	炔烃	2100～2260
	C≡N	腈	2240～2260
Y—Z 伸缩振动	C—C		750～1200
	C—O	醇、醚	1080～1300
	C—N	胺、酰胺	1180～1360
	C—Cl	氯代物	600～800

表 4-3　烃类各基团弯曲振动特征频率

键的类型		波数/cm^{-1}
C—H 键弯曲振动	>CH_2 和—CH_3	1450～1470、1370～1380 和 720～725
	R_2C═CHR	790～840
	R_2C═CH_2	885～895
	RCH═CH_2	～910 和～990
	RCH═CHR	(顺)～670
		(反)～970
Ar—H	一取代	690～710 和 730～770
	二取代	(邻) 735～770
		(间) 690～710 和 750～810
		(对) 810～833

由表 4-2 可以看出 Y—H、Y═Z 和 Y≡Z 键的伸缩振动频率集中在 4000～1400 cm^{-1} 区域之内，这个区域称为化学键或官能团特征频率区。一般来说振动时产生较强的红外吸收。特征频率区常用于确定官能团和某些化学键是否存在，这是红外光谱的主要用途。

低于 1400 cm^{-1} 区域的吸收峰主要是 C—C、C—O、C—N 等单键的伸缩振动和各种弯曲振动。分子结构的细微变化常引起 1400～650 cm^{-1} 区域吸收峰的变化，它与人类的指纹相似，没有两个化合物在这部分的吸收峰是一样的。因此把这个区域称为“指纹区”。“指纹区”

在确认有机化合物结构是否相同方面具有重要作用。

三、红外光谱图解析

由于红外光谱图很复杂，在基础有机化学中只要求识别一些主要化学键或基团在一定频率范围内振动所产生的峰。下面列举几个烃类物质的光谱图，其他化合物的红外光谱图在后续有关章节中介绍。

(一)烷烃的红外光谱图

烷烃的红外光谱比较简单，从图 4－4 正辛烷的红外光谱图可以看到三个明显吸收峰。

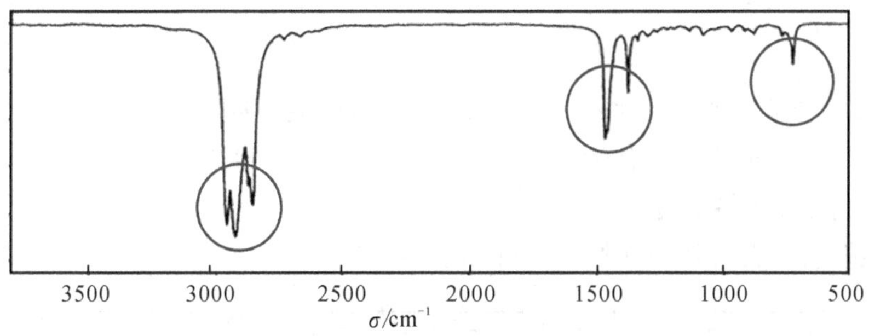

图 4－4　正辛烷的红外光谱图

C—H 键伸缩振动在 2850～3000 cm^{-1}；CH_2 和 CH_3 的 C—H 键面内弯曲振动在 1450～1470 cm^{-1}、1370～1380 cm^{-1}；长链亚甲基面外弯曲振动，$(CH_2)n$ 中，n≥4 时出现 720～725 cm^{-1}。一般烷烃都有这些吸收峰。

(二)烯烃的红外光谱图

烯烃的红外光谱图要比烷烃的复杂些。例如 1-辛烯的红外光谱图(见图 4－5)。

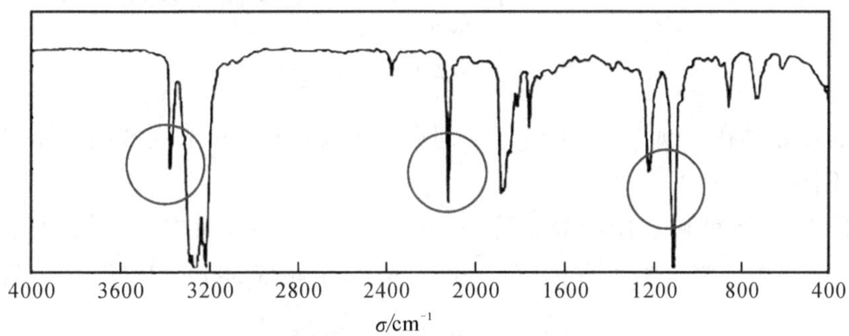

图 4－5　1-辛烯的红外光谱图

═C—H 伸缩振动在 3010～3100 cm^{-1} 处有中等强度吸收峰。与烷烃中 C—H 伸缩振动吸收峰相比，波数增大。原因是 sp^2 杂化碳原子形成的 C—H 键强度增大，从而使伸缩振动频率增加；C═C 伸缩振动出现在 1600～1680 cm^{-1}；═C—H 弯曲振动在～995 cm^{-1}、～915 cm^{-1} 出现，这两个弯曲振动的吸收峰是末端乙烯基($RCH═CH_2$)的特征频率。

(三)炔烃的红外光谱图

以 1-辛炔为例分析炔烃的红外光谱图(见图 4－6)。

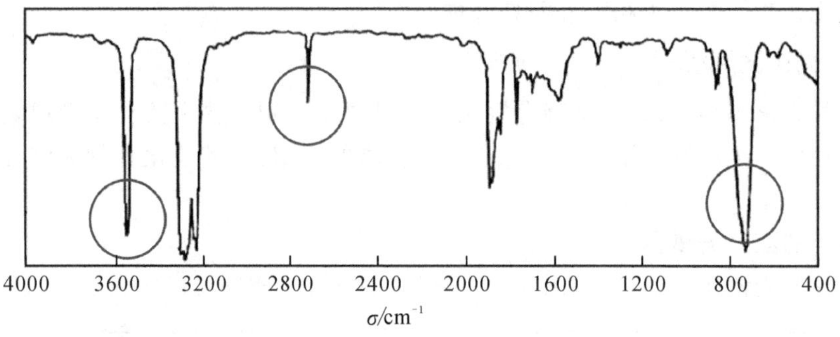

图 4-6　1-辛炔的红外光谱图

≡C—H 键伸缩振动在 3200～3350 cm^{-1}处有强而尖的吸收峰；≡C—H 键弯曲振动出现在 600～700 cm^{-1}处；C≡C 伸缩振动在 2100～2260 cm^{-1}处有吸收峰。

(四)芳香烃的红外光谱图

以甲苯为例分析芳香烃的红外光谱图(见图 4-7)。

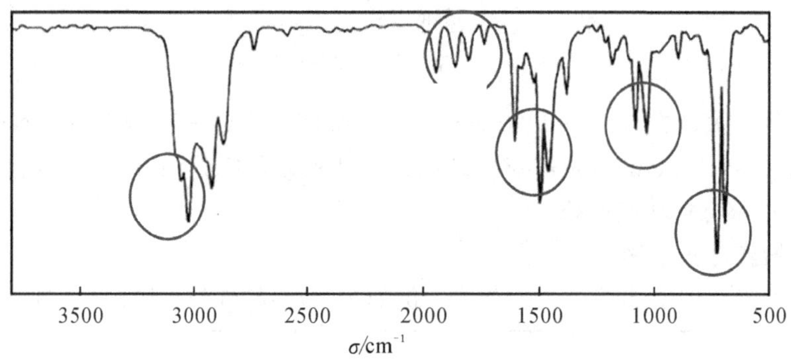

图 4-7　甲苯的红外光谱图

苯环的骨架振动在 1600～1450 cm^{-1}之间有四个吸收峰。由取代基或共轭情况不同出现的情况可能不同。

苯环上的 C—H 键伸缩振动吸收峰在 3040～3030 cm^{-1}；面内弯曲振动吸收峰在 1040 cm^{-1}、1080 cm^{-1}；面外弯曲振动 730 cm^{-1}、696 cm^{-1}；倍频带 2000～1667 cm^{-1}四个峰。

第二节　紫外光谱(UV)

紫外光的波长范围在 100～400 nm，其中 100～200 nm 称为远紫外区，这段紫外光会被空气中的氧和二氧化碳所吸收，因此研究远紫外区的吸收光谱很困难；200～400 nm 区域称为近紫外区，一般的紫外光谱是指这一区域的吸收光谱。

一、基本原理

(一)电子跃迁的类型

由共价键理论可知，有机化合物中有 σ 电子和 π 电子，有时还存在未成键的孤对电子(n)。当受到紫外光照射时，电子会吸收紫外光获得能量，由基态跃迁到激发态。按照分子轨道理论，由成键轨道跃迁到反键轨道，即发生 $\sigma\rightarrow\sigma^*$、$n\rightarrow\sigma^*$、$n\rightarrow\pi^*$、$\pi\rightarrow\pi^*$ 跃迁。(见图 4-8)

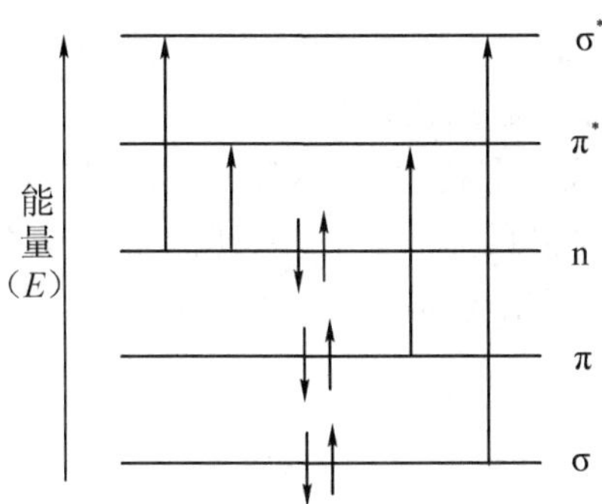

图 4－8　电子跃迁能级示意图

$\sigma \rightarrow \sigma^*$ 跃迁是指 σ 电子向 σ^* 反键轨道的跃迁。σ 电子是结合得最牢固的价电子，σ 成键轨道能级最低，而 σ^* 反键轨道能级最高。$\sigma \rightarrow \sigma^*$ 跃迁需要相当高的辐射能量，对应的波长范围小于 150 nm，在远紫外区。例如环丙烷的 $\sigma \rightarrow \sigma^*$ 跃迁吸收波长约为 190 nm。

$n \rightarrow \sigma^*$ 跃迁是指孤对电子(n)向 σ^* 反键轨道的跃迁。较小半径杂原子(O、N)的 $n \rightarrow \sigma^*$ 跃迁波长范围在 170～180 nm；较大半径杂原子(S、I)的 $n \rightarrow \sigma^*$ 跃迁波长范围在 220～250 nm。

$n \rightarrow \pi^*$ 跃迁是指孤对电子向 π^* 反键轨道的跃迁。主要发生在含有 C＝O、C＝S、N＝O 等键的有机化合物分子中，对应的吸收波长在近紫外区。

$\pi \rightarrow \pi^*$ 跃迁是指不饱和键中 π 电子向 π^* 反键轨道的跃迁。孤立 π 键的 $\pi \rightarrow \pi^*$ 跃迁的波长范围在 160～190 nm。两个或多个 π 键共轭，体系能量降低，$\pi \rightarrow \pi^*$ 跃迁的波长向长波方向移动，在近紫外区或可见区。

(二)紫外光谱图的表示方法

紫外光谱图中横坐标为波长(λ)，纵坐标可以用吸光度(A)、百分透射率(T%)、摩尔吸收系数(κ)等表示。例如丙酮的紫外光谱图(见图 4－9)。

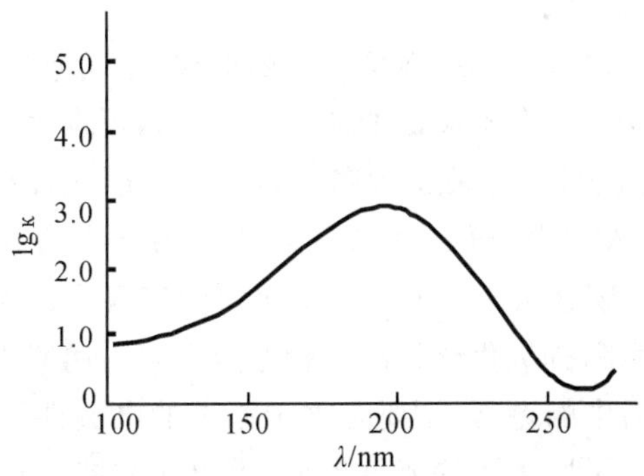

图 4－9　丙酮的紫外光谱图

从紫外光谱图中可以获得两个重要数据：吸收峰的位置和高度。吸收峰的位置表示物质吸收光波的波长，称为最大吸收波长，用 λ_{max} 表示。即在该波长下，分子中的价电子吸收能量并发生跃迁。吸收峰的高度表示分子对光波的吸收强度。吸收强度是用朗伯-比尔定律描述的，定义式如下：

$$A = \lg \frac{I_0}{I} = \lg \frac{1}{T} = \kappa c l \tag{4-6}$$

其中，A 为吸光度；I_0 和 I 分别表示入射光和透射光强度；T 为透射率；l 为样品池厚度(cm)；c 为浓度($mol \cdot L^{-1}$)；κ 为摩尔吸收系数(浓度为 1 $mol \cdot L^{-1}$ 的溶液，于 1 cm 吸光池中，在一定波长下测得的吸光度)。吸收强度越大，摩尔吸收系数越大，一般 $\pi \to \pi^*$ 跃迁的摩尔吸收系数较大($\lg\kappa > 4$)，即对光的吸收很强；而 $n \to \pi^*$ 跃迁的摩尔吸收系数很小($\lg\kappa < 2$)，即对光的吸收很弱。因此图中的两种跃迁很容易区分。例如 3-甲基-3-戊烯-2-酮的紫外光谱图(见图 4-10)。

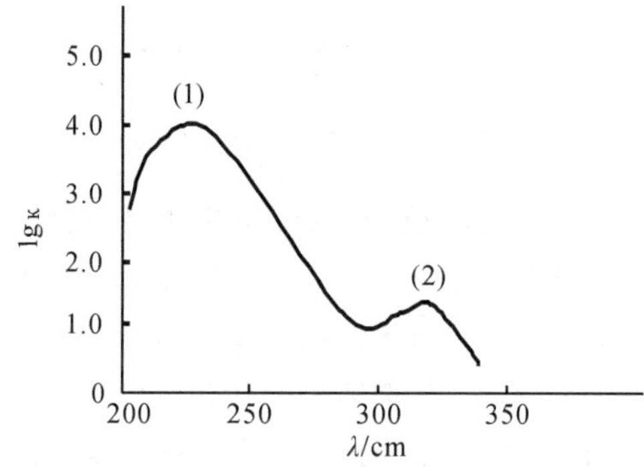

图 4-10　3-甲基-3-戊烯-2-酮的紫外光谱

(1)$\pi \to \pi^*$　$\lambda_{max} = 230$ nm　$\lg\kappa = 4.0$

(2)$n \to \pi^*$　$\lambda_{max} = 310$ nm　$\lg\kappa = 1.6$

二、紫外光谱与分子结构的关系

(一)饱和有机化合物

饱和有机化合物中存在的电子有 σ 电子，部分饱和有机化合物还有孤对电子 n。当吸收紫外光后只能产生 $\sigma \to \sigma^*$ 跃迁和 $n \to \sigma^*$ 跃迁。$\sigma \to \sigma^*$ 跃迁吸收的波长在远紫外区。例如 CH_4 分子中 $\sigma \to \sigma^*$ 跃迁在 125 nm 处。

当烷烃分子中氢原子被含有氧、氮、卤素等基团取代，生成饱和的醇、醚、胺、卤代烷等。这些化合物的氧、氮、卤素等原子上有未成键的孤对电子(n)，可发生 $n \to \sigma^*$ 的跃迁。由于 n 电子能量较 σ 电子能量高，所以 $n \to \sigma^*$ 的跃迁所需能量比 $\sigma \to \sigma^*$ 跃迁要低，但醇、醚、氯代烷等的 $n \to \sigma^*$ 跃迁仍小于 200 nm，在远紫外区。例如 CH_3OH 分子中的 $n \to \sigma^*$ 跃迁在 183 nm 处；溴代烷、碘代烷、胺等的 $n \to \sigma^*$ 跃迁大于 200 nm，但吸收强度很弱。因此 $\sigma \to \sigma^*$、$n \to \sigma^*$ 跃迁在紫外光谱中没有实际意义。饱和有机化合物的结构鉴定一般不用紫外光谱分析。

有机化合物在吸收光谱中的差别，主要是由于原子的电负性不同所致。原子的电负性越大，对电子控制越牢，激发电子所需要的能量越大，吸收光的波长越短；反之，原子的电负性较小，吸收光的波长较长，可在近紫外区吸收。

(二)不饱和有机化合物

含有不饱和键的化合物，由于 π 电子的能量较高，因此 $\pi \to \pi^*$ 跃迁较 $\sigma \to \sigma^*$ 跃迁容易。孤立 π 键的 $\pi \to \pi^*$ 跃迁吸收的波长在远紫外区；两个或两个以上 π 键形成的共轭体系，$\pi \to \pi^*$ 跃迁一般在近紫外区发生吸收。例如，丙烯醛($CH_2=CH-CH=O$)和 1,3-丁二烯($CH_2=CH-CH=CH_2$)的 $\pi \to \pi^*$ 跃迁分别在 210 nm 和 217 nm 处。有些基团既存在双键又含有孤电子对，如 C=O、N=O、N=N 等，它们除可以进行 $\pi \to \pi^*$ 跃迁外还可进行 $n \to \pi^*$ 跃迁。

$n\to\pi^*$ 跃迁的能量较 $\pi\to\pi^*$ 跃迁的能量低，如丙烯醛中 $n\to\pi^*$ 跃迁在 315 nm 处。

常用紫外光谱仪测定波长的范围是在 200～400 nm 的近紫外区。因此在紫外光谱分析中，只有 $n\to\pi^*$、$\pi\to\pi^*$ 跃迁才有实际意义，即紫外光谱主要用于分析分子中有不饱和结构，特别是共轭结构的有机化合物。

(三)生色团、助色团、红移、蓝移

1.生色团和助色团

生色团指本身产生紫外吸收或可见吸收的基团，其实际是一些具有不饱和键和含有孤对电子的基团。例如，分子中具有 π 键电子的 C＝C、C≡C、苯环、N＝N、N＝O、S＝O 等基团都是生色团。常见生色团见表 4-4。

表 4-4　常见生色团的吸收波长

生色团	典型化合物	λ_{max}/nm	跃迁类型	$\kappa/(dm^3\cdot mol^{-1}\cdot cm^{-1})$	溶剂
C＝C	乙烯	162	$\pi\to\pi^*$	15000	气态
C＝C—C＝C	1,3-丁二烯	217	$\pi\to\pi^*$	21000	己烷
苯环	苯	203.5	$\pi\to\pi^*$	7400	甲醇
		254	$\pi\to\pi^*$	205	水
C≡C	乙炔	173	$\pi\to\pi^*$	6000	气态
C＝O	丙醛 丙酮	292	$n\to\pi^*$	21	异辛烷
		188	$\pi\to\pi^*$	900	己烷
		279	$n\to\pi^*$	14.8	己烷
—COOH	乙酸	204	$n\to\pi^*$	41	醇
—COOR	乙酸乙酯	204	$n\to\pi^*$	60	水
—$CONH_2$	己酰胺	295	$n\to\pi^*$	160	甲醇
—COCl	乙酰氯	240	$n\to\pi^*$	34	庚烷
—NO_2	硝基甲烷	279	$n\to\pi^*$	15.8	己烷

助色团指本身在 200 nm 以上没有吸收的基团，但与生色团相连时，使生色团的吸收向长波方向移动，且吸收强度增大。助色团为含有孤对电子的原子或基团。常见的助色团有 —NR_2、—NHR、—NH_2、—OH、—OCH_3、—SH、—Br、—Cl、—I 等。

2.红移、蓝移

由于取代基的作用或溶剂效应，导致生色团的吸收峰向长波方向移动的现象称为红移。凡因助色团的作用使生色团产生红移的，其吸收强度一般都有所增加，称为增色作用。由于取代基的作用或溶剂效应，导致生色团的吸收峰向短波方向移动的现象称为蓝移。相应地使吸收带强度降低的作用称为减色作用。

三、紫外光谱在有机化合物结构鉴定中的应用

紫外光谱图是用于有机化合物分析的几种谱图之一。它提供的主要信息是有关化合物的共轭体系或某些羰基化合物等存在的信息。下面将某些常见官能团的紫外吸收归纳如下：

(1)化合物在 220～800 nm 内无紫外吸收，说明该化合物是脂肪烃、脂环烃或它们的简单

衍生物(氯化物、醇、醚、羧酸等),或者甚至可能是非共轭的烯烃。

(2)在 220～250 nm 内显示强的吸收,表明存在两个共轭的不饱和键(共轭二烯烃或 α、β 不饱和醛、酮)。

(3)在 250～290 nm 内显示中等强度的吸收,且常常显示出不同程度的精细结构,说明有苯环存在。

(4)在 290～350 nm 内显示中、低强度的吸收,说明有羰基或共轭羰基存在。

(5)在 300 nm 以上显示高强度吸收,表明该化合物有较大的共轭体系。若高强度吸收具有明显的精细结构,说明有稠环或稠杂环芳香烃及其衍生物存在。

当溶剂的极性增强时,对于 $\pi\rightarrow\pi^*$ 跃迁,吸收带常会发生红移,而对 $n\rightarrow\pi^*$ 跃迁,最大吸收波长发生蓝移。因此,一般应尽量采用合适的低极性溶剂,以减少溶剂效应的影响。

本章小结

(1)红外光谱(IR)是物质分子吸收红外光后分子的振动能级(同时伴随转动能级)发生跃迁,即分子中原子间位置的变化所产生的分子吸收光谱,也称为分子振动(或振动转动)光谱。它可以用来推断未知化合物的结构,检验化合物的纯度及测定化合物的含量等。

(2)紫外光谱(UV)是由分子中价电子运动能级的跃迁(同时伴随有振动和转动能级跃迁)引起的吸收光谱,也称为电子(或电子振动、转动)光谱。它广泛应用于有机化合物的定性、定量分析,主要应用于是对具有共轭体系有机化合物的鉴定。

习　题

4-1.化合物 A 和 B 的分子式均为 C_4H_6,A 在 2200 cm^{-1}处有吸收峰,B 在 1650 cm^{-1}处有吸收峰,试推测 A 和 B 的可能构造式。

4-2.指出图 4-11 的红外光谱图中,用阿拉伯数字标出的吸收峰是什么基团的吸收峰?

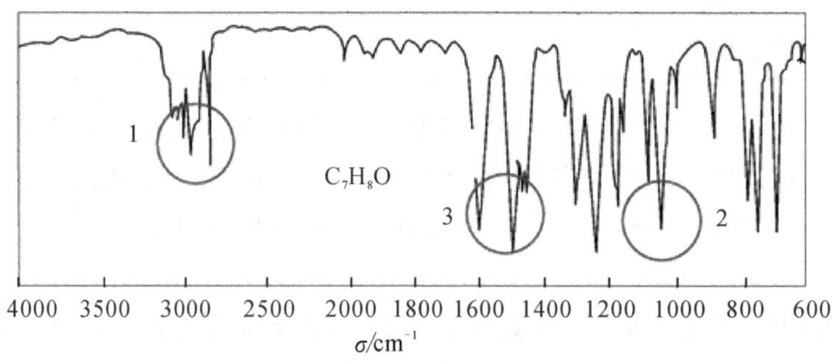

图 4-11　C_7H_8O 红外光谱图

4-3.利用红外光谱区别下列各组化合物。

(1)CH_3CH_2CHO、$CH_2=CHCH_2OH$

(2)$CH_3C\equiv CCH_3$、$CH_3CH_2C\equiv CH$

(3)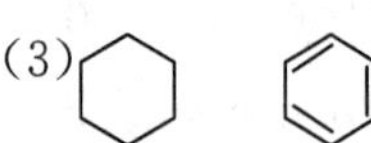

4-4.根据下列化合物的红外光谱吸收带的分布,写出它们的结构式。

(1)C_5H_8:3300 cm^{-1},2900 cm^{-1},2100 cm^{-1},1470 cm^{-1},1375 cm^{-1}

(2)C_7H_6O:2720 cm^{-1},1760 cm^{-1},1580 cm^{-1},740 cm^{-1},690 cm^{-1}

4－5.化合物 C_8H_6 的红外光谱如图 4－12 所示,它能使 Br_2/CCl_4 褪色,并能与银氨溶液反应生成沉淀,试推测化合物的结构。

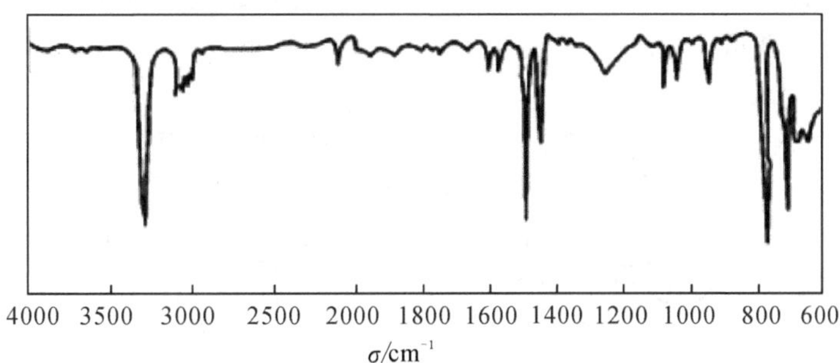

图 4－12　化合物 C_8H_6 的红外光谱图

4－6.指出下列化合物中价电子跃迁能量最低的是什么跃迁。

(1)$CH_3CH=CH_2$　　(2)$CH_3CH=CH-CHO$　　(3)

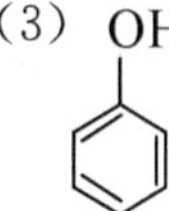

4－7.比较下列化合物紫外最大吸收波长的大小顺序。

(1)$CH_3-CH=CH_2$　　(2)$CH_2=CH-CH=CH_2$

(3)$CH_2=CH-CH=CH-CH=CH_2$

4－8.某化合物可能是下列两种结构之一,如何用紫外可见光谱进行判断?

$C_6H_5-CH=CH-CH=CH_2$　　$C_6H_5-CH=CH-CH=CH-CH=CH_2$

4－9.有机化合物中价电子有哪些跃迁形式?在紫外光谱中,哪些跃迁有意义?

第五章　核磁共振谱(NMR)和质谱(MS)

核磁共振法和质谱法是近年来普遍使用的仪器分析技术,广泛应用于有机化合物分子结构的确定。核磁共振仪具有操作方便,分析快速,能准确测定有机分子的骨架结构等优点。质谱仪是用来测定有机化合物相对分子质量和确定分子式以及分子结构的重要工具,灵敏度高,只需几微克样品就能够提供相对分子质量和分子结构的信息。质谱法与色谱法联用,已成为一种用途很广的化合物结构的定性和定量分析方法。

第一节　核磁共振谱(NMR)

核磁共振谱是由具有磁矩的原子核,受电磁波辐射而发生跃迁所形成的吸收光谱。电子能自旋,质子也能自旋,原子的质量数为奇数的原子核,如 ^{1}H、^{13}C、^{19}F、^{31}P 等,由于核中质子的自旋而沿着核轴方向产生磁矩,因此可以发生核磁共振。而 ^{12}C、^{16}O、^{32}S 等原子核不具有磁性,故不发生核磁共振。在有机化学中,研究最多、应用最广的是氢原子核(^{1}H)的核磁共振谱，又称为质子核磁共振谱[1]HNMR。

一、氢核磁共振谱的基本原理

(一)核磁共振的产生

氢核(^1H)是磁性核，由于^1H带有一个正电荷，它可以像电子那样自旋而产生磁矩，就像极小的磁铁(见图5-1)。

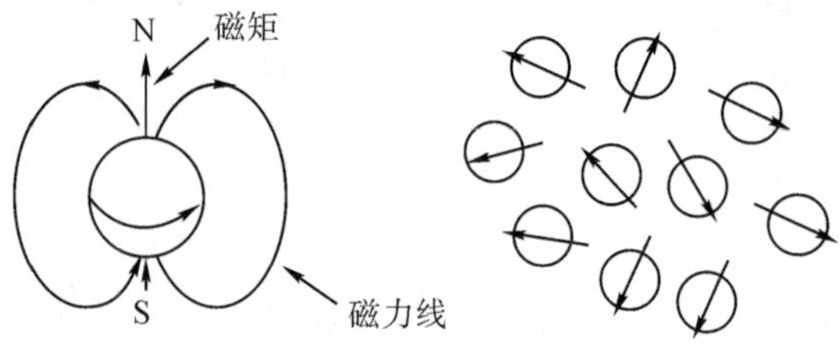

图5-1　质子的自旋

原子的磁矩在无外磁场影响时，取向是紊乱的。根据量子力学理论，磁性核($I \neq 0$)在外磁场中的取向不是任意的，而是量子化的，共有$(2I+1)$种取向。

氢核(^1H)自旋量子数$I=1/2$，因此在外加磁场中有两种取向(见图5-2)。

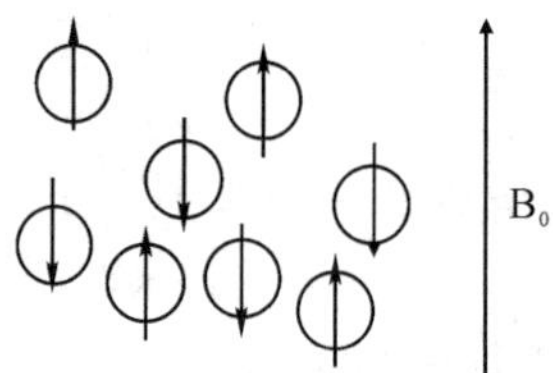

图5-2　质子在外加磁场中的自旋磁矩方向

这两种取向相当于两个能级，对应于两个自旋态。能级较低的自旋态自旋磁量子数$m_s=+1/2$，核磁矩的取向与外加磁场同向；能级较高的自旋态其自旋磁量子数$m_s=-1/2$，核磁矩的取向与外加磁场反向(见图5-3)。

B_0　ΔE　$m_s=-\frac{1}{2}$　$m_s=+\frac{1}{2}$

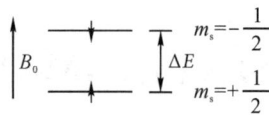

图5-3　质子在外加磁场中两个自旋能级

ΔE与外加磁场强度B_0的关系式如下：

$$\Delta E=\gamma \frac{h}{2\pi}B_0 \tag{5-1}$$

式中ΔE为两种取向能级差，γ称为磁旋系数，是核的特征常数；h为普朗克常数；B_0是外加磁场强度。上式反映了核自旋能级差(ΔE)和外磁场强度(B_0)成关系。

若用电磁波照射磁场中的质子，当电磁波的频率适当，其能量($h\nu$)恰好等于质子的两种取向的能级差，即(5-2)：

$$\Delta E=\gamma \frac{h}{2\pi}B_0=h\nu \tag{5-2}$$

$$\nu=\frac{\gamma}{2\pi}B_0 \tag{5-3}$$

此时质子就吸收电磁辐射的能量，从低能态跃迁到高能态，发生核磁共振吸收，这种现象称为核磁共振。将这种现象产生的信号用核磁共振仪记录下来绘制成的谱图称为核磁共振谱。

(二)核磁共振谱图的表示方法

无论改变外加磁场(B_0)或改变电磁波的辐射频率(v)均可以满足质子跃迁所需能量 ΔE。所以核磁共振的测定方法有两种：一种是固定磁场改变频率，另一种是固定频率改变磁场。后一种操作起来更方便些，其谱图是以磁场强度为横坐标，以吸收强度为纵坐标(见图 5-4)，横坐标有时也用化学位移(δ)表示。

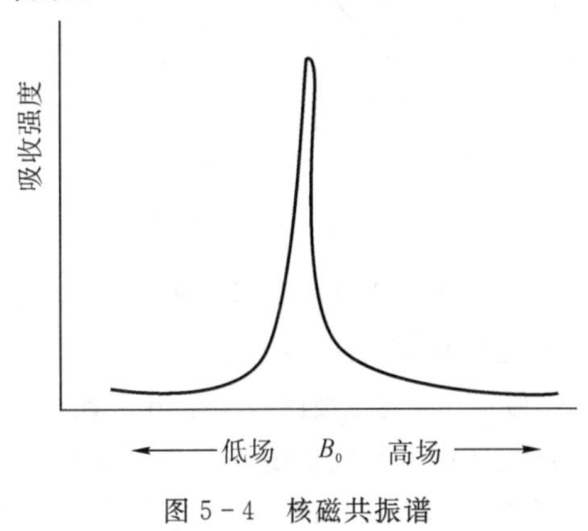

图 5-4　核磁共振谱

(三)核磁共振仪

核磁共振仪按扫描方式不同可分为两大类，分别为连续波核磁共振仪和脉冲傅立叶变换核磁共振仪。核磁共振仪是由磁铁、射频振荡器、样品管、扫描发生器、检测器及记录器等部件组成(见图 5-5)。

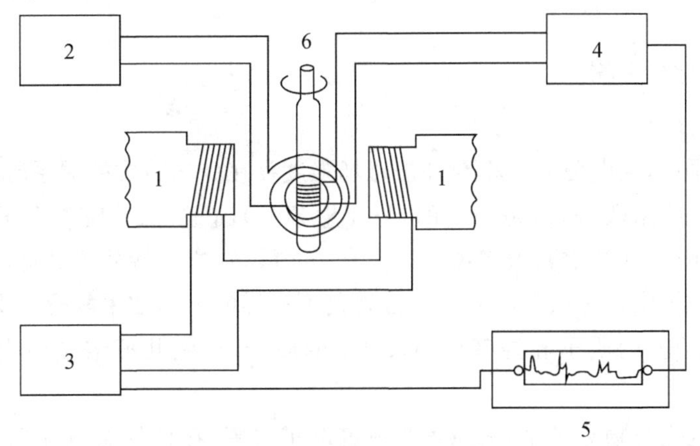

1—磁铁；2—射频振荡器；3—扫描发生器；4—检测器；5—记录器；6—样品管

图 5-5　核磁共振仪示意图

连续波是指射频的频率或外磁场的强度是连续变化的，即进行连续扫描，直到被观测的核依次被激发，发生核磁共振。连续波核磁共振仪基本结构见图 5-6，它是由磁铁、探头、射频发生器、射频接收器、扫描发生器、信号放大及记录仪组成。

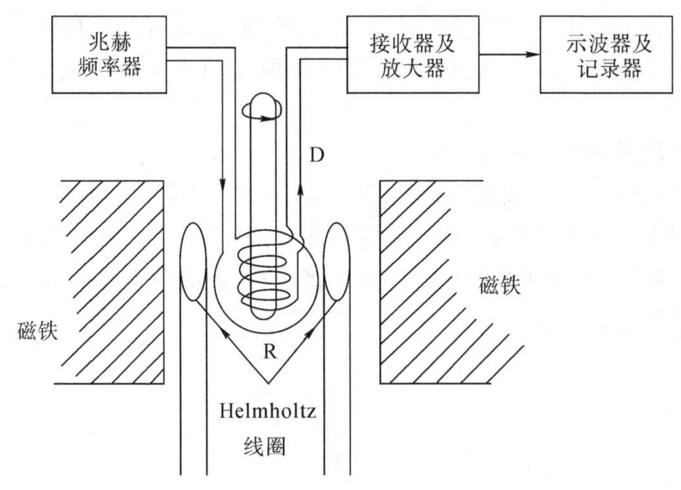

图 5-6　连续波核磁共振仪

R 为照射线圈，D 为接收线圈，Helmholtz 线圈是扫场线圈，通直流电用来调节磁铁的磁场强度。R、D 与磁场方向三者互相垂直，互不干扰。

连续波仪器的缺点是工作效率低，现已被脉冲傅立叶变换核磁共振仪取代。

脉冲傅立叶变换核磁共振仪是将样品置于磁场强度很大的电磁铁铁腔中，采用一种特殊的射频调制方波脉冲，同时激发在一定范围内所有的欲观测核，得到自由感应衰减信号。将信号转换为数据后，由计算机进行傅立叶变换，将自由感应衰减信号变换为频率的函数，再将数据转换为信号，并由记录器记录，得到核磁共振谱图。脉冲傅里叶变换共振实验脉冲时间短，每次脉冲的时间间隔一般仅为几秒，而且试剂用量少，还可得到更加清晰的谱图。许多在连续波仪器上无法做到的测试可以在脉冲傅里叶变换共振仪上完成，比如使 ^{13}CNMR 成为有机结构分析的常规手段。

二、屏蔽效应和化学位移

(一)屏蔽效应

按照核磁共振原理，当电磁波频率与外加磁场强度存在(5-3)式的关系时，即可产生核磁共振。由于质子的磁旋系数(γ)值是一定的，只要射频(ν)固定，似乎所有质子都在同一磁场强度下吸收能量。那么，在核磁共振谱中应该只有一个峰，这样的话核磁共振就失去了应用的价值。事实上有机分子中各种质子吸收峰的位置是不一样的。例如甲醇分子中有两种不同的质子，即甲基($-CH_3$)上的质子和羟基($-OH$)上的质子，核磁共振谱图中出现两个吸收峰(见图 5-7)。

其原因是在有机化合物分子中，氢原子核被价电子包围，在外加磁场作用下，这些电子可产生诱导电子流，从而产生一个感应磁场，其方向与外加磁场相反(见图 5-8)。因此，使质子实际感受到的磁场强度比外加磁场强度要弱。质子要发生核磁共振，必须提高外加磁场强度，以抵消感应磁场的影响，结果吸收峰就会出现在磁场强度较高的位置。这种质子的外围电子对抗外加磁场所产生的电子效应称为屏蔽效应。

质子周围的电子云密度越高，屏蔽效应越大，即该质子就会在较高的磁场强度下发生核磁共振；反之，屏蔽效应越小，即该质子就会在较低的磁场强度下发生核磁共振。

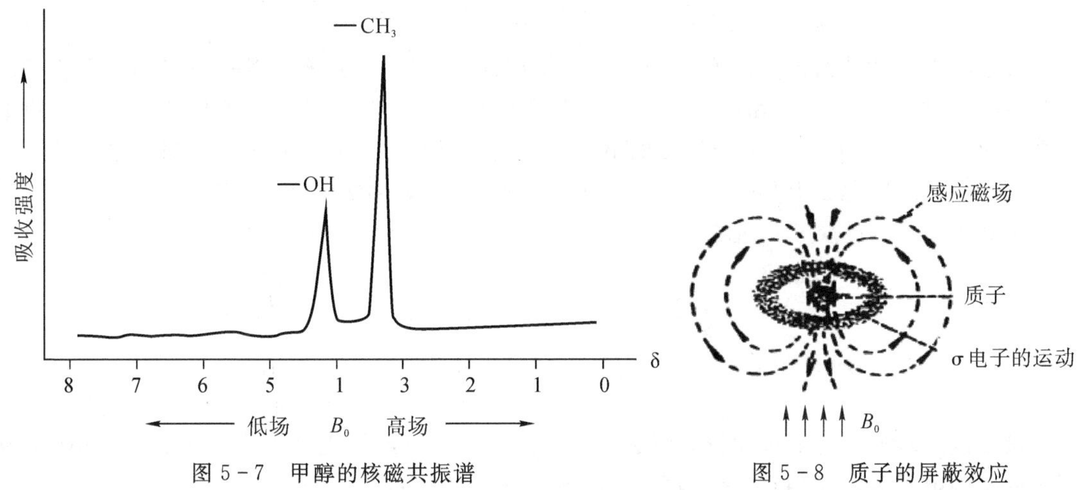

图 5-7　甲醇的核磁共振谱　　　图 5-8　质子的屏蔽效应

在甲醇分子中，由于氧原子的电负性比碳原子的大，因此羟基上质子周围的电子云密度比甲基上质子周围的电子云密度小，也就是甲基上的质子所受的屏蔽效应比羟基上的质子所受的屏蔽效应大，即甲基吸收峰出现在高场，羟基吸收峰出现在低场。

在某些情况下，感应磁场与外磁场方向一致。氢核处于去屏蔽区，共振吸收向低场移动，这种效应称为去屏蔽效应。

（二）化学位移（δ）

（1）化学位移的定义。由于有机化合物分子中各质子受到不同程度的屏蔽效应，结果在核磁共振谱的不同位置产生不同的吸收峰。但这种屏蔽效应所造成的位置上的差异是很小的，很难精确地测出其绝对值。为了克服测试上的困难和避免因仪器不同所造成的误差，在实际应用中，人为规定一个与仪器无关的相对值表示吸收峰位置。常用四甲基硅烷（TMS）作为标准物质。规定其吸收峰出现位置定为零，其他质子吸收峰的位置与四甲基硅烷吸收峰位置之间的差异称为该质子的化学位移。常以 δ 表示。定义式为：

$$\delta=\frac{\nu_{样}-\nu_{TMS}}{\nu_0}\times10^6 \qquad (5-4)$$

式中：$\nu_{样}$为样品吸收峰频率，ν_{TMS}为四甲基硅烷（TMS）吸收峰频率，ν_0为仪器所用频率，单位均为 Hz。为了使化学位移不依赖于测定条件，将样品吸收频率与标准物质吸收频率的差值除以核磁共振仪所用的频率。由于所得数值很小，一般只有百万分之几，因此乘以 10^6。

拓展知识

用四甲基硅烷（TMS）作为标准物质有以下五方面的优点：一是四甲基硅烷中的十二个氢核的化学环境完全相同，因此在核磁共振谱中只产生一个吸收峰；二是氢核外围电子的屏蔽效应高，吸收峰出现在高场端，与其他有机化合物中的质子峰不重叠；三是不与待测样品缔合和反应；四是易溶于有机溶剂；五是沸点低（27 ℃），易分离、回收。

（2）影响化学位移的因素。

①电子效应的影响。电负性大的基团，因较强的吸电子性，使邻近质子周围的电子云密度减小，屏蔽效应降低，δ 值增大。

甲基质子 δ 值：大（低场） $CH_3—F$　$CH_3—OH$　$CH_3—NH_2$　$CH_3—CH_3$ → 小（高场）

质子与电负性基团距离越远，δ 值越小。例如：CH_3CH_2Cl 分子中甲基（$—CH_3$）上质子的 $\delta=1.5$，亚甲基（$—CH_2—$）上质子的 $\delta=3.6$，其原因是氯原子距亚甲基（$—CH_2—$）较近，其吸电子性使亚甲基（$—CH_2—$）上质子周围的电子云密度比甲基（$—CH_3$）上质子周围的电子云密度小，屏蔽效应弱，因此亚甲基（$—CH_2—$）出现在低场，即较高化学位移（$\delta=3.6$）处。

饱和碳原子上的质子，δ 值顺序为：

中心碳原子

$—\overset{|}{\underset{|}{C}}—H$ > $—\overset{|}{\underset{H}{C}}—H$ > $H—\overset{H}{\underset{H}{C}}—H$

叔氢　　仲氢　　伯氢

其原因是碳原子的电负性较氢原子的稍大。即中心碳原子上连的氢原子越多，同碳上氢原子周围的电子云密度相对就会偏高，屏蔽效应增大，δ 值减小。

②各向异性效应的影响。分子中的氢核与某一基团的空间关系也会影响其化学位移 δ 值，这种影响称为各向异性效应。例如苯环上的质子共振吸收一般出现在低场，δ 值约为 7.26，这是由于苯环 π 电子屏蔽作用的各向异性效应引起（见图 5－9）。

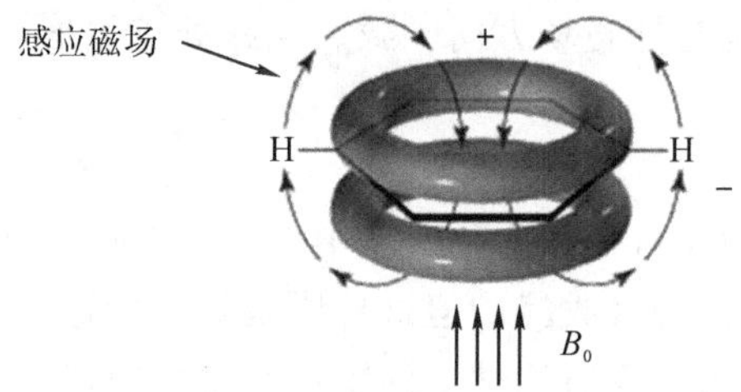

图 5－9　苯环的各向异性效应

在外加磁场的影响下，苯环的 π 电子产生环电流，同时形成一个感应磁场。该磁场方向与外加磁场方向，在环内相反（抗磁的），该区域为屏蔽区，以“＋”表示；在环外相同（顺磁）的，该区域为去屏蔽区，以“－”表示。苯环平面上的氢原子处在去屏蔽区，所以苯环上质子的共振吸收出现在低场。不仅是苯，所有具有 $4n+2$ 个电子的环状共轭体系都有强烈的环电流效应，若氢核在该环的上下方，则受到强烈的屏蔽作用。

碳碳三键的 π 电子云围绕 σ 键呈圆筒型分布，形成环电流，它所产生的感应磁场在环内与外加磁场方向相反，而三键上的 H 质子在环内，处于屏蔽区，屏蔽效应增强，使三键上 H 的吸收峰移在较高的磁场区，其 δ 值约为 1.8（见图 5－10）。

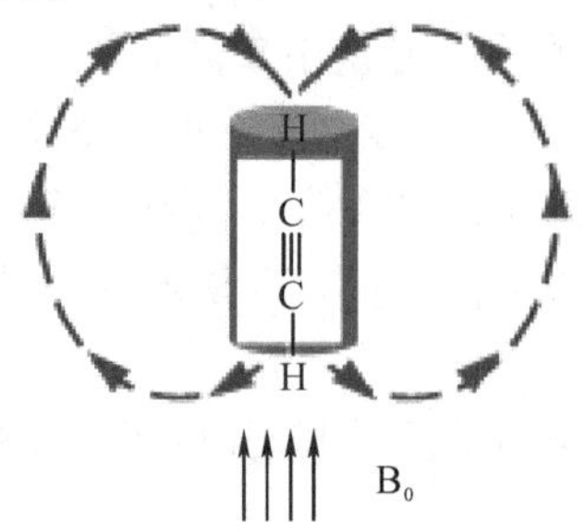

图 5－10　$C\equiv C$ 的各向异性效应

碳碳双键、羰基等也有各向异性效应(见图 5-11、图 5-12)。

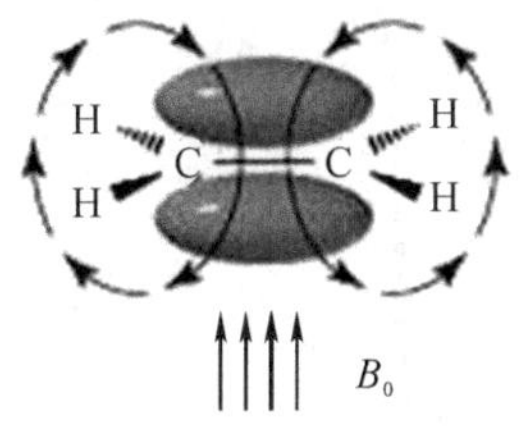

图 5-11　C═C 的各向异性效应

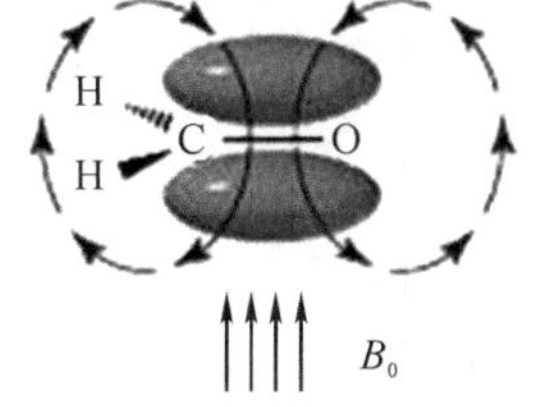

图 5-12　C═O 的各向异性效应

双键碳上 H 位于去屏蔽区，信号移向低磁场区，其 $\delta=4.5\sim5.7$；羰基碳上的 H 也处于去屏蔽区，因氧原子电负性的影响较大，所以，其吸收峰出现在更低的磁场区，其 $\delta=9.4\sim10$。

同一类基团中的质子都有基本相同的化学位移，表 5-1 列出常见基团中质子的化学位移 δ 值。

表 5-1　常见基团中质子的化学位移(δ)值

质子类型	δ 值	质子类型	δ 值
RCH_3	0.9	$RCOCH_2$—	约 2.3
R_2CH_2	1.3	$ArCH_3$	约 2.3
R_3CH	1.5	$-\overset{\vert}{C}=\overset{\vert}{C}-CH_3$	1.7
R_2NCH_3	约 2.2	$-C\equiv C-CH_3$	1.8
RCH_2I	约 3.2	$>C=C<^{H}$ (烯氢)	4.3～6.4
RCH_2Br	3.5	ArH	6～8.5
RCH_2Cl	3.7	$RC\equiv CH$	2～3
RCH_2F	4.4	RCHO	9～11
$ROCH_3$	3.3～4	RCOOH, RSO_3H	10～13
$ROCH_2R$, RCH_2OH	3.6～4.2	ArOH	4～12*
$RCOOCH_3$	约 3.7	ROH	0.5～5.5*
$RCOOCH_2$—	约 4.1	RNH_2, R_2NH	0.6～5.0*
$RCOCH_3$	约 2.1	RCONH—	5.5～8.5*(宽峰)

注：* 标出的 δ 值随浓度、温度及溶剂变化较大。

三、自旋偶合和自旋裂分

在核磁共振谱中，有机化合物分子中有些质子吸收峰不是单峰，而是一组多重峰，这种同一类质子吸收峰增多的现象称为裂分。例如氯乙烷的核磁共振谱的两组吸收峰一个是三重峰，一个是四重峰(见图 5-13)。

产生裂分的原因是由于邻近质子自旋产生的磁场相互干扰所致，这种相互干扰叫做自旋

偶合，由自旋偶合引起的吸收峰裂分叫作自旋裂分。

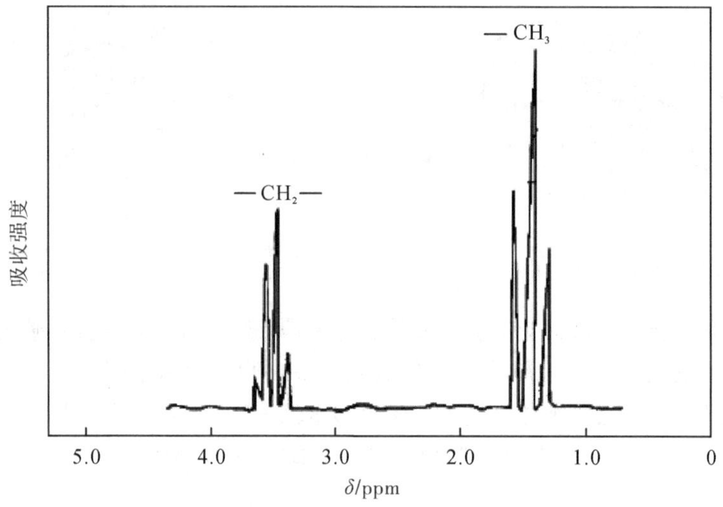

图 5-13　氯乙烷的核磁共振谱

每个质子自旋都有两种取向，不同取向对外加磁场强度的影响可以是稍微加强或稍微减弱，引起自旋裂分。当氢核受到的有效磁场作用比外加磁场略大时，吸收峰稍向低场裂分出峰（左移）；反之，则稍向高场裂分出峰（右移）。但并不是所有相邻碳上的氢都有裂分现象，只有化学环境不同的相邻碳原子上的氢核才有裂分现象。例如 $BrCH_2CH_2Br$ 就没有裂分现象，在核磁共振谱图中只出现一个单峰。

在氯乙烷分子中，$-CH_3$ 质子除受外磁场的影响外，还受到相邻 $-CH_2-$ 质子自旋的影响。$-CH_2-$ 中有两个质子，它们在外加磁场中的自旋排列方式有三种：第一种是 $-CH_2-$ 的两个质子自旋方向相同（↑↑），产生的自旋磁场与外加磁场方向一致，意味着 $-CH_3$ 周围增加了两个小磁场（产生的磁场强度记作 ΔB），其获得有效磁场强度为（$B_0+\Delta B$）。根据（5-2）公式，ΔE 不变的情况下，只有减小外加磁场强度 B_0 的值（$B_0-\Delta B$）（向低场移动），才能满足质子的振动所需能量，即质子在低场出现吸收峰。第二种是 $-CH_2-$ 的两个质子自旋方向相反（↑↓）或（↓↑），两个质子自旋产生的自旋磁场相互抵消，对甲基不产生影响，意味着 $-CH_3$ 周围的磁场强度就为外加磁场强度（B_0），即 $-CH_3$ 质子吸收峰的位置没有变化。第三种是 $-CH_2-$ 的两个质子自旋方向相同（↓↓），也产生（ΔB）大小的自旋磁场，但其自旋磁场方向与外加磁场相反，意味着 $-CH_3$ 实际获得的有效磁场被自旋磁场抵消了一部分，比外加磁场小（$B_0-\Delta B$）。$-CH_3$ 的质子要发生振动就需要增大外加磁场强度（$B_0+\Delta B$）。分析表明，氯乙烷分子中 $-CH_3$ 的质子的共振吸收峰裂分为三重峰。裂分的峰的相对强度与 $-CH_2-$ 的质子自旋排列的几种可能方式相对应，为 1∶2∶1。[（↑↑）（↑↓）或（↓↑）（↓↓）]。同样的道理，$-CH_2-$ 的质子也要受到 $-CH_3$ 的质子自旋的影响。$-CH_3$ 中有三个质子，它们有四种排列方式：全上（↑↑↑）；两上一下[（↑↑↓）（↑↓↑）（↓↑↑）]；两下一上[（↓↓↑）（↑↓↓）（↓↑↓）]；全下（↓↓↓）可使 $-CH_2-$ 裂分为四重峰，其强度比为 1∶3∶3∶1。

一般情况，自旋偶合与自旋裂分的规律可以总结如下：

（1）若相邻碳原子上有 n 个氢原子，则裂分峰数为 $n+1$，称为 $n+1$ 规律。

（2）自旋偶合只发生在相邻碳原子上化学环境不同的氢核之间。具有相同化学环境的氢核之间不发生自旋偶合。

(3)各峰的相对强度为二项式$(a+b)^n$的展开式各项系数之比，即：

n	峰面积比	峰的总数
0	1	1
1	1∶1	2
2	1∶2∶1	3
3	1∶3∶3∶1	4
4	1∶4∶6∶4∶1	5
5	1∶5∶10∶10∶5∶1	6
6	1∶6∶15∶20∶15∶6∶1	7

四、氢核磁共振谱谱图分析

由上述讨论可知，在核磁共振谱中，有多少个共振信号，说明分子中有多少种不同类型的质子；信号的位置(即化学位移δ)及裂峰情况反映了每种质子所处的化学环境。这些信息是鉴别和确定有机化合物分子结构的重要依据。以下举几个例子加以说明。

例1　乙烷的核磁共振谱图(见图5－14)。

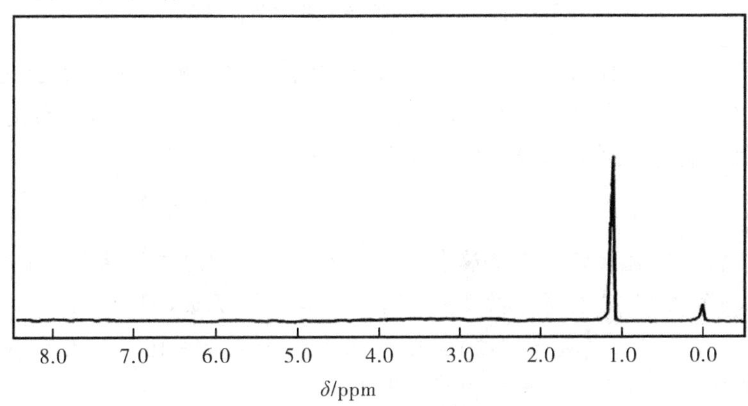

图5－14　乙烷的核磁共振谱图

乙烷分子中的六个质子完全是等同的，所以只得到一个单峰，δ值约为1.2。

例2　乙苯的核磁共振谱图(见图5－15)。

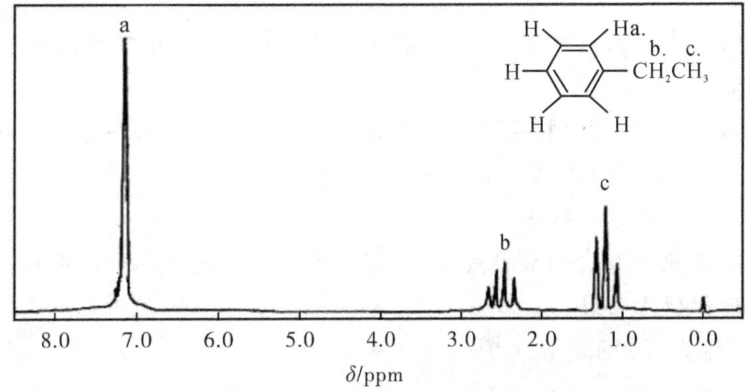

图5－15　乙苯的核磁共振谱

乙苯的谱图上有三组峰，说明分子中存在三种类型的质子。苯环上的质子处在去屏蔽区，在低场发生共振，其 δ 值约为 7.0。$-CH_2-$上的质子由于受到苯环吸电子诱导的影响，化学位移增大，δ 值约为 2.5，又由于与$-CH_3$相连，受$-CH_3$三个氢的影响，因此裂分为四重峰。$-CH_3$上质子的 δ 值约为 1.2，由于相邻$-CH_2-$两个质子的影响，故裂分为三重峰。

例 3 1-硝基丙烷的核磁共振谱图(见图 5－16)。

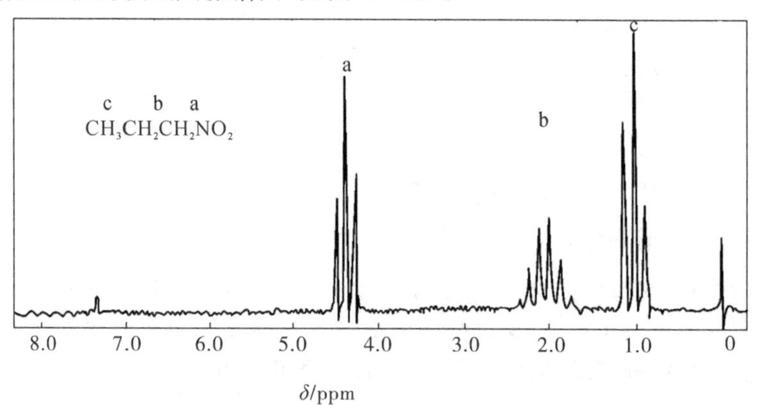

图 5－16 1-硝基丙烷的核磁共振谱图

由图 5－16 可知该化合物有三类氢，由于硝基吸电子的影响，a、b、c 质子的化学位移分别为 4.5(H_a)、2.0(H_b)、1.0(H_c)。质子 a、c 分别受到相邻 2 个氢核偶合而裂分为三重峰，质子 b 受到相邻 5 个氢核偶合而裂分为(3＋1)×(2＋1)＝12 重峰。

**拓展知识**

在自然界中由于碳元素相对丰度最大的同位素^{12}C(98.8%)自旋量子数 $I=0$，没有核磁共振现象，而碳的同位素^{13}C 自旋量子数 $I=1/2$，有核磁共振现象，因此碳的核磁共振谱指的是^{13}C的核磁共振谱。它类似于氢核磁共振，能辨识有机化合物中的不同化学环境碳原子。因此$^{13}CNMR$ 是有机化学中了解分子结构的重要工具。

(一)$^{13}CNMR$ 的特点

1.灵敏度低

由于^{13}C 核的天然丰度低，仅为 1.1%，故$^{13}CNMR$ 的信号灵敏度较$^{1}HNMR$ 低。

2.化学位移范围宽

$^{1}HNMR$ 的化学位移值通常在 0～15，而$^{13}CNMR$ 的化学位移值范围在 0～230。

3.分辨能力高

化学位移的幅度较宽，几个核磁宽度的峰在宽谱带中成了一条一条的直线，吸收峰很少重叠，几乎每种化学环境不同的碳原子都可以得到特征谱线。

4.峰面积与碳数目无定量关系

$^{13}CNMR$ 的峰面积不与碳的数目成正比，即峰面积不能像$^{1}HNMR$ 那样用于确定质子数。

(二)$^{13}CNMR$ 的化学位移

内标：TMS。规定 TMS 的 $\delta_c=0$。

变化范围：$\delta_c=0\sim230$。

各种常见的$^{13}CNMR$ 的化学位移见表 5－2。

表 5-2　各种不同碳原子的化学位移(δ_c)

化合物	烷烃	烯烃	炔烃	芳香烃	醛酮	羧酸及其衍生物	腈
δ_c/ppm	0～55	100～165	65～165	125～150	180～220	150～185	115～125

(三)^{13}CNMR 的应用

从^{13}CNMR 的质子宽带去偶谱中谱峰的数目估计化合物中所含的碳数。一般一条谱线代表一个原子。如果谱线数小于分子式中的碳原子数,或谱图中某一条或几条谱线异常大,说明分子中有对称因素或化学环境相似的碳原子;分析谱线的化学位移,区分各种碳原子,从分子式可能的结构单元,推测有机化合物分子可能的结构式。

第二节　质谱(MS)

一、基本原理

(一)质谱图的产生

在真空状态下,有机气态分子 M 受高能电子流的轰击,失去一个价电子,产生正离子(分子离子峰,$M^{\cdot +}$)。由于电子流的能量很高,使生成的正离子继续断裂,产生各种各样的正离子碎片、自由基和中性分子的碎片。其中正离子碎片经电场的加速,进入分析系统。然后这些碎片在强磁场的作用下,沿弧形的轨道前进,前进时弧形的大小与离子的质量(m)与电荷(z)的比值(m/z,称为质荷比)有关,质荷比大的正离子,其轨道的弯曲程度小,质荷比小的正离子其轨道的弯曲程度大。最终质荷比不同的正离子沿着不同的轨道先后进入离子收集器和检测系统,产生各种信号,将信号记录下来形成的谱图称为质谱(MS)。质谱仪的示意图见图 5-17。

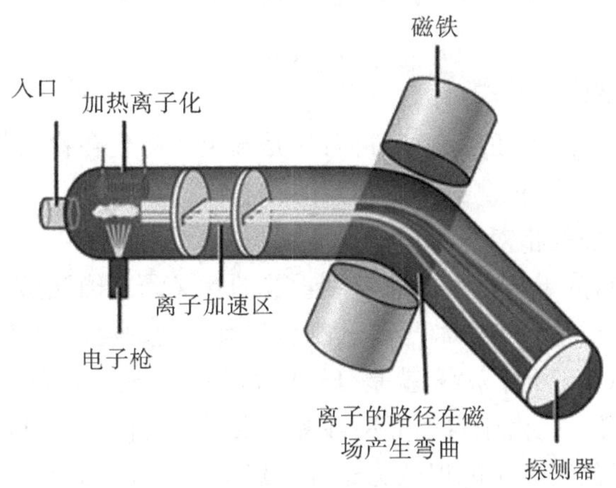

图 5-17　质谱仪示意图

(二)质谱图的表示

质谱图中的横坐标为质荷比(m/z),纵坐标为离子的相对丰度即相对强度。相对丰度即将图中峰值最强的峰定为基峰(标准峰),其值定为 100,其余峰的强度用和基峰的相对值来表示(见图 5-18)。质荷比越大,出现的峰越靠右边;正离子相对量越多,峰的高度就越高。

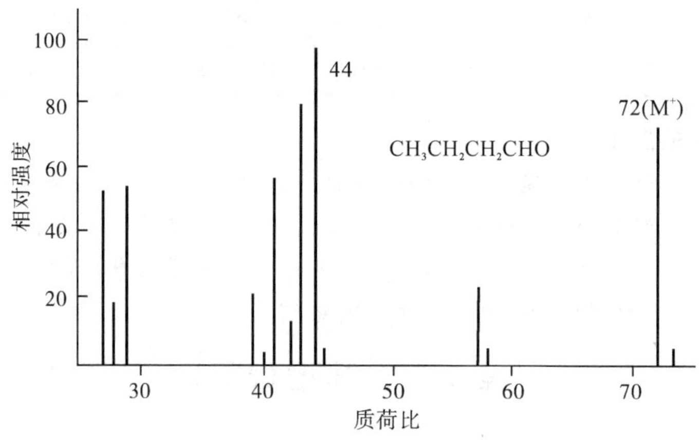

图 5-18　丁醛的质谱图

质谱图中最右边较高峰往往是分子离子峰。判断分子离子峰是很重要的，由于质谱仪中生成的正离子通常带一个正电荷，即 $z=1$，m/z 就是离子的质量。对于分子离子而言，它是原来分子失去一个电子而形成的，因此质荷比(m/z)就相当于分子的质量。如图 5-18 中最右边较强吸收峰的质荷比(m/z)是 72，为丁醛的分子量。

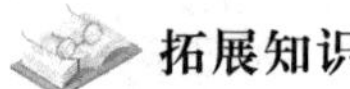
拓展知识

分子离子峰的丰度往往不是最大的，有的有机分子质谱图中常常看不到分子离子峰。分子离子峰的相对丰度取决于分子离子的稳定性，当分子离子很少或极不稳定，它的相对丰度就会很小，甚至不存在。

二、质谱在有机化学中的应用

质谱在有机化学中的应用主要有两方面：一是确定待测化合物的相对分子质量；二是由分子结构与裂解方式经验规律，推测某些官能团的存在。

(一)确定待测化合物的相对分子质量

在质谱图的解析中，分子离子峰具有特别重要的意义。正确地辨认分子离子峰，可以确定待测化合物的相对分子质量。分子离子峰的辨认具有一定的经验规律。

(1)由于分子离子($M^{\cdot+}$)的 m/z 就是分子的相对分子质量，故分子离子峰一般处在质谱图右端 m/z 最大的位置。但由于自然界中许多元素都有同位素，同位素在质谱中也会产生同位素离子峰。不要将同位素离子峰误认为是分子离子峰。同位素离子峰一般出现在相应分子离子峰或碎片离子峰的右侧附近，而且同位素峰的强度与同位素的天然丰度是相当的。常见元素天然同位素的相对丰度见表 5-3。同位素离子用 M+1、M+2 等表示。

表 5-3　元素天然同位素的相对丰度

丰度	元素							
	C	H	N	O	Si	S	Cl	Br
M	100	100	100	100	100	100	100	100
M+1	1.12	0.0145	0.366	0.037	5.1	0.8	—	—
M+2	—	—	—	0.2	3.4	4.44	32.4	97.9

例如戊烷的质谱图(见图 5－19)中，质核比最大的 m/z 为 73 的峰是同位素离子峰。

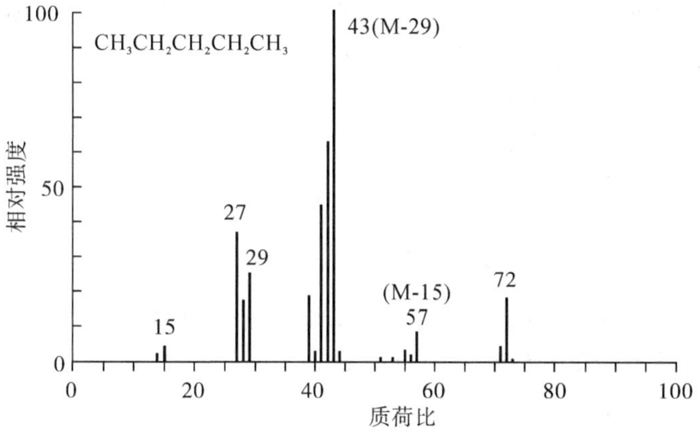

质荷比	相对强度
73	0.52
72	18.56
71	4.32
57	11.20
43	100.00
42	55.27
41	37.93
39	12.44
29	26.65
28	17.75
27	31.22
15	4.22
14	2.56

图 5－19　戊烷的质谱图

(2)分子离子含有奇数个氮原子，其质量数为奇数；若不含或含偶数个氮原子，其质量数为偶数，这个规律称为氮规则。部分有机化合物的氮规则见表 5－4。

表 5－4　部分有机化合物的氮规则

化合物	$C_2H_5NH_2$	$C_6H_5NO_2$	CH_3COOH	C_6H_6	C_4H_9Cl	N_2	$C_6H_5N_2C_6H_5$
质量数	45	123	60	78	92	28	182

(3)醚、酯、胺、酰胺等带有孤对电子的化合物易与 H^+ 形成 M＋1 峰，其 $M\cdot^+$ 峰很弱而 M＋1峰明显；芳香醛或脂肪醛的 $M\cdot^+$ 峰很弱而 M－1 峰明显。因为醛易失去一个 $H\cdot^+$ 形成 M－1($RCO\cdot^+$ 或 $ArCO\cdot^+$)，所以醚、酯、胺、酰胺等的 $M\cdot^+$ 要在 m/z 最大峰的左侧找，醛的 $M\cdot^+$ 要在最右侧的峰找。

(4)注意判断可能的 $M\cdot^+$ 与左侧其他碎片离子之间的质量差是否符合化学逻辑。有 M－(3～14)峰均不合理(即 $M\cdot^+$ 少 3～14 个质量单位不会出现碎片离子峰)。例如 M－3 的峰意味着 M 要断三根与氢原子相连的 σ 键，这在化学上是不合理的；有 M－15、M－18 的峰则是合理的。例如形成 M－15 的峰可推测断了一个 σ 键，掉一个 CH_3(质量数为 15)碎片。

(二)鉴定某些官能团的存在

质谱解析不仅可以准确地确定相对分子质量，$M\cdot^+$ 峰的强度还能够推测分子的结构信息。例如，芳香族化合物的 $M\cdot^+$ 峰强，脂肪族化合物的 $M\cdot^+$ 峰弱；醇的 $M\cdot^+$ 峰也很弱，醇易失水，有时有 M－18 为强峰。

$M\cdot^+$ 的稳定性次序为：芳环＞共轭体系＞烯烃＞环烷烃＞含硫化合物＞短直链化合物＞酮＞醛＞酯＞醚＞胺＞羧酸＞高支链烃＞醇。

本章小结

(1)核磁共振谱是由具有磁矩的原子核，受电磁波辐射而发生跃迁所形成的吸收光谱。核磁共振谱图是以磁场强度为横坐标、吸收强度为纵坐标表示。目前具有实用价值的有氢谱和碳谱，其中氢谱应用更为广泛。氢核磁共振谱中，由于相邻碳原子上质子之间的自旋干扰，质子峰往往会出现裂分现象。

(2)在真空状态下，有机气态分子受高能电子流的轰击，形成带正电荷的离子，按照离子的质量(m)与电荷(z)的比值依次收集这些离子，得到离子强度随质荷比变化的谱图称为质谱(MS)。质谱图是以 m/z 为横坐标、相对强度为纵坐标表示。

(3)核磁共振谱和质谱是近年来普遍使用的仪器分析技术，广泛应用于有机化合物分子结构的确定。核磁共振具有操作方便，分析快速，能准确测定有机分子的骨架结构等优点；质谱是用来测定有机化合物的精确相对分子质量和确定分子式以及分子结构的重要工具。

习　题

5-1.写出分子式为 C_6H_{12}，核磁共振谱中只有一个单峰的化合物的结构式。

5-2.比较下列化合物各质子的化学位移值的大小。

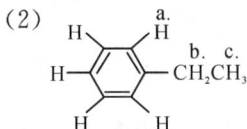

(1) $\overset{a}{CH_3}-\overset{b}{CH_2}-Cl$

(2) 苯环上 H（a.）, $-\overset{b.}{CH_2}\overset{c.}{CH_3}$

H, H, H, H, a. H；b. c. CH_2CH_3

(3) CH_3, $\overset{a}{H}$ $>C=C<$ $\overset{b}{CH_3}$, $\overset{c}{CH_2CH_3}$

5-3.化合物 C_3H_6O 中包含一个 C═O 基，试用核磁共振谱分析该化合物是醛还是酮？

5-4.某化合物的分子式为 C_3H_7Br，根据图 5-20 的核磁共振谱图写出其构造式。

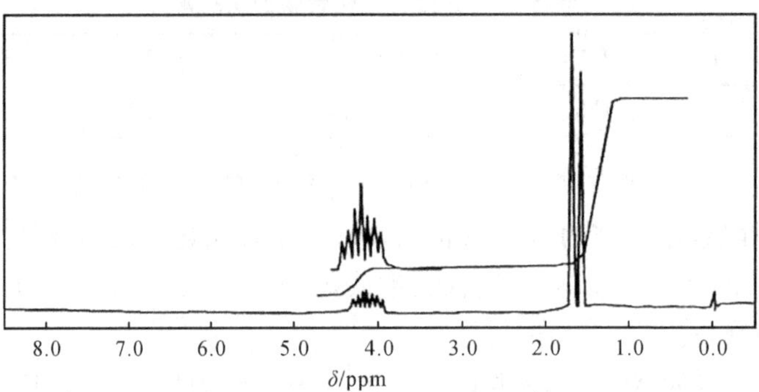

图 5-20　C_3H_7Br 的核磁共振谱图

5-5.某化合物分子式为 $C_9H_{12}O$，分析图 5-21 核磁共振谱图，试推测其结构式。

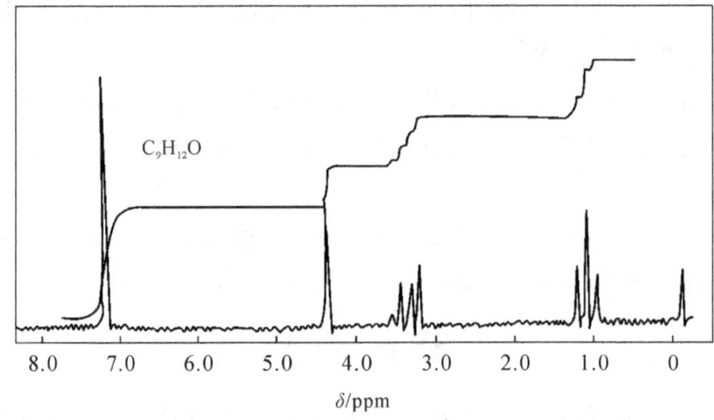

图 5-21　$C_9H_{12}O$ 的核磁共振谱图

5－6.某羰基化合物，实验式为 $C_6H_{12}O$，其质谱见图 5－22。试推测该化合物的结构。

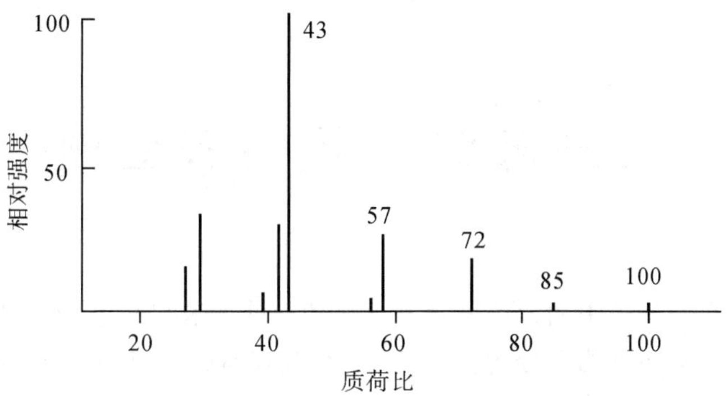

图 5－22　$C_6H_{12}O$ 的质谱图

第三部分　烃的衍生物

烃的衍生物是指烃分子中的氢原子被其他基团取代的有机化合物。其中取代氢原子的基团使烃的衍生物具有不同于相应烃的特殊性质，称为官能团。烃的衍生物主要有烃的卤素衍生物、含氧衍生物、含氮衍生物等。

烃的卤素衍生物称为卤代烃，卤原子是卤代烃的官能团。烃的含氧衍生物根据含氧官能团的不同分为：含羟基（— OH）的醇和酚；含醚键（— O —）的醚；含羰基（$\rangle C = O$）的醛、酮、醌；含羧基（— COOH）的羧酸及其衍生物等。烃的含氮衍生物中最重要的是胺类和硝基化合物，胺基（$-NH_2$、$-NHR$、$-NR_2$）是胺类有机化合物的官能团，硝基（$-NO_2$）是硝基化合物的官能团。

第六章　卤代烃

卤代烃是指烃分子中的氢原子被卤原子取代而生成的有机化合物。一卤代烃可用 RX 表示。其中 X 代表卤原子，通常是指氯、溴、碘。氟代烃由于性质比较特殊，不与其他三类一起讨论。

卤代烃在自然界中存在的比较少，在海藻及许多其他海洋生物中存在一些，绝大多数卤代烃是人工合成的。卤代烃被广泛用作农药、麻醉剂、灭火剂、溶剂等，但对一些作为杀虫剂的卤代烃，在自然条件下难以降解或转化，会对自然环境造成污染，对生态平衡构成危害，因此必须加以限制使用。

卤代烃的碳卤键（C — X）是极性键，性质比较活泼，能发生多种化学反应而生成各类有机化合物，在有机合成中起着桥梁作用。

第一节　卤代烃的分类、命名

一、卤代烃的分类

按烃基结构的不同，卤代烃可分为饱和卤代烃、不饱和卤代烃、芳香族卤代烃。其中饱和卤代烃又可分为卤代烷烃、卤代环烷烃。例如：

CH_3CH_2X　　（环己基）— X　　（环己基）— CH_2X

卤代烷烃　　　卤代环烷烃

不饱和卤代烃可分为乙烯型、烯丙型、孤立型。例如：

$CH_2=CHX$	$CH_2=CHCH_2X$	$CH_2=CH(CH_2)_nX$　$n\geq2$
乙烯型	烯丙型	孤立型

芳香族卤代烃又可分为苯基型、苄基型、孤立型。例如：

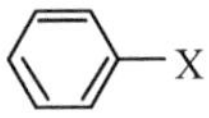

—X　　　　—CH_2X　　　　—$(CH_2)_nX$　$n\geqslant2$

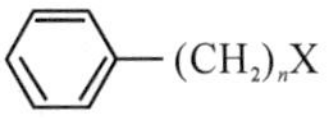

苯基型 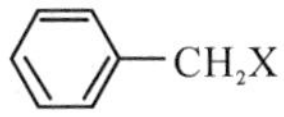　　　　苄基型　　　　孤立型

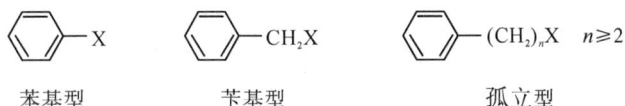

按卤原子所连碳原子的不同，卤代烃可分为伯卤代烃、仲卤代烃、叔卤代烃。例如：

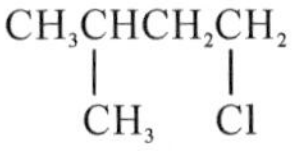

$CH_3CH(CH_3)CH_2CH_2Cl$　　　　$CH_3CH(Br)CH_2CH_3$　　　　$CH_3C(CH_3)(Br)CH_3$

伯卤代烃 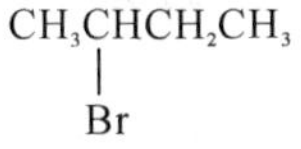　　　　仲卤代烃 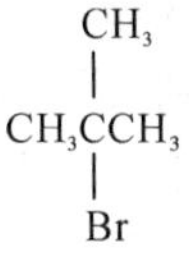　　　　叔卤代烃

按卤原子的不同，卤代烃可分为氟代烃、氯代烃、溴代烃、碘代烃。

按分子中所含卤原子多少，卤代烃又可分为一卤代烃、二卤代烃、多卤代烃。

二、卤代烃的命名

通常卤代烃的命名有习惯命名法和系统命名法。习惯命名法很简单，是烃基的名称加卤原子名称。例如：

$CH_3CH_2CH_2CH_2Cl$　　　　$CH_2{=}CHCH_2Br$　　　　$CH_2{=}CHCl$　　　　—CH_2Cl

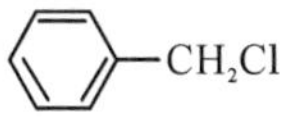

丁基氯　　　　烯丙基溴　　　　乙烯基氯　　　　苄基氯

卤代烃的系统命名原则是把卤原子作为取代基。

（一）卤代烷烃的系统命名

选主链时选择最长碳链作为主链，其他原则遵循烷烃的命名原则。例如：

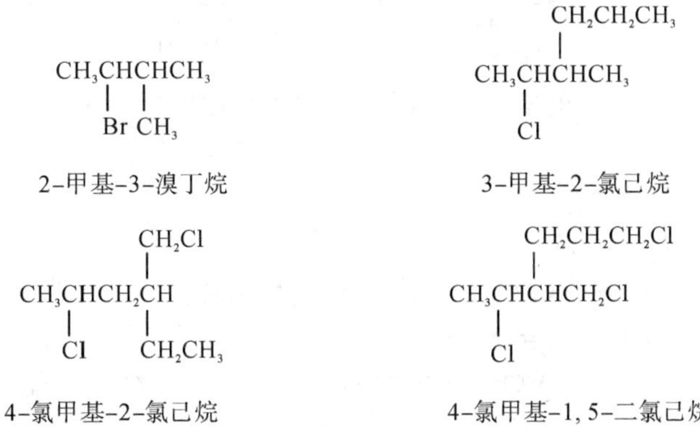

2-甲基-3-溴丁烷　　　　3-甲基-2-氯己烷

4-氯甲基-2-氯己烷　　　　4-氯甲基-1,5-二氯己烷

（二）卤代环烷烃的系统命名

环上连接有较简单烃基的卤代环烷烃，如果卤原子直接连接在环上，将环作为母体；卤原子连接在环侧链的烃基上，将烃基作为母体，环与卤原子均作为取代基。例如：

CH_3　Cl　　　　—CH_2CH_2Br

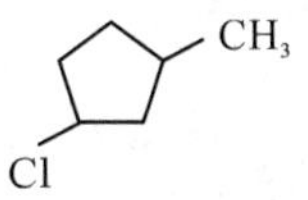

1-甲基-3-氯环戊烷 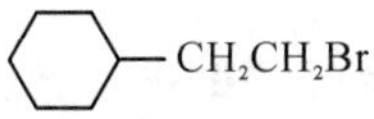　　　　1-环己基-2-溴乙烷

环上连接有较复杂的烃基的卤代环烷烃，无论卤原子连接在环上还是连接在环的烃基上，环与卤原子均作为取代基。例如：

$$\begin{array}{l} \quad CH_3 \quad CH_3 \\ \quad\; | \qquad\; | \\ C_5H_9-CHCHCHCH_2Cl \\ \qquad\qquad | \\ \qquad\quad\; CH_3 \end{array}$$

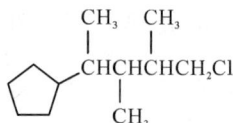

2,3-二甲基-4-环戊基-1-氯戊烷

(三)卤代烯烃的系统命名

卤代烯烃的命名原则，遵循烯烃的命名原则。只是选主链时，选择既连接有双键又连接有卤原子的最长碳链作为主链。例如：

$$\begin{array}{l} CH_2=CH-CH-CH_2Cl \\ \qquad\qquad\;\; | \\ \qquad\quad\;\;\; CH_3 \end{array}$$

3-甲基-4-氯-1-丁烯

(四)卤代芳香烃的系统命名

如果卤原子连接在苯环上，卤原子作为取代基，其他原则遵循芳香烃的命名原则；如果卤原子连接在苯环侧链烃基上，以烃基为母体，卤原子和苯环都作为取代基。例如：

C_6H_5Cl　　$3\text{-}CH_3C_6H_4Cl$　　$C_6H_5-CH_2CH_2Br$

氯苯　　3-氯甲苯　　1-苯基-2-溴乙烷

另外，对于存在立体构型的卤代烃，应将构型标记写在构造式名称的前面。例如：

顺-1-甲基-2-溴环丙烷　　反-1-甲基-2-溴环丙烷

问题与思考

1.写出下列化合物的结构式。

(1)顺-1,3-二氯环己烷　(2)3,4-二甲基-1-环戊基-5-氯己烷

2.用系统命名法命名下列化合物。

(1)$(CH_3)_3CCH_2CH_2Br$　　(2)$(CH_3)_3CCHClCH_2CH=CH_2$　　(3) CH_2CH_2Cl

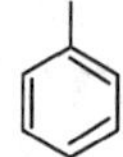

拓展知识

卤代烃系统命名新规则　卤代烃系统命名有官能团类别名和取代名。

官能团类别名类似原命名规则的习惯命名法：烃基的名称+卤原子名称，不再重复。

取代名：类似烷烃的命名，卤原子作为取代基，和其他取代基按英文名称的字母顺序写在母体氢化物的前面。例如：

$$\begin{array}{c} CH_2CH_2CH_3 \\ | \\ CH_3CHCHCH_3 \\ | \\ Cl \end{array}$$

2-氯-3-甲基己烷
2-chlorl-3-methylmexane

$$CH_2{=}CH-\underset{\displaystyle CH_3}{\underset{|}{CH}}-CH_2Cl$$

4-氯-3-甲基丁-1-烯
4-chloro-3-methylbut-1-ene

$$C_6H_5-\overset{\displaystyle CH_3}{\overset{|}{C}}{=}\underset{\displaystyle Br}{\underset{|}{C}}-CH_2Cl$$

z-2-溴-1-氯-3-苯基丁-2-烯
z-2-bromo-1-chloro-3-phenylbut-2-ene

第二节 卤代烷烃的物理性质和光谱性质

一、物理性质

在常温下，$C_1\sim C_3$的氟代烷、$C_1\sim C_2$的氯代烷和溴甲烷为气体，其他一卤代烷为液体，C_{15}以上为固体。卤代烷的蒸气有毒，尽量防止吸入。

卤代烷都不溶于水和浓硫酸，而溶于醇或醚等有机溶剂。某些卤代烃如氯仿和四氯化碳本身就是良好的溶剂。

卤代烷的沸点随着碳原子数增加而升高，而且都比相应的烷烃高。含有相同碳原子数的卤代烷，它们的沸点以碘代烷为最高。其次序为：RI>RBr>RCl>RF。在卤代烷的异构体中，直链异构体的沸点最高，支链越多，沸点越低。

一氯代烷相对密度小于1，一溴代烷、一碘代烷及多卤代烷相对密度均大于1。在同系列中，相对密度随碳原子数的增加而有所降低，这是由于卤素在分子中所占的比例逐渐减少的缘故。

纯净的卤代烷是无色的。碘代烷容易受光、热的作用而分解，产生的游离碘逐渐变为红棕色，因此碘代烷贮藏时要避光，应放在棕色瓶中。卤代烷在铜丝上燃烧时能产生绿色火焰，可以作为鉴定有机化合物中是否含有卤素的定性分析方法(氟代烃例外)。常见卤代烷的一些物理常数见表6-1。

表6-1 常见卤代烷的物理常数

卤代烷	氯代烷		溴代烷		碘代烷	
	沸点/℃	密度/$(g\cdot cm^{-3})$ (20 ℃)	沸点/℃	密度/$(g\cdot cm^{-3})$ (20 ℃)	沸点/℃	密度/$(g\cdot cm^{-3})$ (20 ℃)
CH_3X	−24.2	0.9159	3.50	1.6755	42.4	2.2790
CH_3CH_2X	12.3	0.8978	38.4	1.4604	72.3	1.9358
$CH_3CH_2CH_2X$	46.6	0.8909	71.0	1.3537	102.5	1.7489
$(CH_3)_2CHX$	35.7	0.8617	59.4	1.3140	89.5	1.7033
$CH_3(CH_2)_3X$	78.5	0.8862	101.6	1.2758	130.5	1.6154
$CH_3CH_2CHXCH_3$	63.3	0.8732	91.2	1.2585	120.0	1.5920
$(CH_3)_2CHCH_2X$	68.9	0.8750	91.5	1.2610	120.4	1.6050
$(CH_3)_3CX$	52.0	0.8420	73.3	1.2209	100.0	1.5445
CH_2X_2	40.0	1.3350	97.0	2.4920	181.0	3.3254
CH_2XCH_2X	83.5	1.2560	131.0	2.1800	分解	2.1300
CHX_3	61.2	1.4832	149.5	2.8890	升华	4.0080
CX_4	76.8	1.5940	189.5	3.2730	升华	4.2300

二、光谱性质

(一)红外光谱

C—X 键的伸缩振动吸收峰的位置是随着卤原子相对原子质量的增加而减小的。具体为：C—F 1400～1000 cm^{-1}、C—Cl 850～600 cm^{-1}、C—Br 680～500 cm^{-1}、C—I 500～200 cm^{-1}。

图 6-1 为 2-氯丙烷的红外光谱图。

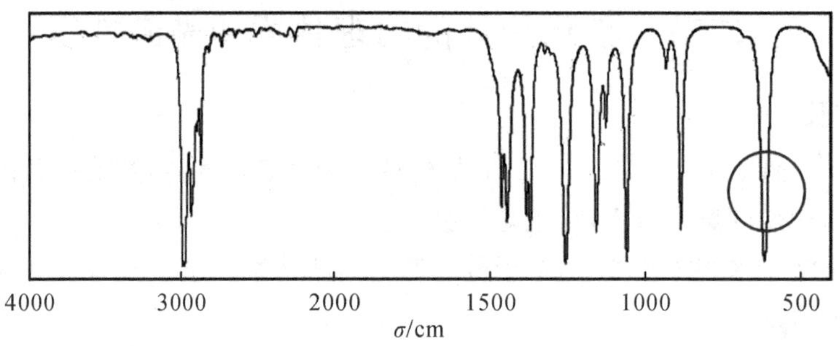

图 6-1　2-氯丙烷的红外光谱图

C—X 键的伸缩振动吸收峰出现在指纹区。C—Br、C—I 键一般在红外光谱中很难检出，因此不能用红外光谱作为判断 C—X 键是否存在的唯一依据。

(二)核磁共振谱

卤原子的电负性较大，吸电子的诱导使与之直接相连的碳原子上的质子屏蔽效应减小，化学位移(δ)较大。图 6-2 是溴乙烷的核磁共振谱图。

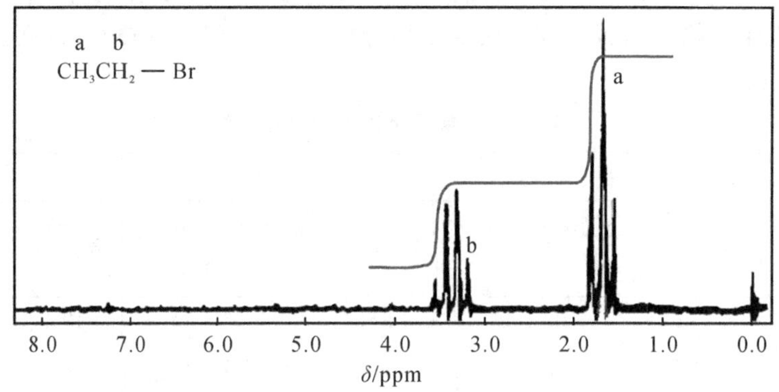

图 6-2　溴乙烷的核磁共振谱图

第三节　卤代烷的化学性质

卤原子是卤代烷的官能团，卤原子强的吸电子性使 C—X 键具有较强的极性，碳原子一端带有部分正电荷，易于受到带负电基团(亲核试剂 Nu^-)的进攻，最终亲核试剂取代了原有的卤原子，发生取代反应。这种由亲核试剂(Nu^-)进攻带部分正电荷碳原子引起的取代反应称为亲核取代反应；同时卤原子的诱导作用增强了 α-H 和 β-H 的活性，使卤代烃易于脱除一个小分子 HX，生成烯烃。这种由反应物分子中脱除一个小分子的反应称为消除反应，包括 α-消除和 β-消除。

综上所述，卤代烷烃的主要化学性质可归纳如下：

$$\begin{array}{c} R-CH-CH_2 \leftarrow Nu^- \text{亲核取代} \\ \boxed{H \quad X} \\ \text{消除反应} \end{array}$$

一、亲核取代反应

亲核取代反应可用下列通式表示：

$$\underset{\text{反应物}}{R-X}+\underset{\text{亲核试剂}}{Nu^-}\longrightarrow\underset{\text{产物}}{R-Nu}+\underset{\text{离去基团}}{X^-}$$

反应物通常是指卤代烃和醇。常用的亲核试剂有负离子(HO^-、RO^-、CN^-、$ONO_2{}^-$等)或带孤电子对的分子(NH_3、NH_2R、NHR_2、NR_3等)。

(一)亲核取代反应

1.被羟基(—OH)取代

卤代烃与NaOH或KOH的水溶液共热，卤原子被羟基取代生成醇。

$$RX+OH^-\xrightleftharpoons{H_2O}ROH+X^-$$

该反应为可逆反应。因为多数的卤代烃是由醇制得，所以在制备醇上没有普遍意义，只有少数醇用此法制备。例如戊醇的制备：

$$C_5H_{12}+Cl_2\xrightarrow{\text{光照}}\underset{\text{混合物}}{C_5H_{11}Cl}+HCl$$

$$C_5H_{11}Cl+NaOH\underset{\triangle}{\overset{\text{水溶液}}{\rightleftharpoons}}C_5H_{11}OH+NaCl$$

2.被烷氧基(—OR)取代

卤代烃与醇钠在相应醇溶液中反应生成醚。这是制备醚尤其是制备混合醚的一种常用方法，称为威廉姆森合成法。

$$R-X+R'ONa\xrightarrow{R'OH}R-O-R'+NaX$$

为了防止醇钠的水解反应，需在无水条件下进行。反应通常用伯卤代烃，因为仲卤代烃的产率较低，而叔卤代烃则主要发生消除反应而生成烯烃。

3.被氨基($-NH_2$)取代

卤代烃与过量氨作用生成伯胺，是制备伯胺的方法之一。

$$R-X+NH_3(\text{过量})\longrightarrow R-NH_2+NH_4X$$

4.被氰基(—CN)取代

卤代烃与氰化钠或氰化钾的乙醇溶液回流，生成产物腈。

$$R-X+NaCN\xrightarrow{C_2H_5OH}\underset{\text{腈}}{R-CN}+NaX$$

生成的腈比原来的卤代烃分子增加了一个碳原子，这是有机合成中增长碳链的一个方法。生成的腈进一步水解可以得到酰胺、羧酸。

$$R-CN\xrightarrow[H^+]{H_2O}R-\overset{\overset{O}{\|}}{C}-NH_2\xrightarrow[H^+]{H_2O}R-COOH+NH_3$$

由于氰化钠和氰化钾有剧毒，因此该反应在应用上受到很大限制。

5.被炔基($-C\equiv CR$)取代

卤代烃与炔化钠反应，生成碳链增长的炔烃，这类反应称为偶联反应。在有机合成中常用于增长碳链。

$$CH_3C \equiv CH \xrightarrow{NaNH_2} CH_3C \equiv C^-Na^+ \xrightarrow{CH_3CH_2Cl} CH_3C \equiv CCH_2CH_3$$

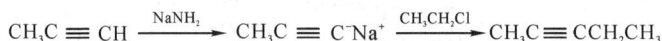

6.被硝酸根($-ONO_2$)取代

卤代烃与硝酸银的乙醇溶液的反应,生成硝酸酯和卤化银沉淀。

$$R-X+AgNO_3 \xrightarrow{C_2H_5OH} R-ONO_2+AgX\downarrow$$

利用这个反应经常用于烃基结构不同的卤代烃的鉴别:叔卤代烃、烯丙型卤代烃、苄基型卤代烃在室温下能迅速生成卤化银沉淀;仲卤代烃和伯卤代烃要加热才能生成卤化银沉淀;而卤苯型及乙烯型卤代烃不反应。

$$\begin{matrix} RCH=CHCH_2X \\ C_6H_5CH_2X \\ R_3CX \end{matrix} > R_2CHX > RCH_2X > \begin{matrix} RCH=CHX \\ C_6H_5X \end{matrix}$$

7.卤素互换

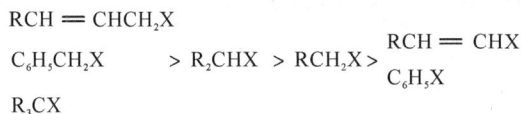

卤代烃中的卤原子被其他卤原子取代的反应称为卤素互换反应。在丙酮溶液中氯代烷和溴代烷分别与碘化钠反应生成碘代烷。

$$R-Cl+NaI \xrightarrow{CH_3COCH_3} R-I+NaCl\downarrow$$

$$R-Br+NaI \xrightarrow{CH_3COCH_3} R-I+NaBr\downarrow$$

生成的副产物氯化钠和溴化钠不溶于丙酮。利用这个反应可用于检验氯代烷和溴代烷,还可用于制备碘代烷,主要用于制备伯碘代烷。

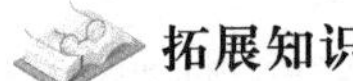 **拓展知识**

卤离子能否交换取决于卤离子的亲核能力,而卤离子的亲核能力与所用的溶剂有关。在质子溶剂(比如水、醇、硫酸等)中,卤离子与质子形成氢键,被溶剂化。电负性越大的卤素其负离子越容易被溶剂化,亲核能力就越弱。因此在质子溶剂中卤离子的亲核能力顺序为 $I^- > Br^- > Cl^- > F^-$;在非质子溶剂(比如丙酮、二甲亚砜等)中,卤素不能被质子化,卤离子能自由的进行反应。其亲核能力取决于卤离子的电负性,电负性越大的亲核能力越强。因此在非质子性溶剂中卤离子的亲核能力顺序为 $F^- > Cl^- > Br^- > I^-$。以上卤素互换反应用的溶剂是丙酮,如果用仲卤代烃或叔卤代烃,因 I^- 较弱的亲核性,反应更易发生消除反应。

(二)反应历程及其影响因素

利用亲核取代反应可以得到各种含有其他官能团的物质,在有机合成中具有广泛的用途,因此对其反应历程的研究也就显得尤为重要。只有明确反应历程,便可以控制反应主要向目的产物的方向进行。

1937 年英国化学家英果尔德和休斯系统研究了卤代烃反应动力学和立体化学,提出了两种亲核取代反应机理:一种是反应速率不仅与反应物浓度有关,还与亲核试剂的浓度有关,称为双分子的亲核取代反应历程,用 S_N2 表示;另一种是反应速率只与反应物浓度有关,称为单分子的亲核取代反应历程,用 S_N1 表示。

1.双分子亲核取代反应历程(S_N2)

以溴甲烷的水解为例分析。

$$CH_3Br+OH^- \longrightarrow CH_3OH+Br^-$$

$$v=\kappa[CH_3Br][OH^-]$$

从溴甲烷水解的反应速率方程可以看出，其反应速率与溴甲烷的浓度成正比，也与 OH^- 的浓度成正比。反应历程如下：

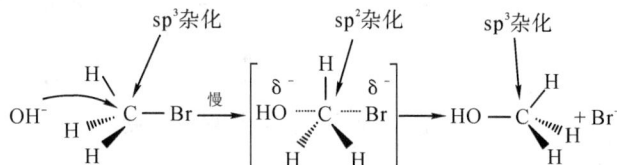

$$OH^- + \underset{sp^3杂化}{H_3C-Br} \xrightarrow{慢} \left[\underset{sp^2杂化}{\overset{\delta^-}{HO}\cdots CH_3 \cdots \overset{\delta^-}{Br}}\right] \longrightarrow \underset{sp^3杂化}{HO-CH_3} + Br^-$$

亲核试剂（HO^-）从反应物离去基团（Br^-）的背面进攻 α-碳原子，C — Br 键逐渐断裂，甲基上的三个氢原子由于受到 HO^- 的排斥偏向溴的一方，形成了氧原子、碳原子、溴原子基本在一条直线上、甲基上的碳原子和三个氢原子在同一平面的过渡态。随着反应的进行，C — Br 键彻底断裂，C — O 键完全形成，最终生成取代产物。反应由过渡态转化生成产物时，甲基上的三个氢原子也完全偏离到原来溴原子的一方，整个过程像雨伞在大风中被吹得向外翻转一样，称为瓦尔登转化。构型转化是双分子亲核取代反应立体化学特征的主要标志。

在整个反应进程中形成过渡态的过程最慢，决定反应的速率。这一过程反应物与亲核试剂都参与了反应，都与反应速率有关，因此称为双分子的亲核取代反应历程（S_N2）。

反应过程中体系能量变化情况可以用反应位能曲线图表示（见图 6 - 3）。

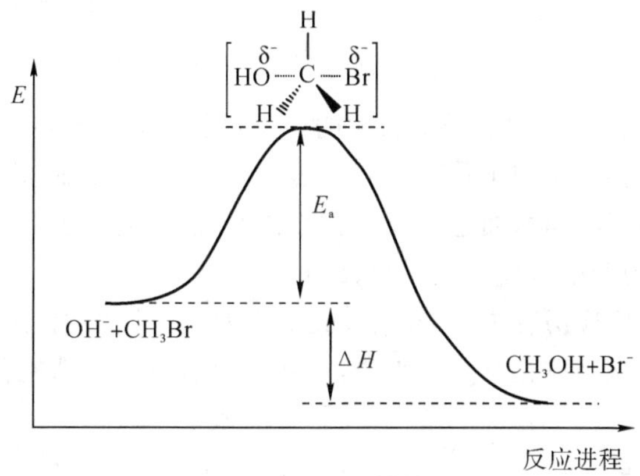

图 6 - 3　S_N2 反应进程中的能量变化

HO^- 从反应物离去基团 Br^- 的背面进攻 α-碳原子，首先需要克服氢原子的阻力，由于三个碳氢键的偏转，键角发生变化也会使体系能量升高，到达过渡态时五个原子同时挤在中心碳原子的周围，能量达到最高点。随着 Br^- 的离去，体系能量逐渐降低。在位能曲线图中，E_a 是反应的活化能，ΔH 是反应热。由于产物的内能比反应物的内能低，所以溴甲烷的水解反应为放热反应。从位能曲线图可以看出，即使反应本身是放热的，外界仍必须提供给一定的能量，过渡态才能顺利生成，反应才能顺利进行。这就是一般放热反应为什么需要加热的原因。

2.单分子亲核取代反应历程（S_N1）

以叔丁基溴的水解为例分析。

$$(CH_3)_3C-Br + OH^- \longrightarrow (CH_3)_3C-OH + Br^-$$

$$v = \kappa[CH_3]_3CBr]$$

从反应速率方程可以看出，反应速率与叔丁基溴成正比，而与 OH^- 的浓度无关。

叔丁基溴的水解认为是分两步完成的：第一步 C — Br 键先断裂生成碳正离子；第二步碳

正离子与亲核试剂 HO^- 结合生成取代产物。

$$(CH_3)_3C-Br \xrightarrow{\text{慢}} [(CH_3)_3\overset{\delta^+}{C} \cdots\cdots \overset{\delta^-}{Br}] \longrightarrow (CH_3)_3C^+ + Br^-$$

$$(CH_3)_3C^+ + OH^- \longrightarrow [(CH_3)_3\overset{\delta^+}{C} \cdots\cdots \overset{\delta^-}{OH}] \longrightarrow (CH_3)_3C-OH$$

对于多步反应来说，生成最终产物的速率，主要由速率最慢的一步来控制的。从反应的位能图(见图 6－4)中可以看出：

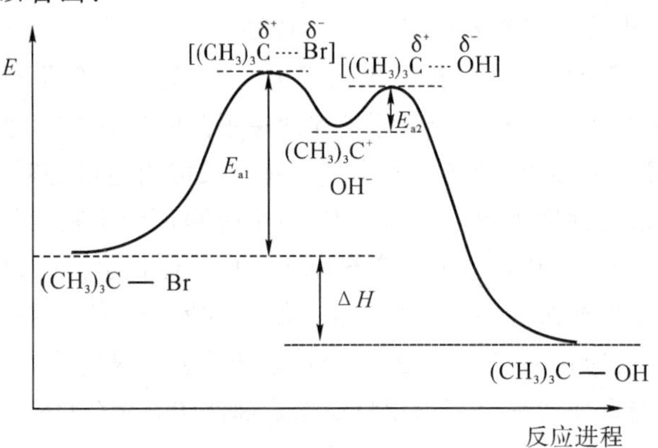

图 6－4　S_N1 反应进程中的能量变化

C—Br 键先断裂生成碳正离子需要较大的能量，反应速率较慢。生成的碳正离子内能较高，具有高度的活泼性，会很快与 HO^- 作用生成产物。由于生成碳正离子这一步反应速率最慢，是决定整个反应速率的步骤，而这一步只有卤代烃的参与反应，所以整个反应速率只与卤代烃有关，称为单分子的亲核取代反应历程(S_N1)。

在单分子亲核取代反应历程中，形成的碳正离子具有平面结构，亲核试剂向平面的任一面进攻的概率是相等的。从立体化学角度来说，这样的反应称为外消旋化。

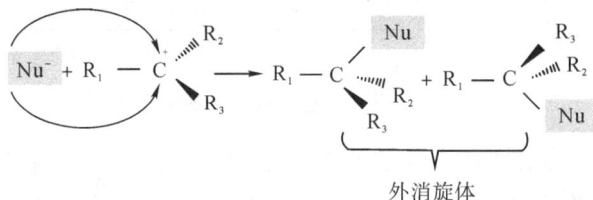

$$Nu^- + R_1-\overset{+}{C}R_2R_3 \longrightarrow R_1-C(Nu)R_2R_3 + R_1-C(R_3)R_2(Nu)$$

外消旋体

3.亲核取代反应历程的影响因素

对于一个具体的反应，究竟是按什么历程进行，与卤代烃烃基的结构、离去基团、亲核试剂以及溶剂的性质等多种因素有关。

(1)烃基结构的影响。S_N2 反应历程，亲核试剂是从卤原子的背面进攻 α－碳原子，α－碳原子上如果连接的基团越多，空间阻碍越大，反应越困难。因此按 S_N2 历程进行反应的各类卤代烷的反应活性顺序是：

$$CH_3X > 1°RX > 2°RX > 3°RX$$

S_N1 反应历程，决定反应速率的是形成碳正离子这一步，所以易生成稳定碳正离子的卤代烃有利于按 S_N1 进行。碳正离子的稳定性顺序是叔碳正离子＞仲碳正离子＞伯碳正离子＞甲基碳正离子。因此按 S_N1 进行反应的各类卤代烷的反应活性顺序是：

$$3°RX > 2°RX > 1°RX > CH_3X$$

(2)亲核试剂的影响。亲核试剂只对 S_N2 有影响。在 S_N2 反应中，亲核试剂的亲核性越强，反应越易进行。

试剂亲核能力的强弱主要与试剂碱性的强弱以及可极化性大小有关。一般情况，试剂的碱性越强，亲核能力越强，但碱性与亲核性不是完全等同的概念。碱性是试剂和质子结合的能力，亲核性是试剂和碳正离子结合的能力。比如叔丁氧基负离子的碱性大于甲氧基的碱性，但由于叔丁氧基负离子体积较大，作为亲核试剂时的空间阻碍大，因此甲氧基的亲核性大于叔丁氧基的亲核性。

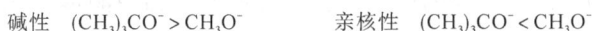

碱性　$(CH_3)_3CO^- > CH_3O^-$　　　　亲核性　$(CH_3)_3CO^- < CH_3O^-$

亲核试剂亲核能力的强弱与其可极化性大小的关系是：试剂的可极化性越大，亲核能力越强。试剂的可极化性强，意味着试剂进攻中心碳原子时，其外层电子就越容易变形而伸向中心碳原子，从而降低了形成过渡态时的活化能。

(3)离去基团的影响。离去基团是否容易带着一对电子离去，对 S_N1 或 S_N2 反应的影响是一样的。越容易离开的基团对反应越有利，离去基团的可极化性越大越容易离去。卤原子从 F 到 Cl、Br、I 的原子半径逐渐增大，外层电子受原子核的束缚逐渐减小，因此可极化性逐渐增大。卤原子的离去倾向顺序为：$I^- > Br^- > Cl^- > F^-$。比如伯氯代烷的水解反应很慢，若在反应体系中加入少量的 I^- 时，反应速率明显加快。

$$RCH_2Cl + I^- \longrightarrow RCH_2I + Cl^-$$

$$RCH_2I + OH^- \longrightarrow RCH_2OH + I^-$$

其原因是 I^- 为活性较高的亲核试剂，同时也是很好的离去基团，I^- 的引入起到催化剂的作用。

(4)溶剂极性的影响。增大溶剂的极性能加快卤代烷的解离，因此有利于 S_N1 历程。

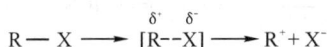

$$R-X \longrightarrow [\overset{\delta^+}{R}\text{--}\overset{\delta^-}{X}] \longrightarrow R^+ + X^-$$

S_N2 历程中形成过渡态的电荷比较分散：

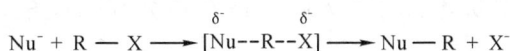

$$Nu^- + R-X \longrightarrow [\overset{\delta^-}{Nu}\text{--}R\text{--}\overset{\delta^-}{X}] \longrightarrow Nu-R + X^-$$

溶剂极性的增强有利于电荷的集中而不利于电荷的分散，也就是说不利于 S_N2 过渡态的形成。所以弱极性的溶剂有利于 S_N2 反应。比如苄氯的水解反应：

$$C_6H_5CH_2Cl + OH^- \begin{cases} \xrightarrow{H_2O} C_6H_5CH_2OH \quad S_N1 \\ \xrightarrow{\text{丙酮}} C_6H_5CH_2OH \quad S_N2 \end{cases}$$

在极性溶剂水中是按 S_N1 历程进行，而在弱极性的丙酮中是按 S_N2 历程进行。

影响亲核取代反应历程的因素有很多，也是很复杂的。要判定一个具体的反应是按 S_N1 还是 S_N2 历程进行，要综合考虑其影响因素。

问题与思考

C_2H_5Cl 在含水乙醇中进行碱性水解反应时，如增加水的量反应速率明显下降，而 $(CH_3)_3CCl$ 在含水乙醇中进行碱性水解反应时，增加水的量反而使反应速率增大，试分析原因？

二、消除反应

在卤代烃分子中，由于卤原子吸电子诱导效应的影响，α－H 和 β－H 表现出一定的活泼性。在一定条件下 α－H 和 β－H 与卤离子一起从反应物中脱去发生消除反应。卤离子与 α－H 一起脱去的反应称为 α－消除反应；卤离子与 β－H 一起脱去的反应称为 β－消除反应。

（一）α－消除反应

卤代烃发生 α－消除反应生成的产物称为碳烯或卡宾的中间体。比如氯仿与强碱作用生成二氯卡宾，重氮甲烷热分解生成卡宾。

$$CHCl_3 + (CH_3)_3COK \longrightarrow :CCl_2 + (CH_3)_3COH + KCl$$

二氯卡宾

$$CH_2N_2 \longrightarrow :CH_2 + N_2$$

卡宾

卡宾像自由基一样是不带正负电荷的中性活泼中间体，可以引起多种反应。

（二）β－消除反应

卤代烷与 NaOH 或 KOH 的乙醇溶液共热，失去一分子卤化氢生成烯烃。

$$\underset{\beta\ \ H}{RCH}-\underset{\alpha\ \ X}{CH_2} + NaOH \xrightarrow[\triangle]{C_2H_5OH} RCH{=}CH_2 + NaX + H_2O$$

某些仲卤代烷和叔卤代烷发生 β－消除反应时，可以在碳链的不同 β－C 上失去 β－H，生成不同的消除产物。例如：

$$\overset{\beta}{CH_3}\overset{\alpha}{CH_2}\underset{Br}{CH}\overset{\beta}{CH_3} \xrightarrow[C_2H_5OH]{KOH} \underset{80\%}{CH_3CH{=}CHCH_3} + \underset{19\%}{CH_3CH_2CH{=}CH_2}$$

实验证明，主要产物是从含氢原子较少的 β－C 脱去 β－H，得到双键上连烃基较多的烯烃，这个规则称为查衣采夫规则。

（三）β－消除反应历程及其影响因素

β－消除反应历程也提出有双分子和单分子两种历程。

1.双分子消除反应历程（E2）

双分子消除反应历程用 E2 表示，以 1－溴丙烷的 β－消除反应为例进行分析。

$$CH_3CH_2CH_2Br \xrightarrow[CH_3CH_2OH]{CH_3CH_2ONa} CH_3CH{=}CH_2 + HBr$$

$$v=\kappa[CH_3CH_2CH_2Br][CH_3CH_2O^-]$$

从反应速率方程中可以看出，影响反应速率的因素有 1－溴丙烷和碱试剂。整个反应历程表示如下：

$$CH_3CH_2O^- + H-\overset{\beta}{\underset{CH_3}{CH}}-\overset{\alpha}{CH_2}-Br \xrightarrow{慢} \left[\begin{array}{c} CH_3CH_2\overset{\delta^-}{O}\cdots H \\ \vdots \\ \underset{CH_3}{CH} \cdots CH_2 \cdots \overset{\delta^-}{Br} \end{array}\right]$$

$$\longrightarrow CH_3CH_2OH + \underset{CH_3}{CH}{=}CH_2 + Br^-$$

碱试剂接近 β－H，与此同时 Br 带着一对电子逐渐离开中心碳原子，结果 α－碳原子中的 C—Br 键、β－C 的 C—H 键逐渐减弱；α－C 和 β－C 间的 C—C 键逐渐加强，具有了一定双键的结构，形成了电荷比较分散的过渡态。随着反应的继续进行，C—Br 键、β－C 上的 C—H 键彻底断开，脱除了一个 HBr 分子生成烯烃。反应历程中形成过渡态的过程决定反应的速率，过程中既有 1－溴丙烷的参与，又有碱试剂的参与，因此该历程称为双分子的消除反应。

双分子消除反应多数是反式消除，即被消去的两个基团是处于反式共平面位置。

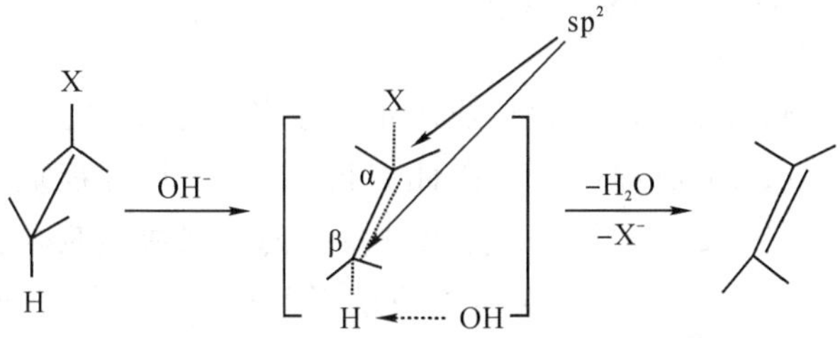

如何理解？α－C、β－C 之间要形成 π 键，新形成的 p 轨道必须相互平行。符合要求的构象只能是交叉式和重叠式。如果按重叠式构象消除时，X 原子和 H 原子在同侧，进攻的碱试剂与离去基团处于同一侧，反应所需的活化能高，不利于反应的进行；如果按交叉式进行消除，X 原子和 H 原子处于异侧，碱试剂进攻 H 原子所需要的活化能较低，反应易于进行。所以 E2 消除反应主要为反式消除。例如：1，2－二苯基－1－溴丙烷脱 HBr。

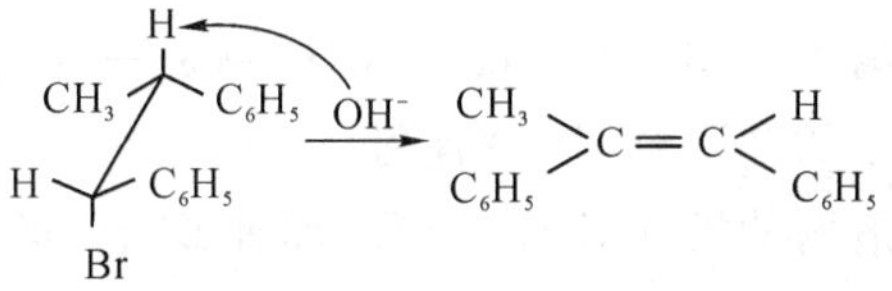

发生消除反应时，进攻 β－H 的碱试剂又是亲核试剂，因此试剂在进攻 β－H 引起 E2 反应的同时，必然也会进攻 α－C 引起 S_N2 的反应。也就是说 E2 和 S_N2 是相互竞争的两类反应。

2.单分子消除反应历程(E1)

单分子消除反应历程用 E1 表示，以叔卤代烃为例分析。

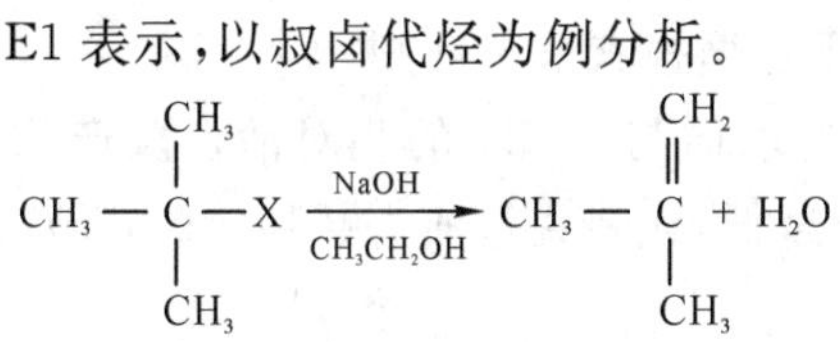

$$(CH_3)_3C-X \xrightarrow[CH_3CH_2OH]{NaOH} CH_2=C(CH_3)-CH_3 + H_2O$$

$$v=\kappa[(CH_3)_3CX]$$

浓度

从反应速率方程可以看出，反应速率与卤代烃浓度成正比。单分子消除反应历程分两步进行：第一步 C—X 键断裂生成碳正离子中间体；第二步碱试剂进攻 β－H 消除 H^+ 生成烯烃。

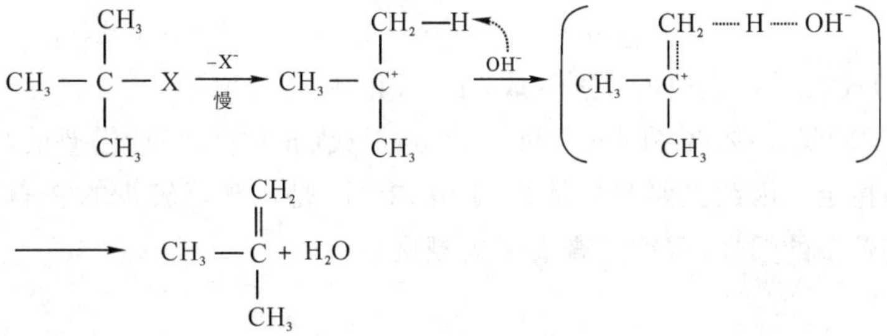

$$(CH_3)_3C-X \xrightarrow[慢]{-X^-} CH_3-\overset{+}{C}(CH_3)-CH_2-H \xrightarrow{OH^-} \left(CH_3-\overset{+}{C}(CH_3)\cdots CH_2\cdots H\cdots OH^-\right) \longrightarrow CH_3-C(CH_3)=CH_2 + H_2O$$

生成碳正离子这一步是决定反应速率的一步，而这一步只有卤代烃的参与，与碱试剂没有关系，因此是单分子的消除反应。

单分子消除反应中，首先是离去基团离开，生成碳正离子中间体，而碳正离子是平面构型，因此消除 β－H 时，无立体选择性。

S_N1 和 E1 均为两步反应，且都是生成碳正离子决定反应的速率，而且碱试剂又是亲核试剂，因此二者同时发生又相互竞争。需要注意的是生成的碳正离子往往会先重排为更稳定的碳正离子，然后再进一步发生取代或消除反应。

3.消除反应历程的影响因素

(1)烃基结构的影响。E1 反应历程形成碳正离子的一步决定反应的速率，越容易形成碳正离子的反应物越易按 E1 历程进行。因此卤代烷按 E1 历程反应的活性顺序是叔卤代烷＞仲卤代烷＞伯卤代烷。E2 消除反应历程过渡态的形成决定反应的速率。形成过渡态时碱性试剂进攻的是 β－H，如果 α－C 上连接有的烃基越多，相对 β－H 就越多，越有利于碱试剂的进攻，也就是说越有利于按 E2 历程进行。因此卤代烷按 E2 历程反应的活性顺序也是叔卤代烷＞仲卤代烷＞伯卤代烷。以上讨论结果表明，烃基结构对 E1 和 E2 的影响是一致的。

(2)碱试剂的影响。碱试剂对 E1 反应没有影响，只对 E2 反应有影响。试剂的碱性越强，碱的浓度越大，进攻氢原子的能力越强，越有利于 E2 反应。

(3)离去基团的影响。离去基团对 E1 和 E2 的影响是一致的。X 原子越易离开，越有利于形成碳正离子，因此易离去的基团对 E1 更有利。

(4)溶剂极性的影响。溶剂的极性对 E1 和 E2 都有影响。极性大的溶剂有利于电荷的集中而不利于电荷的分散，按 E2 进行的反应，形成的过渡态电荷比较分散，因此强极性溶剂不利于 E2，而有利于 E1 反应。

(四)β－消除反应的取向

发生 β－消除反应时，反应的取向一般情况遵循查衣采夫规则，但影响反应取向的因素比较复杂，有的 β－消除反应并不遵循查衣采夫规则。

在 E2 消除反应中，反应的取向与 β－H 的相对活性及产物的稳定性都有关系。总的来说，形成过渡态所需要活化能越低，或者说过渡态越稳定的，反应越易进行。例如 2－溴丁烷的 β－消除。

$$CH_3CH_2\underset{|}{\overset{Br}{C}}HCH_3 \xrightarrow{:B^-} CH_3-CH_2-\overset{Br^{\delta^-}}{\overset{\vdots}{CH}}\text{=}\underset{\underset{^{\delta^-}B\cdots H}{\vdots}}{CH_2} + CH_3-\underset{\underset{H\cdots B^{\delta^-}}{\vdots}}{CH}\text{=}\overset{Br^{\delta^-}}{\overset{\vdots}{CH}}-CH_3$$

(I)　　　(II)稳定

碱试剂(B^-)进攻不同 β－H，分别生成(Ⅰ)、(Ⅱ)两种过渡态。

从 E2 反应的能量曲线(见图 6－5)可以看出：形成(Ⅱ)过渡态所需要的活化能低，且产物(Ⅱ)比产物(Ⅰ)稳定。因此主要产物是 2－丁烯，β－H 是从含氢较少的 β－C 上脱除的，得到双键上连接烃基较多的烯烃，遵循了查衣采夫规则。

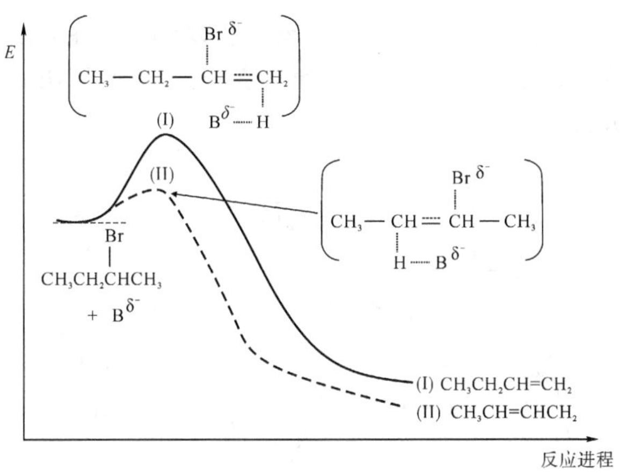

图 6-5　E2 反应取向的能量变化

E2 消除反应取向遵循查衣采夫规则的程度与烷基的结构、卤原子和碱的性质都有关系。例如：

$$(CH_3)_3CCH_2\underset{Br}{C}(CH_3)_2 \xrightarrow[(CH_3)_3CO^-]{C_2H_5O^-} (CH_3)_3CCH_2\overset{CH_3}{C}=CH_2 + (CH_3)_3CCH=C(CH_3)_2$$

$C_2H_5O^-$：86%　14%

$(CH_3)_3CO^-$：98%　2%

反应结果说明了 β-C 上的空间阻碍增加，遵循查衣采夫规则产物减少；碱的体积增大，遵循查衣采夫规则的产物也大大减少。另外，离去基团离去的倾向越大，得到遵循查衣采夫规则的产物越多。其原因仍是空间位阻的影响：卤原子离开后，碱试剂进攻含氢较少的 β-H 就不受卤原子的影响，更易进攻，有利于生成更稳定的烯烃。例如：

$$CH_3(CH_2)_3\underset{X}{C}HCH_3 \xrightarrow{C_2H_5O^-} CH_3(CH_2)_3CH=CH_2 + CH_3(CH_2)_2CH=CHCH_3$$

$-I^-$：19%　81%

$-F^-$：70%　30%

在 E1 消除反应中，无论产物向哪种取向进行，第一步都生成碳正离子，所以生成碳正离子这一步不影响反应的取向。决定反应取向的是脱除 β-H 的一步。脱除 β-H 形成的过渡态所需要活化能越低，反应越易进行。例如 2-甲基-2-溴丁烷的 β-消除：

$$CH_3-\underset{Br}{\overset{CH_3}{C}}-CH_2CH_3 \xrightarrow[CH_3CH_2OH]{CH_3CH_2ONa} CH_3-\overset{CH_3}{\underset{+}{C}}-CH_2CH_3 + Br^-$$

$$\xrightarrow{-H^+} \underset{(\text{I})}{CH_2=\overset{CH_3}{C}-CH_2CH_3} \quad \underset{(\text{II})\ 稳定}{CH_3-\overset{CH_3}{C}=CHCH_3}$$

第一步生成叔碳正离子，第二步失去不同的 β-H 分别生成产物（Ⅰ）和（Ⅱ）。

从 E_1 反应的能量曲线图（见图 6-6）中可以看出：生成产物（Ⅱ）形成的过渡态所需要活

化能较低，且产物（Ⅱ）比产物（Ⅰ）稳定，所以主要产物以（Ⅱ）为主，是2-甲基-2-丁烯，是遵循查衣采夫规则的产物。E_1 消除反应是否遵循查衣采夫规则，取决于多种因素，对任意一个反应具体情况应具体分析。

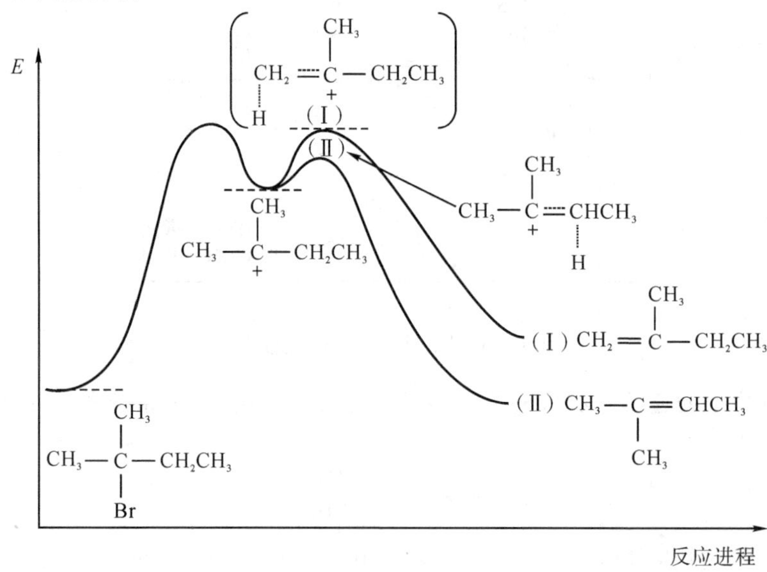

图 6-6　E1 反应取向的能量变化

问题与思考

比较亲核取代反应历程和消除反应历程的异同。

三、亲核取代反应和消除反应的竞争

发生亲核取代反应所用的亲核试剂和发生消除反应所用的碱试剂都是富电子试剂，既具有碱性又具有亲核性。试剂进攻 α-C 引起亲核取代反应，进攻 β-H 引起消除反应。

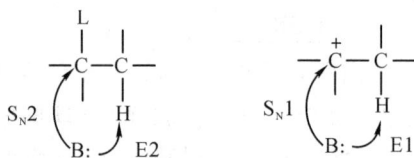

因此，这两类反应常常是同时发生，相互竞争。究竟以哪一类反应为主，主要与反应物的结构、亲核试剂的碱性强弱、溶剂的极性和反应温度等因素有关。

（一）反应物烃基结构的影响

对单分子的反应历程来说，碳正离子越容易形成，反应越容易进行。因此无论是 S_N1 还是 E1，卤代烷的反应活性顺序都是叔卤代烷＞仲卤代烷＞伯卤代烷。但由于消除反应碱试剂进攻的是 β-H，α-C 上连有的烃基越多，β-H 相对越多，碱试剂进攻 β-H 的机会就越多，有利于发生消除反应。而亲核取代反应试剂进攻的是 α-C，如果 α-C 上连接有的烃基越多，试剂进攻 α-C 受到的空间阻碍就会越大，不利于亲核取代。因此叔卤代烃更易于发生消除反应。

对于双分子反应历程，烃基结构对 S_N2 和 E2 影响的活性顺序是相反的。

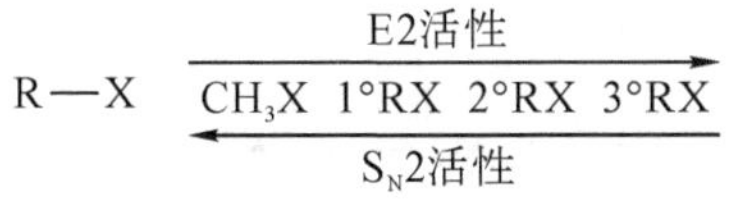

$$R-X \quad \xrightarrow[\quad CH_3X \;\; 1°RX \;\; 2°RX \;\; 3°RX \quad]{\text{E2活性}} \quad \xleftarrow{S_N2\text{活性}}$$

对于双分子反应历程，过渡态越容易形成，反应越容易进行。对于叔卤代烃，α－C 上连有的烃基较多，为试剂进攻 β－H 提供更多的机会，但对试剂进攻 α－C 却造成较大的阻碍，因此叔卤代烃更易于进行消除反应。相反，对于伯卤代烃，α－C 上连的烃基较少，试剂进攻 β－H 的机会减少，但进攻 α－C 的阻碍大大降低，因此伯卤代烃更易于进行亲核取代反应。

（二）亲核试剂的影响

亲核试剂的碱性强弱对 S_N1 和 E1 没有影响，只对 S_N2 和 E2 有影响。如果试剂碱性强、浓度大、体积大，相对进攻 β－H 的优势更大，有利于发生消除反应；如果试剂亲核性强、碱性弱、体积小，则更有利于进攻 α－C，有利于发生亲核取代反应。

（三）溶剂极性的影响

对于单分子历程，影响反应历程的主要因素是形成碳正离子时经过的过渡态。S_N1 和 E1 两种反应历程生成碳正离子中间体经过的过渡态分别如下：

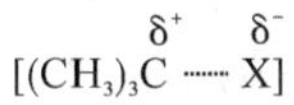

$$[(CH_3)_3\overset{\delta^+}{C} \cdots\cdots \overset{\delta^-}{X}]$$

S_N1

$$\left(\begin{array}{c} CH_3 \\ | \\ CH_3-C\cdots X \\ \Vert \\ CH_2\cdots H \cdots OH \end{array}\right)$$

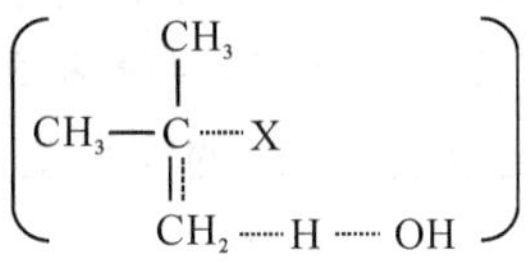

E1

E1 历程的过渡态电荷的分散性比 S_N1 的大。溶剂极性越强，越不利于电荷分散。因此强极性溶剂不利于 E1，有利于 S_N1。

对于双分子反应历程，影响反应历程的主要因素是试剂进攻 α－C 或 β－H 形成的过渡态。比较 S_N2 和 E2 两种历程经过的过渡态：

$$\left(\overset{\delta^-}{HO}\cdots \underset{|}{\overset{\backslash /}{C}} \cdots \overset{\delta^-}{X}\right)$$

S_N2

$$\left(\overset{\delta^-}{HO}\cdots H \cdots \underset{|}{\overset{|}{C}} \overset{\cdots}{=} \underset{|}{\overset{|}{C}} \cdots \overset{\delta^-}{X}\right)$$

E2

E2 历程的过渡态电荷的分散性更大一些，因此强极性溶剂更有利于 S_N2。

以上讨论结果说明，无论是双分子历程还是单分子历程，强极性的溶剂更有利于亲核取代反应。

（四）反应温度的影响

发生消除反应时，反应物既要断裂 α－C 上的 C—X 键，又要断裂 β－C 上的 C—H 键；而发生亲核取代反应时，反应物只断裂 α－C 上的 C—X 键，也就是说发生消除反应需要更多的能量，因此升高温度更有利于发生消除反应。

总的来说，高温、强碱、弱极性溶剂更有利于消除反应。

四、卤代烃与金属的反应

卤代烃与金属反应生成的化合物称为有机金属化合物。有机金属化合物在有机合成中有很重要的作用。卤代烷能与多种金属反应生成有机金属化合物。比如可与镁、锂、钠等发生反应。

（一）与金属镁的反应

卤代烃与镁的反应通常用无水乙醚或称干醚作溶剂，不活泼的卤代烃用四氢呋喃作溶剂，生成的产物称为格氏试剂。

$$R-X + Mg \xrightarrow{\text{无水乙醚}} \underset{\text{格氏试剂}}{R-MgX}$$

$$CH_2=CH-X + Mg \xrightarrow{\text{四氢呋喃}} CH_2=CH-MgX$$

格氏试剂的组成很复杂，为 RMgX、R_2Mg、MgX_2、(RMgX)n 等的混合体系，但常用 R—MgX 代表。

格氏试剂的性质非常活泼，能与多种含活泼氢的化合物，比如与水、醇、HX、末端炔等反应，迅速分解生成相应的烃。

$$R-MgX + H-OH \longrightarrow RH + MgX(OH)$$

$$R-MgX + H-OR' \longrightarrow RH + MgX(OR')$$

$$R-MgX + H-X \longrightarrow RH + MgX_2$$

$$R-MgX + H-C\equiv CR' \longrightarrow RH + R'C\equiv C-MgX$$

在制备格氏试剂时，反应体系不能有活泼氢存在。利用格氏试剂与活泼氢的反应，可以用来测定某化合物中含活泼氢的数目：具体做法是用定量的 CH_3MgI 与定量的含活泼氢化合物反应得到定量 CH_4，通过测定 CH_4 的体积便可计算出化合物中活泼氢的数目，这种方法叫作活泼氢测定法。

格氏试剂活泼性还表现在与空气中的 O_2、CO_2 缓慢作用：

$$R-MgX + O_2 \longrightarrow ROMgX \xrightarrow{H_2O} R-OH$$

$$R-MgX + CO_2 \longrightarrow RCOOMgX \xrightarrow{H_2O} R-COOH$$

由于格氏试剂异常的活泼性，一般不保存，需要时制备。格氏试剂是有机合成中用途极广的一种试剂，可以用来合成烷烃、醇、醛、酸等各类化合物，还可与还原电位低于镁的金属卤化物作用，合成其他有机金属化合物。例如：

$$3RMgCl + AlCl_3 \longrightarrow R_3Al + 3MgCl_2$$

$$2RMgCl + CdCl_2 \longrightarrow R_2Cd + 2MgCl_2$$

(二)与金属钠的反应

卤代烃与金属钠在醚溶剂中反应生成有机钠化合物。有机钠化合物立即再与卤代烃反应生成烃。例如：

$$RX + 2Na \xrightarrow{\text{醚}} RNa + NaX$$

$$RNa + RX \xrightarrow{\text{醚}} R-R + NaX$$

$$2CH_3CH_2CH_2Br + 2Na \xrightarrow{\text{醚}} CH_3CH_2CH_2CH_2CH_2CH_3 + 2NaBr$$

利用这类反应可用于由卤代烷制备含偶数碳原子结构对称的烷烃，称为伍尔兹偶联反应。但由于反应产率低，合成中较少使用。

(三)与金属锂的反应

卤代烷与金属锂作用生成的有机锂化合物称为有机锂试剂。

$$C_4H_9Cl + 2Li \xrightarrow{\text{石油醚}} C_4H_9Li + LiCl$$

有机锂试剂与格氏试剂类似，遇水、醇、酸、氧气、二氧化碳等立即分解，反应性能更为活泼。其原因是锂原子的电负性比镁小，C — Li 键比 C — Mg 键极性更强，与 Li 相连的碳原子带有更多的负电荷，其性质更像碳负离子。因此制备有机锂试剂仪器必须很干燥，一般在氮气或氩气的保护下进行。

利用有机锂试剂与含有活泼氢化合物的反应可用来制备新的有机锂试剂，这类反应属于金属化反应。(有机化合物分子中氢原子被金属取代，生成含有碳——金属键的有机金属化合物的反应)。例如：

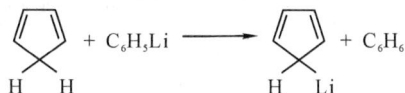

$$\text{环戊二烯}(H,H) + C_6H_5Li \longrightarrow \text{环戊二烯}(H,Li) + C_6H_6$$

常用的有机锂试剂有乙基锂、丁基锂、苯基锂。

虽然有机锂试剂制备比较麻烦，但因有机锂反应时副产物少，在有机合成中越来越受到重视。

有机锂试剂与碘化亚铜作用生成二烷基铜锂，称为铜锂试剂。

$$RLi + CuI \xrightarrow[0\ ℃]{\text{乙醚}} [RCu] + LiI$$

$$[RCu] \xrightarrow{RLi} R_2CuLi$$

铜锂试剂在有机合成中是一重要的烷基化试剂，与卤代烃反应生成烷烃。例如：

$$\text{3-溴环己烯} + (CH_3)_2CuLi \xrightarrow[0\ ℃]{\text{乙醚}} \text{3-甲基环己烯} + CH_3Cu + LiBr$$

不活泼的卤代烃也可与铜锂试剂反应生成烃。例如：

$$C_6H_5Br + (CH_2{=}C(CH_3))_2-CuLi \xrightarrow{\text{乙醚}} C_6H_5-C(CH_3){=}CH_2 + CH_2{=}C(CH_3)Cu + LiBr$$

由于铜锂试剂具有一定的碱性，易于引起卤代烃的消除反应，因此反应中以伯卤代烷为最好，叔卤代烷几乎不发生上述反应。

第四节　卤代烯烃和卤代芳香烃

卤原子取代烯烃中的氢原子生成的卤代烃为卤代烯烃；取代芳香烃中的氢原子生成的卤代烃为卤代芳香烃。卤代烯烃有乙烯型、烯丙型、孤立型；卤代芳香烃有苯基型、苄基型、孤立型。不同类型的卤代烯烃和卤代芳香烃性质的差异很大。

孤立型卤代烯烃和卤代芳香烃卤原子基本不受不饱和键或苯环结构的影响，表现的性质与卤代烷烃相似，不再讨论。

一、乙烯型和苯基型卤代烃

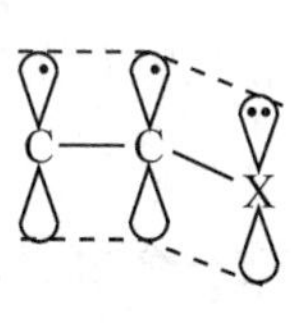

乙烯型卤代烃

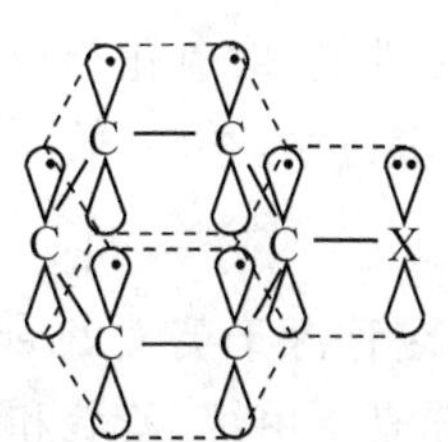

苯基型卤代烃

乙烯型和苯基型卤代烃卤原子与碳碳双键或苯环发生 p-π 共轭，使卤原子上的电子云向双键或苯环移动，降低了 α-C 上的正电性；同时由于 p-π 共轭使 C—X 键的电子云密度增大，键长缩短，增强了 C—X 键的牢固性，C—X 键不易断裂，因此，乙烯型或卤苯型卤代烃不易发生亲核取代反应和消除反应。

二、烯丙型和苄基型卤代烃

烯丙型和苄基型卤代烃的 C—X 键断开后分别形成烯丙基型碳正离子和苄基型碳正离子。

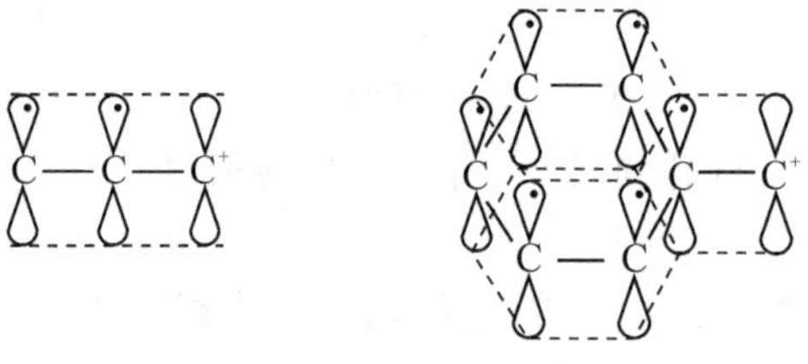

烯丙基碳正离子　　苄基型碳正离子

碳正离子可与碳碳双键或苯环发生 p-π 共轭，结果使碳正离子趋于稳定。越稳定的碳正离子越容易形成，即烯丙型卤代烃或苄基型卤代烃的 C—X 键容易断开，表现出活泼的化学性质，很容易与 HO^-、RO^-、CN^-、NH_3、H_2O 等亲核试剂发生取代反应，也容易发生消除反应。例如：

$$CH_3C(Cl)=CHCH_2Cl \xrightarrow[Na_2CO_3]{H_2O} CH_3C(Cl)=CHCH_2OH$$

$$C_6H_5CH_2Cl \xrightarrow[95\ ℃]{Na_2CO_3,H_2O} C_6H_5CH_2OH$$

$$CH_2=CH-CH(Br)-CH_3 \xrightarrow[C_2H_5OH]{NaOH} CH_2=CH-CH=CH_2$$

$$C_{10}H_7CH(Br)CH_2CH_2CH_3 \xrightarrow{喹啉(碱)} C_{10}H_7CH=CHCH_2CH_3$$

第五节　氟代烃

一氟代烷不稳定，在常温下就容易失去氟化氢变成烯烃。例如：

$$CH_3CH(F)CH_3 \longrightarrow CH_3CH=CH_2+HF$$

但一个碳上连接有两个或两个以上氟原子时，性质却很稳定。全氟代烃有异常的稳定性：有很高的耐热性能、耐腐蚀性能、对氧化剂也有很高的稳定性。由于具有这些特殊的性质，有机氟产品被广泛应用于尖端科学、军事、航空航天、医药、农药、化工等领域。

一、氟利昂

氟利昂，又名氟里昂，名称源于英文 Freon，最初它是一个由美国杜邦公司注册的制冷剂商标。从组成上看，氟利昂是指甲烷、乙烷和丙烷等低级烷烃的氟代、氯代衍生物。

氟利昂在常温下都是无色气体或易挥发液体，无味或略有气味，无毒或低毒，化学性质稳定。自1930年杜邦公司生产F11(CCl_3F)和F12(CCl_2F_2)后，各类氟利昂迅猛发展，应用十分广泛。氟利昂主要用作制冷剂、发泡剂、气溶胶喷雾剂、清洗剂，广泛用于家用电器、泡沫塑料、日用化学品、汽车、消防器材等领域。

研究表明，化学惰性的氯氟烃进入大气臭氧层后，受到强烈紫外线照射被分解为氯自由基，氯自由基可以引起臭氧耗损，导致臭氧层被破坏。

$$CF_2Cl_2 \xrightarrow{\text{紫外线}} CF_2Cl\cdot + Cl\cdot$$

$$Cl\cdot + O_3 \longrightarrow ClO\cdot + O_2$$

$$ClO\cdot + O_3 \longrightarrow Cl\cdot + 2O_2$$

氟利昂进入大气层的另一危害是产生温室效应。我们知道地球表面温室效应形成的主要原因来自大气中的CO_2，大多数的氟利昂也有类似影响。

以上原因导致氟利昂产品使用受到极大限制，人们开始研发它的替代品，如采用不含氯的氟代烃替代氯氟烃作为制冷剂、用CO_2代替F11作为发泡剂、用液化石油气作为气溶胶喷雾剂、用清洁的溶剂(如醇类)作为清洁剂等。

二、含氟高分子材料

含氟高分子材料主要包括氟树脂、氟塑料和含氟橡胶等。

氟树脂通常指分子结构中含有氟原子的一类热塑性树脂，其具有优异的耐高低温性能、介电性能、化学稳定性、耐候性、不燃性、不粘性和低的摩擦系数等特性。因此在国民经济中，特别是在尖端科学技术和国防工业中，氟树脂是不可缺少的重要材料。氟树脂的主要品种有聚四氟乙烯(PTFE)、聚三氟氯乙烯(PCTFE)、聚偏氟乙烯(PVDF)、乙烯-四氟乙烯共聚物(ETFE)、乙烯-三氟氯乙烯共聚物(ECTFE)、聚氟乙烯(PVF)等，其中以聚四氟乙烯为主。

以聚四氟乙烯树脂加工成型的聚四氟乙烯塑料可以在250 ℃高温下长期使用，−180 ℃低温下短期使用。介电性能不仅优异，且不受工作环境、温度、湿度和工作频率的影响。在高温下也不与强酸、强碱和强氧化剂发生反应，即使在王水中煮沸也无变化，故有“塑料王”之称。

氟橡胶是指主链或侧链的碳原子上含有氟原子的合成高分子弹性体。氟原子的引入，赋予橡胶优异的耐热性、抗氧化性、耐油性、耐腐蚀性和耐大气老化性，在航天、航空、汽车、石油和家用电器等领域得到了广泛应用，是国防尖端工业中无法替代的关键材料。

氟橡胶的类型主要有：①氟橡胶23，俗称1号胶，为偏氟乙烯和三氟氯乙烯共聚物；②氟橡胶26，俗称2号胶，为偏氟乙烯和六氟丙烯共聚物，综合性能优于1号胶；③氟橡胶246，俗称3号胶，为偏氟乙烯、四氟乙烯、六氟丙烯三元共聚物，氟含量高于2号胶，耐溶剂性能好。

拓展知识

氟原子具有特别大的电负性，导致C—F键键能大，不易极化，不易受极性试剂进攻而断裂。经测定，聚四氟乙烯分子中C—C键的键长为0.147 nm，小于聚乙烯分子中C—C键的键长(0.153 nm)。这意味着聚四氟乙烯分子中的C—C键难以断裂。氟原子的半径为0.135 nm，使得聚四氟乙烯的全氟碳键上碳原子之间的距离空隙恰好被氟原子所盖住，起到空间屏蔽作用，即使最小的氢原子也钻不进去。这就是聚四氟乙烯具有高度化学稳定性及其他优异特性的原因。

第六节　卤代烃的制备

一、由烃制备

烷烃的直接卤代反应选择性较差，一般不用饱和开链烃的取代反应制备卤代烃。常利用不饱和烃的加成反应、不饱和烃、芳香烃的取代反应制备卤代烃。

(1)不饱和烃的加成。

$$R-CH=CH_2 \xrightarrow{HCl} R-\underset{\displaystyle Cl}{\underset{|}{CH}}-CH_3$$

$$R-CH=CH_2 \xrightarrow[H_2O_2]{HBr} R-CH_2-CH_2Br$$

$$R-CH=CH_2 \xrightarrow{Br_2} R-\underset{\displaystyle Br}{\underset{|}{CH}}-\underset{\displaystyle Br}{\underset{|}{CH_3}}$$

(2)α－H 的卤代。

$$CH_3CH_2CH=CH_2 \xrightarrow{NBS} CH_3\underset{\displaystyle Br}{\underset{|}{C}}HCH=CH_2$$

$$C_6H_5CH_3 \xrightarrow{NBS} C_6H_5CH_2Br$$

$$CH_2=CHCH_3 \xrightarrow[500\ ℃]{Cl_2} CH_2=CHCH_2Cl$$

$$C_6H_5CH_3 \xrightarrow[\triangle]{Cl_2} C_6H_5CH_2Cl$$

(3)苯环上的亲电取代。

$$C_6H_6 + Br_2 \xrightarrow{Fe} C_6H_5Br + HBr$$

(4)芳香烃的氯甲基化。

$$C_6H_6 + CH_2=O + HCl \xrightarrow{无水ZnCl_2} C_6H_5CH_2Cl$$

二、由醇制备

$$ROH + HX \underset{OH^-}{\overset{H+}{\rightleftharpoons}} RX + H_2O$$

$$R-OH + PBr_3 \longrightarrow R-Br + \underset{b\cdot p180\ ℃}{H_3PO_3}$$ 适合制备低沸点卤代烃

$$R-OH + PCl_5 \longrightarrow R-Cl + HCl + \underset{b\cdot p105\ ℃}{POCl_3}$$ 适合制备高沸点卤代烃

$$R-OH + SOCl_2 \xrightarrow{吡啶} R-Cl + HCl + SO_2\uparrow$$ 操作简单，产率高

三、卤素互换

氯代烃或溴代烃与碘化钠的丙酮溶液作用，生成碘代烷。

$$R-Cl + NaI \xrightarrow{\text{丙酮}} R-I + NaCl$$

$$R-Br + NaI \xrightarrow{\text{丙酮}} R-I + NaBr$$

该反应只适合制备伯碘代烷。

本章小结

(1)卤代烃按烃基结构不同大致可分为饱和卤代烃、不饱和卤代烃和芳香族卤代烃。其中不饱和卤代烃和芳香族卤代烃又可分为乙烯型和苯基型卤代烃、烯丙型和苄基型卤代烃、孤立型卤代烯烃和卤代芳香烃。卤代烷烃按碳原子类型可分为伯卤代烷、仲卤代烷和叔卤代烷。结构不一样的卤代烃性质差异很大。

(2)C—X 键是极性共价键，当亲核试剂(HO^-、RO^-、CN^-、$ONO_2{}^-$、NH_3等)进攻 α-C 时，卤素带着一对电子离去，亲核试剂与 α-C 结合，发生亲核取代反应。另外，由于受卤原子吸电子诱导效应的影响，卤代烷 β-位上碳氢键的极性增大，即 β-H 的酸性增强，在强碱性试剂作用下，易脱去 β-H 和卤原子，发生消除反应。仲卤代烷和叔卤代烷发生消除反应时，主要产物是脱去含氢较少的 β-C 上的氢，生成双键碳原子上连有较多烷基的烯烃。这个规律称为查衣采夫规则。卤代烷还可与金属如钠、镁、锂等反应生成有机金属化合物。有机金属化合物在有机合成上有很重要的用途。

(3)亲核取代反应和消除反应都有单分子、双分子两种历程。单分子亲核取代反应历程用 S_N1 表示，反应分两步完成。第一步是碳卤键断裂生成碳正离子和卤素负离子，第二步是碳正离子和亲核试剂结合。反应速率由第一步决定，生成的碳正离子越稳定，反应越容易进行。不同卤代烷按 S_N1 历程反应的活性次序为：叔卤代烃＞仲卤代烃＞伯卤代烃＞卤甲烷。双分子的亲核取代反应历程用 S_N2 表示。S_N2 反应是通过形成过渡态一步完成的，亲核试剂从卤原子背面进攻 α-C，α-C 上烃基越多，空间阻碍越大，同时正电性降低，不利于亲核试剂的进攻。不同卤代烷按 S_N2 历程反应的活性次序为：卤甲烷＞伯卤代烃＞仲卤代烃＞叔卤代烃。叔卤代烷发生亲核取代时主要按 S_N1 历程进行，伯卤代烷主要按 S_N2 历程进行，而仲卤代烷则既可按 S_N1 历程又可按 S_N2 历程进行。单分子消除反应历程用 E1 表示，反应也是分两步完成的。与 S_N1 反应不同的是，E1 反应的第二步中亲核试剂(碱)不是进攻碳正离子，而是夺取 β-H 生成烯烃。不同卤代烷按 E1 历程反应的活性次序和 S_N1 相同，也是叔卤代烃＞仲卤代烃＞伯卤代烃＞卤甲烷。双分子的消除反应历程用 E2 表示，反应也是一步完成的。与 S_N2 反应不同的是，E2 反应中亲核试剂(碱)不是进攻 α-C，而是夺取 β-H 生成烯烃。不同卤代烷按 E2 历程反应的活性次序和 E1 相同：叔卤代烃＞仲卤代烃＞伯卤代烃＞卤甲烷。

(4)卤代烷发生亲核取代反应的同时也可能发生消除反应，哪种反应占优势，主要由卤代烃的结构、亲核试剂的性质(亲核性、碱性)、溶剂的极性以及反应的温度等因素决定。一般说来，高温、强碱、弱极性溶剂更有利于发生消除反应。

(5)不同结构的卤代烯烃和卤代芳香烃性质差异很大。乙烯型和苯基型卤代烃分子中存在 p-π 共轭体系，C—X 键最牢固，难以发生亲核取代反应和消除反应；烯丙型和苄基型卤代烃，由于 p-π 共轭使碳正离子中间体较稳定，C—X 键容易断开，易于发生亲核取代反应和消除反应。孤立型卤代烯烃和卤代芳香烃的化学性质与相应的烯烃或卤代烷相似。三类不饱和卤代烃的亲核取代反应活性次序可归纳如下：

烯丙型卤代烃>隔离型卤代烯烃>乙烯型卤代烃

苄基型卤代烃>隔离型卤代芳香烃>苯基型卤代烃

(6)氟代烃是比较特殊的一类卤代烃。尤其是多氟代烃,由于具有耐热、耐腐蚀、对氧化剂有很高稳定性等特殊性能,有机氟产品被广泛应用于尖端科学、军事、航空、航天、医药、农药、化工等领域。

(7)卤代烃的制备,可以用烃的取代、加成制备,也可以用醇的卤代反应制备。伯碘代烷通常用卤素互换的方法制备。

习　题

6—1. 用系统命名法命名下列化合物。

(1)$CH_3CH_2CH_2C(CH_3)_2Cl$

(2)$CH_2{=}CH-CH(CH_2CH_3)-CH_2Cl$

(3)环己基—$CH_2C(CH_3)_2Br$

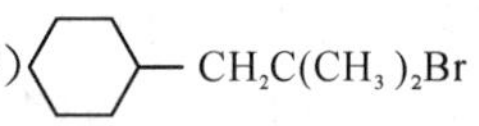

(4)苯环(1-CH_2Cl,3-CH_3)

(5)环丙烷(H,CH_3;CH_3,Br)

(6)苯环(1-Cl,3-$CH(CH_3)_2$)

(7)环己烯(Cl,CH_3)

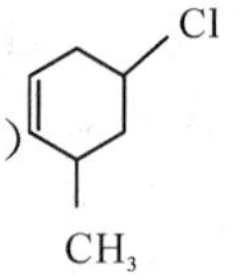

(8)$(CH_3)_3CBr$

(9)$C_6H_5-CH(CH_3)CH(Br)CH_3$

(10)$C_6H_5-C(CH_3){=}C(Br)-CH_3$

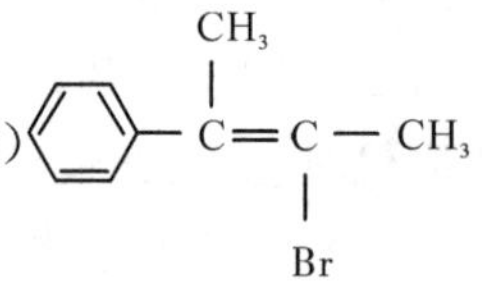

6－2.完成下列反应式,写出主要产物。

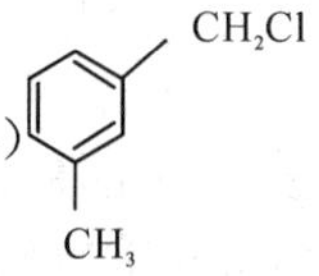

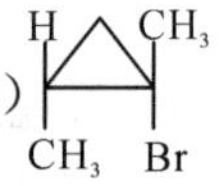

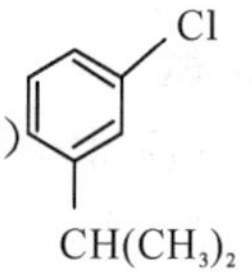

(1)$CH_3CH{=}CH_2 + HBr \longrightarrow ? \xrightarrow{NaCN/C_2H_5OH} ?$

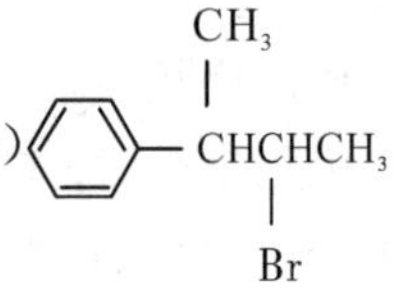

(2)$CH_3CH{=}CH_2 + HBr \xrightarrow{H_2O_2} ? \xrightarrow{NaOH/H_2O} ?$

(3)$C_6H_5-C(CH_3){=}C(Br)-CH_2Cl + H_2O \xrightarrow{NaHCO_3} ?$

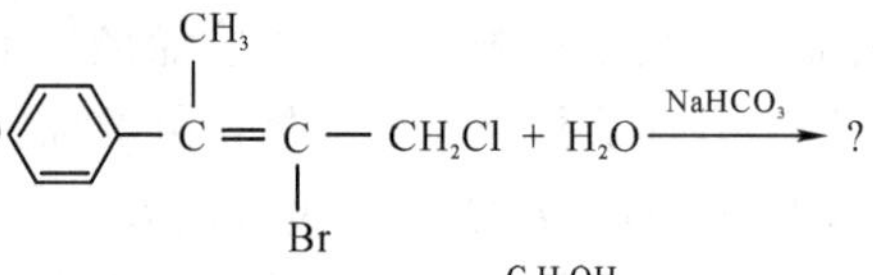

(4)$CH_3CH(Br)CH_2CH_3 + NaOH \xrightarrow[\triangle]{C_2H_5OH} ?$

(5)$C_6H_5-CH(CH_3)-CH(Cl)-CH_3 \xrightarrow{NaOH/醇} ?$

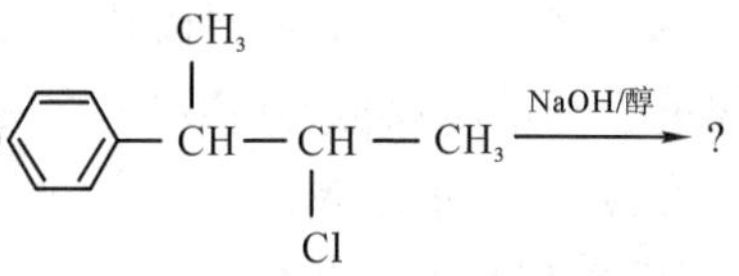

(6)$Cl-C_6H_4-CH_2Cl \xrightarrow[干醚]{Mg} ? \xrightarrow{H_2O} ?$

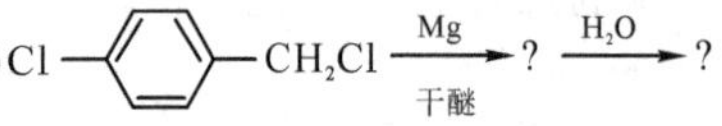

(7) 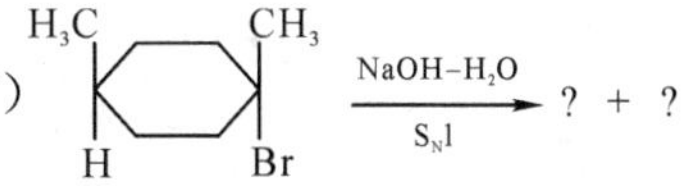 H_3C, CH_3, H, Br（环己烷）$\xrightarrow[S_N1]{NaOH-H_2O}$? + ?

(8) 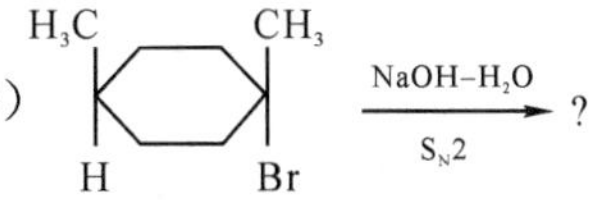 H_3C, CH_3, H, Br（环己烷）$\xrightarrow[S_N2]{NaOH-H_2O}$?

6-3.用简单的化学方法鉴别下列各组化合物。

(1)1-溴环戊烯、3-溴环戊烯、4-溴环戊烯

(2)氯化苄、对氯甲苯、1-苯基-2-氯乙烷

6-4.将下列化合物按 S_N1 历程进行反应的速率由大到小排序。

(1)$(CH_3)_2CHBr$　　$(CH_3)_2CHCl$　　$(CH_3)_2CHI$

(2)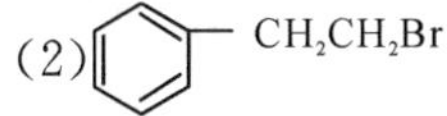

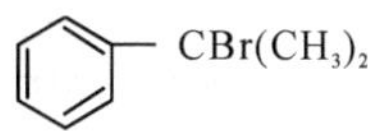

6-5.将下列化合物按 E1 历程进行反应的速率由大到小排序。

$(CH_3)_2CBrCH_2CH_3$　　$CH_3(CH_2)_3CH_2Br$　　$CH_3CH_2CH_2CHBrCH_3$

6-6.推断 1-溴丁烷与下列试剂反应的主要产物。

(1)NaOH 水溶液　　(2)NaOH 乙醇溶液

(3)Mg,无水乙醚　　(4)苯,无水 $AlCl_3$

(5)$CH_3CH_2NH_2$　　(6)NaCN 乙醇溶液

(7)CH_3CH_2OK　　(8)$AgNO_3$ 乙醇溶液

6-7.根据下列卤代烃的反应情况,判断哪些属于 S_N2 历程,哪些属于 S_N1 历程。

(1)碱的浓度增加,反应速率无明显变化。

(2)产物的构型完全转化。

(3)产物的构型 80%外消旋化,20%转化。

(4)伯氯代烷水解速率大于苄基氯。

(5)增加溶剂的含水量,反应速率明显加快。

(6)试剂亲核性越强,反应速率越快。

6-8.由指定原料合成下列有机化合物。

(1)由 1-溴丙烷合成丙炔。

(2)以苯和大于三个碳原子的有机化合物为原料合成 3-苯基丙烯。

(3)由苯合成苯乙酸。

(4)由 1-氯丁烷合成 2-丁烯。

6-9.回答下列问题。

(1)RCH_2Cl 水解成 RCH_2OH 的反应通常是很慢的,但加入 KI 后,反应加速进行,为什么?

(2)新戊基溴($(CH_3)_3CCH_2Br$)无论是 S_N1 还是 S_N2 反应都很慢,为什么?

6-10.某烃 A 的分子式为 C_5H_{10},不与高锰酸钾作用,在紫外光照射下与溴作用只得到一种一溴取代物 B(C_5H_9Br)。将化合物 B 与 KOH 的醇溶液作用得到 C(C_5H_8)。C 经臭氧化并在 Zn 粉存在下水解得到戊二醛($OCHCH_2CH_2CH_2CHO$)。写出化合物 A 的构造式及各步反应式。

6-11.某烃 A 的分子式为 C_5H_{10}，与 Br_2 反应生成 B($C_5H_{10}Br_2$)，B 在 KOH/乙醇溶液中加热生成 C(C_5H_8)，C 能与乙烯反应生成化合物 D(C_7H_{12})，试推断 A、B、C、D 的构造式。

第七章　对映异构

同分异构现象在有机化合物中是非常普遍的。前面学习了构造异构、构象异构、顺反异构现象。对映异构现象也是同分异构现象的一种，与顺反异构现象都称为构型异构现象。

对映异构现象是指构造式相同、空间构型不同的两种化合物，呈实物和镜像对映关系的异构现象。两种化合物互为对映异构体，简称对映体。

第一节　物质的旋光性

旋光性是识别对映异构体的最重要依据。因此在讨论对映异构之前，先学习物质的旋光性。

一、平面偏正光和旋光性

光是一种电磁波，电场或磁场振动的方向与光前进的方向垂直(见图 7-1)。

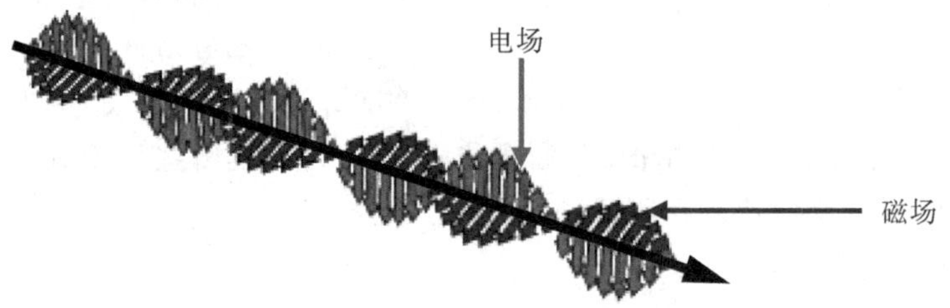

图 7-1　光波的振动与传播示意图

如果在光的前进方向上竖立一个平面，光在这平面上振动方向有无数个。在光的前进方向上垂直放一个 Nicol 棱镜，Nicol 棱镜有晶轴，它只允许与晶轴平行的平面上振动的光线通过。意味着光通过 Nicol 棱镜后，就成为只在一个平面上振动的光。这种只在一个平面上振动的光称为平面偏正光，简称为偏正光(见图 7-2)。

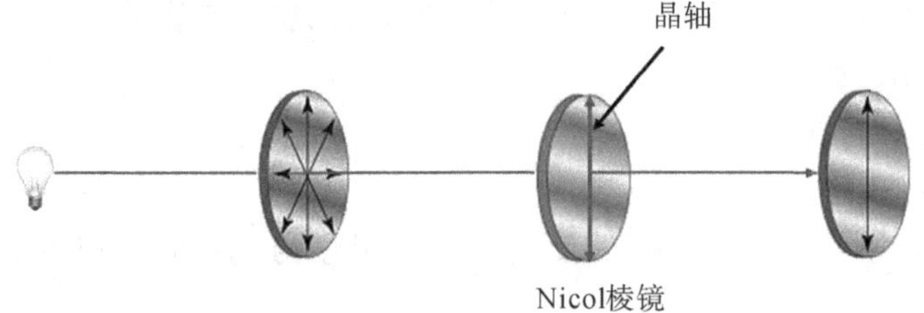

图 7-2　普通光变为偏正光示意图

如果让偏正光穿过某种物质，可能有两种情况。一种情况如乳酸或葡萄糖水溶液，会使偏正光振动平面旋转一个角度(见图 7-3)。

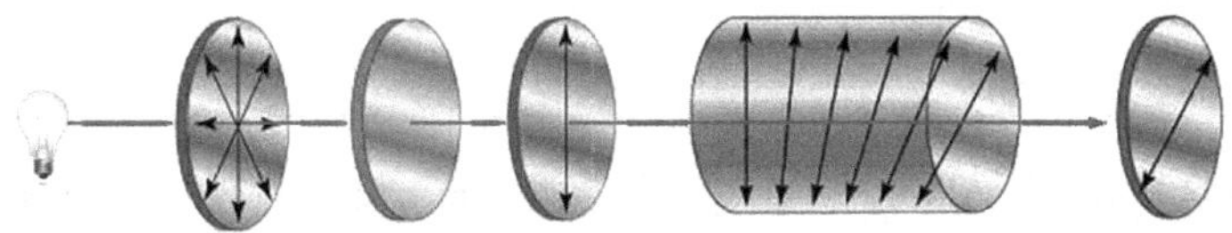

图 7-3　偏正光通过旋光物质示意图

这种物质能使偏正光振动平面旋转的性质称为旋光性，具有旋光性的物质称为旋光性物质；另一种情况是不改变偏正光振动的方向，比如水。物质不能使偏振光振动平面旋转的性质为非旋光性，不具有旋光性的物质称为非旋光性物质。针对旋光物质使偏正光偏转方向的不同，将旋光性物质分为两类：左旋体和右旋体。左旋体用"－"表示，使偏振光振动平面向逆时针方向旋转；右旋体用"＋"表示，使偏振光振动平面向顺时针方向旋转。

二、旋光度、比旋光度和旋光仪

不同的旋光性物质使偏正光偏转的程度不同，为了衡量旋光性物质旋光程度的大小，提出旋光度和比旋光度的概念。

(一)旋光度

旋光度是物质使偏正光振动平面偏转的角度，用 α 表示。对同一种旋光性物质而言，旋光度和溶液的浓度、样品管的长度、测定温度、测定光的波长等因素都有关系。就是说同一种物质旋光度的值是不确定的，不同物质的旋光度没有可比性。

(二)比旋光度

比旋光度用 $[\alpha]_\lambda^t$ 表示，与旋光度的关系是：

$$[\alpha]_\lambda^t=\frac{\alpha}{l\cdot c}$$

式中，α 为旋光度；l 为样品管的长度，单位是 dm；c 为待测溶液的浓度，单位是 $g\cdot mL^{-1}$，对于纯液体，c 是溶液的密度，用 ρ 表示；λ 是光的波长，通常用钠光做光源，$\lambda=589$ nm，相当于太阳光谱中的 D 线，故钠光波长用 D 表示；t 是测定时的温度。

由以上公式可知，比旋光度 $[\alpha]_\lambda^t$ 的含义是指在一定温度(t)、一定波长(λ)下，质量浓度(c)为 1 $g\cdot mL^{-1}$ 的旋光性物质溶液，放在长度(l)为 1 dm 的样品管中测得的旋光度(α)。

当测定温度(t)、测定波长(λ)一定的情况下，一个旋光性物质只有一个比旋光度，不同物质的旋光程度就可以用比旋光度比较。

(三)旋光仪的构造

用于测定物质旋光度的仪器称为旋光仪。旋光仪的基本构造见图 7-4。

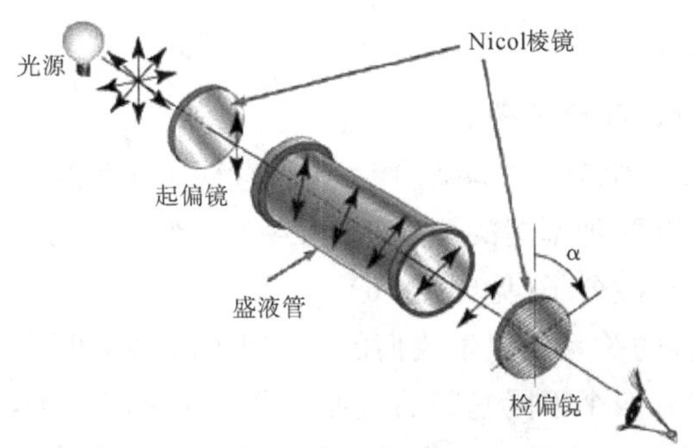

图 7-4　旋光仪的基本构造

问题与思考

5.654 g 蔗糖溶解在 20 mL 水中，在 20 ℃时用 1 cm 长的盛液管测得其旋光度为＋18.8°。

(1)计算蔗糖的比旋光度。

(2)用 5 cm 长的盛液管测定同样的溶液，其旋光度会是多少？

(3)把 10 mL 盛液管测定，其旋光度又会是多少？

第二节　旋光性与分子结构的关系

一、对映异构现象的发现

早在 19 世纪科学家就发现许多天然的有机化合物，如樟脑、酒石酸等晶体有旋光性，而且即使溶解成溶液也具有旋光性。这说明旋光性不是由晶体结构决定的，应该与分子结构有关。

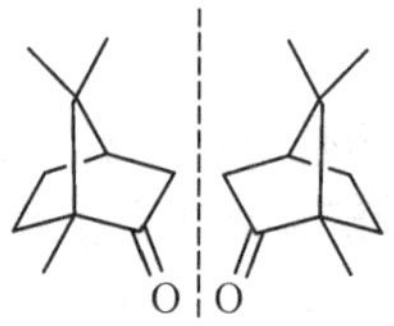

R-樟脑　S-樟脑 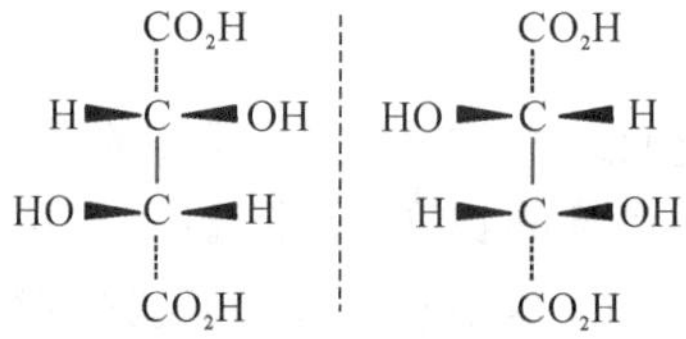　R-酒石酸　S-酒石酸

1848 年巴斯德在研究酒石酸钠铵晶体时，发现酒石酸钠铵有两种不同的晶体，这两种晶体互呈物和像的关系，但不能重合(见图 7－5)。

巴斯德测定了两种物质水溶液的旋光度，发现一种是右旋的，一种是左旋的，且两种物质的比旋光度大小相等。巴斯德的这一发现，为人们研究对映异构现象奠定了理论基础。

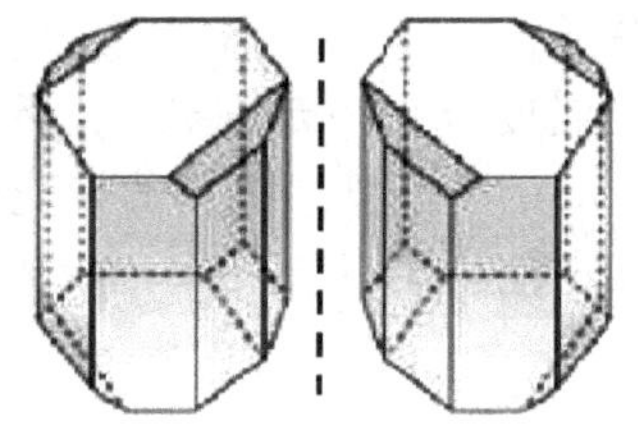

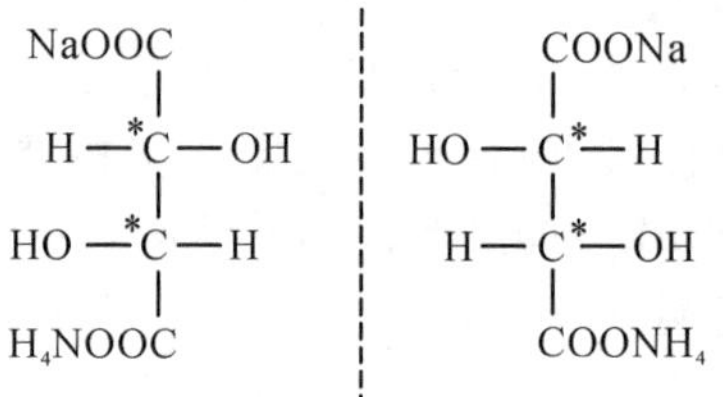

R-酒石酸钠铵　S-酒石酸钠铵

图 7－5　酒石酸钠铵两晶体示意图

二、手性和对称因素

(一)手性碳原子、手性、手性分子

1874 年范特霍夫指出，如果一个碳原子上连接有四个不同的基团，这四个基团在空间有两种不同的排列方式，即有两种不同的构型，它们互为对映体，都具有旋光性，其比旋光度的大小相等，方向相反。例如乳酸分子(见图 7－6)。

乳酸分子这两种构型的关系类似于我们的左右手的关系(见图 7－7)。

因此，把分子中连接有四个不同基团的碳原子称为手性碳原子，常用“＊”标出。把物体和它的镜像不能重合的性质称为手性。具有手性的分子称为手性分子，不具有手性的分子称为非手性分子。

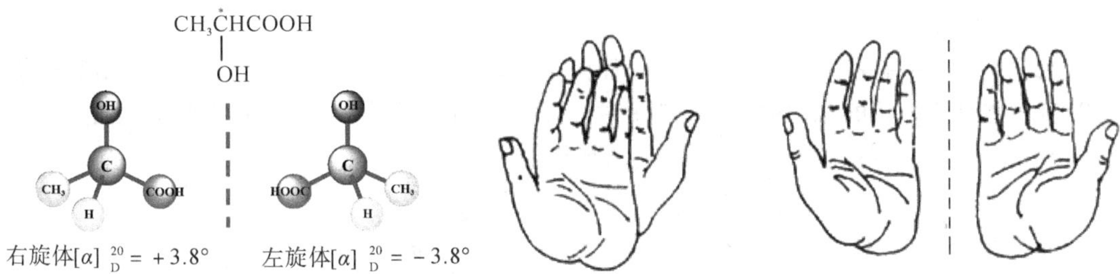

图 7-6　乳酸分子两种构型示意图　　　图 7-7　左右手关系示意图

(二)对称因素

手性分子必然具有旋光性,必然存在对映体,具有旋光性的分子必然具有手性。即手性是分子具有旋光性和对映体的必要条件。那么具有什么样结构的分子才具有手性?才存在对映体?

乳酸分子中存在一个手性碳原子,乳酸分子具有手性。可不可以用手性碳原子判断分子具有手性?

酒石酸分子中有两个手性碳原子,通过测定发现不具有旋光性,是非手性分子,不存在对映体。酒石酸分子的这种构型说明当分子中含有两个或两个以上的手性碳原子时,分子不一定具有手性,不一定存在对映体。因此,不可以用手性碳原子判断分子是否存在对映体。但分子中只含有一个手性碳原子时,分子必然具有手性,必然存在对映体。

```
      COOH
       |
 H —  C* — OH
       |
 H —  C* — OH
       |
      COOH
```

酒石酸

物质分子与镜像不能重合是手性分子的特征,所以判断一个化合物是否存在对映体最直接的判断方法是搭建模型。用原子模型搭建出分子立体结构,再搭建出其镜像。如果二者不重合,说明该化合物存在对映体,重合说明是同一种物质。这种方法很直观,但比较麻烦。通过对手性分子的研究发现,分子手性与分子内的对称因素有关,因此可以通过分析分子的对称因素来判断分子是否具有手性。分子中对称因素主要有对称面和对称中心。

1.对称面(σ)

设想分子中有一个平面把分子分割成两部分,如果一部分正好是另一部分的镜像,这个平面就是分子的对称面(见图 7-8)。

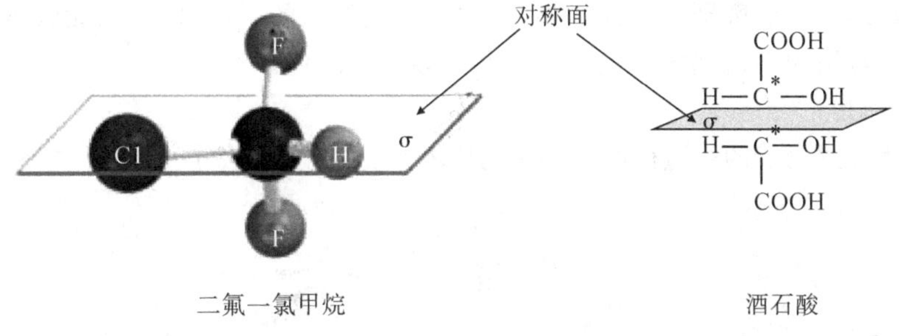

图 7-8　对称面

如果分子中存在对称面,这样的分子就没有手性,就不具有旋光性,不存在对映体。类似酒石酸这种结构的分子,虽然分子中存在手性碳原子,但因为有对称因素,导致分子没有旋光性,不存在对映体,这类分子称为内消旋体。

2.对称中心(i)

设想在分子中有一个点 i,通过这点画任何直线,如果在离这点等距离的直线两端都有相同基团,则这点称为分子的对称中心。有对称中心的分子也没有手性,不存在对映体(见图 7-9)。

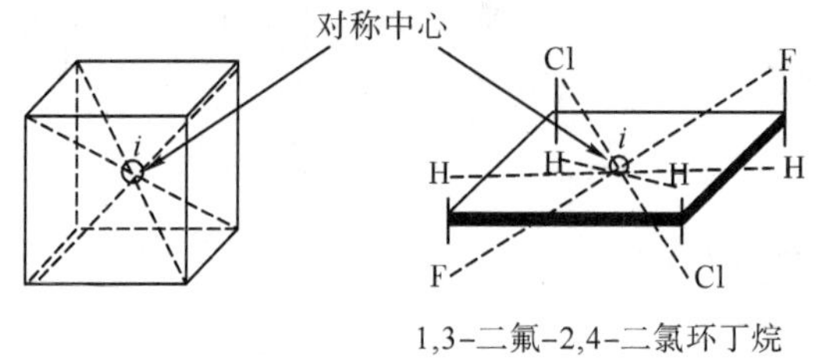

图 7-9 对称中心

一个分子既没有对称面又没有对称中心,一般就可以初步判断它是一个手性分子。

第三节 含有手性碳原子化合物的对映异构

一、含有一个手性碳原子化合物的对映异构

含有一个手性碳原子的化合物不存在对称因素,是手性分子,存在一对对映体。其中一个是左旋体,一个是右旋体,他们的比旋光度大小相等,方向相反。互为对映体的两种物质的物理、化学性质相同,但在生物体内呈现的生理作用往往不同。例如,氯霉素的左旋体有疗效,它的对映体则无抗菌作用;左旋尼古丁的毒性比右旋尼古丁大得多。

把互为对映体的两种物质等量混合,由于旋光方向相反,互相抵消,旋光性消失。这种现象称为外消旋化,形成的混合物称为外消旋体。通常用"±"标注。外消旋体不仅没有旋光性,而且其他物理性质与左旋体、右旋体有差异。例如:

	(+)-乳酸	(-)-乳酸	(±)-乳酸
$[\alpha]_D^{20}$	+3.8	-3.8	0
mp./℃	53	53	18

外消旋体的化学性质与对映体基本相同,但生理作用有差异。例如人工合成的氯霉素(外消旋体)的抗菌能力仅为天然氯霉素(左旋体)的一半。

(一)对映体的构型表示

对映体在结构上的区别是空间构型的不同,采用传统的平面结构式,无法表示基团在空间的相对位置。常用楔形透视式和费歇尔投影式表示对映体。

1.楔形透视式

用楔形透视式表示的构型很直观,但书写比较麻烦。例如乳酸分子的楔形透视式(见图 7-10)。

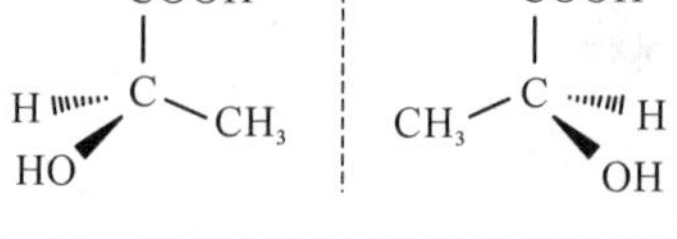

COOH | H—C—CH_3, HO ; COOH | CH_3—C—H, OH

图 7-10 乳酸分子对映体的楔形透视式

2.费歇尔投影式

费歇尔投影式是目前普遍使用的平面投影式。其中乳酸分子一种构型的费歇尔投影式(见图 7-11)。

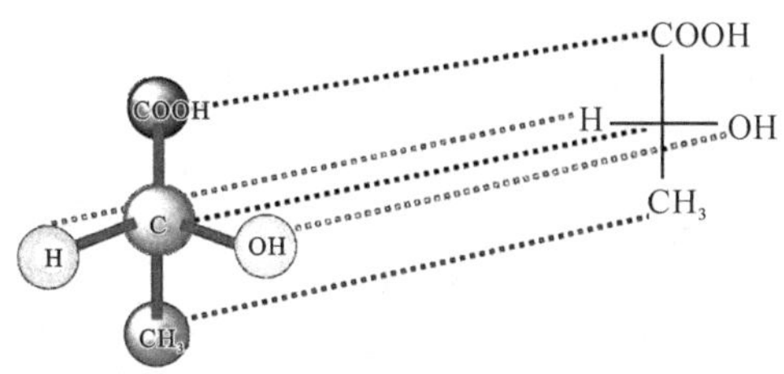

图 7-11　乳酸分子的费歇尔投影式

投影原则是：①把手性碳原子置于平面上，四个价键按交叉的“+”排列，“+”线的交点代表手性碳原子；②在平面前方的两个基团投影在“+”横线两端，在平面后方的两个基团投影在“+”竖线两端，即横前竖后原则。

费歇尔投影式是用平面投影式反映立体结构，使用不当将会改变其构型。使用时需要注意以下几点：

(1)投影式不能离开平面翻转过来，因为这会改变手性碳原子周围各原子或基团的前后关系。翻转以后二者互为对映体。例如：

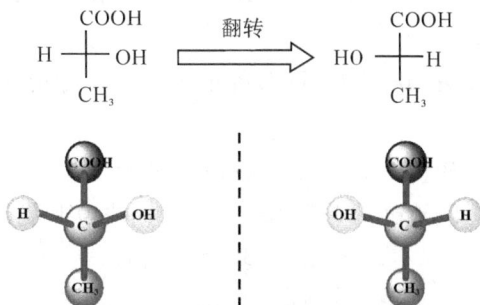

COOH
H —+— OH
CH_3
翻转 ⟹
COOH
HO —+— H
CH_3

(2)投影式在平面上旋转 180°，其构型保持不变。平面旋转 180°后仍是原来的构型。例如：

COOH
H —+— OH
CH_3
平面旋转 180° ⟹
CH_3
HO —+— H
COOH

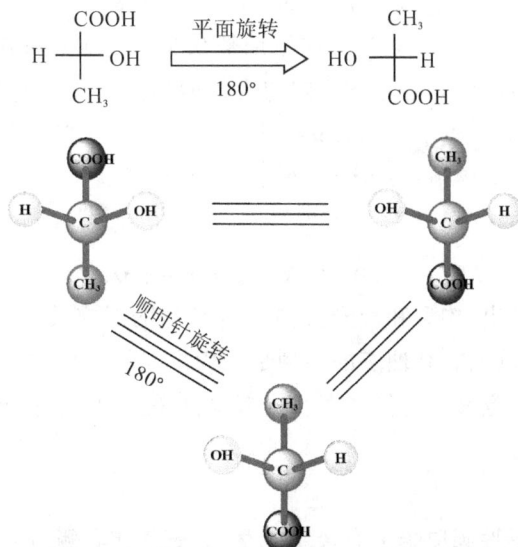

顺时针旋转 180°

(3)投影式不能在平面上旋转 90°或 270°，否则构型改变。平面旋转 90°后变为对映体。例如：

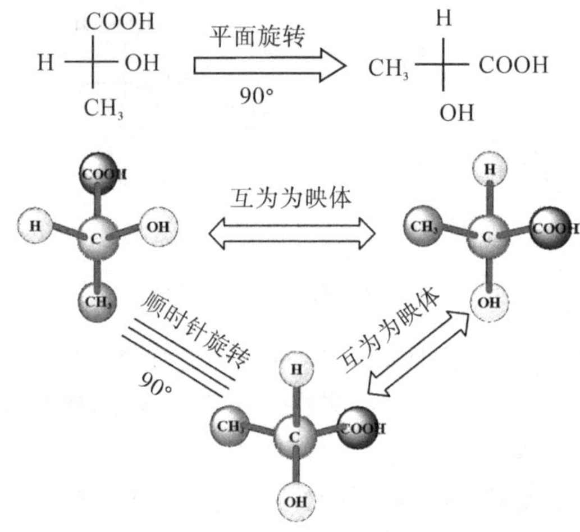

应用费歇尔投影式时有两点小技巧：①两个投影式一个基团位置保持固定，另外三个基团顺时针或逆时针调换位置，不会改变原化合物的构型；②投影式中手性碳原子四个基团任意两个互换一次得到的是它的对映体，互换两次得到的仍是原来的化合物。

（二）对映体的构型标记

对映异构体构型的标记有两种方法：D/L 标记法和 R/S 标记法。

1.D/L 标记法

最早选用含有一个手性碳原子的甘油醛为标准，来确定其他对映异构体的构型。人为规定右旋甘油醛为 D 型（D 是 Dextro 的首字母），左旋甘油醛为 L 型（L 是 Levo 的首字母）。

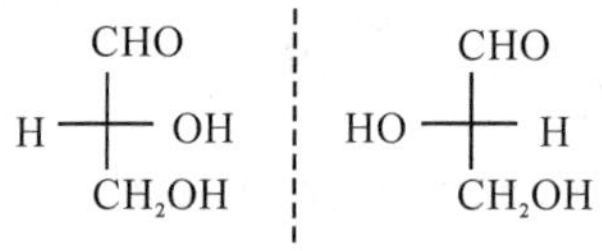

CHO	CHO
H—C—OH	HO—C—H
CH_2OH	CH_2OH

D-(+)-甘油醛　L-(-)-甘油醛

D-(+)-甘油醛羟基在右，L-(-)-甘油醛羟基在左。其他对映异构体的命名与甘油醛相比较，手性碳原子连接有羟基的，羟基在右侧的为 D-型，羟基在左侧的为 L-型。例如：

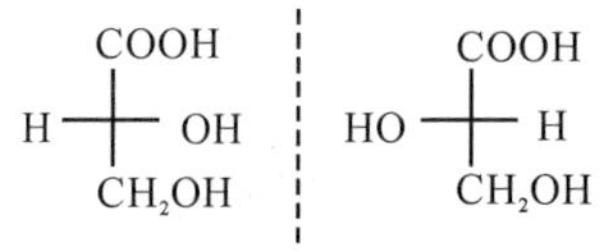

COOH	COOH
H—C—OH	HO—C—H
CH_2OH	CH_2OH

D-(-)-甘油酸　L-(+)-甘油酸

由上述的例子可以看出，构型和旋光方向没有必然的对应关系。一个 D-型的化合物可以是右旋的，也可以是左旋的。甘油醛的构型是人为规定的，通过与甘油醛比较所得到的其他化合物的构型只具有相对意义。它们与真实构型也许符合，也许不相符，所以称为相对构型。真实构型称为绝对构型。

2.R/S 标记法

D/L 标记法只限于手性碳原子上有羟基或氨基（氨基在右侧为 D-型，左侧为 L-型）的对映异构体的标记，所以有一定的局限性。R/S 标记法是 1970 年根据 IUPAC 建议正式采用的标记法。

R/S 标记法的基本要点是：先排次序，后定方向。

(1)用楔形透视式表示的构型。首先将手性碳原子上的四个基团按次序规则由大到小排序，然后观察者站在离最小基团最远的位置，看其余三个基团由大到中到小的顺序，规定顺时针为 R 型，逆时针为 S 型。例如：

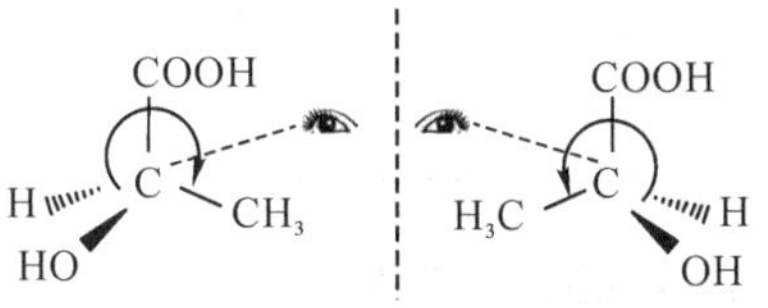

(Ⅰ)　R-(-)-乳酸　　(Ⅱ)　S-(+)-乳酸

用楔形透视式表示乳酸分子的一对对映体(Ⅰ)、(Ⅱ)，手性碳原子上四个基团按次序规则由大到小的顺序为：— OH>— COOH>— CH_3>— H。按原则判定：(Ⅰ)是 R -型，经测定是左旋体，称为 R -(-)-乳酸；(Ⅱ)是 S -型，经测定是右旋体，称为 S -(+)-乳酸。

(2)用费歇尔投影式表示的构型。先将手性碳原子上的四个基团按次序规则由大到小排序，然后观察最小基团是在横线上还是在竖线上。如果在横线上，其余三个基团由大到中到小的顺序顺时针方向为 S，反时针方向为 R；如果最小基团在竖线上，其余三个基团由大到中到小的顺序顺时针方向为 R，反时针方向为 S。例如：

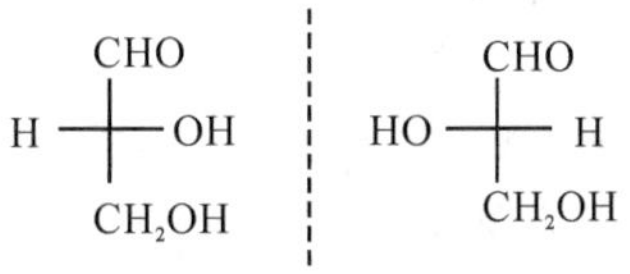

(Ⅰ)　R-(+)-甘油醛　　(Ⅱ)　S-(-)-甘油醛

甘油醛分子中手性碳原子上连的四个基团由大到小的顺序是：— OH>— CHO>— CH_2OH>— H，用费歇尔投影式表示的两种构型(Ⅰ)和(Ⅱ)最小基团 H 原子都在横线上。由— OH 到— CHO 到— CH_2OH 顺时针为 S 型，逆时针为 R 型。因此(Ⅰ)是 R 型，经测定为右旋体，称为 R -(+)-甘油醛；(Ⅱ)是 S 型，经测定为左旋体，称为 S -(-)-甘油醛。

再比如：

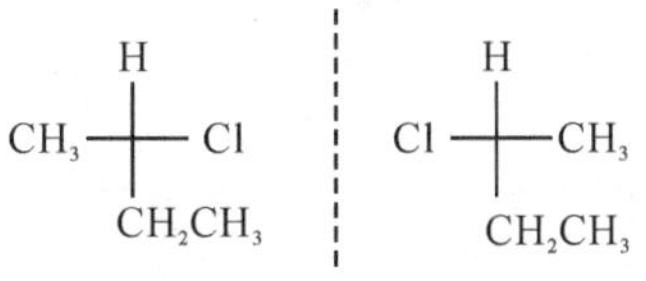

(Ⅰ)　R-2-氯丁烷　　(Ⅱ)　S-2-氯丁烷

用费歇尔投影式表示的 2 -氯丁烷分子的两种构型(Ⅰ)和(Ⅱ)，手性碳原子连的四个基团由大到小的顺序是— Cl>— CH_2CH_3>— CH_3>— H，最小基团 H 原子都在竖线上，由— Cl 到— CH_2CH_3 到— CH_3 顺时针为 R 型，逆时针为 S 型。因此(Ⅰ)是 R 型，称为 R - 2 -氯丁烷；(Ⅱ)是 S 型，称为 S - 2 -氯丁烷。

问题与思考

用 R/S 标记法标记下列化合物的构型，并命名。

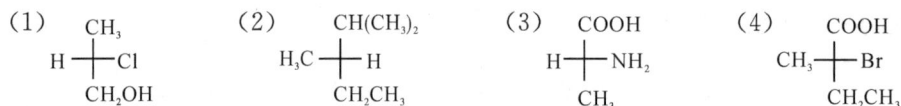

(1) Fischer 投影式：上 CH_3，左 H，右 Cl，下 CH_2OH

(2) 上 $CH(CH_3)_2$，左 H_3C，右 H，下 CH_2CH_3

(3) 上 COOH，左 H，右 NH_2，下 CH_3

(4) 上 COOH，左 CH_3，右 Br，下 CH_2CH_3

二、含有两个手性碳原子化合物的对映异构

(一)含有两个不相同手性碳原子化合物的对映异构

含有一个手性碳原子的化合物存在一对对映体，如果含有两个不同的手性碳原子，例如氯代苹果酸(2-羟基-3-氯丁二酸)，存在四种构型异构体。

其中：(Ⅰ)和(Ⅱ)、(Ⅲ)和(Ⅳ)互为对映体；(Ⅰ)和(Ⅲ)、(Ⅰ)和(Ⅳ)、(Ⅱ)和(Ⅲ)、(Ⅱ)和(Ⅳ)不呈物像对映关系。这种不呈物和像对映关系的构型异构体称为非对映异构体，简称非对映体。非对映体的物理性质不相同，但由于具有相同的官能团，化学性质基本相似。

	(Ⅰ)	(Ⅱ)	(Ⅲ)	(Ⅳ)
上	COOH	COOH	COOH	COOH
C2	HO—C—H	H—C—OH	H—C—OH	HO—C—H
C3	Cl—C—H	H—C—Cl	Cl—C—H	H—C—Cl
下	COOH	COOH	COOH	COOH
名称	(2R,3R)-2-羟基-3-氯丁二酸	(2S,3S)-2-羟基-3-氯丁二酸	(2S,3R)-2-羟基-3-氯丁二酸	(2R,3S)-2-羟基-3-氯丁二酸
$[\alpha]_{\lambda}^{t}$	+7.1°	-7.1	+9.3	-9.3
熔点/℃	145	145	157	157

(二)含有两个相同的手性碳原子化合物的对映异构

这类化合物的代表是酒石酸(HOOC—$\overset{*}{C}$HOH—$\overset{*}{C}$HOH—COOH)。酒石酸中含有两个手性碳原子 C_2 和 C_3，手性碳原子上所连接的四个基团分别是：—OH、—COOH、—CH(OH)COOH 和 H。为了便于比较，仿照氯代苹果酸的表示法，表示出酒石酸的费歇尔投影式。

	(Ⅰ)	(Ⅱ)	(Ⅲ)		(Ⅳ)
上	COOH	COOH	COOH		COOH
C2	H—C—OH	HO—C—H	H—C—OH	≡	HO—C—H
C3	HO—C—H	H—C—OH	H—C—OH		HO—C—H
下	COOH	COOH	COOH		COOH
名称	(2R,3R)-(+)-酒石酸	(2S,3S)-(-)-酒石酸	(2R,3S)-内消旋酒石酸		(2S,3R)-内消旋酒石酸

其中(Ⅰ)和(Ⅱ)互为对映体。(Ⅲ)和(Ⅳ)貌似互为对映体，但将其中任何一个平面旋转180°，都可以和另外一个重合，说明(Ⅲ)和(Ⅳ)构型相同，是同一种物质。

三、环状化合物的对映异构

环状化合物的立体异构现象比开链化合物复杂，往往具有顺/反异构的同时还具有旋光异构。判断单环化合物是否具有旋光性可以通过其平面式的对称性来判断。

例 1 存在顺/反异构体的二取代环丙烷和环丁烷。

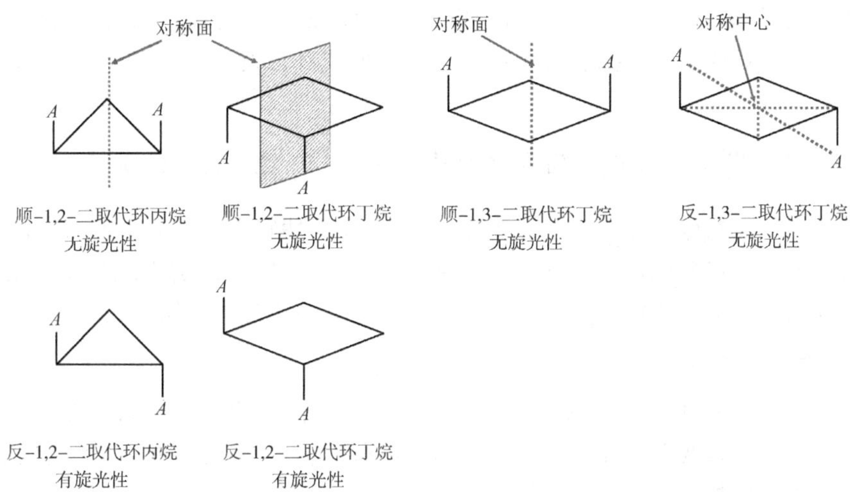

从以上结果可看出，顺式二取代环丙烷和环丁烷都存在对称因素，没有旋光性；反式异构体中，反-1,3-二取代环丁烷存在对称中心，没有旋光性，而反-1,2-二取代环丙烷、反-1,2-二取代环丁烷不存在对称因素，有旋光性。

例 2　存在顺/反异构体的二取代环戊烷。

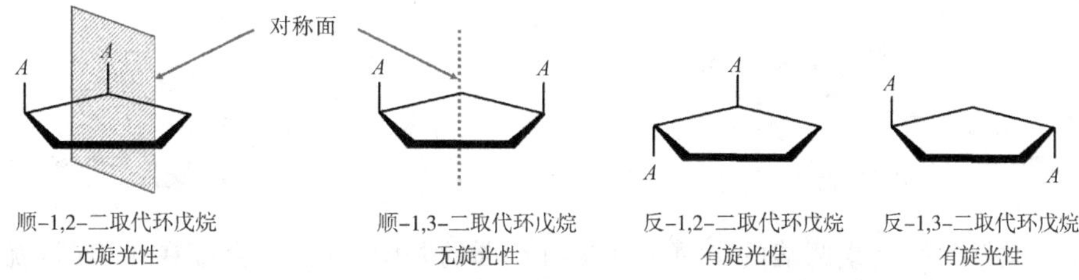

以上结构表明，顺式的二取代环戊烷都没有旋光性，反式的都有旋光性。

例 3　存在顺/反异构体的二取代环己烷。

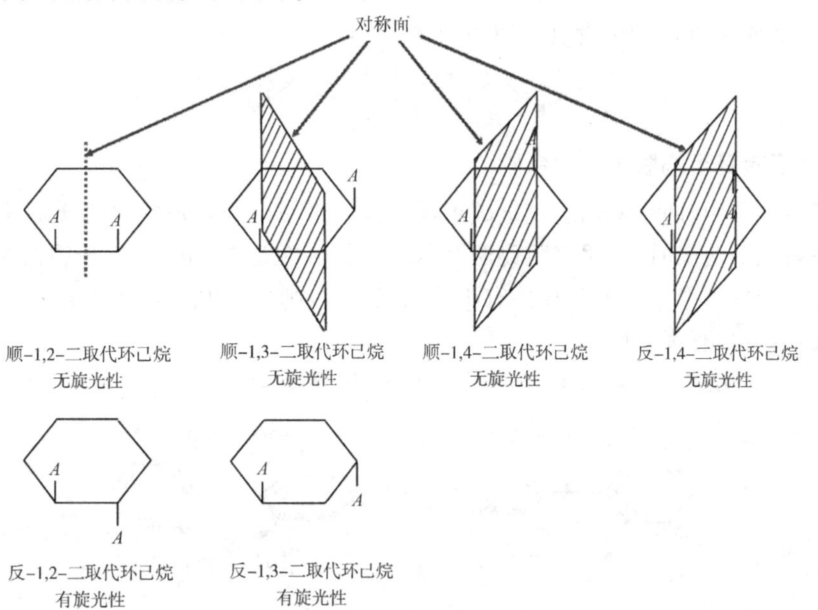

以上结果表明,顺式的二取代环己烷都存在对称面,没有旋光性;反式异构体中,反-1,4-二取代环己烷存在对称面,没有旋光性,反-1,2-二取代环己烷、反-1,3-二取代环己烷有旋光性。

第四节　不含有手性碳原子化合物的对映异构

大部分具有手性的分子都存在手性碳原子,但存在手性碳原子的分子不一定都具有手性;具有手性的分子不一定都存在手性碳原子。判断一个化合物是否具有手性,关键是看其分子是否具有对称因素。下面介绍两类不含手性碳原子化合物的对映异构。

一、丙二烯型化合物

在丙二烯型分子中,中间的双键碳原子是 sp 杂化的,两端的双键碳原子是 sp^2 杂化的。中间的双键碳原子分别以两个相互垂直的 p 轨道,与两端的双键碳原子的 p 轨道重叠形成两个相互垂直的 π 键。两端的双键碳原子上各连接的两个基团,分别处在相互垂直的平面上。当两端的双键碳原子上各连接有不同基团时,则分子中既无对称面也无对称中心,分子具有手性,也就具有旋光性。例如,2,3-戊二烯分子存在一对对映体。

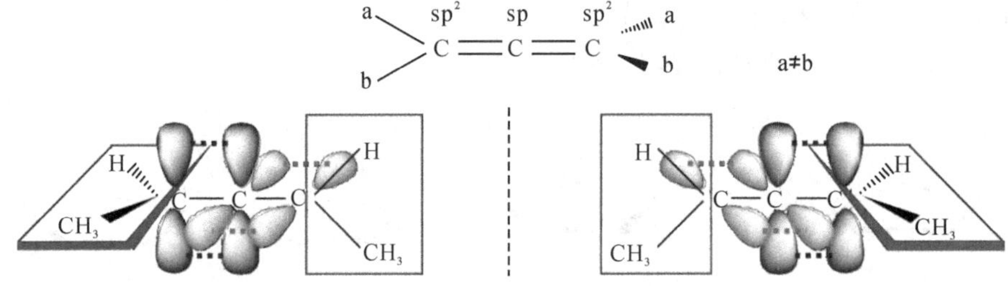

如果双键任何一端或两端的碳原子连接有相同的基团,分子就会存在对称面,就不会有旋光性,就不存在对映体。

如果用两个环替代 2,3-戊二烯的两个双键,则所得到的螺环化合物也应当存在对映体。例如 2,6-二甲基螺[3.3]庚烷存在一对对映体。

二、单键旋转受阻的联苯型化合物

在联苯型分子中,两个苯环通过碳碳单键相连。当两个苯环连接单键碳原子的邻位上都连接有体积较大的基团时,基团将阻碍两个苯环绕碳碳单键的自由旋转,使得两个苯环不能在同一平面上。当每一个苯环上各连接有不同的基团时,则分子中既无对称面又无对称中心,分子具有手性,也就具有旋光性。

例如,2,2′-二羧基-6,6′-二硝基联苯分子存在一对对映体。

问题与思考

判断下列化合物哪些具有旋光性？为什么？

(1)
COOH
H—┼—OH
Cl—┼—OH
COOH

(2)
COOH
Cl—┼—OH
Cl—┼—OH
COOH

(3)
NO_2 COOH
NO_2 $C(CH_3)_3$

第五节　立体化学在反应历程中的应用

研究物质分子立体结构及其对理化性质影响的化学，叫做立体化学。立体化学又有静态立体化学和动态立体化学之分。静态立体化学是研究分子未涉及反应过程时的立体结构及其对性质的影响；动态立体化学是研究化学反应过程中分子的立体结构将如何变化。前面已讨论的构型、构象等都属于静态立体化学的范畴。研究动态立体化学对于反应历程的探讨和理解都是十分重要的。

一、立体化学在亲电加成反应中的应用

例如顺 2 -丁烯与 Br_2 进行加成反应时，如果是顺式加成，两个溴离子从分子平面的同侧加到两个双键碳原子上，应该得到内消旋的 2,3 -二溴丁烷。

CH_3 C=C CH_3　$Br^{\delta+}$—$Br^{\delta-}$　顺式加成→

CH_3
H—┼—Br
H—┼—Br
CH_3
内消旋体

但实验事实证明，加成得到的是外消旋体的 2,3 -二溴丁烷，即产物为一对对映体。这表明反应不是顺式加成，而是反式加成的。现在普遍认同的反应历程是：溴分子先与烯烃反应，形成溴鎓离子和 Br^-，然后 Br^- 从溴鎓离子背面进攻原双键的两个碳原子，分别得到（Ⅰ）和（Ⅱ）两种产物，二者互为对映体。由于 Br^- 进攻两个碳原子的机会均等，因此是最终产物是外消旋体。

CH_3 C=C CH_3 + $Br^{\delta+}$—$Br^{\delta-}$ → Br^- + (Ⅰ)(Ⅱ) 溴鎓离子 反式加成→

(Ⅰ)
CH_3
Br—┼—H
H—┼—Br
CH_3

(Ⅱ)
CH_3
H—┼—Br
Br—┼—H
CH_3

外消旋体

二、立体化学在亲核取代反应中的应用

在化合物的手性碳原子上发生亲核取代反应时，若按 S_N1 历程进行，产物总是外消旋化的：即一部分产物的构型和反应物的相同，叫作构型保持产物；另一部分产物的构型和反应物构型相反，叫作构型转化产物。S_N1 反应发生外消旋化的原因，是离去基团离去后，生成的碳正离子中间体为一平面结构，亲核试剂能从平面的两侧进攻，因此产物既有构型保持产物，也有构型转化产物。例如：

$$Nu^- + R_1-\overset{+}{C}(R_2)(R_3) \longrightarrow R_1-C(Nu)(R_2)(R_3) + R_1-C(R_3)(R_2)(Nu)$$

构型保持　　构型转化

本 章 小 结

(1)能使偏振光振动平面旋转的物质称为旋光性物质，旋转的角度称为旋光度，用“α”表示。使偏振光振动平面向逆时针旋转的物质称为左旋体，用“－”表示；顺时针旋转的物质称为右旋体，用“＋”表示。旋光度是变量，若规定溶液的浓度为 $1\ g \cdot mL^{-1}$，旋光管的长度为 1 dm，此时测得的旋光度称为比旋光度，它是一个常数，用$[\alpha]_\lambda^t$表示，与旋光度的关系是：

$$[\alpha]_\lambda^t = \frac{\alpha}{l \cdot c}$$

(2)物质的旋光性是由分子的手性引起的，如果分子不能与其镜像重合，这种分子就具有手性，也就具有旋光性。通常用对称面和对称中心这两个对称因素来判断分子是否具有手性。存在对称面或对称中心的分子没有手性，没有旋光性；既无对称面又无对称中心的分子具有手性，也具有旋光性。与四个不同的基团连接的碳原子称为手性碳原子，多数旋光性物质的分子中都存在手性碳原子，但含手性碳原子的分子不一定具有手性，不含手性碳原子的分子不一定不具有手性。

(3)分子的立体结构常用透视式或费歇尔投影式表示。用透视式表示比较直观，但书写麻烦；费歇尔投影式以平面式表示分子的立体构型，应用时要特别注意：在纸平面上可以旋转180°或其整数倍，但不能在纸平面上旋转 90°或 270°，也不能离开纸平面翻转。观察费歇尔投影式时，要注意“横前竖后”。

(4)分子的构型可用 D/L 标记法或 R/S 标记法标记。用 D/L 标记法确定分子的构型时，以甘油醛作参照物，将费歇尔投影式中手性碳原子上羟基在左侧的标记为 L 构型，在右侧的标记为 D 构型，这种构型称为相对构型。用 R/S 标记法确定分子的构型时，先排次序，后定方向。如果以透视式表示的构型，第一步按次序规则将手性碳原子上的四个基团排序，将排在最后的基团放在离眼睛最远的位置，按先后次序观察其余三个基团的排列方向，顺时针排列的标记为 R 型，逆时针排列的标记为 S 型；如果以费歇尔投影式表示的构型，先将手性碳原子上的四个基团按次序规则由大到小排序，然后观察最小基团是在横线上还是在竖线上，如果在横线上，其余三个基团由大到小的顺序顺时针方向为 S，逆时针方向为 R；如果最小基团在竖线上，其余三个基团由大到小的顺序顺时针方向为 R，逆时针方向为 S。

(5)互为实物和镜像关系的异构体互为对映体，其中一个是左旋体，另一个是右旋体。对

映体除旋光方向相反，生理作用不同外，其他理化性质完全相同。不呈实物和镜像关系的异构体叫作非对映体。非对映体的物理性质不同，化学性质基本相同，等量的左旋体和右旋体组成的混合物称为外消旋体，用“±”表示。外消旋体不仅无旋光性，物理性质也与单纯的左旋体或右旋体不同，化学性质和相应的左旋体或右旋体基本相同。分子中虽然含有手性碳原子，但由于分子中存在对称因素，从而不显示旋光性的化合物叫作内消旋体。

习　题

7-1.举例说明。

(1)分子具有旋光性的必要条件是什么？

(2)含有手性碳原子的分子是否一定具有旋光性？

(3)没有手性碳原子的化合物是否可能有对映体？

7-2.写出下列各化合物所有对映体的费歇尔投影式，指出哪些是对映体，哪些是非对映体，哪个是内消旋体，并用 R/S 标记法标记手性碳原子的构型。

(1)2-甲基-3-戊醇　　(2)3-苯基-3-氯丙烯

(3)2,3-二氯戊烷　　(4)2,3-二氯丁烷

(5)S-2-溴丁烷　　(6)R-2-氯-1-丙醇

7-3.从人体和生活当中列举出五种具有手性的器官和用品。

7-4.用 R/S 标记法标记下列化合物的构型，并命名。

(1) 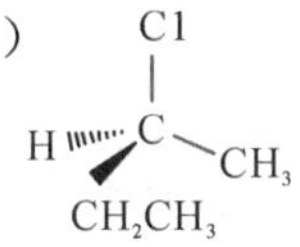 Cl；H、C、CH_3；CH_2CH_3

(2) 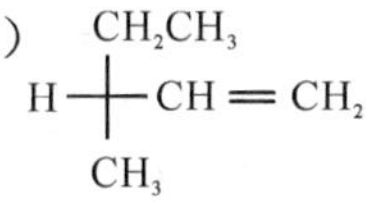 CH_2CH_3；H—┼—$CH=CH_2$；CH_3

(3) 环己基；H—┼—$CH=CH_2$；CH_3

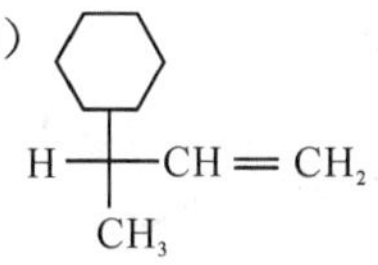

(4) 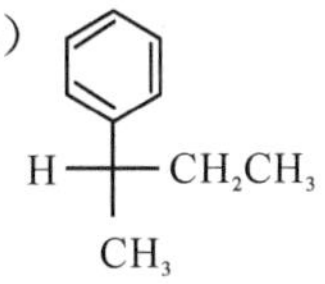 苯基；H—┼—CH_2CH_3；CH_3

(5) 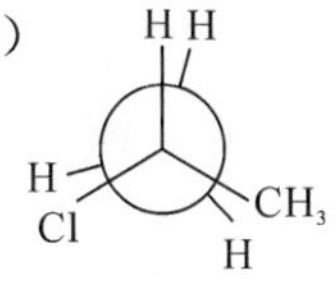 H H；H、Cl；CH_3、H

(6) 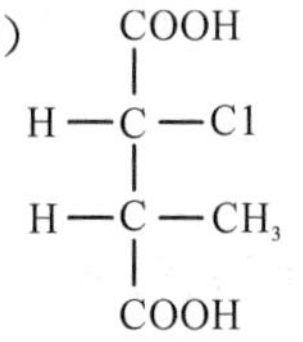 COOH；H—C—Cl；H—C—CH_3；COOH

(7) 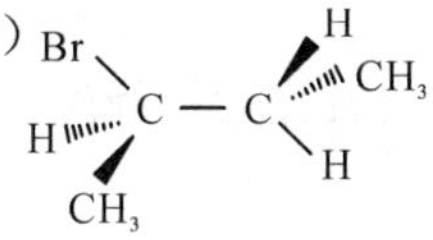 Br、H、C—C、H、CH_3、H；CH_3

(8)

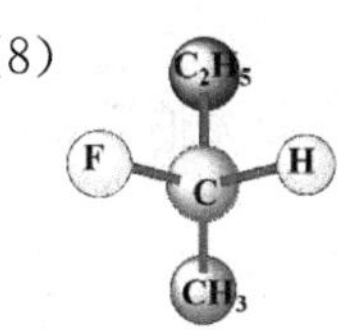

7-5.指出下列各组化合物是对映体或非对映体，还是相同分子。

(1) 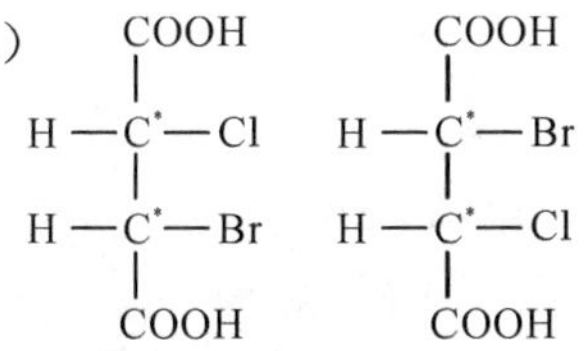 COOH；H—C*—Cl；H—C*—Br；COOH　　COOH；H—C*—Br；H—C*—Cl；COOH

(2) 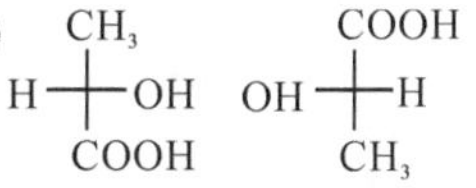 CH_3；H—┼—OH；COOH　　COOH；OH—┼—H；CH_3

(3) COOH；H、C、CH_3；CH_2CH_3　　COOH；CH_3、C、H；CH_2CH_3

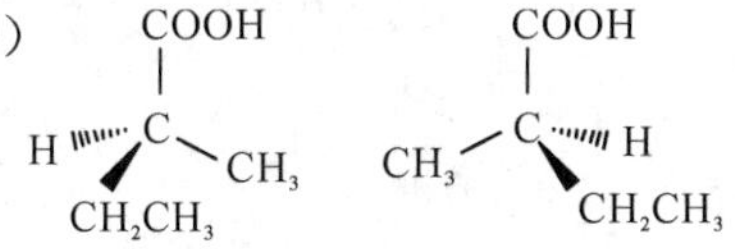

(4) 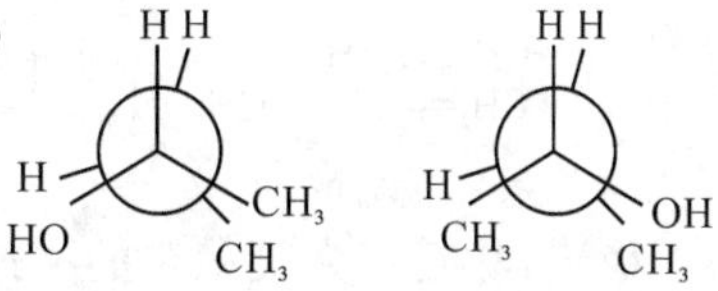 H H；H、HO；CH_3、CH_3

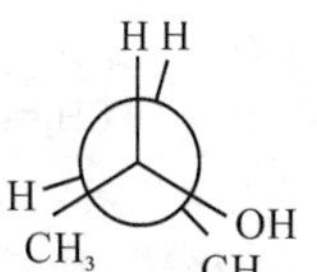

(5) 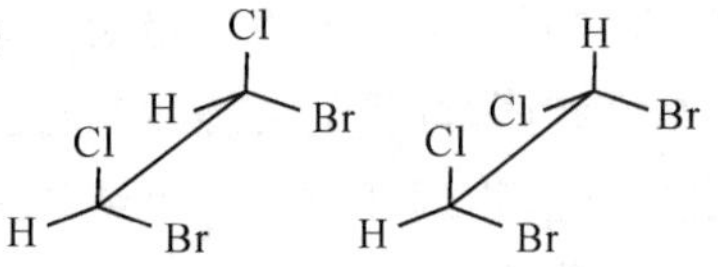 (6)

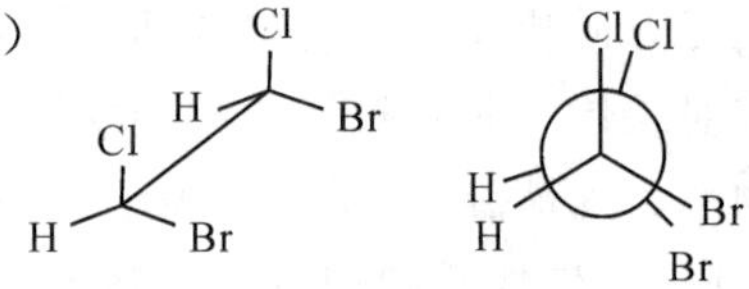

7-6.用丙烷进行氯代反应,生成四种二氯丙烷 A、B、C 和 D,其中 D 具有旋光性。当进一步氯代生成三氯丙烷时,A 得到一种产物,B 得到两种产物,C 和 D 各得到三种产物。写出 A、B、C 和 D 的结构式。

7-7.某旋光性化合物 C_5H_9Cl,催化加氢后生成无旋光性的化合物 $C_5H_{11}Cl$,试推测化合物 C_5H_9Cl 和 $C_5H_{11}Cl$ 的结构式。

7-8.化合物 A(C_8H_{12})有旋光性,催化加氢得 B(C_8H_{18}),无旋光性。将 A 用林德拉催化剂小心氢化得 C(C_8H_{14})有旋光性,而 A 在 Na+NH_3(液)中反应得 D(C_8H_{14}),无旋光性。试推断 A、B、C、D 的结构式。

第八章 醇 酚 醚

醇、酚、醚是烃的含氧衍生物之一。醇和酚的分子中均含有羟基(—OH)。醇是烃分子中的氢原子被—OH 取代的化合物;酚是苯环上的氢原子被—OH 取代的化合物;醇或酚中羟基上的氢原子被烃基取代生成的化合物叫作醚。

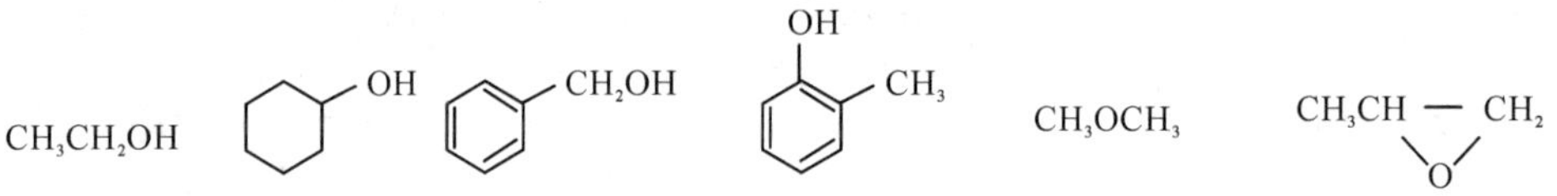

CH_3CH_2OH 　 CH_2OH 　 OH CH_3 　 CH_3OCH_3 　 $CH_3CH—CH_2$ O

醇 　 酚 　 醚

第一节 醇

一、醇的分类和命名

(一)醇的分类

根据与羟基相连碳原子类型的不同,醇可分为伯醇、仲醇、叔醇,或者称为一级醇、二级醇、三级醇。例如:

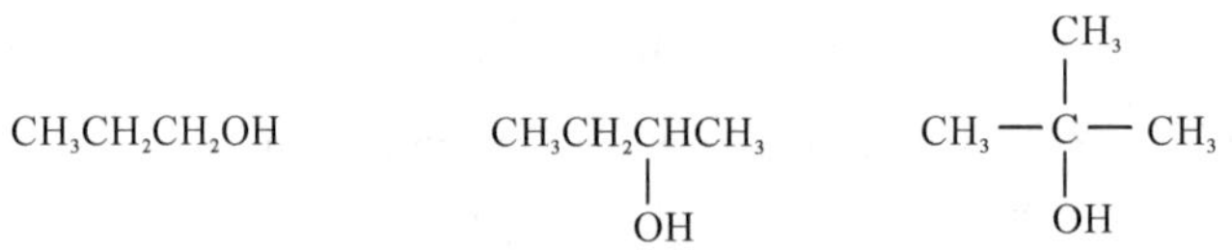

$CH_3CH_2CH_2OH$ 　 $CH_3CH_2CHCH_3$ (OH) 　 $CH_3—C(CH_3)(OH)—CH_3$

伯醇 　 仲醇 　 叔醇

一级醇(1° 醇) 　 二级醇(2° 醇) 　 三级醇(3° 醇)

根据与羟基相连烃基类型的不同,醇可分为脂肪醇、脂环醇、芳香醇、烯醇。

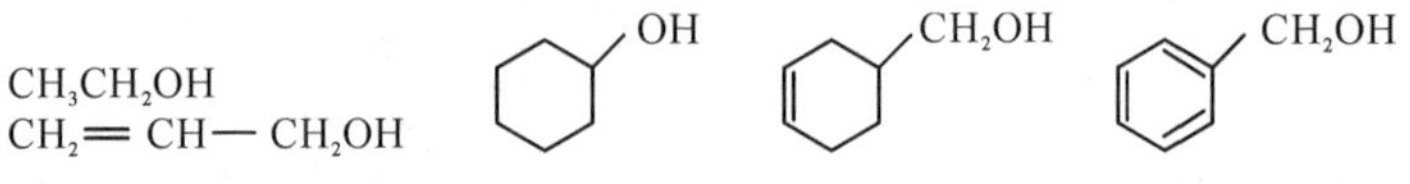

CH_3CH_2OH
$CH_2=CH—CH_2OH$ 　 OH 　 CH_2OH 　 CH_2OH

脂肪醇 　 脂环醇 　 芳香醇

烯醇不稳定,易互变为较稳定的醛或酮。

$$[CH_2=CH-OH] \rightleftharpoons CH_3CH=O$$

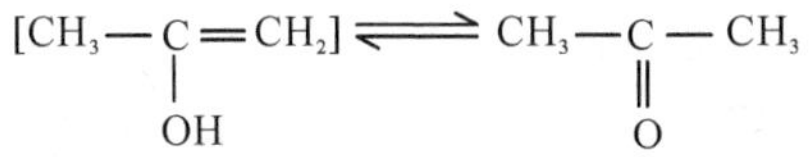

$$[CH_3-\underset{\underset{OH}{|}}{C}=CH_2] \rightleftharpoons CH_3-\underset{\underset{O}{\|}}{C}-CH_3$$

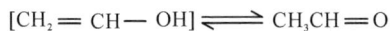

根据分子中所连羟基的数目，醇分为一元醇、二元醇、多元醇等。

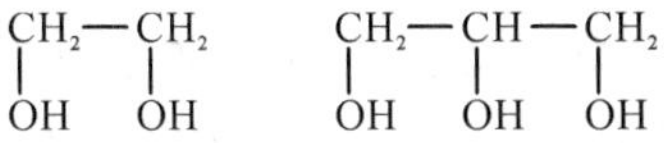

$$\underset{OH}{\underset{|}{CH_2}}-\underset{OH}{\underset{|}{CH_2}} \qquad \underset{OH}{\underset{|}{CH_2}}-\underset{OH}{\underset{|}{CH}}-\underset{OH}{\underset{|}{CH_2}}$$

乙二醇 丙三醇

多元醇相邻碳原子各连接有一个羟基的多元醇又称为邻二醇，或称为 α-二醇。

同一个碳原子上连接有多个羟基的多元醇不稳定，易失水而生成羰基化合物或酸。例如：

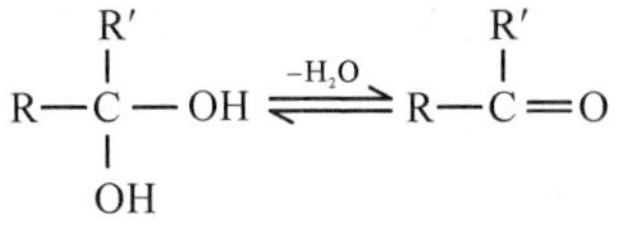

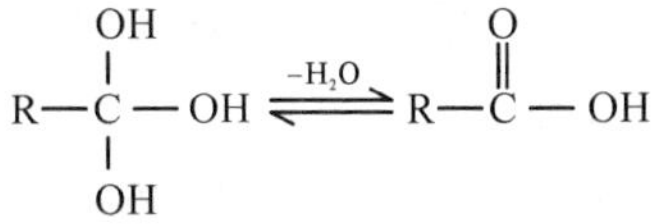

$$R-\overset{\overset{R'}{|}}{\underset{\underset{OH}{|}}{C}}-OH \xrightleftharpoons{-H_2O} R-\overset{\overset{R'}{|}}{C}=O$$

$$R-\overset{\overset{OH}{|}}{\underset{\underset{OH}{|}}{C}}-OH \xrightleftharpoons{-H_2O} R-\overset{\overset{O}{\|}}{C}-OH$$

(二)醇的命名

醇的命名有习惯命名法和系统命名法。

1.习惯命名法

结构简单的醇可用习惯命名法命名，其命名规则类似于卤代烃的习惯命名，即烃基的名称加醇。例如：

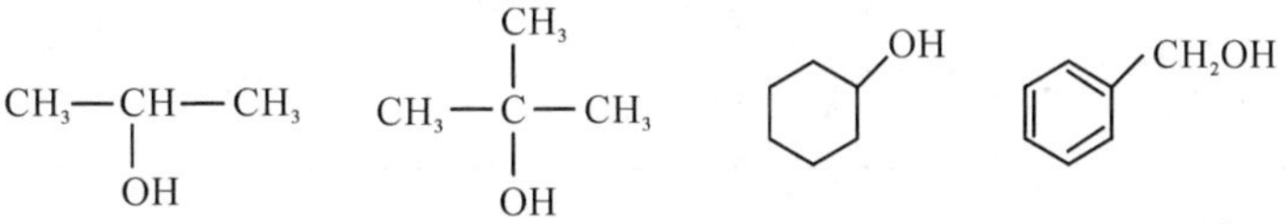

$$CH_3-\underset{\underset{OH}{|}}{CH}-CH_3 \qquad CH_3-\overset{\overset{CH_3}{|}}{\underset{\underset{OH}{|}}{C}}-CH_3$$

异丙醇 叔丁醇 环己醇 苄醇

2.系统命名法

饱和脂肪一元醇的命名，选择连有羟基的最长碳链作为主链，根据主链上碳原子总数称为某醇。编号从离羟基最近的一端开始。例如：

$$CH_3\underset{\underset{CH_3}{|}}{CH}CH_2\underset{\underset{OH}{|}}{CH}CH_3 \qquad CH_3\underset{\underset{CH_3}{|}}{CH}CH_2\underset{\underset{OH}{|}}{CH}CH_2CH_3$$

4-甲基-2-戊醇 5-甲基-3-己醇

不饱和脂肪一元醇的命名，选择既含有不饱和键又含有羟基的最长碳链作主链，编号仍从靠近羟基的一端开始。根据主链上碳原子总数，以及双键和羟基的位置，确定母体名称为几-某烯-几-醇，取代基写在母体名称前面。例如：

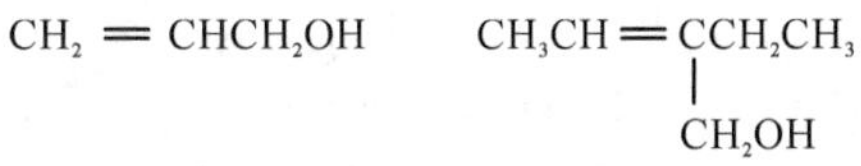

$$CH_2=CHCH_2OH \qquad CH_3CH=\underset{\underset{CH_2OH}{|}}{C}CH_2CH_3$$

2-丙烯-1-醇 2-乙基-2-丁烯-1-醇

脂环族一元醇的命名，如果羟基和碳环直接相连，应以环醇为母体命名。例如：

顺-2-甲基环己醇 2-环己烯醇

如果羟基和侧链烃基相连，则将环作为取代基。例如：

$$\text{C}_6\text{H}_{11}\text{—}CH_2CH_2OH \qquad \text{C}_6\text{H}_{11}\text{—}\underset{\displaystyle OH}{\underset{|}{CH}}CH_3$$

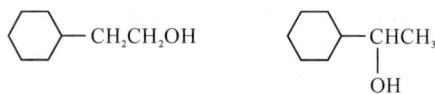

2-环己基乙醇　　1-环己基乙醇

芳香族一元醇的命名，苯环作为取代基，其他命名原则遵循脂肪醇的命名原则。例如：

$$C_6H_5\text{—}CH_2\underset{\displaystyle OH}{\underset{|}{CH}}CH_3 \qquad C_6H_5\text{—}CH_2CH_2\underset{\displaystyle OH}{\underset{|}{CH}}\text{—}CH{=}CH_2$$

1-苯基-2-丙醇　　5-苯基-1-戊烯-3-醇

多元醇的命名，选主链时尽可能选取连羟基最多的最长碳链作为主链，根据主链上的碳原子总数以及羟基的数目称为某几醇。例如：

$$CH_3\text{—}\underset{\displaystyle OH}{\overset{\displaystyle CH_3}{C}}\text{—}\underset{\displaystyle OH}{\overset{\displaystyle CH_3}{C}}\text{—}CH_3 \qquad HOCH_2CH_2\underset{\displaystyle CH_2OH}{\underset{|}{C}}HCH_2OH$$

2,3-二甲基-2,3-丁二醇　　2-羟甲基-1,4-丁二醇

问题与思考

用系统命名法命名下列化合物。

(1) $\text{C}_6\text{H}_{11}\text{—}CH_2\underset{\displaystyle OH}{\underset{|}{CH}}CH_3$　(2) $CH_2{=}CHCH_2\underset{\displaystyle CH_3}{\underset{|}{CH}}OH$　(3) $CH_3\text{—}\underset{\displaystyle Cl}{\underset{|}{CH}}\text{—}\underset{\displaystyle OH}{\overset{\displaystyle CH_3}{C}}\text{—}CH_3$　(4) $CH_3CH_2\underset{\displaystyle CH_2OH}{\underset{|}{CH}}CH_2OH$

拓展知识

醇的系统命名新规则　醇的系统命名有官能团类别名、取代名。

官能团类别名类似原命名规则的习惯命名，烃基名＋醇。

取代名　①一元醇的命名：醇的取代名以“醇”为后缀。选择含有—OH的最长碳链作为母体氢化物，从靠近—OH的一端开始编号，用阿拉伯数字表示取代基和—OH的位次。例如：

$$\overset{6}{C}H_3\overset{5}{\underset{\displaystyle CH_3}{\underset{|}{C}}}H\overset{4}{C}H_2\overset{3}{\underset{\displaystyle OH}{\underset{|}{C}}}H\overset{2}{C}H_2\overset{1}{C}H_3 \qquad CH_3CH{=}\overset{2}{\underset{\displaystyle {}^{1}CH_2OH}{\underset{|}{C}}}\overset{3}{C}H_2\overset{4}{C}H_2\overset{5}{C}H_3 \qquad C_6H_5\text{—}\overset{2}{C}H_2\overset{1}{C}H_2OH$$

5-甲基己-3-醇　　2-乙亚基戊-1-醇　　2-苯基乙-1-醇

5-methylhexan-3-ol　　2-ethylidenepentan-1-ol　　2-phenylethan-1-ol

②多元醇的命名：尽量选择连有多个—OH的最长碳链作为母体氢化物，用汉字“二”“三”……表示醇羟基的个数。当出现无法都在后缀中表示醇羟基的状况，这里需要合理地选择母体氢化物，选择一个羟基作为主特性基团(官能团)，其他羟基作为取代基(前缀)。例如：

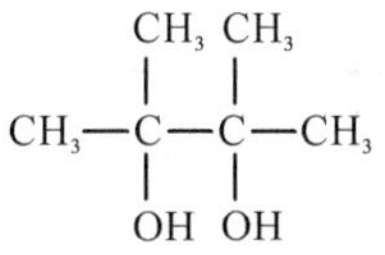

2,3-二甲基丁-2,3-二醇

2,3-dimethylbutan-2,3-diol

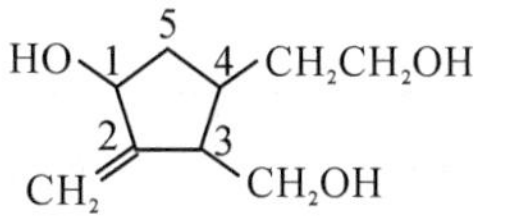

4-(2-羟基乙基)-3-(羟基甲基)-2-甲亚基环戊-1-醇

4-(2-hydroxyethyl)-3-(hydroxymethyl)-2-methylidencyclotentan-1-ol

（注：环上的取代基最多，故选环上的羟基为主特性基团）

二、醇的结构

醇分子中—OH官能团的氧原子在成键时发生不等性的 sp^3 杂化，利用一个 sp^3 杂化轨道和碳原子 sp^3 杂化轨道形成 C—O σ 键，利用另一个 sp^3 杂化轨道和氢原子 1s 轨道形成 O—H σ键。剩余的两个 sp^3 杂化轨道被两对未共用电子占据。由于两对未共用电子对的相互排斥和挤压，使醇分子的 C—O—H 键角小于 109.5°，为 108.9°(见图 8-1)。

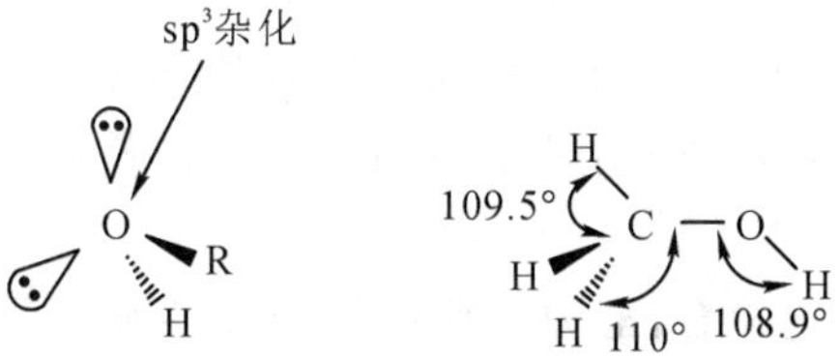

图 8-1 醇的分子结构

三、醇的物理性质和光谱性质

(一)物理性质

低级饱和一元醇是无色透明而又比水轻的液体。甲醇、乙醇、丙醇带有酒味；丁醇开始到十一醇具有难闻的气味；十二个碳以上的醇为无色蜡状固体。二元醇和多元醇具有甜味，故乙二醇称甘醇，丙三醇称甘油。一些醇的物量常数见表 8-1。

表 8-1 常见醇的物理常数

名称	构造式	熔点/℃	沸点/℃	密度/($g \cdot cm^{-3}$)(20 ℃)	折射率
甲醇	CH_3OH	−93.9	64.7	0.7914	1.2388
乙醇	CH_3CH_2OH	−117.3	78.3	0.7893	1.3611
正丙醇	$CH_3CH_2CH_2OH$	−126.5	97.4	0.8035	1.3850
异丙醇	$(CH_3)_2CHOH$	−89.5	82.4	0.7856	1.3776
正丁醇	$CH_3(CH_2)_3OH$	−89.5	117.2	0.8098	1.3993
异丁醇	$(CH_3)_2CHCH_2OH$	−108.0	108.1	0.8018	1.3968
仲丁醇	$CH_3CHOHCH_2CH_3$	−115.0	99.5	0.8063	1.3978
叔丁醇	$(CH_3)_3COH$	25.5	82.3	0.7887	1.3878
正戊醇	$CH_3(CH_2)_4OH$	−79.0	137.3	0.8144	1.4101
正己醇	$CH_3(CH_2)_5OH$	−52.0	158.0	0.8136	1.4178
环己醇	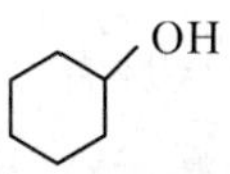	25.1	161.1	0.9624	1.4641
烯丙醇	$CH_2=CHCH_2OH$	−129.0	97.1	0.8540	1.4135

续表

名称	构造式	熔点/℃	沸点/℃	密度/$(g\cdot cm^{-3})$ (20 ℃)	折射率
苄醇	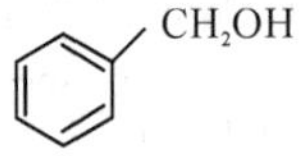 $C_6H_5CH_2OH$	−15.3	205.3	1.0419	1.5396
乙二醇	$HOCH_2CH_2OH$	−11.5	198.0	1.1088	1.4318
丙三醇	$HOCH_2CHOHCH_2OH$	18.0	290.0(分解)	1.2613	1.4746

从表 8－1 中可以看出，醇的沸点比相对分子质量相近的烷烃高很多，比如甲醇的相对分子质量为 32，其沸点为 64.7 ℃。与甲醇相对分子质量相近的乙烷(相对分子质量为 30)的沸点为－88.6 ℃。随着碳原子数的增加，直链饱和一元醇的沸点越来越接近烷烃的沸点。

低级醇在水中有很好的溶解性，比如甲醇、乙醇、丙醇在室温下能与水混溶。从丁醇开始，水溶性显著降低，10 个碳以上醇的水溶性与烷烃差不多，几乎不溶于水。

为什么醇的沸点比相应的烷烃高很多？为什么低级醇易溶于水，随着碳原子数的增加，水溶性会大大减小？

醇分子之间可以通过氢键缔合，醇要沸腾时不仅要克服分子间的范德华力，还要克服氢键，因此醇的沸点相对较高。随着烃基的增大，羟基在整个分子中所占比例越来越小，同时烃基对醇形成氢键的阻碍越来越大，因此醇的沸点随着碳原子数的增加，沸点增加的趋势越来越小，越来越接近于烷烃的沸点。对于同分异构体的醇，支链越多，沸点越低。

氢键20 kJ/mol

不仅醇之间可以形成氢键，醇和水之间也可以形成氢键：

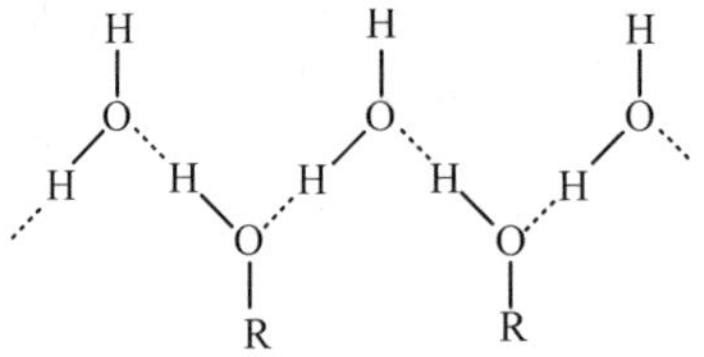

低级醇如甲醇、乙醇和丙醇很容易与水分子形成氢键，因此易溶于水。随着烃基的增大，水溶性逐渐降低直至不溶。其原因与烃基对沸点影响相同。

另外，醇能与某些无机盐生成结晶醇化物。例如 $MgCl_2\cdot 6CH_3OH$、$MgCl_2\cdot 6CH_3CH_2OH$、$CaCl_2\cdot 4CH_3OH$、$CaCl_2\cdot 4CH_3CH_2OH$ 等。结晶醇化合物溶于水，不溶于有机溶剂。因此，在实验室中不能用无水氯化钙干燥醇类，但可以利用醇的这一性质除去合成产物中少量的醇。例如除去乙醚中混有的少量乙醇常用无氯化钙。

(二)光谱性质

红外光谱：醇的 O－H 键伸缩振动在 3200～3600 cm^{-1} 区域有一个强而宽的吸收峰。游离未缔合的 O－H 的吸收峰出现在 3500～3650 cm^{-1} 区域：峰尖，强度不定；缔合羟基的吸收峰在 3200～3400 cm^{-1} 区域。C－O 键的伸缩振动引起的吸收峰在 1000～1200 cm^{-1} 区域。利用吸收峰的位置可以确定伯醇、仲醇或叔醇。伯醇吸收峰在 1050 cm^{-1}附近，仲醇在 1100 cm^{-1}附近，叔醇在 1150 cm^{-1}附近。

例如：2-丁醇在 CCl_4溶液中的红外光谱(见图 8-2)。

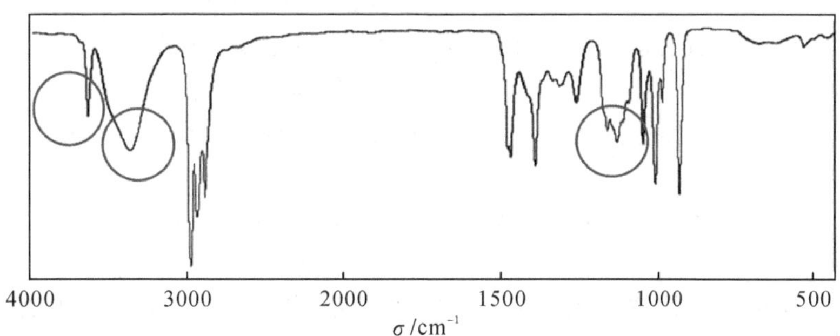

图 8-2　2-丁醇在 CCl_4溶液中的红外光谱图

图 8-2 中，3630 cm^{-1}为未缔合的 O—H 键的伸缩振动，3360 cm^{-1}为缔合的 O—H 键的伸缩振动；1110 cm^{-1}为 C—O 键的伸缩振动。

核磁共振谱：醇中羟基质子(O—H)的核磁共振吸收由于受氢键的影响向高场移动，其化学位移 δ 值与形成氢键的数量有关。例如乙醇的核磁共振谱图(见图 8-3)。

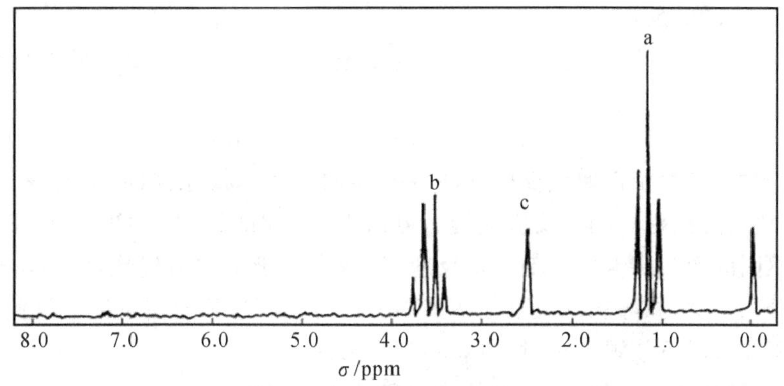

图 8-3　乙醇的核磁共振谱图

a 是甲基—CH_3质子的吸收峰，δ 值为 1.1；b 是亚甲基—CH_2—质子的吸收峰，δ 值为 3.7；c 为羟基—OH 质子的吸收峰，δ 值为 2.6。如果没有氢键的存在，羟基—OH 质子的吸收峰位置应该在最高化学位移处。

四、醇的化学性质

醇分子中的 C—O 键和 O—H 键都是较强的极性键，对醇的性质起着决定性作用。由于氧原子的电负性比碳原子和氢原子大，因此氧原子上有较大的电子云密度；又由于羟基吸电子诱导效应的影响，增强了 α-H 和 β-H 的活性。醇的化学性质主要表现在：

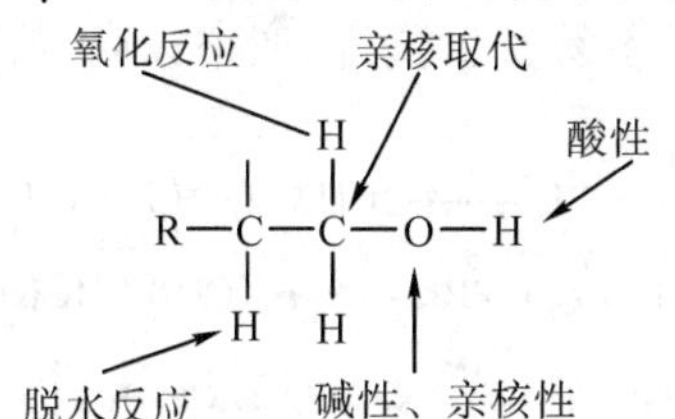

(一)醇的酸性

醇羟基上的氢与活泼金属如 Na、K、Al 等反应放出氢气,表现出一定的酸性,但酸性比水弱。

$$2CH_3CH_2OH + 2Na \longrightarrow \underset{\text{乙醇钠}}{2CH_3CH_2ONa} + H_2\uparrow$$

$$2(CH_3)_3COH + 2K \longrightarrow \underset{\text{叔丁醇钾}}{2(CH_3)_3COK} + H_2\uparrow$$

$$6(CH_3)_2CHOH + 2Al \longrightarrow \underset{\text{异丙醇铝}}{2[(CH_3)_2CHO]_3Al} + 3H_2\uparrow$$

不同烃基结构的醇与活泼金属反应的活性次序为:水>甲醇>伯醇>仲醇>叔醇。烃基连接在氧原子上会给羟基提供一定的电子,降低了羟基 O—H 键的极性,即增强了 O—H 键的强度,因此醇的酸性比水的酸性弱。羟基上所连接烃基的供电子性越强,O—H 键的强度会越大,酸性就越弱。

由于醇的酸性比水弱,其共轭碱烷氧基(RO—)的碱性就比羟基(—OH)强,因此醇盐遇水会分解为醇和金属氢氧化物。

$$RCH_2ONa + H_2O \longrightarrow RCH_2OH + NaOH$$

(二)醇和氢卤酸的反应

醇和氢卤酸反应,X^- 原子取代醇—OH,发生亲核取代反应,主要生成卤代烃和水。反应式为:

$$R—OH + HX \rightleftharpoons R—X + H_2O$$

结构不同的醇,发生亲核取代反应的活性差异比较大。叔醇、烯丙型的醇、苄基型的醇最易发生亲核取代;仲醇、伯醇相对反应较慢。可以用无水 $ZnCl_2$/浓 HCl 溶液(又称为卢卡斯试剂)鉴别活性不同的醇。卢卡斯试剂与醇反应,生成不溶于水的卤代烃,溶液出现浑浊或者分层现象。烯丙醇、苄醇、叔醇在室温下很快出现浑浊,并分层;仲醇在室温下放置 5~10 分钟后出现浑浊;伯醇在室温下放置几小时,也看不到浑浊。

一般情况下醇和氢卤酸的反应,大部分伯醇是按 S_N2 进行的。

$$X^- + R—\overset{+}{O}H_2 \longrightarrow [\overset{\delta^-}{X} \cdots R \cdots \overset{\delta^+}{O}H_2] \longrightarrow R—X + H_2O$$

叔醇、烯丙式醇、苄醇以及大多数仲醇,反应是按 S_N1 历程进行的。

$$(CH_3)_3C—OH \xrightarrow{HX} \underset{\text{鉾盐}}{(CH_3)_3C—\overset{+}{O}H_2} \longrightarrow (CH_3)_3C^+ + H_2O$$

$$(CH_3)_3C^+ + X^- \longrightarrow (CH_3)_3C—X$$

(三)醇与卤化磷或亚硫酰氯反应

醇与三卤化磷、五卤化磷或亚硫酰氯反应生成相应的卤代烃,可用于制备卤化烃。与三卤化磷的反应常用于制备溴代烃或碘代烃;与五氯化磷或亚硫酰氯的反应常用于制备氯代烃。这些反应具有速度快、条件温和、不易发生重排、产率较高、易分离等优点。

例如:

$$CH_3CH_2CH_2OH + PI_3 \longrightarrow CH_3CH_2CH_2I + H_3PO_3$$

$$(CH_3)_2CHCHOHCH_3 + PBr_3 \longrightarrow (CH_3)_2CHCHBrCH_3 + H_3PO_3$$

$$CH_3CH_2OH + SOCl_2 \xrightarrow{\text{吡啶}} CH_3CH_2Cl + HCl\uparrow + SO_2\uparrow$$

(四)醇的脱水反应

醇在酸性催化剂作用下,加热容易脱水,发生分子间脱水生成醚,分子内脱水则生成烯烃。

1.分子间脱水

醇在较低的温度下,主要发生的是分子间脱水。例如:

$$2CH_3CH_2OH \xrightarrow[140\ ℃]{浓H_2SO_4} CH_3CH_2OCH_2CH_3 + H_2O$$

反应历程是:

$$CH_3CH_2OH + H_2SO_4 \longrightarrow CH_3CH_2\overset{+}{O}H_2 + HSO_4^-$$

$$CH_3CH_2\ddot{\underset{..}{O}}H + \underset{\displaystyle CH_3}{\underset{|}{CH_2}}\overset{+}{O}H_2 \longrightarrow [CH_3CH_2\underset{\displaystyle H}{\underset{|}{\overset{\delta^+}{O}}} \cdots \underset{\displaystyle CH_3}{\underset{|}{CH_2}} \cdots \overset{\delta^+}{O}H_2]$$

$$\xrightarrow{-H_2O} CH_3CH_2\underset{\displaystyle H}{\underset{|}{\overset{+}{O}}}CH_2CH_3 \xrightarrow{-H^+} (CH_3CH_2)_2O$$

不同的醇发生分子间脱水会生成三种醚的混合物,在制备上没有实际意义。

$$ROH + R'OH \xrightarrow[\triangle]{H^+} ROR + R'OR' + ROR'$$

2.分子内脱水

醇在较高温度下发生分子内脱水,产物是烯烃。醇分子内脱水属于β-消除反应,与卤代烃脱卤化氢的反应类似,一般情况产物遵循查衣采夫规则,不同结构的醇反应活性大小次序为:叔醇>仲醇>伯醇。例如:

$$CH_3CH_2OH \xrightarrow[170℃]{浓H_2SO_4} CH_2{=}CH_2 + H_2O$$

$$CH_3CH_2CH_2\underset{\displaystyle OH}{\underset{|}{C}}HCH_3 \xrightarrow[87℃]{62\%H_2SO_4} \underset{80\%}{CH_3CH_2CH{=}CHCH_3} + \underset{20\%}{CH_3CH_2CH_2CH{=}CH_2}$$

$$CH_3CH_2-\underset{\displaystyle OH}{\underset{|}{\overset{\displaystyle CH_3}{\overset{|}{C}}}}CH_3 \xrightarrow[81℃]{46\%H_2SO_4} \underset{84\%}{CH_3CH{=}\overset{\displaystyle CH_3}{\overset{|}{C}}CH_3} + \underset{16\%}{CH_3CH_2\overset{\displaystyle CH_3}{\overset{|}{C}}{=}CH_2}$$

有些醇脱水时不遵循查衣采夫规则,反应生成更稳定的烯烃。例如:

$$C_6H_5-CH_2-\underset{\displaystyle OH}{\underset{|}{C}}H-CH(CH_3)_2 \xrightarrow[81℃]{浓H_2SO_4} C_6H_5-CH{=}CH-CH(CH_3)_2$$

醇按E1进行消除时,形成的碳正离子中间体往往会发生重排,生成更稳定的重排产物。例如:

$$CH_3\underset{\displaystyle CH_3}{\underset{|}{\overset{\displaystyle CH_3}{\overset{|}{C}}}}-\underset{\displaystyle OH}{\underset{|}{C}}HCH_3 \xrightarrow[-H_2O]{H^+} CH_3\underset{\displaystyle CH_3}{\underset{|}{\overset{\displaystyle CH_3}{\overset{|}{C}}}}-\overset{+}{C}HCH_3 \xrightarrow{重排} CH_3\underset{\displaystyle CH_3}{\underset{|}{\overset{+}{C}}}-\overset{\displaystyle CH_3}{\overset{|}{C}}HCH_3 \xrightarrow{-H^+} (CH_3)_2C{=}C(CH_3)_2$$

(五)酯化反应

醇与羧酸或无机含氧酸生成酯的反应,称为酯化反应。

1.与羧酸的反应

醇和羧酸在酸性条件下,分子间脱水生成酯。

$$RCO\boxed{OH + H}OR' \xrightleftharpoons{H^+} RCOOR' + H_2O$$

该反应是可逆反应，为了提高酯的产率，可以采取减少反应体系产物的浓度或增加反应物用量的方法。

2.与无机含氧酸的反应

常见的无机含氧酸有硫酸、硝酸、磷酸，反应生成无机酸酯。例如：

$$CH_3O\boxed{H + HO}-\overset{\overset{\displaystyle O}{\|}}{\underset{\underset{\displaystyle O}{\|}}{S}}-OH \longrightarrow CH_3O-\overset{\overset{\displaystyle O}{\|}}{\underset{\underset{\displaystyle O}{\|}}{S}}-OH + H_2O$$

硫酸氢甲酯

$$2CH_3O-SO_2OH \xrightarrow{\text{减压蒸馏}} (CH_3O)_2SO_2 + H_2SO_4$$

硫酸二甲酯

$$\begin{array}{l}CH_2OH\\ |\\ CHOH\\ |\\ CH_2OH\end{array} + 3HNO_3 \longrightarrow \begin{array}{l}CH_2O-NO_2\\ |\\ CHO-NO_2\\ |\\ CH_2O-NO_2\end{array} + 3H_2O$$

三硝酸甘油酯

三硝酸甘油酯又名硝酸甘油，是扩张血管的药物，临床上硝酸甘油主要用于心绞痛发作时含服，它会快速扩张冠状动脉，改善冠脉供血。

酯的存在和应用都非常广泛。动、植物的组织和器官内含有卵磷脂、脑磷脂、油脂等。某些磷酸酯，如葡萄糖、果糖等磷酸酯是生物体内代谢过程中的重要中间产物，有的磷酸酯则是优良的杀虫剂、除草剂。

(六)醇的氧化

醇的氧化是醇的 α－H 表现的性质。α－H 由于受羟基吸电子诱导的影响，具有一定的活性，易被氧化。常用的氧化剂有高锰酸钾、重铬酸钾、三氧化铬等。伯醇用强氧化剂比如高锰酸钾、重铬酸钠等氧化先生成醛，醛很容易进一步氧化得到羧酸。

$$R-CH_2OH \xrightarrow{K_2Cr_2O_7} R-CHO \xrightarrow{K_2Cr_2O_7} R-COOH$$

由于生成的醛比醇的沸点低得多，因此，在反应过程中可以将生成的醛不断地从反应体系中蒸出，避免醛进一步氧化。

由伯醇制醛还可以选择弱氧化剂氧化，比如可以选择 CrO_3/吡啶作氧化剂。

$$RCH_2OH \xrightarrow[CH_2Cl_2]{CrO_3,\text{吡啶}} RCHO$$

仲醇氧化生成酮，酮很难进一步氧化，因此反应停留在生成酮的阶段，该反应可用于制酮。

$$R-\overset{\overset{\displaystyle OH}{|}}{CH}-R' \xrightarrow{K_2Cr_2O_7} R-\overset{\overset{\displaystyle O}{\|}}{C}-R'$$

但脂环醇生成的酮，如果用硝酸等强氧化剂氧化，则碳环断裂，生成同碳原子数的二元酸。例如：

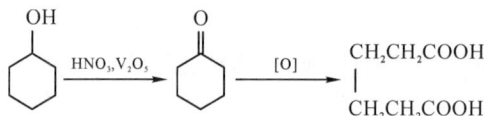

$$\text{环己醇} \xrightarrow{HNO_3,V_2O_5} \text{环己酮} \xrightarrow{[O]} \begin{array}{l}CH_2CH_2COOH\\ |\\ CH_2CH_2COOH\end{array}$$

叔醇没有 α－H，一般条件下不被氧化。在剧烈条件下，比如与 $K_2Cr_2O_7$ 的 H_2SO_4 一起加热回流，叔醇先脱水生成烯烃，很快烯烃进一步被氧化。例如：

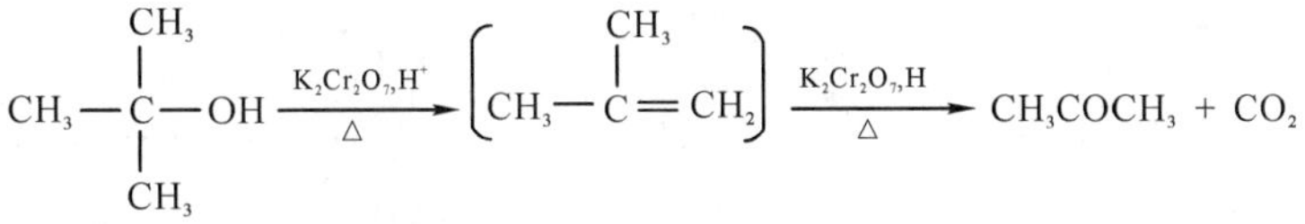

$$CH_3-\underset{CH_3}{\overset{CH_3}{C}}-OH \xrightarrow[\triangle]{K_2Cr_2O_7,H^+} \left[CH_3-\overset{CH_3}{C}=CH_2\right] \xrightarrow[\triangle]{K_2Cr_2O_7,H} CH_3COCH_3 + CO_2$$

（七）邻二醇的特殊反应

1.邻二醇与金属离子的反应

邻二醇能与许多金属离子生成可溶性的络合物。例如：

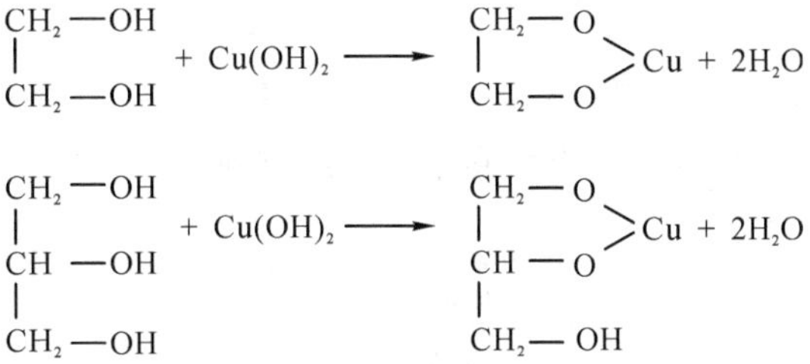

$$\begin{matrix}CH_2-OH\\|\\CH_2-OH\end{matrix} + Cu(OH)_2 \longrightarrow \begin{matrix}CH_2-O\\|\\CH_2-O\end{matrix}\!\!>Cu + 2H_2O$$

$$\begin{matrix}CH_2-OH\\|\\CH\ -OH\\|\\CH_2-OH\end{matrix} + Cu(OH)_2 \longrightarrow \begin{matrix}CH_2-O\\|\\CH\ -O\\|\\CH_2-OH\end{matrix}\!\!>Cu + 2H_2O$$

绛蓝色溶液

该反应经常用于邻二醇的鉴别。

2.邻二醇与 HIO_4 的反应

邻二醇被高碘酸氧化，会引起两个羟基间的碳碳键断裂，生成羰基化合物。例如：

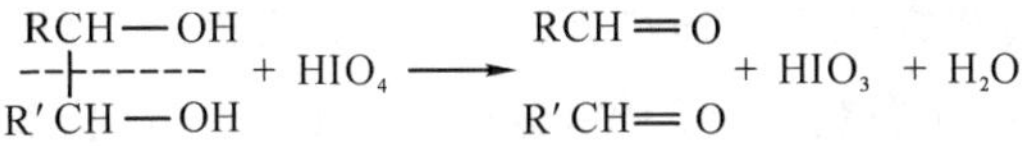

$$\begin{matrix}RCH-OH\\|\\R'CH-OH\end{matrix} + HIO_4 \longrightarrow \begin{matrix}RCH=O\\R'CH=O\end{matrix} + HIO_3 + H_2O$$

该反应是定量进行的，因此常用于多羟基化合物结构的推测。

3.频哪醇重排

邻二醇在酸的作用下，发生重排生成酮的反应称为频哪醇重排。例如：

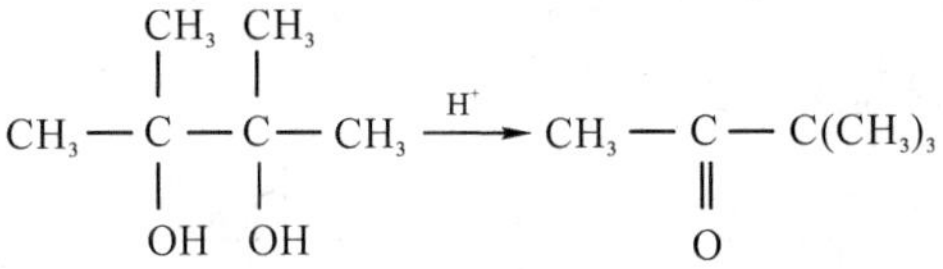

$$CH_3-\underset{OH}{\overset{CH_3}{C}}-\underset{OH}{\overset{CH_3}{C}}-CH_3 \xrightarrow{H^+} CH_3-\underset{O}{\overset{}{\underset{\|}{C}}}-C(CH_3)_3$$

反应历程：

$$CH_3-\underset{OH}{\overset{CH_3}{C}}-\underset{OH}{\overset{CH_3}{C}}-CH_3 \xrightarrow{H^+} CH_3-\underset{OH}{\overset{CH_3}{C}}-\underset{\overset{+}{O}H_2}{\overset{CH_3}{C}}-CH_3 \xrightarrow{-H_2O} CH_3-\underset{OH}{\overset{CH_3}{C}}-\underset{+}{\overset{CH_3}{C}}-CH_3$$

$$\longrightarrow CH_3-\underset{OH}{\overset{+}{C}}-\underset{CH_3}{\overset{CH_3}{C}}-CH_3 \xrightarrow{-H^+} CH_3-\underset{O}{\underset{\|}{C}}-C(CH_3)_3$$

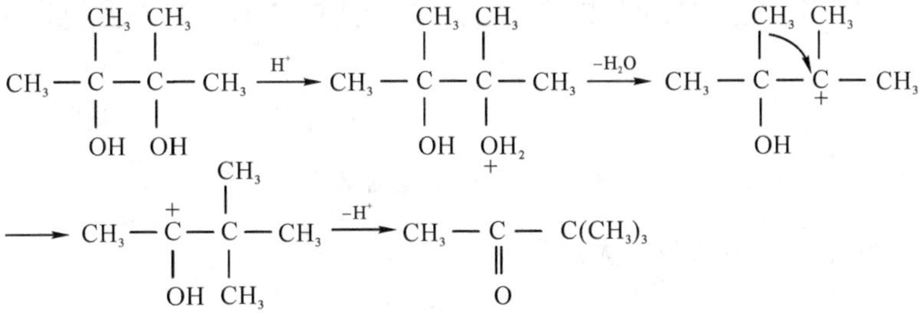

2,3-二甲基-2,3-丁二醇，在酸的作用下脱去一分子 H_2O 生成碳正离子，然后相邻碳原子上甲基移位，形成新的碳正离子，最后羟基氢失去生成酮。

不对称的邻二醇，第一步生成碳正离子时，优先生成稳定性更大的碳正离子。例如：

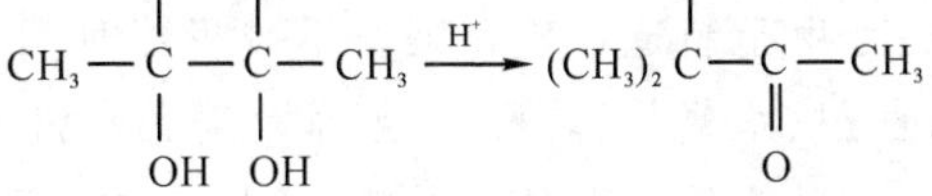

$$CH_3-\underset{OH}{\overset{C_6H_5}{C}}-\underset{OH}{\overset{CH_3}{C}}-CH_3 \xrightarrow{H^+} (CH_3)_2\overset{C_6H_5}{C}-\underset{O}{\underset{\|}{C}}-CH_3$$

反应历程：

$$CH_3-\underset{OH}{\overset{C_6H_5}{C}}-\underset{OH}{\overset{CH_3}{C}}-CH_3 \xrightarrow[-H_2O]{H^+} \begin{cases} \xrightarrow{\text{稳定}} CH_3-\overset{+}{\underset{}{C}}(C_6H_5)-\underset{OH}{\overset{\boxed{CH_3}}{C}}-CH_3 \longrightarrow CH_3-\underset{CH_3}{\overset{C_6H_5}{C}}-\underset{OH}{\overset{+}{C}}-CH_3 \longrightarrow (CH_3)_2\overset{C_6H_5}{C}-\underset{O}{\overset{}{\underset{\|}{C}}}-CH_3 \\ CH_3-\underset{OH}{\overset{C_6H_5}{C}}-\overset{CH_3}{\underset{+}{C}}-CH_3 \end{cases}$$

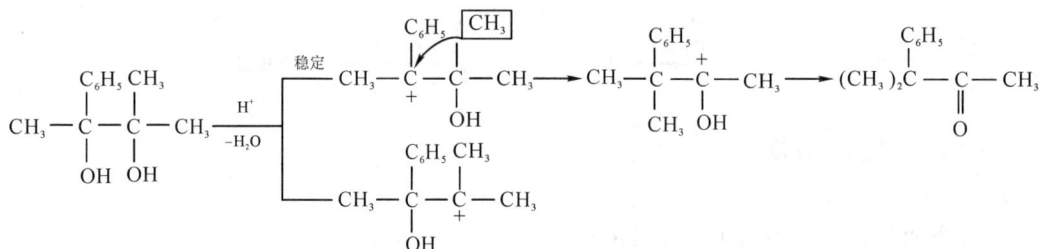

问题与思考

比较下列醇中羟基氢的活性，按由大到小的顺序排列。

(1) $CH_3CH_2CH_2CH_2OH$　　(2) $CH_3CH_2\underset{OH}{CH}CH_3$　　(3) $CH_3-\underset{OH}{\overset{CH_3}{C}}-CH_3$

五、醇的制备

(一) 由合成气合成

合成气是以一氧化碳和氢气为主要组分，用作化工原料的一种原料气。合成气的原料范围很广，可由煤或焦炭等固体燃料气化产生，也可由天然气和石脑油等轻质烃类制取，还可由重油经部分氧化法生产。目前合成气工业化的主要产品有合成氨、甲醇、醋酸、氢甲酰化产品以及合成燃料。例如由合成气制甲醇：

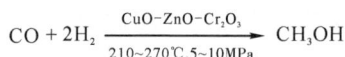

$$CO + 2H_2 \xrightarrow[210\sim270℃,5\sim10MPa]{CuO-ZnO-Cr_2O_3} CH_3OH$$

由煤制甲醇的工艺流程简图见图 8 - 4。

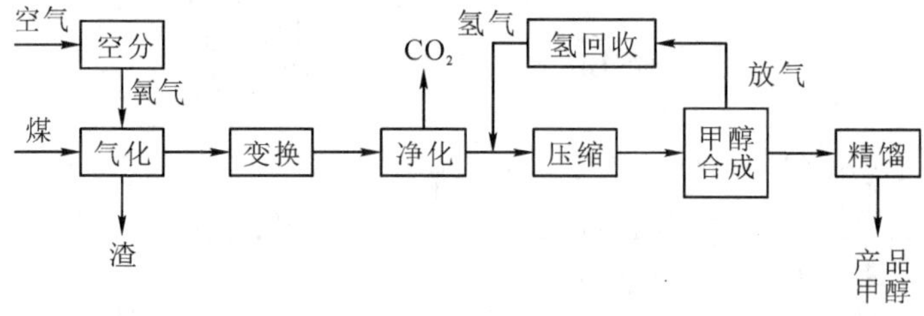

图 8 - 4　甲醇的工艺流程简图

甲醇是合成气化学品中的第二大产品。

拓展知识

甲醇的主要应用是生产甲醛。甲醛可用来生产胶粘剂，主要用于木材加工业，其次是用作模塑料、涂料、纺织物及纸张等的处理剂。甲醇的另一主要用途是生产醋酸。醋酸消费约占全球甲醇需求的 7%，可生产醋酸乙烯、醋酸纤维和醋酸酯等，其需求与涂料、粘合剂和纺织等方面的需求密切相关。甲醇还可用于制造甲酸甲酯。甲酸甲酯可用于生产甲酸、甲酰胺和其他精细化工产品，还可用作杀虫剂、杀菌剂、熏蒸剂、烟草处理剂和汽油添加剂。甲醇也可制造甲胺，甲胺是一种重要的脂肪胺，以液氨和甲醇为原料，可加工成一甲胺、二甲胺、三甲胺，是基本的化工原料之一。甲醇可合成为碳酸二甲酯，是一种环保产品，应用于医药、农业和特种行业等；可合成为乙二醇，是石化中间原料之一；可用于制造生长促进剂，可以使作物大量增产，保持枝叶鲜嫩、茁壮茂盛、在夏天也不会枯萎，可大量减少灌溉用水，有利于旱地作物的生长；可合成甲醇蛋白，以甲醇为原料经微生物发酵生产的甲醇蛋白被称为第二代单细胞蛋白，与天然蛋白相比，营养价值更高，粗蛋白含量比鱼粉和大豆高得多，而且含有丰富的氨基酸、矿物质和维生素，可以代替鱼粉、大豆、骨粉、肉类和脱脂奶粉。

通常甲醇是一种比乙醇更好的溶剂，可以溶解许多无机盐，亦可掺入汽油作替代燃料使用。自 20 世纪 80 年代以来，甲醇用于生产汽油辛烷值添加剂甲基叔丁基醚、甲醇汽油、甲醇燃料，以及甲醇蛋白等产品，促进了甲醇生产的发展和市场需要。

（二）由烯烃水合法制醇

$$RCH{=}CH_2 + H_2O \xrightarrow[\triangle,加压]{H_3PO_4,硅藻土} RCH(OH)CH_3 \quad 直接水合法$$

$$RCH{=}CH_2 \xrightarrow[(2)H_2O]{(1)H_2SO_4} RCH(OH)CH_3 \quad 间接水合法$$

从绿色化学角度考虑，由于间接水合法使用大量硫酸，对设备腐蚀严重，且废液会对环境造成污染，因此直接水合法更可取。

（三）烯烃的硼氢化-氧化反应制醇

利用烯烃的硼氢化-氧化反应可以制得违反马氏规则的醇。例如：

$$RCH{=}CH_2 \xrightarrow{(BH_3)_2} (RCH_2CH_2)_3B \xrightarrow{H_2O_2,OH^-} RCH_2CH_2OH$$

$$(CH_3)_2C{=}CH_2 \xrightarrow[(2)H_2O_2,OH^-]{(1)(BH_3)_2} (CH_3)_2CHCH_2OH$$

（四）由卤代烃水解制醇

卤代烃一般由醇制备。只有在相应的卤代烃容易得到时才采用卤代烃水解制醇。烯丙基氯和苄氯很容易从丙烯和甲苯分别经高温氯代得到，所以烯丙基氯、苄基氯可用来制备相应的醇。

$$CH_2{=}CHCH_2Cl + H_2O \xrightarrow{Na_2CO_3} CH_2{=}CHCH_2OH + HCl$$

$$C_6H_5CH_2Cl + H_2O \xrightarrow{NaOH} C_6H_5CH_2OH + HCl$$

（五）由羰基化合物还原制醇

醛、酮、羧酸和酯的分子中都含有羰基，可经催化加氢还原或其他还原剂还原制得醇。常用的催化剂有 Pt、Pd、Ni，常用的还原剂有 $LiAlH_4$、$NaBH_4$ 等。醛、羧酸和酯还原得到伯醇，酮还原得仲醇。

$$R{-}\overset{O}{\overset{\|}{C}}{-}H \xrightarrow{[H]} R{-}CH_2OH \qquad R{-}\overset{O}{\overset{\|}{C}}{-}R' \xrightarrow{[H]} R{-}\overset{OH}{\overset{|}{C}H}{-}R'$$

$$[H]=H_2/Ni、Na/C_2H_5OH、LiAlH_4、NaBH_4$$

酯易被 Na/C_2H_5OH 还原，但不易催化加氢。

$$R{-}\overset{O}{\overset{\|}{C}}{-}OR' \xrightarrow{Na/C_2H_5OH} R{-}CH_2OH + R'OH$$

羧酸很难被还原，但 $LiAlH_4$ 可还原羧酸。例如：

$$(CH_3)_3C-\overset{\overset{\large O}{\|}}{C}-OH \xrightarrow[(2)H_2O,H^+]{(1)LiAlH_4} (CH_3)_3C-CH_2OH$$

使用 $LiAlH_4$ 或 $NaBH_4$ 还原可保留碳碳双键。例如：

$$\underset{\text{巴豆醛}}{CH_3CH=CHCHO} \xrightarrow[\text{或}NaBH_4]{LiAlH_4} \underset{\text{巴豆醇}}{CH_3CH=CHCH_2OH}$$

(六)由格氏试剂制醇

格氏试剂与环氧乙烷、醛、酮、酯反应可以制备各类醇。这是实验室制备醇常用的方法。

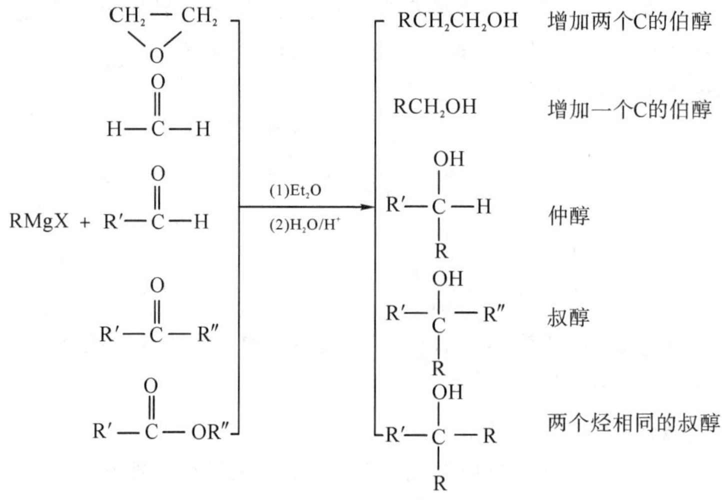

第二节　酚

一、酚的分类和命名

根据羟基所连接芳环的不同，酚类可分为苯酚、萘酚、蒽酚等。根据羟基的数目，酚类又可分为一元酚、二元酚和多元酚等。例如：

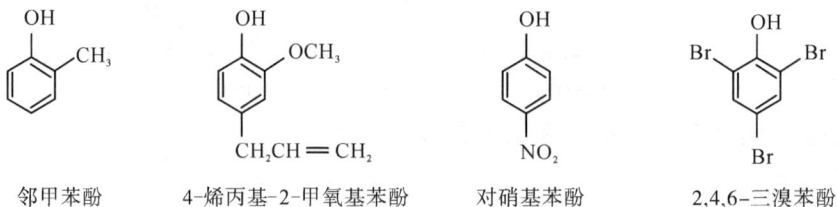

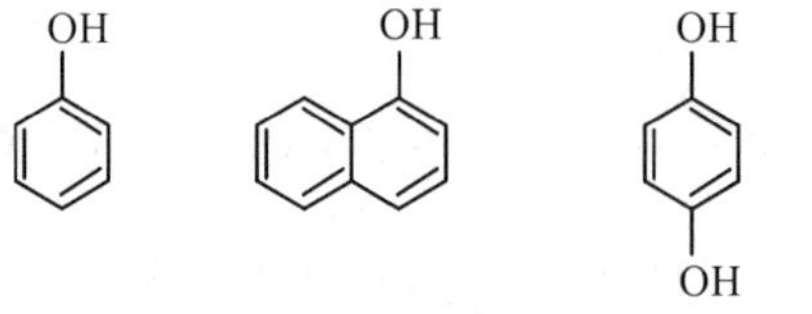

苯酚　　α-萘酚　　对苯二酚

酚的命名一般是以苯酚为母体，苯环上连接的其他基团作为取代基，但当环上连有$-COOH$、$-SO_3H$、$>C=O$时，则把羟基作为取代基来命名。多元酚的命名根据环上连的羟基的个数，母体名称为苯几酚。

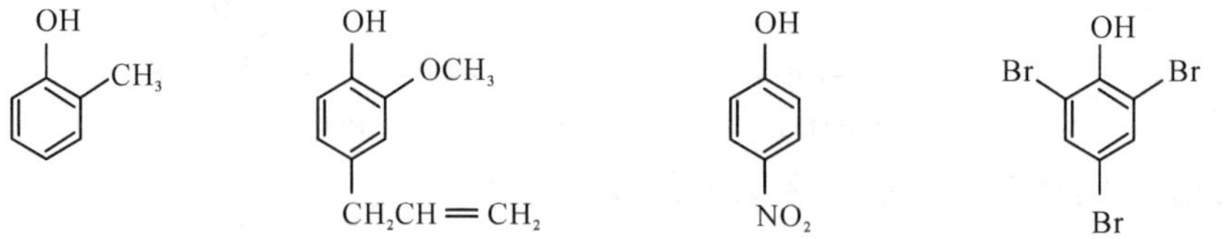

邻甲苯酚　　4-烯丙基-2-甲氧基苯酚　　对硝基苯酚　　2,4,6-三溴苯酚

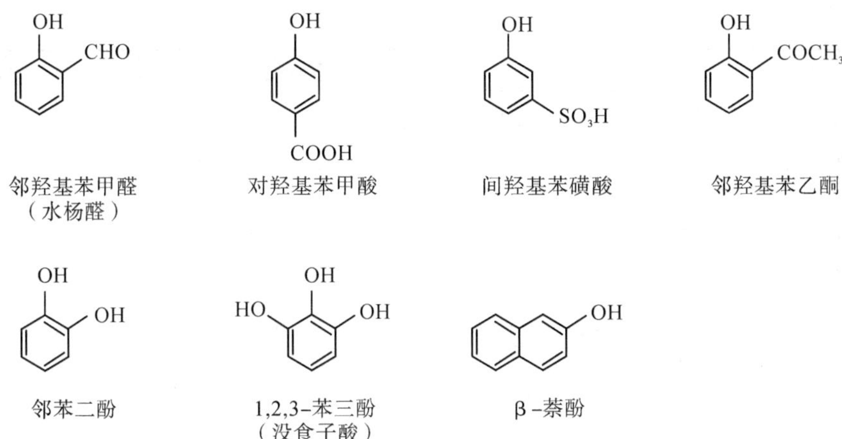

拓展知识

酚的系统命名新规则

按照特性基团（官能团）优先次序规则选择母体，然后用邻、间、对或对苯环碳原子进行编号的方法标明取代基的位置。例如：

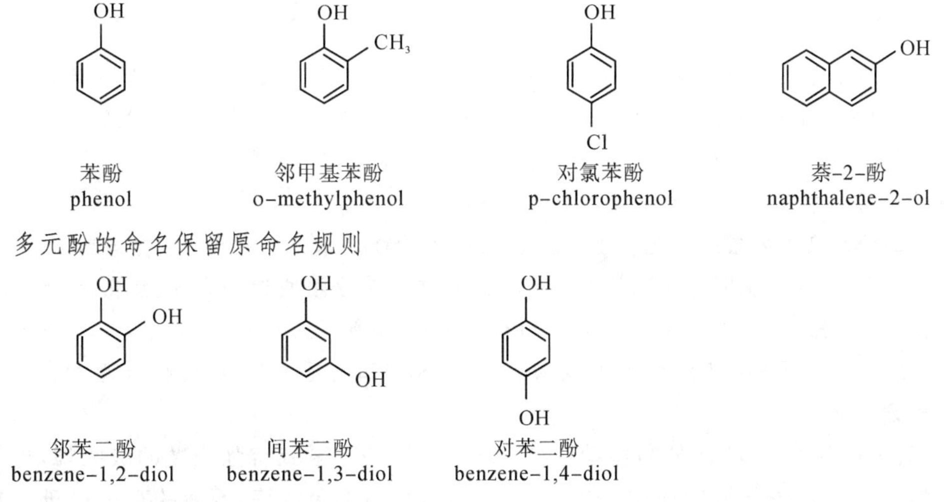

二、酚的物理性质和光谱性质

（一）物理性质

在室温下，除了少数烷基酚为液体外，大多数酚为固体。由于分子间可以形成氢键，因此酚的沸点比较高。邻位上有氟、羟基或硝基的酚，可形成分子内氢键，使分子间不能发生缔合，它们的沸点低于其间位和对位异构体的沸点。

纯净的酚是无色固体，但因容易被空气中的氧气氧化，常含有有色杂质。酚在常温下微溶于水，在热水中易溶。随着羟基数目增多，酚在水中的溶解度增大。酚能溶于乙醇、乙醚、苯等有机溶剂。一些常见酚的物理常数见表 8-2。

表 8-2　常见酚的物理常数

名称	熔点/℃	沸点/℃	水中溶解度/g·$(1000\ g)^{-1}$	pK_a(20 ℃)
苯酚	40.8	181.8	8.0	10.00
邻甲苯酚	30.5	191.0	2.5	10.29
间甲苯酚	11.9	202.2	2.6	10.09
对甲苯酚	34.5	201.8	2.3	10.26
邻硝基苯酚	44.5	214.5	0.2	7.22
间硝基苯酚	96.0	194.0(9.333 kPa)	1.4	8.39
对硝基苯酚	114.0	279.0	1.7	7.15
邻苯二酚	105.0	245.0	45.0	9.85
间苯二酚	110.0	281.0	123.0	9.81
对苯二酚	170.0	285.2	8.0	10.35
1,2,3-苯三酚	133.0	309.0	62.0	7.00
α-萘酚	96.0	279.0	难溶	9.34
β-萘酚	123.0	286.0	0.1	9.01

拓展知识

酚是一种中等强度的化学毒物，与细胞原浆中的蛋白质发生化学反应。低浓度时使细胞变性，高浓度时使蛋白质凝固。酚类化合物可经皮肤粘膜、呼吸道及消化道进入体内。低浓度可引起蓄积性慢性中毒，高浓度可引起急性中毒以致昏迷死亡。一般来讲，酚进入人体后机体通过自身的解毒功能使之转化为无毒物质而排出体外。

环境中的酚污染主要指酚类化合物对水体的污染，含酚废水是当今世界上危害大、污染范围广的工业废水之一，是环境中水污染的重要来源。在许多工业领域诸如煤气、焦化、炼油、冶金、机械制造、玻璃、石油化工、木材纤维、化学有机合成工业、塑料、医药、农药、油漆等工业排出的废水中均含有酚。这些废水若不经过处理，直接排放、灌溉农田则可污染大气、水、土壤和食品。

(二)光谱性质

红外光谱：酚的 O—H 键伸缩振动在 3200～3600 cm^{-1} 区域有强而宽的吸收峰，这与醇相似。但酚的 C—O 键伸缩振动在 1230 cm^{-1} 处有强而宽的吸收峰，而醇的 C—O 伸缩振动在 1050～1020 cm^{-1} 区域。图 8-5 所示为苯酚的红外光谱。

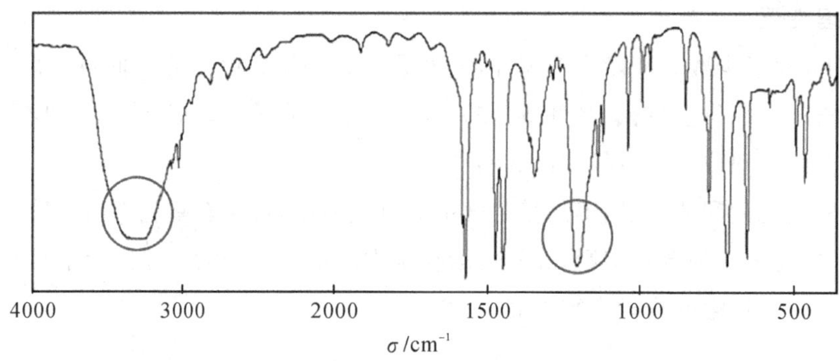

图 8-5　苯酚的红外光谱图

核磁共振谱：酚羟基质子与电负性大的氧原子相连接，因此，核磁共振吸收向低场移动，化学位移 δ 值在 4～8。在水溶液中，由于氢键的影响，使羟基质子的吸收向高场移动。例如苯酚的核磁共振谱（见图 8－6）。

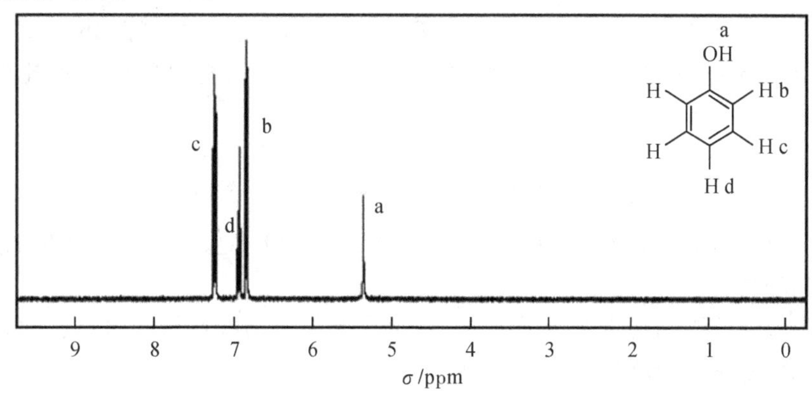

图 8－6 苯酚的核磁共振谱

三、酚的结构与化学性质

酚和醇中都有羟基，但与醇不同，现在的观点认为酚分子中羟基氧原子的成键轨道采用 sp^2 杂化。含有单电子的两个 sp^2 杂化轨道分别与氢原子 1s 轨道及芳环上碳原子 sp^2 杂化的轨道重叠形成 O－H σ 和 C－O 键，另一个 sp^2 杂化轨道含有一对孤对电子。未参与杂化的 p 轨道中也有一对孤对电子，与芳环发生 p－π 共轭（见图 8－7）。

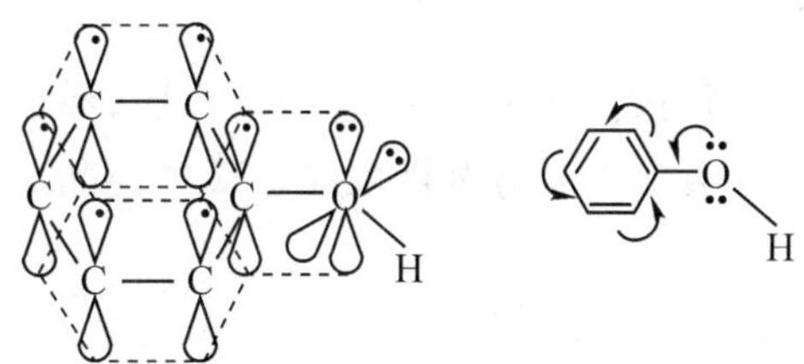

图 8－7 苯酚的成键示意图

由于 p－π 共轭，氧原子上的电子向芳环偏移，增大了芳环上的电子云密度，因此酚比芳香烃更容易发生亲电取代反应。同时 p－π 共轭的结果增强了 O－H 键的极性，削弱了 O－H 键的强度，因此酚表现出一定的弱酸性。但 p－π 共轭却使酚中 C－O 键上的电子云重叠程度增大，即增强了 C－O 键的键能，C－O 键难以断开。同时由于 p－π 共轭使与羟基直接相连接碳原子的正电性降低，酚羟基难以被取代，即难以发生亲核取代反应。

成醚、成酯、显色
酸性
O
H
H
亲电取代

由于氧原子较大的电负性以及氧上孤对电子的存在，使酚氧基具有一定的亲核性。但由于孤对电子与苯环发生 p－π 共轭，降低了氧原子上的电子云密度，因此亲核性有所降低。

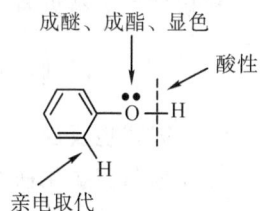

综上所述，酚的化学性质表现在：酚羟基的酸性、成醚、成酯以及与三氯化铁的显色反应；苯环上的亲电取代反应。

（一）酸性

一般酚的酸性比醇的酸性强，除能与金属 Na 反应外，还能与 NaOH 溶液起中和反应，生成可溶于水的酚钠。

$$C_6H_5OH + NaOH \longrightarrow C_6H_5ONa + H_2O$$

醇在一般情况不与 NaOH 起反应，说明苯酚的酸性($pK_a=10$)比醇($pK_a=17$)的强。

将 CO_2 通入酚钠的水溶液中，苯酚立即被置换出来，说明苯酚的酸性比碳酸($pK_a=6.28$)弱。

$$C_6H_5ONa + CO_2 + H_2O \longrightarrow C_6H_5OH + NaHCO_3$$

该反应式也说明苯酚能溶于强碱，但不能溶于 $NaHCO_3$。实验室常利用酚的这个性质鉴别、分离羧酸和酚。

取代酚的酸性随取代基的不同而不同。吸电子基使酚的酸性增强，供电子基使酚的酸性减弱。酚中取代基越多，影响会越大。例如：

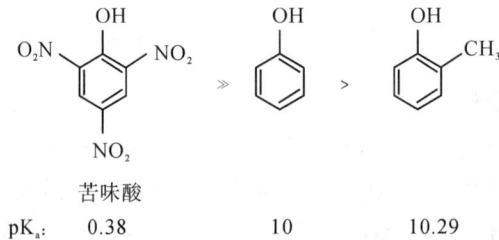

苦味酸（2,4,6-三硝基苯酚）	≫	苯酚	>	邻甲苯酚
pK_a: 0.38		10		10.29

苦味酸的酸性接近于无机强酸。

(二)成醚反应

酚与醇相似，也可以生成醚，但由于 C—O 键比较牢固，酚之间难以发生分子间脱水成醚。通常是酚氧基负离子作为亲核试剂与卤代烷或硫酸二钾酯通过 S_N2 历程完成取代反应生成醚。例如：

$$C_6H_5OH \xrightarrow{NaOH} C_6H_5ONa \xrightarrow{CH_3CH_2Br} C_6H_5-O-CH_2CH_3 + NaBr$$

$$C_6H_5OH \xrightarrow{NaOH} C_6H_5ONa \xrightarrow{(CH_3O)_2SO_2} C_6H_5OCH_3 + CH_3OSO_3Na$$

(三)成酯反应

由于酚氧基负离子较弱的亲核性，酚不能直接与羧酸反应，但能与酰卤、酸酐作用生成酯。

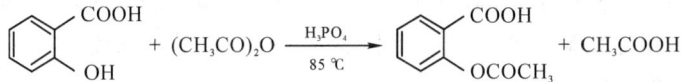

$$\text{邻羟基苯甲酸 (COOH, OH)} + (CH_3CO)_2O \xrightarrow[85\ ℃]{H_3PO_4} \text{邻乙酰氧基苯甲酸 (COOH, OCOCH}_3\text{)} + CH_3COOH$$

(四)显色反应

苯酚与三氯化铁作用生成紫色的络合物。不同的酚所产生的颜色各不相同，利用这个反应可用于酚的定性检验。

$$6C_6H_5OH + FeCl_3 \longrightarrow \underset{\text{紫色}}{[Fe(OC_6H_5)_6]^{3-}} + 6H^+ + 3Cl^-$$

醇与三氯化铁不发生显色反应，但烯醇式结构与酚很相似，也能显色。

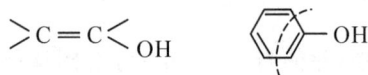

$$>C=C<_{OH} \qquad C_6H_5-OH$$

(五)苯环上的亲电取代反应

羟基连接在苯环上,使苯环上的电子云密度增加,尤其邻、对位增加的更多,因此酚进行亲电取代比苯容易,且主要发生在邻、对位。

1.卤代

苯酚很容易发生卤代反应,与溴水反应立即出现白色沉淀。

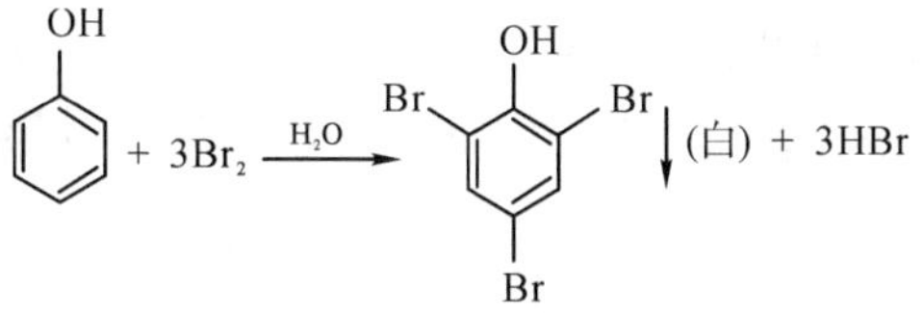

OH + $3Br_2$ $\xrightarrow{H_2O}$ 2,4,6-三溴苯酚↓(白) + 3HBr

2,4,6-三溴苯酚

该反应非常灵敏,即使 10μg/g 的苯酚溶液也能检出。该反应常用于苯酚的定性检验和定量测定。

2.硝化

苯酚在室温下与稀硝酸反应即可生成邻硝基苯酚和对硝基苯酚。

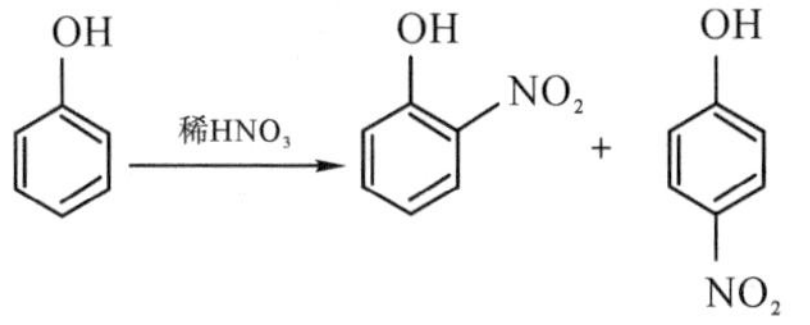

苯酚 $\xrightarrow{稀HNO_3}$ 邻硝基苯酚 + 对硝基苯酚

40%　　13%

邻硝基苯酚可以形成分子内氢键,降低了分子间作用力,沸点比对硝基苯酚低。因此可以通过水蒸气蒸馏将两种异构体分开。

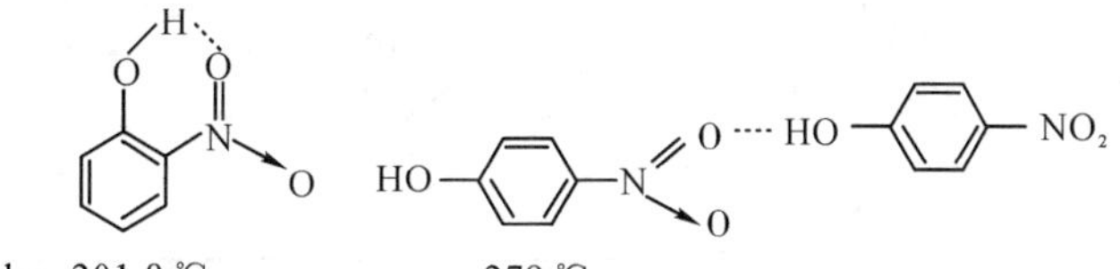

bp. 201.8 ℃　　279 ℃

3.磺化

苯酚的磺化类似前面学过的甲苯的磺化,低温主要是邻-羟基苯磺酸,高温主要是对-羟基苯磺酸。进一步磺化得到 4 -羟基- 1,3 -苯二磺酸。

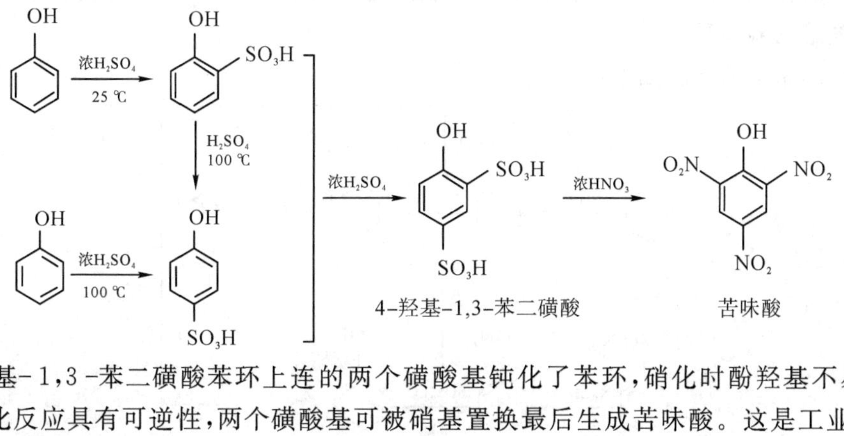

苯酚 $\xrightarrow[25\ ℃]{浓H_2SO_4}$ 邻羟基苯磺酸 $\xrightarrow[100\ ℃]{H_2SO_4}$ 对羟基苯磺酸

苯酚 $\xrightarrow[100\ ℃]{浓H_2SO_4}$ 对羟基苯磺酸

$\xrightarrow{浓H_2SO_4}$ 4-羟基-1,3-苯二磺酸 $\xrightarrow{浓HNO_3}$ 苦味酸

4-羟基-1,3-苯二磺酸　　苦味酸

4 -羟基- 1,3 -苯二磺酸苯环上连的两个磺酸基钝化了苯环,硝化时酚羟基不易被氧化。又由于磺化反应具有可逆性,两个磺酸基可被硝基置换最后生成苦味酸。这是工业上制备苦味酸的重要方法。

(六)氧化反应

酚芳环上较大的电子云密度使得酚类易被氧化。例如苯酚在室温下就能被空气中的氧气氧化而呈粉红色至暗红色。所以酚在进行硝化或磺化反应时,必须控制反应条件以防止酚被氧化。苯酚用氧化剂氧化生成对苯醌。

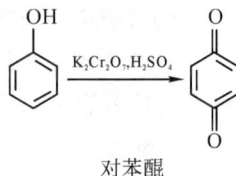

$$\text{C}_6\text{H}_5\text{OH} \xrightarrow{K_2Cr_2O_7, H_2SO_4} \text{对苯醌}$$

多元酚更容易被氧化,如邻苯二酚和对苯二酚在室温下能被弱氧化剂氧化为邻苯醌和对苯醌。例如,邻苯二酚和对苯二酚能将感光后的 AgBr 还原为金属 Ag,所以可作为照相的显影剂。

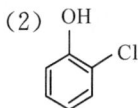

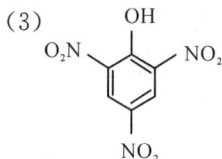

$$\text{邻苯二酚} + 2AgBr \longrightarrow \text{邻苯醌} + 2Ag\downarrow + 2HBr$$

$$\text{对苯二酚} + 2AgBr \longrightarrow \text{对苯醌} + 2Ag\downarrow + 2HBr$$

问题与思考

比较下列各组化合物的酸性强弱。

(1) 苯酚(OH) (2) 邻氯苯酚(OH, Cl) (3) 2,4,6-三硝基苯酚(OH, O_2N, NO_2, NO_2) (4) 邻甲苯酚(OH, CH_3)

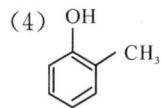

四、苯酚的来源与制备

煤焦油分馏所得到的酚油和萘油中含有苯酚和甲苯酚约 28%～40%,可经碱、酸处理,再减压蒸馏分离得到苯酚,但产量有限,远不能满足工业需求,还需要人工合成的方法制备酚。

(一)碱熔法制备酚

碱熔法制备酚的流程如下:

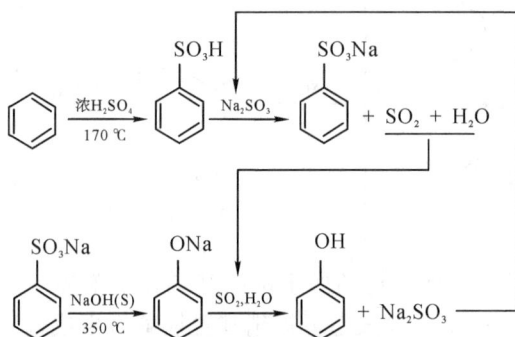

$$C_6H_6 \xrightarrow[170\ ℃]{\text{浓}H_2SO_4} C_6H_5SO_3H \xrightarrow{Na_2SO_3} C_6H_5SO_3Na + SO_2 + H_2O$$

$$C_6H_5SO_3Na \xrightarrow[350\ ℃]{NaOH(S)} C_6H_5ONa \xrightarrow{SO_2, H_2O} C_6H_5OH + Na_2SO_3$$

碱熔法的优点是设备简单,产率高,产品纯度高,但污染大,在应用上受到一定限制。

(二)异丙苯法制备酚

异丙苯法制备酚的流程如下：

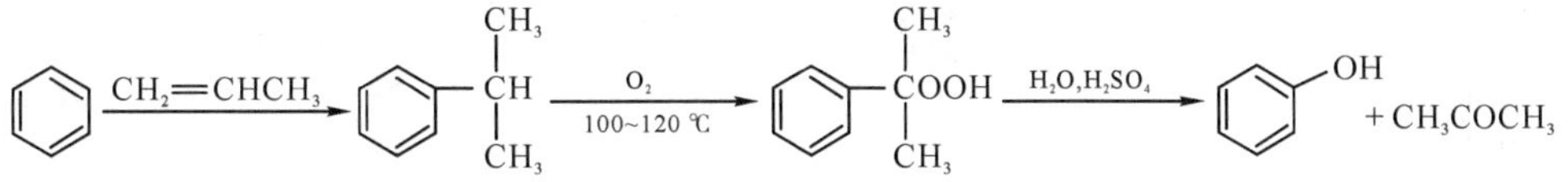

$$C_6H_6 \xrightarrow{CH_2=CHCH_3} C_6H_5CH(CH_3)_2 \xrightarrow[100\sim120\ ℃]{O_2} C_6H_5C(CH_3)_2OOH \xrightarrow{H_2O,H_2SO_4} C_6H_5OH + CH_3COCH_3$$

这是目前工业上大量生产苯酚的方法。

第三节 醚

醚是两个烃基通过氧原子相连而成的化合物，可用通式表示为：ROR′、ROAr、ArOAr′，其中 C—O—C 称为醚键，是醚的官能团。分子式相同的醇和醚互为官能团异构，它们具有相同的通式：$C_nH_{2n+2}O$。

CH_3CH_2OH 乙醇　　CH_3OCH_3 甲醚

一、醚的分类、命名和结构

根据分子中烃基的结构，醚可分为脂肪醚、脂环醚和芳香醚。其中两个烃基相同的醚叫作简单醚，不相同的叫作混合醚。当醚键是环状结构的一部分时，称为环醚。

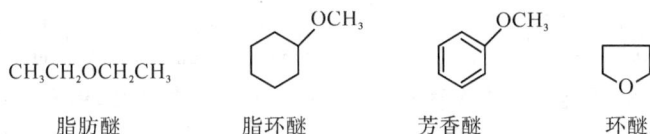

$CH_3CH_2OCH_2CH_3$ 脂肪醚　　$C_6H_{11}OCH_3$ 脂环醚　　$C_6H_5OCH_3$ 芳香醚　　四氢呋喃 环醚

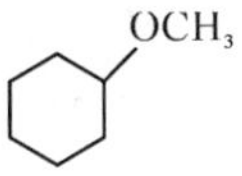

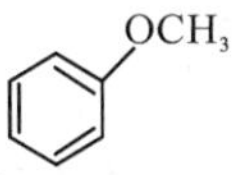

结构简单的醚一般采用普通命名法命名，即在烃基的名称后面加上“醚”字，烃基的“基”字可省略。命名简单醚时，“二”字可省略不写；命名混合醚时，脂肪醚或脂环醚把非较优基团写在前面，芳香醚把芳基写在前面。例如：

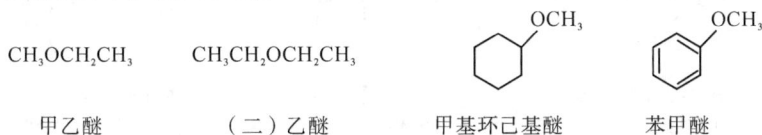

$CH_3OCH_2CH_3$ 甲乙醚　　$CH_3CH_2OCH_2CH_3$（二）乙醚　　$C_6H_{11}OCH_3$ 甲基环己基醚　　$C_6H_5OCH_3$ 苯甲醚

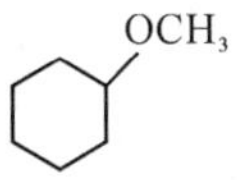

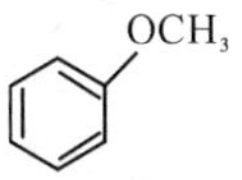

结构复杂的醚可采用系统命名法命名。选择较长的烃基为母体，有不饱和烃基时，选择不饱和度较大的烃基为母体。将较小的烃基与氧原子一起看作取代基，称为烷氧基(RO—)。例如：

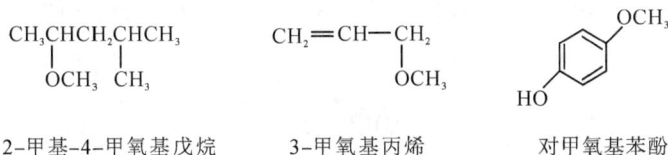

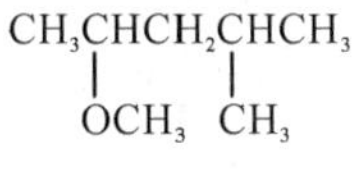

$CH_3CH(OCH_3)CH_2CH(CH_3)CH_3$ 2-甲基-4-甲氧基戊烷　　$CH_2=CH-CH_2OCH_3$ 3-甲氧基丙烯　　$p\text{-}HOC_6H_4OCH_3$ 对甲氧基苯酚

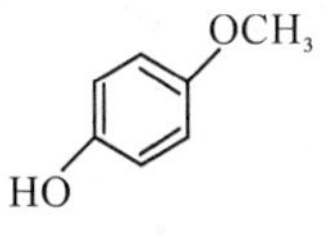

三、四元环的环醚命名时，标出氧原子所在母体位置的序号，以“环氧某烷”来命名。例如：

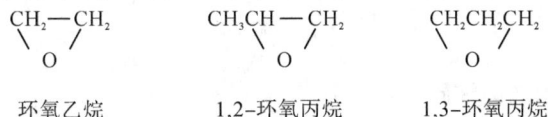

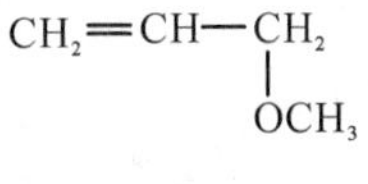

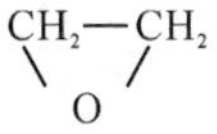

环氧乙烷（CH_2-CH_2 以 O 相连成环）　　1,2-环氧丙烷（CH_3CH-CH_2 以 O 相连成环）　　1,3-环氧丙烷（$CH_2CH_2CH_2$ 以 O 相连成环）

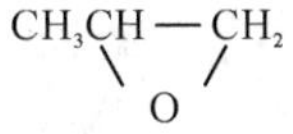

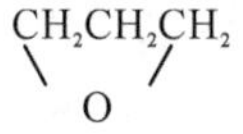

更大的环醚一般按杂环化合物来命名。例如：

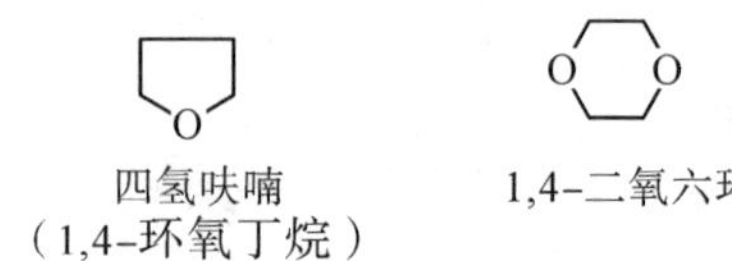

四氢呋喃（1,4-环氧丁烷）　　1,4-二氧六环

拓展知识

醚的系统命名新规则　醚的系统命名有官能团类别名、取代名。

(1)官能团类别名。按照醚键两端连接的烃基来命名，将“醚”字放在最后。该法适合简单醚。例如：

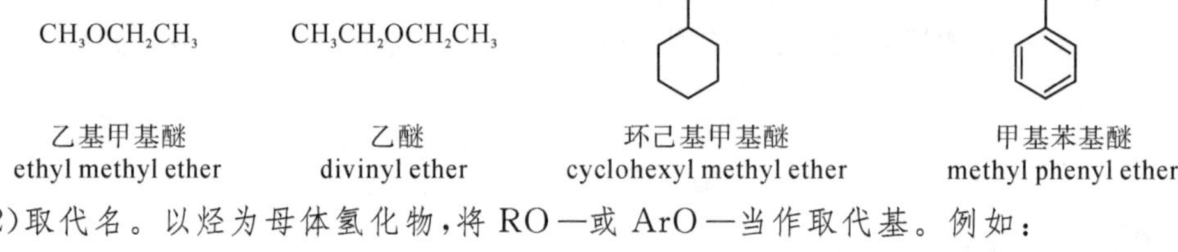

乙基甲基醚	乙醚	环己基甲基醚	甲基苯基醚
ethyl methyl ether	divinyl ether	cyclohexyl methyl ether	methyl phenyl ether

(2)取代名。以烃为母体氢化物，将 RO—或 ArO—当作取代基。例如：

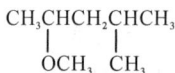

$CH_3CHCH_2CHCH_3$（2位连 OCH_3，4位连 CH_3）　　CH_2═CH—CH_2—OCH_3　　（对位 HO—、OCH_3 取代苯）

2-甲氧基-4-甲基戊烷	3-甲氧基丙-1-烯	对甲氧基苯酚
2-methoxy-4-methylpentane	3-methoxyprop-1-en	p-methoxyphenol

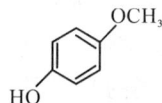

(3)环醚的命名。环醚的命名有两种方法：①按照杂环来命名，编号时把氧原子编为1号；②取代名，把“—O—”看作出取代基，用前缀“氧桥”来表示。编号时遵循最低位次组原则，书写时取代基按英文名称的字母顺序排列。原命名规则习惯用“环氧”表示“—O—”仍保留。例如：

CH_3CH—CH_2（经 O 成三元环）　　（五元环，含 O）　　（六元环，1,4位含 O）

① 2-甲基氧杂环丙烷 2-methyloxirane	四氢呋喃 tetrahydrofuran(THF)	1,4-二氧杂环己烷 1,4-dioxane
② 1,2-氧桥丙烷 1,2-epoxypropane	1,4-氧桥丁烷 1,4-epoxybutane	

醚键氧原子成键轨道采取 sp^3 杂化。其中两个 sp^3 杂化轨道被两对孤对电子占据，另两个 sp^3 杂化轨道各有一个单电子，分别和两个碳原子形成 C—O σ 键，∠C—O—C 夹角为 112°（见图 8-8）。

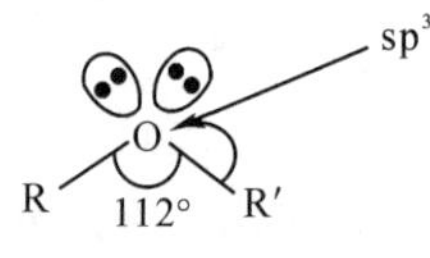

图 8-8　醚的结构

二、醚的物理性质和光谱性质

(一)物理性质

常温下，大多数醚为易挥发、易燃烧、有香味的液体。醚分子间不能形成氢键，因此醚的沸点比相应的醇低得多，与分子质量相近的烷烃相当。常温下，甲醚、甲乙醚、环氧乙烷等为气

体，其他醚为液体。

由于醚键的氧原子上有裸露的孤对电子，容易与水分子中的氢原子形成氢键，所以醚在水中的溶解度与相应的醇相当。甲醚、1,4-二氧六环、四氢呋喃等都可与水互溶，乙醚在水中的溶解度为每100 g水溶解约7 g，其他低分子质量的醚微溶于水，大多数醚不溶于水。乙醚能溶于许多有机溶剂，本身也是一种良好的溶剂。乙醚有麻醉作用，极易燃烧，与空气混合到一定比例能爆炸(爆炸极限1.7%～48%)，所以使用乙醚时要十分小心。一些醚的物理常数见表8-3。

表8-3　常见醚的物理常数

名称	构造式	熔点/℃	沸点/℃	密度/g·cm^{-3}(20 ℃)
甲醚	CH_3OCH_3	−138.5	−25.0	0.6610
乙醚	$CH_3CH_2OCH_2CH_3$	−116.0	34.5	0.7138
正丁醚	$n-C_4H_9OC_4H_9-n$	−95.3	142.0	0.7689
二苯醚	$C_6H_5OC_6H_5$	28.0	257.9	1.0748
苯甲醚	$C_6H_5OCH_3$	−37.3	155.5	0.9961
环氧乙烷	$CH_2—CH_2$ \ O /	−111.0	13.2	0.8824
四氢呋喃	(五元环，含O)	−108.0	67.0	0.8892
1,4-二氧六环	(六元环，含两个O)	11.8	101.0	1.0337

(二)光谱性质

红外光谱：醚中C—O键的伸缩振动，脂肪醚在1060～1150 cm^{-1}有一个吸收峰，芳香醚在1270～1230 cm^{-1}、1050～1000 cm^{-1}处有两个吸收峰。乙醚的红外光谱图见图8-9。

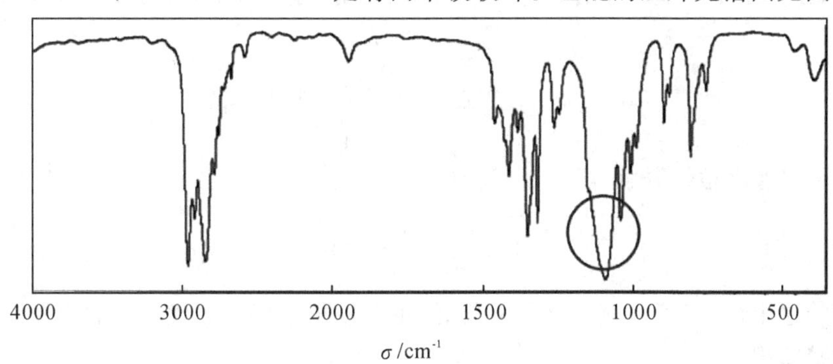

图8-9　乙醚的红外光谱图

从图8-9中可看出，乙醚的C—O键的吸收峰出现在1130 cm^{-1}。

核磁共振谱：醚分子中和醚键氧原子直接相连接的碳原子上的氢原子由于受到的屏蔽效应比较小，δ值相对较大。乙基苄基醚的核磁共振谱图见图8-10。

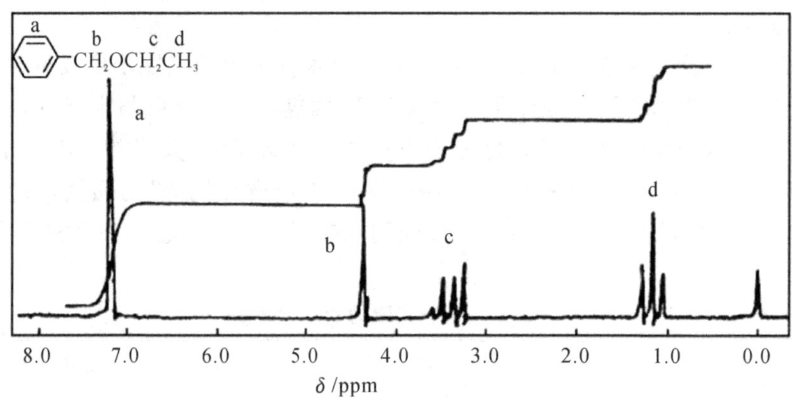

图 8－10　乙基苄基醚的核磁共振谱图

其中 b 的 δ 值比 c 大的原因是 b 同时受苯环和氧原子吸电子的影响，受到的屏蔽效应更小。

三、醚的化学性质

除了某些环醚，醚是一类非常稳定的化合物，其化学稳定性仅次于烷烃。常温下，醚不与活泼金属、碱、氧化剂、还原剂等发生反应。但由于醚键氧原子上有裸露的电子，醚表现出一定的弱碱性；由于氧原子的电负性较碳原子的大，C—O 键为极性键，一定条件下可以断裂；另外氧原子吸电子的诱导增强了 α－H 的活性。综上所述，醚的化学性质主要表现在：

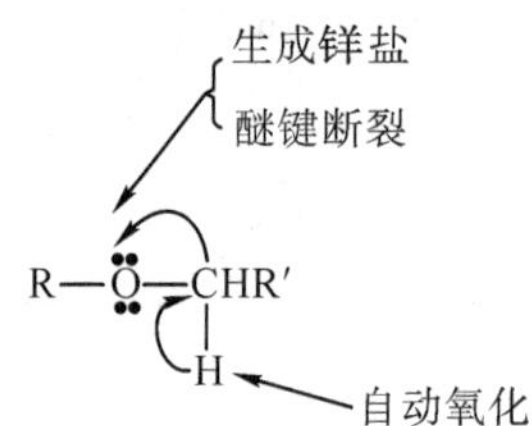

（一）𬭩盐的生成

常温下，醚分子中的氧原子在强酸性介质（浓硫酸、盐酸）中，可接受一个质子生成𬭩盐。例如：

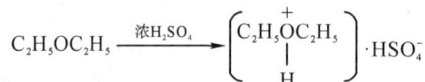

$$C_2H_5OC_2H_5 \xrightarrow{浓H_2SO_4} \left[C_2H_5\overset{+}{O}(H)C_2H_5 \right] \cdot HSO_4^-$$

𬭩盐不稳定遇水很快分解，醚又重新析出。

$$\left[C_2H_5\overset{+}{O}(H)C_2H_5 \right] \cdot HSO_4^- \xrightarrow{H_2O} C_2H_5OC_2H_5 + H_2SO_4$$

利用醚的这个性质，可以鉴别醚和卤代烃，也可以把烷烃或卤代烃中的少量醚除去。

（二）醚键断裂

醚与 HI 一起加热，醚键会发生 C—O 键断裂生成醇和碘代烷。对混合醚醚键断裂的位置取决于烃基的结构。

比如甲乙醚发生醚键断裂时主要产物是碘甲烷和乙醇。

$$CH_3CH_2—O—CH_3 + HI \longrightarrow CH_3CH_2OH + CH_3I$$

反应产物说明是从甲基相连接的 C—O 键处断裂。原因是：当醚键氧原子上的 R—是伯烷基时，反应是按 S_N2 历程进行的。亲核试剂 I^- 优先进攻位阻较小的 α－碳原子。

再比如甲基叔丁基醚发生醚键断裂时，主要产物是甲醇和叔丁基碘。

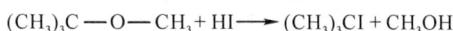

$$(CH_3)_3C—O—CH_3 + HI \longrightarrow (CH_3)_3CI + CH_3OH$$

产物说明醚键断裂的位置是从叔丁基相连的碳氧键处断开。其原因是叔烷基醚发生醚键断裂时，是按 S_N1 历程进行的。由于叔丁基碳正离子比甲基碳正离子稳定，因此反应时优先生成叔丁基碳正离子，最终主要产物是甲醇和叔丁基碘。

（三）自动氧化

α－H 受醚键氧原子吸电子诱导的影响，具有一定的活性。醚和空气长期接触，可被空气逐渐氧化生成过氧化物。

$$(CH_3)_2CH—O—CH_2CH_3 \xrightarrow{O_2} (CH_3)_2\underset{\displaystyle OOH}{\underset{|}{C}}—O—CH_2CH_3$$

过氧化物类似过氧化氢，不易挥发，受热后容易分解发生爆炸，因此在蒸馏或使用乙醚前必须检验醚中是否含有过氧化物。常用的检验方法是用碘化钾淀粉溶液，或硫酸亚铁与硫氰化钾的混合溶液，若前者呈深蓝色，或后者呈血红色，则表示有过氧化物存在。除去过氧化物的方法是向醚中加入还原剂（如 $FeSO_4$ 或 Na_2SO_3），使过氧化物分解。为了防止过氧化物生成，醚应用棕色瓶避光贮存，并可在醚中加入微量铁屑或对苯二酚阻止过氧化物生成。

四、醚的制备

（一）醚的工业合成

乙醚是重要的有机溶剂。在工业上，可用醇脱水的方法制取。

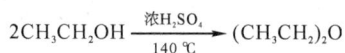

$$2CH_3CH_2OH \xrightarrow[140\ ℃]{浓H_2SO_4} (CH_3CH_2)_2O$$

环氧乙烷是重要的有机化工原料，也是制备非离子表面活性剂的重要原料。工业上，在银或氧化银催化剂的存在下，乙烯可被空气催化氧化得到环氧乙烷。

$$CH_2=CH_2 + \frac{1}{2}O_2 \xrightarrow[300\ ℃,1\sim2\ MPa]{Ag} \underset{\diagdown\ O\ \diagup}{CH_2—CH_2}$$

（二）威廉姆森合成法

威廉姆森合成法特别适合制备混合醚。例如：

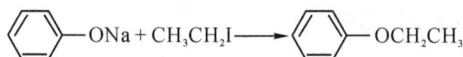

$$(CH_3)_3CONa + CH_3CH_2Br \longrightarrow (CH_3)_3C—O—CH_2CH_3$$

$$C_6H_5—ONa + CH_3CH_2I \longrightarrow C_6H_5—OCH_2CH_3$$

卤代烃最好选择伯、仲卤代烃。因为叔卤代烃在碱性条件下，很容易发生消除反应而生成烯烃。例如：

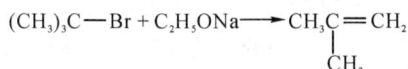

$$(CH_3)_3C—Br + C_2H_5ONa \longrightarrow CH_3\underset{\displaystyle CH_3}{\underset{|}{C}}=CH_2$$

也可以用硫酸二甲酯和硫酸二乙酯代替卤代烃，制备芳香族甲醚及芳香族乙醚。

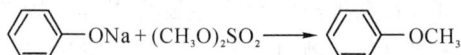

$$C_6H_5—ONa + (CH_3O)_2SO_2 \longrightarrow C_6H_5—OCH_3$$

问题与思考

写出苯甲醚发生醚键断裂的反应式，用反应历程解释其原因。

本章小结

(1)醇羟基中的氧原子是通过 sp^3 不等性杂化成键。两个 sp^3 杂化轨道被两对未共用电子对占据,导致醇羟基中氧原子上的电子云密度偏高,容易接受质子而表现出碱性;与水相似,羟基中的氧氢键极性较强,所以醇具有一定的酸性,可与活泼金属反应生成盐,反应活性次序为:水>甲醇>伯醇>仲醇>叔醇。RO—是醇的共轭碱,其碱性比 HO—强。

(2)由于氧原子的强吸电子性,醇中的碳氧键是极性键,碳原子一端带有部分正电荷,氧原子一端带有部分负电荷。在一定条件下 C—O 键断裂发生亲核取代反应。比如能与氢卤酸、三卤化磷、五卤化磷、亚硫酰氯等反应生成卤代烃。不同烃基结构的醇与同一氢卤酸反应的活性次序为:烯丙基型醇>叔醇>仲醇>伯醇。卢卡斯试剂(无水氯化锌的浓盐酸溶液)可用于鉴别不同结构的六个碳原子以下的一元醇。反应时,叔醇立即出现浑浊,仲醇数分钟内出现浑浊,伯醇室温下不浑浊。

(3)在较高的温度下,醇能发生分子内脱水,产物一般遵从查衣采夫规则,生成较稳定的烯烃。在较低的温度下,醇能发生分子间脱水,产物为醚。

(4)由于醇羟基的吸电子诱导效应使 α-H 的活性增大,所以伯醇易被氧化成醛或酸,仲醇易被氧化成酮,叔醇因无 α-H 不易被氧化。常用的氧化剂是高锰酸钾、重铬酸钾和二氧化锰。

(5)多元醇除具有一元醇的性质外,α-二醇还有其自身的特性。α-二醇与新制的氢氧化铜作用生成绛蓝色的溶液,可用于鉴别 α-二醇;α-二醇能被高碘酸氧化,利用该性质可用于 α-二醇的定性、定量测定。

(6)酚羟基中氧原子的 p 轨道与苯环的 π 轨道形成 p-π 共轭体系,使氧原子的电子云密度降低,碳氧键极性减弱不易断裂,氧氢键极性增强,表现出一定的酸性。酚能与氢氧化钠或碳酸钠溶液反应生成盐,但酚的酸性比碳酸弱,不能与碳酸氢钠溶液反应生成盐。

(7)酚在碱性条件下与卤代烃作用可生成醚,是制备芳香族醚或混合醚的方法。酚也能与酰卤或酸酐作用生成酯。

(8)酚羟基使苯环上的电子云密度增加,结果使苯环进行亲电取代反应比苯容易。例如苯酚与溴水在常温下反应,生成 2,4,6-三溴苯酚的白色固体。酚比醇更易被氧化,常温下,酚能被空气中的氧气氧化生成带有颜色的物质。

(9)酚与 $FeCl_3$ 的显色反应可用来鉴别酚类或具有稳定烯醇式结构的化合物。

(10)醚的性质非常稳定,与活泼金属、碱、氧化剂、还原剂等都不反应。但醚分子中氧原子上有未共用电子对,能接受质子生成盐,醚能溶解在浓强酸中。该反应可用于醚的分离和鉴定。醚在浓 HI、浓 HBr 条件下,可发生醚键的断裂,生成碘代烷、溴代烷和醇或酚。

(11) 醚 α-氢原子受醚键氧原子吸电子诱导的影响,具有一定的活性。许多烷基醚在空气中会缓慢氧化生成过氧化物,其在加热时会发生剧烈爆炸。因此,在使用醚之前,应检验是否有过氧化物存在,常用碘化钾淀粉溶液进行检查。除去醚中过氧化物的方法是加入还原剂如 $FeSO_4$ 或 Na_2SO_3。

习　题

8-1.用思维导图分别对醇、酚、醚的主要内容进行关联。

8-2.命名下列化合物。

(1) $(CH_3CH_2)_3C-OH$

(2) Fischer 投影式：上 CH_3，左 H，右 OH，下 CH_2OH

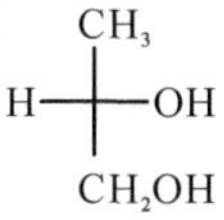

(3) 苯环：OH，SO_3H，SO_3H，CH_3

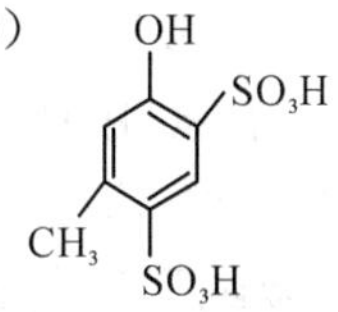

(4) 椅式环己烷：OH，OH

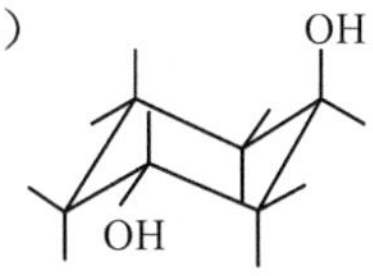

(5) 苯环：OH，OCH_3

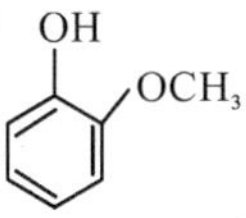

(6) CH_3；CH_3C-CH_2（环氧，O）

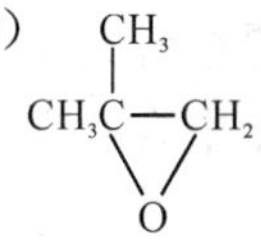

(7) $CH_3CHCH_2CH=CH_2$（OCH_3）

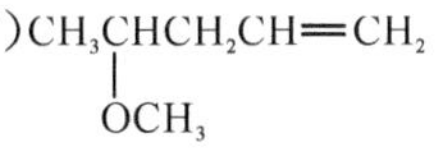

(8) 萘环：CH_3，OH

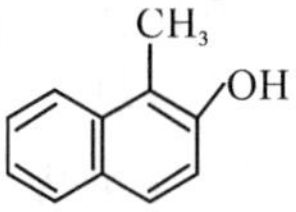

(9) CH_2OH；H、HO、C、CH_3

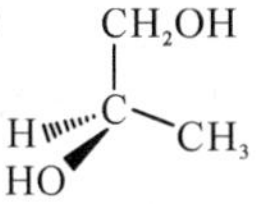

8-3.写出下列化合物的结构式。

(1)对硝基苯乙醚　(2)1,2-环氧丁烷　(3)反-1,2-环戊二醇

(4)4-甲氧基-1-戊烯-3-醇　(5)2,3-二甲氧基丁烷　(6)邻甲氧基苯甲醇

(7)3-环己烯醇　(8)对甲氧基苯酚　(9)季戊四醇

8-4.完成下列反应式,写出主要产物。

(1) $(CH_3)_2CH-C(CH_3)(OH)CH_3 \xrightarrow[\text{加热}]{H_2SO_4} ? \xrightarrow{KMnO_4} ?$

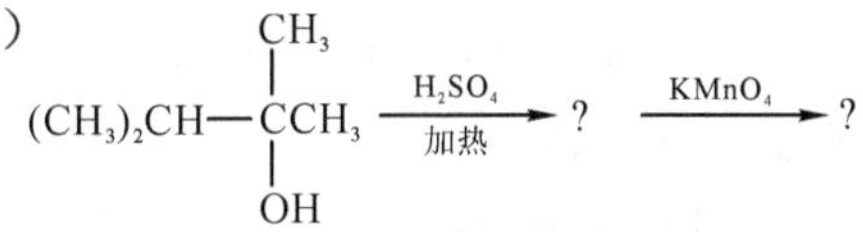

(2) $CH_3C(CH_3)_2-CH_2OH \xrightarrow{H^+}$

(3) 苯环（OH，SO_3H，SO_3H）$\xrightarrow{\text{浓}HNO_3}$

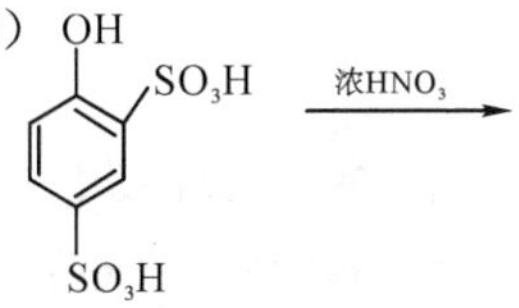

(4) $C_6H_5O-CH_2CH_3 \xrightarrow{HI}$

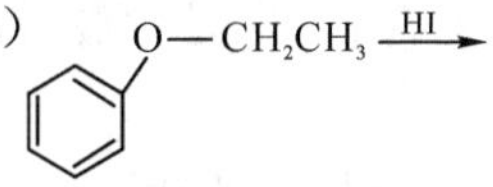

(5) $C_6H_5CH_2CH(OH)CH(CH_3)_2 \xrightarrow{H^+}$

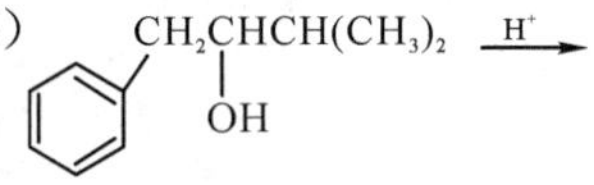

(6) $CH_3-CH(OH)-CH_3 \xrightarrow{K_2Cr_2O_7}$

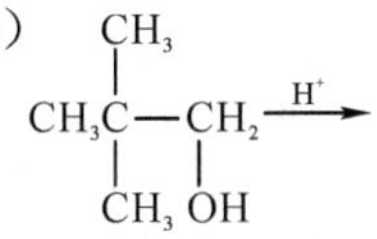

(7) $CH_2OH-CHOH-CH_2OH + 3HNO_3 \longrightarrow$

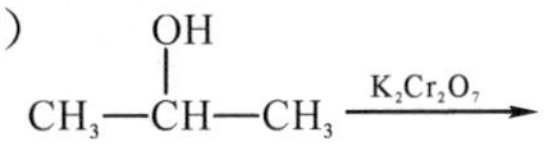

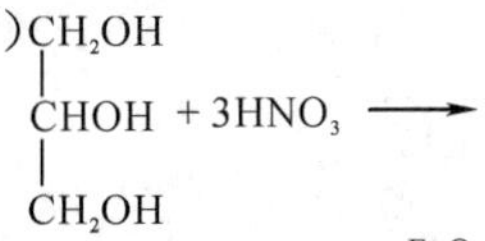

(8) $RMgX + CH_2-CH_2$（环氧，O）$\xrightarrow{Et_2O} ? \xrightarrow{H_2O} ?$

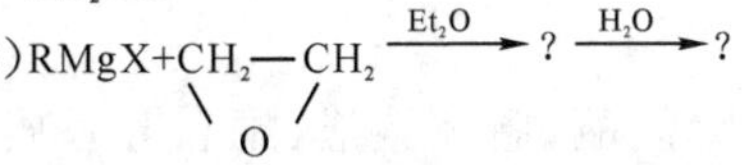

8-5.用简单的化学方法鉴别下列各组化合物。

(1)正丁醇、2-丁醇、2-甲基-2-丁醇

(2)苄醇、苄氯、对甲基苯酚、甲苯

(3)2-丁醇、甘油、苯酚

(4)苯甲醚、苯甲醇、甲苯酚

8-6.提纯下列化合物。

(1)乙烯中含有少量乙醚。

(2)乙醚中含有少量乙醇。

(3)环己醇中含有少量苯酚。

8-7.某化合物分子式为 C_3H_8O,其波谱数据如下:

IR:3300 cm^{-1},宽峰,2900~3000 cm^{-1},1100 cm^{-1}

^1HNMR:$\delta=4.0$ 七重峰,1H;$\delta=2.9$ 单峰,1H;$\delta=1.2$ 二重峰,6H。试推断该化合物的构造式。

8-8.有一化合物 A($C_5H_{11}Br$),和 NaOH 水溶液共热后生成 B($C_5H_{12}O$)。B 具有旋光性,能和金属钠反应放出氢气,和浓 H_2SO_4 共热生成 C(C_5H_{10})。C 经臭氧氧化并在还原剂存在下水解,生成丙酮和乙醛,试推测 A、B、C 的结构。

8-9.有分子式为 $C_5H_{12}O$ 的两种醇 A 和 B,A 与 B 氧化后都得到酸性产物。两种醇脱水后再催化氢化,可得到同一种烷烃,A 脱水后氧化得到一个酮和 CO_2,B 脱水后再氧化得到一个酸和 CO_2。试推导 A 与 B 的结构式,并写出有关反应方程式。

8-10.从结构上分析醇羟基和酚羟基的特点,并说明醇和酚在性质上的主要差异。

第九章 醛、酮

醛、酮分子中都含有官能团羰基 $>C=O$,称为羰基化合物。醛、酮在有机合成中占有特殊重要的地位,它们在工业生产上和实验室制备中都被广泛地用作原料和试剂。此外醛、酮在自然界中大量存在,常用作重要的药物和香料,是一类重要的有机化合物,也是生物体的组成物质。

羰基和两个烃基相连接的化合物称为酮;羰基至少与一个氢原子相连的化合物称为醛。醛分子中 $-\overset{O}{\overset{\|}{C}}-H$ 称为醛基。

$$\underset{\text{醛}}{\text{R(H)}-\overset{O}{\overset{\|}{C}}-H} \qquad \underset{\text{酮}}{R-\overset{O}{\overset{\|}{C}}-R'}$$

第一节 醛、酮的分类、命名和结构

一、醛、酮的分类

根据醛、酮分子中烃基的类别,醛、酮可分为脂肪族醛、酮,脂环族醛、酮和芳香族醛、酮。例如:

$CH_3\overset{O}{\overset{\|}{C}}CH_2CH_3$　脂肪酮

$H\overset{O}{\overset{\|}{C}}CH_2CH_3$　脂肪醛

$C_6H_{11}-\overset{O}{\overset{\|}{C}}CH_3$　脂环酮

$C_6H_{11}-CH_2\overset{O}{\overset{\|}{C}}H$　脂环醛

$C_6H_5COCH_3$　芳香酮

$C_6H_5CH_2CHO$　芳香醛

根据醛、酮分子中烃基的不饱和程度，醛、酮又可分为饱和醛、酮和不饱和醛、酮。例如：

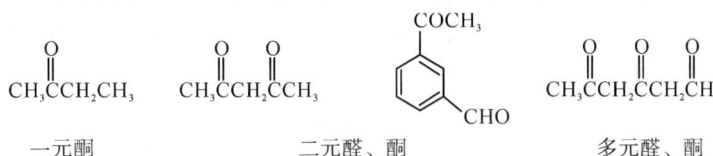

$CH_3\overset{O}{\overset{\|}{C}}CH_2CH_3$　饱和酮

$H\overset{O}{\overset{\|}{C}}CH(CH_3)_2$　饱和醛

$CH_3\overset{O}{\overset{\|}{C}}CH=CHCH_3$　不饱和酮

$C_6H_9-\overset{O}{\overset{\|}{C}}H$　不饱和醛

根据醛、酮分子中羰基的数目，醛、酮可分为一元醛、酮；二元醛、酮和多元醛、酮。例如：

$CH_3\overset{O}{\overset{\|}{C}}CH_2CH_3$　一元酮

$CH_3\overset{O}{\overset{\|}{C}}CH_2\overset{O}{\overset{\|}{C}}CH_3$　$OHC-C_6H_4-COCH_3$　二元醛、酮

$CH_3\overset{O}{\overset{\|}{C}}CH_2\overset{O}{\overset{\|}{C}}CH_2\overset{O}{\overset{\|}{C}}H$　多元醛、酮

二、醛、酮的命名

醛、酮的命名有普通命名法和系统命名法。

（一）普通命名法

醛的普通命名法与醇相似，在烃基的名称后面加一个“醛”字。例如：

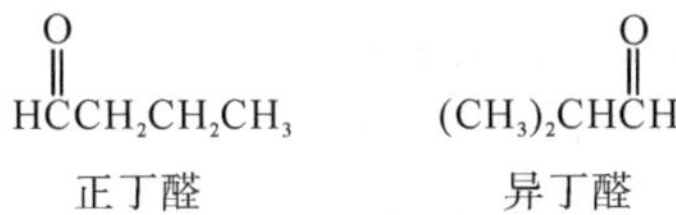

正丁醛　　异丁醛

酮的普通命名法是以甲酮为母体，羰基两端的烃基作为取代基。例如：

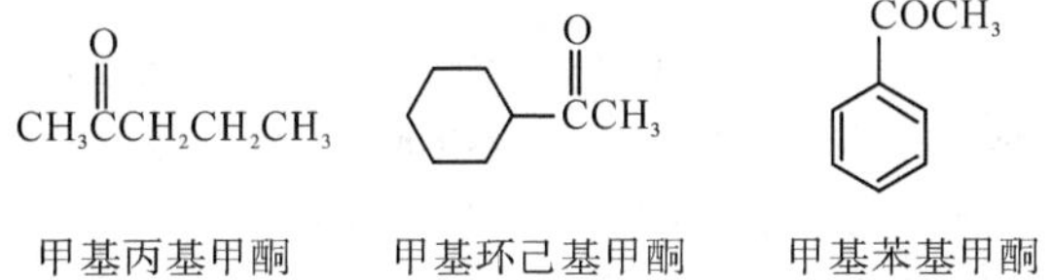

甲基丙基甲酮　　甲基环己基甲酮　　甲基苯基甲酮

（二）系统命名法

1.脂肪族醛、酮的系统命名

选择含有羰基的最长碳连作为主链，碳原子的编号从靠近羰基的一端开始。在醛分子中，醛基总在链端，命名时不必标明它的位次；酮的命名与醇相似，除丙酮、丁酮、苯乙酮外，其他酮分子中的羰基的位次必须标明。既有醛基又有酮羰基的化合物的命名，以醛为母体，酮羰基作为取代基，用“氧代”二字表示。不饱和醛、酮的命名类似不饱和醇的命名，根据主链上碳原子总数以及羰基和不饱和键所在位置，称为几-某烯-几-酮，不饱和醛称为几-某烯醛。

例如：

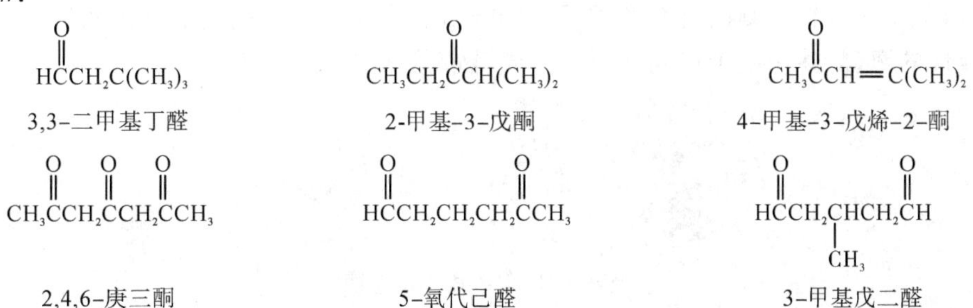

3,3-二甲基丁醛　　2-甲基-3-戊酮　　4-甲基-3-戊烯-2-酮

2,4,6-庚三酮　　5-氧代己醛　　3-甲基戊二醛

2.脂环族和芳香族醛、酮的命名

羰基碳原子在环内的脂环酮，称为环某酮，从羰基碳原子开始，按最低系列原则给环编号；羰基碳原子在环外的脂环族醛、酮与芳香族醛、酮的命名类似，脂环和芳环都作为取代基。例如：

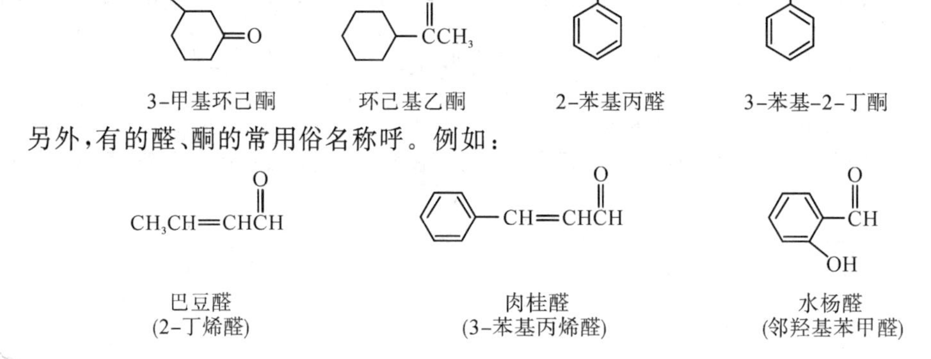

另外，有的醛、酮的常用俗名称呼。例如：

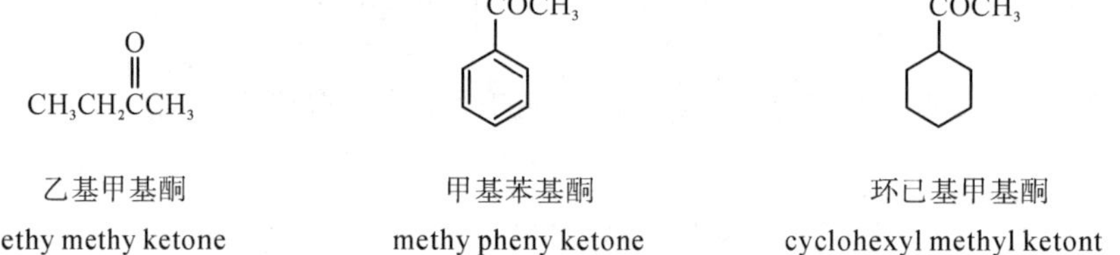

巴豆醛
(2-丁烯醛)

肉桂醛
(3-苯基丙烯醛)

水杨醛
(邻羟基苯甲醛)

拓展知识

醛、酮系统命名新规则　醛、酮的系统命名有官能团类别名、取代名。

(1)官能团类别名。醛的官能团类别名与醇类似，烃基名称＋醛；酮的官能团类别名与醚类似，烃基名称＋烃基名称＋酮。醛、酮的官能团类别名类似原普通命名法，只是酮的命名书写烃基时是按英文名称字母顺序排列。例如：

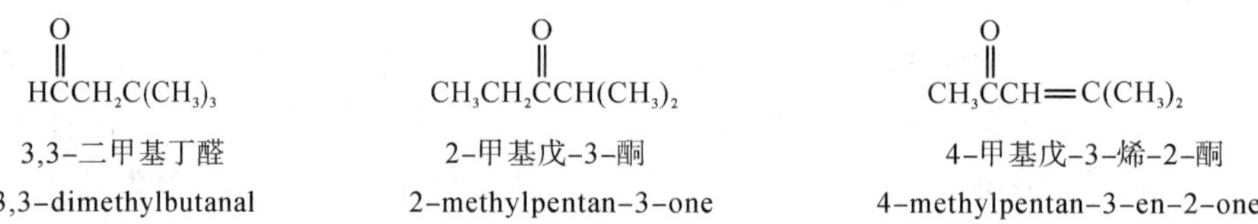

乙基甲基酮 ethy methy ketone

甲基苯基酮 methy pheny ketone

环已基甲基酮 cyclohexyl methyl ketont

(2)取代名。类似醇的命名。选择含有羰基的最长碳链作为主链，编号从靠近羰基的一端开始，遵循最低位次组原则，用阿拉伯数字标明取代基和羰基的位次，醛一般不需要标明羰基的位次。例如：

$$\overset{O}{\overset{\|}{H C}}CH_2C(CH_3)_3$$

3,3-二甲基丁醛
3,3-dimethylbutanal

$$CH_3CH_2\overset{O}{\overset{\|}{C}}CH(CH_3)_2$$

2-甲基戊-3-酮
2-methylpentan-3-one

$$CH_3\overset{O}{\overset{\|}{C}}CH{=}C(CH_3)_2$$

4-甲基戊-3-烯-2-酮
4-methylpentan-3-en-2-one

三、醛、酮的结构

羰基中的碳原子和氧原子均为 sp^2 杂化。两原子各利用一个 sp^2 杂化轨道形成 C—O σ 键，利用未杂化的 p 轨道侧面重叠形成 C—O π 键。由于氧原子的电负性比碳原子的大，C=O 键是极性的双键，共用电子偏向氧原子。成键情况见图 9-1。

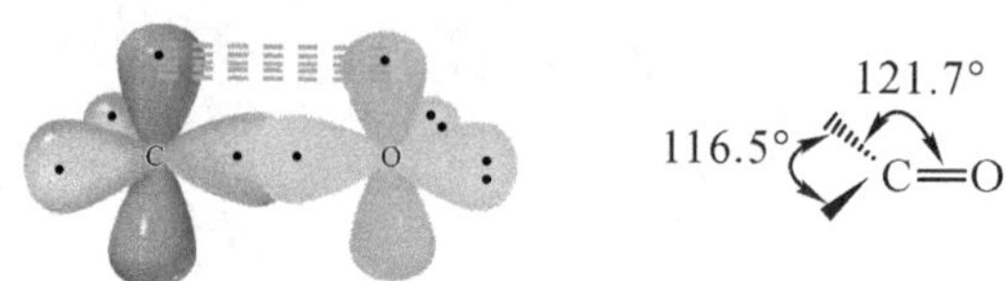

图 9-1　羰基成键示意图

第二节　醛、酮的物理性质和光谱性质

一、物理性质

常温下，除甲醛是气体外，十二个碳原子以下的脂肪醛、酮都是液体，高级脂肪醛、酮和芳香酮都是固体。低级醛有刺鼻气味，低级酮有清爽气味，中级醛具有果香味，中级酮和芳香醛具有愉快的气味。含有9～10个碳原子的醛可用于配制香料。由于羰基具有较强的极性，醛、酮的沸点比分子质量相近的烷烃和醚高，但因为它们分子间不能形成氢键，故其沸点低于分子质量相近的醇。醛、酮分子中羰基氧原子能与水分子中的氢原子可形成氢键，因此低级醛和酮能溶于水，甲醛、乙醛、丙酮均可与水混溶。醛、酮都能溶于有机溶剂，丙酮可溶解很多有机化合物，因此它是良好的有机溶剂。一些醛、酮的物理常数见表9-1。

表9-1　常见醛、酮的物理常数

名称	熔点/℃	沸点/℃	密度/g·cm^{-3}(20 ℃)	折射率(n_D^{20})	溶解度/g·(100 g水)$^{-1}$
甲醛	−92.0	−21.0	0.8150	—	混溶
乙醛	−121.0	20.8	0.7830	1.3316	混溶
丙醛	−81.0	48.8	0.8058	1.3636	16
丁醛	−99.0	75.7	0.8170	1.3843	7
戊醛	−91.5	103.4	0.8095	1.3944	微溶
丙烯醛	−87.0	52.8	0.8410	1.4017	40
苯甲醛	−26.0	179.1	1.0460	1.5463	0.33
丙酮	−95.4	56.2	0.7899	1.3588	混溶
丁酮	−86.0	79.6	0.8050	1.3788	37
2−戊酮	−77.8	102.4	0.8089	1.3895	—
3−戊酮	−39.9	101.7	0.8138	1.3924	—
环己酮	−45.0	155.7	0.9478	1.4507	2.4
苯乙酮	19.7	202.0	1.0281	1.5372	微溶

二、光谱性质

(一)红外光谱

醛、酮分子中羰基的伸缩振动吸收峰在1700～1740 cm^{-1}处有强的吸收峰，醛基中的C—H的伸缩振动在2720 cm^{-1}附近出现吸收峰，利用该吸收峰可以区别醛和酮。乙醛和苯乙酮的红外光谱见图9-2和图9-3。

在图9-2中，1727 cm^{-1}为C=O键的伸缩振动；2846 cm^{-1}和2733 cm^{-1}为醛基C—H键的伸缩振动；3001 cm^{-1}为甲基C—H键的伸缩振动；1350 cm^{-1}为甲基C—H键的弯曲

振动。

在图 9－3 中，1686 cm^{-1} 为 C＝O 键的伸缩振动，由于羰基与苯环发生 π－π 共轭，吸收峰向低频位移；1450～1559 cm^{-1} 为苯环骨架伸缩振动，3010～3060 cm^{-1} 为苯环上 C—H 键的伸缩振动。

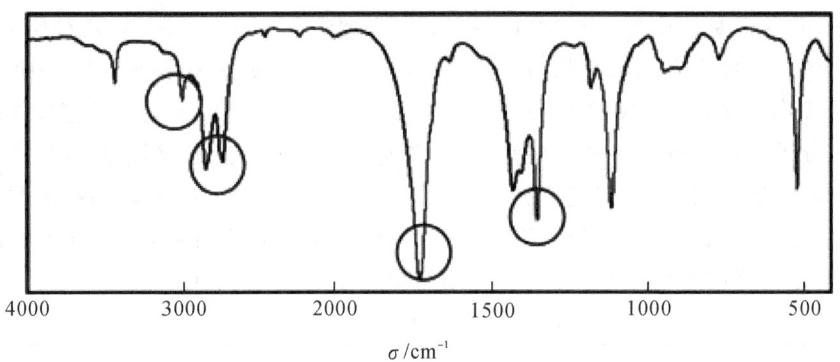

图 9－2 乙醛的红外光谱

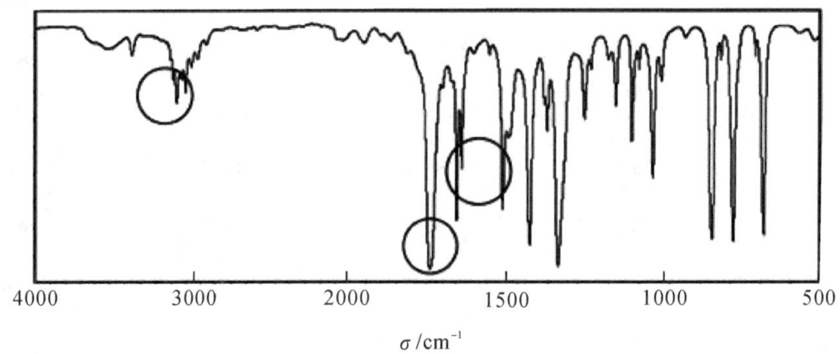

图 9－3 苯乙酮的红外光谱

(二)核磁共振谱

在核磁共振谱中，醛基上质子由于受羰基吸电子诱导作用的影响，其化学位移在低场出现，δ 值一般在 9～10 范围。酮分子中没有这样的质子存在，在低场没有吸收峰。利用核磁共振谱很方便区别醛和酮。例如丁醛和苯乙酮的核磁共振谱(见图 9－4、图 9－5)。

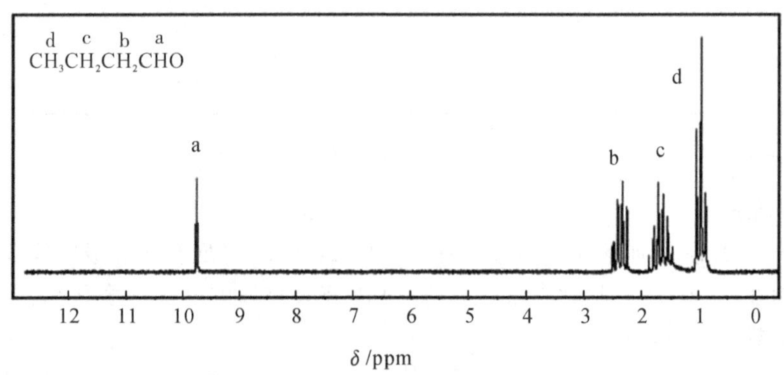

图 9－4 丁醛的核磁共振谱

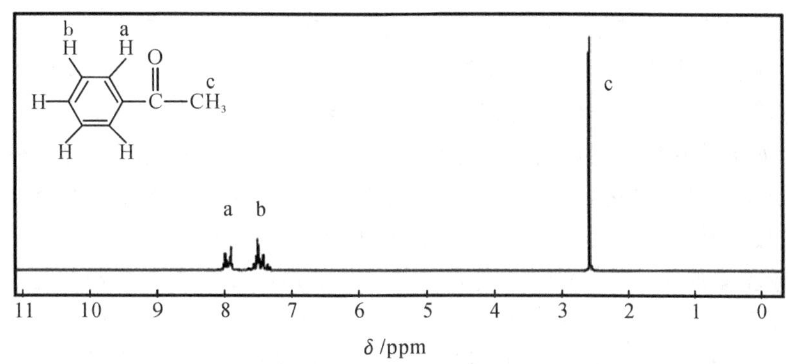

图 9－5　苯乙酮的核磁共振谱

第三节　醛、酮的化学性质

醛、酮的化学性质主要是由羰基决定的。醛、酮分子类似的结构决定了二者性质上有许多相似之处。由于氧原子形成的氧负离子要比带正电荷的碳原子要稳定，因此反应的活性中心是羰基中带正电荷的碳原子，易于被带负电荷或带有孤对电子的试剂即亲核试剂进攻发生加成反应，这类加成反应称为亲核加成反应。此外受羰基吸电子诱导的影响，α－C 上的 α－H 比其他氢原子有较大的活性，能发生烯醇化、卤代、羟醛缩合等反应。

醛、酮分子结构上的不同又决定二者在化学性质上表现出一定的差异。比如醛易被氧化而酮则不可以。综上所述，醛、酮的化学性质主要表现在：

$$-\underset{H}{\overset{|}{C}}-\overset{\delta^-}{\underset{\delta^+}{\overset{O}{\overset{\|}{C}}}}-R(H)$$

烯醇化、卤代、羟醛缩合（α－H）；亲核加成、氢化、还原（羰基）；醛的氧化（R(H)）

一、亲核加成反应

羰基的亲核加成反应根据反应条件不同有两种不同的反应历程。

在碱性或中性条件下，亲核试剂（Nu^-）进攻羰基碳原子，羰基中的 π 键断裂，生成烷氧负离子，然后烷氧负离子在溶剂中质子化生成产物。

$$\underset{R}{\overset{R'}{}}C=O \underset{-Nu^-}{\overset{Nu^-}{\rightleftharpoons}} R'-\underset{R}{\overset{O^-}{C}}-Nu \underset{-H_2O}{\overset{H_2O}{\rightleftharpoons}} R'-\underset{R}{\overset{OH}{C}}-Nu$$

在酸性条件下，羰基氧原子先质子化，生成活性很大的碳正离子，然后中心碳原子接受亲核试剂的进攻，得到产物。

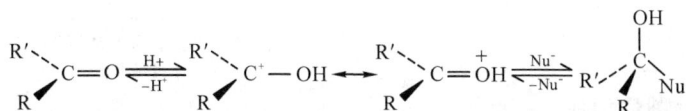

$$\underset{R}{\overset{R'}{}}C=O \underset{-H^+}{\overset{H^+}{\rightleftharpoons}} \underset{R}{\overset{R'}{}}C^+-OH \longleftrightarrow \underset{R}{\overset{R'}{}}C=\overset{+}{O}H \underset{-Nu^-}{\overset{Nu^-}{\rightleftharpoons}} R'-\underset{R}{\overset{OH}{C}}-Nu$$

无论是酸性条件还是碱性条件，亲核试剂（Nu^-）进攻羰基碳原子的难易决定整个反应的速率。亲核试剂（Nu^-）进攻羰基碳原子的难易除与亲核试剂自身的亲核性有关外，还与醛、酮的结构有直接的关系。羰基碳原子的正电性越强，越有利于亲核试剂(Nu^-)的进攻，决定羰基碳原子正电性强弱的主要因素是羰基所连基团的性质。当连接有吸电子基团时，正电性增强，有利于亲核加成；当连接有供电子基团时，正电性减弱，不利于亲核加成。因此，通常酮的反应活性不如醛。如果羰基与碳碳双键或苯环直接相连接，由于 $\pi-\pi$ 共轭，使羰基碳原子的正电性减弱，不利于亲核试剂的进攻。所以芳香醛、酮的反应活性一般不如脂肪族醛、酮。当羰基碳原子上所连接烃基体积增大，空间位阻会增大，阻碍亲核试剂靠近羰基碳原子。同时，随着反应的进行，羰基碳原子由 sp^2 杂化变成了 sp^3 杂化，键角由接近 120°变成接近 109.5°，各基团的距离减小，相互斥力增加，烃基体积越大，斥力越大，越不利于反应的进行。因此可以预料醛比酮易于反应；体积小的甲基酮比一般酮易于反应；环酮(环戊酮、环己酮)比相同碳原子的烷基酮易于反应。

能与醛、酮发生亲核加成反应的亲核试剂主要有碳亲核试剂(HCN，RMgX)、氧亲核试剂(ROH)、硫亲核试剂($NaHSO_3$)和氮亲核试剂(NH_2-Y)等。

(一)与 HCN 的加成

醛、脂肪族甲基酮以及 C_8 以下的环酮能与 HCN 发生加成反应，CN^- 进攻羰基碳原子，H^+ 进攻羰基氧原子生成 α-羟基腈(又名氰醇)。α-羟基腈分子内失水可以生成 α,β-不饱和腈，进一步水解生成 α,β-不饱和酸；酸性条件下水解可以生成 α-羟基酸。例如：

$$\underset{CH_3}{>}C=O+HCN \rightleftharpoons \underset{CH_3}{>}C\langle^{OH}_{CN}\ (\alpha\text{-羟基腈})$$

$$\xrightarrow{-H_2O} CH_2=\overset{|}{C}-CN\ (\alpha,\beta\text{-不饱和腈}) \xrightarrow{H^+,H_2O} CH_2=\overset{|}{C}-COOH\ (\alpha,\beta\text{-不饱和酸})$$

$$\xrightarrow{H^+,H_2O} CH_3-\overset{|}{\underset{OH}{C}}-COOH\ (\alpha\text{-羟基酸})$$

由于 HCN 是弱酸，该反应需在碱催化下进行。反应历程如下：

$$HCN+OH^- \rightleftharpoons H_2O+CN^-$$

$$\underset{CH_3}{>}C=O+CN^- \longrightarrow \underset{CH_3}{>}C\langle^{O^-}_{CN} \xrightarrow{HCN} \underset{CH_3}{>}C\langle^{OH}_{CN} +CN^-$$

碱的存在能促进 HCN 的电离，产生更多的亲核试剂 CN^-。实验证明，没有碱存在时反应三四小时内只有一半原料起反应，加入一滴 KOH 溶液，2 分钟内反应即可完成。

醛、酮与 HCN 的加成反应是在碳链上增加一个碳原子的方法之一，在有机合成上有重要的用途。例如有机玻璃的制备：

$$\begin{matrix}CH_3\\CH_3\end{matrix}{>}C=O \xrightarrow{HCN} CH_3-\overset{CH_3}{\underset{CN}{C}}-OH \xrightarrow[H_2SO_4]{CH_3OH} CH_2=\overset{CH_3}{C}-COOCH_3\ (\alpha\text{-甲基丙烯酸甲酯})$$

$$CH_2=\overset{CH_3}{C}-COOCH_3 \xrightarrow{引发剂} \text{+}CH_2-\overset{CH_3}{\underset{COOCH_3}{C}}\text{+}_n$$

聚α-甲基丙烯酸甲酯
(有机玻璃)

(二)与格氏试剂的加成

格氏试剂是强的亲核试剂，容易与醛、酮进行加成反应。反应时烃基进攻羰基碳原子，^+MgX进攻羰基氧原子生成加成产物，产物进一步水解可得到醇。

$$\gt C{=}O + \overset{\delta^-}{R}-\overset{\delta^+}{MgX} \xrightarrow{Et_2O} \gt C\lt{}^{R}_{OMgX} \xrightarrow{H^+,H_2O} R-\underset{|}{\overset{|}{C}}-OH$$

利用这个反应可以制得各类醇。格氏试剂与甲醛作用，可得到比格氏试剂的烃基多一个碳原子的伯醇；与其他醛作用，可得到仲醇；与酮作用，可得到叔醇。例如：

$$\begin{matrix}H\\H\end{matrix}\gt C{=}O + \overset{\delta^-}{R}-\overset{\delta^+}{MgX} \xrightarrow{Et_2O} \begin{matrix}H\\H\end{matrix}\gt C\lt{}^{R}_{OMgX} \xrightarrow{H^+,H_2O} R-\underset{H}{\overset{H}{C}}-OH \quad 伯醇$$

$$\begin{matrix}R'\\H\end{matrix}\gt C{=}O + \overset{\delta^-}{R}-\overset{\delta^+}{MgX} \xrightarrow{Et_2O} \begin{matrix}R'\\H\end{matrix}\gt C\lt{}^{R}_{OMgX} \xrightarrow{H^+,H_2O} R-\underset{H}{\overset{R'}{C}}-OH \quad 仲醇$$

$$\begin{matrix}R'\\R''\end{matrix}\gt C{=}O + \overset{\delta^-}{R}-\overset{\delta^+}{MgX} \xrightarrow{Et_2O} \begin{matrix}R'\\R''\end{matrix}\gt C\lt{}^{R}_{OMgX} \xrightarrow{H^+,H_2O} R-\underset{R''}{\overset{R'}{C}}-OH \quad 叔醇$$

由于格氏试剂易与含活泼氢的基团如—COOH、—OH、—NH_2等反应，因此反应物中不能有这些基团的存在。同时在反应体系中绝对不能有水和二氧化碳，一般要在氮气保护下，在无水乙醚溶液中进行。该反应在有机合成中是增长碳链的重要方法。

（三）与醇的加成

在干燥氯化氢的催化下，醛、酮与醇发生加成反应，生成的产物称半缩醛（酮），半缩醛（酮）不稳定，与过量的醇进一步作用，生成稳定的产物称为缩醛（酮）。反应是可逆的，必须加入过量的醇以促使平衡向右移动。

$$\gt C{=}O \underset{HCl}{\overset{ROH}{\rightleftharpoons}} \underset{半缩醛(酮)}{\gt\overset{OR}{\overset{|}{C}}-OH} \underset{HCl}{\overset{R'OH}{\rightleftharpoons}} \underset{缩醛(酮)}{\gt\overset{OR}{\overset{|}{C}}-OR'}$$

反应历程：

$$\gt C{=}O \overset{H^+}{\rightleftharpoons} \gt C{=}\overset{+}{O}H \overset{ROH}{\rightleftharpoons} \gt\overset{H\overset{+}{O}R}{\overset{|}{C}}-OH \overset{-H^+}{\rightleftharpoons} \gt\overset{OR}{\overset{|}{C}}-OH$$

$$\gt\overset{OR}{\overset{|}{C}}-OH \overset{H^+}{\rightleftharpoons} \gt\overset{OR}{\overset{|}{C}}-\overset{+}{O}H_2 \overset{-H_2O}{\rightleftharpoons} \gt\overset{+}{C}-OR \underset{-H^+}{\overset{R'OH}{\rightleftharpoons}} \gt C\lt{}^{OR}_{OR'}$$

缩醛（酮）有类似醚的性质，对碱、氧化剂、还原剂等都很稳定，但在稀酸中会水解为原来的醛、酮。利用这个反应经常用于羰基的保护，实际应用中常用乙二醇保护羰基。

$$\gt C{=}O + \underset{OH}{\underset{|}{CH_2}}-\underset{OH}{\underset{|}{CH_2}} \overset{干HCl}{\rightleftharpoons} \gt C\lt{}^{O-CH_2}_{O-CH_2}$$

例如：

$$\text{3-(COOC}_2\text{H}_5\text{)环戊酮} + \begin{matrix}CH_2OH\\|\\CH_2OH\end{matrix} \overset{干HCl}{\rightleftharpoons} \text{(乙二醇缩酮)-COOC}_2\text{H}_5$$

$$\xrightarrow{LiAlH_4} \text{(乙二醇缩酮)-CH}_2\text{OH} \xrightarrow{H_3O^+} \text{3-(CH}_2\text{OH)环戊酮}$$

（四）与饱和亚硫酸氢钠的加成

醛、脂肪族甲基酮、8个碳以下的环酮可以与饱和$NaHSO_3$反应，生成α-羟基磺酸钠白色晶体。晶体与酸或者碱共热又可得到原来的醛、酮。

$$\underset{(H)}{CH_3}\!\!>C=O+NaHSO_3 \rightleftharpoons \underset{(H)}{CH_3}\!\!>C<^{OH}_{SO_3Na}\downarrow 白$$

$$\underset{(H)}{CH_3}\!\!>C<^{OH}_{SO_3Na} \begin{cases} \xrightarrow{1/2Na_2CO_3稀} \underset{(H)}{CH_3}\!\!>C=O+Na_2SO_3+1/2CO_2\uparrow+1/2H_2O \\ \xrightarrow{HCl稀} \underset{(H)}{CH_3}\!\!>C=O+NaCl+SO_2\uparrow+H_2O \end{cases}$$

利用该反应可用于分离提纯醛、酮。反应历程如下：

$$O=\overset{O^-}{\underset{OH}{S}} + >C=O \rightleftharpoons >C<^{SO_3H}_{O^-} \rightleftharpoons >C<^{SO_3^-}_{OH}$$

(五)与氮亲核试剂的加成

氮亲核试剂包括氨及其衍生物。醛或酮和氨及其衍生物加成时，所得到的产物往往不稳定，常进一步脱水生成含有碳氮双键(C＝N)的化合物。因此，醛、酮与氨及其衍生物的反应又称为加成-消除反应。

醛、酮与氨的反应一般比较困难，很难得到稳定的产物。

$$R-\overset{O}{\overset{\|}{C}}-H+NH_3 \longrightarrow \underset{羟胺}{R-\overset{OH}{\underset{H}{C}}-NH_2} \xrightarrow{-H_2O} \underset{亚胺}{R-\underset{H}{C}=NH}$$

先生成羟胺，羟胺很不稳定，脱水得到亚胺，生成的产物亚胺仍不稳定，常进一步又生成复杂的产物。例如：

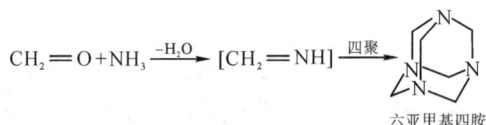

$$CH_2=O+NH_3 \xrightarrow{-H_2O} [CH_2=NH] \xrightarrow{四聚} 六亚甲基四胺$$

甲醛和氨作用生成的亚胺，能进一步缩合为六亚甲基四胺，又称为四氮金刚烷。

六亚甲基四胺是笼状结构的化合物，和金刚烷一样，具有相当高的对称性和熔点，用硝酸氧化生成威力巨大的“旋风炸药”RDX。

$$六亚甲基四胺 + HNO_3 \longrightarrow \underset{RDX}{(三硝基六氢三嗪)} + 3HCHO + NH_3$$

六亚甲基四胺是有机合成的重要原料。化学工业上主要用于树脂和塑料的固化剂、氨基塑料的催化剂和发泡剂；在医药工业中用来生产氯霉素。

醛或酮与伯胺反应，生成羟胺。羟胺由于氨基上还有 H 原子而不稳定，脱水生成亚胺，称为希夫碱。生成的脂肪族亚胺一般不稳定，容易分解，芳香族亚胺因为 C＝N 双键可与苯环发生 p－π 共轭，比较稳定。例如：

$$C_6H_5\underset{H}{C}=O+H_2NC_6H_5 \xrightarrow[-H_2O]{H^+} \underset{希夫碱}{C_6H_5\underset{H}{C}=N-C_6H_5}$$

希夫碱在有机合成上有重要的意义，它的合成产物在医学上具有杀菌、抗癌等作用。

醛或酮与仲胺生成的羟胺，羟胺的氨基上没有了 H 原子，不能脱水生成亚胺，但羟基能与 β - C 上的 H 原子脱水生成烯胺。

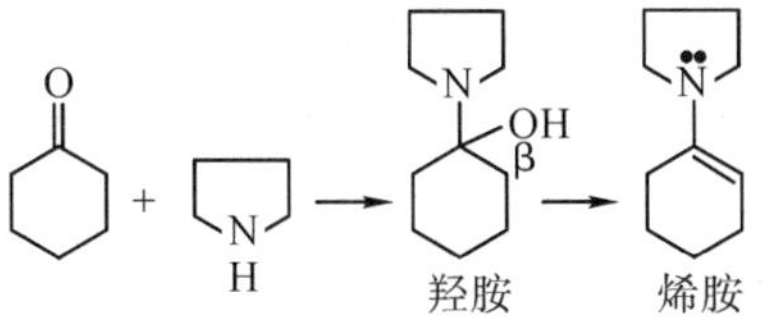

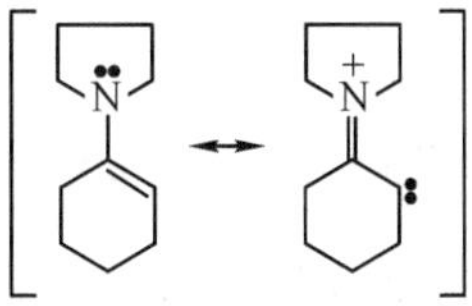

羟胺　烯胺

烯胺分子中氮原子与烯烃碳原子都具有亲核性，在有机合成中常利用碳原子的亲核性，进行酰基化反应。

醛或酮与氨衍生物（H_2N-Y）如羟胺（H_2N-OH）、肼（H_2N-NH_2）、苯肼（$H_2N-NH-C_6H_5$）、2，4 -二硝基苯肼（$H_2N-NH-C_6H_3(NO_2)_2$）、氨基脲（$H_2N-NHCONH_2$）等加成，加成的产物不稳定，脱去一分子水，分别生成具有 C＝N 双键结构的产物肟、腙、苯腙、2，4 -二硝基苯腙、缩氨脲。

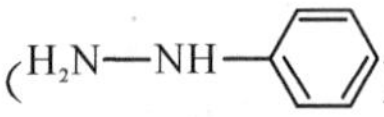

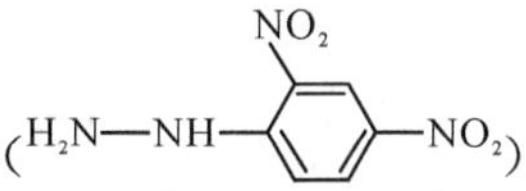

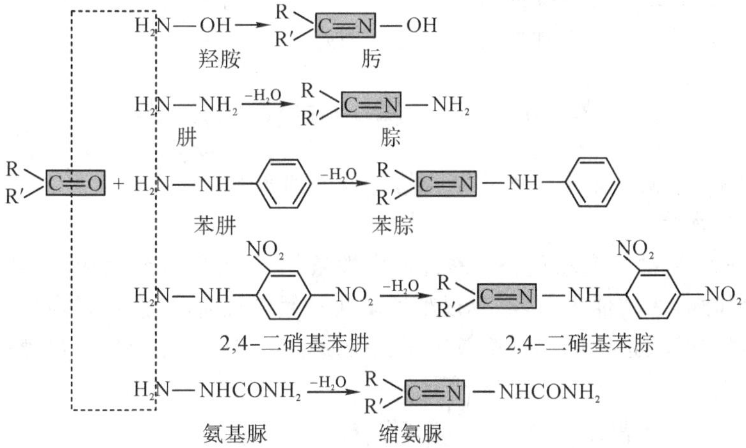

$R(R')C=O + H_2N-OH \rightarrow R(R')C=N-OH$
羟胺　肟

$H_2N-NH_2 \xrightarrow{-H_2O} R(R')C=N-NH_2$
肼　腙

$H_2N-NH-C_6H_5 \xrightarrow{-H_2O} R(R')C=N-NH-C_6H_5$
苯肼　苯腙

$H_2N-NH-C_6H_3(NO_2)_2 \xrightarrow{-H_2O} R(R')C=N-NH-C_6H_3(NO_2)_2$
2,4-二硝基苯肼　2,4-二硝基苯腙

$H_2N-NHCONH_2 \xrightarrow{-H_2O} R(R')C=N-NHCONH_2$
氨基脲　缩氨脲

反应历程如下：

$$>C=O \underset{}{\overset{H^+}{\rightleftharpoons}} >\overset{+}{C}-OH \underset{慢}{\overset{NH_2-B}{\rightleftharpoons}} >C(OH)-\overset{+}{N}H(H)-B \overset{-H_2O}{\rightleftharpoons} >C=\overset{+}{N}H-B \overset{-H^+}{\rightleftharpoons} >C=N-B$$

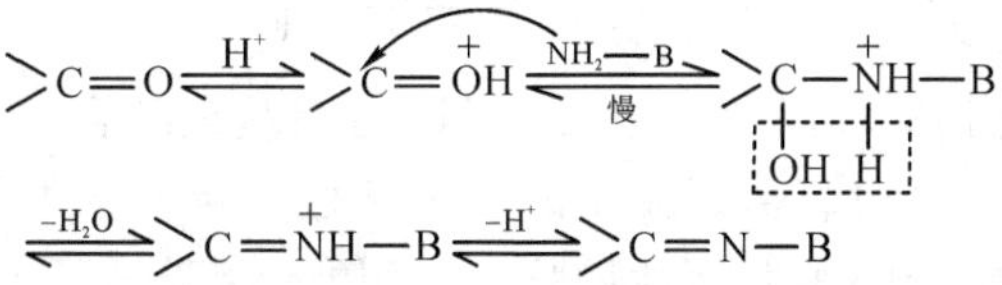

反应一般需要在 pH＝5 的条件下进行，不能在强酸中进行。因为强酸能与氨的衍生物（H_2N-Y）生成 H_3^+N-Y，而使氨的衍生物失去亲核性。

醛、酮与氨衍生物的生成物大多数是结晶体，有固定的熔点，易提纯。在稀酸条件下，产物又水解得到原来的醛、酮。因此，利用这些反应可用于分离、提纯和鉴别醛、酮。在实验室中常用 2，4 -二硝基苯肼作为鉴别羰基化合物的试剂。

问题与思考

将下列化合物发生亲核加成反应的活性由大到小排序。

(1)甲醛 (2)苯甲醛 (3)丙酮 (4)苯乙酮 (5)环已酮

二、α-H的反应

醛、酮分子中的α-H受到羰基吸电子诱导的影响，酸性增强，同时α-H离开后，生成的α-C负离子可与羰基发生p-π共轭，使α-C负离子趋于稳定。

$$-\overset{H}{\underset{|}{C}}-\underset{|}{C}=O \xrightarrow{-H^+} -\underset{|}{\bar{C}}-\underset{|}{C}=O \rightleftharpoons -\underset{|}{\overset{\delta^-}{C}}\text{=}\underset{|}{C}\text{=}\overset{\delta^-}{O}$$

两方面的因素使α-H具有一定的活性。有α-H的醛、酮可以发生烯醇化、α-H的卤代、羟醛缩合等反应。

(一)烯醇化

有α-H的醛、酮，α-H可以从α-C重排到羰基氧原子上，形成烯醇式结构，酮式和烯醇式平衡共存。

$$R-\overset{O}{\overset{\|}{C}}-CH_2-R \rightleftharpoons R-\overset{OH}{\overset{|}{C}}=CH-R$$

简单的脂肪族醛、酮烯醇式的含量很少，但对于部分二酮，α-C受到两端羰基吸电子诱导的影响，α-H表现出更强的活泼性，很容易从α-C转移到羰基氧原子上，形成的烯醇式中，C═C键可与羰基发生π-π共轭而趋于稳定。例如：

$$\underset{20\%}{CH_3-\overset{O}{\overset{\|}{C}}-CH_2-\overset{O}{\overset{\|}{C}}-CH_3} \rightleftharpoons \underset{80\%}{CH_3-\overset{OH}{\overset{|}{C}}=CH-\overset{O}{\overset{\|}{C}}-CH_3}$$

2,4-戊二酮在平衡体系中烯醇式结构的含量占到80%。

(二)α-H的卤代

醛、酮的α-H易被卤素取代。在酸性或中性条件下，可以控制反应，得到一取代产物α-卤代醛或α-卤代酮；在碱催化下，反应很难停留在一元取代阶段，生成多卤代醛、酮。

反应是通过烯醇式进行的。羰基氧原子接受质子变成烯醇是决定反应速率的一步。

$$C_6H_5-\overset{O}{\overset{\|}{C}}-CH_3 \longrightarrow C_6H_5-\overset{\ddot{O}H}{\overset{|}{C}}=CH_2 \xrightarrow{\overset{\delta^+}{Br}-\overset{\delta^-}{Br}} C_6H_5-\overset{O}{\overset{\|}{C}}-CH_2Br + HBr$$

酸可以促使羰基化合物的烯醇化。原因是H^+与羰基氧结合，增强了羰基的吸电子作用，使α-H更活泼。当发生一卤代后，卤原子的吸电子性使羰基氧原子上的电子云密度有所降低，虽然此时α-H受卤原子的影响活性增强，但氧原子接受质子的能力降低，烯醇化趋势有所减弱。因此，酸催化的醛、酮卤代反应可以停留在一卤代阶段。例如：

$$C_6H_5-\overset{O}{\overset{\|}{C}}-CH_3 + Br_2 \xrightarrow{H^+} C_6H_5-\overset{O}{\overset{\|}{C}}-CH_2Br + HBr$$

碱的存在能促进取代反应的进行。碱能加速 α－H 的离开，当一个 α－H 被卤原子取代，剩余的 α－H 受卤原子吸电子的影响，变得更加活泼，同时碱的存在促进 α－H 的离开，取代更易进行。因此反应的产物往往是多卤代物。乙醛(CH_3CHO)、甲基酮(CH_3COR)在卤素的碱溶液(或称次卤酸钠)的作用下，甲基上的三个氢原子全部被卤原子取代，生成三卤代醛(酮)，进一步反应生成三卤甲烷(卤仿)和羧酸盐，这类反应称为卤仿反应。

$$X_2+2NaOH \longrightarrow NaOX+NaX+H_2O$$

$$R-\overset{\overset{O}{\|}}{C}-CH_3 \xrightarrow[OH^-]{NaOX} R-\overset{\overset{O}{\|}}{C}-CX_3 \xrightarrow{OH^-} R-\overset{\overset{O}{\|}}{C}-ONa+CHX_3$$

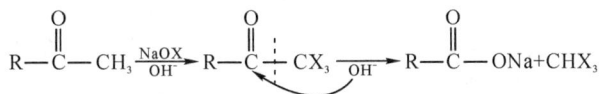

如果是以碘的氢氧化钠溶液为试剂，生成碘仿，其水溶性小，易于析出，为黄色结晶，反应灵敏，现象显著，称为碘仿反应。例如：

$$H-\overset{\overset{O}{\|}}{C}-CH_3 \xrightarrow[OH^-]{NaOI} H-\overset{\overset{O}{\|}}{C}-CI_3 \xrightarrow{OH^-} H-\overset{\overset{O}{\|}}{C}-ONa+CHI_3\downarrow$$

碘仿反应常用来鉴别乙醛和具有甲基酮结构的化合物。

由于卤素在碱溶液中生成次卤酸钠，次卤酸钠具有氧化性，可以将 2－醇氧化成 CH_3CO—结构的酮，因此 2－醇也可以发生卤仿反应，也可以用碘仿反应鉴定。

$$R-\overset{\overset{OH}{|}}{CH}-CH_3 \xrightarrow{NaOI} R-\overset{\overset{O}{\|}}{C}-CH_3 \xrightarrow[OH^-]{NaOI} R-\overset{\overset{O}{\|}}{C}-ONa+CHI_3\downarrow$$

(三)羟醛缩合反应

含 α－氢的醛在稀碱溶液中，一分子醛的 α－氢加到另一分子醛的氧原子上，其余部分加到羰基碳原子上，生成 β－羟基醛，这类反应称为羟醛缩合。例如：

$$CH_3-\overset{\overset{O}{\|}}{C}-H+\overset{\overset{H}{|}}{CH_2}-\overset{\overset{O}{\|}}{C}-H \xrightarrow{稀OH^-} CH_3-\overset{\overset{OH}{|}}{CH}-CH_2-\overset{\overset{O}{\|}}{C}-H$$

β－羟基丁醛

反应历程如下：

$$\overset{\overset{H}{|}}{CH_2}-\overset{\overset{O}{\|}}{C}-H \underset{稀OH^-}{\rightleftharpoons} \bar{C}H_2-\overset{\overset{O}{\|}}{C}-H+H_2O$$

(Ⅰ)

$$CH_3-\overset{\overset{O}{\|}}{C}-H+\bar{C}H_2-\overset{\overset{O}{\|}}{C}-H \rightleftharpoons CH_3-\overset{\overset{O^-}{|}}{CH}-CH_2-\overset{\overset{O}{\|}}{C}-H$$

(Ⅱ)

$$\overset{H_2O}{\rightleftharpoons} CH_3-\overset{\overset{OH}{|}}{CH}-CH_2-\overset{\overset{O}{\|}}{C}-H+OH^-$$

(Ⅲ)

一分子的醛在碱催化下，消除了一个 α－H 生成碳负离子(Ⅰ)，(Ⅰ)作为亲核试剂进攻另一分子的羰基碳原子，生成(Ⅱ)，(Ⅱ)从反应体系中获得一个 H^+ 生成 β－羟基醛(Ⅲ)。

β－羟基醛的 α－H 受羰基和羟基双重的影响，更加活泼，稍微受热就会发生分子内脱水生成 α，β－不饱和醛。例如：

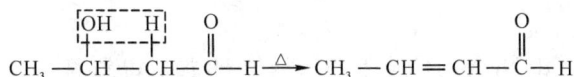

$$CH_3-\overset{\overset{OH}{|}}{CH}-\overset{\overset{H}{|}}{CH}-\overset{\overset{O}{\|}}{C}-H \xrightarrow{\triangle} CH_3-CH=CH-\overset{\overset{O}{\|}}{C}-H$$

通过羟醛缩合反应可以增长碳链，且产物分子中既有羰基又有羟基，是双官能团化合物，可以进行一系列的反应生成各种化合物，因此羟醛缩合在有机合成上有重要的意义。不同的醛进行羟醛缩合反应，如果两种醛都有 α-氢原子，反应结果会得到四种不同产物的混合物，没有实用的意义。为了让产物单纯一些，尽量选择一分子醛没有 α-H，比如选择甲醛、苯甲醛与含有 α-H 的醛反应。例如：

$$C_6H_5CHO + CH_3CHO \xrightarrow[100\ ℃]{OH^-} \underset{\text{肉桂醛}}{C_6H_5CH{=}CHCHO}$$

有 α-H 的酮也可以发生类似的缩合反应，但通常比较困难。在合成上正是应用酮的这种“惰性”，可以提高缩合产率。例如：

$$C_6H_5CHO + CH_3\overset{\overset{O}{\|}}{C}CH_3 \xrightarrow[100\ ℃]{OH^-} \underset{\text{4-苯基-3-丁烯-2-酮}}{C_6H_5CH{=}CH\overset{\overset{O}{\|}}{C}CH_3}$$

问题与思考

1.如何将丁醇中的少量丁酮除去？写出主要的反应式。

2.下列化合物哪些能发生碘仿反应？

(1)乙醇　(2)正丁醇　(3)乙醛　(4)丙醛　(5)苯乙酮　(6)3-戊酮

三、氧化反应

醛和酮结构上的差异使得醛、酮在氧化反应中有很大的不同。酮一般很难被氧化，只有用强氧化剂如重铬酸钾和浓硫酸的混合液才能氧化，但氧化的过程中会伴随有碳链的断裂，在合成上没有应用价值。醛对氧化剂特别敏感，托仑试剂、斐林试剂等弱氧化剂都可以将醛氧化

(一)托仑试剂的氧化

托仑试剂是硝酸银的氨水溶液，其有效成分为银络离子。它能将所有的醛氧化成对应的酸，同时银离子被还原为单质银，析出的金属银均匀地附着在干净的容器壁或玻璃板上，形成光洁明亮的银镜，因此把这类反应又称为银镜反应。

$$RCHO + Ag(NH_3)_2^+ \xrightarrow{50\sim60\ ℃} RCOONH_4 + Ag\downarrow$$

在同样的条件下，酮没有类似的反应，利用银镜反应可鉴别醛和酮。

(二)斐林试剂的氧化

斐林试剂由斐林试剂 A 和斐林试剂 B 组成，斐林试剂 A 为硫酸铜溶液、斐林试剂 B 为酒石酸钾钠和氢氧化钠的混合溶液。使用时等量混合两组分。酒石酸钾钠的作用是与铜离子形成配合物，阻止 Cu^{2+} 在碱溶液中产生氢氧化铜沉淀。斐林试剂的氧化性没有托仑试剂的强，它只氧化脂肪醛，脂肪醛被氧化成酸，同时氢氧化铜被还原为 Cu_2O。

$$RCHO + Cu(OH)_2 \xrightarrow[100\ ℃]{NaOH} RCOONa + Cu_2O\downarrow$$

利用这类反应不仅可以鉴别脂肪醛和酮，还可以鉴别脂肪醛和芳香醛。

四、还原反应

醛、酮在一定条件可以被还原，用不同的还原剂还原，得到不同的产物。

(一)催化加氢

在金属催化剂 Pt、Pd、Ni 等的催化下，醛、酮与 H_2 加成得到醇。由于 Pt、Pd、Ni 催化活性

强，对于不饱和的醛、酮，羰基和碳碳不饱和键全被还原。例如：

$$CH_3CH_2CHO \xrightarrow{H_2,Pt} CH_3CH_2CH_2OH$$

$$CH_3CH_2COCH_2CH_3 \xrightarrow{H_2,Pt} CH_3CH_2CHOHCH_2CH_3$$

$$CH_3CH{=}CHCH_2CHO \xrightarrow{H_2,Ni} CH_3CH_2CH_2CH_2CH_2OH$$

（二）用金属氢化物还原

醛、酮可以被金属氢化物 $LiAlH_4$、$NaBH_4$ 还原。$LiAlH_4$ 和 $NaBH_4$ 这两种金属氢化物还原剂在还原反应中有很重要的用途。$LiAlH_4$ 的还原性要比 $NaBH_4$ 的还原性强，$LiAlH_4$ 不仅能使醛、酮羰基还原，还能将羧基、硝基、氰基、酯基等不饱和基团还原，选择性比较差。$LiAlH_4$ 对质子非常敏感，比如遇水很快水解为氢氧化铝和氢氧化锂，因此要在乙醚或 THF 等非质子溶剂中使用。$NaBH_4$ 只还原醛、酮、酰氯，不影响其他共存的基团，而且可以在质子性溶剂比如水、醇中使用，具有选择性强、还原性好、使用方便等优点。

用 $LiAlH_4$ 或 $NaBH_4$ 还原醛、酮，如果分子中存在 C＝C 双键可不受影响。例如：

$$CH_3CH{=}CHCH_2CHO \xrightarrow[NaBH_4]{LiAlH_4} CH_3CH{=}CHCH_2CH_2OH$$

（三）克莱门森还原法

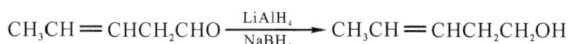

克莱门森还原法是醛、酮与 Zn－Hg 齐和浓盐酸一起加热，羰基被还原为亚甲基。

$$R_2C{=}O \xrightarrow[HCl]{Zn-Hg} R_2CH_2$$

该方法在浓盐酸介质中进行，分子中若有对酸敏感的其他基团，如醇羟基、碳碳不饱和键等，不宜用这种方法还原。

（四）沃尔夫-凯惜纳-黄鸣龙还原法

沃尔夫-凯惜纳-黄鸣龙还原法是醛、酮和先与水合肼反应生成的腙，在氢氧化钾或乙醇钠作用下，分解释放出氮气，羰基还原为亚甲基。

$$R_2C{=}O \xrightarrow{NH_2-NH_2} R_2C{=}N-NH_2 \xrightarrow[\text{二缩乙二醇}]{NaOH,\ \Delta} R_2CH_2$$

这个反应是我国化学家黄鸣龙对沃尔夫-凯惜纳的反应进行改进后的反应。

沃尔夫-凯惜纳还原法是用醛、酮、无水肼与金属钠或钾在高温条件下，在加压釜或封管中回流 100 小时以上。黄鸣龙在 1946 年对这个反应进行了改进：用低价格的水合肼代替无水肼，用氢氧化钠代替活泼的金属钠或钾，用高沸点溶剂二缩乙二醇代替封管。黄鸣龙将醛、酮、氢氧化钠、肼的水溶液和高沸点醇一起加热，生成腙后先蒸出水和过量的肼，待温度在腙的分解温度时，回流 3～4 小时反应结束。整个反应既降低了原料成本，又简化了实验操作，缩短了反应时间。该方法在碱性介质中进行，不适用于对碱敏感醛、酮的还原。

五、歧化反应

没有 α－H 的醛与强碱的浓溶液共热，一分子醛被氧化成羧酸，另一分子醛被还原成醇，这类反应称为歧化反应，又称为康尼扎罗反应。例如：

$$2HCHO \xrightarrow[\Delta]{40\%NaOH} HCOONa + CH_3OH$$

$$2\,C_6H_5CHO \xrightarrow[\Delta]{40\%NaOH} C_6H_5COONa + C_6H_5CH_2OH$$

甲醛和其他醛之间也可以发生歧化反应。反应时甲醛被氧化成甲酸，其他醛被还原为醇。

这类反应又称为交错的康尼扎罗反应。例如：

$$C_6H_5CHO + HCHO \xrightarrow[\triangle]{40\%NaOH} HCOONa + C_6H_5CH_2OH$$

$$HOCH_2-C(CH_2OH)_2-CHO + HCHO \xrightarrow[\triangle]{40\%NaOH} \underset{\text{季戊四醇}}{C(CH_2OH)_4} + HCOONa$$

六、显色反应

醛与希夫试剂(又称品红醛试剂)作用显紫红色，反应很灵敏，而酮不反应。常用希夫试剂鉴别醛和酮。

甲醛与希夫试剂反应显色后加入硫酸不褪色，而其他醛所显的颜色加入硫酸则颜色会褪去，利用这一性质可以区别甲醛和其他醛。

第四节　醛、酮的制备

一、氧化法

(一)醇的氧化

伯醇、仲醇氧化可分别得到醛、酮。醛在氧化剂作用下很容易进一步氧化而生成酸。因此需要控制反应条件，并将生成的醛尽快离开反应体系。酮不易被进一步氧化，因此用该法更适合制酮。

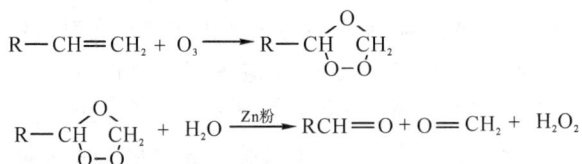

$$RCH_2OH \xrightarrow{K_2Cr_2O_7,H_2SO_4} RCHO$$

$$R_2CHOH \xrightarrow{K_2Cr_2O_7,H_2SO_4} R_2C=O$$

(二)烃的氧化

烯烃的臭氧化水解还原法可以制得醛、酮。

$$R-CH=CH_2 + O_3 \longrightarrow R-\overset{\quad O \quad}{CH\quad CH_2}\ (\text{O}-\text{O})$$

$$R-\overset{\quad O \quad}{CH\quad CH_2}\ (\text{O}-\text{O}) + H_2O \xrightarrow{\text{Zn粉}} RCH=O + O=CH_2 + H_2O_2$$

具有 α－H 侧链的芳香烃，侧链易被氧化。控制反应条件，可以将芳香烃直接氧化成相应的芳醛和芳酮。

$$C_6H_5CH_3 \xrightarrow{MnO_2,65\%H_2SO_4} C_6H_5CHO$$

$$C_6H_5CH_2CH_3 + O_2 \xrightarrow[130\ ℃]{Mn(CH_3COO)_2} C_6H_5COCH_3$$

二、偕二卤代物的水解

同一碳原子上连接有两个卤原子的卤代物称为偕二卤代物。偕二卤代物水解得到的同碳二醇，同碳二醇很不稳定，立即脱水生成醛、酮。例如：

$$R-\underset{X}{\overset{X}{C}}-R \xrightarrow[H^+或OH^-]{H_2O} R-\overset{O}{\overset{\|}{C}}-R$$

$$C_6H_5CH_2CH_3 \xrightarrow[光照]{Cl_2} C_6H_5-CCl_2-CH_3 \xrightarrow[OH^-]{H_2O} C_6H_5COCH_3$$

三、傅-克酰基化反应

芳香烃与酰卤或酸酐在三氯化铝作用下进行酰基化反应，可以直接在芳环上引入酰基，制得芳酮。

$$C_6H_6 + CH_3-\overset{O}{\overset{\|}{C}}-Cl \xrightarrow{AlCl_3} C_6H_5-\overset{O}{\overset{\|}{C}}-CH_3$$

$$C_6H_6 + (CH_3CO)_2O \xrightarrow{AlCl_3} C_6H_5-\overset{O}{\overset{\|}{C}}-CH_3$$

芳香烃在无水三氯化铝作用下与 CO 和 HCl 作用，可以在苯环上引入一个甲酰基这类反应称为甲酰化反应。只有苯环上连接有甲基、甲氧基的芳香烃才能进行甲酰化反应。例如：

$$C_6H_5CH_3 + CO + HCl \xrightarrow{Cu_2Cl_2-AlCl_3} p\text{-}CH_3C_6H_4CHO$$

四、炔烃的水合

乙炔通入含硫酸汞的稀硫酸溶液中，水合生成乙醛，其他炔烃水合生成酮。

$$CH\equiv CH + H_2O \xrightarrow[H_2SO_4]{HgSO_4} [CH_2=\underset{OH}{\underset{|}{C}H}] \longrightarrow CH_3CH=O$$

$$RC\equiv CH + H_2O \xrightarrow[H_2SO_4]{HgSO_4} [R\underset{OH}{\underset{|}{C}}=CH_2] \longrightarrow R-\underset{O}{\underset{\|}{C}}-CH_3$$

五、羧酸衍生物的还原

酰卤、酯、酰胺等羧酸衍生物可以控制反应条件还原成相应的醛。

$$RCOCl \xrightarrow{LiAlH(t\text{-}BuO)_3} RCHO$$

$$C_6H_{11}CON(CH_3)_2 \xrightarrow{LiAlH(OEt)_3} C_6H_{11}-\underset{H}{}\overset{OLi}{\overset{|}{C}}H-N(CH_3)_2 \xrightarrow{H_2O,H^+} C_6H_{11}CHO$$

本章小结

(1)醛、酮均含有羰基官能团,羰基中的碳原子和氧原子均为 sp^2 杂化。由于羰基氧原子的电负性大于碳原子的电负性,羰基碳氧双键的电子云偏向氧原子,所以羰基是极性基团。

(2)醛、酮易发生亲核加成反应,其反应活性受电子效应和空间效应的影响。只有醛、脂肪族甲基酮和 8 个碳原子以下的环酮,可与氢氰酸、饱和亚硫酸氢钠发生亲核加成反应,其他酮则难于反应。醛、酮与饱和亚硫酸氢钠的加成产物 α-羟基磺酸钠溶于水,但不溶于过量的饱和亚硫酸氢钠溶液,用酸或碱处理又得到原来的醛、酮,因此常用该方法鉴别、分离、提纯醛、酮。

(3)醛、酮与 HCN 和格氏试剂的加成,是有机合成中增长碳链的方法。其中与格氏试剂的加成是制备醇的方法之一:与甲醛加成得到伯醇,与其他醛加成得到仲醇,与酮加成得到叔醇。

(4)醛、酮与氨的衍生物(羰基试剂)加成缩合时,大多数产物有特殊颜色或是结晶,常用于醛、酮的鉴定。加成产物在稀酸的作用下,可得到原来的醛、酮,因此,也可用于醛、酮的分离、提纯。

(5)含 α-H 的醛、酮能进行卤代反应。乙醛、甲基酮、乙醇和 2-醇都可发生碘仿反应,该反应常用于这几类物质的鉴定。

(6)含 α-H 的醛在稀碱催化下,能发生羟醛缩合反应。由于结构的原因,酮的缩合反应比醛困难得多。羟醛缩合反应是增长碳链的重要方法之一。

(7)无 α-H 的醛在浓碱作用下,可发生歧化反应。如果用甲醛与另一种无 α-H 的醛反应,甲醛总是被氧化成甲酸,另一种醛被还原为醇。

(8)醛、酮用催化加氢的方法,可将羰基还原为醇,若分子中含有不饱和键同样亦被还原;但用 $NaBH_4$、$LiAlH_4$ 等还原剂还原时,可以只还原羰基,而不饱和键不被还原。利用这些选择性还原剂,可由不饱和醛、酮制备不饱和醇。醛、酮克莱门森还原法,或用沃尔夫-凯惜纳-黄鸣龙还原法,可将羰基直接还原为亚甲基。

(9)托仑试剂、斐林试剂能将醛氧化为羧酸,而酮不被氧化。斐林试剂不氧化芳香醛。若醛分子中含有不饱和键,同样不被这些弱氧化剂氧化。

习 题

9-1.命名下列化合物。

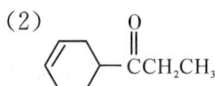

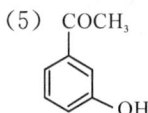

(1) $CH_3CH_2C(=O)CH(CH_3)_2$

(2) (环己-3-烯基)$-C(=O)CH_2CH_3$

(3) $C_6H_5-CH_2CHO$

(4) $CH_3C(=O)CH_2C(=O)CH_2C(=O)CH_3$

(5) 间羟基苯基$-COCH_3$(苯环上 $COCH_3$ 与 OH 处于间位)

(6) $HC(=O)CH_2CH_2CH_2C(=O)CH_2CH_3$

(7) $HC(=O)CH_2CH(CH_2CH_3)CH_2C(=O)H$

(8) 环己基$-CH_2C(=O)CH_3$

(9) $CH_3CH_2C(=O)CH{=}CHCH_3$

9-2.写出下列化合物的结构式。

(1)2,3-二甲基-3-乙基戊醛　(2)肉桂醛　(3)1-苯基-1-丙酮

(4)3-氧代戊醛　(5)3-苯基丙烯醛　(6)蚁醛

(7)水杨醛　(8)4-戊烯二酮　(9)苦杏仁油

9-3.完成下列反应式,写出主要产物。

(1) $(CH_3)_2C{=}O + HCN \xrightarrow{OH^-} ? \xrightarrow{-H_2O} ? \xrightarrow{H^+ H_2O} ?$

(2) $CH_3CH{=}O + \underset{OH}{CH_2}-\underset{OH}{CH_2} \underset{}{\overset{干HCl}{\rightleftharpoons}} ?$

(3) $Br(CH_2)_3COCH_3 \xrightarrow[②H_2O,H^+]{①Mg,THF} ?$

(4) $\begin{matrix}H_3C\\H_3CH_2C\end{matrix}\!\!>C{=}O + H_2N-NH-C_6H_3(NO_2)_2\ (2,4\text{-}NO_2) \xrightarrow{pH=5} ?$

(5) $H-\overset{O}{\overset{\|}{C}}-H + CH_3-\overset{O}{\overset{\|}{C}}-H \xrightarrow{稀OH^-} ? \xrightarrow{\triangle} ?$

(6) $CH_3CH{=}CHCH_2CHO \xrightarrow{LiAlH_4} ?$

(7) $C_6H_5-\overset{O}{\overset{\|}{C}}-CH_3 \xrightarrow[HCl]{Zn-Hg} ?$

(8) $p\text{-}CH_3C_6H_4CHO \xrightarrow[\triangle]{浓OH^-} ?$

(9) $CH_3-\underset{H}{\overset{OH}{C}}-\underset{CH_3}{CH}-CH_3 \xrightarrow{NaOI} ?$

(10) $C_6H_5CHO + CH_3CH_2CHO \xrightarrow{稀OH^-} ?$

9-4.用简单的化学方法鉴别下列各组化合物。

(1)甲醛、乙醛、苯甲醛　(2)苯乙酮、苯甲醛、环己酮、苯酚

(3)异丙醇、丙酮、丙醇　(4)2-戊酮、3-戊酮、苯甲醛、苄醇

9-5.下列化合物,哪些能起碘仿反应?

(1)丁酮　(2)苯乙酮　(3)丙醇　(4)2-苯基乙醇　(5)乙醛　(6)乙醇

(7)丙醛　(8)异丙醇

9-6.用指定原料合成下列化合物。

(1)由1-丁烯合成 ①丙醛　②丁酮　③戊醛

(2)由乙醇合成1-丁醇

(3)由丙醛合成2-甲基-3-羟基戊醛

9-7.某化合物分子式为 C_3H_8O,它能被氧化,氧化产物与苯肼试剂作用生成苯腙,但不

与托仑试剂反应，试写出其构造式，并写出有关反应式。

9-8.某化合物A，分子式为$C_9H_{10}O$，其红外光谱在1690 cm^{-1}有强吸收峰，[1]H核磁共振谱为$\delta=1.2(3H)$，三重峰；$\delta=3.0(2H)$，四重峰；$\delta=7.5(5H)$，多重峰。该化合物有一个同分异构体B，B的红外光谱在1705 cm^{-1}有强吸收峰，其[1]H核磁共振谱为$\delta=2.0(3H)$，单峰；$\delta=3.5(2H)$，单峰；$\delta=7.1(5H)$，多重峰。B能发生碘仿反应。而A不能。试推断A和B的构造式。

9-9.化合物A的分子式为$C_8H_{14}O$，既可使溴水褪色，又能与苯肼反应。A氧化后生成一分子丙酮和另一化合物B。B具有酸性，能发生卤仿反应，产物为丁二酸二钠。写出A和B的结构式。

9-10.化合物A的分子式为$C_9H_{10}O_2$，能溶于氢氧化钠溶液，既可与羟胺、氨基脲等反应，又能与$FeCl_3$溶液发生显色反应，但不与托伦试剂作用。A经$LiAlH_4$还原生成化合物B，分子式为$C_9H_{12}O_2$。A和B均能发生卤仿反应。将A用Zn-Hg齐在浓盐酸中还原生成化合物C，分子式为$C_9H_{12}O$。将C与NaOH溶液作用，而后与碘甲烷共热，得到化合物D，分子式为$C_{10}H_{14}O$。D用酸性$KMnO_4$溶液氧化，最后得到对甲氧基苯甲酸。写出A、B、C和D的结构式。

第十章 羧酸及其衍生物

羧酸是含有羧基（$-\overset{\displaystyle O}{\overset{\|}{C}}-OH$）官能团的化合物，一元饱和脂肪族羧酸的通式为RCOOH（甲酸HCOOH）。羧基中的羟基被其他基团取代的产物称为羧酸衍生物。羧酸衍生物种类繁多，本章主要介绍最为普遍的几种：酰卤、酸酐、酯和酰胺。羧酸及其衍生物广泛存在于自然界，在动植物的生长代谢、工农业生产等方面起着重要作用。

第一节 羧酸

一、羧酸的分类和命名

除甲酸外，其他羧酸是由烃基和羧基两部分组成。根据烃基不同类型，羧酸可分为脂肪族羧酸、脂环族羧酸和芳香族羧酸；根据烃基的不饱和程度，羧酸可分为饱和羧酸和不饱和羧酸；根据分子中羧基的数目，羧酸可分为一元羧酸、二元羧酸、多元羧酸。

许多羧酸最初是从天然产物中得到的，因此常根据其来源而有相应的俗名。比如甲酸最开始是通过蚂蚁分泌物产生的，因此又称为蚁酸；苯甲酸最初来自安息香胶，故称为安息香酸；乙酸存在于食醋中，所以又叫醋酸；再比如从果实中得到的苹果酸、柠檬酸；脂肪水解得到脂肪酸，比如硬脂酸、软脂酸等。

HCOOH
蚁酸

CH_3COOH
醋酸

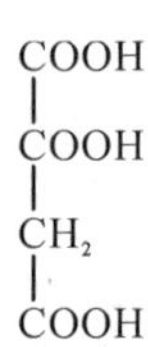
苹果酸

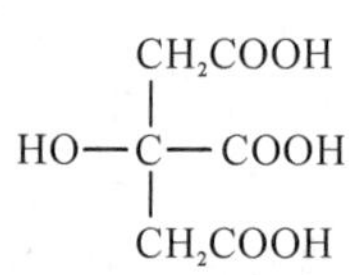
柠檬酸

$CH_3(CH_2)_{14}COOH$　　软脂酸

$CH_3(CH_2)_{16}COOH$　　硬脂酸

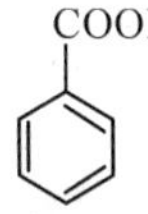

（苯环-COOH）　　安息香酸

羧酸的系统命名法类似醛的命名。饱和脂肪族一元羧酸命名，选择含有羧基的最长碳链作为主链，根据主链上碳原子数目称为某酸。对于不饱和脂肪族一元羧酸的命名，应选择含有不饱和键和羧基的最长碳链作为主链，根据主链上碳原子总数，主链碳原子少于10的称为某烯酸，大于10的称为某碳烯酸。编号从羧基碳原子开始依次编号，用阿拉伯数字表示取代基或重键的位置，或用α、β、γ……等希腊字母表示。此外，对于长碳链的烯酸，常用“Δ”表示双键，双键碳原子的位次写在“Δ”的右上角。例如：

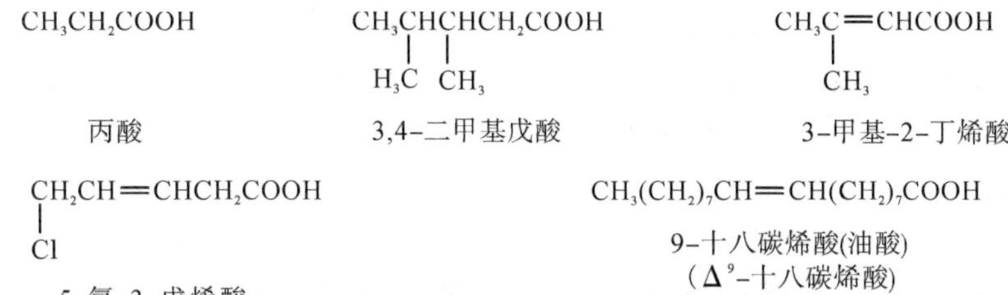

脂环族羧酸和芳香族羧酸的系统命名把环作为取代基。二元羧酸的命名是以含有两个羧基的最长碳链作为主链，称为某二酸。例如：

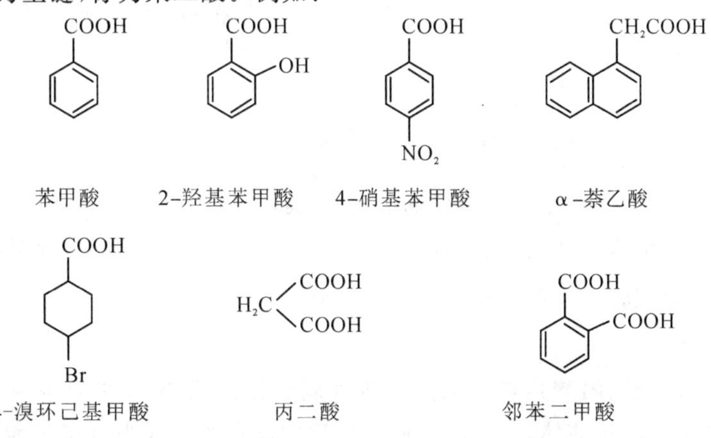

拓展知识

羧酸命名新规则

(1)系统命名法。①一元羧酸的命名。开链饱和一元羧酸可以看成是烷烃末端甲基被羧基取代的化合物，选择含有羧基的最长碳链作为母体结构，编号从羧基开始，命名时将相应的链状烃名称中的“烷”换成“酸”即可。不饱和酸命名时，应该优先选择含有羧基的最长碳链作为母体结构，其次考虑选择含有羧基和不饱和键的最长碳链作为母体结构。编号从羧基开始，用阿拉伯数字1、2、3……表示取代基或重键的位次，也可用α、β、γ表示。例如：

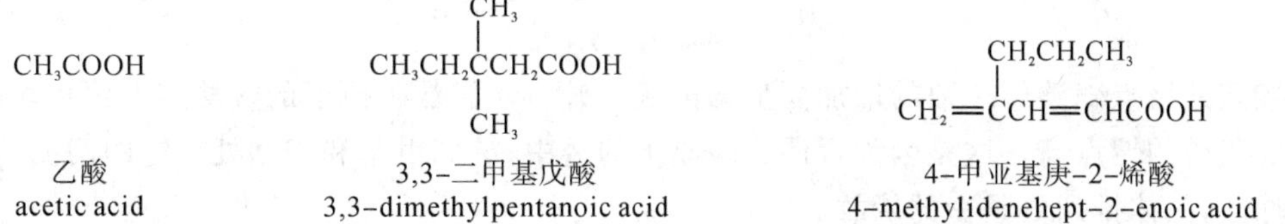

当羧基与苯环或脂环直接相连时，其名称为：环烃名称+“甲酸”。例如：

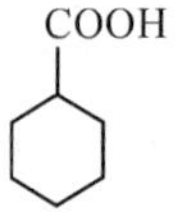

环己(烷)甲酸
cyclohexanecarboxylic acid

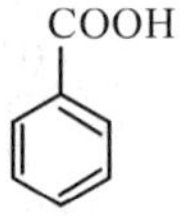

苯甲酸
benzoic acid

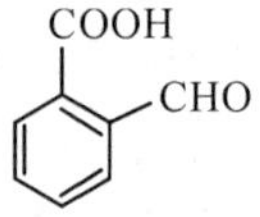

邻甲酰基苯甲酸
2-formybenzoic acid

当羧基连接在环的侧链上，以脂肪酸作为主体化合物，脂环或芳环作为取代基。例如：

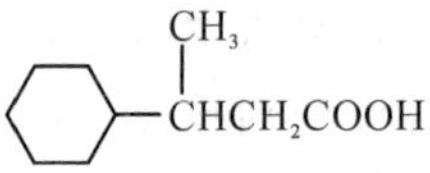

3-环己基丁酸
3-phenylbutanoic acid

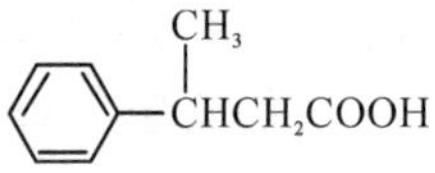

3-苯基丁酸
3-cyclohexylbutanoic acid

②多元酸的命名。若某直链烃直接与两个以上羧基相连，在命名时可看作母体氢化物为羧基所取代，采用诸如“-三甲酸”等后缀来表示。当存在后缀中不能描述出所有的羧基时，可以用前缀“羧基”进行命名。例如：

$HOOCCH_2CH_2CH(COOH)CH_2CH_2COOH$

戊-1,3,5-三甲酸
pentane-1,3,5-tricarboxylic acid

$HOOCCH_2CH_2CH(CH_2COOH)CH_2CH_2COOH$

4-(羧甲基)庚二酸
4-(carboxymethyl)heptanedioic acid

二元羧酸可以看作是烷烃两端甲基被羧基取代的化合物，命名时将相应的烷烃的烷替换为“二酸”即可。例如：

$HOOCCH_2CH_2CH(CH_3)CH_2CH_2COOH$

4-甲基庚二酸
4-methylheptanedioic acid

(2)俗名。与原命名规则同，也是根据羧酸的天然来源而命名，不再重复。

二、羧酸的物理性质和光谱性质

(一)物理性质

室温下，甲酸、乙酸、丙酸是具有强烈酸味和刺激性的液体，共水溶液有酸味。$C_4 \sim C_9$ 是具有腐败恶臭气味的油状液体，动物的汗液和奶油发酵变坏是因为有正丁酸的缘固。C_{10} 以上的饱和一元羧酸是蜡状固体，因挥发性低，几乎没有气味。饱和二元脂肪羧酸和芳香族羧酸在室温下是结晶状固体。

羧酸的沸点随分子质量的增大而逐渐升高，比分子质量相近的烷烃、卤代烃、醇、醛、酮的沸点高。例如甲酸的沸点是 100.5 ℃，而相对分子量相近的乙醇的沸点是 78.3 ℃。其原因是羧基是强极性基团，且羧酸分子间能形成较强的氢键。分子质量较小的羧酸，如甲酸、乙酸，即使在气态时也可以双分子缔体的形式存在：

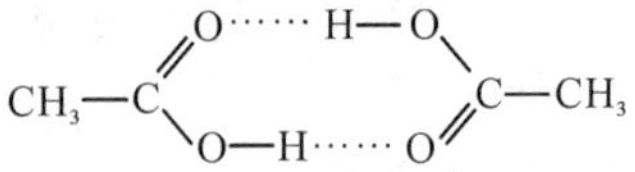

羧酸的熔点随碳原子数的增加而呈锯齿状上升。含偶数碳原子的羧酸熔点比相邻奇数碳原子的羧酸的熔点高。这是因为含偶数碳原子的链中，链端甲基和羧基处在链的两侧，有较高的对称性，晶体排列更紧密的缘故。

羧基是亲水基团，与水可以形成氢键，C_4以下的一元羧酸可与水混溶。随着羧酸分子质量的增大，其疏水烃基的比例增大，在水中的溶解度迅速降低。C_{12}以上的高级脂肪羧酸不溶于水，而易溶于乙醇、乙醚等有机溶剂。芳香族羧酸在水中的溶解度都很小。

一些常见羧酸的物理常数见表 10－1。

表 10－1 常见羧酸的物理常数

名称(俗名)	熔点/℃	沸点/℃	pK_a/(25 ℃)		溶解度/(g·100 g 水$^{-1}$)
			pK_{a1}	pK_{a2}	
甲酸(蚁酸)	8.4	100.5	3.77		∞
乙酸(醋酸)	16.6	118.0	4.76		∞
丙酸（初油酸）	－20.8	141.0	4.88		∞
丁酸(酪酸)	－4.3	163.5	4.82		∞
戊酸(缬草酸)	－34.5	186.0	4.81		3.700
己酸(羊油酸)	－2.0	205.0	4.85		1.080
庚酸(毒水芹酸)	－11.0	223.0	4.89		0.240
辛酸(羊脂酸)	16.5	239.0	4.89		0.068
壬酸(天竺葵酸)	12.5	255.0	4.96		—
癸酸(羊蜡酸)	31.5	270.0	—		—
丙烯酸(败脂酸)	13.0	141.6	4.26		—
苯甲酸(安息香酸)	122.4	249.0	4.20		2.900
乙二酸(草酸)	189.5	157.0	1.23	4.19	10.000
丙二酸(胡萝卜酸)	135.6	140.0	2.83	5.69	140.000
顺丁烯二酸(马来酸)	130.5	135.0	1.83	6.07	78.800
反丁烯二酸(富马酸)	286.0	200.0	3.03	4.44	0.700(溶于热水)
十六酸(软脂酸)	63.0	390.0	—		不溶
十八酸(硬脂酸)	71.5	360.0	6.37		不溶

(二)光谱性质

红外光谱：羧酸的红外特征吸收是羧基中 C＝O 和 O—H 的伸缩振动产生的。C＝O 的吸收峰通常在 1700～1725 cm^{-1}区域内出现，同醛、酮羰基的吸收相同；O—H 的吸收峰，因羧酸通常以双分子缔合形式存在，通常在 2500～3000 cm^{-1}区域内出现，是一个强的吸收峰。例如丙酸的红外光谱，见图 10－1。

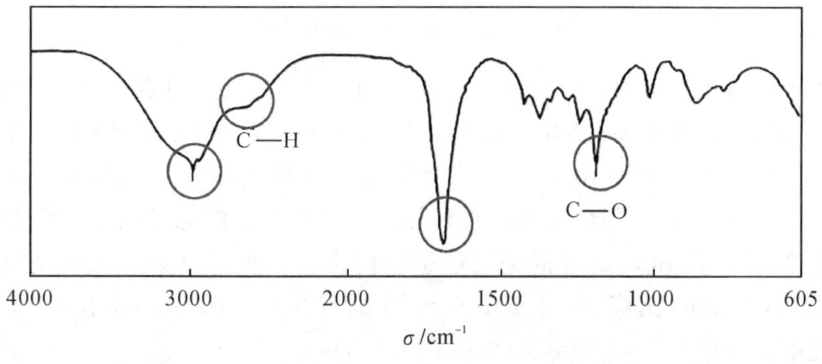

图 10－1 丙酸的红外光谱

核磁共振谱：羧基质子化学位移出现在低场，$\delta=10.5\sim12$。其原因是羧基中羟基氧原子与 C＝O 发生 p－π 共轭以及 C＝O 键的极性诱导作用，使得对 O－H 键上的氢原子的屏蔽效应降低。羧酸 α－H 的化学位移与醛、酮中相应的氢原子大致在相同的位置，$\delta=2.0\sim2.5$。例如丙酸的核磁共振谱，见图 10－2。

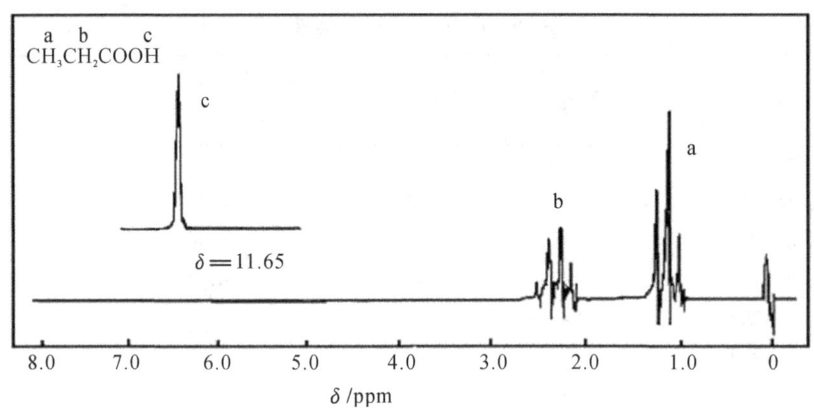

图 10－2　丙酸的核磁共振谱

三、羧酸的结构

羧酸分子的官能团是羧基，羧基可以看作是由羰基和羟基连接而成。

羧酸分子中羰基 C＝O 的成键与醛、酮 C＝O 类似。碳原子和氧原子均以 sp^2 杂化，两原子各利用一个 sp^2 杂化轨道形成 C－O σ 键，利用未杂化的 p 轨道侧面重叠形成 C－O π 键。羰基碳原子另外两个 sp^2 杂化轨道分别与一个碳原子的杂化轨道（或氢原子的 1s 轨道）、羟基氧原子的 sp^3 杂化轨道形成 C－C(H)、C－O σ 键。三个 sp^2 杂化轨道在同一平面上，键角约为 120°。经测定，乙酸分子的∠CCO＝119°，∠CC(OH)＝119°，∠OC(OH)＝122°，见图10－3。

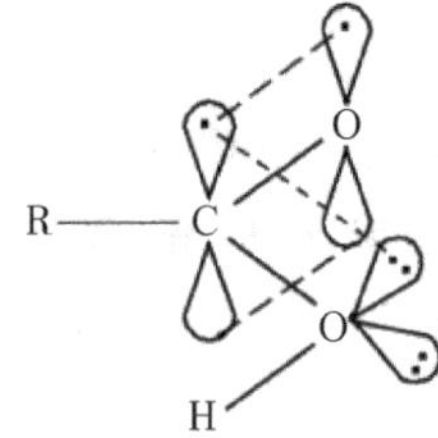

图 10－3　羧基的成键示意图

经测定乙酸羧基中∠COH＝109.36°，键角接近 109.5°，现有观点认为氧原子成键时采取 sp^3 杂化，含有单电子的两个 sp^3 杂化轨道分别与羰基碳原子 sp^2 杂化轨道、氢原子的 1s 轨道形成 C－O、O－H σ键。另外两个 sp^3 杂化轨道各有一对孤对电子，其中一个 sp^3 杂化轨道与羰基 C＝O 双键发生一定的共轭交盖。结果使羟基氧原子上的电子向 C＝O 转移，羟基上氢原子的酸性增强，C＝O 和 C－O 的键长趋于平均化。X 光衍射测定结果表明：甲酸分子中 C＝O的键长(0.123 nm)比醛、酮分子中 C＝O 的键长(0.120 nm)略长，而 C－O 的键长(0.136 nm)比醇分子中 C－O 的键长(0.143 nm)稍短。

问题与思考

试从结构上分析比较乙酸和乙醇的酸性强弱。

四、羧酸的化学性质

从羧酸的结构可以看出，羟基氧原子上的孤对电子与羰基 C＝O 的 p－π 共轭，一方面增强了羟基 O－H 键的极性，使羧酸表现出一定的酸性；另一方面羧基中羰基碳原子的正电性降低，不利于亲核试剂的进攻，羧酸难以象醛、酮那样发生亲核加成反应。另外，由于羧基的吸电子诱导效应的影响，羧基与 α－C 之间的 C－C 键极性增强，有利于脱羧基。总之，羧酸分子由于羧基中羰基与羟基的相互影响，羧基既不能表现出典型羰基的性质，也不能表现出典型羟基的性质。羧酸的化学性质主要表现如下：

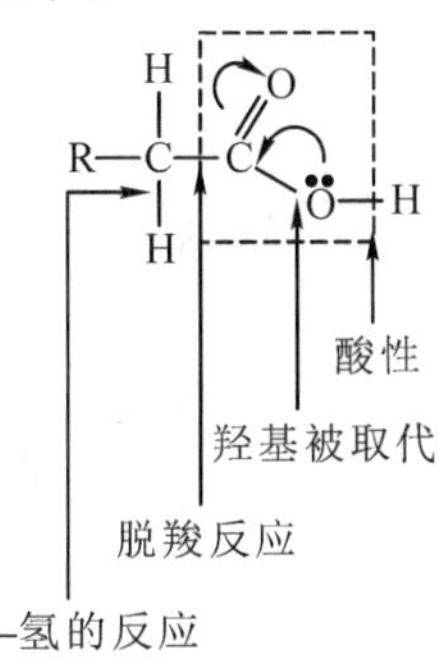

（一）酸性

羧酸在水溶液中解离出氢离子，显酸性。

$$RCOOH + H_2O \rightleftharpoons RCOO^- + H_3O^+$$

饱和一元羧酸中，由于烃基 R—对羧基产生供电子的诱导，会降低其酸性，因此甲酸（pK_a＝3.77）的酸性最强。羧酸的酸性比碳酸（pK_a＝6.38）强，但比无机酸（pK_a＝1～3）弱，能与氢氧化钠、碳酸钠、碳酸氢钠作用生成羧酸钠。

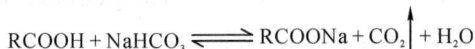

$$RCOOH + NaOH \rightleftharpoons RCOONa + H_2O$$

$$RCOOH + NaHCO_3 \rightleftharpoons RCOONa + CO_2\uparrow + H_2O$$

低级羧酸盐易溶于水，利用这一性质可将某些含有羧基却难溶于水的有机化合物制成钾盐或钠盐，然后配制成水溶液使用。但羧酸是弱酸，向羧酸盐中加入无机强酸羧酸又游离出来。

$$RCOONa + HCl \longrightarrow RCOOH + NaCl$$

利用这一性质常用于羧酸的分离和精制。

在羧酸分子中，与羧基直接相连接或间接相连接的基团对羧酸的酸性会造成影响。

取代基对脂肪族羧酸酸性的影响见表 10－2。

表 10－2　取代基对脂肪族羧酸酸性的影响

构造式	pK_a	构造式	pK_a
$BrCH_2COOH$	2.89	CH_3CH_2COOH	4.88
$ClCH_2COOH$	2.85	$(CH_3)_3CCOOH$	5.05
FCH_2COOH	2.66		

由表 10－2 可看出，α－碳原子上引入卤原子能增强羧酸的酸性，卤原子的电负性越大，酸性越强；α－碳原子上引入烃基减弱羧酸的酸性，烃基越多，酸性越弱。其原因可用电子效应解释。

卤原子的引入对羧基产生吸电子的诱导效应，结果使 O—H 键上的电子向氧原子偏移，O—H 键的极性增强，有利于氢的解离，因而酸性增强；烃基的引入对羧基产生供电子的诱导效应，结果使 O—H 键上的电子云密度增大，O—H 键的强度增大，不利于氢的解离，因此酸性减弱。

取代基对芳香族羧酸酸性影响见表 10－3。

表 10－3　取代基在羧基间位、对位对芳香族羧酸酸性的影响

构造式		pK_a		构造式		pK_a	
间位	对位	间位	对位	间位	对位	间位	对位
COOH NH_2	COOH NH_2	4.36	4.86	COOH		4.20	
COOH OH	COOH OH	4.08	4.57	COOH CN	COOH CN	3.64	3.54
COOH OCH_3	COOH OCH_3	4.08	4.47	COOH NO_2	COOH NO_2	3.50	3.42

从表 10－3 中可以看出，—NH_2、—OH、—OCH_3 连在羧基的对位，减弱羧酸的酸性；—OH、—OCH_3连在羧基的间位，增强了羧酸的酸性，而—NH_2在间位却减弱了羧酸的酸性；—CN、—NO_2无论在间位、对位，酸性都增强。

其原因主要是电子效应的影响。当—NH_2、—OH、—OCH_3连在羧基的对位，会对羧基产生吸电子的诱导效应和供电子的共轭效应，由于共轭效应占主导地位，因此使羧基上的电子云密度增大，酸性减弱；当—OH、—OCH_3连在羧基的间位，与羧基共轭效应受阻，对羧基主要产生吸电子的诱导效应，结果使羧基的酸性增强。—NH_2在羧基的间位，虽然与羧基的共轭效应受阻，但—NH_2与苯环存在较强的 p－π 共轭效应，间接地增大了羧基的电子云密度，并且由于氮原子较小的电负性使—NH_2对羧基产生的诱导效应比较弱，最终由于—NH_2的存在羧基上的电子云密度是增加的，因此酸性有所减弱。

当—CN、—NO_2连在苯环上，对羧基产生吸电子的诱导效应和吸电子的共轭效应，因此，无论是在间位还是在对位，羧酸的酸性都会增强。当—CN、—NO_2连在羧基的对位时，对羧基既存在吸电子的诱导效应又存在吸电子的共轭效应；连在羧基的间位时，共轭效应受阻，只产生吸电子的诱导效应的影响。因此—CN、—NO_2连在对位酸性更强一些。

另外，当取代基连在羧基的邻位时，共轭效应和诱导效应都起作用，但由于取代基距羧基距离较近，除考虑电子效应的影响，同时还要考虑空间效应和场效应的影响，情况比较复杂。见表 10－4。

表 10－4　取代基在羧基邻位对芳香族羧酸酸性的影响

构造式	pK_a	构造式	pK_a
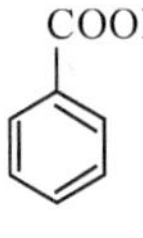 COOH（苯甲酸）	4.20	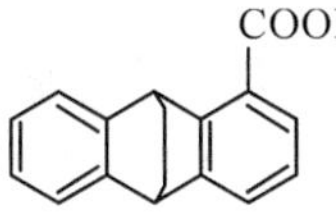 COOH（稠环化合物）	6.04
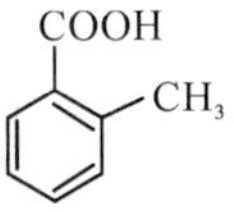 COOH, CH_3（邻甲基苯甲酸）	3.91	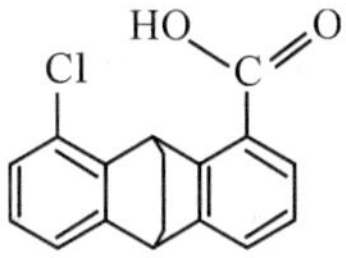 Cl, HO—C=O（稠环化合物）	6.25
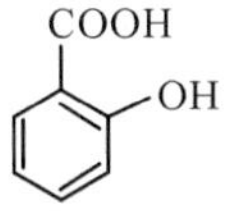 COOH, OH（邻羟基苯甲酸）	2.98		

由表 10－4 可看出，$—CH_3$、—OH 连接在羧基的邻位，增强了羧酸的酸性。如果只考虑电子效应的影响，$—CH_3$供电子的诱导效应和超共轭效应，应该酸性降低。但甲基空间位阻使羧基与苯环的共平面受到影响，因此苯环与羧基难以产生共轭效应，因此酸性增强。—OH 在邻位从电子效应考虑吸电子的诱导、供电子的共轭效应都存在，且共轭效应占主导，应该酸性有所减弱，可反而是增强的。其主要原因是邻位的羟基可与生成的氧负离子形成分子内氢键，使负离子稳定，有利于氢的解离，因此酸性增强。

由表 10－4 还可看出，—Cl 连接在分子中羧基邻近的位置，使分子酸性减弱。从电子效应分析，—Cl 强的吸电子诱导效应使羧酸的酸性增强。酸性减弱的主要原因是氯原子连接在邻近位置对羧基产生场效应，结果使羧基上的氢原子不易失去，难以表现出酸性。

所谓场效应是指分子中原子之间相互影响是通过空间传递的一种电子效应。比如邻位和对位氯苯基丙炔酸的酸性，按电子效应的影响是邻位的酸性大于对位，但实际上是对位大于邻位。这是由于邻氯苯基丙炔酸 C－Cl 键负的一端（$Cl^{\delta-}$）所产生的供电性的场效应，使羧基氢原子不易解离，减弱羧基的酸性。

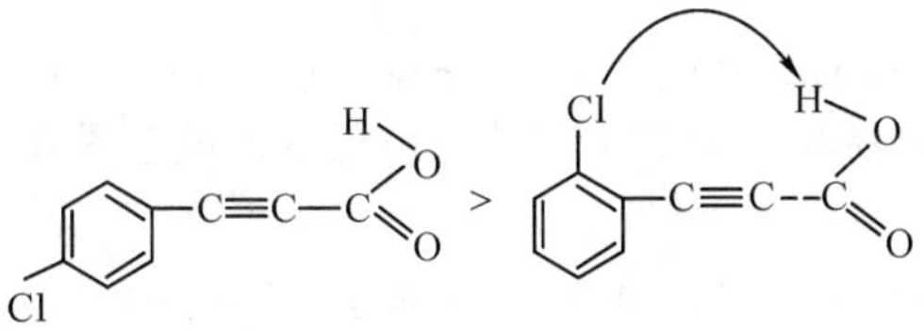

对氯苯基丙炔酸 ＞ 邻氯苯基丙炔酸

问题与思考

将下列化合物的酸性按由强到弱的顺序排列。

（1）HCOOH　　CH_3COOH　　$(CH_3)_2CHCOOH$　　$(CH_3)_3CCOOH$

(2) 苯甲酸、对甲基苯甲酸、对硝基苯甲酸、对羟基苯甲酸、对氯苯甲酸（结构式：苯环上连有 COOH，对位分别为 H、CH_3、NO_2、OH、Cl）

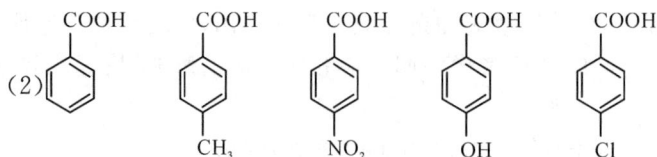

(二)羧基中羟基的取代

羧基中羟基可以被卤素(—X)、酰氧基(—OCOR)、烷氧基(—OR)、氨基(—NH_2)等取代而生成酰卤、酸酐、酯、酰胺等羧酸衍生物。

1.被卤素(—X)取代

羧酸与 PX_3、PX_5、$SOCl_2$ 等反应，得到酰卤。

$$3R-\overset{O}{\overset{\|}{C}}-OH + PCl_3 \longrightarrow 3R-\overset{O}{\overset{\|}{C}}-Cl + H_3PO_3$$

亚磷酸(200 ℃分解)

$$R-\overset{O}{\overset{\|}{C}}-OH + PCl_5 \longrightarrow R-\overset{O}{\overset{\|}{C}}-Cl + POCl_3 + HCl\uparrow$$

三氯氧磷(沸点107 ℃)

$$R-\overset{O}{\overset{\|}{C}}-OH + SOCl_2 \longrightarrow R-\overset{O}{\overset{\|}{C}}-Cl + SO_2\uparrow + HCl\uparrow$$

酰卤很活泼，极易水解，因此不能用水洗的方法除去反应中的无机化合物，必须用蒸馏的方法进行分离提纯。制备酰卤采用哪种试剂主要取决于原料、主产物、副产物之间的沸点差。羧酸与 PX_3 反应生成的副产物 H_3PO_3 不易挥发，其分解温度是 200 ℃，因此常用 PCl_3 制备低沸点的酰氯，如制备乙酰氯(沸点 51 ℃)；羧酸与 PCl_5 反应生成的副产物 $POCl_3$ 沸点是 107 ℃，可以先蒸馏除去，因此常用 PCl_5 制备高沸点的酰氯。如制备苯甲酰氯(沸点 197 ℃)；用 $SOCl_2$ 作为氯化剂尤其方便，因为生成的副产物都是气体，容易与主产物分离。

2.被酰氧基(—OCOR)取代

一元羧酸在脱水剂五氧化二磷或乙酸酐作用下，两分子羧酸受热脱去一分子水生成酸酐。例如：

$$2CH_3-\overset{O}{\overset{\|}{C}}-OH \xrightarrow[\triangle]{P_2O_5} CH_3-\overset{O}{\overset{\|}{C}}-O-\overset{O}{\overset{\|}{C}}-CH_3 + H_2O$$

$$2RCOOH + (CH_3CO)_2O \longrightarrow (RCO)_2O + 2CH_3COOH$$

由于乙酸酐价格低，且易与水反应生成沸点较低的乙酸容易蒸出，因此在制备其他酸酐时常用乙酸酐作为脱水剂。

某些二元羧酸分子内脱水生成内酐(一般生成五、六元环)。例如：

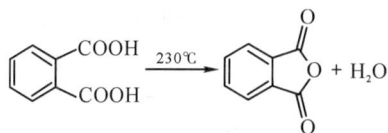

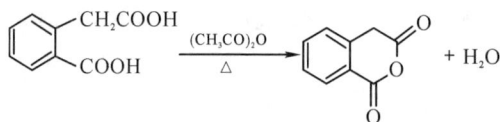

$$\text{邻苯二甲酸(C}_6\text{H}_4\text{(COOH)}_2\text{)} \xrightarrow{230℃} \text{邻苯二甲酸酐} + H_2O$$

$$\text{邻羧基苯乙酸(C}_6\text{H}_4\text{(CH}_2\text{COOH)(COOH))} \xrightarrow[\triangle]{(CH_3CO)_2O} \text{六元环内酐} + H_2O$$

甲酸与脱水剂共热，则分子内脱水，放出 CO。

$$H-\overset{\overset{O}{\|}}{C}-OH \xrightarrow[60\sim80℃]{H_2SO_4} CO\uparrow + H_2O$$

这也是实验室制备纯 CO 的方法。

3.被烷氧基(—OR)取代

羧酸在酸催化下和醇作用脱去一分子水生成酯，该反应称为酯化反应。

$$RCOOH + HOR' \xrightleftharpoons{H^+} RCOOR' + H_2O$$

酯化反应比较慢，需要酸催化及加热下进行，而且酯化反应是可逆反应，为了提高酯的产率，可以使其中一种便宜的原料过量，或者利用除水的方法使平衡向生成物方向移动。

酯化反应成酯的方式有酰氧键断裂和烷氧键断裂两种方式，经过实验证明，大部分的反应是按酰氧键断裂。用同位素 ^{18}O 标记的醇发生酯化，反应完成后 ^{18}O 在酯分子中而不是在水分子中。

$$R-\overset{\overset{O}{\|}}{C}-OH + R'^{18}OH \xrightleftharpoons{H^+} R-\overset{\overset{O}{\|}}{C}-{}^{18}OR' + H_2O$$

说明酯化反应羧酸发生了酰氧键的断裂。这可以通过反应历程加以说明。

$$R-\overset{\overset{O}{\|}}{C}-OH + H^+ \rightleftharpoons R-\overset{\overset{\overset{H^+}{O}}{\|}}{C}-OH$$

$$R'\ddot{O}H + R-\overset{\overset{\overset{H^+}{O}}{\|}}{C}-OH \xrightleftharpoons{慢} R-\underset{\underset{\overset{+}{HOR'}}{|}}{\overset{\overset{OH}{|}}{C}}-OH \rightleftharpoons R-\underset{\underset{OR'}{|}}{\overset{\overset{\ddot{O}H}{|}}{C}}-\overset{+}{O}H_2$$

$$\xrightleftharpoons{-H_2O} R-\overset{\overset{\overset{+}{O}H}{|}}{C}-OR' \xrightleftharpoons{-H^+} R-\overset{\overset{O}{\|}}{C}-OR'$$

在酸催化下，氢离子先和羧酸中的羧基形成锌盐，增强了羧基碳原子上的正电性，有利于亲核试剂 R′OH 的进攻。然后失去一分子水，再失去一个氢离子成酯。

少数酯化反应是按烷氧键断裂进行的。例如叔醇与羧酸的反应：

$$R-\overset{\overset{O}{\|}}{C}-O\boxed{H + HO}CR_3 \xrightleftharpoons{-H^+} R-\overset{\overset{O}{\|}}{C}-OCR_3 + H_2O$$

反应历程：

$$R_3COH + H^+ \rightleftharpoons R_3C^+ + H_2O$$

$$R-\overset{\overset{O}{\|}}{C}-OH + R_3C^+ \rightleftharpoons R-\overset{\overset{O}{\|}}{C}-\overset{+}{O}\begin{matrix}H\\CR_3\end{matrix} \xrightleftharpoons{-H^+} R-\overset{\overset{O}{\|}}{C}-OCR_3$$

叔醇在酸催化下优先生成叔碳正离子，然后叔碳正离子与羧酸形成锌盐，最后脱去一个氢离子生成酯。

4.被氨基(—NH_2)取代

羧酸中通入氨气或加入碳酸铵，先生成羧酸铵，再加热失水生成酰胺。

$$RCOOH + NH_3 \longrightarrow RCOONH_4 \xrightarrow{\triangle} R-\overset{\overset{O}{\|}}{C}-NH_2 + H_2O$$

例如：在乙酸中通入氨气，立即生成乙酸铵，再慢慢加热便可制得乙酰胺。

$$CH_3-\overset{O}{\overset{\|}{C}}-OH+NH_3 \longrightarrow CH_3-\overset{O}{\overset{\|}{C}}-ONH_4 \xrightarrow{\triangle} CH_3-\overset{O}{\overset{\|}{C}}-NH_2+H_2O$$

(三)脱羧反应

羧酸失去—COOH 放出 CO_2 的反应称为脱羧反应。一元脂肪族羧酸直接加热不易脱羧，但其钠盐与碱石灰共热可以失去羧基生成烃。例如无水醋酸钠和碱石灰混合加热，脱羧生成甲烷。

$$CH_3-\overset{O}{\overset{\|}{C}}-ONa+NaOH \xrightarrow{热融} CH_4\uparrow+Na_2CO_3$$

这是实验室制备甲烷的方法。

当羧基的 α-碳原子上有强吸电子基团，会使羧基变得不稳定，加热到 100～200 ℃时，容易发生脱羧反应。例如：

$$Cl_3CCOOH \xrightarrow{50\ ℃} CHCl_3+CO_2\uparrow$$

$$\begin{matrix}COOH\\|\\COOH\end{matrix} \xrightarrow{150\ ℃} HCOOH+CO_2\uparrow$$

其他二元羧羧的脱羧反应，因两个羧基距离的不同反应会有所变化。丙二酸脱羧生成乙酸；己二酸、庚二酸脱羧同时，又脱水生成稳定的环酮；丁二酸、戊二酸受热后来不及脱羧，就发生分子内脱水生成环状酸酐。例如：

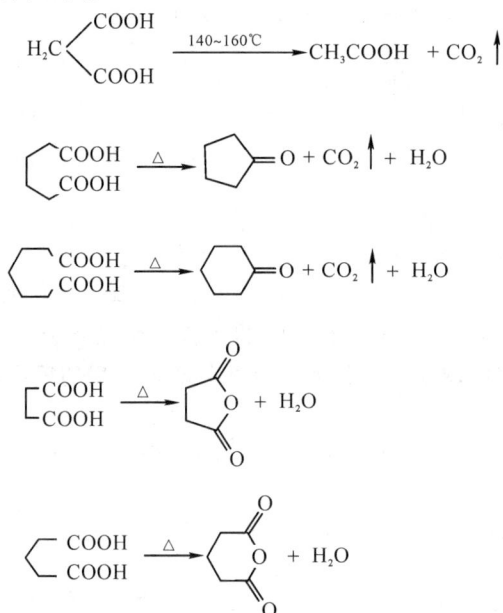

$$H_2C\begin{matrix}COOH\\COOH\end{matrix} \xrightarrow{140\sim160℃} CH_3COOH+CO_2\uparrow$$

$$(CH_2)_4\begin{matrix}COOH\\COOH\end{matrix} \xrightarrow{\triangle} \text{环戊酮}(=O)+CO_2\uparrow+H_2O$$

$$(CH_2)_5\begin{matrix}COOH\\COOH\end{matrix} \xrightarrow{\triangle} \text{环己酮}(=O)+CO_2\uparrow+H_2O$$

$$(CH_2)_2\begin{matrix}COOH\\COOH\end{matrix} \xrightarrow{\triangle} \text{丁二酸酐}+H_2O$$

$$(CH_2)_3\begin{matrix}COOH\\COOH\end{matrix} \xrightarrow{\triangle} \text{戊二酸酐}+H_2O$$

(四)α-H 的卤代

羧基和羰基一样，能使 α-H 活化，但羧基中由于羟基的存在，其致活作用比羰基小得多，α-H 卤代需在碘、红磷或硫等催化剂存在下发生。例如：

$$CH_3COOH \xrightarrow[P]{Cl_2} \underset{Cl}{\underset{|}{CH_2}}COOH \xrightarrow[P]{Cl_2} \overset{Cl}{\overset{|}{\underset{Cl}{\underset{|}{C}}}}HCOOH \xrightarrow[P]{Cl_2} Cl-\overset{Cl}{\overset{|}{\underset{Cl}{\underset{|}{C}}}}COOH$$

以上反应可以控制条件，使反应停留在一元取代阶段。

α-卤代羧酸中卤原子离开形成的碳正离子可与羧基产生 p-π 共轭，碳正离子趋于稳定，易于生成，即卤原子的活性相对强一些，容易被亲核试剂如—CN、—NH_2、—OH 等取代；也可以发生消除反应得到 α、β-不饱和羧酸。因此 α-卤代羧酸是重要的有机合成中间体，在合成上发挥重要的作用。例如：

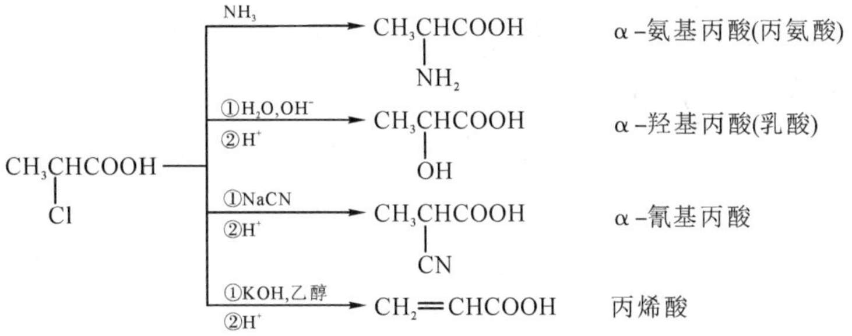

$$CH_3CH(Cl)COOH \xrightarrow{NH_3} CH_3CH(NH_2)COOH \quad \alpha\text{-氨基丙酸(丙氨酸)}$$

$$CH_3CH(Cl)COOH \xrightarrow[\text{②}H^+]{\text{①}H_2O,OH^-} CH_3CH(OH)COOH \quad \alpha\text{-羟基丙酸(乳酸)}$$

$$CH_3CH(Cl)COOH \xrightarrow[\text{②}H^+]{\text{①}NaCN} CH_3CH(CN)COOH \quad \alpha\text{-氰基丙酸}$$

$$CH_3CH(Cl)COOH \xrightarrow[\text{②}H^+]{\text{①}KOH,\text{乙醇}} CH_2{=}CHCOOH \quad \text{丙烯酸}$$

(五)还原反应

一般条件下羧酸很难被还原。如 $NaBH_4$ 能将醛、酮的羰基还原而无法还原羧基。羧酸只能用更强的还原剂如 $LiAlH_4$ 等还原，产物为伯醇。例如：

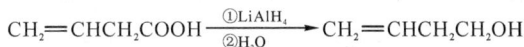

$$CH_2{=}CHCH_2COOH \xrightarrow[\text{②}H_2O]{\text{①}LiAlH_4} CH_2{=}CHCH_2CH_2OH$$

利用该反应制伯醇产率高，且反应物中的 C＝C 双键不受影响，但 $LiAlH_4$ 能将分子中共存的硝基、氰基、酯基等还原。

羧酸也可以用 B_2H_6 还原。例如：

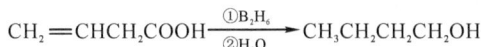

$$CH_2{=}CHCH_2COOH \xrightarrow[\text{②}H_2O]{\text{①}B_2H_6} CH_3CH_2CH_2CH_2OH$$

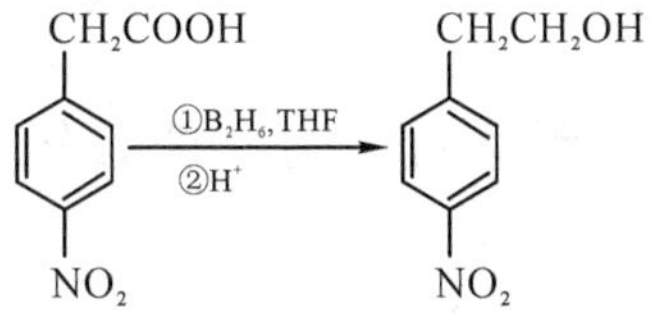

$$p\text{-}O_2NC_6H_4CH_2COOH \xrightarrow[\text{②}H^+]{\text{①}B_2H_6,THF} p\text{-}O_2NC_6H_4CH_2CH_2OH$$

用 B_2H_6 还原羧酸，分子中共存 C＝C 双键同时被还原，但对共存的硝基、酯基等基团不受影响。

羧酸的还原也可以采用间接的方法，即先将羧酸制成酯，再用 Na/C_2H_5OH 将酯还原为伯醇。

$$R{-}\overset{O}{\overset{\|}{C}}{-}OH + R'OH \xrightarrow{H^+} R{-}\overset{O}{\overset{\|}{C}}{-}OR' \xrightarrow{Na/C_2H_5OH} RCH_2OH$$

问题与思考

完成下列反应式，写出主要产物。

(1) $C_6H_5{-}\overset{O}{\overset{\|}{C}}{-}OH + SOCl_2 \longrightarrow ?$

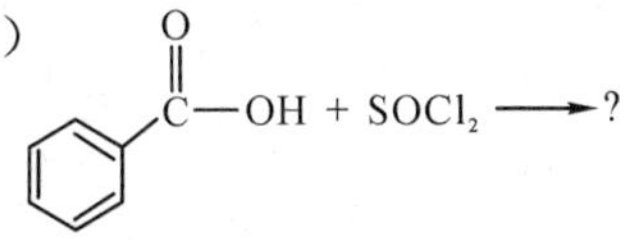

(2) 4-甲基邻苯二甲酸（苯环上两个相邻 COOH，CH₃ 位于环上） $\xrightarrow{\triangle} ?$

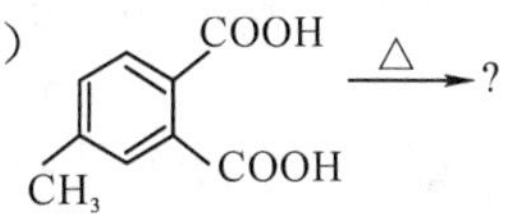

五、羧酸的制备

自然界中存在的羧酸，大多以酯的形式存在于油脂和蜡中。目前的高级脂肪酸主要是油脂水解得到的。随着石油、天然气化工的发展，以石油、天然气为原料生产羧酸在工业上占有重要的地位。

(一)氧化法

工业上用高级烷烃的催化氧化来制备高级脂肪酸,以取代油脂的水解。

$$R—CH_2—CH_2—R' \xrightarrow[\text{锰盐, 1.5~3 Mpa}]{O_2, 120\ ℃} RCOOH + R'COOH$$

不饱和烃、芳香烃、伯醇、醛氧化可制得羧酸。

$$RCH{=}CHR' \xrightarrow[H^+]{KMnO_4} RCOOH + R'COOH$$

$$C_6H_5CH_3 \xrightarrow[\triangle]{KMnO_4, H^+} C_6H_5COOH$$

$$RCH_2OH \xrightarrow{K_2Cr_2O_7} RCHO \xrightarrow{K_2Cr_2O_7} RCOOH$$

(二)腈的水解

卤代烃与氰化钠作用制得腈,腈在酸性溶液中水解可得羧酸。

$$R—X \xrightarrow[C_2H_5OH]{KCN} R—CN \xrightarrow{H_2O, H^+} R—COOH + NH_3$$

该方法适合伯卤代烃,仲卤代烃和叔卤代烃在氰化钠作用下易发生消除反应。

(三)由格氏试剂制备

格氏试剂与 CO_2反应,可制得比原来卤代烃多一个碳原子的羧酸。

$$R—MgX + O{=}C{=}O \xrightarrow{Et_2O} R—\overset{O}{\overset{\|}{C}}—OMgX \xrightarrow[H^+]{H_2O} R—\overset{O}{\overset{\|}{C}}—OH$$

第二节 羧酸衍生物

一、羧酸衍生物的命名

酰卤的命名在酰基名称后加上卤原子的名称,称为“某酰卤”。例如:

$$CH_3—\overset{O}{\overset{\|}{C}}—Cl \qquad C_6H_5—\overset{O}{\overset{\|}{C}}—Cl \qquad CH_2{=}CH\overset{O}{\overset{\|}{C}}—Br$$

乙酰氯　　苯甲酰氯　　丙烯酰溴

酸酐的命名是在羧酸的名称后加“酐”字,称为某酸酐。例如:

$$CH_3—\overset{O}{\overset{\|}{C}}—O—\overset{O}{\overset{\|}{C}}—CH_3 \qquad CH_3—\overset{O}{\overset{\|}{C}}—O—\overset{O}{\overset{\|}{C}}—CH_2CH_3 \qquad C_6H_4(CO)_2O$$

乙酸酐　　乙酸丙酸酐　　邻苯二甲酸酐

酯的命名是根据羧酸和醇的名称,称为某酸某酯。例如:

$$H\overset{O}{\overset{\|}{C}}—OC_2H_5 \qquad CH_2{=}\overset{CH_3}{\overset{|}{C}}—COOCH_3 \qquad CH_3\overset{O}{\overset{\|}{C}}—OCH{=}CH_2$$

甲酸乙酯　　α-甲基丙烯酸甲酯　　乙酸乙烯酯

酰胺的命名是酰基的名称后加“胺”字,称为某酰胺。例如:

$$H—\overset{O}{\overset{\|}{C}}—NH_2 \qquad CH_3—\overset{O}{\overset{\|}{C}}—NH_2 \qquad CH_2{=}CH\overset{O}{\overset{\|}{C}}—NH_2$$

甲酰胺　　乙酰胺　　丙烯酰胺

如果胺基上有取代基时，通常用“N”表示取代基的位次。例如：

$$\mathrm{H{-}\overset{\overset{\large O}{\|}}{C}{-}NHCH_3}$$

N-甲基甲酰胺

$$\mathrm{H{-}\overset{\overset{\large O}{\|}}{C}{-}N\begin{matrix}\diagup CH_3\\ \diagdown CH_3\end{matrix}}$$

N, N-二甲基甲酰胺

$$\mathrm{C_6H_5{-}\overset{\overset{\large O}{\|}}{C}{-}N\begin{matrix}\diagup CH_3\\ \diagdown CH_2CH_3\end{matrix}}$$

N-甲基-N-乙基苯甲酰胺

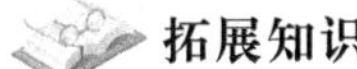

拓展知识

羧酸衍生物命名新规则　羧酸衍生物按水解后所生成的羧酸来命名。

酰卤和酰胺的命名是将羧酸中的“酸”换成“酰卤”和“酰胺”，如果酰胺中氮原子上的氢原子被其他取代基取代后，通常在取代基名称前加“N —”作为前缀表示。例如：

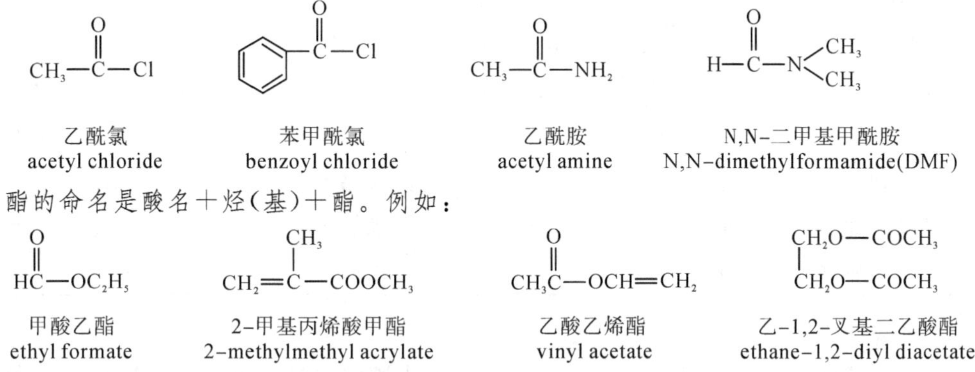

二、羧酸衍生物的物理性质和光谱性质

(一)物理性质

低级的酰卤和酸酐都具有强烈的刺激气味，许多酯具有愉快的香味，且易挥发，如乙酸异戊酯有香蕉香味(俗称香蕉水)，正戊酸异戊酯有苹果香味，甲酸苯乙酯有野玫瑰香味，丁酸甲酯有菠萝香味等，许多花和水果的香味都与酯有关，因此酯多用于香料工业。低级酯还是良好的有机溶剂。除甲酰胺外，其余的酰胺几乎都是固体。甲酰胺是有机化合物和无机化合物的良好溶剂，最常用的是 N,N -二甲基甲酰胺。

酰卤、酸酐和酯都难溶于水，低级的酰氯遇水分解。熔点、沸点一般比分子量相近的羧酸低，原因是分子间不能形成氢键。

酰胺分子中含有氨基，氮上氢原子与另一分子羰基可以形成氢键，所以在四类衍生物中酰胺的沸点最高。当氮上的氢原子被烃基取代，因氮原子上氢原子的减少或失去，分子间的氢键会减小或不存在，出现了随相对分子量增加而沸点、熔点降低现象。一些羧酸衍生物的物理常数见表 10 - 5。

表 10 - 5　常见羧酸衍生物的物理常数

名称	熔点/℃	沸点/℃	密度 /g·cm^{-3}	名称	熔点/℃	沸点/℃	密度 /g·cm^{-3}
乙酰氯	−112.0	51.0	1.1041	乙酸酐	−73.1	140.0	1.0821
乙酰溴	−96.1	76.7	1.5200	苯甲酸酐	42.0	360.0	1.1990
乙酰碘		108.1	1.9801	丁二酸酐	119.9	261.0	1.1041

续表

名称	熔点/℃	沸点/℃	密度/g·cm^{-3}	名称	熔点/℃	沸点/℃	密度/g·cm^{-3}
丙酰氯	−93.9	80.0	1.0650	顺丁烯二酸酐	60.0	199.5	1.4805
苯甲酰氯	−1.0	197.1	1.2120	邻苯二甲酸酐	131.6	295.1	1.5270
甲酰胺	2.5	195.0	1.1300	甲酯甲酯	−99.0	32.0	0.9740
乙酰胺	82.0	222.0	1.1591	甲酸乙酯	−80.5	54.5	0.9168
丙酰胺	80.1	213.3	1.0420	乙酸甲酯	−98.1	57.0	0.9330
丁酰胺	116.1	216.0	1.0323	乙酯乙酯	−83.6	77.1	0.9003
戊酰胺	106.2	232.0	1.0230	乙酸丁酯	−77.0	126.0	0.8821
苯甲酰胺	129.1	290.1	1.3412	乙酸戊酯	−70.8	147.6	0.8760
乙酰苯胺	114.0	305.0	1.2100	乙酸异戊酯	−78.0	142.0	0.8762
N-甲基甲酰胺		180.0		甲基丙烯酸甲酯	−48.0	100.0	0.9440
N,N-二甲基甲酰胺	−61.1	153.2	0.9491	苯甲酸乙酯	−34.0	213.0	1.0503
N,N-二甲基乙酰胺	−28.0	165.0	0.9370	乙酸苄酯	−52.0	215.0	1.0602

(二)光谱性质

红外光谱:羧酸衍生物都含有羰基,因此,在红外光谱中都显示出强的羰基C═O伸缩振动特征吸收峰。羰基的C═O伸缩振动吸收峰的频率与羰基连接基团的电子效应有关,吸电子的诱导效应较大时,如酰氯,C═O的极性降低,伸缩振动的频率增大;供电子的共轭效应较大时,如酰胺,伸缩振动的频率降低。

酰卤的C═O伸缩振动吸收峰一般在1800 cm^{-1}附近有强的吸收,如果羰基发生共轭时,吸收移至1750~1800 cm^{-1}。如芳酰氯在1750~1800 cm^{-1}有两个强吸收峰。酸酐在1800~1860 cm^{-1}和1750~1800 cm^{-1}附近有两个C═O伸缩振动吸收峰。酯的C═O伸缩振动吸收峰在1735~1750 cm^{-1}有强的吸收,其中ArCOOR在1715~1730 cm^{-1}、RCOOAr在1760 cm^{-1}有吸收。酰胺的C═O伸缩振动吸收峰在1630~1690 cm^{-1};酰胺还有N—H特征吸收峰:非极性溶剂的稀溶液在3400~3520 cm^{-1}区域产生吸收峰,固态或浓溶液时在3180~3350 cm^{-1}区域产生吸收峰。图10-4、图10-5、图10-6、图10-7分别是乙酰氯、乙酸酐、乙酸乙酯、乙酰胺的红外光谱图。

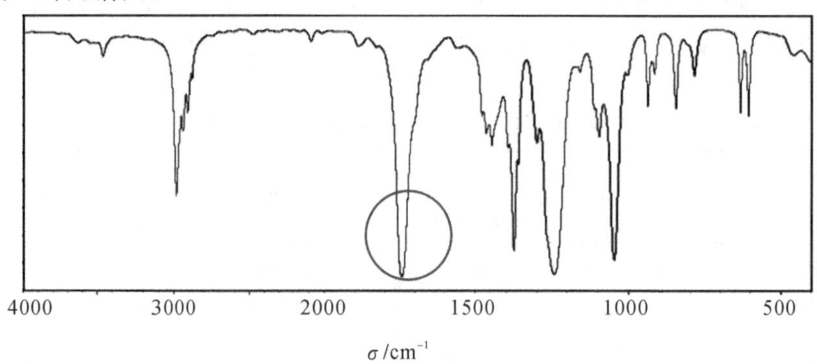

图10-4 乙酰氯的红外光谱图

乙酰氯的 C═O 伸缩振动吸收峰在 1800 cm^{-1}有一强的吸收峰。

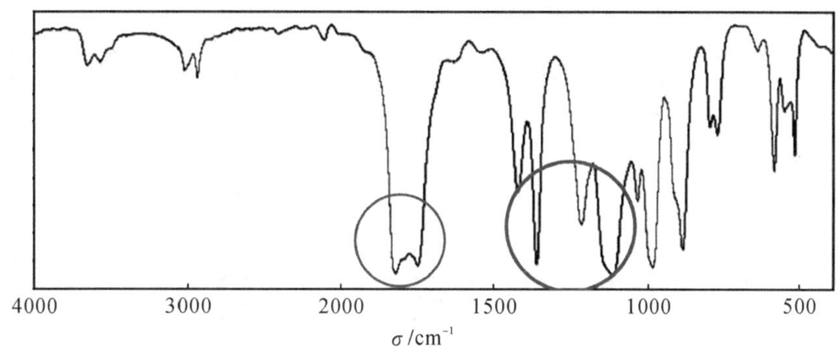

图 10-5　乙酸酐的红外光谱图

乙酸酐的 C═O 伸缩振动吸收峰在 1800～1850 cm^{-1}和 1740～1790 cm^{-1}，C—O 的伸缩振动吸收峰在 1045～1310 cm^{-1}区域。

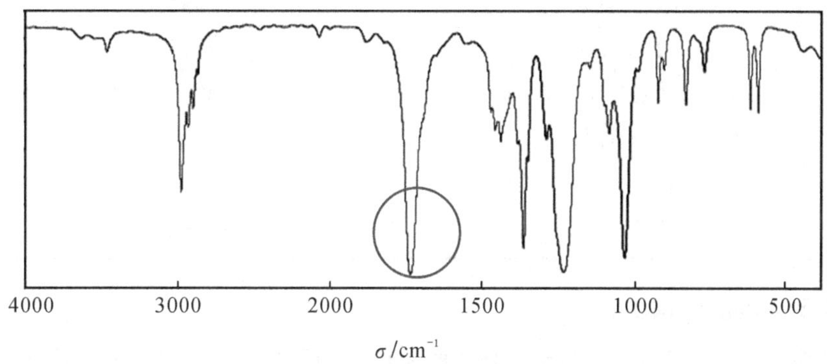

图 10-6　乙酸乙酯的红外光谱图

乙酸乙酯的 C═O 伸缩振动吸收峰在 1745～1750 cm^{-1}。

乙酰胺的 C═O 伸缩振动吸收峰在 1630～1690 cm^{-1}，N—H 在 3050～3550 cm^{-1}区域。

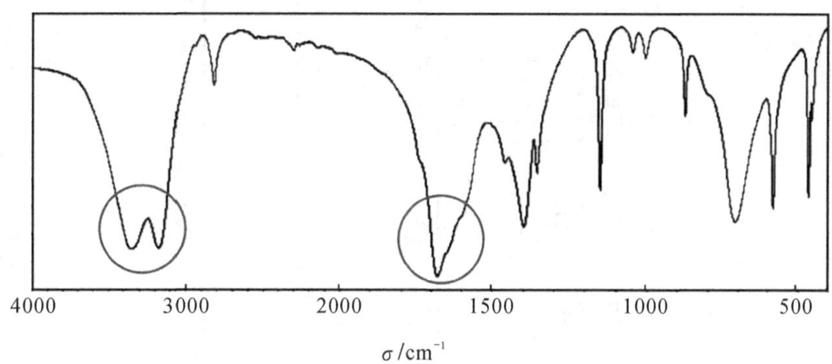

图 10-7　乙酰胺的红外光谱图

核磁共振谱：羧酸衍生物的核磁共振谱特征，主要体现在酰基及酰基相连的基团上电负性强的元素（如 O、N、Cl 等）对邻近碳原子上质子的影响。表 10-6 为不同结构片断质子的化学位移，图 10-8 为乙酸乙酯的核磁共振谱。

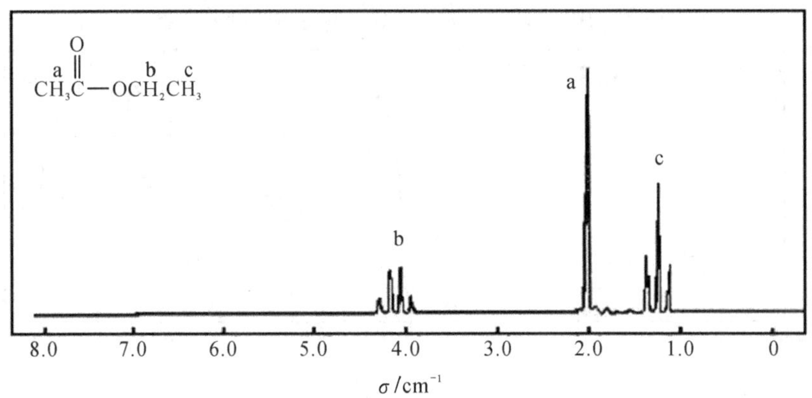

图 10－8　乙酸乙酯的核磁共振谱

表 10－6　不同元素对邻近质子化学位移的影响

不同结构片断质子	化学位移(δ_H)
$—CH_2CO—$	约 2.3
$CH_3CO—$	约 2.0
$—COOCH_2—$	约 4.2
$—COOCH_3$	约 3.8
—CO—NH—	约 5.5～8.5

三、羧酸衍生物的结构比较

酰卤、酸酐、酯、酰胺都是酰基与一个电负性较大的基团相连，因此具有类似的化学性质。例如，它们都能与亲核试剂水、醇、氨等反应，但由于酰基所连基团电负性的差异，反应时表现的活性有所差异。

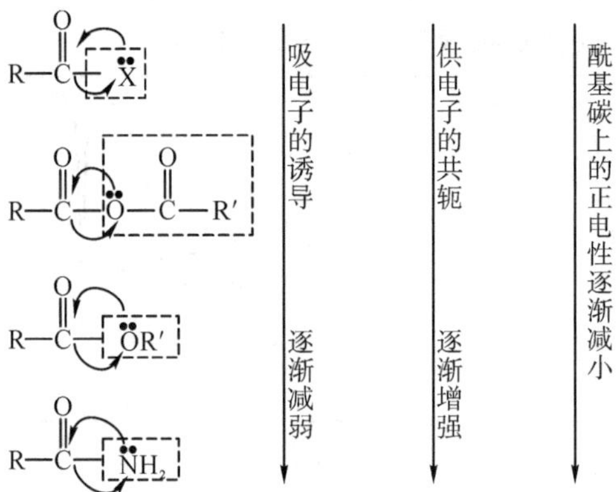

—X、R′COO—、R′O—、$—NH_2$与酰基直接相连的原子上有孤对电子，孤对电子可与羰基发生 p－π 共轭，结果使羰基碳原子上的正电性减弱；同时—X、R′COO—、R′O—、$—NH_2$对酰基还产生吸电子的诱导效应，诱导效应使羰基碳原子上的正电性增强。由于各基团电负性的差异，共轭效应、诱导效应程度不同。从—X 到 R′COO—、R′O—、$—NH_2$电负性依次减小，因此对酰基供电子的共轭效应依次增强，吸电子的诱导效应依次减弱。共轭效应和诱导效应共同作用的结果使酰基的羰基碳原子上的正电性由强到弱的顺序是酰卤、酸酐、酯、酰胺。

四、羧酸衍生物的化学性质

羧酸衍生物结构上的相似性决定了性质的相似性。羧酸衍生物中的羰基碳原子显示一定的正电性，易于被亲核试剂进攻引起亲核取代反应。正电性越强，亲核取代反应越容易。通过分析结构，四类羧酸衍生物发生亲核取代反应的活性顺序为：酰卤＞酸酐＞酯＞酰胺。羧酸衍生物能与水、醇、氨等反应，分别称为水解反应、醇解反应和氨解反应。另外，因为羧酸衍生物结构上的不同，又使它们表现出一些特殊的性质。比如酯缩合反应、酰胺的脱水、降解反应等。

(一)羧酸衍生物的共性

1.水解反应

羧酸衍生物与水的反应称为水解反应。

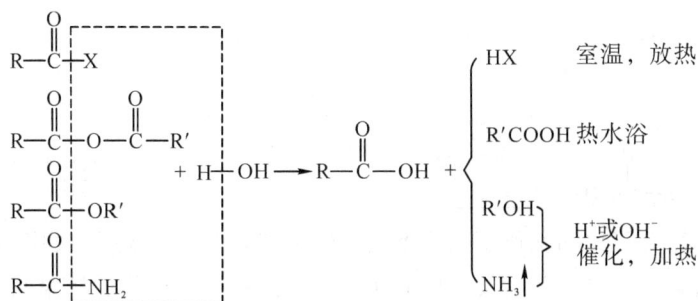

$$\left.\begin{array}{l} R-\overset{O}{\overset{\|}{C}}-X \\ R-\overset{O}{\overset{\|}{C}}-O-\overset{O}{\overset{\|}{C}}-R' \\ R-\overset{O}{\overset{\|}{C}}-OR' \\ R-\overset{O}{\overset{\|}{C}}-NH_2 \end{array}\right. + H-OH \longrightarrow R-\overset{O}{\overset{\|}{C}}-OH + \left\{\begin{array}{ll} HX & \text{室温，放热} \\ R'COOH & \text{热水浴} \\ R'OH & H^+\text{或}OH^- \\ NH_3\uparrow & \text{催化，加热} \end{array}\right.$$

酰卤最易水解，遇水立即进行反应，并且放出大量的热。乙酰氯在空气中很快与水蒸气作用产生白雾；酸酐水解在热水中立即进行；酯和酰胺的水解需要在酸或者碱催化下加热才能进行，酯的水解在理论上和生产上都有重要意义。酯在酸催化下的水解是酯化反应的逆反应，水解不能进行完全。碱催化下的水解生成的羧酸可与碱生成盐，水解反应可以进行到底。酰胺在酸性溶液中水解，得到羧酸和铵盐，在碱性溶液中水解，得到羧酸盐，并放出氨气，利用该反应可用来鉴别酰胺。

2.醇解反应

羧酸衍生物与醇的反应称为醇解反应。

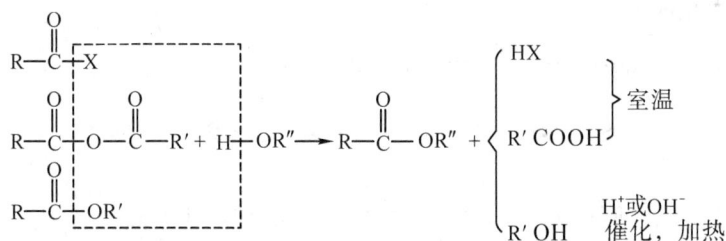

$$\left.\begin{array}{l} R-\overset{O}{\overset{\|}{C}}-X \\ R-\overset{O}{\overset{\|}{C}}-O-\overset{O}{\overset{\|}{C}}-R' \\ R-\overset{O}{\overset{\|}{C}}-OR' \end{array}\right. + H-OR'' \longrightarrow R-\overset{O}{\overset{\|}{C}}-OR'' + \left\{\begin{array}{ll} HX & \text{室温} \\ R'COOH & \text{室温} \\ R'OH & H^+\text{或}OH^-\text{催化，加热} \end{array}\right.$$

酰卤和酸酐可以直接与醇作用生成酯。因为酰卤比较活泼，一般用于其他方法难以制备的酯。如酚酯是用酰卤与酚的反应制备。

$$C_6H_5-\overset{O}{\overset{\|}{C}}-Cl + C_6H_5-OH \xrightarrow{NaOH} C_6H_5-\overset{O}{\overset{\|}{C}}-O-C_6H_5$$

酯的醇解比较困难，需要在酸或者碱催化下加热才能反应，酯和醇反应生成另一分子酯和另一分子醇，这类反应又称为酯交换反应。利用酯交换反应可以用来从廉价的低级醇制取高级醇。例如用白蜡制二十六醇。

$$\underset{\text{白蜡}}{C_{25}H_{51}COOC_{26}H_{53}} + C_2H_5OH \rightleftharpoons C_{25}H_{51}COOC_2H_5 + \underset{\text{二十六醇}}{C_{26}H_{53}OH}$$

二十六醇是重要的化工原料。二十六醇能有效地防止胆固醇在肠道被吸收,因此具有降低血脂、血糖、预防心脑血管疾病、清除体内“垃圾”、延缓衰老等作用。

酰胺的醇解较难进行,只有在过量的醇而且在酸或碱催化下才能生成酯,而且反应是可逆反应。

3.氨解反应

羧酸衍生物与氨的反应称为氨解反应。

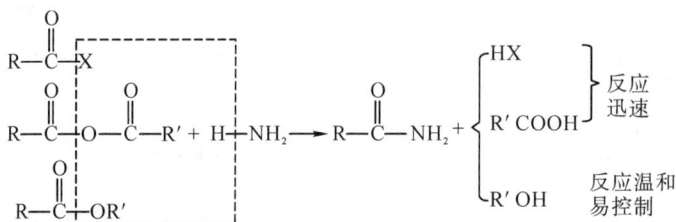

$$\left.\begin{matrix} R-\overset{O}{\overset{\|}{C}}-X \\ R-\overset{O}{\overset{\|}{C}}-O-\overset{O}{\overset{\|}{C}}-R' \\ R-\overset{O}{\overset{\|}{C}}-OR' \end{matrix}\right. + H-NH_2 \longrightarrow R-\overset{O}{\overset{\|}{C}}-NH_2 + \left\{\begin{matrix} \left.\begin{matrix} HX \\ R'COOH \end{matrix}\right\} \text{反应迅速} \\ R'OH \quad \text{反应温和易控制} \end{matrix}\right.$$

酰卤、酸酐和酯都可以和氨作用生成酰胺。因为氨本身具有碱性,反应不需要另加催化剂就能顺利进行,氨解反应是制备酰胺的好方法。其中酯的氨解反应比较温和,便于控制。

酰胺与胺作用生成取代酰胺。例如:

$$R-\overset{O}{\overset{\|}{C}}-NH_2 + \underset{\text{过量}}{R'NH_2} \rightleftharpoons \underset{\text{N-取代酰胺}}{R-\overset{O}{\overset{\|}{C}}-NHR'} + NH_3\uparrow$$

羧酸衍生物水解、醇解、氨解反应的产物也可以看作是水、醇、氨中的一个氢原子被酰基取代,因此又称为酰基化反应。其中酰卤和酸酐的反应活性最大,是常用的酰基化试剂。

4.还原反应

羧酸衍生物比羧酸易被还原。常用的还原剂有 $LiAlH_4$、催化氢化,酰卤、酸酐、酯还原为伯醇,酰胺还原为相应的胺。

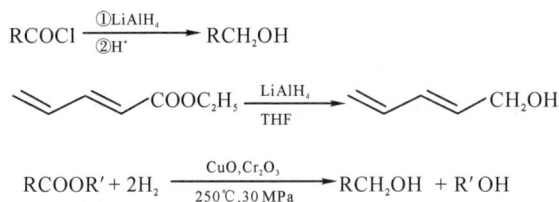

$$RCOCl \xrightarrow[\text{②}H^+]{\text{①}LiAlH_4} RCH_2OH$$

$$CH_2{=}CHCH{=}CHCH{=}CHCOOC_2H_5 \xrightarrow[THF]{LiAlH_4} CH_2{=}CHCH{=}CHCH{=}CHCH_2OH$$

$$RCOOR' + 2H_2 \xrightarrow[250℃,30\,MPa]{CuO,Cr_2O_3} RCH_2OH + R'OH$$

(二)特性

1.酯缩合反应

含有 α-H 的酯在醇钠的作用下,与另一分子酯缩去一分子醇生成 β-羰基酯的反应称为酯缩合反应,或者称为克莱森酯缩合反应。

$$CH_3\overset{O}{\overset{\|}{C}}OC_2H_5 \xrightleftharpoons{C_2H_5ONa} CH_3\overset{O}{\overset{\|}{C}}CH_2\overset{O}{\overset{\|}{C}}OC_2H_5 + C_2H_5OH$$

反应历程:

$$C_2H_5O^- + H-CH_2\overset{O}{\overset{\|}{C}}OC_2H_5 \longrightarrow {}^-CH_2\overset{O}{\overset{\|}{C}}OC_2H_5 + C_2H_5OH$$

$$CH_3\overset{O}{\overset{\|}{C}}OC_2H_5 + {}^-CH_2\overset{O}{\overset{\|}{C}}OC_2H_5 \rightleftharpoons CH_3\underset{OC_2H_5}{\underset{|}{\overset{O^-}{\overset{|}{C}}}}CH_2\overset{O}{\overset{\|}{C}}OC_2H_5$$

$$\rightleftharpoons CH_3\overset{O}{\overset{\|}{C}}CH_2\overset{O}{\overset{\|}{C}}OC_2H_5 + C_2H_5O^-$$

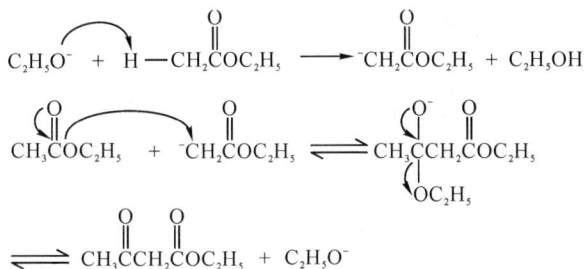

酯缩合反应类似于羟醛缩合反应，先亲核加成，再消除得到产物，是增长碳链的常用方法。

一个分子中含有两个酯基，在碱作用下可发生分子内的酯缩合，生成环状化合物，这类缩合称为狄克曼反应。主要用于合成五元、六元环化合物。例如：

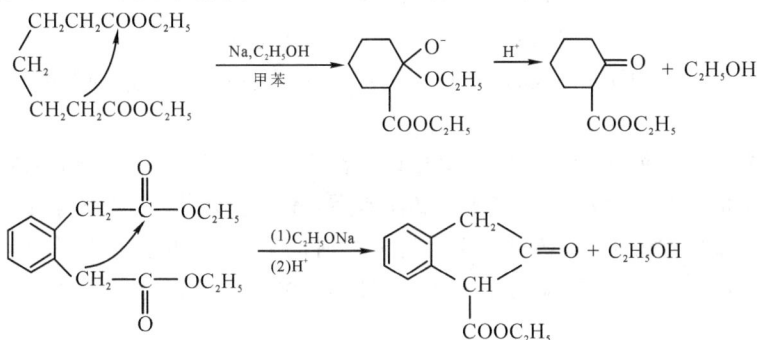

$$CH_2(CH_2CH_2COOC_2H_5)_2 \xrightarrow[\text{甲苯}]{Na,C_2H_5OH} \text{(环己烷-1-}O^-\text{-1-}OC_2H_5\text{-2-}COOC_2H_5) \xrightarrow{H^+} \text{(2-}COOC_2H_5\text{环己酮)} + C_2H_5OH$$

$$o\text{-}C_6H_4(CH_2\overset{O}{\overset{\|}{C}}-OC_2H_5)_2 \xrightarrow[(2)H^+]{(1)C_2H_5ONa} \text{(苯并环:}CH_2-C=O-\underset{COOC_2H_5}{CH}\text{)} + C_2H_5OH$$

2.酰胺的脱水反应

酰胺在 P_2O_5 或 $SOCl_2$ 等脱水剂的作用下，可以脱去一分子水生成腈。这是制备腈的一种方法。

$$RCONH_2 \xrightarrow[\text{或}SOCl_2]{P_2O_5,\triangle} RC\equiv N$$

拓展知识

腈是重要的化工原料和合成中间体，例如，己二腈是制备耐纶 66 的原料，它在氢化和水解后分别生成己二胺和己二酸，再经缩聚反应后便得到耐纶 66。丙烯腈则是生产聚丙烯腈的单体。它与其他单体共聚合，可用于生产合成橡胶和工程塑料。生产丙烯腈的副产物乙腈是很好的有机溶剂。有些高级腈可以用作香料，如十一腈有核桃香味，十二腈有柑橘和葡萄香味，十四腈有持久的柑橘香味。

3.酰胺的降解反应

酰胺与次氯酸钠或次溴酸钠的碱溶液作用，脱去羰基生成少一个碳原子的伯胺，这类反应叫霍夫曼降解反应。利用该反应可制备少一个碳原子的伯胺。

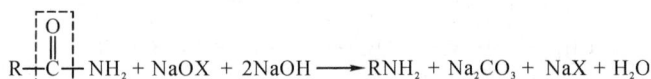

$$R-\overset{O}{\overset{\|}{C}}-NH_2 + NaOX + 2NaOH \longrightarrow RNH_2 + Na_2CO_3 + NaX + H_2O$$

第三节　乙酰乙酸乙酯和丙二酸二乙酯

乙酰乙酸乙酯和丙二酸二乙酯属于 β-二羰基化合物，两个羰基之间的亚甲基上的氢原子（α-H）由于受到相邻两个羰基吸电子诱导效应的影响，具有较强的酸性。可与卤代烃、酰卤反应，分别在活性亚甲基上引入烃基、酰基，这些产物水解、加热分解后可以得到增长碳链的甲基酮和取代乙酸，因此在有机合成上有非常重要的用途。

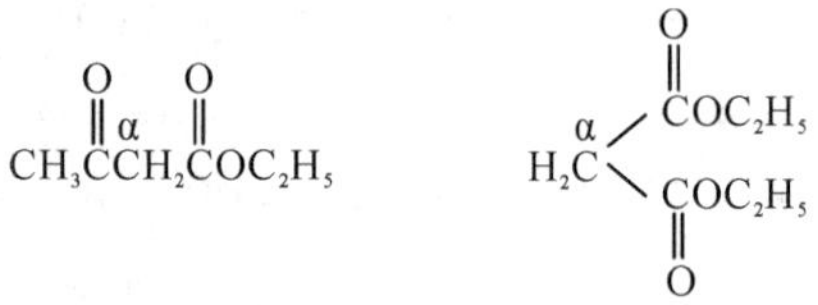

$$CH_3\overset{O}{\overset{\|}{C}}\overset{\alpha}{C}H_2\overset{O}{\overset{\|}{C}}OC_2H_5 \qquad H_2\overset{\alpha}{C}\begin{cases}\overset{O}{\overset{\|}{C}}OC_2H_5 \\ \underset{O}{\underset{\|}{C}}OC_2H_5\end{cases}$$

乙酰乙酸乙酯　　　　丙二酸二乙酯

一、乙酰乙酸乙酯

(一)结构

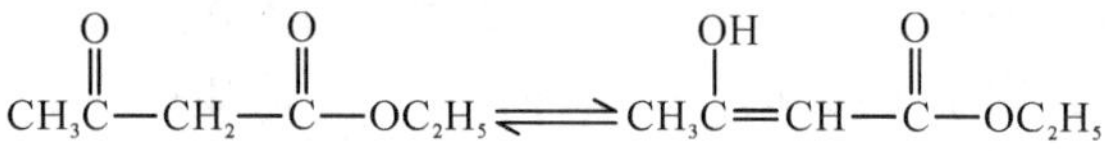

$$CH_3\overset{O}{\overset{\|}{C}}-CH_2-\overset{O}{\overset{\|}{C}}-OC_2H_5 \rightleftharpoons CH_3\overset{OH}{\overset{|}{C}}=CH-\overset{O}{\overset{\|}{C}}-OC_2H_5$$

酮式(93%)　　　　烯醇式(7%)

乙酰乙酸乙酯在室温下是以酮式和烯醇式互变体系平衡共存，这种互变体系通过实验得以证明。

在乙酰乙酸乙酯溶液中滴加几滴三氯化铁溶液后出现紫红色，这是烯醇式结构与三氯化铁发生了颜色反应。当在此溶液中加入几滴溴水后，紫红色消失，这是因为溴与烯醇式结构中的双键发生加成反应，烯醇式被破坏。但经过一段时间后，紫红色又慢慢出现，说明酮式向烯醇式转化，又达到一个新的酮式烯醇式平衡，增加的烯醇式与三氯化铁又会发生颜色反应。

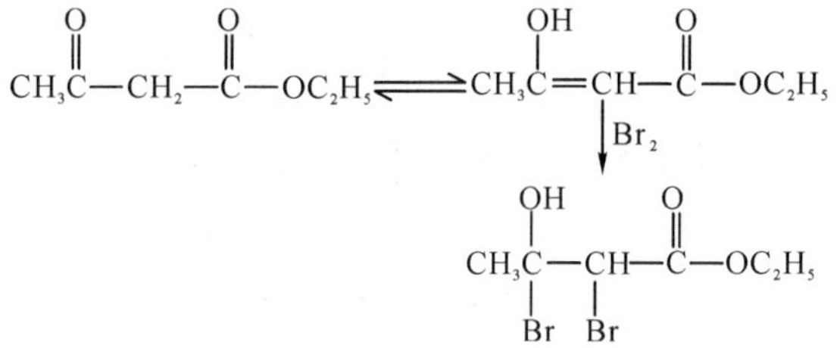

$$CH_3\overset{O}{\overset{\|}{C}}-CH_2-\overset{O}{\overset{\|}{C}}-OC_2H_5 \rightleftharpoons CH_3\overset{OH}{\overset{|}{C}}=CH-\overset{O}{\overset{\|}{C}}-OC_2H_5 \xrightarrow{Br_2} CH_3\overset{OH}{\underset{Br}{\overset{|}{\underset{|}{C}}}}-\underset{Br}{\underset{|}{C}H}-\overset{O}{\overset{\|}{C}}-OC_2H_5$$

在上述互变平衡体系中，若不断加入溴水，酮式可以全部转变为烯醇式，与溴水反应；反之，不断加入羰基试剂如氢氰酸、饱和亚硫酸钠，则烯醇式可以全部转变为酮式，与羰基试剂反应。

乙酰乙酸乙酯的酮式与烯醇式不是孤立存在的，而是两种物质的平衡混合物。在室温下，酮式与烯醇式迅速互变，一般不能将二者分离。一般的烯醇式结构不稳定，而乙酰乙酸乙酯的烯醇式能稳定存在。其主要原因：一是由于酮式中亚甲基上的氢原子同时受羰基和酯基的影响，很活泼，很容易转移到羰基氧上形成烯醇式；二是烯醇式中的双键的 π 键与酯基中的 π 键形成 π－π 共轭体系，电子离域，降低了分子的能量，分子趋于稳定；三是烯醇式通过分子内氢键的缔合形成了六元环结构，增强了分子的稳定性。

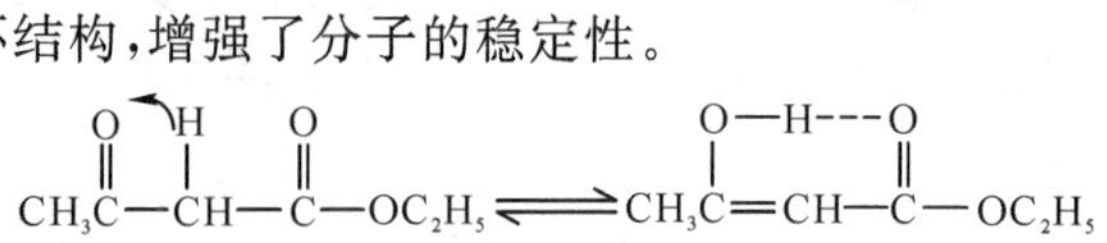

$$CH_3\overset{O}{\overset{\|}{C}}-\overset{H}{\overset{|}{C}}H-\overset{O}{\overset{\|}{C}}-OC_2H_5 \rightleftharpoons CH_3\overset{O-H\cdots O}{C=CH-\overset{\|}{C}}-OC_2H_5$$

(二)性质

乙酰乙酸乙酯在室温下为无色油状液体，有香味，沸点为 180.4 ℃，微溶于水，易溶于乙醚、乙醇等有机溶剂，可由乙酸乙酯的克莱森酯缩合反应制备。

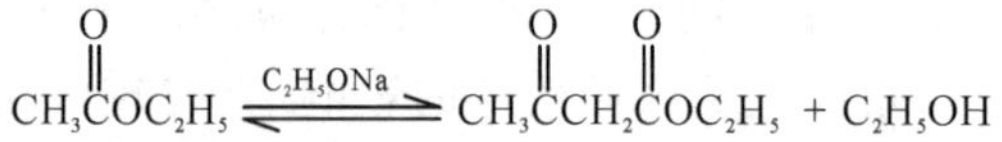

$$CH_3\overset{O}{\overset{\|}{C}}OC_2H_5 \xrightleftharpoons{C_2H_5ONa} CH_3\overset{O}{\overset{\|}{C}}CH_2\overset{O}{\overset{\|}{C}}OC_2H_5 + C_2H_5OH$$

乙酰乙酸乙酯的两羰基之间的碳碳键由于受两端羰基吸电子的影响，增大了碳碳键的极性，碳碳键容易断开，在不同的条件下可发生酮式分解和酸式分解。

酮式分解：在稀碱作用下，乙酰乙酸乙酯可以分解为丙酮，这种分解叫作酮式分解。

$$CH_3\overset{O}{\overset{\|}{C}}CH_2 \mid \overset{O}{\overset{\|}{C}}OC_2H_5 \xrightarrow[②H^+,\triangle]{①稀OH^-} CH_3\overset{O}{\overset{\|}{C}}CH_3 + C_2H_5OH + CO_2\uparrow$$

酸式分解：在浓碱作用下，乙酰乙酸乙酯分解生成两分子乙酸和一分子乙醇，这种分解叫作酸式分解。

$$CH_3\overset{O}{\overset{\|}{C}} \mid CH_2\overset{O}{\overset{\|}{C}}OC_2H_5 \xrightarrow[②H^+,\triangle]{①浓OH^-} 2CH_3\overset{O}{\overset{\|}{C}}OH + C_2H_5OH$$

（三）应用

乙酰乙酸乙酯在乙醇钠或金属钠的作用下，与卤代烃发生取代反应，生成的取代产物通过酮式分解或酸式分解，生成甲基酮或一元羧酸。

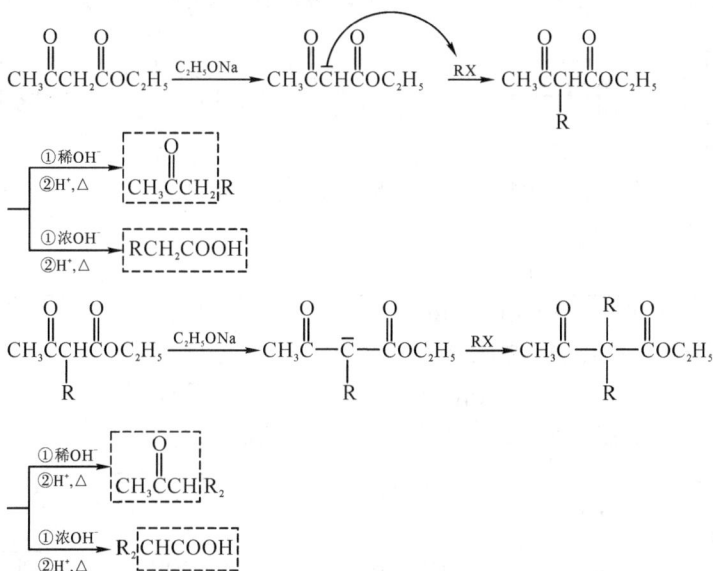

$$CH_3\overset{O}{\overset{\|}{C}}CH_2\overset{O}{\overset{\|}{C}}OC_2H_5 \xrightarrow{C_2H_5ONa} CH_3\overset{O}{\overset{\|}{C}}\bar{C}H\overset{O}{\overset{\|}{C}}OC_2H_5 \xrightarrow{RX} CH_3\overset{O}{\overset{\|}{C}}\underset{R}{\underset{|}{C}H}\overset{O}{\overset{\|}{C}}OC_2H_5$$

$$\xrightarrow[②H^+,\triangle]{①稀OH^-} CH_3\overset{O}{\overset{\|}{C}}CH_2R$$

$$\xrightarrow[②H^+,\triangle]{①浓OH^-} RCH_2COOH$$

$$CH_3\overset{O}{\overset{\|}{C}}\underset{R}{\underset{|}{C}H}\overset{O}{\overset{\|}{C}}OC_2H_5 \xrightarrow{C_2H_5ONa} CH_3\overset{O}{\overset{\|}{C}}-\underset{R}{\underset{|}{\bar{C}}}-\overset{O}{\overset{\|}{C}}OC_2H_5 \xrightarrow{RX} CH_3\overset{O}{\overset{\|}{C}}-\underset{R}{\underset{|}{\overset{R}{\overset{|}{C}}}}-\overset{O}{\overset{\|}{C}}OC_2H_5$$

$$\xrightarrow[②H^+,\triangle]{①稀OH^-} CH_3\overset{O}{\overset{\|}{C}}CHR_2$$

$$\xrightarrow[②H^+,\triangle]{①浓OH^-} R_2CHCOOH$$

乙酰乙酸乙酯除与卤代烃发生取代反应，还可与酰卤等发生类似反应，生成二酮和β-羰基酸。

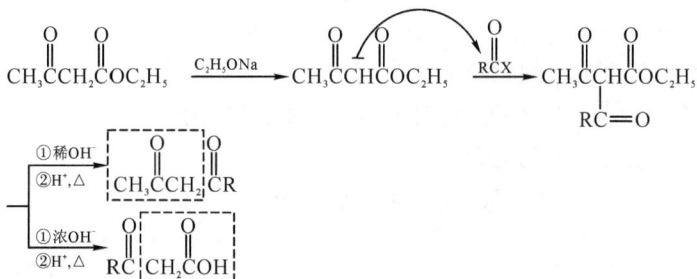

$$CH_3\overset{O}{\overset{\|}{C}}CH_2\overset{O}{\overset{\|}{C}}OC_2H_5 \xrightarrow{C_2H_5ONa} CH_3\overset{O}{\overset{\|}{C}}\bar{C}H\overset{O}{\overset{\|}{C}}OC_2H_5 \xrightarrow{R\overset{O}{\overset{\|}{C}}X} CH_3\overset{O}{\overset{\|}{C}}\underset{RC=O}{\underset{|}{C}H}\overset{O}{\overset{\|}{C}}OC_2H_5$$

$$\xrightarrow[②H^+,\triangle]{①稀OH^-} CH_3\overset{O}{\overset{\|}{C}}CH_2\overset{O}{\overset{\|}{C}}R$$

$$\xrightarrow[②H^+,\triangle]{①浓OH^-} R\overset{O}{\overset{\|}{C}}CH_2\overset{O}{\overset{\|}{C}}OH$$

二、丙二酸二乙酯

（一）制备

丙二酸二乙酯是无色有香味的液体，沸点为199 ℃，微溶于水，易溶于乙醇、乙醚、氯仿、苯等有机溶剂。它可由氯乙酸的钠盐和氰化钠作用，再加乙醇和硫酸醇解制得。

$$ClCH_2COONa \xrightarrow[OH^-]{NaCN} NCCH_2COONa \xrightarrow[H_2SO_4]{C_2H_5OH} H_2C(COOC_2H_5)_2$$

(二)性质及应用

丙二酸二乙酯和乙酰乙酸乙酯类似,分子中的亚甲基受到两个酯基的影响,两个氢原子很活泼,在碱如醇钠作用下也能发生取代反应,生成的取代产物经水解得到烃基取代丙二酸,取代丙二酸受热发生脱羧反应生成取代乙酸。

$$H_2C(COOC_2H_5)_2 \xrightarrow[②RX]{①C_2H_5ONa} RHC(COOC_2H_5)_2 \xrightarrow[\triangle]{H_2O,H^+} RHC(COOH)_2 \xrightarrow{-CO_2} R\boxed{CH_2COOH}$$

丙二酸二乙酯亚甲基上的两个氢原子都可以被取代,因此可以制备二取代乙酸。

$$RHC(COOC_2H_5)_2 \xrightarrow[②RX]{①C_2H_5ONa} R_2C(COOC_2H_5)_2 \xrightarrow{H_2O,H^+} R_2C(COOH)_2 \xrightarrow[\triangle]{-CO_2} R_2\boxed{CHCOOH}$$

丙二酸二乙酯还可与二卤代物、卤代酸酯等反应生成脂环羧酸或二元羧酸。例如:

丙二酸二乙酯∶二卤代烷=1∶1时:

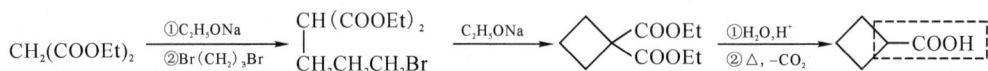

$$CH_2(COOEt)_2 \xrightarrow[②Br(CH_2)_3Br]{①C_2H_5ONa} CH(COOEt)_2CH_2CH_2CH_2Br \xrightarrow{C_2H_5ONa} \text{(环丁烷-1,1-二甲酸二乙酯)} \xrightarrow[②\triangle,-CO_2]{①H_2O,H^+} \text{(环丁基)}\boxed{-COOH}$$

丙二酸二乙酯∶二卤代烷=2∶1时:

$$CH_2(COOEt)_2 \xrightarrow[②Br(CH_2)_3Br]{①C_2H_5ONa} CH(COOEt)_2-(CH_2)_3-CH(COOEt)_2 \xrightarrow[②\triangle,-CO_2]{①H_2O,H^+} \boxed{CH_2COOH}-(CH_2)_3-\boxed{CH_2COOH}$$

$$CH_2(COOEt)_2 \xrightarrow[②ClCH_2COOEt]{①C_2H_5ONa} CH(COOEt)_2-CH_2COOEt \xrightarrow{H_2O,H^+} CH(COOH)_2-CH_2COOH \xrightarrow[\triangle]{-CO_2} \boxed{CH_2COOH}-CH_2COOH$$

问题与思考

1.用乙酰乙酸乙酯合成下列化合物。

(1)3-甲基-2-戊酮 (2)2-乙基戊酸 (3)2,4-己二酮

2.用丙二酸二乙酯合成下列化合物。

(1)己酸 (2)2,3-二甲基丁酸 (3)环丙基甲酸

本章小结

(1)羧酸具有酸的一切通性。除甲酸是中强酸外,其他饱和一元羧酸都是弱酸,但比碳酸的酸性强,能与碳酸钠或碳酸氢钠反应生成羧酸盐,同时放出 CO_2。羧酸盐遇强酸(如 HCl)可析出原来的羧酸,这一反应经常用于羧酸的分离、提纯。

(2)当羧酸烃基上连接有吸电子基团时，使羧酸的酸性增强。基团的吸电子能力愈强，数目越多，距离羧基愈近，羧酸的酸性就愈强；当烃基上连接有供电子基团时，酸性减弱，基团的供电子能力愈强，数目越多，距离羧基愈近，羧酸的酸性就愈弱。对于芳香族羧酸，当取代基连接在羧基的邻位时，取代基距羧基距离较近，除考虑电子效应的影响，同时还要考虑空间效应和场效应对酸性的影响。

(3)通过分析羧酸的结构，羧酸的性质主要表现在：脱羧反应、α－H 的取代反应、羟基被取代的反应和羧基被还原的反应。

(4)酰卤、酸酐、酯和酰胺是重要的羧酸衍生物，它们可以发生水解、醇解和氨解等反应，反应的活性顺序为酰卤＞酸酐＞酯＞酰胺。

(5)乙酰乙酸乙酯和丙二酸二乙酸分子中的亚甲基上的氢原子由于受相邻两个吸电子基的影响，变得很活泼，易与卤代烃、酰卤等试剂发生反应。

(6)乙酰乙酸乙酯在室温下能形成酮式和烯醇式的互变平衡体系。乙酰乙酸乙酯除了具有酮和酯的典型反应外，还可以使溴水褪色，与 $FeCl_3$ 可显色，亚甲基碳原子与相邻两个碳原子间的碳碳键容易断裂，发生酮式分解和酸式分解；α－亚甲基上的氢原子较活泼，在醇钠作用下可以失去 α－H 形成碳负离子。该碳负离子与卤代烃、α－卤代酮和卤代酸酯等反应，然后再进行酮式或酸式分解，可以制备不同结构的羧酸或酮。

(7)丙二酸二乙酯和乙酰乙酸乙酯类似，分子中的亚甲基受到两个酯基的影响，两个氢原子很活泼，在碱(如醇钠)作用下也能发生取代反应，生成的取代产物经水解得到烃基取代丙二酸，取代丙二酸受热发生脱羧反应生成取代乙酸。

习　题

10－1. 用系统命名法命名下列化合物。

(1) 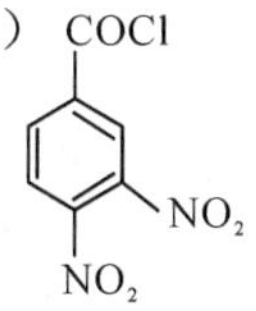 苯环：1-COCl，3-NO_2，4-NO_2

(2) CH_2COOH 连于环己烯环

(3) 苯环：1-COOH，3-Br，4-NH_2

(4) $CH_2CH{=}CHCH_2COOH$（CH_2 上连 Br）

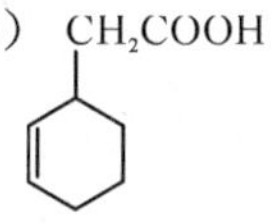

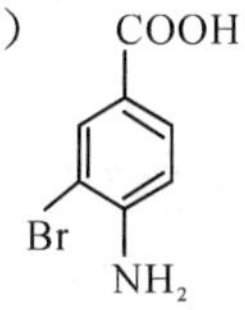

(5) $CH_3CH_2C(CH_3)_2CH_2COOH$

(6) 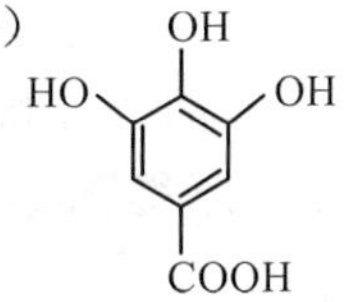 苯环：1-COOH，3-OH，4-OH，5-OH

(7) 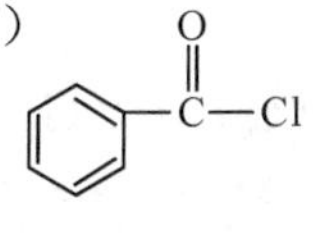 $C_6H_5-\overset{O}{\overset{\|}{C}}-Cl$

(8) 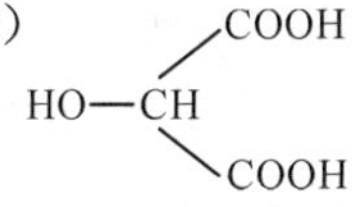 $HO-CH(COOH)_2$

10－2. 比较下列化合物的酸性强弱，按由强到弱的顺序排列。

(1)甲酸、乙酸、异丁酸、乙二酸

(4)邻羟基苯甲酸、间羟基苯甲酸、对羟基苯甲酸

10－3. 完成下列反应式，写出主要产物。

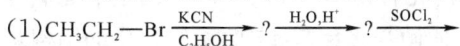

(1) $CH_3CH_2-Br \xrightarrow[C_2H_5OH]{KCN} ? \xrightarrow{H_2O,H^+} ? \xrightarrow{SOCl_2}$

(2) $C_6H_5COCH_2CH_2COOH \xrightarrow[\triangle]{NaBH_4}$?

(3) $\left\langle \begin{matrix} COOH \\ COOH \end{matrix} \right. \xrightarrow{\triangle}$?

(4) $2CH_3CH_2COOC_2H_5 \xrightarrow[②H^+]{①C_2H_5ONa}$?

(5) $CH_3CH_2CH(CH_3)CONH_2 \xrightarrow{NaOH,Cl_2}$?

(6) $CH_3\overset{O}{\overset{\|}{C}}CH(CH_3)—\overset{O}{\overset{\|}{C}}OC_2H_5 \xrightarrow{C_2H_5ONa}$? $\xrightarrow{CH_3CH_2X}$? $\xrightarrow[\triangle]{浓OH^-}$

(7) $CH_2(COOC_2H_5)_2 \xrightarrow[②(CH_3)_2CHX]{①C_2H_5ONa}$? $\xrightarrow{H_2O,H^+}$? $\xrightarrow[\triangle]{-CO_2}$

(8) $CH_3CH(OH)CH_2COOH \xrightarrow[\triangle]{-H_2O}$? $\xrightarrow{LiAlH_4}$?

(9) 邻-$C_6H_4(CH_2COOH)(COOH) \xrightarrow[\triangle]{(CH_3CO)_2O}$?

(10) C_6H_5COOH $- NaHCO_3 \longrightarrow$?

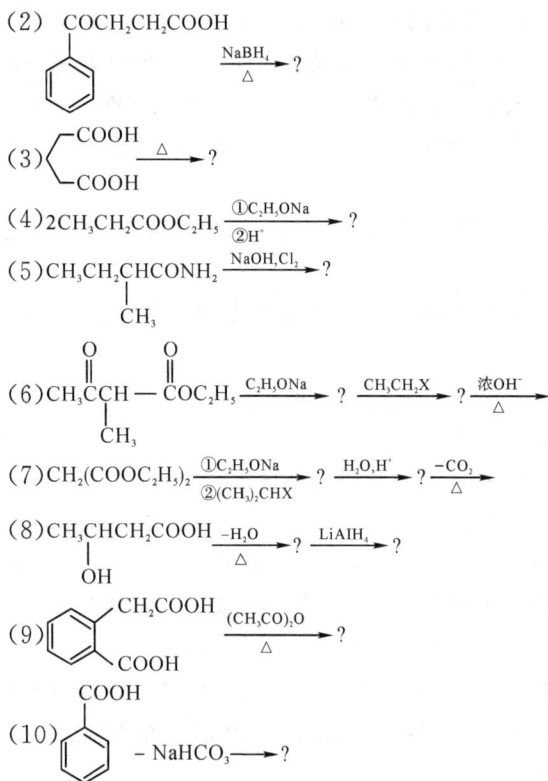

10-4.用简单的化学方法鉴别下列各组化合物。

(1)甲酸、乙酸、乙酸甲酯　　　　(2)丙酸、丙烯酸、乙酸乙酯

(3)乙醇、乙酸、乙醚、乙醛　　　(4)甲酸、乙酸、丙二酸

10-5.比较下列化合物与NH_3发生取代反应的反应活性大小。

(1)苯甲酰氯　　　(2)苄氯　　　(3)氯苯

10-6.用指定原料合成下列化合物。

(1)用乙酰乙酸乙酯法合成2,5-己二酮。

(2)用丙二酸二乙酯合成α-苄基丁酸。

(3)用≤C_3的有机化合物为原料合成α-甲基丙烯酸甲酯。

10-7.分子式为$C_3H_6O_2$的化合物,有三个异构体A、B、C,其中A可和$NaHCO_3$反应放出CO_2,而B和C不可以,B和C可在NaOH的水溶液中水解,B的水解产物的馏出液可发生碘仿反应。推测A、B、C的结构式。

10-8.化合物A($C_4H_6O_4$),加热至熔点以上得B($C_4H_4O_3$),将A与过量的乙醇和硫酸一起加热得C($C_8H_{14}O_4$)。B与过量的乙醇作用也得到C。A用$LiAlH_4$还原得到D($C_4H_{10}O_2$)。试推断A的构造式,并写出各步反应式。

10-9.某有机酸分子式为$C_9H_9O_3N$,当它和NaOH水溶液共热时,生成两种化合物A和B,A为最简单的芳香酸,B则为氨基乙酸钠,试推断该有机酸的构造式。

10-10.某化合物A,分子式为$C_7H_6O_3$,能溶于NaOH和$NaHCO_3$,A与$FeCl_3$作用有颜色反应,与$(CH_3CO)_2O$作用后生成分子式为$C_9H_8O_4$的化合物B。A与甲醇作用生成香料化合物C,C的分子式为$C_8H_8O_3$,C经硝化主要得到一种一元硝基化合物,试推测A、B、C的结构式。

第十一章　含氮有机化合物

在有机化合物中，除碳、氢、氧三种元素外，氮是第四种常见元素。含氮有机化合物一般是指分子中含有碳氮键的有机化合物。分子中含有 C — O — N 的化合物，如硝酸酯、亚硝酸酯等也归入含氮有机化合物。

含氮有机化合物广泛存在于自然界，是一类非常重要的有机化合物。许多含氮有机化合物具有生物活性，比如生物碱；有些是生命活动不可缺少的物质，如氨基酸等；不少药物、染料等也都是含氮有机化合物。

氮原子能以多种价态与碳、氢、氧以及氮原子本身结合，形成各种类型的含氮有机化合物。例如硝基化合物、胺、酰胺、重氮和偶氮化合物、苯肼、氨基酸、蛋白质和含氮的杂环化合物等都属于含氮有机化合物，本章重点讨论硝基化合物、胺、重氮和偶氮化合物。

第一节　硝基化合物

硝基化合物是指分子中含有硝基(— NO_2)的化合物，可以看作是烃分子中的氢原子被硝基取代后得到的化合物，常用 R — NO_2或 Ar — NO_2表示。

一、硝基化合物的分类、命名

根据与硝基相连接的烃基结构的不同，可将硝基化合物分为脂肪族硝基化合物(R — NO_2)和芳香族硝基化合物(Ar — NO_2)；根据与硝基相连的碳原子类型的不同，又可分为伯、仲、叔硝基化合物。

硝基化合物的命名与卤代烃相似，以烃基为母体，把硝基作为取代基。例如：

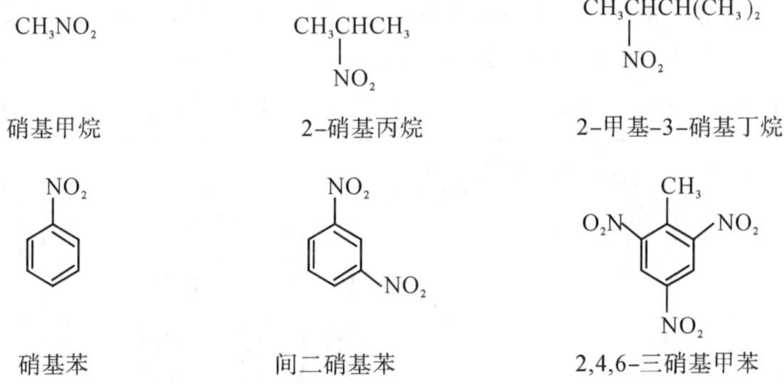

硝基甲烷　2-硝基丙烷　2-甲基-3-硝基丁烷

硝基苯　间二硝基苯　2,4,6-三硝基甲苯

拓展知识

硝基化合物命名新规则

硝基化合物的命名类似卤代烃的命名，“— NO_2”只作为前缀。例如：

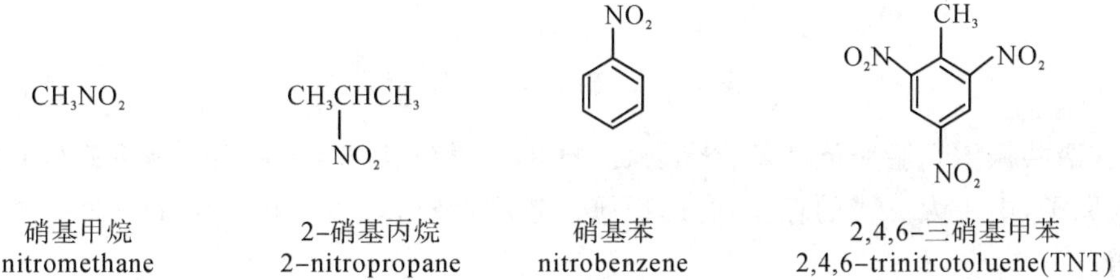

硝基甲烷 nitromethane　2-硝基丙烷 2-nitropropane　硝基苯 nitrobenzene　2,4,6-三硝基甲苯 2,4,6-trinitrotoluene(TNT)

二、硝基化合物的结构

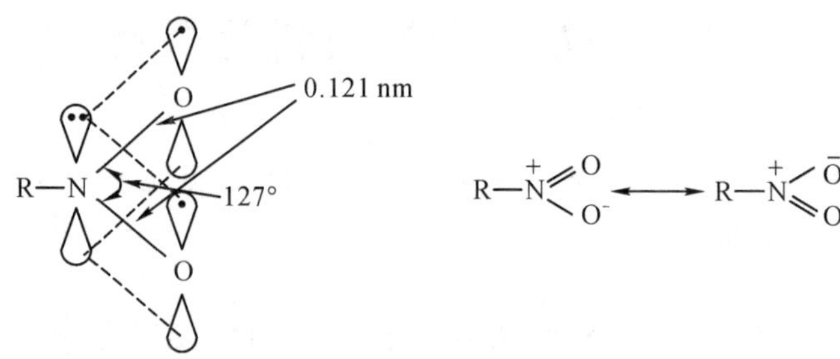

实验证明硝基具有对称结构，两个 N－O 键的键长都是 0.121 nm，∠ONO＝127°。从价键理论的观点看，硝基氮原子是 sp^2 杂化，三个 sp^2 杂化轨道分别和两个氧原子和一个碳原子形成三个 σ 键，氮原子未杂化的 p 轨道和两个氧原子的 p 轨道平行而相互重叠，形成三中心四电子的大 π 键，π 电子发生离域，N－O 键长平均化。硝基化合物的结构式通常表示为：

R—N(=O)→O

三、硝基化合物的物理性质和光谱性质

(一)物理性质

硝基化合物中的硝基(—NO_2)是个强极性基团，因此分子具有较强的极性。硝基化合物的熔点、沸点比相应的卤代烃高，多为高沸点的液体或固体。硝基化合物不溶于水，比水重，液态的硝基化合物是许多有机化合物的优良溶剂，但硝基化合物一般都具有毒性，它的蒸气能透过皮肤被机体吸收而使人中毒，应尽量避免使用硝基化合物作溶剂。

(二)光谱性质

(1)红外光谱。脂肪族伯和仲硝基化合物的 N－O 伸缩振动在 1545～1565 cm^{-1} 和 1360～1385 cm^{-1}，叔硝基化合物的 N－O 伸缩振动在 1530～1545 cm^{-1} 和 1340～1360 cm^{-1}。芳香族硝基化合物的 N－O 伸缩振动在 1510～1550 cm^{-1} 和 1335～1365 cm^{-1}。硝基苯 N－O 的伸缩振动吸收峰在 1350 cm^{-1} 和 1527 cm^{-1}。例如，图 11－1 是硝基苯的红外光谱。

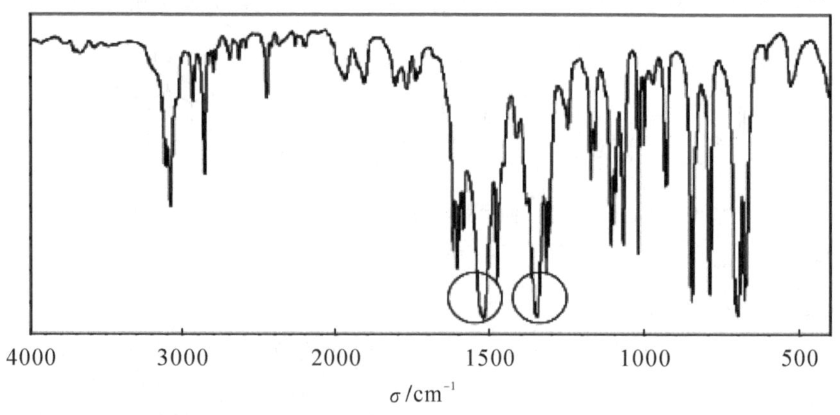

图 11－1 硝基苯的红外光谱

(2)核磁共振谱。脂肪族硝基化合物 α－H 的化学位移在 4.5 左右。芳香族硝基化合物苯环上的氢原子，由于大 π 键的存在，有远程偶合效应，峰出现多重峰。图 11－2 是硝基苯的核磁共振谱。

$\delta=7.519$ 是硝基间位氢的吸收峰；$\delta=7.650$ 是硝基对位氢的吸收峰；$\delta=8.193$ 是硝基邻位氢的吸收峰。硝基对苯环吸电子的诱导和吸电子的共轭效应使苯环上电子云密度降低，其中邻位降低的最多，依次是对位和间位。因此，苯环上氢的吸收向低场移动，邻位氢在较低场，间位氢在较高场，对位氢在二者之间。

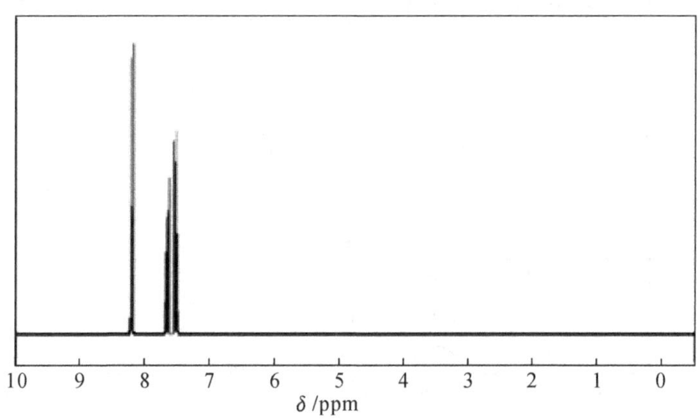

图 11-2　硝基苯的核磁共振谱

四、硝基化合物的化学性质

(一)含有 α-H 脂肪族硝基化合物的酸性

在脂肪族硝基化合物中，硝基的 α-C 上有氢原子时能产生互变异构现象。

$$CH_3-N\overset{\nearrow O}{\underset{\searrow O}{}} \rightleftharpoons CH_2=N\overset{\nearrow O}{\underset{\searrow OH}{}}$$

硝基式(假酸式)　　　　酸式

酸式结构能与碱作用生成盐：

$$CH_2=N\overset{\nearrow O}{\underset{\searrow OH}{}} \xrightarrow{NaOH} CH_2=N\overset{\nearrow O}{\underset{\searrow ONa}{}}$$

(二)芳香族硝基化合物的还原反应

硝基容易被还原，尤其是直接连接在芳环上的硝基，可通过多种方法还原。硝基化合物被还原的最终产物是胺。还原剂不同，介质不同，还原产物就不同。在酸性条件下，以强还原剂(如 Fe+HCl)还原，还原过程中形成亚硝基苯、苯胲，最终还原为苯胺；在弱酸性条件下还原，可以停留在苯胲阶段；在碱性条件下，用不同的还原剂，硝基苯被还原为不同的产物，有氧化偶氮苯、偶氮苯、氢化偶氮苯等，这些产物在适当的条件下可以相互转化。具体情况见图 11-3。

在 Cu、Ni 或 Pd/C 催化下，用氢气加氢还原，硝基苯直接还原为苯胺。反应是在中性条件下进行的，分子中对酸或碱敏感的基团不受影响，反应中使用的氢气对环境无污染。该法是一种清洁生产工艺，具有工艺简单、物质消耗低，可持续化生产，产率和产品纯度高等优点。工业生产已愈来愈多地采用催化加氢制备芳胺，例如：

$$p\text{-}O_2N-C_6H_4-COOC_2H_5 \xrightarrow{H_2,Pd/C} p\text{-}H_2N-C_6H_4-COOC_2H_5$$

普鲁卡因

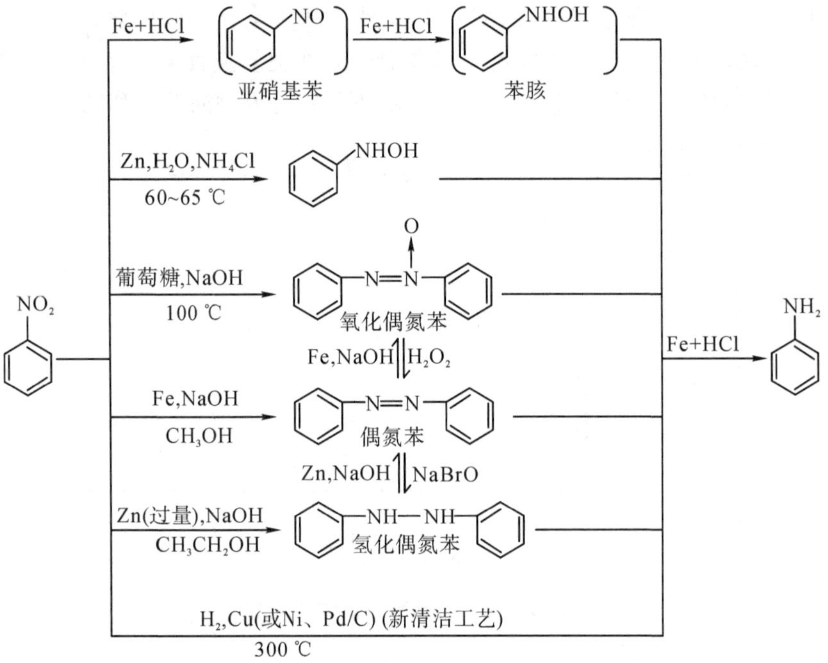

图 11－3　硝基苯在不同反应条件下的还原产物

普鲁卡因是局部麻醉药。临床常用其盐酸盐，又称"奴佛卡因"，为白色结晶或结晶性粉末，易溶于水；毒性比可卡因低。

工业上用铁粉作为还原剂时，反应会产生大量的铁泥，严重污染环境。因此，必须对铁泥回收利用，比如利用铁泥制备铁系颜料、铁盐及纳米四氧化铁等。也因此铁粉还原法在工业产生上受到很大的限制。

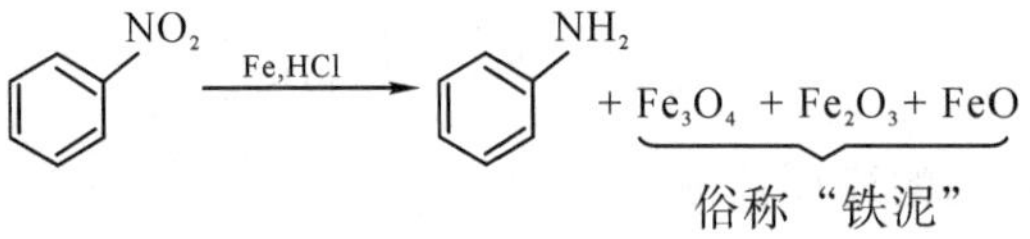

$$C_6H_5NO_2 \xrightarrow{Fe,HCl} C_6H_5NH_2 + \underbrace{Fe_3O_4 + Fe_2O_3 + FeO}_{\text{俗称“铁泥”}}$$

(三)芳香族硝基化合物的亲核取代反应

硝基是强的吸电子基，硝基连接在苯环上，使苯环上的电子云密度大大降低，尤其是邻、对位会降低的更多，因此邻、对位基团的亲核取代反应活性增加。例如：

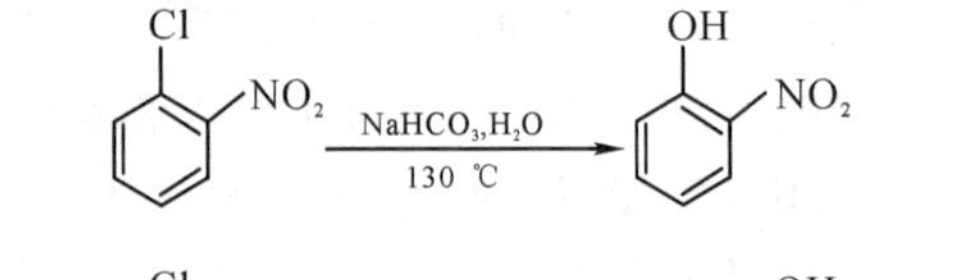

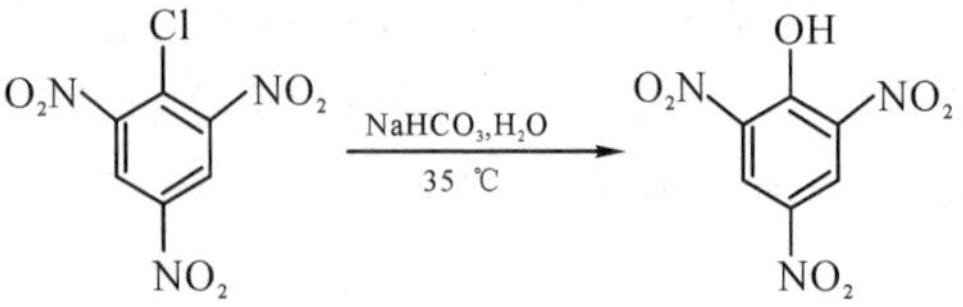

$$\text{邻硝基氯苯} \xrightarrow[130\ ℃]{NaHCO_3,H_2O} \text{邻硝基苯酚}$$

$$\text{2,4,6-三硝基氯苯} \xrightarrow[35\ ℃]{NaHCO_3,H_2O} \text{2,4,6-三硝基苯酚}$$

硝基对间位基团的影响没有对位的影响大。其原因是硝基对间位基团的吸电子的共轭效应受阻，只产生吸电子诱导效应的影响。例如：

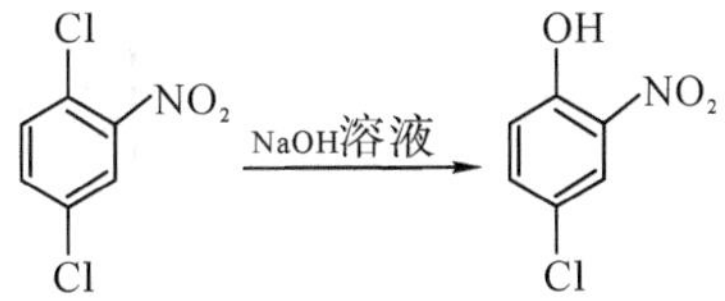

另外，酚类苯环上引入硝基能增强酚的酸性。例如：

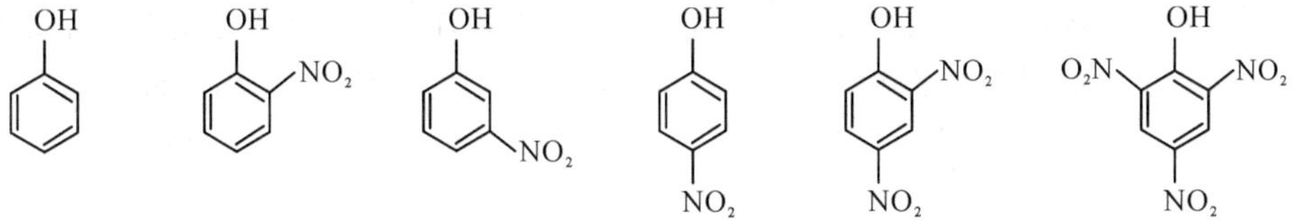

苯酚	邻硝基苯酚	间硝基苯酚	对硝基苯酚	2,4-二硝基苯酚	2,4,6-三硝基苯酚
pK_a 10.00	7.22	8.28	7.16	4.00	0.38

邻、对位硝基苯酚的酸性强于间硝基苯酚。原因是$-NO_2$连接在$-OH$的邻、对位，对$-OH$产生吸电子的诱导效应和吸电子的共轭效应，使$-OH$的O—H键的极性增强，邻硝基苯酚受分子内氢键影响，酸性略弱于对硝基苯酚。环上连接的硝基越多，吸电子性越强，酚的酸性越强。例如2,4,6-三硝基苯酚的酸性几乎与强的无机酸相近。

问题与思考

用电子效应分析邻、间、对硝基苯酚的酸性强弱。

第二节　胺

胺类化合物可以看作是氨分子中的氢原子被烃基取代的衍生物，广泛存在于自然界。胺类化合物和生命活动有密切的关系，许多激素、抗生素、生物碱及所有的蛋白质、核酸等都是胺的复杂衍生物。

一、胺的分类和命名

(一)分类

根据氮原子上所连烃基的数目，胺可分为伯胺(一级胺)、仲胺(二级胺)、叔胺。

$R-NH_2$	R_2NH	R_3N
伯胺	仲胺	叔胺

根据分子中烃基结构的不同，胺可分为脂肪胺和芳香胺。

脂肪胺：$CH_3CH_2NH_2$　　环己基$-NH_2$　　苯基$-CH_2CH_2NH_2$

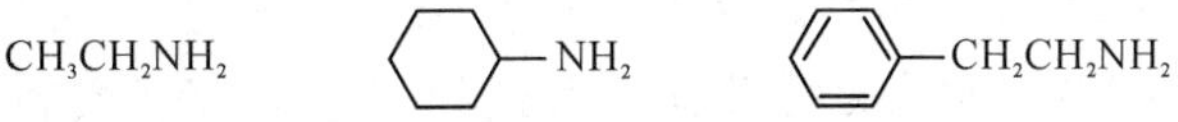

芳香胺：苯基$-NH_2$　　苯基$-NHCH_3$　　苯基$-N(CH_3)_2$

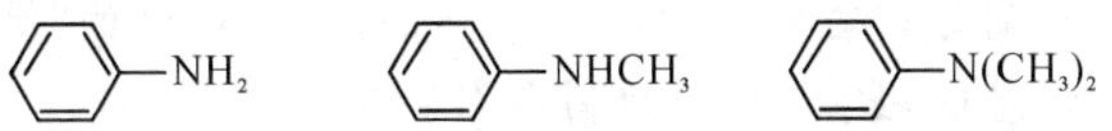

根据分子中氨基的数目，胺可分为一元胺、二元胺和多元胺等。

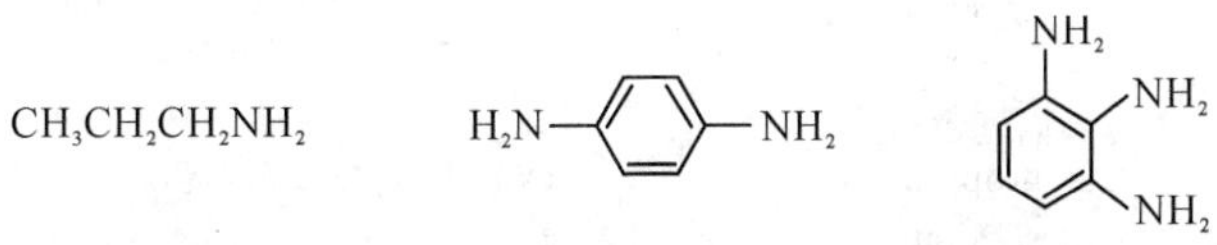

$CH_3CH_2CH_2NH_2$	$H_2N-C_6H_4-NH_2$	$C_6H_3(NH_2)_3$
一元胺	二元胺	三元胺

另外，铵盐中的四个氢原子被四个烃基替代形成的化合物称为季铵盐，其相对应的氢氧化物称为季铵碱。

$$\left[\begin{array}{c} R \\ | \\ R-N^{+}-R \\ | \\ R \end{array}\right]X^{-} \qquad \left[\begin{array}{c} R \\ | \\ R-N^{+}-R \\ | \\ R \end{array}\right]OH^{-}$$

季铵盐　　　　季铵碱

(二)命名

烃基简单的胺用烃基的名称加“胺”字命名。若氮原子上连接的烃基相同时,需表明烃基的数目;若不同时,根据烃基的名称称为某基某基胺,书写时较优基团靠近“胺”字。例如:

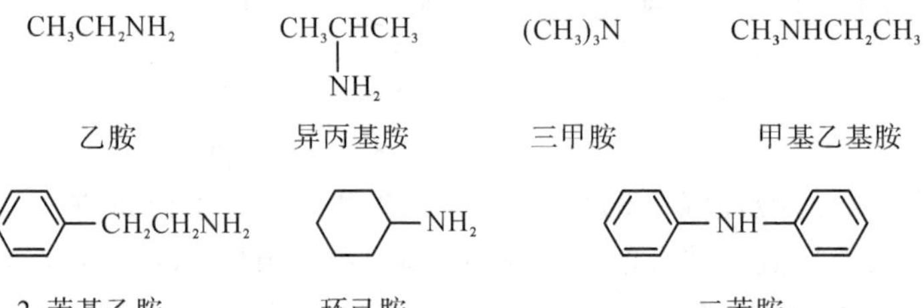

乙胺　　异丙基胺　　三甲胺　　甲基乙基胺

2-苯基乙胺　　环己胺　　二苯胺

在芳香胺的命名中,一般把芳香胺作为母体,其他烃基为取代基。命名时应标出烃基的位置,连接在氮上的烃基用“N-某基”来表示。例如:

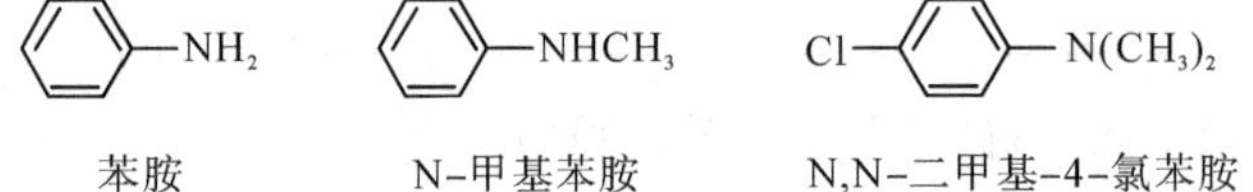

苯胺　　N-甲基苯胺　　N,N-二甲基-4-氯苯胺

含有的烃基比较复杂的胺,命名时将氨基作为取代基。

$$\begin{array}{l} CH_3CH_2\underset{\displaystyle CH_3}{\underset{|}{C}H}CH_2\underset{\displaystyle NH_2}{\underset{|}{C}H}CH_3 \end{array} \qquad \begin{array}{l} CH_3\underset{\displaystyle CH_3}{\underset{|}{C}H}CH_2\underset{\displaystyle NHCH_3}{\underset{|}{C}H}CH_3 \end{array}$$

4-甲基-2-氨基己烷　　2-甲基-4-甲氨基戊烷

季铵盐或季铵碱可以看作铵的衍生物来命名。例如:

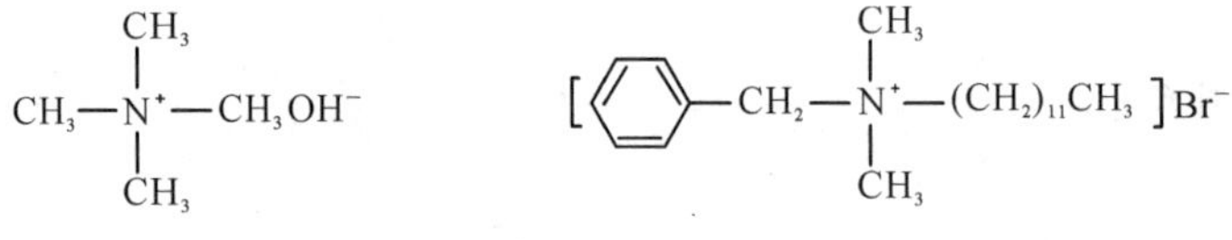

氢氧化四甲基铵　　溴化二甲基十二烷基苄基铵

拓展知识

胺的命名新规则

(1)伯胺的命名,可按以下三种方法来命名。

①将烃基(—R)的名称作为前缀加到母体氢化物“氮烷”的前面;

②将后缀“胺”字加到母体氢化物RH的名称的后面,烷烃的“烷”字一般可省略;

③将“胺”字加到烃基(—R)名称的后面命名。例如:

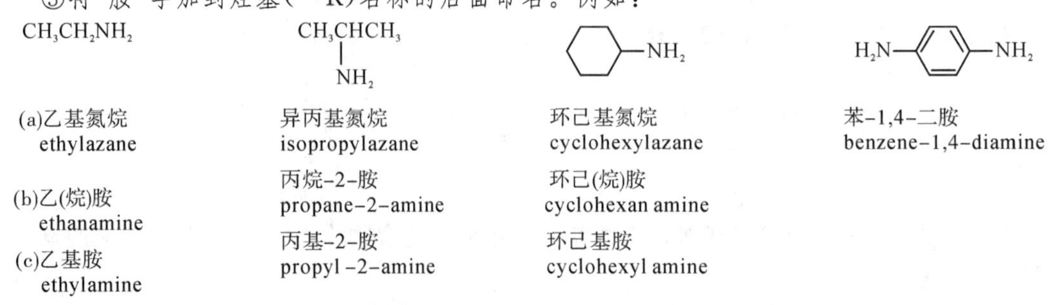

(a)乙基氮烷 ethylazane　　异丙基氮烷 isopropylazane　　环己基氮烷 cyclohexylazane　　苯-1,4-二胺 benzene-1,4-diamine

(b)乙(烷)胺 ethanamine　　丙烷-2-胺 propane-2-amine　　环己(烷)胺 cyclohexan amine

(c)乙基胺 ethylamine　　丙基-2-胺 propyl -2-amine　　环己基胺 cyclohexyl amine

(2)仲胺和叔胺的命名。对称(烃基相同)的仲胺(R_2NH)和叔胺(R_3N)可按照以下两种方法来命名：

①在烃基(—R)名字前面分别加上“二”或“三”构成前缀，将它加在母体氢化物“氮烷”的前面；

②在烃基的名称前面分别加上“二”或“三”构成前缀，后面加“胺”为后缀。例如：

CH_3NHCH_3	C_6H_5—NH—C_6H_5	$(CH_3CH_2)_3N$
(a)二甲基氮烷 dimehylazane	二苯基氮烷 diphenylazane	三乙基氮烷 triethylazane
(b)二甲基胺 dimethylamine	二苯基胺 diphenylamine	三乙基胺 triethylamine

不对称(烃基不相同)的仲胺(NHRR′)和叔胺(RR′R″N、R_2R′N)可按照以下三种方法来命名：

①作为母体氢化物“氮烷”的取代衍生物命名；

②作为伯胺的 N—取代衍生物命名。

③将所有的烃基 R、R′、R″的名称按照英文名称字母顺序排列作为前缀，并用括号分开，“胺”作为后缀。例如：

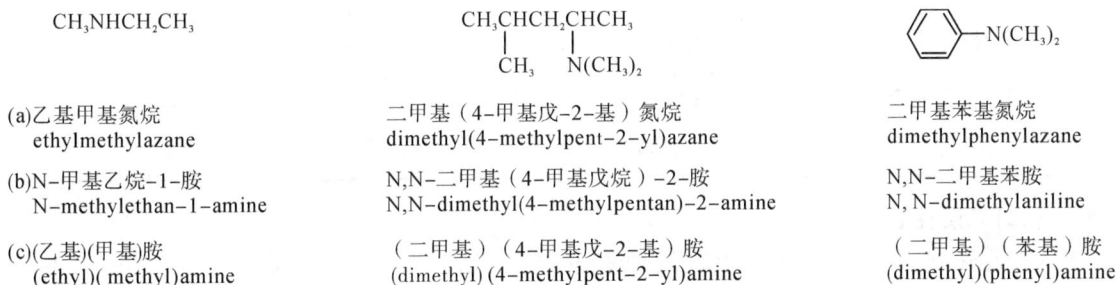

$CH_3NHCH_2CH_3$	$CH_3CH(CH_3)CH_2CH(N(CH_3)_2)CH_3$	C_6H_5—$N(CH_3)_2$
(a)乙基甲基氮烷 ethylmethylazane	二甲基（4-甲基戊-2-基）氮烷 dimethyl(4-methylpent-2-yl)azane	二甲基苯基氮烷 dimethylphenylazane
(b)N-甲基乙烷-1-胺 N-methylethan-1-amine	N,N-二甲基（4-甲基戊烷）-2-胺 N,N-dimethyl(4-methylpentan)-2-amine	N,N-二甲基苯胺 N, N-dimethylaniline
(c)(乙基)(甲基)胺 (ethyl)(methyl)amine	（二甲基）（4-甲基戊-2-基）胺 (dimethyl) (4-methylpent-2-yl)amine	（二甲基）（苯基）胺 (dimethyl)(phenyl)amine

二、胺的结构

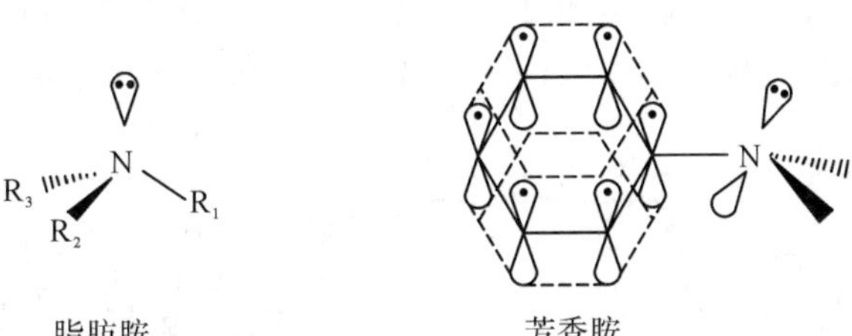

脂肪胺　　　　芳香胺

氨基是胺类化合物的官能团，氨基中氮原子为不等性 sp^3 杂化，其中一个杂化轨道上有一对未共用电子对，其余三个杂化轨道上各有一个电子，可与碳原子或氢原子形成三个 σ 键。胺分子的构型是三角锥形，与氨的构型相似。在芳香胺中，氮原子未共用电子对与芳环的 π 电子可以形成 p－π 共轭体系，使氮原子上的电子云密度降低，芳环上的电子云密度有所增强。

三、胺的物理性质和光谱性质

(一)物理性质

常温下，低级和中级脂肪胺为无色气体或液体，高级脂肪胺为固体，芳香胺为高沸点的液体或固体。低级胺具有氨的气味或鱼腥味，高级胺没有气味，芳香胺有特殊气味，并有较大的毒性。

胺是极性化合物，除叔胺外，其他胺分子间可通过氢键缔合，因此胺的熔点和沸点比分子质量相近的非极性化合物高。但由于氮的电负性比氧小，胺形成的氢键弱于醇或羧酸形成的氢键，因此胺的熔点和沸点比分子质量相近的醇和羧酸低。

伯、仲、叔胺都能与水分子形成氢键，所以低级脂肪胺可溶于水，随着烃基的增大，溶解度迅速下降，中级胺、高级胺及芳香胺微溶或难溶于水，大部分胺可溶于有机溶剂。一些胺的物理常数见表 11-1。

表 11-1　常见胺的物理常数

名称	熔点/℃	沸点/℃	密度/$g \cdot cm^{-1}$
甲胺	−6.30	−93.50	0.6990(−11 ℃)
二甲胺	7.40	−93.10	0.6804(9 ℃)
三甲胺	2.90	−117.20	0.6356
乙胺	16.60	−81.10	0.6329
正丙胺	47.80	−83.20	0.7173
正丁胺	77.80	−49.10	0.7414
苯胺	184.13	−6.30	1.0217
N-甲基苯胺	196.25	−57.10	0.9891
N,N-二甲基苯胺	194.15	2.45	0.9557
乙二胺	116.50	8.50	0.8995

(二)光谱性质

(1)红外光谱。脂肪族和芳香族伯胺的红外光谱中，N—H 键伸缩振动在 3400～3500 cm^{-1}区域有两个吸收峰，缔合的 N—H 键伸缩振动则向低频率方向移动，而仲胺在这个区域只有一个吸收峰。伯胺、仲胺、叔胺的 C—N 伸缩振动在 1000～1350 cm^{-1}，但不易识别；芳胺的 C—N 伸缩振动强，接近 1300 cm^{-1}。图 11-4、图 11-5 分别为二乙胺和苯胺的红外光谱。

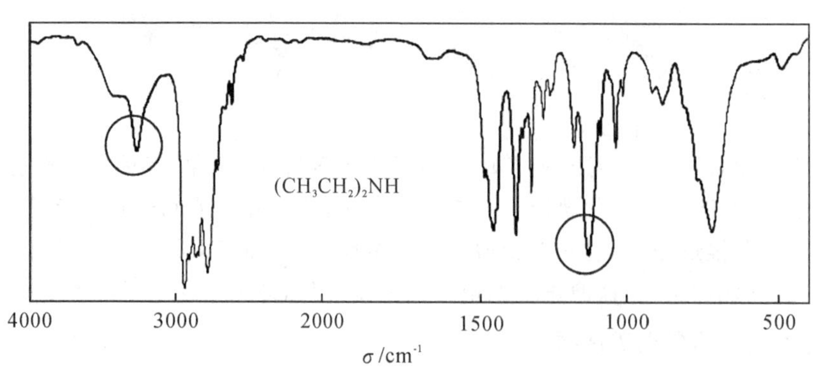

图 11-4　二乙胺的红外光谱

二乙胺的 N—H 伸缩振动在 3281 cm^{-1}；C—N 伸缩振动在 1138 cm^{-1}。

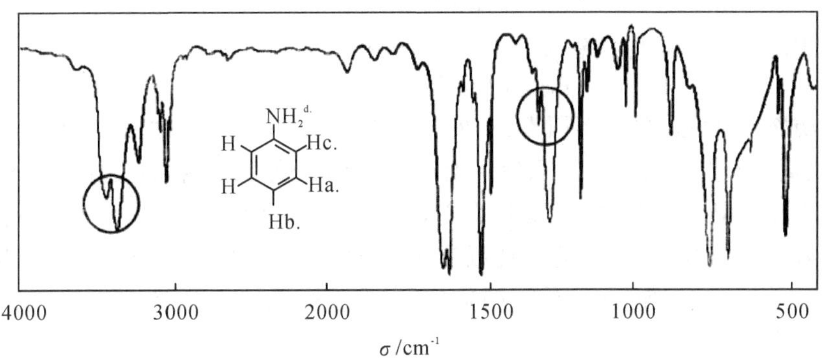

图 11-5　苯胺的红外光谱

苯胺的 N—H 伸缩振动在 3354 cm^{-1} 和 3429 cm^{-1}；C—N 伸缩振动在 1277 cm^{-1} 和 1312 cm^{-1}。

(2)核磁共振谱。胺的核磁共振谱中，与 N 相连的碳原子上质子的化学位移 $\delta=2.7$，而 β-C上质子的化学位移 $\delta=1.1\sim1.7$。在缔合分子中，N—H 中质子的化学位移受样品的纯度、使用的溶剂、测定时溶液的浓度和温度的影响而有所变化，$\delta=0.5\sim5.0$。芳胺中苯环上的氢原子，由于氨基对苯环产生吸电子的诱导和供电子的共轭效应，环上的邻、间、对位上不同的氢原子周围的电子分布不均匀，吸收峰出现在不同的位置。邻位上氢原子周围的电子云密度最大，依次是对位、间位，因此邻位氢原子的吸收在较低化学位移处，间位氢原子在较高化学位移处，对位在二者之间。图 11-6 是苯胺在频率为 89.56 MHz，0.04 mL：0.5 mL $CDCl_3$的核磁共振谱图。

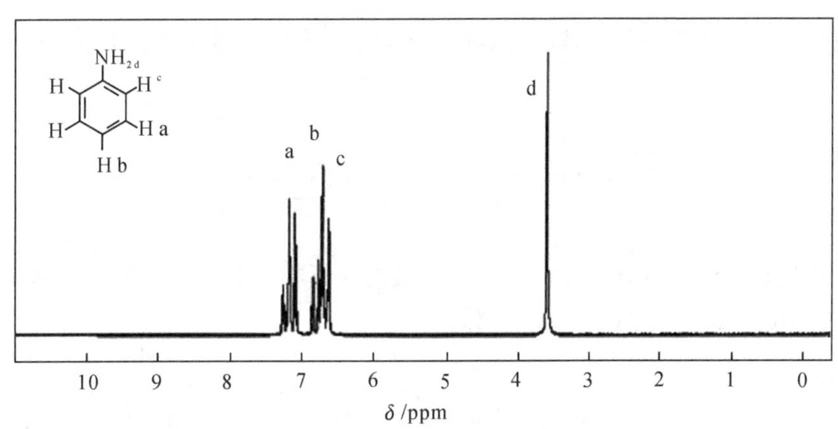

图 11-6　苯胺的核磁共振谱

四、胺的化学性质

(一)碱性

胺中 N 原子上的未共用电子对能接受质子，因此胺显碱性，可以与大多数酸反应生成盐。

$$RNH_2+H_2SO_4 \longrightarrow R\overset{+}{N}H_3HSO_4^-$$

$$RNH_2+HCl \longrightarrow R\overset{+}{N}H_3Cl^-$$

气态时脂肪胺的碱性顺序为：

$$(CH_3)_3N > (CH_3)_2NH > CH_3NH_2 > NH_3$$

水溶液中脂肪胺的碱性顺序为：

$$(CH_3)_2NH > CH_3NH_2 > (CH_3)_3N > NH_3$$

影响脂肪胺碱性强弱的主要因素：一是电子效应的影响。在脂肪胺中，由于烷基供电子的诱导效应，使氨基N原子上的电子云密度增加，接受质子的能力增强，生成的铵离子正电荷能较好地分散而趋于稳定。脂肪胺的碱性大于氨，氮原子上烷基数越多，胺的碱性越强。因此，只考虑电子效应的影响，脂肪胺的碱性顺序为：$(CH_3)_3N > (CH_3)_2NH > CH_3NH_2 > NH_3$。二是溶剂化效应的影响。胺中水溶液中的碱性，不仅与电子效应有关，还与形成的铵离子溶剂化效应的能力大小有关。

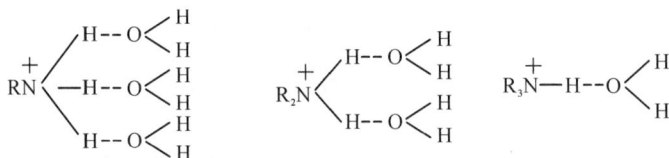

$\overset{+}{RN}$(—H--OH_2)$_3$　　$\overset{+}{R_2N}$(—H--OH_2)$_2$　　$\overset{+}{R_3N}$—H--OH_2

铵离子的溶剂化效应越大，形成的铵离子越稳定，表明胺的碱性越强。氮原子上连接的氢原子越多，溶剂化效应越大。如果只考虑溶剂化效应，脂肪胺的碱性顺序为：$NH_3 > CH_3NH_2 > (CH_3)_2NH > (CH_3)_3N$。水溶液中脂肪胺的碱性强弱是由电子效应和溶剂化效应共同作用的结果。

在芳香胺中，由于氨基N原子上的孤对电子与芳环的大π键形成p-π共轭体系，使氨基N原子上的电子密度降低，接受质子的能力减弱，所以它的碱性比氨弱。

C_6H_5—$\ddot{N}H_2$

芳香胺氮原子上连接的苯环越多，孤对电子与各个苯环的都可以发生p-π共轭，芳香胺的碱性更弱。

$C_6H_5NH_2 > (C_6H_5)_2NH > (C_6H_5)_3N$

芳环上不同取代基对苯胺的碱性产生不同程度的影响。取代基为供电子基团，使碱性增强；取代基为吸电子基团，使碱性减弱。例如：

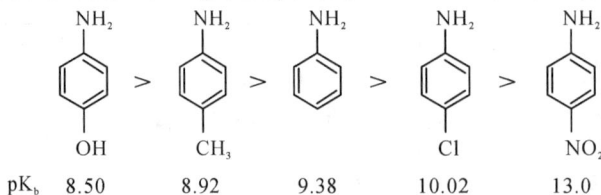

	对羟基苯胺（OH）		对甲基苯胺（CH_3）		苯胺		对氯苯胺（Cl）		对硝基苯胺（NO_2）
pK_b	8.50	>	8.92	>	9.38	>	10.02	>	13.0

同一取代基在芳环不同的位置，对芳胺碱性的影响也有所不同。例如：

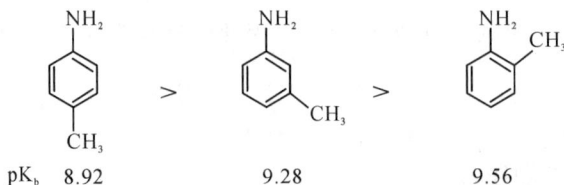

	对甲基苯胺（CH_3）		间甲基苯胺（CH_3）		邻甲基苯胺（CH_3）
pK_b	8.92	>	9.28	>	9.56

NH_2 OCH_3 > NH_2 OCH_3 > NH_2 OCH_3

pK_b 8.66 9.48 9.77

NH_2 NO_2 > NH_2 NO_2 > NH_2 NO_2

pK_b 11.53 13.00 14.26

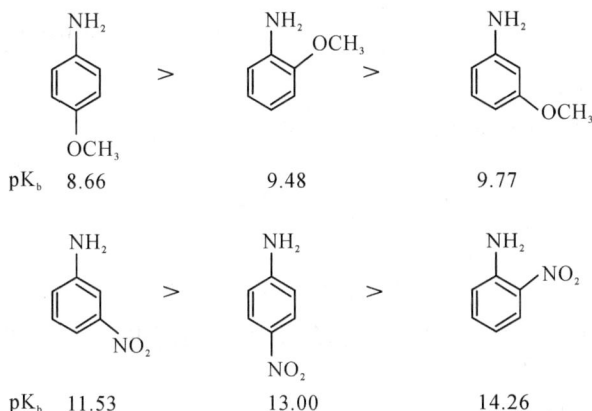

当取代基处于氨基的对位时，芳胺的碱性受共轭效应和诱导效应共同影响；当取代基处于氨基的间位时，芳胺的碱性主要受诱导效应的影响；当取代基处于氨基的邻位时，受电子效应、空间效应、分子内氢键等因素的影响，情况比较复杂。一些取代苯胺的碱性见表 11－2。

表 11－2 常见取代苯胺的碱性大小

取代基	pK_b			取代基	pK_b		
	邻	间	对		邻	间	对
－H	9.40	9.40	9.40	－OH	9.28	9.83	8.50
$-NO_2$	14.26	11.53	13.00	$-OCH_3$	9.48	9.77	8.66
－Cl	11.35	10.48	10.02	$-CH_3$	9.56	9.28	8.92

总的来说，胺是一类弱碱，它的盐与氢氧化钠等强碱作用时，胺被置换出来。利用此类反应可用于提纯胺类化合物。

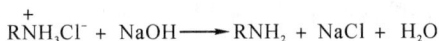

$$R\overset{+}{N}H_3Cl^- + NaOH \longrightarrow RNH_2 + NaCl + H_2O$$

(二)胺的烃基化反应

在胺的氮原子上引入烃基的反应称为胺的烃基化反应。常用的烃基化试剂是卤代烃，有时用醇或酚代替卤代烃。卤代烃可以与氨作用生成胺，胺作为亲核试剂又可以继续与卤代烃发生亲核取代反应，结果得到仲胺、叔胺，直至生成季铵盐。

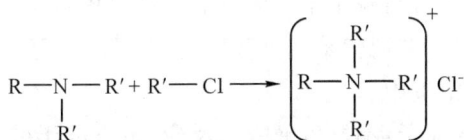

$$NH_3 + R'—Cl \longrightarrow R'—NH_2 + HCl$$

$$RNH_2 + R'—Cl \longrightarrow R—NH(R') + HCl$$

$$R—NH(R') + R'—Cl \longrightarrow R—N(R')—R' + HCl$$

$$R—N(R')—R' + R'—Cl \longrightarrow \left[R—N(R')_2—R' \right]^+ Cl^-$$

为了使反应顺利进行，防止发生消除反应，常选用伯卤代烃作为烃基化试剂。

胺与芳香族卤代烃在一般条件下不发生烃基化反应，但用过量的胺与苄氯反应能顺利进行。例如：

$$C_6H_5-NH_2(\text{过量}) + ClCH_2-C_6H_5 \xrightarrow{NaHCO_3, 90℃} C_6H_5-NHCH_2-C_6H_5 + HCl$$

(三)胺的酰基化反应

在胺的氮原子上引入酰基的反应称为胺的酰基化反应。

$$RNH_2 \xrightarrow[\text{或}(R'CO)_2O]{R'COCl} R'-\overset{O}{\overset{\|}{C}}-NHR + HCl$$

$$R_2NH \xrightarrow[\text{或}(R'CO)_2O]{R'COCl} R'-\overset{O}{\overset{\|}{C}}-NR_2 + HCl$$

伯胺和仲胺作为亲核试剂，可以与酰卤、酸酐反应，生成酰胺。叔胺的氮原子上没有氢原子，不能进行酰基化反应。

除甲酰胺外，其他酰胺在常温下大多是具有一定熔点的固体，它们在酸或碱的水溶液中加热易水解生成原来的胺。因此，利用酰基化反应，不但可以分离、提纯胺，还可以通过测定酰胺的熔点来鉴定胺。

酰胺在酸或碱的作用下可水解除去酰基，因此，在有机合成中常利用胺的酰基化反应来保护氨基。

例如，由苯胺制备对硝基苯胺。如果直接硝化，$-NH_2$易被氧化。因此，先让苯胺进行酰基化反应，然后再硝化。

$$C_6H_5NH_2 \xrightarrow{CH_3COCl} C_6H_5NHCOCH_3 \xrightarrow[H_2SO_4]{HNO_3} p\text{-}O_2N-C_6H_4-NHCOCH_3 \xrightarrow[\triangle]{H_2O, H^+} p\text{-}O_2N-C_6H_4-NH_2$$

(四)胺的磺酰化反应

在氢氧化钠存在下，伯、仲胺能与苯磺酰氯或对甲苯磺酰氯反应生成磺酰胺的反应称为磺酰化反应，又称 Hinsberg 反应。

$$C_6H_5-SO_2Cl + \begin{cases} RNH_2 \xrightarrow[-HCl]{NaOH} C_6H_5-SO_2NHR \xrightarrow{NaOH} \left[C_6H_5-SO_2NR\right]^- Na^+ \\ R_2NH \xrightarrow[-HCl]{NaOH} C_6H_5-SO_2NR_2 \xrightarrow{NaOH} \times \\ R_3N \xrightarrow{NaOH} \times \end{cases}$$

N-取代苯磺酰胺　　苯磺酰胺钠盐

N, N-二取代苯磺酰胺

伯胺磺酰化产物 N-取代苯磺酰胺为白色固体，氮原子上还有一个氢原子，该氢原子受磺酰基的影响具有一定的酸性，可与碱作用生成可溶于水的盐。

仲胺的磺酰化产物 N,N-二取代苯磺酰胺也为白色固体，氮原子上没有了氢原子，不能与碱反应，因此不可溶解在碱溶液中。

叔胺因氮原子上没有氢原子，不发生磺酰化反应，也不溶于碱溶液中，仍为油状液体。利用磺酰化反应可以鉴别或分离伯、仲、叔胺。

(五)胺与 HNO_2 的反应

不同的胺与亚硝酸反应，产物各不相同。由于亚硝酸不稳定，在反应中实际使用的是亚硝酸钠与盐酸的混合物。

脂肪族伯胺与亚硝酸反应，生成不稳定的脂肪族重氮盐，低温下会自动分解，产生氮气和碳正离子，生成的碳正离子可进一步反应生成醇、卤代烃、烯烃等混合物。

$$CH_3CH_2CH_2NH_2 \xrightarrow[HCl]{NaNO_2} CH_3CH_2CH_2\overset{+}{N}{\equiv}N\overset{-}{Cl} \xrightarrow{-N_2}$$

$$CH_3CH_2CH_2^+ \begin{cases} \xrightarrow{H_2O} CH_3CH_2CH_2OH \\ \xrightarrow{Cl^-} CH_3CH_2CH_2Cl \\ \xrightarrow{-H^+} CH_3CH{=}CH_2 \\ \xrightarrow{重排} CH_3\overset{+}{C}HCH_3 \end{cases}$$

由于反应产物复杂，在有机合成上没有实用价值。但放出的氮气是定量的，可用于氨基的定量分析。

芳香族伯胺与亚硝酸在低温下反应，生成重氮盐。芳香族重氮盐在低温（5℃以下）和强酸水溶液中是稳定的，升高温度则分解成酚和氮气。

$$C_6H_5NH_2 + NaNO_2 + 2HCl \xrightarrow{0\sim5\ ℃} C_6H_5\overset{+}{N}{\equiv}NCl^- + NaCl + 2H_2O$$

$$C_6H_5\overset{+}{N}{\equiv}NCl^- + H_2O \xrightarrow{\triangle} C_6H_5OH + N_2\uparrow + HCl$$

脂肪族和芳香族仲胺与亚硝酸反应都得到 N -亚硝基胺。例如：

$$(C_2H_5)_2NH + HNO_2 \longrightarrow (C_2H_5)_2N{-}N{=}O + H_2O$$

N-亚硝基二乙胺

$$C_6H_5NHCH_3 + HNO_2 \longrightarrow C_6H_5N(NO)CH_3 + H_2O$$

N-亚硝基-N-甲基苯胺

N -亚硝基胺是黄色油状液体或固体，与稀酸共热则分解为原来的仲胺。利用这个反应可分离或提纯仲胺。

拓展知识

N -亚硝基胺类是强致癌物质，食物中若有亚硝酸盐，它能与胃酸作用，产生亚硝酸，后者与体内一些具有仲胺结构的化合物作用，生成亚硝基胺，可能引发多种器官或组织的肿瘤而引起癌变。例如，在制作罐头和腌制食品时，如用亚硝酸钠作防腐剂和保色剂，就有可能对人体产生危害。

脂肪族叔胺因氮原子上没有氢，只能与亚硝酸形成不稳定的盐，加入碱很容易水解成叔胺。

$$R_3N + HNO_2 \rightleftharpoons [R_3NH]^+NO_2^-$$

芳香族叔胺与亚硝酸反应，在芳环上发生亲电取代反应导入亚硝基。反应通常发生在氨基的对位上，若对位被占，则发生在氨基的邻位上。例如：

$$C_6H_5N(CH_3)_2 + HNO_2 \longrightarrow p\text{-}ON\text{-}C_6H_4N(CH_3)_2$$

对亚硝基-N,N-二甲基苯胺
（绿色片状晶体）

伯、仲、叔胺与亚硝酸作用现象各不相同，该反应常用来作伯、仲、叔胺的鉴别。

（六）芳胺的特殊反应

在芳香胺中，氨基 N 原子上的未共用电子对与芳环发生 p－π 共轭增强了 N－H 键的极性和芳环上的电子云密度，因此芳香胺易被氧化、易发生亲电取代等反应。

1.氧化反应

芳胺尤其是伯芳胺极易被氧化，贮存中会被空气中的氧气氧化，致使颜色变深。氧化的产物很复杂，可能含有亚硝基苯、硝基苯、醌类、偶氮化合物以及它们的低级缩聚产物。选用不同的氧化剂氧化，可以得到不同的产物。例如：

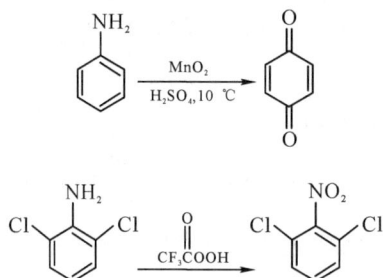

$$C_6H_5NH_2 \xrightarrow[H_2SO_4,10\ ℃]{MnO_2} \text{对苯醌}$$

$$\text{2,6-二氯苯胺} \xrightarrow{CF_3\overset{O}{\overset{\|}{C}}OOH} \text{2,6-二氯硝基苯}$$

2.亲电取代反应

芳香胺特别容易在芳环上发生亲电取代反应。例如：

$$C_6H_5NH_2 + 3Br_2 \longrightarrow \text{2,4,6-三溴苯胺}\downarrow + 3HBr$$

在苯胺的水溶液中滴加溴水，立即生成 2,4,6 -三溴苯胺白色沉淀。反应定量进行，可用于苯胺的定性和定量分析。如果想得到一卤代物，可以使氨基钝化。例如：

$$C_6H_5NH_2 \xrightarrow{(CH_3CO)_2O} C_6H_5NHCOCH_3 \xrightarrow[CH_3COOH]{Br_2} p\text{-}Br\text{-}C_6H_4NHCOCH_3 \xrightarrow{H^+,H_2O} p\text{-}Br\text{-}C_6H_4NH_2$$

$$C_6H_5NH_2 \xrightarrow{H_2SO_4} C_6H_5\overset{+}{N}H_3HSO_4^- \xrightarrow{Br_2} m\text{-}Br\text{-}C_6H_4\overset{+}{N}H_3HSO_4^- \xrightarrow{HO^-} m\text{-}Br\text{-}C_6H_4NH_2$$

苯胺与浓硫酸混合，先生成苯胺硫酸盐，然后在 180 ℃烘焙，则得到对氨基苯磺酸。

$$C_6H_5NH_2 \xrightarrow{H_2SO_4} C_6H_5\overset{+}{N}H_3HSO_4^- \xrightarrow{180\ ℃} p\text{-}NH_2C_6H_4SO_3H$$

这是工业上制备对氨基苯磺酸的方法。对氨基苯磺酸分子中有碱性基团$-NH_2$和酸性基团$-SO_3H$，因此分子内部成盐，称为内盐，它是重要的染料中间体。

$$H_3\overset{+}{N}-C_6H_4-SO_3^-$$

五、胺的制备

（一）氨或胺的烃基化

氨或胺作为亲核试剂，与卤代烃发生亲核取代反应，往往得到伯、仲、叔胺和季铵盐的混合物。如果使用过量的氨，可抑制进一步反应，得到以伯胺为主的产物。

$$RX+NH_3（过量）\longrightarrow R\overset{+}{N}H_3X^- \xrightarrow{NH_3} RNH_2$$

（二）含氮化合物的还原

硝基化合物、腈、肟、酰胺等均可被还原为胺。

$$C_6H_5NO_2 \xrightarrow{Fe,HCl} C_6H_5NH_2$$

$$R-C\equiv N \xrightarrow[\text{或}H_2,Ni]{Na,C_2H_5OH} RCH_2NH_2$$

$$RCH=N-OH \xrightarrow{Na,C_2H_5OH} RCH_2NH_2$$

$$RCONHCH_3 \xrightarrow[②H_2O]{①LiAlH_4} RCH_2NHCH_3$$

利用硝基化合物、腈、肟的还原可以制得伯胺，酰胺的还原可以制得伯、仲、叔胺。

（三）盖布瑞尔合成法

邻苯二甲酰亚胺在碱性溶液中与卤代烷作用生成N-烷基邻苯二甲酰亚胺，进一步水解生成伯胺。

$$C_6H_4(CO)_2NH \xrightarrow{OH^-} C_6H_4(CO)_2N^- \xrightarrow{RX} C_6H_4(CO)_2N-R \xrightarrow{H_2O,OH^-} C_6H_4(COO^-)_2 + RNH_2$$

盖布瑞尔法是制备纯伯胺的好方法。最大优点是纯度高，没有仲胺、叔胺生成。

问题与思考

1.用电子效应分析邻、间、对甲基苯胺的碱性强弱。

2.用简单的化学方法鉴别苯胺、N-甲基苯胺、N,N-二甲基苯胺。

第三节　季铵盐和季铵碱

一、季铵盐和季铵碱的性质

叔胺与卤代烃反应生成季铵盐：

$$NR_3 + RX \xrightarrow{\triangle} R_4N^+X^-$$

例如：

$$C_6H_5-CH_2Cl + (C_2H_5)_3N \xrightarrow{\triangle} C_6H_5-CH_2\overset{+}{N}(C_2H_5)_3Cl^-$$

氯化三乙基苄基铵

季铵盐是结晶固体，具有无机盐的性质，能溶于水，在水中完全电离，不溶于非极性溶剂。季铵盐的熔点高，常常在加热到熔点时分解生成叔胺和卤代烃。

季铵盐与湿的氧化银作用，生成季铵碱和卤化银沉淀。

$$R_4N^+X^- \xrightarrow{Ag_2O,H_2O} R_4N^+OH^- + AgX\downarrow$$

季铵碱的碱性与苛性碱相当，具有很强的吸湿性，易溶于水，受热易分解。分解产物和烃基的结构有关。如果烃基没有 β－H，加热分解成叔胺和醇。例如：

$$(CH_3)_3N^+-CH_3OH^- \xrightarrow{\triangle} N(CH_3)_3 + CH_3OH$$

如果烃基含有 β－H，加热分解成烯烃、叔胺和水。例如：

$$\overset{\beta}{C}H_3CH_2\overset{+}{N}(CH_3)_3OH^- \xrightarrow{\triangle} CH_2=CH_2 + (CH_3)_3N + H_2O$$

当季胺碱中存在两种或两种以上可被消除的 β－H 时，通常是从含氢较多的 β－C 上消除 β－H，得到双键上取代基最少的烯烃，这个规则称为霍夫曼规则。消除取向与查衣采夫规则刚好相反。例如：

$$CH_3\overset{\beta}{C}H_2CH(N^+(CH_3)_3OH^-)\overset{\beta}{C}H_3 \xrightarrow{\triangle} CH_3CH_2CH=CH_2 + (CH_3)_3N + H_2O$$

季铵碱受热分解一般情况遵守霍夫曼规则，主要与两个因素有关：一是 β－H 的酸性。季铵碱分子中 α－C 上强的吸电子基团($-\overset{+}{N}R_3$)使 β－H 具有一定的酸性，如果 β－C 上连有烷基，使 β－H 的酸性减弱，对反应不利。二是空间效应的影响。季铵碱的受热分解是 OH^- 进攻 β－H 发生的双分子消除反应(E2)，当 β－C 上连有烷基时，会对 OH^- 进攻 β－H 产生空间位阻，β－C 上连的烷基越多，位阻越大，不利于 OH^- 的进攻。

霍夫曼消除规则主要适用于烷基，当 β－C 上连有苯基、乙烯基、羰基、氰基等吸电子基团时，可能会不服从霍夫曼规则，而是优先形成更稳定的具有共轭体系的烯烃。例如：

$$C_6H_5-\overset{\beta}{C}H_2CH_2N^+(CH_3)_2CH_2\overset{\beta}{C}H_3OH^- \xrightarrow{\triangle} C_6H_5-CH=CH_2 + CH_3CH_2N(CH_3)_2 + H_2O$$

96%

二、季铵盐和季铵碱的用途

(一)推测胺的结构

利用季铵碱的热消除反应可用来测定胺的结构。具体方法是先用足够量的碘甲烷与胺作用，生成季铵盐，再将季铵盐转化成为季铵碱，然后热分解。根据反应过程中消耗的碘甲烷的物质的量和生成烯烃的结构，可推测原来的胺是几级胺和碳的骨架。这种用过量的碘甲烷处理，最后把生成的季铵碱分解为烯的反应，称为霍夫曼彻底甲基化。例如：

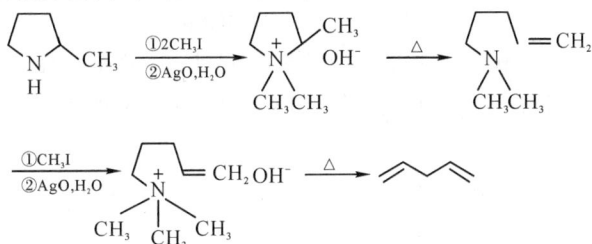

$$\text{2-甲基吡咯烷} \xrightarrow[\text{②AgO,}H_2O]{\text{①2}CH_3I} \text{N,N-二甲基-2-甲基吡咯烷鎓 }OH^- \xrightarrow{\triangle} \text{N-甲基-2-亚甲基吡咯烷}(=CH_2)$$

$$\xrightarrow[\text{②AgO,}H_2O]{\text{①}CH_3I} CH_2=CH\text{-}CH_2CH_2\overset{+}{N}(CH_3)_3\ OH^- \xrightarrow{\triangle} CH_2=CH\text{-}CH=CH_2$$

(二)相转移催化剂

相转移催化剂是可以帮助反应物从一相转移到能够发生反应的另一相当中，从而加快异相系统反应速率的一类催化剂。季铵盐是常用的相转移催化剂。例如卤代烷(RX)与氰化钠(NaCN)反应，因两种反应物的溶解性能不同，不能很好接触，反应速率很小，若加入少量季铵盐(Q^+X^-)反应速率大大提高。

水相　$Na^+CN^- + Q^+X^- \longrightarrow Na^+X^- + Q^+CN^-$

界面　（↑ Q^+X^- 返回水相；↓ Q^+CN^- 进入有机相）

有机相　$RCN + Q^+X^- \longleftarrow RX + Q^+CN^-$

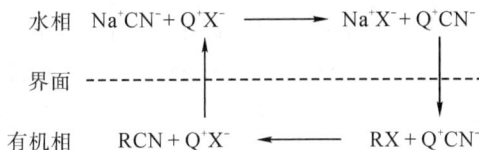

季铵盐在水相和有机相中都有很好的溶解性。若在两相反应混合物中加入季铵盐(Q^+X^-)，水相中的季铵盐与氰化钠交换负离子，并以离子对(Q^+CN^-)的形式把CN^-转移到有机相中，CN^-在有机相中没有水的溶剂化，亲核能力很强，能迅速与RX发生反应。随后季铵盐正离子(Q^+)带着负离子(X^-)以离子对(Q^+X^-)的形式返回水相。季铵盐起着重复“转送”负离子的作用。

(三)季铵盐型表面活性剂

季铵盐型表面活性剂，由铵离子[H_4N^+]的四个氢原子全被烃基取代而成的一种阳离子型表面活性剂。所用的烃基化剂有氯甲烷、苄基氯、硫酸二甲酯等。分别用这些烃基化剂与叔胺反应可获得相对应的季铵盐型表面活性剂。

季铵盐型阳离子表面活性剂有许多优良性能，可用作纤维的抗静电剂、柔软剂、缓染剂、固色剂等，还可用作消毒剂和护发剂等。

按结构季铵盐型阳离子表面活性剂可分为烷基三甲基铵盐型、二烷基二甲基铵盐型、烷基二甲基苄基铵盐型等。

烷基三甲基铵盐型阳离子表面活性剂是以高级脂肪胺与氯甲烷在氢氧化钠存在下进行反应制得的。这种表面活性剂的代表性产品为十六烷基三甲基氯化铵和十八烷基三甲基氯化铵。

$[C_{16}H_{33}N(CH_3)_3]^+Cl^-$	$[C_{18}H_{37}N(CH_3)_3]^+Cl^-$
十六烷基三甲基氯化铵	十八烷基三甲基氯化铵

它们易溶于水，呈透明状，具有良好的表面活性，可用作洗发剂、杀菌洗涤剂、聚苯乙烯树脂等外部涂敷用抗静电剂、纤维用抗静电剂、匀染剂、破乳剂和分散剂等。

二烷基二甲基铵盐型阳离子表面活性剂是以二烷基胺或者二烷基甲胺与氯甲烷，在氢氧化钠存在下进行反应制得的。这种表面活性剂可以作为洗发剂或家用纤维制品的柔软剂，性能良好。例如：

$$[(C_{18}H_{37})_2N(CH_3)_2]^+Cl^-$$

双十八烷基二甲基氯化铵

双十八烷基二甲基氯化铵主要用作合成橡胶、硅油、沥青和其他油脂化学品的优良乳化剂；也可用作合成纤维的抗静电剂、玻璃纤维柔软剂、织物柔软剂以及杀菌剂和消毒剂；也是护发素的主要成分。

烷基二甲基苄基铵盐型阳离子表面活性剂是以烷基二甲基叔胺与氯化苄反应制得的。其中有代表性的是十二烷基二甲基苄基氯化铵。

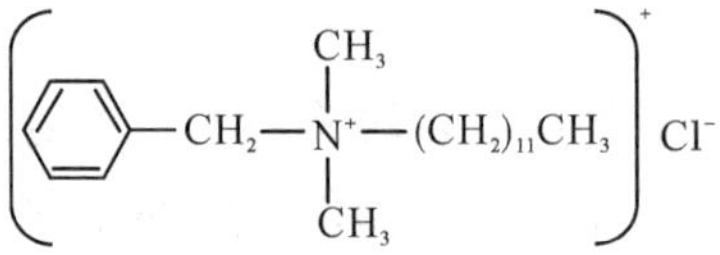

$$\left[C_6H_5-CH_2-\overset{CH_3}{\underset{CH_3}{N^+}}-(CH_2)_{11}CH_3\right]^+Cl^-$$

十二烷基二甲基苄基氯化铵

十二烷基二甲基苄基氯化铵(1227)又称苯扎氯胺，属非氧化性杀菌剂，具有广谱、高效的杀菌灭藻能力，能有效地控制水中菌藻繁殖和粘泥生长，并具有良好的粘泥剥离作用和一定的分散、渗透作用，同时具有一定的去油、除臭能力和缓蚀作用。毒性小，无积累性毒性，并易溶于水，不受水硬度影响。因此，广泛应用于石油、化工、电力、纺织等行业的循环冷却水系统中，用以控制循环冷却水系统菌藻滋生，对杀灭硫酸盐还原菌有特效。还可作为纺织印染行业的杀菌防霉剂、柔软剂、抗静电剂、乳化剂及调理剂等。

问题与思考

季铵碱的 β－C 上连接有羰基时，消除反应不服从霍夫曼规则，试以实例进行分析。

第四节　重氮和偶氮化合物

重氮化合物和偶氮化合物分子中都含有—N_2—基团，该基团只有一端与烃基相连接的叫作重氮化合物，两端都与烃基相连的叫作偶氮化合物。例如：

$CH_2{=}N{\equiv}N$ 重氮甲烷

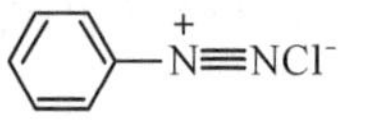

$C_6H_5-\overset{+}{N}{\equiv}NCl^-$ 氯化重氮苯(苯重氮盐酸盐)

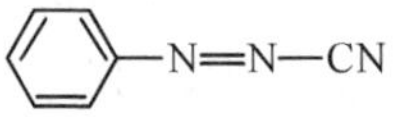

$C_6H_5-N{=}N-CN$ 氰化重氮苯

$CH_3-N{=}N-CH_3$ 偶氮甲烷

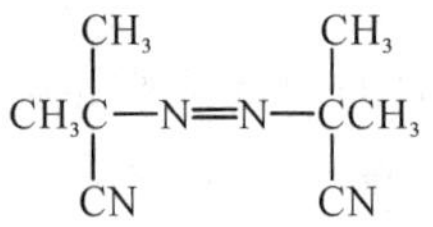

$CH_3\overset{CH_3}{\underset{CN}{C}}-N{=}N-\overset{CH_3}{\underset{CN}{C}}CH_3$ 偶氮二异丁腈

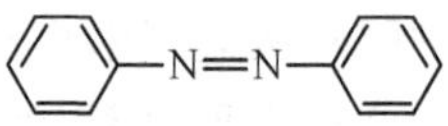

$C_6H_5-N{=}N-C_6H_5$ 偶氮苯

拓展知识

重氮、偶氮化合物命名新规则

(1)重氮化合物命名，其命名采用“重氮”＋母体氢化物名称。重氮盐的命名是母体氢化物＋“重氮盐”。类似原命名规则，不再重复。

(2)偶氮化合物命名，以母体“乙氮烯(HN＝NH)”的衍生物命名。例如：

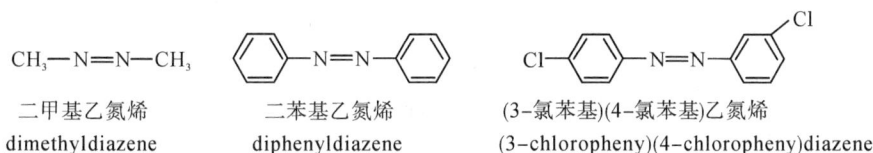

$CH_3—N═N—CH_3$	$C_6H_5—N═N—C_6H_5$	$Cl—C_6H_4—N═N—C_6H_4—Cl$
二甲基乙氮烯	二苯基乙氮烯	(3-氯苯基)(4-氯苯基)乙氮烯
dimethyldiazene	diphenyldiazene	(3-chloropheny)(4-chloropheny)diazene

一、重氮盐的制备

芳香族伯胺在低温及强酸存在下，与亚硝酸作用生成重氮盐，这类反应称为重氮化反应。例如：

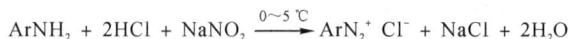

$$ArNH_2 + 2HCl + NaNO_2 \xrightarrow{0\sim5\ ℃} ArN_2^+\ Cl^- + NaCl + 2H_2O$$

制备重氮盐时需要强酸性介质中进行，且酸必须过量。强酸可以钝化芳胺，防止未反应的芳胺与生成的重氮盐发生偶联。反应温度需控制在低温(0～5 ℃)下进行，温度稍高重氮盐会分解。亚硝酸不能过量，过量的亚硝酸会使重氮盐分解。可用淀粉-KI 试纸检测反应终点，若试纸变蓝，说明 HNO_2已过量，加入尿素可以除去过量的 HNO_2。

重氮盐具有无机盐的典型性质，绝大多数重氮盐易溶于水而不溶于有机溶剂，其水溶液有导电性。芳香族重氮盐相对比较稳定。其原因是重氮盐正离子中的两个氮原子是以 sp 杂化成键的，C－N≡N 呈线型结构，N≡N 的 π 电子与芳环的大 π 键形成共轭体系，使重氮盐在低温、强酸性介质中能稳定存在。

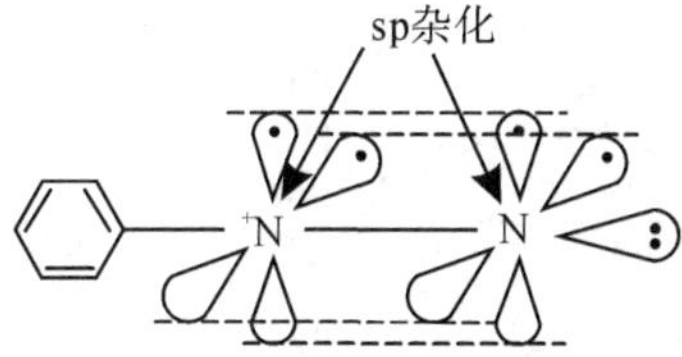

重氮正离子可用下列共振式表示：

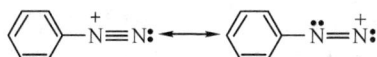

$$C_6H_5—\overset{+}{N}≡N: \longleftrightarrow C_6H_5—\ddot{N}=\overset{+}{N}:$$

二、重氮盐的性质

重氮盐主要发生亲核取代反应和偶联反应。

(一)重氮盐的亲核取代反应

重氮盐中的重氮基($—N_2^+$)带有正电荷，是很强的吸电子基团，它使 C－N 键的极性增大，容易断裂，在不同条件下可以被羟基、卤原子、氰基、氢原子等取代，生成不同的产物，同时放出氮气，称为去氮反应。

1.被羟基取代

重氮盐和酸液共热时，即有氮气放出，并生成酚。例如：

$$C_6H_5N_2^+HSO_4^- \xrightarrow[\triangle]{40\%\sim50\%H_2SO_4} C_6H_5OH + N_2\uparrow$$

此反应一般用重氮硫酸盐在 40%～50%的硫酸溶液中进行，这样可以避免反应生成的酚与未反应的重氮盐偶合。如果用重氮盐酸盐的盐酸溶液，则常会有副产物氯化物生成。

重氮基被羟基取代的反应是按 S_N1 机理进行的。

$$C_6H_5N_2^+ \xrightarrow{-N_2} C_6H_5^+$$

$$C_6H_5^+ + H_2O \longrightarrow C_6H_5OH_2^+ \underset{}{\overset{-H^+}{\rightleftharpoons}} C_6H_5OH$$

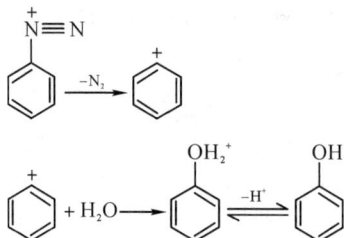

重氮正离子失去 N_2 生成苯基正离子。苯基正离子的正电荷集中在一个碳原子的 sp^2 杂化轨道上，很容易被水等亲核试剂进攻，发生亲核取代反应。若重氮盐在盐酸水溶液中分解，由于 Cl^- 是亲核试剂，因此会有氯苯生成。

$$C_6H_5^+ + Cl^- \longrightarrow C_6H_5Cl$$

2.被氢原子取代

重氮盐与还原剂次磷酸(H_2PO_2)或乙醇等反应，则重氮盐被氢原子取代。

$$C_6H_5N_2Cl \xrightarrow{H_3PO_2,H_2O} C_6H_6 + N_2\uparrow$$

$$C_6H_5N_2Cl \xrightarrow{C_2H_5OH} C_6H_6 + N_2\uparrow$$

$$\text{2,4,6-}Br_3C_6H_2NH_2 \xrightarrow[0\sim5℃]{NaNO_2,HCl} \text{2,4,6-}Br_3C_6H_2N_2Cl \xrightarrow[\Delta]{H_3PO_2,H_2O} \text{1,3,5-}Br_3C_6H_3$$

3.被卤原子取代

在氯化亚铜的浓盐酸溶液或溴化亚铜的浓氢溴酸溶液作用下，重氮基可被氯原子或溴原子取代分别得到氯化物和溴化物，称为桑德迈尔反应。将催化剂氯化亚铜改为铜粉的反应称为加特曼反应。例如：

$$C_6H_5N_2Cl \xrightarrow[\triangle]{CuCl,HCl} C_6H_5Cl + N_2\uparrow$$

$$C_6H_5N_2Br \xrightarrow[\triangle]{CuBr,HBr} C_6H_5Br + N_2\uparrow$$

加特曼反应比桑德迈尔反应操作简单，但一般产率略低。

碘负离子是很强的亲核试剂，反应能力较强，不必用碘化亚铜催化，直接加热重氮盐的碘化钾溶液，即可生成碘化物。

$$C_6H_5N_2Cl \xrightarrow[\triangle]{KI} C_6H_5I + N_2\uparrow$$

氟离子的反应能力很差，不能直接取代重氮基，必须先将可溶于水的重氮盐转化为不溶于水的氟硼酸重氮盐，经过滤、干燥后，加热分解得到芳香族氟化物。该反应称为希曼反应。

$$C_6H_5N_2^+BF_4^- \xrightarrow{\triangle} C_6H_5F + N_2\uparrow + BF_3$$

4.被氰基取代

重氮盐与氰化亚铜的氰化钾水溶液作用，或在铜粉存在下和氰化钾水溶液作用，重氮基被氰基取代。

$$C_6H_5N_2Cl \xrightarrow[\triangle]{CuCN,KCN} C_6H_5CN + N_2\uparrow$$

$$C_6H_5N_2Cl \xrightarrow[\triangle]{Cu,KCN} C_6H_5CN + N_2\uparrow$$

苯的直接氰化难以进行，利用重氮盐的氰解反应可将氰基连在芳环上，氰基水解可生成羧基。该方法是制备芳香酸的好方法。

(二)重氮盐的偶联反应

重氮盐是较弱的亲电试剂，可以和活泼的芳香族化合物如芳胺或酚作用，发生苯环上的亲电取代反应，生成偶氮化合物。这类反应称为重氮盐的偶联反应。

重氮盐与酚、叔胺偶联，生成偶氮化合物。

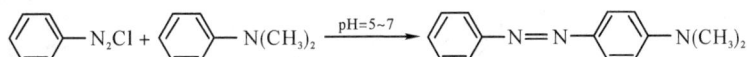

$$C_6H_5-N_2Cl + C_6H_5-N(CH_3)_2 \xrightarrow{pH=5\sim7} C_6H_5-N=N-C_6H_4-N(CH_3)_2$$

重氮盐与芳胺偶联在微酸性(pH＝5～7)条件下反应易于进行。酸性太强，芳胺会与酸形成铵盐，铵盐氮上带有正电荷，会使苯环钝化，不利于反应的进行。

$$C_6H_5-N_2Cl + C_6H_5-OH \xrightarrow{pH=8\sim10} C_6H_5-N=N-C_6H_4-OH$$

重氮盐与酚偶联在弱碱性(pH＝8～10)条件下反应易于进行。因酚在碱性溶液中生成苯氧负离子，氧原子的负电性更能活化苯环，有利于反应的进行。碱性太强(pH＞10)，重氮盐将与碱作用，生成重氮碱或重氮酸盐。使反应不能偶合。强碱性溶液中重氮离子存在下列平衡：

$$C_6H_5-\overset{+}{N}\equiv N \underset{}{\overset{OH^-}{\rightleftharpoons}} \left[C_6H_5-N=N-OH\right] \overset{OH^-}{\rightleftharpoons} C_6H_5-N=N-O^-Na^+$$

重氮正离子　　氢氧化重氮苯　　重氮酸钠

（亲电试剂，能偶合）　（苯基重氮酸）　（非亲电试剂，不能偶合）

重氮盐与伯或仲芳胺反应，氨基上的氢原子先被取代生成的苯重氮氨基苯受热重排为对氨基偶氮苯。

$$C_6H_5-N_2Cl + H_2N-C_6H_5 \xrightarrow{CH_3COOH,CH_3COONa} C_6H_5-N=N-NH-C_6H_5$$

苯重氮氨基苯

$$\xrightarrow{30\sim45\ ℃} C_6H_5-N=N-C_6H_4-NH_2$$

重氮盐与酚或芳胺的偶联反应，一般是在羟基的对位上发生，如果对位上有其他基团，则在邻位上发生。例如：

$$\text{2-萘酚} + \text{对硝基苯重氮盐}(O_2N-C_6H_4-N_2Cl) \longrightarrow \text{1-}(N=N-C_6H_4-NO_2)\text{-2-萘酚} + HCl$$

若酚或芳胺的邻、对位均被其他基团占据，则不发生偶联反应。

(三)还原反应

重氮盐在氯化亚锡和盐酸或亚硫酸氢钠等作用下，还原生成相应的肼。例如：

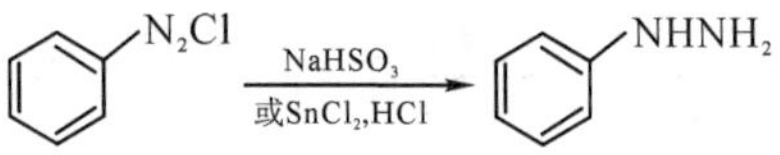

$$C_6H_5N_2Cl \xrightarrow[\text{或}SnCl_2,HCl]{NaHSO_3} C_6H_5NHNH_2$$

肼是常用的羰基化试剂，也是合成药物和染料的原料，还大量用作火箭、导弹的推进剂。

三、偶氮化合物和偶氮染料

芳香族偶氮化合物都具有颜色，它们性质稳定，可广泛用作染料，称作偶氮染料。例如：

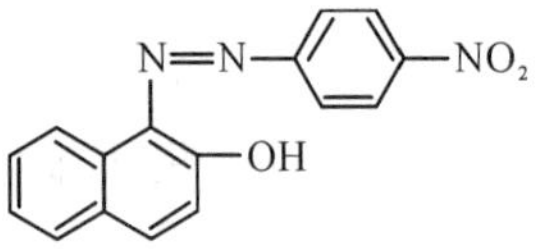

对位红

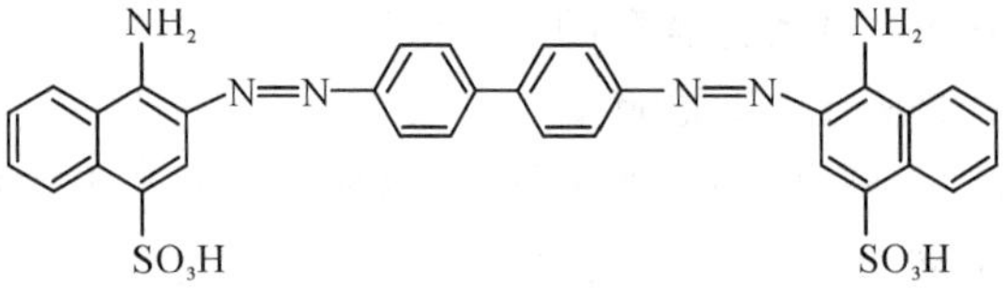

刚果红

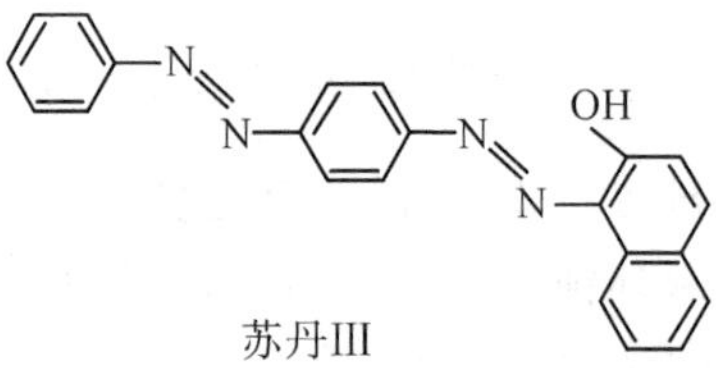

苏丹III

偶氮染料的分子中都含有偶氮基(—N═N—)。偶氮基(—N═N—)与芳环相连接形成大的π-π共轭体系，π电子高度的离域，使分子的激发能降低，化合物的吸收波长向长波(即可见光)方向移动，因此使化合物显色。

偶氮染料是印染工业上最重要的染料。它们的性质稳定，颜色齐全，使用方便，广泛用于棉、麻、丝及合成纤维的染色。

问题与思考

1.完成下列转化。

(1)由苯合成间甲基苯胺　　　　(2)由苯合成对二硝基苯

2.重氮盐被羟基取代的反应为什么不能用盐酸溶液代替40%～50%的硫酸溶液？

本章小结

(1)硝基化合物难溶于水，味苦，有毒，多硝基化合物易爆炸，是无色或淡黄色的液体或固体。硝基化合物可以被还原，还原剂不同，介质不同，还原的产物不同。在酸性条件下，以强还原剂(如Fe+HCl)还原硝基苯，还原过程中形成亚硝基苯、苯胺，最终还原为苯胺；在弱酸性条件下，还原硝基苯，可以停留在苯胺阶段；在碱性条件下，用不同的还原剂，硝基苯被还原为不同的产物，有氧化偶氮苯、偶氮苯、氢化偶氮苯等，这些产物在适当的条件下可以相互转化。硝基苯的亲电取代反应比苯困难，亲核取代反应比苯容易。

(2)胺可以看作是氨分子中的氢原子被烃基取代的衍生物。氮原子与四个烃基相连接的化合物称为季铵类化合物。

(3)胺与氨相似，氮原子上的未共用电子对可以接受质子，因此，胺具有碱性，可以与酸成盐。由于胺的碱性较弱，在其盐中加入强碱可使胺重新游离出来，该性质可用作胺的分离和提纯。水溶液中脂肪胺的碱性大小顺序为：

脂肪仲胺＞脂肪伯胺＞脂肪叔胺＞氨

(4)卤代烃与氨作用生成胺，胺可以继续与卤代烃发生亲核取代反应生成仲胺、叔胺和季铵盐。季铵盐与湿的氧化银作用生成季铵碱。伯胺和仲胺可以与酰卤或酸酐发生酰基化反应，叔胺氮原子上无氢原子，不能发生酰基化反应。酰胺在酸性或碱性条件下水解可得到原来的胺，因此，在有机合成中常利用酰基化反应来保护氨基。伯胺和仲胺可以发生磺酰化反应，叔胺的氮原子上无氢原子，不发生磺酰化反应。胺的磺酰化反应可用来分离、提纯和鉴定不同类型的胺。胺还可以与亚硝酸反应，伯、仲、叔胺与亚硝酸反应现象各不相同，利用该反应常用来伯、仲、叔胺的鉴别。芳香族伯胺与亚硝酸发生重氮化反应，通过重氮盐可以合成一系列芳香族化合物。重氮盐也可以与酚类及芳香叔胺发生偶合反应，制备偶氮化合物。

(5)季铵盐是结晶固体，具有无机盐的性质，能溶于水，在水中完全电离，不溶于非极性溶剂。季铵盐的熔点高，常常在加热到熔点时分解生成叔胺和卤代烃。季铵盐与湿的氧化银作用，生成季铵碱。季铵碱的碱性与苛性碱相当，具有很强的吸湿性，易溶于水，受热易分解，产物一般遵循霍夫曼规则。当β-C上连接有苯基、乙烯基、羰基、氰基等吸电子基团时，受热分解一般违反霍夫曼规则的。

(6)重氮盐的化学性质非常活泼，能发生许多反应，主要有亲核取代反应和偶联反应。在不同条件下可以被羟基、卤原子、氰基、氢原子等取代，生成不同的产物。重氮盐与活泼的芳香族化合物如芳胺或酚作用，发生苯环上的亲电取代反应，生成偶氮化合物。

(7)芳香族偶氮化合物都具有颜色，它们性质稳定，可广泛用作染料。

习　题

11-1.命名下列化合物或写出化合物的构造式。

(1)$(CH_3CH_2)_2CHNO_2$　　(2)$CH_3(CH_2)_2NH_2$

(3)$C_6H_5-\overset{+}{N}\equiv N^- OSO_3H$　　(4)$[(CH_3)_3NCH_2CH_2CH_3]^+OH^-$

(5)$[(CH_3)_2N(CH_2CH_2CH_3)_2]^+Cl^-$　　(6)$CH_3CH_2-N=N-CH_2CH_3$

(7)$HOCH_2CH_2CH_2NH_2$　　(8)N-甲基-N-乙基对硝基苯胺

(9)氯化苄基三乙基铵　　(10)对苯二胺

(11)间硝基异丙苯　　(12)叔丁胺

11-2.将下列化合物按碱性由强到弱排列成序。

(1)苯胺、N-甲基苯胺、苄胺、乙酰苯胺

(2)苯胺、间硝基苯胺、对硝基苯胺、对甲苯胺

(3)NH_3、CH_3NH_2、CH_3CONH_2、$(CH_3)_4N^+OH^-$

11-3. 完成下列反应式，写出主要产物。

(1)$C_6H_5-CH_3 \xrightarrow{?} C_6H_5-CH_2Cl \xrightarrow{NaCN} ? \xrightarrow[H^+或OH^-]{H_2O}$

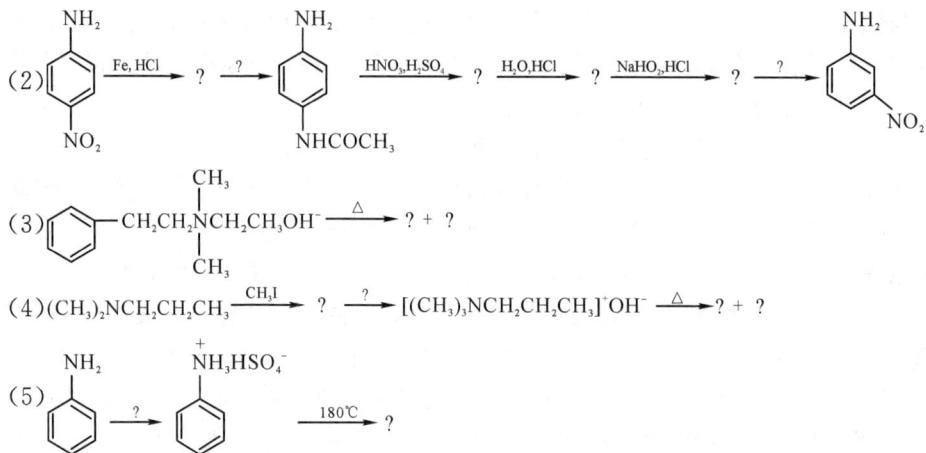

(2) 对硝基苯胺 $\xrightarrow{Fe,\ HCl}$? $\xrightarrow{?}$ 对乙酰氨基苯胺（NH_2，$NHCOCH_3$） $\xrightarrow{HNO_3,H_2SO_4}$? $\xrightarrow{H_2O,HCl}$? $\xrightarrow{NaHO_2,HCl}$? $\xrightarrow{?}$ 间硝基苯胺（NH_2，NO_2）

(3) $C_6H_5-CH_2CH_2\overset{CH_3}{\underset{CH_3}{N}}CH_2CH_3OH^-$ $\xrightarrow{\triangle}$? + ?

(4) $(CH_3)_2NCH_2CH_2CH_3 \xrightarrow{CH_3I}$? $\xrightarrow{?}$ $[(CH_3)_3NCH_2CH_2CH_3]^+OH^-$ $\xrightarrow{\triangle}$? + ?

(5) 苯胺（NH_2） $\xrightarrow{?}$ $C_6H_5\overset{+}{N}H_3HSO_4^-$ $\xrightarrow{180℃}$?

11－4.用简单的化学方法鉴别下列各组化合物。

(1)异丙胺、二乙胺、三甲胺

(2)苯胺、硝基苯、硝基苄

(3)苯胺、环己胺、N－甲基苯胺

(4)正丙醇、丙酮、丙酸、正丙胺

11－5.用苯或甲苯为主要原料合成下列化合物。

(1)邻硝基苯胺　　(2)间二氯苯　　(3)对氨基苯磺酸

(4)间硝基氯苯　　(5)3,5－二溴甲苯　　(6)连三溴苯

(7)4－羟基－4′－氯偶氮苯

11－6.写出正丙胺与下列试剂反应生成的主要产物。

(1)乙酐　　(2)过量溴乙烷　　(3)对甲基苯磺酰氯

11－7.简答题。

(1)为什么叔丁胺和新戊胺都不能由相应的溴代烷和氨反应来制备？试以适当的羧酸为原料合成两类化合物。

(2)通常重氮盐与酚偶联是在弱碱性(pH＝8～10)条件下进行。为什么不选择在强酸性介质或强碱性介质中进行？

11－8.甲、乙、丙三种含氮有机化合物的分子式都是 $C_4H_{11}N$，当它们与亚硝酸作用后，甲和乙都生成具有4个碳原子的醇，而丙生成盐。将甲和乙所生成的醇氧化，则分别生成异丁酸和丁酸。试推断甲、乙、丙的构造式。

11－9.分子式为 $C_6H_{13}N$ 的化合物A，能溶于盐酸溶液，并可与 HNO_2 反应放出 N_2，生成物为B($C_6H_{12}O$)。B与浓 H_2SO_4 共热得产物C，C的分子式为 C_6H_{10}。C能被 $KMnO_4$ 溶液氧化，生成化合物D($C_6H_{10}O_3$)。D和NaOI作用生成碘仿和戊二酸。试推出A、B、C、D的结构式，并写出各步反应式。

11－10.化合物A是一种胺，分子式为 C_7H_9N。A与对甲基苯磺酰氯在KOH溶液中作用，生成清亮的液体，酸化得到白色沉淀。将A与 $NaNO_2$ 和HCl在0～5 ℃反应后，再与α－萘酚作用，生成一种深颜色的化合物B。A的红外光谱在815 cm^{-1} 处有一强的单峰。试推测A、B的构造式，并写出各步反应式。

第十二章 杂环化合物

在环状化合物中，构成环的原子除碳原子外还含有其他原子的化合物称为杂环化合物，组成杂环的非碳原子叫作杂原子。常见的杂原子有氮、氧、硫等，其中以氮为最多。前面学习过的环醚、内酯、内酐和内酰胺等都含有杂原子，但它们容易开环，性质上又与开链化合物相似，所以不放在杂环化合物中讨论。本章主要讨论环比较稳定、具有一定芳香性的杂环化合物。

杂环化合物广泛存在于自然界中。例如：在动、植物体内起着重要生理作用的血红素、叶绿素、核酸的碱基、生物碱等，一部分维生素、抗生素、植物色素、许多人工合成的药物及合成染料也都含有杂环。

杂环化合物的应用范围极其广泛，涉及医药、农药、染料、生物膜材料、超导材料、分子器件、贮能材料等。近几十年来，杂环化合物在理论和应用方面的研究有很大的进展，杂环化合物已成为数量最多的一类有机化合物。据报道，有机化合物中大约有近二分之一是杂环化合物。

第一节 杂环化合物的分类和命名

根据杂环母体（称为母核）中所含环的数目，将杂环化合物分为单杂环和稠杂环两大类。最常见的单杂环有五元环和六元环，稠杂环有芳环并杂环和杂环并杂环两种。常见的五元杂环和六元杂环见表 12-1 和表 12-2。

表 12-1 常见五元杂环母核的分类和名称

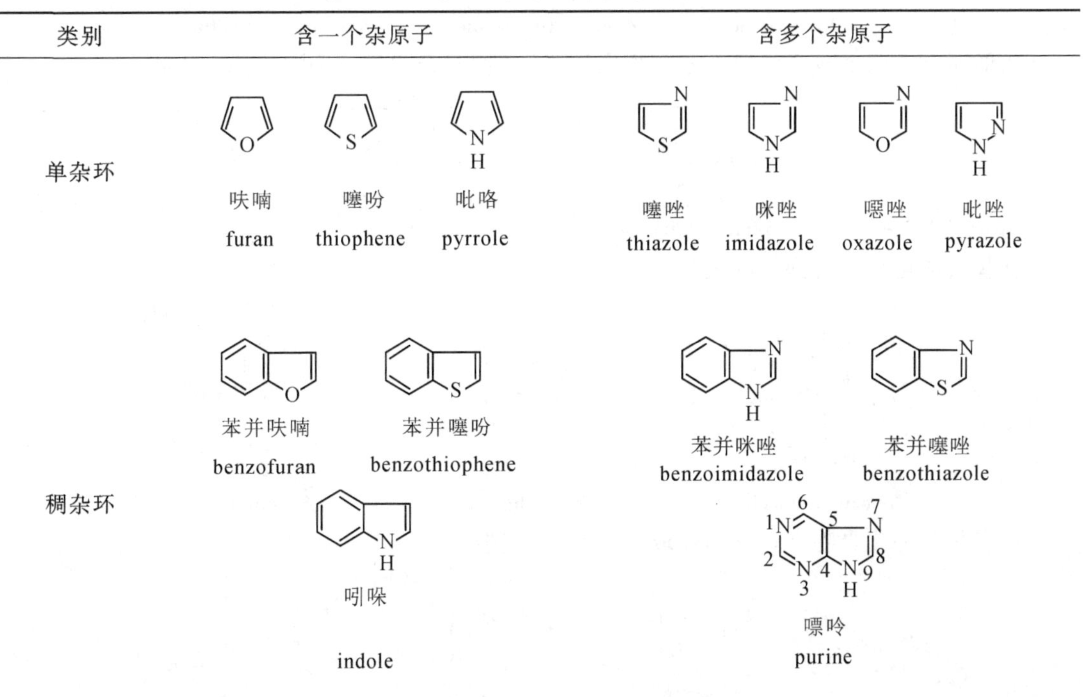

类别
含一个杂原子
含多个杂原子
单杂环
呋喃
furan
噻吩
thiophene
吡咯
pyrrole
噻唑
thiazole
咪唑
imidazole
噁唑
oxazole
吡唑
pyrazole
稠杂环
苯并呋喃
benzofuran
苯并噻吩
benzothiophene
苯并咪唑
benzoimidazole
苯并噻唑
benzothiazole
吲哚
indole
嘌呤
purine

表 12－2　常见六元杂环母核的分类和名称

类别	含一个杂原子		含多个杂原子	
单杂环	吡啶 pyridine		嘧啶 pyrimidine	
稠杂环	喹啉 quinoline	异喹啉 isoquinoline	喹唑啉 quinazoline	酞嗪 phthalazine

杂环化合物母核的命名现在通常采用音译法，即根据英文名称的发音，选用同音汉字。如果杂环上有取代基，命名时一般以杂环为母体，编号一般从杂原子开始，用阿拉伯数字或希腊字母 α、β、γ、δ…表示位次，共用原子通常不参与编号(嘌呤衍生物例外)。如果环上有两个或两个以上相同的杂原子，编号从连有氢原子或取代基的杂原子开始，编号顺序以另一个杂原子的位次最小为原则。例如：

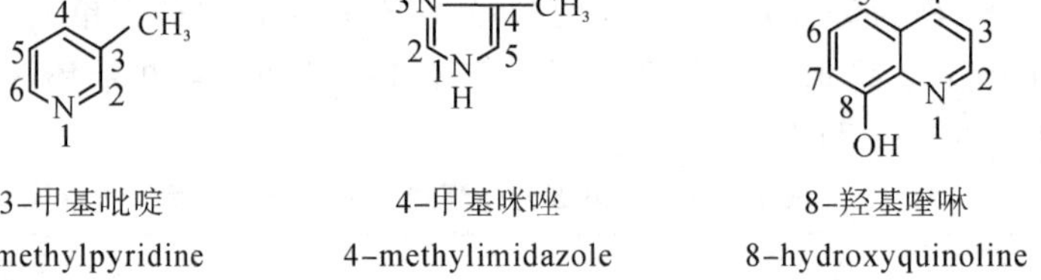

3-甲基吡啶　　4-甲基咪唑　　8-羟基喹啉

3-methylpyridine　　4-methylimidazole　　8-hydroxyquinoline

如果环上有两个或两个以上不同的杂原子，则按 O、S、N 的顺序编号。例如：

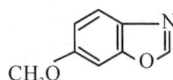

5-甲基噻唑　　6-甲氧基苯并噁唑

5-methylthiazole　　6-methoxybenzoxazole

有些杂环化合物有固定的编号。例如：

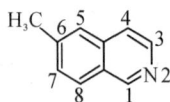

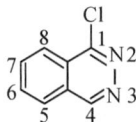

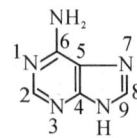

6-甲基异喹啉　　1-氯酞嗪　　6-氨基嘌呤

6-methylthiazole　　1-chlorophthalazine　　6-aminopurine

还有些杂环化合物把母核当作取代基命名。例如：

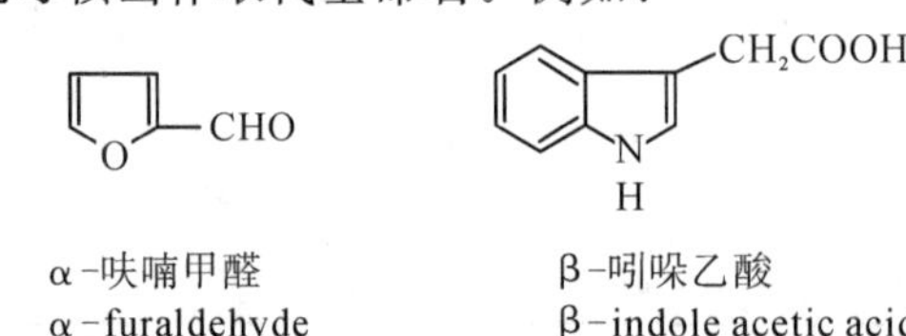

α-呋喃甲醛　　β-吲哚乙酸

α-furaldehyde　　β-indole acetic acid

第二节　五元杂环化合物

五元杂环化合物中最重要的是吡咯、呋喃、噻吩以及它们的衍生物。

一、吡咯、呋喃、噻吩的结构

吡咯、呋喃、噻吩是含有一个杂原子的五元环化合物。

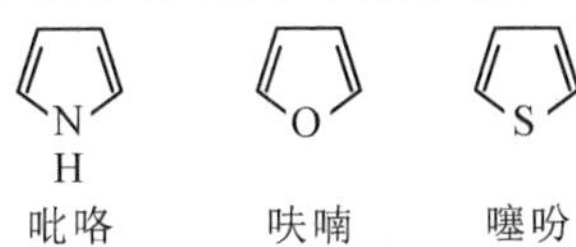

吡咯　　呋喃　　噻吩

近代物理方法证明，组成环的原子都在一个平面上。成环原子均采用 sp^2 杂化，利用 sp^2 杂化轨道与相邻原子形成 C—C、C—X σ 键，氧原子和硫原子各有一个含有孤对电子的 sp^2 杂化轨道，未参与成键。三个杂原子的未杂化 p 轨道上各有一对电子，且垂直于各原子决定的平面，与碳原子未杂化 p 轨道侧面重叠形成五中心六电子的大 π 键。结构均符合休克尔规则，吡咯、呋喃、噻吩都具有芳香性。但由于杂原子的存在，杂原子的吸电子性使杂环上的电子云分布没有苯环上的电子云分布均匀，因此杂环化合物的芳香性没有苯的强。三个杂原子 N、O、S 的电负性由大到小的顺序是 O＞N＞S，原子的电负性越大，成键电子的离域能就会越小，苯、噻吩、吡咯、呋喃的离域能分别为 150.3 $kJ \cdot mol^{-1}$、121.3 $kJ \cdot mol^{-1}$、87.8 $kJ \cdot mol^{-1}$ 和66.9 $kJ \cdot mol^{-1}$。

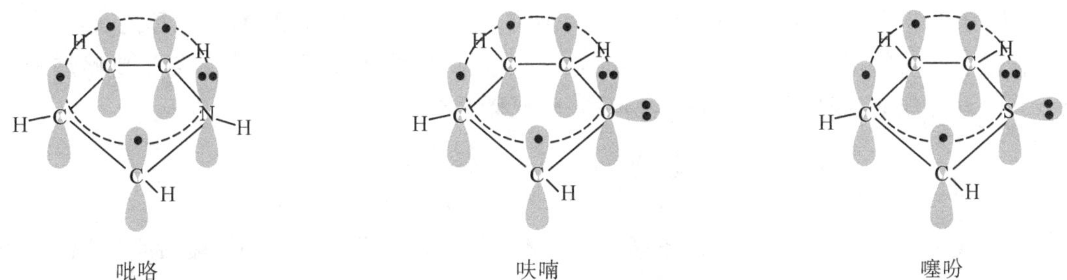

吡咯　　呋喃　　噻吩

这三个五元杂环化合物的芳香性由大到小的顺序为噻吩＞吡咯＞呋喃。

二、吡咯、呋喃、噻吩的性质

(一)物理性质

吡咯、呋喃、噻吩都是无色液体，沸点分别为 131 ℃、32 ℃、84 ℃，都难溶于水，易溶于乙醇、乙醚等有机溶剂。噻吩和吡咯存在于煤焦油中，从煤焦油提取的粗苯中约含 0.5%噻吩，呋喃存在于松木焦油中。

(二)化学性质

1.亲电取代反应

吡咯、呋喃、噻吩都是 6 个 π 电子分布在 5 个原子上，所以整个环上的 π 电子云密度比苯环大，是富电子的芳环，亲电取代反应比苯容易。但由于各杂原子电负性不同，在环内产生的电子效应程度不同，因此三类物质发生亲电取代反应的活性有差异。

N、O、S 在环内产生吸电子的诱导效应和供电子的共轭效应，其中共轭效应占主导地位。由于杂原子的原子半径不同，每个杂原子对共轭体系贡献电子的多少会有所影响。氮原子、氧原子与碳原子在同一周期，而且氮原子的原子半径最接近碳原子的原子半径，成键时氮原子与碳原子的原子轨道能以最大程度相互重叠，能给共轭体系提供较多的电子；硫原子在第三周期，原子半径比较大，最外层电子比较分散，即电子云密度相对比较小，这就意谓着硫原子与碳原子的原子轨道重叠成键时，硫原子对共轭体系贡献的电子比较少；氧原子的原子半径介于氮原子和硫原子之间，因此氧原子对共轭体系提供电子的多少在二者之间。三个杂原子对所在杂环共轭体系贡献电子由强到弱的顺序是 N＞O＞S，这就表明吡咯、呋喃、噻吩环上的电子云密度由大到小的顺序是吡咯＞呋喃＞噻吩，即它们发生亲电取代反应的活性顺序为吡咯＞呋喃＞噻吩。

量子力学计算结果得到吡咯、呋喃、噻吩环上电荷分布如下：

吡咯：−0.06，−0.10，+0.32（N—H）　　呋喃：−0.02，−0.03，+0.10（O）　　噻吩：−0.04，−0.06，+0.20（S）

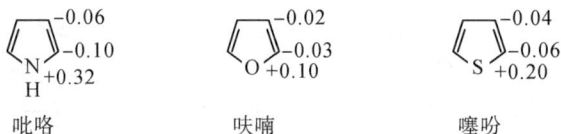

吡咯　　呋喃　　噻吩

可以看出，α-位上有较大的电子云密度，因此亲电取代反应主要发生在 α-位。α-位易发生亲电取代，还可以用反应过程中生成的 σ 络合物的稳定性解释。

$$\text{杂环(X)} + E^+ \begin{cases} \xrightarrow{\text{进攻}\ \alpha\text{-位}} \text{(I)} \\ \xrightarrow{\text{进攻}\ \beta\text{-位}} \text{(II)} \end{cases}$$

（Ⅰ）中的正电荷能与邻位 C＝C 共轭而得到分散，体系能量降低，较（Ⅱ）稳定。

吡咯和呋喃的芳香性较差，不稳定，对酸比较敏感，酸性条件下易发生聚合。吡咯遇强酸，质子与环进行加成，破坏了原来的共轭体系，生成碳正离子。

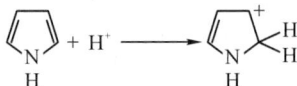

$$\text{吡咯} + H^+ \longrightarrow \text{碳正离子}$$

碳正离子和另一个吡咯加成，不断地重复作用，相对分子质量增大，最后生成脂状的聚合物。

呋喃在酸作用下，开环生成丁二醛，继续反应，也得到树脂状聚合物。

$$\text{呋喃} + H^+ \longrightarrow \xrightarrow{H_2O} \begin{matrix} CH_2-CH_2 \\ | \quad\quad | \\ CHO \quad CHO \end{matrix} \xrightarrow{H^+} \text{树脂状物}$$

(1)卤代反应。卤代反应一般不需要催化剂。噻吩比较稳定可以直接卤代。例如：

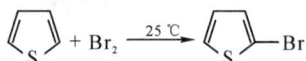

$$\text{噻吩} + Br_2 \xrightarrow{25\ ℃} \text{2-溴噻吩}$$

吡咯要在碱性溶液中进行，卤素过量就会发生多卤代。例如：

$$\text{吡咯} + 4I_2 \xrightarrow{NaOH} \text{四碘吡咯}$$

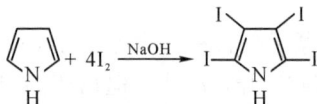

与碘的反应生成四碘吡咯。四碘吡咯是伤口的消毒剂。

呋喃和卤素的反应剧烈，需要在低温条件才可以控制反应。例如：

$$\text{呋喃} + Br_2 \xrightarrow{-40\ ℃} \text{2-溴呋喃}$$

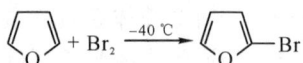

(2)硝化反应。吡咯、呋喃、噻吩的硝化不可以用硝硫混酸作硝化剂。而用较温和的乙酰

硝酸酯。

$$\text{(N-H ring)} \xrightarrow[(CH_3CO)_2O,\ -10\ ℃]{CH_3COONO_2} \text{(N-H ring)}-NO_2 + \text{(N-H ring)}-NO_2$$

51%　　13%

$$\text{(O ring)} \xrightarrow[(CH_3CO)_2O,\ -5\sim10\ ℃]{CH_3COONO_2} \text{(O ring)}-NO_2$$

35%

$$\text{(S ring)} \xrightarrow[(CH_3CO)_2O,\ -10\ ℃]{CH_3COONO_2} \text{(S ring)}-NO_2 + \text{(S ring)}-NO_2$$

75%　　5%

乙酰硝酸酯是无色有吸湿性的液体，是一种比较温和的硝化剂，因它易爆炸，故使用时临时用醋酸酐和硝酸来制备。

(3)磺化反应。吡咯遇硫酸易聚合，呋喃遇硫酸易开环，因此磺化时不可以用硫酸，而是用吡啶与三氧化硫的复合物为磺化剂。

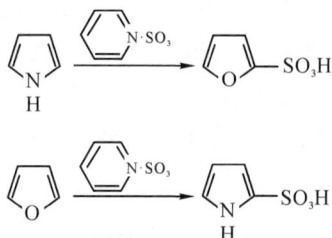

$$\text{(N-H ring)} \xrightarrow{\text{(pyridine)}N\cdot SO_3} \text{(O ring)}-SO_3H$$

$$\text{(O ring)} \xrightarrow{\text{(pyridine)}N\cdot SO_3} \text{(N-H ring)}-SO_3H$$

噻吩与浓硫酸在室温下即可发生磺化反应。该反应常用来除去粗苯中的噻吩。

$$\text{(S ring)} \xrightarrow{H_2SO_4,\ 25\ ℃} \text{(S ring)}-SO_3H$$

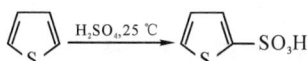

(4)傅-克反应。吡咯、呋喃、噻吩的傅-克烷基化反应太剧烈，易发生多烷基化，反应难以控制，合成上没有实际意义。酰基化反应需采用较温合的催化剂如 BF_3、$SnCl_4$，否则将得到混合的多酰基化产物，甚至产生树脂状物质。对于活泼性较大的吡咯可不用催化剂，直接用酸酐酰基化。

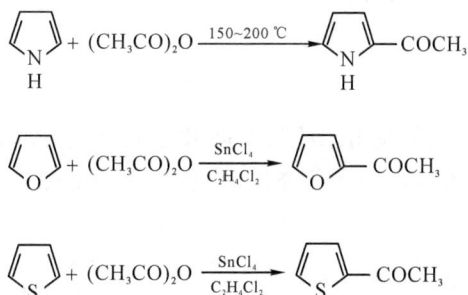

$$\text{(N-H ring)} + (CH_3CO)_2O \xrightarrow{150\sim200\ ℃} \text{(N-H ring)}-COCH_3$$

$$\text{(O ring)} + (CH_3CO)_2O \xrightarrow[C_2H_4Cl_2]{SnCl_4} \text{(O ring)}-COCH_3$$

$$\text{(S ring)} + (CH_3CO)_2O \xrightarrow[C_2H_4Cl_2]{SnCl_4} \text{(S ring)}-COCH_3$$

2.加成反应

吡咯、呋喃、噻吩在催化剂的作用下都可以加氢生成饱和的环状化合物。吡咯和呋喃可用一般催化剂还原；噻吩的催化加氢比较困难，因其含有硫原子，会使多数催化剂中毒而失活，噻吩加氢时常选用 MoS_2 催化剂，在高温高压下进行。

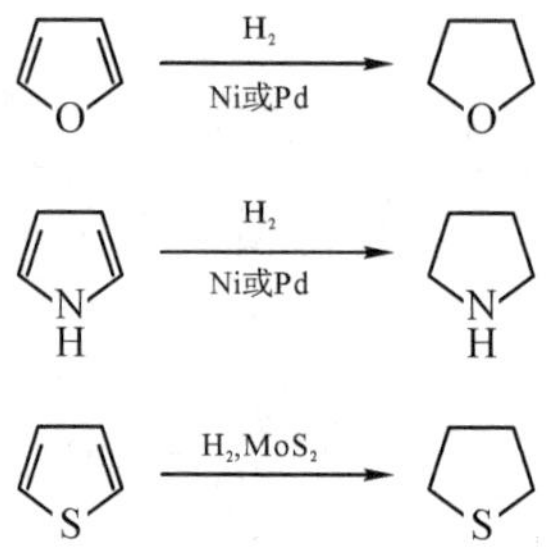

呋喃由于芳香性比较差，具有环状共轭二烯烃的性质，能发生双烯合成反应。例如：

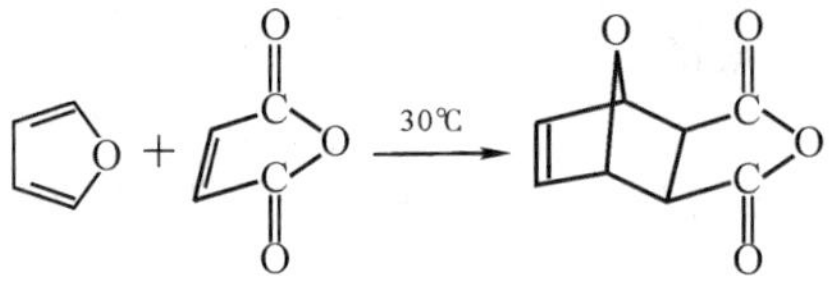

3.吡咯的弱酸性和弱碱性

吡咯从结构上看它是属于环状仲胺，应该具有碱性，但与仲胺不同的是氮原子上的未共用电子对与环发生了 p－π 共轭，使氮原子上的电子云密度降低，极大的减弱了其接受质子的能力，几乎不能表现碱性（$K_b=2.5\times10^{-14}$）。相反，吡咯的氮原子上连接有氢原子，由于氮原子参与了共轭，N－H 键的极性增强，表现出一定的弱酸性。它与固体氢氧化钾一起加热生成钾盐，能与格氏试剂作用生成烃和吡咯卤化镁。吡咯的钾盐与吡咯卤化镁都可以用来合成吡咯衍生物。

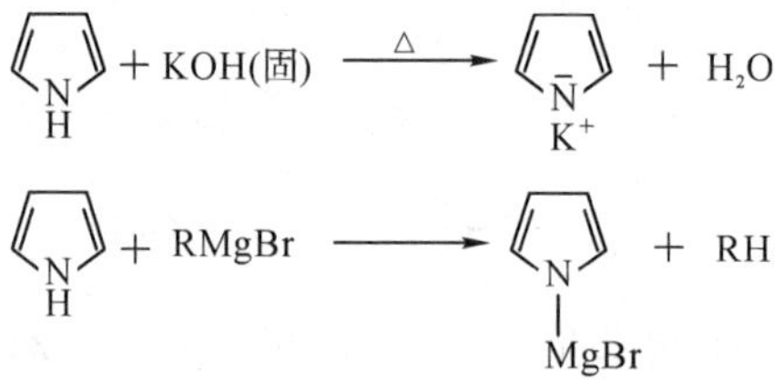

4.吡咯、呋喃、噻吩的鉴定

吡咯和呋喃的鉴定方法很特殊，盐酸浸过的松木片，吡咯能使松木片显鲜红色，呋喃显绿色。噻吩在浓硫酸存在下与靛红作用显蓝色。

三、重要的五元杂环衍生物

（一）糠醛

糠醛又名 α-呋喃甲醛，最早是由米糠与稀酸共热制得的，故名“糠醛”。糠醛的原料来源丰富，通常利用含有多聚戊糖的农副产品废料，如米糠、玉米芯、花生壳、棉籽壳、甘蔗渣等同稀硫酸或稀盐酸加热脱水制得。

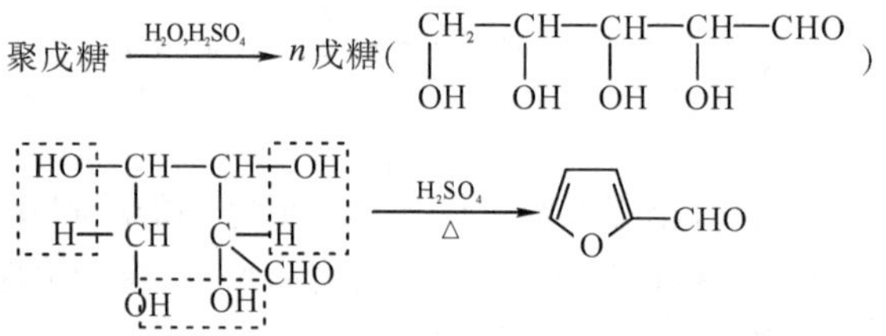

α-呋喃甲醛

纯净的糠醛是无色有特殊气味的液体，暴露于空气中被氧化聚合为黄色、棕色以至黑褐色，熔点为－38.7 ℃，沸点为 161.7 ℃，易溶于乙醇、乙醚等有机溶剂。糠醛与苯胺醋酸盐溶液作用呈鲜红色，可用于检验糠醛的存在，同时也是鉴别戊糖常用的方法。

糠醛是不含 α－H 的醛，其化学性质与苯甲醛相似，比如能发生歧化反应，能发生氧化还原反应。

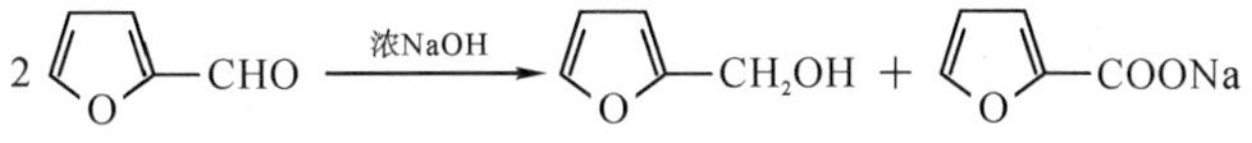

2 糠醛(—CHO) $\xrightarrow{浓NaOH}$ 糠醇(—CH_2OH) ＋ 糠酸钠(—COONa)

糠醛(—CHO) $\xrightarrow{KMnO_4,OH^-}$ 糠酸(—COOH)

糠醛(—CHO) $\xrightarrow[100\sim200\ ℃]{H_2/Cu,铬铁矿}$ 糠醇(—CH_2OH)

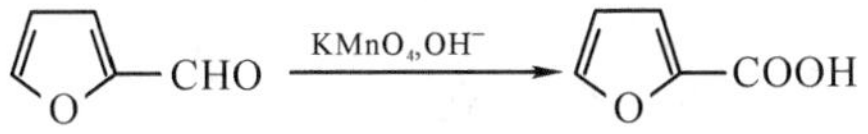

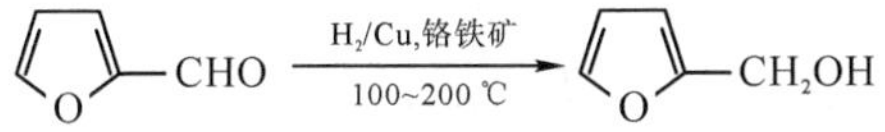

糠醛是有机合成的重要原料，它可以代替甲醛与苯酚缩合成酚醛树脂，性能比苯酚-甲醛树脂好，也可用来合成药物、农药等。

（二）卟啉化合物

卟啉（porphyrin）化合物的母核叫作卟吩（porphine）。

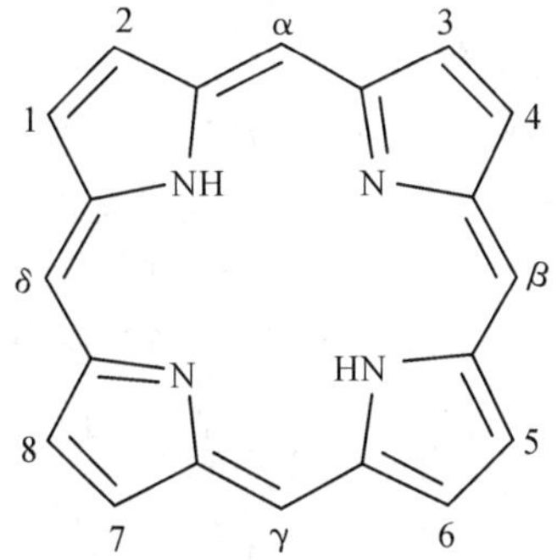

2　α　3　1　4　NH　N　δ　β　N　HN　8　5　7　γ　6

卟吩

卟吩是由四个吡咯环以 α－C 通过四个次甲基交替连接起来。含有 18 个 π 电子的大芳香环。

卟啉化合物都是卟吩与金属离子形成的配合物，分子中有长的共轭体系，因此都具有颜色。在人体或动植物体内起重要生理作用的叶绿素、血红素、维生素 B_{12} 等都属于卟啉化合物。

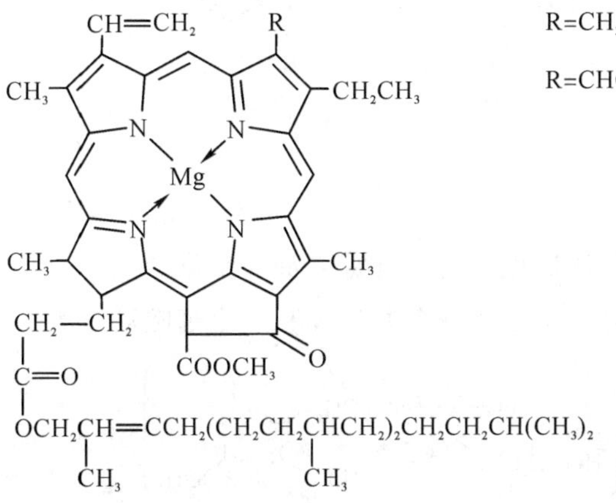

$CH{=}CH_2$　R　CH_3　CH_2CH_3　N　N　Mg　N　N　CH_3　CH_3　CH_2—CH_2　C=O　$COOCH_3$　O　$OCH_2CH{=}CCH_2(CH_2CH_2CHCH_2)_2CH_2CH_2CH(CH_3)_2$　CH_3　CH_3

R=CH_3 叶绿素a

R=CHO 叶绿素b

叶绿素

叶绿素有叶绿素 a 和叶绿素 b 两种，其中心离子是镁离子。叶绿素具有显著的保肝护肝、造血、解毒、抗癌、延缓衰老、防止基因突变、促进创伤愈合、脱臭和改善便秘、降解胆固醇等方面的作用，还有止痛功能。叶绿素中富含微量元素铁，是天然的造血原料。从绿色植物提取出来的叶绿素可作为食品添加剂，但它不溶于水，所以制成铜钠盐使用。国内外已将叶绿素铜作为保肝、护胃、抗贫血药物销售。

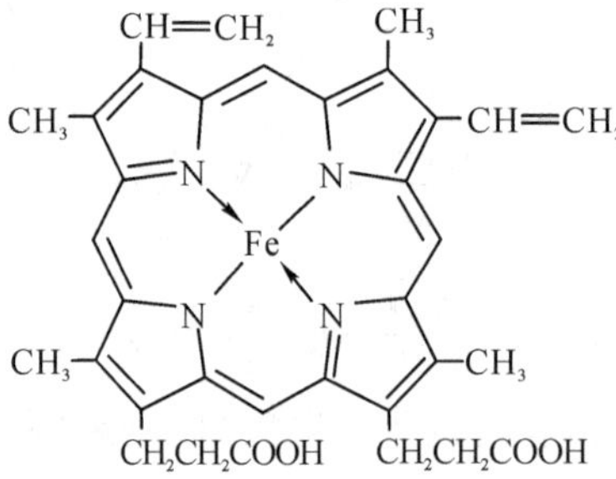

血红素

血红素存在于哺乳动物的红细胞中，它与蛋白质结合成血红蛋白。血红蛋白的功能是输送氧气，供组织进行新陈代谢。一氧化碳使人中毒就是因为它与血红蛋白的铁形成牢固的配合物，从而阻止了血红蛋白与氧的结合。

维生素 B_{12} 也是含有卟吩环结构的天然产物之一，又名钴胺素。维生素 B_{12} 有很强的生血作用，是造血过程中的生物催化剂，只要几微克就能对恶性贫血患者产生良好的疗效。

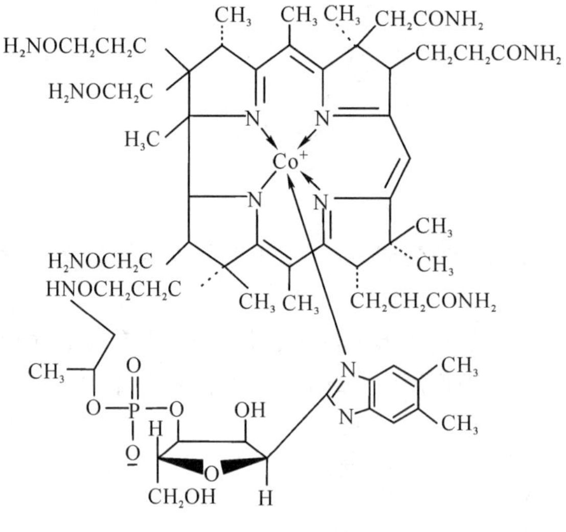

维生素B_{12}

(三)噻唑衍生物

噻唑的衍生物有很多，其中维生素 B_1 和青霉素最为常见。

维生素 B_1 又叫硫胺素，分子中含有一个噻唑环和一个嘧啶环。

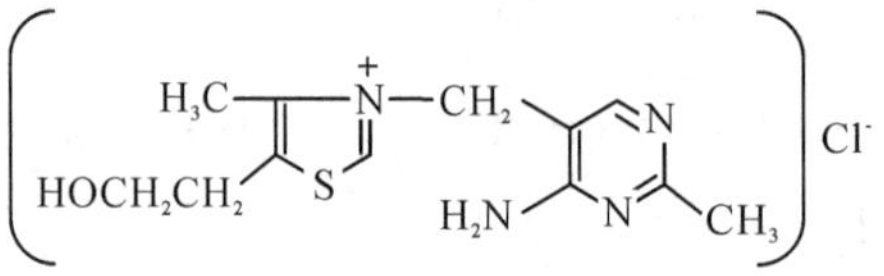

维生素B_1

维生素 B_1 为白色晶体，易潮解，熔点为 248 ℃(分解)，溶于水，稍溶于乙醇。普遍存在于米糠、麦麸、瘦猪肉、花生、黄豆以及酵母中。人体缺乏维生素 B_1 时，会引起脚气病、心血管疾病及多发性神经炎等。

青霉素是由青霉素菌培养液中提取出来的一类抗生素的总称。常用的青霉素有 18 种，其中以青霉素 G 含量较高，疗效最好。青霉素 G 中有一个氢化噻唑环，分子中含有羧基，具有酸性，可制成钠盐或钾盐供临床使用。

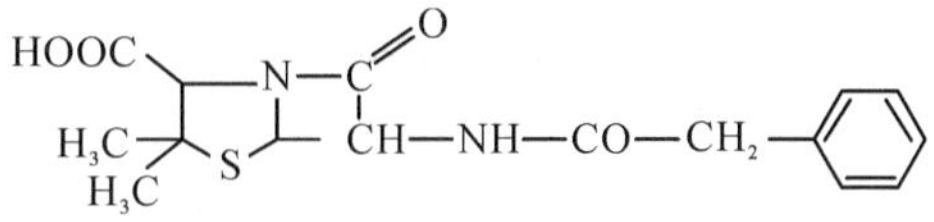

青霉素G

第三节　六元杂环化合物

一、吡啶和嘧啶

吡啶和嘧啶是六元杂环中最具有代表性的化合物。它们的衍生物广泛存在于自然界，不少合成药物含有吡啶环或嘧啶环。

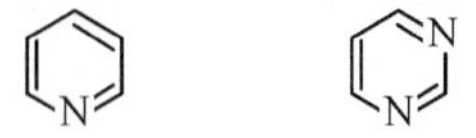

吡啶　　嘧啶

(一)吡啶和嘧啶的结构

组成吡啶和嘧啶环的六个原子都是以 sp^2 杂化成键。每个原子利用两个 sp^2 杂化轨道与相邻的原子分别形成 C—C、C—N σ 键，六个原子共平面。碳原子利用剩余的一个 sp^2 杂化轨道与氢原子形成 C—H σ 键，氮原子剩余的 sp^2 杂化轨道上有一对孤对电子。每个原子各有一个未杂化的 p 轨道与环平面垂直，互相侧面重叠形成 6 个 π 电子的闭合共轭体系。

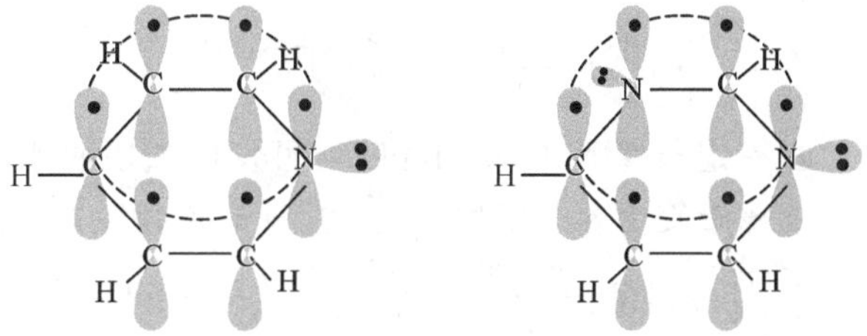

吡啶的结构　　嘧啶的结构

分子结构符合休克尔规则，因此吡啶和嘧啶也具有芳香性。由于氮原子电负性比碳原子的大，氮原子对环产生的吸电子的诱导和吸电子的共轭效应，使环上的电子云密度偏向于氮原子，结果使环上的电子云密度降低，因此吡啶和嘧啶的亲电取代反应没有苯的强，嘧啶环中有两个氮原子的吸电子作用，亲电取代反应比吡啶难，亲核取代反应比较容易。另外，氮原子未参与成键的 sp^2 杂化轨道上有孤对电子，因此吡啶和嘧啶都能表现出一定的碱性，但嘧啶由于两个氮原子间的相互影响，其碱性也比吡啶弱。

(二)吡啶和嘧啶的性质

1.物理性质

吡啶是具有特殊臭味的无色液体，存在于煤焦油中，可用煤焦油提取。沸点为 115.3 ℃。

能与水、乙醇、乙醚混溶，能溶解大部分有机化合物和部分无机化合物，在有机合成中常用作溶剂。嘧啶是白色晶体，熔点为 22 ℃，沸点为 123 ℃，易溶于水。

2.化学性质

(1)吡啶的碱性。吡啶有类似叔胺的结构，能与质子结合呈碱性，但它是一个弱碱，碱性比苯胺的强，比脂肪胺弱很多。吡啶可以和无机酸作用生成盐。在有机合成中利用吡啶的弱碱性，常用吡啶作碱性催化剂。

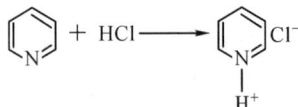

N + HCl ⟶ N H^+ Cl^-

吡啶易与碘甲烷作用生成季铵盐，季铵盐加热至 290～300 ℃会重排为甲基吡啶的盐。

N + CH_3I ⟶ N^+ CH_3 I^- —290~300 ℃ 重排⟶ CH_3 N H^+ I^- + CH_3 N H^+ I^-

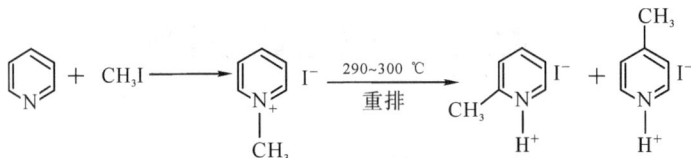

(2)吡啶的亲电取代反应。吡啶的亲电取代反应比苯等难很多，反应条件要求高，活性与硝基苯类似。吡啶不发生傅-克反应，可以发生卤代、硝化、磺化等反应。由于吡啶环中碳原子上电子云密度均小于苯环碳原子上的电子云密度，且氮原子间位的电子云密度相对比邻、对位大。因此亲电取代反应，取代基主要进入 β 位。

N —Cl_2,$AlCl_3$ 100℃⟶ N —Cl

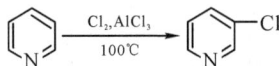

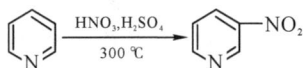

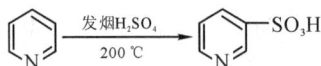

N —HNO_3,H_2SO_4 300 ℃⟶ N —NO_2

N —发烟H_2SO_4 200 ℃⟶ N —SO_3H

(3)亲核取代反应。在一定条件下，吡啶和嘧啶均可发生亲核取代反应，由于嘧啶环上的电子降低的更多，所以嘧啶比吡啶更容易发生反应。反应时取代基主要进入 α-位。例如：

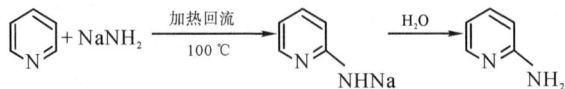

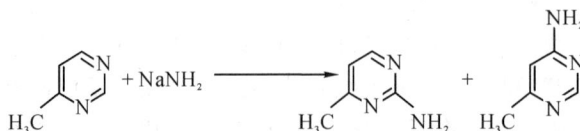

N + $NaNH_2$ —加热回流 100 ℃⟶ N NHNa —H_2O⟶ N NH_2

H_3C N N + $NaNH_2$ ⟶ H_3C N N NH_2 + H_3C N N NH_2

二、吡啶和嘧啶的衍生物

吡啶的衍生物广泛存在于自然界。例如维生素 PP(包括烟酸和烟酰胺)、维生素 B_6(包括吡哆醇、吡哆醛和吡哆胺)等，广泛存在于谷物的胚胎、豆、蔬菜和动物的肉、奶及肝中，它们都属于水溶性维生素。

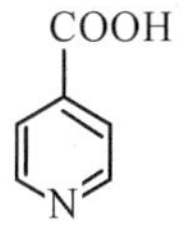

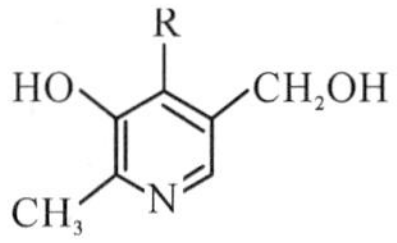

$R{=}CH_2OH$ 吡哆醇
$R{=}CHO$ 吡哆醛
$R{=}CH_2NH_2$ 吡哆胺

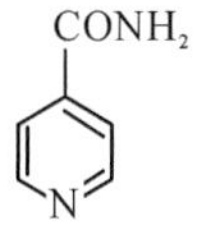

烟酸　烟酰胺

维生素PP　维生素B6

嘧啶本身不存在于自然界，但它的衍生物在自然界分布很广。其中脲嘧啶、胞嘧啶、胸腺嘧啶是遗传物质核酸的重要组成部分。

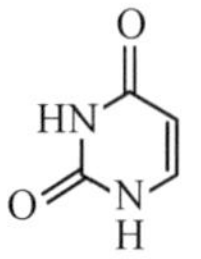

脲嘧啶 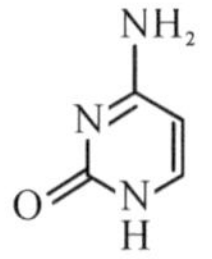　胞嘧啶 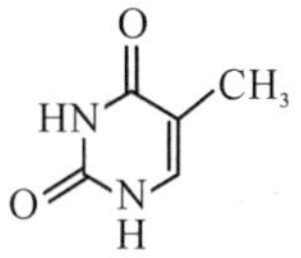　胸腺嘧啶

问题与思考

1.将下列化合物按碱性强弱的顺序排列。

(1)吡啶　(2)六氢吡啶　(3)吡咯

2.如何除去苯中混有的少量噻吩？

第四节　稠杂环化合物

苯环与杂环或者杂环与杂环都可以共用两个相邻的碳原子，稠合成稠杂环化合物。重要的稠杂环化合物有吲哚、喹啉、嘌呤等。

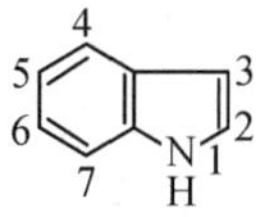

吲哚 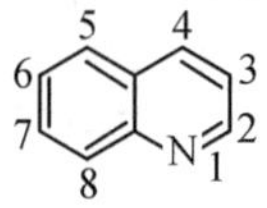　喹啉 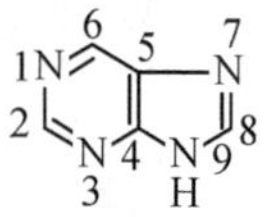　嘌呤

一、吲哚及其衍生物

吲哚是吡咯环和苯环稠合而成的杂环化合物，存在于煤焦油中。蛋白质腐败时产生吲哚和β-甲基吲哚残留于粪便中，是粪便臭气的成分。但纯吲哚在浓度极稀时有令人愉快的香气，在香料工业中用来制造茉莉花型香精，可作化妆品的香料。

吲哚为白色晶体，熔点为 52.5 ℃，沸点为 254 ℃，易溶于热水、乙醇、乙醚。吲哚和吡咯相似，有弱酸性，与松木片反应呈红色。

吲哚的化学性质和吡咯相似，具有极弱的碱性，吡咯环比苯环活泼，易发生亲电取代反应，取代位置发生在β-位。

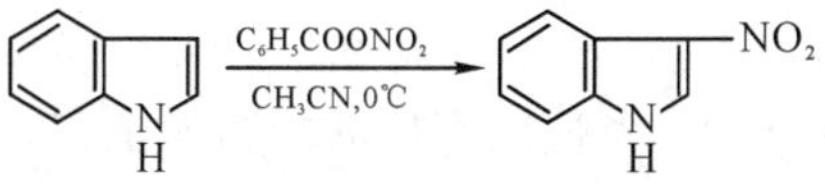

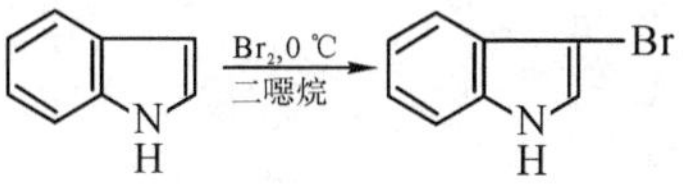

$\xrightarrow[CH_3CN,\,0℃]{C_6H_5COONO_2}$

$\xrightarrow[二噁烷]{Br_2,\,0\ ℃}$

其原因是吲哚环上有效电荷分布β-位的电子云密度比α-位大。

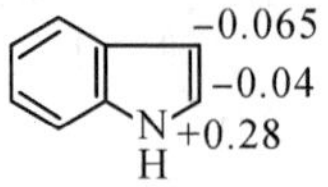

吲哚衍生物广泛存在于动植物体内，与人类的生命、生活有密切的关系。例如植物生长激素β-吲哚乙酸，还有能改善睡眠和润肠通便作用的脑白金都属于吲哚衍生物。

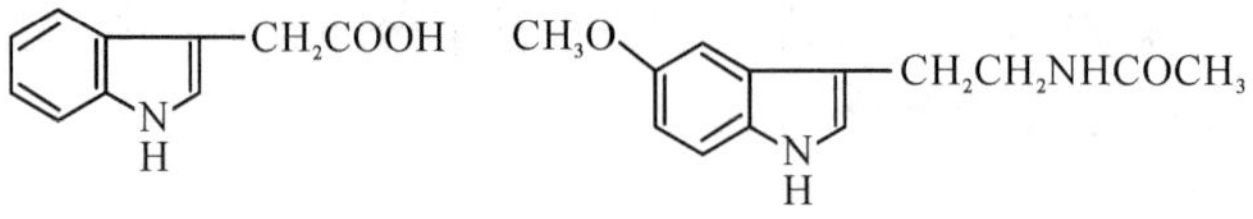

β-吲哚乙酸　　脑白金

二、喹啉及其衍生物

喹啉是一种无色油状液体，长期放置变为黄色，有类似吡啶的恶臭味，沸点为 238 ℃，稍溶于水，易溶于乙醇、乙醚等有机溶剂。喹啉是由吡啶与苯环并合而成。由于氮原子的电负性较大，喹啉分子中各原子的净电荷分布情况如下：

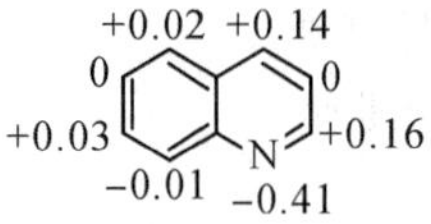

(一)亲电取代反应

氮原子的吸电子性使吡啶环中的电子云密度比苯环的低，亲电取代反应发生在苯环上，取代基主要进入 5 位和 8 位。亲核取代反应主要发生在 2 位和 4 位。

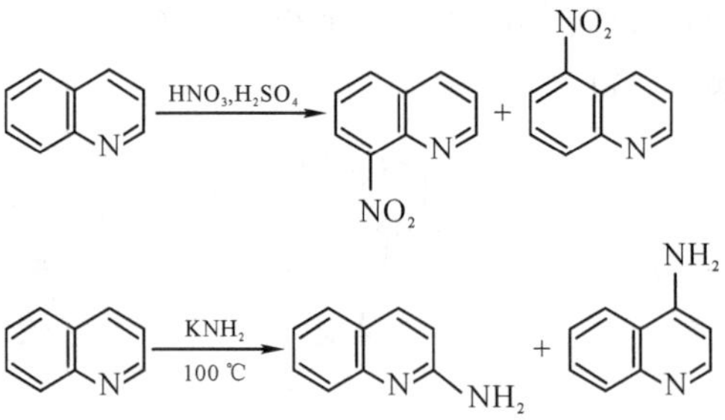

(二)氧化和还原

喹啉的氧化反应发生在电子云密度较大的苯环上，还原反应发生在吡啶环上。例如：

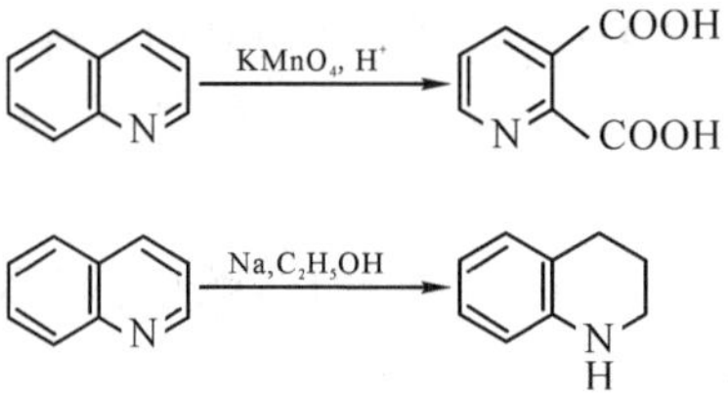

(三)喹啉及其衍生物

喹啉的衍生物在医药上很重要，多种抗疟疾的药物如奎宁、氯喹啉等分子都含有喹啉环的结构。因此，喹啉环的合成很重要。

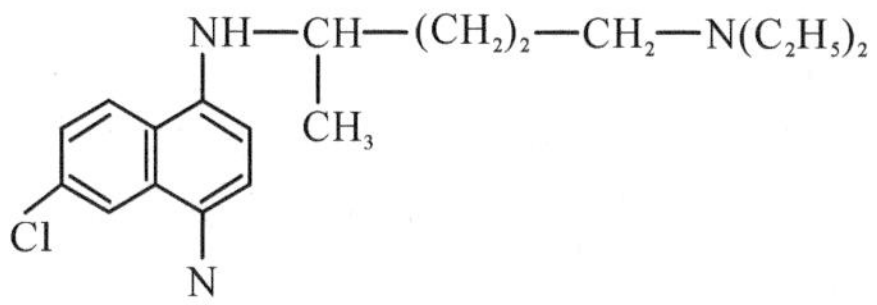

奎宁

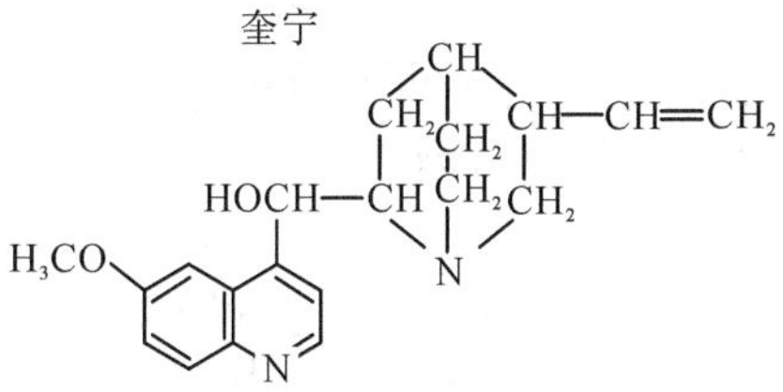

氯喹啉

喹啉的合成常用甘油、苯胺为原料，在浓硫酸和氧化剂（如硝基苯）作用下，共热制得。

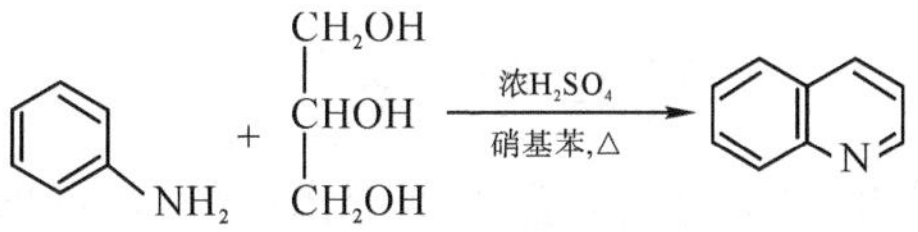

选择不同的苯胺衍生物为原料，可以合成不同的喹啉衍生物。例如：

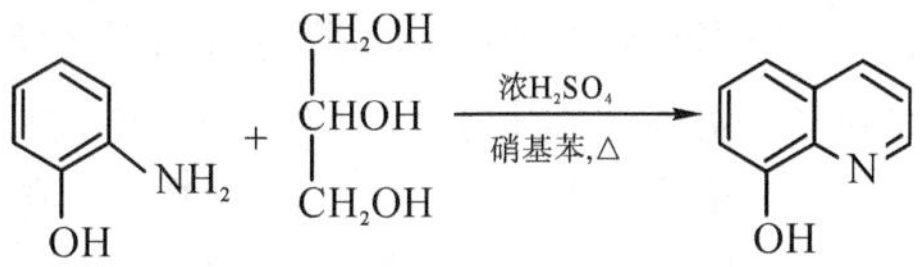

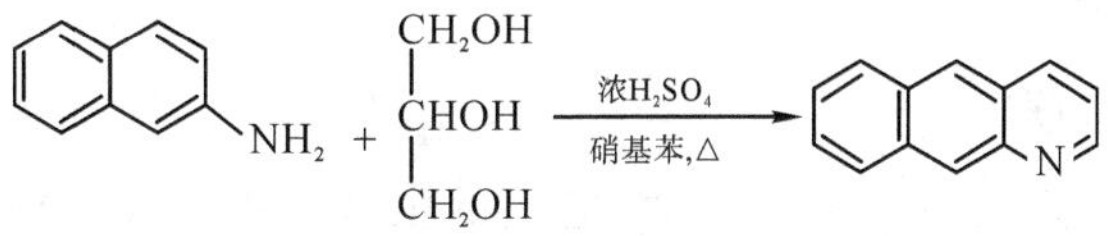

三、嘌呤及其衍生物

嘌呤可以看作是一个嘧啶环和一个咪唑环稠合而成的稠杂环化合物。嘌呤有互变异构体，但在生物体内多以（Ⅱ）式存在。

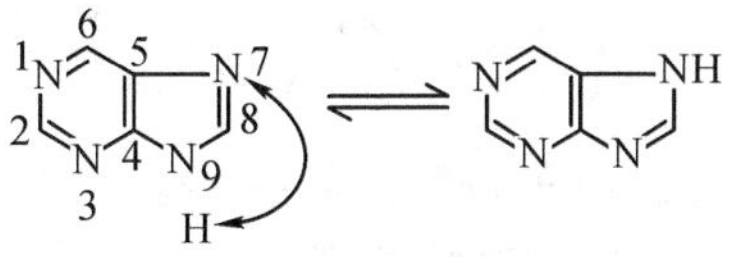

(I)　　(Ⅱ)
9H-嘌呤　　7H-嘌呤

嘌呤为无色晶体，熔点为 216 ℃，易溶于水，能与酸或碱生成盐，但其水溶液呈中性。嘌呤本身在自然界中尚未发现，但它的氨基及羟基衍生物广泛存在于动、植物体中。

所有的细胞核中都有核酸，它和生物的生长、繁殖、遗传变异有非常密切的关系。腺嘌呤(adienine，简写 A)和鸟嘌呤(guanine，简写 G)是核酸的重要组成部分。

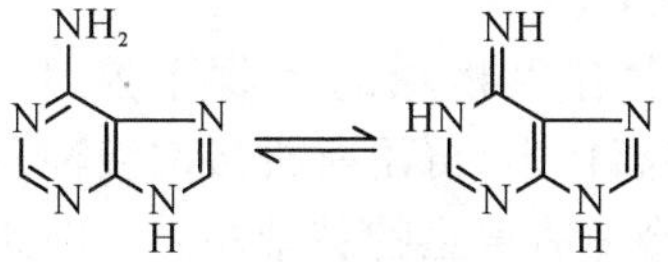

腺嘌呤

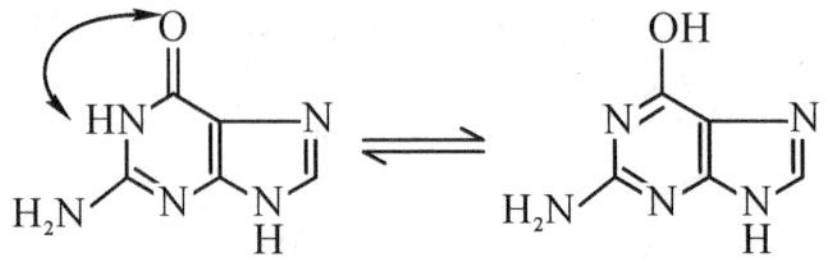

鸟嘌呤

腺嘌呤和鸟嘌呤都有互变异构体，主要以左边异构体的形式存在。此外，存在于鸟类或爬虫类排泄物中的尿酸也是嘌呤重要的衍生物。

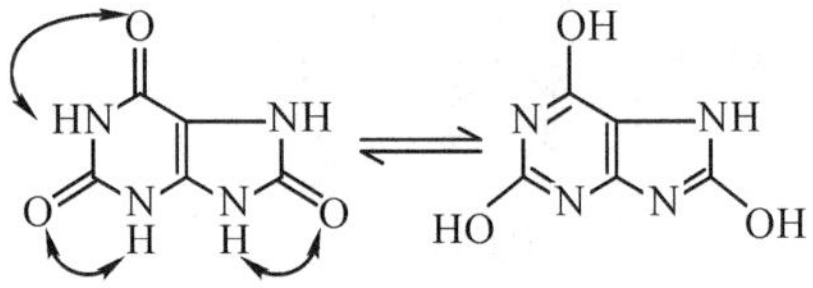

尿酸

第五节　生物碱

生物碱是指一类存在于生物体内具有强烈生理作用的含氮碱性有机化合物。生物碱的发现始于19世纪初叶，最早发现的是吗啡(1803年)，随后不断报道了各种生物碱的发现，例如奎宁(1820年)、颠茄碱(1831年)、古柯碱(1860年)、麻黄碱(1887年)。19世纪兴起了对生物碱的研究和结构测定，它对杂环化学、立体化学和合成新药物提供了大量的资料和新的研究方法。

生物碱的分类，多以所含的杂环为依据，如吡啶类、吲哚类、喹啉类(包含异喹啉)、嘌呤类、吡咯类等。生物碱的命名常根据其来源的植物命名。如麻黄碱是由中药麻黄取的。也有用音译法命名的，例如尼古丁。

一、生物碱的一般性质

生物碱的种类很多，并且结构差异很大，它们的生理作用也各不相同。由于它们都是含氮的有机化合物，所以有很多相似的性质。

大多数生物碱是无色晶体，只有少数是液体，味苦，难溶于水，易溶于有机溶剂。生物碱分子中含有手性碳原子，具有旋光性，其左旋体和右旋体的生理活性差别很大。自然界中存在的一般是左旋体。

二、生物碱的提取方法

由于生物碱的结构中都含有氮原子，而氮原子上有一对未共用电子，对质子有一定吸引力，所以呈碱性，能与酸结合成盐。生物碱的盐遇强碱仍可变为生物碱。游离生物碱本身难溶于水，易溶于有机溶剂，而生物碱的盐易溶于水而难溶于有机溶剂。利用这些性质从植物体中提取、精制生物碱。主要的提取方法一般有两种：

(1)稀酸提取法。通常将含生物碱的植物切碎，用稀酸(0.5%～1%硫酸或盐酸)浸泡或加热回流，所得生物碱盐的水溶液通过阳离子交换树脂柱，生物碱的阳离子与离子交换树脂的阴离子结合留在交换树脂上，然后用氢氧化钠溶液洗脱出生物碱，再用有机溶剂提取，浓缩提取液即得到生物碱结晶。

(2)有机溶剂提取法。将含有生物碱的植物干燥切碎或磨成细粉，与碱液(稀氨水、Na_2CO_3)搅拌研磨，使生物碱游离析出，再用有机溶剂浸泡，使生物碱溶于有机溶剂，将提取液进行浓缩，蒸馏回收有机溶剂，冷却后得生物碱结晶。有时也可把有机溶剂提取液再用稀酸处理，使生物碱成为盐而溶于水，浓缩盐的水溶液后，再加入碱液使生物碱游离析出，然后用有机溶剂提取、浓缩，即可得生物碱结晶。因同一种植物中含有多种生物碱，所以上述方法提取的往往是多种生物碱的混合物，需进一步分离和精制，以获得较纯的成分。

三、几种重要的生物碱

生物碱的数量很多，目前已发现的不下数千种，而且结构复杂，生理作用千差万别。下面只介绍几种代表性的生物碱。

（一）烟碱

烟碱又名尼古丁，以柠檬酸或苹果酸盐的形式存在于烟草中。国产烟叶烟碱的含量一般为 1%～4%，最高可达 10%～12%。

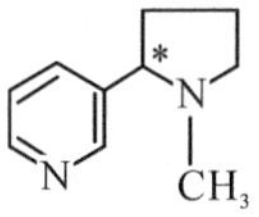

烟碱

纯的烟碱是无色油状液体，沸点为 247 ℃，有苦辣味，易溶于水和乙醇。自然界中的烟碱是左旋体，它在空气中易氧化变色。烟碱的毒性很大，少量烟碱对中枢神经有兴奋作用，能增高血压；大量烟碱能抑制中枢神经系统，使心脏麻痹，导致死亡。烟草生物碱是有效的农业杀虫剂，能杀灭蚜虫、蓟马、木虱等。烟碱常以卷烟的下脚料和废弃品为原料提取得到。

（二）咖啡碱、茶碱、可可碱

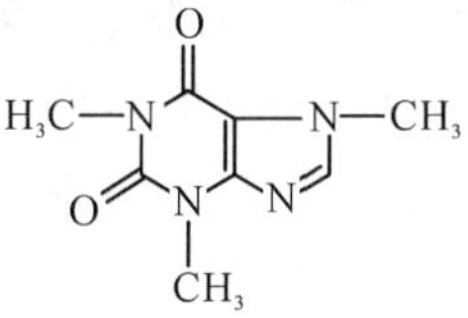

咖啡碱 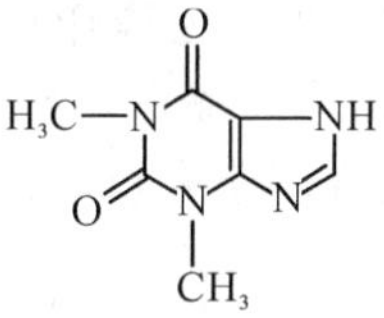　　茶碱 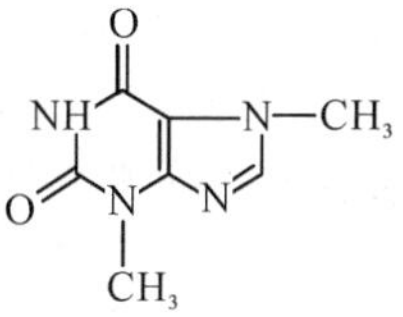　　可可碱

咖啡碱又名咖啡因，有兴奋中枢神经和利尿作用，是常用退热复方阿斯匹林的成分之一。茶碱有松弛平滑肌和较强的利尿止痛、收敛作用，医药上用来消除支气管痉挛和各种水肿症。可可碱有咖啡碱相似的生理作用。

（三）吗啡、海洛因、可待因

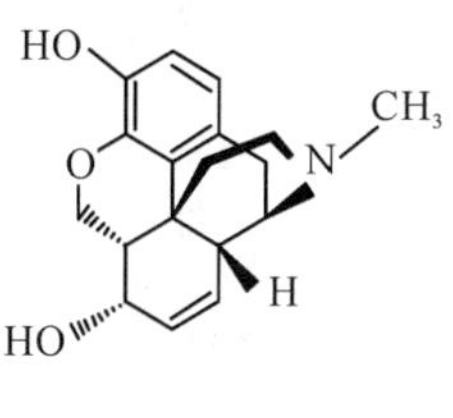

吗啡 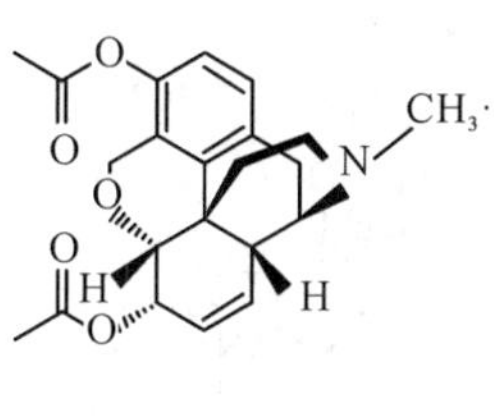　　海洛因 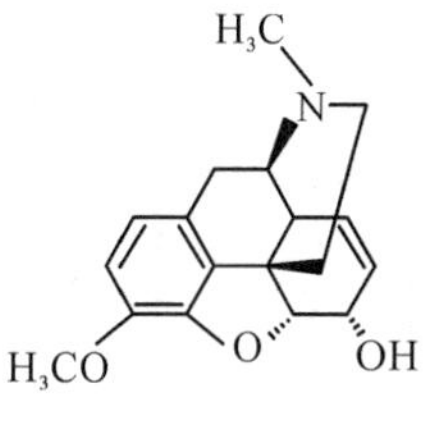　　可待因

罂粟科植物中含有 20 多种生物碱，吗啡的含量很高，约占 10%～16%。吗啡为白色晶体，熔点为 254 ℃，味苦，微溶于水。吗啡环不稳定，在空气中能缓慢氧化。它对中枢神经有麻醉作用和较强的镇痛作用，在医药上应用广泛，可作为镇痛药和安眠药。由于它的成瘾性，使用时须小心谨慎，必须严格控制使用。海洛因是吗啡的乙酰化产物，其成瘾性极强，一次即可成瘾，是世界公认并严厉打击的头号毒品。可待因是吗啡的甲基醚，不像吗啡那样容易成瘾，可以止痛，但主要用作镇咳剂。

本章小结

（1）杂环化合物和生物碱广泛存在于自然界中，在动植物体内起着重要的生理作用。本章主要介绍了五元、六元杂环化合物母核吡咯、呋喃、噻吩、吡啶、嘧啶、吲哚、喹啉、嘌呤的分类、命名、结构、性质；生物碱的存在、性质、提取方法和几个重要的生物碱。

(2)杂环化合物是成环原子中含有除碳原子以外的氧、硫、氮等杂原子的环状有机化合物。多数杂环化合物结构中具有环状闭合的共轭体系，符合休克尔规则，具有芳香性。杂环化合物通常以音译法命名，其化学性质主要有亲电取代反应(卤代、硝化、磺化、傅-克反应)、加成反应、氧化反应等。

(3)杂环化合物有富电子芳杂环和缺电子芳杂环两大类。富电子芳杂环化合物，如呋喃、噻吩、吡咯等较苯易发生亲电取代反应，取代基主要进入 α-位；缺电子芳杂环化合物，如吡啶发生亲电取代反应比苯难，取代基主要进入 β-位。

(4)吡咯环是富电子芳杂环，易被氧化剂氧化，且对酸不稳定。吡啶环是缺电子芳杂环，对氧化剂稳定，比苯环更难被氧化。杂环化合物的芳香性比苯差，因此发生加成反应一般比苯容易。

(5)吡咯环中氮原子的未共用电子对参与环的共轭，因此吡咯环不显碱性而显弱酸性；吡啶环中氮原子上的未共用电子对未参与环的共轭，因此易接受质子而显弱碱性。

(6)杂环化合物是有机化合物中数量最多的一类化合物，与人类生存密切相关。比如糠醛、叶绿素、血红素、维生素 B_{12}、维生素 PP(包括烟酸和烟酰胺)、维生素 B_6(包括吡哆醇、吡哆醛和吡哆胺)、尿嘧啶、胞嘧啶、胸腺嘧啶、腺嘌呤、鸟嘌呤等。

(7)生物碱是一类对人和动物有强烈的生理作用的碱性物质，大多数是含氮杂环的衍生物，在生物体内以有机酸或无机酸盐的形式存在。多数生物碱难溶于水而易溶于有机溶剂，而生物碱与酸结合成盐后则易溶于水而难溶于有机溶剂，根据这一特性可分离和提纯生物碱。

习　题

12-1.命名下列化合物或写出化合物的构造式。

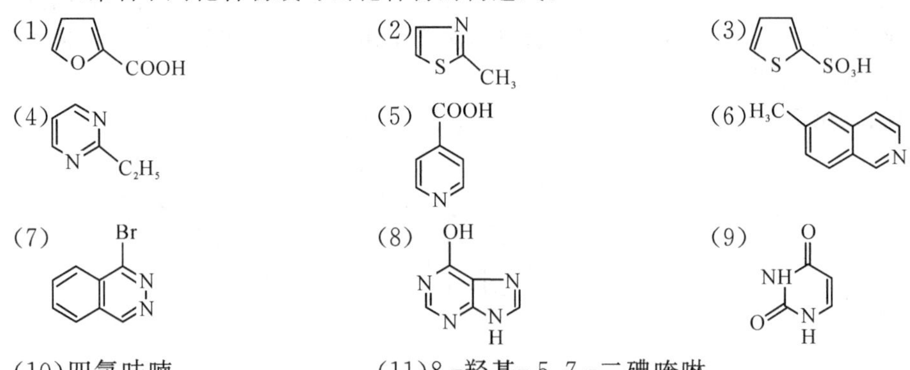

(10)四氢呋喃　　(11)8-羟基-5,7-二碘喹啉

(12)3-甲基糠醛　　(13)6-乙基-2,4-二氨基-5-(对氯)苯基嘧啶

12-2.简要回答下列问题。

(1)为什么呋喃、噻吩及吡咯比苯易进行亲电取代？而吡啶却比苯难发生亲电取代？

(2)为什么吡咯不显碱性而噻唑显碱性？

(3)为什么六氢吡啶的碱性比吡啶强很多？

(4)为什么喹啉的亲核取代反应主要发生在 C_2 上而不在 C_4 上？

12-3.将下列化合物按碱性强弱排序。

(1)吡啶、吡咯、六氢吡啶、苯胺；

(2)甲胺、苯胺、四氢吡咯、氨；

(3)吡啶、苯胺、环己胺、γ-甲基吡啶。

12－4.如何用化学方法除去下列混合物中的杂质？

(1)苯中混有少量噻吩。

(2)甲苯中混有少量吡啶。

(3)吡啶中含有少量六氢吡啶。

12－5.完成下列反应式，写出主要产物。

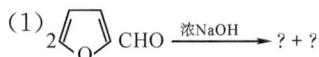

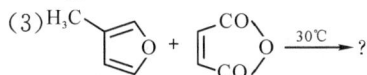

(1) 2 (呋喃)CHO $\xrightarrow{浓NaOH}$? + ?

(2) (吡咯, N H) + $4I_2$ $\xrightarrow{NaOH}$?

(3) H_3C-(呋喃) + (顺丁烯二酸酐, CO O CO) $\xrightarrow{30℃}$?

(4) (吡咯, N H) + CH_3MgBr ⟶ ? + ?

(5) (吡啶, N) $\xrightarrow[200℃]{发烟H_2SO_4}$?

(6) (喹啉, N) $\xrightarrow{KMnO_4,\ H^+}$?

(7) (呋喃, O) + $(CH_3CO)_2O$ $\xrightarrow[C_2H_4Cl_2]{SnCl_4}$?

(8) (吡啶, N) $\xrightarrow[Pt]{H_2}$? $\xrightarrow{过量碘甲烷}$?

12－6.用简单的化学方法鉴别下列各组化合物。

(1)苯、噻吩、苯酚

(2)糠醛、呋喃

(3)吡咯、吡啶、苯

12－7.下列哪些化合物可溶于酸？哪些化合物可溶于碱？哪些化合物即可溶于酸又可溶于碱？

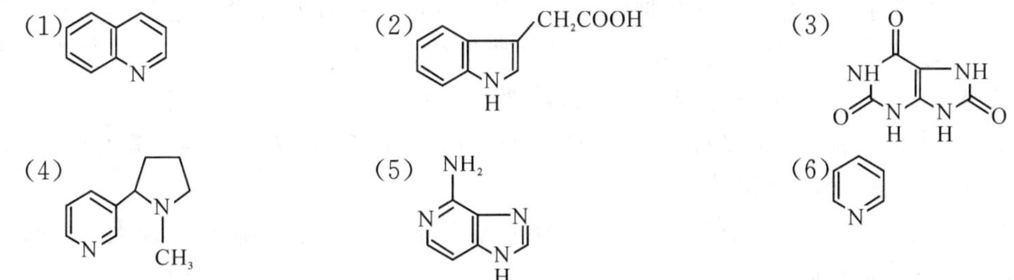

12－8.某甲基喹啉经高锰酸钾氧化后可得三元酸，这种羧酸在脱水剂作用下发生分子内脱水能生成两种酸酐，试推测该甲基喹啉的结构式。

12－9.杂环化合物 A($C_5H_4O_2$)经氧化，生成化合物 B($C_5H_4O_3$)，B 的钠盐和碱石灰一起共热，得到化合物 C(C_4H_4O)，C 不和金属钠作用，也不与醛、酮反应，但能发生双烯合成。试推测 A、B、C 的结构式。

12－10.由吡啶制备 3-吡啶甲酸，其他试剂任选。

第四部分　三大合成材料

三大合成材料是指塑料、合成橡胶和合成纤维。它们是用人工的方法，由低分子化合物合成的高分子化合物，相对分子量在 10000 以上，又称为高聚物。天然高聚物有淀粉、纤维素、天然橡胶和蛋白质等。

高聚物正在越来越多地取代金属，成为现代社会使用的重要材料。被称为现代高分子三大合成材料的塑料、合成纤维和合成橡胶已经成为国民经济建设与人民日常生活必不可少的重要材料。

第十三章　塑料

随着塑料在工农业生产、人民生活及各种高新技术领域的广泛应用，塑料及其制品的需求量迅速增长，获得了超越金属等传统材料的高速发展。当今，塑料在材料工业中占有相当重要的地位，我们几乎天天都会接触到。我们的衣、食、住、行离不开各种各样的塑料制品。

第一节　塑料工业的发展

早在 19 世纪以前，人们就已经开始利用沥青、松香、琥珀、虫胶等天然树脂。1868 年人们将天然纤维素硝化，用樟脑作增塑剂制成了世界上第一个塑料品种，称为赛璐璐，从此开始了人类使用塑料的历史。

1909 年出现了第一种人工合成塑料——酚醛塑料。1920 年又一种人工合成塑料——氨基塑料(苯胺甲醛塑料)诞生了。这两种塑料当时为推动电气工业和仪器制造工业的发展起了积极作用。到 20 世纪二三十年代，相继出现了醇酸树脂、聚氯乙烯、丙烯酸酯类、聚苯乙烯和聚酰胺等塑料。从 20 世纪 40 年代至今，随着科学技术和工业的发展，石油资源的广泛开发利用，塑料工业获得迅速发展。在品种上又出现了聚乙烯、聚丙烯、不饱和聚酯、氟塑料、环氧树脂、聚甲醛、聚碳酸酯、聚酰亚胺等。

塑料的发展历史可分为三个阶段：天然高分子加工阶段、合成树脂阶段以及大发展阶段。

一、天然高分子加工阶段

天然高分子加工阶段是以天然高分子(主要是纤维素)的改性和加工为特征。

1869 年美国人 J.W.海厄特发现在硝酸纤维素中加入樟脑和少量酒精，可制成一种可塑性物质，热压下可成型为塑料制品，命名为赛璐璐。

1872 年在美国纽瓦克建厂生产。当时除用作象牙代用品外，还加工成马车和汽车的风挡和电影胶片等。从此开创了塑料工业，相应地也发展了模压成型技术。

1905 年德国拜耳股份公司进行工业生产。在此期间，一些化学家在实验室里合成了多种聚合物，如线型酚醛树脂、聚甲基丙烯酸甲酯、聚氯乙烯等，为后来塑料工业的发展奠定了基础。

二、合成树脂阶段

合成树脂阶段是以合成树脂生产塑料为特征。

1909 年，美国人 L.H.贝克兰在用苯酚和甲醛来合成树脂方面，做出了突破性的进展，取得第一个热固性树脂-酚醛树脂的专利权。在酚醛树脂中，加入填料后，热压制成模压制品、层压板、涂料和胶粘剂等。这是第一个完全合成的塑料。

1911 年，英国人 F.E.马修斯制成了聚苯乙烯，但存在工艺复杂、树脂老化等问题。

1920 年以后塑料工业迅速发展。德国化学家 H.施陶丁格提出高分子链是由结构相同的重复单元以共价键连接而成的理论和不溶性热固性树脂的交联网状结构理论。

1926 年，美国人 W.L.西蒙把尚未找到用途的聚氯乙烯粉料，在加热条件下溶于高沸点溶剂中，冷却后意外地得到柔软、易于加工，且富有弹性的增塑聚氯乙烯。这一偶然发现打开了聚氯乙烯工业生产的大门。

1928 年，脲醛树脂由英国氰氨公司投入工业生产。

1929 年，美国化学家 W.H.卡罗瑟斯提出了缩聚理论，为高分子化学和塑料工业的发展奠定了基础。当时，发展十分迅速的化学工业为塑料工业提供了多种聚合单体和其他原料，化学工业最发达的德国，迫切希望摆脱大量依赖天然产品的局面，以满足多方面的需求。这些因素有力地推动了合成树脂制备技术和加工工业的发展。

1930 年，德国法本公司解决了马修斯合成聚苯乙烯工艺中工艺复杂、树脂老化等问题，在路德维希港用本体聚合法进行工业生产。在对聚苯乙烯改性的研究和生产过程中，逐渐形成以苯乙烯为基础，与其他单体共聚的苯乙烯系树脂，扩展了它的应用范围。

1931 年，美国罗姆-哈斯公司以本体法生产聚甲基丙烯酸甲酯，制造出有机玻璃。

1933 年，英国卜内门化学工业公司在进行乙烯与苯甲醛高压下反应的实验时，发现聚合釜壁上有蜡质固体存在，从而发明了聚乙烯。1939 年该公司用高压气相本体法生产出低密度聚乙烯。

1939 年，美国氰氨公司开始生产三聚氰胺-甲醛树脂的模塑粉、层压制品和涂料。

1941 年，美国又开发了悬浮法生产聚氯乙烯的技术。从此，聚氯乙烯成为重要的塑料品种，它又是主要的耗氯产品之一，在一定程度上影响着氯碱工业的生产。

1953 年，联邦德国化学家 K.齐格勒用烷基铝和四氯化钛作催化剂，使乙烯在低压下制成高密度聚乙烯。

1955 年，联邦德国赫斯特公司首先对高密度聚乙烯工业化。

1955 年，意大利人 G.纳塔发明了聚丙烯。

1957 年，意大利蒙特卡蒂尼公司首先工业生产聚丙烯。

随着聚乙烯、聚氯乙烯和聚苯乙烯等通用塑料的发展，原料也从以煤为主转向了以石油为主，这不仅保证了高分子化工原料的充分供应，也促进了石油化工的发展，使原料得以多层次利用，创造了更高的经济价值。

三、大发展阶段

在这一时期通用塑料的产量迅速增大。

在20世纪70年代，聚烯烃塑料中又有聚1-丁烯和聚4-甲基-1-戊烯投入生产，形成了世界上产量最大的聚烯烃塑料系列。同时出现了多种高性能的工程塑料。

1958年到1973年的15年中，塑料工业处于飞速发展时期。1970年塑料产量为30 Mt。除产量迅速猛增外，产品种类也迅猛发展。首先，由单一的大品种通过共聚或共混改性，发展成系列品种。如聚氯乙烯除生产多种牌号外，还发展了氯化聚氯乙烯、氯乙烯-醋酸乙烯共聚物、氯乙烯-偏二氯乙烯共聚物、共混或接枝共聚改性的抗冲击聚氯乙烯等。其次，开发了一系列高性能的工程塑料新品种。如聚甲醛、聚碳酸酯、ABS树脂、聚苯醚、聚酰亚胺等。最后，广泛采用增强、复合与共混等新技术，赋予塑料以更优异的综合性能，扩大了应用范围。

1973年后的10年间，能源危机影响了塑料工业的发展速度。20世纪70年代末，各主要塑料品种的世界年总产量分别为：聚烯烃19 Mt、聚氯乙烯超过100 kt、聚苯乙烯接近80 kt、塑料总产量为63.6 Mt。

1982年塑料工业又开始复苏。1983年起塑料工业超过历史最高水平，产量达72 Mt。

目前，以塑料为主体的合成材料的世界体积产量早已超过全部金属的产量。

 **拓展知识**

历史趣事1：

赛璐璐的发现

英国冶金学家、化学家帕克斯和美国印刷工人海厄特对于赛璐璐的贡献最为显著。帕克斯的工作是将制成的硝酸纤维素溶解在乙醇和乙醚的溶液中，再把溶剂蒸发掉，得到一种角质状的坚硬而又耐水的物质。他在这种物质中加入一些油类添加剂，使这些材料变得更有韧性，经过染色后做成了各种色彩鲜艳的用品和饰品，可以仿造龟甲和木材制品。

在19世纪，台球都是用象牙做的，数量自然非常有限。于是，有人悬赏一万美元征求制造台球的替代材料。1869年，印刷工人海厄特，一位业余化学爱好者，为了找到一种象牙的代用品，他将硝酸纤维素、樟脑和乙醇的混合物在高压下共热，常压硬化成型，最后得到廉价的台球，赢得了那笔奖金。用这种方法得到的角质状材料不仅韧性更好，而且具有加热时软化、冷却时变硬的特性，很容易加工。这就是人类历史上第一种塑料——赛璐璐。赛璐璐不仅用来制造各种日用品和饰品，还可用来生产指甲油。

1884年，美国柯达公司用赛璐璐生产照相和电影胶片，但这种胶片在放映过程中，也常因磨擦燃烧发生事故。自赛璐璐的另一个兄弟——赛璐玢即醋酸纤维素问世后，它也很快被取代了。不过赛璐璐至今还一直用于制造乒乓球和玩具等产品，见图13-1。

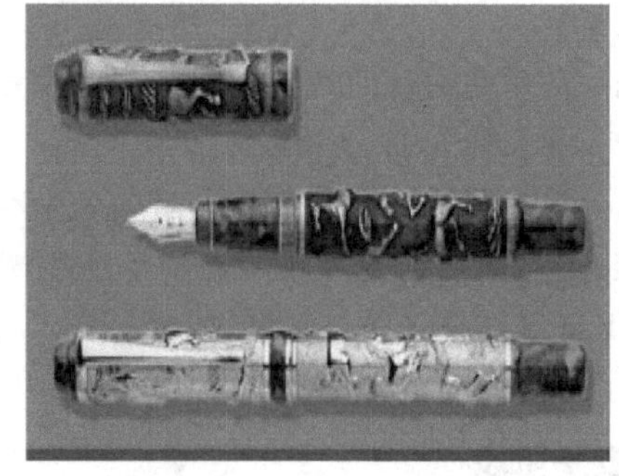

图13-1　赛璐璐制品

历史趣事2：

第一种完全合成的塑料

第一种完全合成的塑料出自美籍比利时人列奥·亨德里克·贝克兰，1907年7月14日，他注册了酚醛塑料的专利。

贝克兰是鞋匠和女仆的儿子，1863年生于比利时的根特。1884年，21岁的贝克兰获得根特大学博士学位，24岁时成为比利时布鲁日高等师范学院的物理和化学教授。1889年，刚刚娶了大学导师的女儿，贝克兰又获得一笔旅行奖学金，到美国从事化学研究。

在哥伦比亚大学的查尔斯·钱德勒教授的鼓励下，贝克兰留在美国，在纽约一家摄影器材供应公司工作。工作几年后他发明了Velox照相纸，这种相纸可以在灯光下而不是必须在阳光下才能显影。1893年，贝克兰创办了尼佩拉化学公司。

在新产品的冲击下，摄影器材商伊士曼·柯达吃不消了。1898年，经过两次谈判，柯达以75万美元(相当于现在的1500万美元左右)的价格购得Velox照相纸的专利权。不过柯达很快发现配方不灵，贝克兰的回答是：这很正常，发明家在专利文件里都会省略一两步，以防被侵权使用。柯达被告知：他们买的是专利，但不是全部知识。又付了10万美元，柯达方知秘密在一种溶液里。

掘得第一桶金后，贝克兰买下了纽约附近扬克斯的一座俯瞰哈德逊河的豪宅，将一个谷仓改成设备齐全的私人实验室，还与人合作在布鲁克林建起了试验工厂。当时刚刚萌芽的电力工业蕴藏着绝缘材料的巨大市场。贝克兰嗅到的第一个诱惑是天然的绝缘材料虫胶价格的飞涨，几个世纪以来，这种材料一直依靠南亚的家庭手工业生产。经过考察，贝克兰把寻找虫胶的替代品作为第一个商业目标。当时，化学家已经开始认识到很多可用作涂料、黏合剂和织物的天然树脂和纤维都是聚合物，即结构重复的大分子，开始寻找能合成聚合物的成分和方法。

早在1872年，德国化学家阿道夫·冯·拜尔就发现：苯酚和甲醛反应后，玻璃管底部有些顽固的残留物。不过拜尔的眼光在合成染料上，而不是绝缘材料上，对他来说，这种黏糊糊的不溶解物质是条死胡同。对贝克兰等人来说，这种东西却是光明的路标。从1904年开始，贝克兰开始研究这种反应。最初得到的是一种液体——苯酚-甲醛虫胶，称为诺沃拉克，但市场并不成功。3年后，贝克兰得到一种糊状的黏性物，模压后成为半透明的硬塑料——酚醛塑料。

不同的是，赛璐璐来自化学处理过的胶棉以及其他含纤维素的植物材料，而酚醛塑料是世界第一种完全合成的塑料。贝克兰用自己的名字将它命名为“贝克莱特”。他很幸运，英国同行詹姆斯·斯温伯恩爵士只比他晚一天提交专利申请，否则英文里酚醛塑料可能要叫作“斯温伯莱特”。1909年2月8日，贝克兰在美国化学协会纽约分会的一次会议上公开了这种塑料。

酚醛塑料绝缘、稳定、耐热、耐腐蚀、不可燃，贝克兰称其为“千用材料”。特别是在迅速发展的汽车、无线电和电力工业中，它被制成插头、插座、收音机和电话外壳、螺旋桨、阀门、齿轮、管道等。在家庭中，它出现在台球、把手、按钮、刀柄、桌面、烟斗、保温瓶、电热水瓶、钢笔和人造珠宝上。这是20世纪的“炼金术”，从煤焦油那样的廉价产物中，得到用途如此广泛的材料。1924年《时代》周刊的一则封面故事称：那些熟悉酚醛塑料潜力的人表示，数年后它将出现在现代文明的每一种机械设备里。1940年5月20日的《时代》周刊则将贝克兰称为“塑料之父”。当然，酚醛塑料也有缺点，它受热会变暗，只有深褐、黑或暗绿3种颜色，而且容易摔碎。

1910年，贝克兰创办了通用酚醛塑料公司，在新泽西的工厂开始生产酚醛塑料。很快有了竞争对手，特别是雷德曼诺和康顿夕两种牢固的塑料，爱迪生曾试图用它们制成留声机唱片控制市场，但未成功。因为假冒酚醛塑料的出现，贝克兰很早就在产品上采用了类似今天"IntelInside"的真品标签。1926 年专利保护到期，大批同类产品涌入市场。经过谈判，贝克兰与对手合并，拥有了一个真正的酚醛塑料帝国。

作为科学家，贝克兰可谓名利双收，他拥有超过 100 项专利，荣誉职位数不胜数，死后也位居科学和商界两类名人堂。他身上既有科学家少有的商业精明，又有科学家太多的生活迟钝。除了电影和汽车，他最大的爱好是穿着衬衫、短裤流连于游艇"离子号"上。不过据说他只有一套正装，而且总是穿一双旧运动鞋。为了让他换套行头，身为艺术家的妻子在服装店挑了一件 125 美元的英国蓝斜纹哔叽套装，预付了店主 100 美元，要他把这套衣服陈列在橱窗里，挂上一个 25 美元的标签。当晚，贝克兰从妻子口中获悉这等价廉物美的好事，第二天就买了下来。回家路上碰到邻居、律师萨缪尔·昂特迈耶，贝克兰的新衣服立刻被对方以 75 美元买走，成为他向妻子显示精明的得意事例。

1939 年，贝克兰退休时，儿子乔治·华盛顿·贝克兰无意从商，公司以 1650 万美元（相当于今天的 2 亿美元）出售给联合碳化物公司。1945 年，贝克兰死后一年，美国的塑料年产量就超过 40 万吨，1979 年时其产量又超过了工业时代的代表——钢。

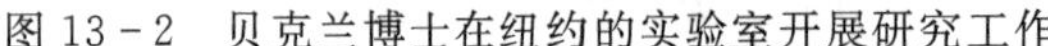

图 13-2　贝克兰博士在纽约的实验室开展研究工作

图 13-3　贝克兰使用最初的酚醛合成反应釜

第二节　塑料的分类及特征

塑料种类很多，到目前为止，世界上投入生产的塑料大约有三百多种。塑料的分类方法较多，目前常用分类方法有以下几种：

（1）根据塑料受热后的性质，塑料可分为热塑性塑料和热固性塑料。

①热塑性塑料分子结构都是线型结构，在受热时发生软化或熔化，可制成一定的形状，冷却后又变硬。在受热到一定程度后又重新软化，冷却后又变硬，这种过程能够反复进行多次。热塑性塑料有聚氯乙烯、聚乙烯、聚苯乙烯等。热塑性塑料成型过程比较简单，能够连续化生产，并且具有相当高的机械强度，因此发展很快。

②热固性塑料的分子结构是体型结构，在受热时也会发生软化，可以塑制成一定的形状，

但受热到一定的程度或加入少量固化剂，就硬化定型，再加热也不会变软和改变形状了，因此不能回收再用。酚醛塑料、氨基塑料、环氧树脂等都属于热固性塑料。热固性塑料成型工艺过程比较复杂，所以连续化生产有一定的困难，但其耐热性好、不容易变形，而且价格比较低廉。

(2)根据所含组分数目，塑料可分为单一组分塑料和多组分塑料。

①单一组分塑料是由聚合物构成或仅含少量辅助物料(染料、润滑剂等)。如聚乙烯塑料、聚丙烯塑料、有机玻璃等。

②多组分塑料则除聚合物之外，尚包含大量辅助剂(增塑剂、稳定刑、改性剂、填料等)。如酚醛塑料、聚氯乙烯塑料等。

(3)根据塑料成型方法，塑料可分为模压塑料、层压塑料、注射、挤出和吹塑塑料、浇铸塑料、反应注射模塑料等。

①模压塑料，指供模压用的树脂混合料。如一般热固性塑料。

②层压塑料，指浸有树脂的纤维织物，可经叠合、热压结合而成为整体材料。

③注射、挤出和吹塑塑料，一般指能在料筒温度下熔融、流动，在模具中迅速硬化的树脂混合料。如一般热塑性塑料。

④浇铸塑料，指能在无压或稍加压力的情况下，倾注于模具中能硬化成一定形状制品的液态树脂混合料。如 MC 尼龙。

⑤反应注射模塑料，一般指液态原材料，加压注入模腔内，使其反应固化制得成品。如聚氨脂类。

(4)按塑料半制品和制品，塑料分为模塑粉、增强塑料、泡沫塑料和薄膜等。

①模塑粉，又称为塑料粉，主要由热固性树脂(如酚醛)和填料等经充分混合、按压、粉碎而得。如酚醛塑料粉。

②增强塑料，指加有增强材料而某些力学性能比原树脂有较大提高的一类塑料。

③泡沫塑料，指整体内含有无数微孔的塑料。

④薄膜，一般指厚度在 0.25 mm 以下的平整而柔软的塑料制品。

(5)根据塑料的用途不同，塑料分为通用塑料、工程塑料和特种塑料。

①通用塑料，一般是指产量大、用途广、成型性好、价格便宜的塑料。通用塑颗粒料有五大品种，即聚乙烯(PE)、聚丙烯(PP)、聚氯乙烯(PVC)、聚苯乙烯(PS)及丙烯腈-丁二烯-苯乙烯共聚合物(ABS)。这五大类塑料占据了塑料的绝大多数。

②工程塑料，一般是指能承受一定外力作用，具有良好的机械性能和耐高、低温性能。可以用作工程结构的塑料，如聚酰胺、聚砜等。在工程塑料中又将其分为通用工程塑料和特种工程塑料两大类。通用工程塑料包括：聚酰胺、聚甲醛、聚碳酸酯、改性聚苯醚、热塑性聚酯、超高分子量聚乙烯、甲基戊烯聚合物、乙烯醇共聚物等。特种工程塑料有交联型和非交联型之分。交联型的有聚氨基双马来酰胺、聚三嗪、交联聚酰亚胺、耐热环氧树指等。非交联型的有聚砜、聚醚砜、聚苯硫醚、聚酰亚胺、聚醚酮(PEEK)等。工程塑料在机械性能、耐久性、耐腐蚀性、耐热性等方面能达到更高的要求，而且加工更方便，并可替代金属材料。工程塑料被广泛应用于电子电气、汽车、建筑、办公设备、机械、航空、航天等行业，以塑代钢、以塑代木已成为国际流行趋势。

③特种塑料，一般是指具有特种功能，可用于航空、航天等特殊应用领域的塑料。如氟塑料和有机硅，具有突出的耐高温、自润滑等特殊功能。增强塑料和泡沫塑料具有高强度、高缓

冲性等特殊性能，这些塑料都属于特种塑料的范畴。增强塑料原料在外形上可分为粒状（如钙塑增强塑料）、纤维状（如玻璃纤维或玻璃布增强塑料）、片状（如云母增强塑料）三种。按材质可分为布基增强塑料（如碎布增强或石棉增强塑料）、无机矿物填充塑料（如石英或云母填充塑料）、纤维增强塑料（如碳纤维增强塑料）三种。泡沫塑料可以分为硬质、半硬质和软质泡沫塑料三种。硬质泡沫塑料没有柔韧性，压缩硬度很大，只有达到一定应力值才产生变形，应力解除后不能恢复原状；软质泡沫塑料富有柔韧性，压缩硬度很小，很容易变形，应力解除后能恢复原状，残余变形较小；半硬质泡沫塑料的柔韧性和其他性能介于硬质与软质泡沫塑料之间。

第三节　塑料的实用性能及应用

塑料是一种具有多种特性的实用材料。由于塑料性能的多样化，随之带来了实用性能的多样化，基本每一个品种在应用性能上都有特长。塑料在实用性能上的多样化特点，一方面来源于塑料大分子的结构和组成特点；另一方面来源于塑料性能的可调性，即指通过许多不同的途径可以改变其性能，以满足使用上的各种要求。

从应用的角度出发，将塑料在工程方面的主要实用性能归纳如下：

(1)质轻、比强度高。一般塑料的密度都在 0.9～2.3 g/cm^3，只有钢铁的 1/8～1/4、铝的 1/2 左右，而各种泡沫塑料的密度更低，在 0.01～0.5 g/cm^3。比强度是按单位质量计算的强度。有些增强塑料的比强度接近甚至超过钢材。例如合金钢材，其单位质量的拉伸强度为 160 MPa，而用玻璃纤维增强的塑料可达到 170～400 MPa。

(2)优异的电绝缘性能。几乎所有的塑料都具有优异的电绝缘性能。如极小的介电损耗和优良的耐电弧特性，这些性能可与陶瓷媲美。

(3)优良的化学稳定性能。一般塑料对酸碱等化学药品均有良好的耐腐蚀能力，特别是聚四氟乙烯的耐化学腐蚀性能比黄金还要强，甚至能耐“王水”等强腐蚀性电解质的腐蚀，被称为“塑料王”。

(4)减摩、耐磨性能好。大多数塑料具有优良的减摩、耐磨和自润滑特性。许多工程塑料制造的耐摩擦零件就是利用塑料的这些特性，在耐磨塑料中加入某些固体润滑剂和填料时，可降低其摩擦系数，或进一步提高其耐磨性能。

(5)透光及防护性能。多数塑料都可以作为透明或半透明制品，其中聚苯乙烯和丙烯酸酯类塑料像玻璃一样透明。有机玻璃化学名称为聚甲基丙烯酸甲酯，可用作航空玻璃材料。聚氯乙烯、聚乙烯、聚丙烯等塑料薄膜具有良好的透光和保暖性能，大量用作农用薄膜。

(6)减震、消音性能优良。某些塑料柔韧而富有弹性，当它受到外界频繁的机械冲击和振动时，内部产生粘性内耗，将机械能转变成热能。因此，工程上用作减震、消音材料。例如，用工程塑料制作的轴承和齿轮可减小噪音，各种泡沫塑料更是广泛使用的优良减震、消音材料。

塑料的优良性能，使它在工农业生产和人们的日常生活中具有广泛用途。塑料已从过去作为金属、玻璃、陶瓷、木材和纤维等材料的代用品，而一跃成为现代生活和尖端工业不可缺少的材料。然而，塑料也有不足之处。例如，耐热性比金属等材料差，一般塑料仅能在 100 ℃以下使用，少数可在 200 ℃左右使用；塑料的热膨胀系数要比金属大 3～10 倍，容易受温度变化而影响尺寸的稳定性；在载荷作用下，塑料会缓慢地产生粘性流动或变形，即蠕变现象；此外，塑料在大气、阳光、长期的压力等作用下会发生老化，使性能变坏等。塑料的这些缺点或多或少地影响或限制了它的应用。但是，随着塑料工业的发展和塑料材料研究工作的深入，这些缺点正逐渐被克服，性能优异的新颖塑料和各种塑料复合材料正不断涌现。

第四节　聚氯乙烯

聚氯乙烯，简称 PVC，结构简式为：

$$\left[\underset{\text{Cl}}{\underset{|}{\text{CH}}} - \text{CH}_2 \right]_n$$

PVC 为无定形结构的白色粉末，支化度较小，相对密度为 1.4 左右，玻璃化温度为 77～90 ℃，170 ℃左右开始分解，对光和热的稳定性差，在 100 ℃以上或经长时间阳光曝晒，就会分解而产生氯化氢，并进一步自动催化分解，引起变色，物理机械性能也迅速下降。在实际应用中必须加入稳定剂以提高其对热和光的稳定性。

一、PVC 的合成反应机理

PVC 树脂是氯乙烯单体（VCM）在过氧化物、偶氮化合物等引发剂，或在光、热作用下按自由基聚合而成的聚合物。

$$\text{R:R(引发剂)} \xrightarrow[\text{或}h\nu]{\triangle} 2\text{R}\cdot$$

$$\text{R}\cdot + \text{CH}_2{=}\underset{\text{Cl}}{\underset{|}{\text{CH}}} \longrightarrow \text{R}{-}\text{CH}_2\underset{\text{Cl}}{\underset{|}{\text{CH}}}\cdot$$

$$\text{RCH}_2\underset{\text{Cl}}{\underset{|}{\dot{\text{C}}\text{H}}} \xrightarrow{\text{CH}_2{=}\text{CHCl}} \text{RCH}_2\underset{\text{Cl}}{\underset{|}{\text{CH}}}{-}\text{CH}_2\underset{\text{Cl}}{\underset{|}{\dot{\text{C}}\text{H}}} \xrightarrow{\text{CH}_2{=}\text{CHCl}}$$

$$\text{RCH}_2\underset{\text{Cl}}{\underset{|}{\text{CH}}}{-}\text{CH}_2\underset{\text{Cl}}{\underset{|}{\text{CH}}}{-}\text{CH}_2\underset{\text{Cl}}{\underset{|}{\dot{\text{C}}\text{H}}} \xrightarrow{\text{CH}_2{=}\text{CHCl}} \cdots\cdots$$

PVC 塑料是以 PVC 树脂为基料，与稳定剂、增塑剂、填料、着色剂及改性剂等多种助剂混合，经塑化、成型加工而成。

PVC 曾是世界上产量最大的通用塑料，应用非常广泛。PVC 在建筑材料、工业制品、日用品、地板革、地板砖、人造革、管材、电线电缆、包装膜、瓶、发泡材料、密封材料、纤维等方面均有广泛应用。

二、PVC 的分类

根据应用范围的不同，PVC 可分为：通用型 PVC 树脂、高聚合度 PVC 树脂、交联 PVC 树脂。通用型 PVC 树脂是由氯乙烯单体在引发剂的作用下聚合形成的；高聚合度 PVC 树脂是指在氯乙烯单体聚合体系中加入链增长剂聚合而成的树脂；交联 PVC 树脂是在氯乙烯单体聚合体系中加入含有双烯和多烯的交联剂聚合而成的树脂。

根据氯乙烯单体的获得方法的不同，PVC 可分为电石法、乙烯法和进口 EDC、VCM 单体法（习惯上把乙烯法和进口单体法统称为乙烯法）。

根据聚合方法的不同，PVC 可分为四大类：悬浮法 PVC、乳液法 PVC、本体法 PVC、溶液法 PVC。悬浮法 PVC 是产量最大的一个品种，约占 PVC 总产量的 80%左右。

根据增塑剂含量的不同，常将 PVC 分为：无增塑 PVC（增塑剂含量为 0）、硬质 PVC（增塑剂含量小于 10%）、半硬质 PVC（增塑剂含量为 10%～30%）、软质 PVC（增塑剂含量为 30%～

70%)、PVC 糊塑料(增塑剂含量为 80%)以上。

三、PVC 的结构

(一)链结构

由于电子效应和位阻效应的原因,乙烯基类高聚物主要以头尾形式连接,PVC 也基本如此。但由于氯乙烯的取代基氯的共轭稳定作用较苯基差,故在氯乙烯的加聚过程中,氯乙烯单元之间既可头尾相接,也可头头或尾尾相接,见图 13-4。

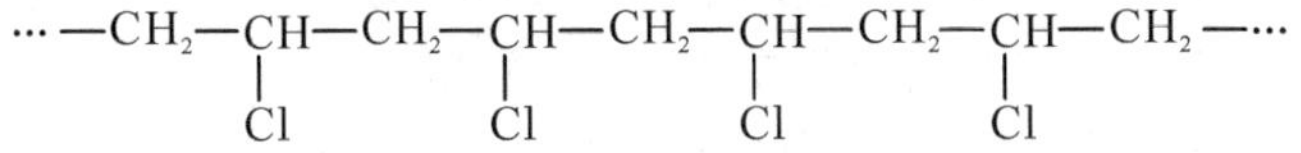

$$\cdots-CH_2-\underset{\underset{Cl}{|}}{CH}-CH_2-\underset{\underset{Cl}{|}}{CH}-CH_2-\underset{\underset{Cl}{|}}{CH}-CH_2-\underset{\underset{Cl}{|}}{CH}-CH_2-\cdots$$

图 13-4　聚氯乙烯线性结构

同聚乙烯相比,二者都是线型大分子,且都具有热塑性,但 PVC 大分子中含有极性极强的氯原子,使大分子的极性增大,大分子链间的引力增大。因此 PVC 的硬度和刚度比聚乙烯大,其介电常数和介电损耗比聚乙烯高。同时,PVC 大分子中含有氯原子,使其具有良好的阻燃性能。

(二)颗粒形态

PVC 是含有少量结晶结构的无定形聚合物。相邻单体单元的立体异构情况会影响高聚物的性质。PVC 有两种立体异构,即全同立构和间同立构。前者的空间配位能比后者高,降低聚合温度会增加间同立构度。虽然通常都把 PVC 看作为无定形高聚物,实际上,间同立构的分子排列有易于形成结晶的倾向,致使 PVC 的聚集态结构中仍含有少量的结晶。用 X 射线衍射法测出其结晶度为 5%~10%。据法拉尔和纳塔的研究报道,晶区重复距离为 0.51 nm,同间规(交替)结构是一致的。核磁共振研究指出,常规 PVC 的间规结构大约是 55%,其余基本上是无规结构。在实际的 PVC 中,由于结晶体小和有序区不完整,从而降低了熔点,拉宽了熔程。

PVC 颗粒组织形态有疏松型 PVC 和紧密型 PVC。疏松型 PVC 颗粒较大、粒径分布均匀、内部孔隙率高、外层皮膜较薄。树脂具有吸收增塑剂快、塑化温度低、熔体均匀性好、热稳定性高等优点;而紧密型 PVC 与疏松型相反,吸收增塑剂能力低可用于 PVC 硬制品。PVC 颗粒形态结构见图 13-5。

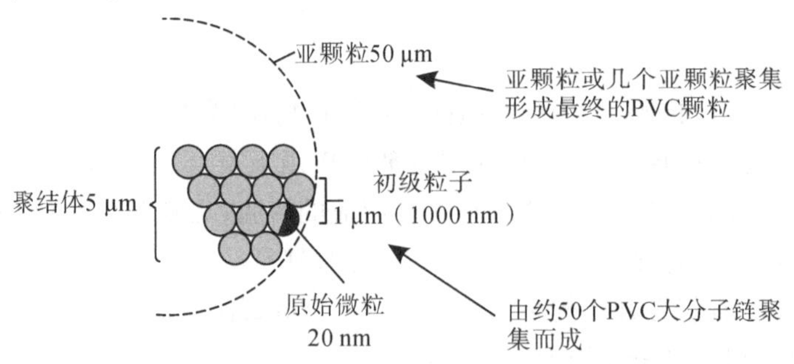

图 13-5　PVC 颗粒形态结构模型

通过调整悬浮聚合时的配方和工艺条件,可以获得紧密型和疏松型 PVC,颗粒尺寸 50~250 μm。聚合温度对颗粒形态有显著影响,温度越低,获得的 PVC 颗粒就越疏松。PVC 形态结构图见图 13-6。

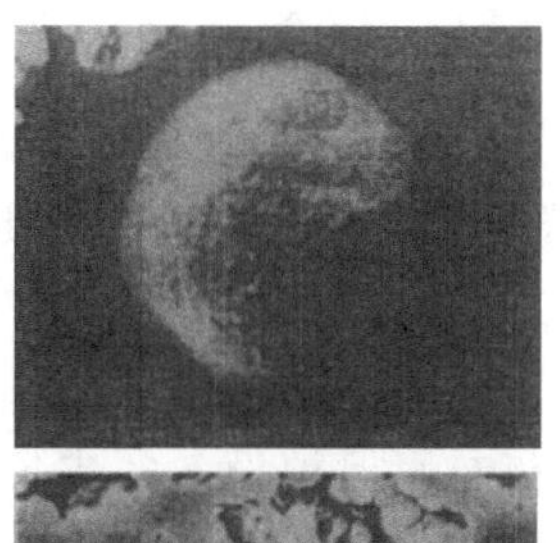

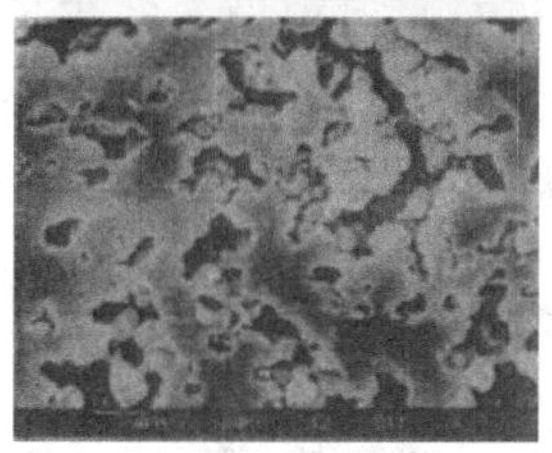

疏松型PVC
(呈棉花团状)

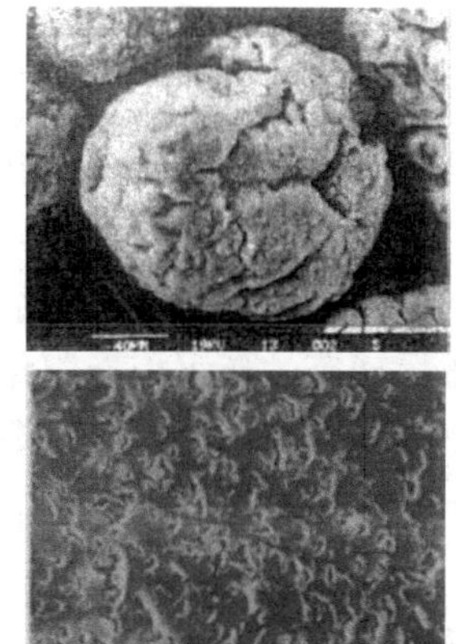

紧密型PVC
（呈乒乓球状）

图 13－6　PVC 形态结构模型

四、PVC 的主要用途

（一）PVC 异型材

型材、异型材是我国 PVC 消费量最大的领域，约占 PVC 总消费量的 25%，主要用于制作门窗和节能材料，其应用量在全国范围内仍有较大幅度增长。在发达国家，塑料门窗的市场占有率也是高居首位，如德国为 50%，法国为 56%，美国为 45%。

（二）PVC 管材

在众多的 PVC 制品中，PVC 管道是其第二大消费领域，约占其消费量的 20%。在我国，PVC 管较 PE 管和 PP 管开发早，品种多，性能优良，使用范围广，在市场上占有重要位置。

（三）PVC 膜

PVC 膜领域对 PVC 的消费位居第三，约占 10%。PVC 与添加剂混合、塑化后，利用三辊或四辊压延机制成规定厚度的透明或着色薄膜。PVC 也可以通过剪裁，热合加工成包装袋、雨衣、桌布、窗帘、充气玩具等。宽幅的透明薄膜可以供温室、塑料大棚及地膜之用。

（四）PVC 硬材和板材

在 PVC 中加入稳定剂、润滑剂和填料，经混炼后，用挤出机可挤出各种口径的硬管、异型管、波纹管等，常用作下水管、饮水管、电线套管或楼梯扶手。将压延好的薄片重叠热压，可制成各种厚度的硬质板材。板材可以切割成所需的形状，然后利用 PVC 焊条用热空气焊接成各种耐化学腐蚀的贮槽、风道及容器等。

（五）PVC 一般软质品

利用挤出机可以挤成软管、电缆、电线等；利用注射成型机配合各种模具，可制成塑料凉鞋、鞋底、拖鞋、玩具、汽车配件等。

（六）PVC 包装材料

PVC 制品可用于包装主要为各种容器、薄膜及硬片。PVC 容器主要用于生产矿泉水、饮料、化妆品瓶，也有用于精制油的包装。PVC 膜可用于与其他聚合物一起共挤出生产成本低的层压制品，以及具有良好阻隔性的透明制品。PVC 膜也可用于拉伸或热收缩包装，用于包装床垫、布匹、玩具等工业品。

(七)PVC 护墙板和地板

PVC 护墙板主要用于取代铝制护墙板。PVC 地板砖中除一部分 PVC 树脂外，其他组分是回收料、粘合剂、填料等，主要应用于机场候机楼地面和其他场所的坚硬地面。

(八)PVC 日用消费品

包具是 PVC 加工制作而成的传统产品，PVC 被用来制作各种仿皮革，用于包具、运动制品，如篮球、足球和橄榄球等。还可用于制作制服和专用保护设备的皮带。服装中用 PVC 织物一般是吸附性织物(不需涂布)，如雨披、婴儿裤、仿皮夹克和各种雨靴等。PVC 用于许多体育娱乐品，如玩具、唱片和体育运动用品等，PVC 玩具和体育用品增长幅度大，由于其生产成本低、易于成型而占有优势。

(九)PVC 涂层制品

有衬底的人造革是将 PVC 糊涂敷于布上或纸上，然后在 100 ℃以上塑化而成；也可以先将 PVC 与助剂压延成薄膜，再与衬底压合而成。无衬底的人造革则是直接由压延机压延而成。

(十)新型材料研究

当前我国改性塑料年总需求约为 500 万吨左右，约占全部塑料总消费的 10%左右，其比例远远低于世界平均水平。我国人均塑料消费量与世界发达国家相比还存在很大的差距。要想实现我国改性塑料行业的快稳发展，创新技术是未来发展的关键点。

化工行业分析师认为，我国改性塑料行业目前的总体发展水平不是很高，行业内企业的生产规模普遍较小，产品市场出的初级产品多，中级产品质量不够稳定，高级产品缺乏的特点，远不能满足我国当前社会经济发展的需要。作为化工新材料领域中的一个重要组成部分，改性塑料已被国家列为重点发展的科技领域之一。自我国各项政策陆续推出将进一步推动改性塑料行业发展。汽车和家电行业是改性塑料发展的热点，两者占比超过 50%。

塑料在汽车工业中的应用已经有 50 多年的历史。随着汽车向轻量、节能方向的发展，在材料方面提出了更高的要求。由于 1 kg 塑料可以替代 2～3 kg 钢等更重的材料，而汽车自重每下降 10%，油耗可以降低 6%～8%。所以增加改性塑料在汽车中的用量可以降低整车成本和重量，并达到节能效果。我国家电使用改性塑料市场主要被国外企业所占据，国内改性塑料企业占有不到 1/3 的市场份额。由于国内企业的产品大多局限于低技术含量、低标准的层面，因此对那些具有高性能需求的领域开拓能力明显不足。

五、PVC 的主要危害

PVC 本身并无毒性，但所添加的增塑剂、防老剂等主要辅料有毒性。日用 PVC 塑料中的增塑剂，主要使用的是邻苯二甲酸酯(PAEs)类物质，其中邻苯二甲酸二辛酯(DOP)为通用增塑剂。

1982 年美国权威国家癌症研究所对 DOP 的致癌性进行了生物鉴定，得出的结论：DOP 能使啮齿类动物的肝脏癌变。美国环境保护部门研究发现，DOP 可以引发组织癌变，扰乱内分泌。尽管目前 DOP 对人体致癌的结论仍有争论，由于考虑到塑化剂特别是 DOP 存在潜在的致癌危险，国际上均采取了相应的措施限制使用，美国环境保护局已经停止了六种新的邻苯二甲酸酯类产品的生产。邻苯二甲酸酯类物质绝不可以作为食品 PVC 的防老化剂，硬脂酸铅盐制品与乙醇、乙醚及其他溶剂接触会析出铅，也具有毒性。含铅盐的 PVC 用作食品包装与油条、炸糕、炸鱼、熟肉类制品、蛋糕点心类食品相遇，就会使铅分子扩散到油脂中去，所以不能使用 PVC 塑料袋盛装食品，尤其不能盛装含油类的食品。另外，PVC 塑料制品在较高温度下，如 50 ℃左右就会慢慢地分解出氯化氢气体，这种气体对人体有害。因此 PVC 制品不宜作为食品的包装物。

PAEs 可通过呼吸道、消化道和皮肤等途径进入人体，目前国内外研究发现，人群中 PAEs 污染状况已相当严重，在早熟女童血液中、育龄期妇女尿样及母乳中均检测到 PAEs。近年来，这类化合物引起的环境健康危害，受到环境科学、公共卫生领域、媒体甚至普通大众的广泛关注。

PVC 是二噁英的主要来源。二噁英实际上是一个简称，它指的并不是一种单一物质，而是结构和性质都相似的众多同类物或异构体的两大类有机化合物：多氯二苯并-对-二噁英（简称 PCDDs）和多氯二苯并呋喃（简称 PCDFs）。

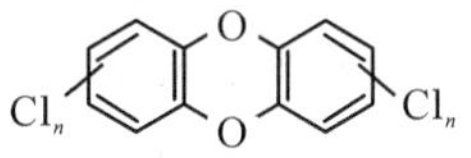

多氯二苯并一对一二噁英 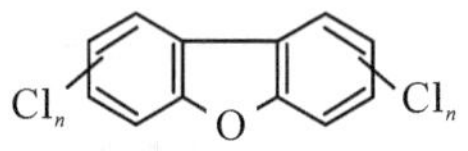　　　多氯二苯并呋喃

其中 2,3,7,8 -四氯二苯并-对-二噁英（2,3,7,8 - TCDD），是目前已知化合物中毒性最强的二噁英单体。

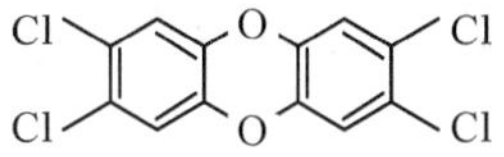

2,3,7,8-四氯二苯并-对-二噁英

当 PVC 生产、回收和在焚烧炉中毁弃时，或者 PVC 的产品在意外燃烧时如垃圾掩埋，就会产生二噁英。人类短期接触高剂量的二噁英，可能导致皮肤损害，如氯痤疮和皮肤色斑，还有可能改变肝脏功能。长期接触则会牵涉到免疫系统、发育中的神经系统、内分泌系统以及生殖功能的损害。

常用塑料的分类和用途见表 13 - 1。

表 13 - 1　常用塑料的分类和用途

塑料类别		俗称	名称	英文简称	主要用途
热塑性塑料	聚苯乙烯类	硬胶	通用聚苯乙烯	PS	灯罩、仪器壳罩、玩具等
		不脆胶	高冲击聚苯乙烯	HIPS	日用品、电器零件、玩具等
	改性聚苯乙烯类	ABS 料	丙烯腈-丁二烯-苯乙烯	ABS	电器用品外壳、日用品、高级玩具、运动用品等
		AS 料（SAN 料）	丙烯腈-苯乙烯	AS(SAN)	日用透明器皿、透明家庭电器用品等
		BS(BDS)K 料	丁二烯-苯乙烯	BS(BDS)	特种包装、食品容器、笔杆等
		ASA 料	丙烯酸-苯乙烯-丙烯睛	ASA	适于制作一般建筑领域、户外家具、汽车外侧视镜壳体等
	聚丙烯类	PP（百折胶）	聚丙烯	PP	包装袋、拉丝、包装物、日用品、玩具等
		PPC	氯化聚丙烯	PPC	日用品、电器等

续表

塑料类别		俗称	名称	英文简称	主要用途
热塑性塑料	聚乙烯类	LDPE	低密度聚乙烯	LDPE	包装胶袋、胶花、胶瓶电线、包装物等
		HDPE	高密度聚乙烯	HDPE	包装、建材、水桶、玩具等
	改性聚乙烯类	EVA(橡皮胶)	乙烯-醋酸乙烯酯	EVA	鞋底、薄膜、板片、通管、日用品等
		CPE	氯化聚乙烯	CPE	建材、管材、电缆绝缘层、重包装材料等
	聚酰胺	尼龙单 6	聚酰胺-6	PA-6	轴承、齿轮、油管、容器、日用品等
		尼龙 66	聚酰胺-66	PA-66	机械、汽车、化工、电器装置等
		尼龙 9	聚酰胺-9	PA-9	机械零件、泵、电缆护套等
		尼龙 1010	聚酰胺-1010	PA-1010	绳缆、管材、齿轮、机械零件等
	丙烯酸酯类	亚加力	聚甲基丙烯酸甲酯	PMMA	透明装饰材料、灯罩、挡风玻璃、仪器表壳等
	丙烯酸酯共聚物	改性有机玻璃 372#,373#	甲基丙烯酸甲酯-苯乙烯	MMS	高抗冲要求的透明制品等
			甲基丙烯酸甲酯-乙二烯	MMB	机器架壳、框及日用品等
	聚碳酸酯	防弹胶	聚碳酸酯	PC	高抗冲的透明件、作高强度及耐冲击的零部件等
	聚甲醛	赛钢	聚甲醛	POM	耐磨性好、可以作机械的齿轮、轴承等
	纤维素类	赛璐璐	硝酸纤维素	CN	眼镜架、玩具等
	纤维素类	酸性胶	醋酸纤维素	CA	家用器具、工具手柄、容器等
			乙基纤维素	EC	工具手柄、体育用品等
	饱和聚酯	涤纶(的确凉)	聚对苯二甲酸乙二醇酯	PET	轴承、链条、齿轮、录音带等
	PVC 类	PVC	PVC	PVC	制造棒、管、板材、输油管、电线绝缘层、密封件等
	氟塑料类 PVF	F4 氟料	聚四氟乙烯	PTFE	高频电子仪器、雷达绝缘部件等
	氟塑料类 PVF	F46 氟料	聚全氟代乙丙烯	FFP(F46)	高频电子仪器、雷达绝缘部件等
		F3 氟料	聚三氟氯乙烯	PCTFE	透明视镜、阀管件等
		注塑、挤出成型	可溶性聚四氟乙烯	Teflon (PFA)	化工配件、机械零件、电线保护膜、可塑性成型等
		注塑、挤出成型	四氟乙烯-乙烯共聚	ETFE	化工配件、机械零件、电线保护膜等
	聚砜		四氟乙烯-六氯丙烯共聚	FEP	电线被覆、薄膜(绝缘膜、板材保护膜、脱模膜)、衬里等

续表

塑料类别		俗称	名称	英文简称	主要用途
热塑性塑料			三氟氯乙烯-乙烯共聚	ECTFE	主要用于电缆
			聚偏氟乙烯	PVdF	化工配件、机械零件 、电线保护膜，电缆电容器薄膜、长寿命耐候性建筑涂料可塑性成型等
			聚氟乙烯	PVF	主要制作薄膜和涂料，用于建筑、交通和包装等
	聚砜		聚砜	PSU(PSF)	电器零件、结构件、飞机及汽车零件等
			聚醚砜	PES	电器零件、结构件、飞机及汽车零件等
			聚芳砜	PAS	可用作C级绝缘材料制造电子电器零件，代替金属、陶瓷等材料制造机械零件
	氯化聚醚		氯化聚醚	PENTON	代替不锈钢、氯塑料等材料
	聚苯醚		聚苯醚	PPO (MPPO)	较高温度下工作的齿轮、轴承、化工设备及零部件
	聚芳酯		聚芳酯	PAR	汽车电器、医疗器械等
	聚苯硫醚		聚苯硫醚	PPS	耐热性优良，电器零件、汽车零件、化学设备等
	聚醚酮		结晶型聚酰亚胺	PAI	耐高温、自润滑、耐磨，太空、电子、飞机零件、汽车零件等
	聚亚胺		非结晶型聚醚亚胺	PEI	耐高温、自润滑、耐磨，太空、电子、飞机零件、汽车零件等
			热固性双马来酰亚胺	BMI	耐高温、自润滑、耐磨，太空、电子、飞机零件、汽车零件等
	液晶聚合物		自增强聚合物	LCP	微波炉灶容器、电子电器和汽车机械零件等
	聚甲基戊烯-1		聚甲基1-戊烯	TPX	一次性注射器、奶瓶、汽车灯罩等
热固性塑料	酚醛塑料	电木粉	苯酚-甲醛树脂	PF	无声齿轮、轴承、头盔、电机、通信器材配件等
	酚醛塑料	电玉尿素	脲-甲醛树脂	UF	生活用品、电机壳、木材粘接剂等
	氨基塑料	科学瓷、美腊密	三聚氰氨甲醛树脂	MF	食品、日用品、开关零件等
	环氧树脂	冷凝胶	环氧树脂	EP	汽车拖拉机零件、船身涂料等
	聚氨脂	PU	聚氨脂树脂	PU	鞋底、椅垫床垫、人造皮革、油漆等

本章小结

(1)从1909年出现了第一种用人工合成塑料——酚醛塑料开始,塑料经历了天然高分子加工阶段、合成树脂阶段以及大发展阶段。塑料、合成纤维和合成橡胶已经成为国民经济建设与人民日常生活必不可少的三大合成材料。

(2)塑料具有优异的电绝缘性能、耐磨性、减震性、消音性以及化学稳定性,同时具有质轻、比强度高的特点、广泛应用于日常用品、石油化工、医疗器械、电子电气、汽车、建筑、办公设备、机械、航空、航天等行业,已成为现代生活和尖端工业不可缺少的材料。

(3)PVC塑料是以PVC树脂为基料,与稳定剂、增塑剂、填料、着色剂及改性剂等多种助剂混合,经塑化、成型加工而成。PVC曾经是世界上产量最大的通用塑料,非常广泛地应用在建筑材料、工业制品、日用品、地板革、地板砖、人造革、管材、电线电缆、包装膜、瓶、发泡材料、密封材料、纤维等方面。

(4)PVC本身并无毒性,但所添加的增塑剂、防老剂等主要辅料有毒性。PVC制品不宜作为食品的包装物。

习　题

13-1.塑料的发展经历了哪几个阶段?各个阶段标志性事件有哪些?

13-2.塑料有哪些分类方法?各自的特点有哪些?

13-3.请简述PVC合成反应机理。

13-4.PVC的主要危害有哪些?

第十四章　橡胶

橡胶一词来源于印第安语cau-uchu,意思为“流泪的树”。天然橡胶就是由三叶橡胶树割胶时流出的胶乳经凝固、干燥后而制得(见图14-1)。

图14-1　三叶橡胶流出胶乳图

1770年,英国化学家J.普里斯特利发现橡胶可用来擦去铅笔字迹,当时将这种用途的材料称为Rubber,此词一直沿用至今。

橡胶(Rubber)属于具有可逆形变的高弹性聚合物材料,在室温下富有弹性,在很小的外力作用下能产生较大形变,除去外力后能恢复原状。

橡胶是橡胶工业的基本原料，广泛用于制造轮胎、胶管、胶带、电缆及其他各种橡胶制品。三叶橡胶树提供最多的商用橡胶。

第一节 橡胶的发展史

在11世纪，南美洲人就已使用橡胶球做游戏和祭品。

1493年，意大利航海家哥伦布第二次航行探险到美洲时，将橡胶知识带回了欧洲。

1768年，法国人麦加发现可用溶剂软化橡胶，制成医疗用品和软管。

1819年苏格兰化学家马金托希发现橡胶能被煤焦油溶解，后来人们开始用橡胶制造成防水布。从这时起，天然橡胶工业开始被研究和应用。

1820年，世界上第一个橡胶工厂在英国哥拉斯格建立。

1826年，为使橡胶便于加工，汉考克发明了用机械使天然橡胶获得塑性的方法，见图14-2。

图14-2 汉考克发明的双辊开放式炼胶机

1828年，英国人马琴托士用胶乳制成防雨布。

1839年，美国化学家查理·古德业通过橡胶发明了著名的“硫化法”。

1875年，化学家布查达制造出人造橡胶。

1876年，英国人魏克汉完成了将野生的橡胶树变成人工栽培种植的工作。此后，马来西亚、斯里兰卡、印度尼西亚扩种建立胶园。

1887年，新加坡植物园主任芮德勒发明了“连续割胶法”。

第一次世界大战期间，研究者成功研究了一种叫甲基橡胶的合成橡胶。

1888年，邓洛普发明了充气轮胎，橡胶工业真正起飞。

1900年，研究者确定了天然橡胶的结构，合成橡胶成为可能。

1904年，干崖土司刀安仁推行实业救国，从马来西亚运回三叶橡胶苗8000余株，从此揭开了橡胶史在中国发展的序幕。

1906年—1907年，海南琼海爱国华侨何书麟从马来西亚引进4000粒橡胶种子，种植于会县(现为琼海市)和儋县(现为儋州市)。

1915年，荷兰人赫尔屯在印度尼西亚瓜哇岛茂物市茂物植物园(世界著名的最大热带植物园)发明了橡胶芽接法，使优良橡胶树无性系可以大量繁殖推广。

1932年，前苏联使丁钠橡胶工业化，之后出现了氯丁、丁腈、丁苯橡胶。

1950年世界轮胎总产量为1.4亿套，而1973年猛增到6.5亿套。其他各类橡胶制品的生产量在20世纪70年代初期都达到了很高的水平。这是世界橡胶工业发展速度最快的时期。

1953年，有规立构合成橡胶研制成功。

1954 年，热作两院(现分属中国热带农业科学院与海南大学)建立，为中国橡胶事业的发展奠定了基础。

1955 年，美国首次用人工方法合成了结构与天然橡胶基本一样的合成天然橡胶。

1965 年，热塑性橡胶开始应用于胶鞋及胶粘剂，第三代橡胶出现。

1970 年，首批浇注轮胎(用聚氨酯橡胶)诞生。

2010 年，我国天然橡胶的消费量已突破 350 万吨，约占全球天然橡胶消费总量的 1/3 以上，而我国的天然橡胶产量却只有 68.7 万吨。

2013 年，马来西亚测定了橡胶树 RRIM600 品系的基因组，这是第一个被公布的橡胶树基因组，但是这个基因组质量较差。

2015 年，我国天然橡胶优势区域内种植面积要稳定在 1400 万亩左右，产量达到 80 万吨以上，新植胶园优良新品种应用比例达到 100%，到 2020 年基本实现胶园良种化，年产量达到 120 万吨以上。

2016 年，中国热带农业科学院橡胶所测定了 7－33－97 品系的基因组，这是第二个公布的橡胶树基因组，也是质量最好的橡胶树基因组，被 NCBI 采用作为参考基因组。

随着世界范围内新技术革命的兴起，电子计算机的广泛应用，大大提高了橡胶生产的技术水平。

第二节　橡胶的组分

橡胶就是以生胶为主要成分，添加各种配合剂和增强材料制成的具有可逆形变的高弹性聚合物材料。橡胶属于完全无定型聚合物，它的玻璃化转变温度低，分子量往往很大，一般大于几十万。

生胶是指无配合剂、未经硫化的橡胶，按原料来源分为天然生胶和合成生胶。

配合剂是指用来改善橡胶的某些性能的物质。常用配合剂有硫化剂、硫化促进剂、活化剂、填充剂、增塑剂、防老化剂、着色剂等。

硫化剂是指能在一定条件下使橡胶发生硫化的物质。所谓硫化是使橡胶线性分子结构通过硫化剂的“架桥”而变成立体网状结构(见图 14－3)。

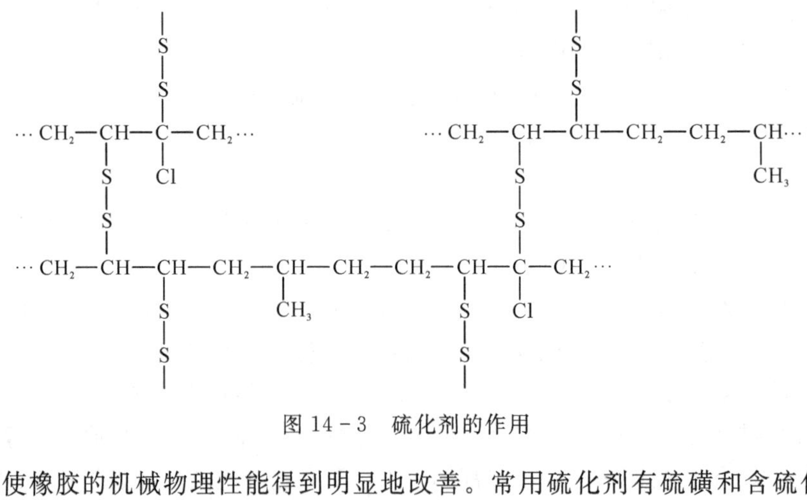

```
                 |                                        |
                 S                                        S
                 |                                        |
                 S                                        S
                 |                                        |
 … CH2—CH—C—CH2 …                      … CH2—CH—CH—CH2—CH2—CH…
        |    |                                  |                |
        S    Cl                                 S               CH3
        |                                       |
        S                                       S
        |                                       |
 … CH2—CH—CH—CH2—CH—CH2—CH2—CH—C—CH2 …
             |        |              |   |
             S       CH3             S   Cl
             |                       |
             S                       S
             |                       |
```

图 14－3　硫化剂的作用

硫化剂使橡胶的机械物理性能得到明显地改善。常用硫化剂有硫磺和含硫化合物，有机过氧化物、胺类化合物、树脂类化合物、金属氧化物等。

硫化促进剂简称促进剂，是指能促进硫化作用的物质。硫化促进剂可缩短硫化时间，降低硫化温度，减少硫化剂用量和提高橡胶的物理机械性能等。常用促进剂有二硫化氨基甲酸盐、黄原酸盐类、噻唑类等有机化合物。

活化剂是指用来提高促进剂活性的物质。常用活化剂有氧化锌、氧化镁、硬脂酸等。

填充剂是指能大量地加入橡胶，能改进胶料某些性能，并能降低体积成本的物质。按其效能可分为补强型填充剂和非补强型填充剂，或活性填充剂和非活性填充剂（惰性填充剂）；按化学成分分为有机和无机填充剂两类。有机填充剂有胶粉、再生胶、虫胶、纤维素等，无机填充剂有含硅化合物、金属盐和金属氧化物等。

增塑是在高聚物中加入高沸点、低挥发性、并能与高聚物相混熔的小分子物质，进而改变其力学性质的行为。所用的小分子物质叫作增塑剂。凡能和橡胶均匀混合，且不发生化学变化，但能降低物料的玻璃化温度和橡胶成型加工时的熔体黏度，且本身保持不变，或虽起化学变化但能长期保留在成品中并能改变橡胶的某些物理性质，具有这些性能的液体有机化合物或低熔点固体，均称为增塑剂。

通过在橡胶中添加增塑剂从而使橡胶达到增塑的目的。在橡胶中加增塑剂后，橡胶分子间的作用力变低，橡胶的玻璃化温度也随着降低，橡胶的可塑性进一步变强、流动性变大，橡胶便于压延、压出等成型操作。同时，硫化胶的某些物理机械性能得到改善，如降低硬度和定伸应力、赋予较高的弹性和较低的生热、提高耐寒性等。

常用的增塑剂主要有：石油系增塑剂、煤焦油系增塑剂、松油系增塑剂、脂肪系增塑剂及合成增塑剂。

第三节　橡胶的加工工艺和性能指标

一、橡胶的加工工艺

橡胶的加工工艺主要包括塑炼、混炼、压延、压出、成形、硫化等工序，其工艺流程见图 14-4。

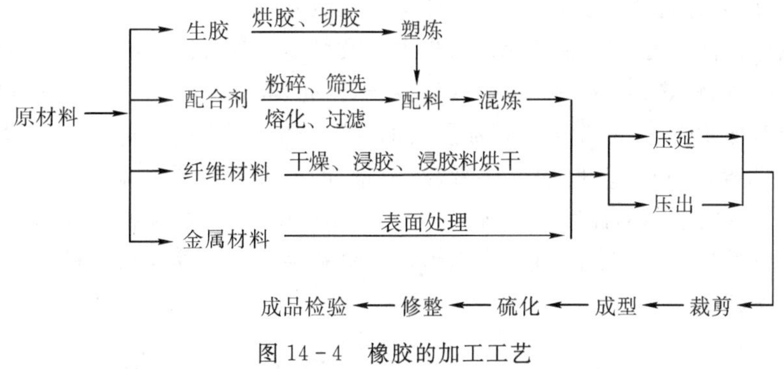

图 14-4　橡胶的加工工艺

二、橡胶的性能指标

橡胶材料的性能包括加工性能和使用性能，其指标通常如下：

(1)威氏可塑度，指试样在外力作用下产生压缩形变的大小和除去外力后保持形变的能力。

(2)门尼黏度，指生胶或胶料在 100 ℃以下对黏度计转子转动所产生的剪切阻力。通常用 MLI＋4100（M 为门尼黏度，L 为转动 4 min 后的读数，I 指预热 1 min）。采用的测试设备为门尼黏度计,也叫作转动黏度计。

(3)门尼焦烧时间是根据混炼胶料转动黏度的变化,测定一定温度下开始出现硫化现象的时间。一般为从黏度最低值开始,直到上升5个转动黏度值所需的时间,即为门尼焦烧时间。

(4)拉伸强度,指试样在拉伸破坏时,原横截面上单位面积上受的力,单位MPa。虽然橡胶很少在纯拉伸情况下使用,但是橡胶的很多其他性能(如耐磨性、弹性、应力松弛、蠕变、耐疲劳性等)与其有关。

(5)扯断伸长率,指试样在拉伸破坏时,伸长部分的长度与原长度的比值,通常以百分率(%)表示。

(6)撕裂强度,指表征橡胶耐撕裂性的好坏,试样在单位厚度上所承受的负荷,单位为KN/m。

(7)定伸应力,指试样在一定伸长(通常300%)时,原横截面上单位面积所受的力,单位为MPa。

(8)硬度指材料局部抵抗硬物压入其表面的能力,是物质受压变形程度或抗刺穿能力的一种物理度量方式,是衡量橡胶抵抗变形能力的指标之一,常用邵氏硬度计测试,其值越大,表示橡胶越硬。

第四节　几种常用橡胶

一、天然橡胶

通常我们所说的天然橡胶,是指从巴西橡胶树上采集的天然胶乳,经过凝固、干燥等加工工序而制成的弹性固状物。天然橡胶是一种以顺-1,4-聚异戊二烯为主要成分的天然高分子化合物,其橡胶烃(顺-1,4-聚异戊二烯)含量在90%以上,还含有少量的蛋白质、脂肪酸、糖分及灰分等。

$$\left[CH_2 - \underset{CH_3}{C} = \underset{H}{C} - CH_2 \right]_n$$

天然橡胶主要来源于三叶橡胶树,当这种橡胶树的表皮被割开时,就会流出乳白色的汁液,称为胶乳。胶乳经凝聚、洗涤、成型、干燥即得天然橡胶。

由于天然橡胶优良的回弹性、绝缘性、隔水性及可塑性等特性,并且,经过适当处理后还具有耐油、耐酸、耐碱、耐热、耐寒、耐压、耐磨等性质,因此,具有广泛用途。例如日常生活中使用的雨鞋、暖水袋、松紧带等;医疗卫生行业所用的外科医生手套、输血管、避孕套等;交通运输上使用的各种轮胎等;工业上使用的传送带、运输带、耐酸和耐碱手套等;农业上使用的排灌胶管、氨水袋等;气象测量用的探空气球等;科学实验用的密封、防震设备等;国防上使用的飞机、坦克、大炮、防毒面具等;甚至连火箭、人造地球卫星和宇宙飞船等高精尖科学技术产品都离不开天然橡胶。见图14-5。

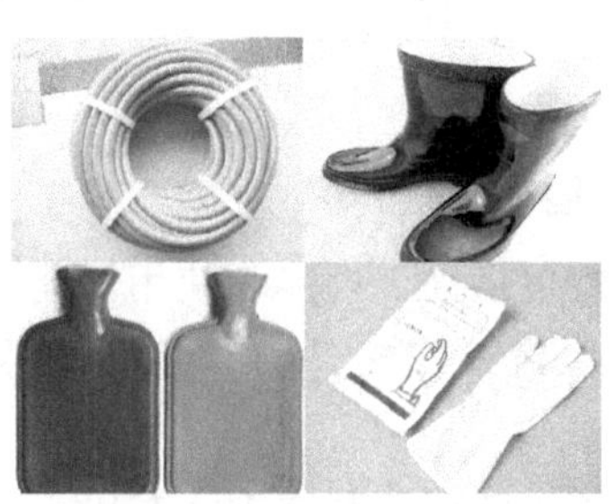

图14-5　天然橡胶原料及产品

二、合成橡胶

合成橡胶是由人工合成方法而制得的，采用不同的原料（单体）可以合成出不同种类的橡胶。1900—1910 年化学家哈里斯测定了天然橡胶的结构是异戊二烯的高聚物，为人工合成橡胶开辟了途径。1910 年俄国化学家列别捷夫以金属钠为引发剂使 1,3-丁二烯聚合成丁钠橡胶，以后又陆续出现了许多新的合成橡胶品种，如丁苯橡胶、顺丁橡胶、氯丁橡胶等。合成橡胶的产量已大大超过天然橡胶，其中产量最大的是丁苯橡胶。

（一）丁苯橡胶（SBR）

丁苯橡胶是由丁二烯和苯乙烯共聚制得的，是产量最大的通用合成橡胶，约占整个合成橡胶产量的 60%。丁苯橡胶的结构简式为：

$$-\!\!\left[CH_2-CH=CH-CH_2\right]_m\!\!-\!\!\left[CH_2-\underset{\displaystyle C_6H_5}{\underset{|}{CH}}\right]_n\!\!-$$

丁苯橡胶按聚合工艺可分为乳聚丁苯橡胶和溶聚丁苯橡胶。与溶聚丁苯橡胶工艺相比，乳聚丁苯橡胶工艺在节约成本方面更占优势，全球丁苯橡胶装置约有 75%的产能是以乳聚丁苯橡胶工艺为基础的。乳聚丁苯橡胶具有良好的综合性能，工艺成熟、应用广泛，产能、产量和消费量在丁苯橡胶中均占首位。

(1)乳聚丁苯橡胶，以丁二烯、苯乙烯为主要单体，配以其他辅助化工原料，在一定工艺条件下，经乳液法聚合首先生成丁苯胶浆，脱除胶浆中未转化的单体，再经凝聚、干燥等工序而生产出产品胶。乳聚丁苯橡胶的物理机械性能、加工性能和制品使用性能都接近于天然橡胶，是橡胶工业的骨干产品。自 20 世纪 30 年代初首次工业生产以来，乳聚丁苯橡胶长期占丁苯橡胶产量 80%以上的份额，可与天然橡胶以及多种通用合成橡胶并用，使其应用范围得以扩大，广泛应用于生产轮胎与轮胎产品、鞋类、胶管、胶带、汽车零部件、电线电缆及其他多种工业橡胶制品。

(2)溶聚丁苯橡胶，由丁二烯、苯乙烯为主要单体，在烃类溶剂中，采用有机锂化合物作为引发剂，引发阴离子聚合制得的聚合物胶液，加入抗氧剂等助剂后，经凝聚、干燥等工序而生产出产品胶。溶聚丁苯橡胶具有耐磨、耐寒、生热低、收缩性低、色泽好、灰分少、纯度高、滚动阻力小、抗湿滑性和耐磨性能优异以及硫化速度快等优点，在轮胎工业，尤其是绿色轮胎、防滑轮胎、超轻量轮胎等高性能轮胎中具有广泛的应用。由于溶聚丁苯橡胶具有触感好、耐候性好、回弹性好以及永久变形小等优点，可用于制作雨衣、毡布、风衣及气垫床等，还可制作发泡均匀、结构致密的海绵材料。溶聚丁苯橡胶良好的辊筒操作性、压延性、耐磨性以及高填充性，还广泛地用于制鞋业。用它制作的鞋，具有色泽鲜艳、触感良好、表面光滑、花纹清晰、不易走型以及硬度适中等特点。与乳聚丁苯橡胶相比，溶聚丁苯橡胶具有生产装置适应能力强、胶种多样化、单体转化率高、排污量小、聚合助剂品种少等优点，是目前重点研究开发和生产的新型合成橡胶品种之一，开发利用前景十分广阔。

（二）顺丁橡胶

顺丁橡胶是由丁二烯聚合而成的结构规整的合成橡胶，其顺式结构含量在 95%以上。

$$nCH_2=CHCH=CH_2 \longrightarrow -\!\!\left[\underset{CH_2}{\overset{H}{\diagdown}}C=C\underset{CH_2}{\overset{H}{\diagup}}\right]_n\!\!-$$

根据催化剂的不同，顺丁橡胶可分成镍系、钴系、钛系和稀土系（钕系）顺丁橡胶。顺丁橡胶是仅次于丁苯橡胶的第二大合成橡胶。

顺丁橡胶与天然橡胶和丁苯橡胶相比，具有弹性高、耐磨性好、耐寒性好、生热低、耐曲挠性和动态性能好等优点。顺丁橡胶主要缺点是抗湿滑性差，撕裂强度和拉伸强度低，冷流性大，加工性能稍差，必须和其他胶种并用。在我国，顺丁橡胶主要用于轮胎、制鞋、高抗冲聚苯乙烯以及 ABS 树脂的改性等方面，其中轮胎制造业的需求量约占总需求量的 77%，制鞋业的需求量约占 9%，高抗冲聚苯乙烯和 ABS 树脂等塑料改性方面的需求量约占 10%，胶管、胶带等其他方面的需求量约占 4%。

合成橡胶产品有很多，其他常用橡胶产品特点及其主要用途见表 14－1。

表 14－1　常用橡胶产品的特点及其主要用途

橡胶名称	优点	缺点	常用部件
天然橡胶(NR)	一种结晶性橡胶，自补强度很大，经炭黑补强后，机械强度性能较好，耐寒、耐曲绕、透气性好、多次形变生热少，隔振性较好，耐碱性好	不耐浓硫酸。天然橡胶在非极性溶剂中会膨胀，耐油、耐溶剂都较差	轮胎、传动带、输水胶管、输气软管和机械防震零件等
三元乙丙橡胶(EPDM)	抗臭氧性、耐天候性和耐老化性能优异，居通常橡胶之首。电绝缘性、冲击弹性都很好，耐酸碱，密度小，可进行高填充配合	硫化时间很慢，难与其他橡胶并用，自粘性和互粘性很差，不易粘合，给加工带来很大的困难	轮胎胎侧、内胎、汽车门窗密封条、水箱胶管、风扇带、耐热传输带、各种胶布、高低压电线电缆、电气绝缘零件等
丁晴橡胶(NBR)	具有优良的耐油性，仅次于聚硫橡胶、丙烯酸酯橡胶和氟橡胶。随着丙稀晴含量愈高，耐油性愈好，但耐寒性愈差。丁腈含量愈高，耐油性愈好，但耐寒性愈差。丁腈橡胶的耐热性优于天然橡胶、丁苯橡胶，气密性及耐水性较好	不耐臭氧，且不适宜做绝缘材料	油封、O 形圈等耐油密封件，输油胶管和耐油胶板等
丁苯橡胶(SBR)	性能和天然橡胶相似，在光、热和氧的综合作用下，耐老化性能优于天然橡胶	耐臭氧，比天然橡胶差，抗拉、伸长、抗撕裂及耐寒性等都不如天然橡胶	常作为天然橡胶的并用材料、轮胎、机械隔振垫、密封垫片、电绝缘制品、运输带、胶管和海绵制品等
顺丁橡胶(BR)	在主体结构上与天然橡胶相似，弹性、耐候性及耐油性优于天然橡胶和丁苯橡胶。滞后生热和永久变形小，脆性温度低，耐磨性优异，耐曲扰性好，易于填充油脂和炭黑，硫化时流动性好	拉伸和撕裂强度比天然橡胶和丁苯橡胶低。湿态摩擦系数小，老化后易崩裂，加工时易脱辊，冷流动性大	轮胎胎面、胶带、胶管及其他要求耐磨、耐寒、高弹性、生热小和耐曲挠的工业制品等

续表

橡胶名称	优点	缺点	常用部件
氯丁橡胶(CR)	物理性能和天然橡胶相似,但耐天候、耐热、耐油及耐溶剂性都优于天然橡胶。氯丁橡胶阻燃性极好	低温时变硬,贮存稳定性差,电绝缘性不好,密度大,且加工不易控制	耐老化的门窗密封条、电线电缆包裹层、轨枕垫、耐油印刷胶辊、耐油胶管、石油钻探用零件、耐化学药品的胶板、胶管等制品
丙烯酸酯橡胶(ACM)	耐高温氧化性和耐油性极好,在硫、磷、氯添加剂的润滑油中性能稳定。耐臭氧,气密性和耐曲挠性优良	耐寒性差,不耐水,不耐蒸汽及有机、无机酸和碱。在甲醇、乙二醇、酮、酯等水溶性溶液内严重膨胀	汽车发动机曲轴后油封、变速箱及主转动油封、火花塞护套以及需要耐臭氧、气密封、耐曲挠、耐日光老化的橡胶制品
聚氨基甲酸酯橡胶(PUR)	拉伸强度高、伸长率大、弹性好、硬度范围窄、抗撕裂强度高、耐磨、耐热、耐低温、耐老化、耐臭氧及耐油	易水解,在水蒸气、热水、强酸碱中,也都有分解作用。聚氨酯橡胶滞后生热大,只宜制作低速转动及薄制品	常用于制造实心轮胎、胶辊、胶带及连轴节等
丁基橡胶(IIR)	气密性优异,耐热性、耐寒性、减震及电性能都很好,耐酸碱和耐极性溶剂	硫化速度慢,自粘性与互粘性差,由于相容性不好,补强填充母炼胶通常需热处理,才能提高硫化胶的物理性能	汽车内胎、高压或中压电线电缆绝缘胶、蒸汽胶管、减震制品、硫化水胎、胶布、衬里和密封条等
聚硫橡胶(ET、EOT)	耐油、耐溶剂、耐天候、气密性的低温曲挠性都很好。它与其他材料有良好的粘结性	加入炭黑易变韧,加入硫化剂后若辊筒冷却不当,会早期硫化,若硫化剂选用不当,制品在使用中会变色	聚硫橡胶用作汽车车身不干性腻子、汽车玻璃密封条、大型汽油槽衬里、耐油管、地下和水下电缆包覆层、各种耐油密封圈和薄膜制品等
硅橡胶(Q)	热稳定性很高,耐天候、耐老化、耐臭氧、耐紫外线、电绝缘性优异。硅橡胶表面疏水性、透气性高,防霉性良好。特种硅橡胶具有耐油、耐辐射、助燃等性能	在常温下抗张力强度低、不耐撕裂、耐磨性差。通用型硅橡胶还存在压缩永久变形大、耐油性差、耐酸碱亦差,且价格较贵。为弥补通用型硅橡胶的不足,常见的还有氟硅橡胶、腈硅橡胶、苯基硅橡胶与硼硅橡胶等品种	特殊要求的油封、O形圈、活门、减震器、膜片、仪表及电器密封件、可控硅管的外壳、电机定子线圈绝缘、制冷系统密封圈、接触燃气的密封圈、供养系统密封圈、隔膜、活门、食品机械输送胶带、烘箱和锅炉的密封、热收缩管等

续表

橡胶名称	优点	缺点	常用部件
氟橡胶(FPM)	氟橡胶耐热、耐酸碱、耐油、耐过热水和蒸汽,压缩永久变形小,气密性大,且耐天候、耐臭氧、燃烧自熄	耐寒性差,需要二段硫化,收缩率大,价格昂贵	耐高温、耐油、耐高真空及耐多种化学药品的油封、O形圈、浸渍板、薄膜、垫片、胶管、腻子、电线电缆、涂料、胶辊、胶带和多种衬里;也可用作玻璃、金属、弹性体及织物的黏合剂等
氯磺化聚乙烯橡胶(CSM)	抗臭氧,耐天候、耐磨、耐化学药品、耐低温及耐燃	不耐芳香族溶剂、压缩永久变形大、低温脆性差	汽车衬垫、胶管、胶带、金属与非金属的保护层、制造各种胶布和电线电缆保护层等

第五节　橡胶老化现象

橡胶及其制品在加工、贮存和使用过程中,由于受内外因素的综合作用而引起橡胶物理、化学性质和机械性能的逐步变坏,最后丧失使用价值,这种变化叫作橡胶老化。橡胶老化表现为龟裂、发粘、硬化、软化、粉化、变色、长霉等。

引起橡胶老化的主要因素有以下几方面:

(1)氧。氧在橡胶中同橡胶分子发生游离基链锁反应,分子链发生断裂或过度交联,引起橡胶性能的改变。氧化作用是橡胶老化的重要原因之一。

(2)臭氧。臭氧的化学活性比氧高得多,破坏性更大,它同样是使分子链发生断裂,但臭氧对橡胶的作用情况随橡胶变形与否而不同。当作用于变形的橡胶(主要是不饱和橡胶)时,出现与应力作用方向垂直的裂纹,即所谓“臭氧龟裂”;另一种情况是仅表面生成氧化膜而不龟裂。

(3)热。提高温度可引起橡胶的热裂解或热交联。但热的基本作用还是活化作用。热能提高氧扩散速度和活化氧化反应,从而加速橡胶氧化反应速度,这是普遍存在的一种老化现象——热氧老化。

(4)光。光波越短,能量越大。对橡胶起破坏作用的是能量较高的紫外线。紫外线除了能直接引起橡胶分子链的断裂和交联外,橡胶因吸收光能而产生自由基,引发并加速氧化链反应过程。光作用的另一特点(与热作用不同)是它主要在橡胶表面进行。含胶率高的试样,两面会出现网状裂纹,即所谓“光外层裂”。

(5)机械应力。在机械应力反复作用下,会使橡胶分子链断裂生成自由基,引发氧化链反应,形成力化学过程。机械断裂分子链和机械活化氧化过程,哪个占优势,视其所处的条件而定。此外,在应力作用下容易引起臭氧龟裂。

(6)水分。橡胶在潮湿空气淋雨或浸泡在水中时,容易被破坏。这是由于橡胶中的水溶性物质和亲水基团等成分被水抽提溶解、水解或吸收等原因引起的,特别是在水浸泡和大气暴露的交替作用下,会加速橡胶的破坏。

(7)油类。在使用过程如果和油类介质长期接触,油类能渗透到橡胶内部使其产生溶胀,致使橡胶的强度和其他力学性能降低。油类能使橡胶发生溶胀,是因为油类渗入橡胶后,产生了分子相互扩散，使硫化胶的网状结构发生变化。

另外，对橡胶的作用因素还有化学介质、变价金属离子、高能辐射、电和生物等。

本章小结

(1)橡胶是以生胶为主要成分，添加硫化剂、硫化促进剂、活化剂、填充剂、增塑剂、防老化剂、着色剂等各种配合剂和增强剂而制成的具有可逆形变的高弹性聚合物材料。

(2)橡胶的加工工艺主要包括塑炼、混炼、压延、压出、成形、硫化等工序。

(3)天然橡胶主要来源于三叶橡胶树，胶乳经凝聚、洗涤、成型、干燥即得天然橡胶。

(4)丁苯橡胶、顺丁橡胶、氯丁橡胶等是常用的合成橡胶，丁苯橡胶产量最大。顺丁橡胶与天然橡胶和丁苯橡胶相比，具有弹性高、耐磨性好、耐寒性好、生热低、耐曲挠性和动态性能好等优点。

(5)氧、臭氧、热、光、水分、油类和机械应力是引起橡胶老化的主要因素，化学介质、变价金属离子、高能辐射、电等也能引起橡胶老化。

习　题

14-1.橡胶的成分有哪些？简述各成分的作用。

14-2.橡胶的常见性能指标有哪些？

14-3.乳聚丁苯橡胶的特性有哪些？简述乳聚丁苯橡胶和溶聚丁苯橡胶的区别。

14-4.影响橡胶老化的主要因素有哪些？

第十五章　纤维

纤维是天然或人工合成的细丝状物质。在现代生活中，纤维的应用无处不在。导弹需要防高温，江堤需要防垮塌，水泥需要防开裂，血管和神经需要修补，这些都离不开纤维这个小身材的“神奇小子”。自古以来人类的生活就与纤维密切相关。

第一节　纤维的发展

一、天然纤维的发展

天然纤维是指自然界原有的或经人工培植的植物、人工饲养的动物上直接取得的纤维。早在5万～10万年前，随着体毛的退化，人类开始用兽皮、树皮和草叶等天然衣料遮体保温。1万年前人类已能直接使用羊的绒毛。在中国、埃及和南非的早期文化中都有一些关于用天然纤维纺纱织布的记载，见图15-1。亚麻早在新石器时代就已在中欧使用，棉在印度的历史之久犹如欧洲使用亚麻，羊毛也在新石器时代末在中亚、细亚开始使用。公元前2640年，蚕丝在我国被发现，商朝的出土文物证明，当时高度发达的织造技术中已经使用了多种真丝。因此可以说现在作为天然纤维广泛使用的麻、棉、丝、毛等在公元前就已在世界范围内得到了应用。丝绸是一种天然高分子材料，它在我国有着悠久的历史。11世纪，丝绸传到波斯、阿拉伯、埃及并于1470年传到意大利的威尼斯从而进入欧洲。专家们根据考古学的发现推测，在距今五六千年前的新石器时代中期，中国便开始了养蚕、取丝、织绸。到了商代，丝绸的生产已经初具规模，具有较高的工艺水平，有了复杂的织机和织造手艺。

图 15－1　马王堆汉墓中出土的衣服

二、化学纤维的发展

与天然纤维悠久的历史相比，化学纤维的历史很短。化学纤维是用天然高分子化合物或人工合成的高分子化合物为原料，经过制备纺丝原液、纺丝和后处理等工序制得的具有纺织性能的纤维。化学纤维具有色彩鲜艳、质地柔软、悬垂挺括、滑爽舒适等优点，但是其耐磨性、耐热性、吸湿性、透气性较差，遇热容易变形，容易产生静电。

化学纤维根据来源可分为：①再生纤维。再生纤维是用纤维素和蛋白质等天然高分子化合物为原料，经化学加工制成高分子浓溶液，再经纺丝和后处理而制得的纺织纤维；②合成纤维。合成纤维是由合成的高分子化合物制成的，常用的合成纤维有涤纶、锦纶、腈纶、氯纶、维纶、氨纶等。其中最主要的是涤纶、锦纶和腈纶三个品种，它们的产品占合成纤维总产量的90％以上。

1664 年，胡克就已经提出化学纤维的构思，但由于当时科学家无法了解纤维的基本结构，因此在开发化学纤维时显得茫然无措，导致这一美好的设想在 200 多年后才成为现实。

(一)硝酸纤维素

1846 年，德国人舍恩拜因通过用硝酸处理木纤维素制成硝酸纤维素。

1855 年，奥德马尔斯提出用硝酸处理桑树枝的韧皮纤维，溶解于醚和酒精混合物后通过钢喷嘴进行抽丝，因此获得了世界化学纤维发展史上的第一个专利。

1883 年，英国人斯旺取得了用硝化纤维素的醋酸溶液纺丝，随后进行炭化生产白炽灯丝的专利。他还认为这种丝可用于纺织，而把它称为“人造丝”。

同年，法国人沙尔东内获得了用硝酸纤维素制造化学纤维的最著名的专利，并于 1891 年在贝桑松以工业规模生产硝酯纤维(硝酸纤维素纤维)，这标志着世界化学纤维的工业化开始。紧随其后，各种形式的人造纤维素纤维(包括铜氨纤维、粘胶纤维和醋酯纤维)相继问世。

(二)铜氨纤维

1857 年，德国人施维泽发明了制备铜氨纤维素的方法。

1890 年，戴斯帕西提出了由铜氨溶液制备纤维素纤维的方法。德国在亚琛附近的奥伯布鲁克首先用铜氨法生产纤维，并且于 1899 年成立了恩卡公司的前身格兰兹托夫公司，实现了铜氨纤维的工业化。以后本伯格公司进一步发展了铜氨法。铜氨纤维由于要以价格较高的铜氨作溶剂，在成本上无法与粘胶纤维竞争，因此只用作少数纺织品和人工肾。

(三)粘胶纤维

1891 年，三个英国人克罗斯、贝文和比德尔发明了把纤维素溶解成溶液的新方法——粘胶法，并于1892年在英国和德国取得专利。德国唐纳斯马克公司取得了在中欧地区使用此专利的许可，于1901年建厂，但直到1910年仍不能正常生产。英国考托尔德公司购买了这一权利，于1904年首先实现了工业化，成为世界第一个大规模生产的化学纤维品种。在第一次世界大战将结束时，人们就用切断粘胶长丝的方法生产短纤维。

1921年，德国普雷姆尼茨工厂生产出了可用于纺织的粘胶短纤维。在此期间，还开发了工业用的高强力粘胶长丝。

（四）醋酯纤维

1869年，德国人舒森伯格以实验室规模研究成功使用醋酸酐进行纤维素的乙酰化。

1904年，拜尔染料公司根据德国人艾森格伦的发明，申请了纺制醋酯纤维的专利，但拖延了20多年才由法本因德斯特和格兰兹托夫公司合资在1926年投产。而美国塞拉尼斯公司在1924年首先实现了醋酯纤维的工业化。醋酯纤维在纺织领域的用途局限于里子布等，因此发展不快。但它一直在香烟过滤嘴的材料领域大显身手。

（五）再生蛋白质纤维

20世纪初期开始出现了各种再生蛋白质纤维。

1904年，药剂师拖登豪普特发明了从牛乳中提炼酪素蛋白质进行纺丝制备酪素蛋白质纤维的方法。但此法直到20世纪30年代才由费雷蒂在意大利斯奈亚公司使之在生产上成熟。

20世纪40年代初，英国考托尔德公司也开发了酪素蛋白质纤维。

1938年，英国ICI公司制备了花生蛋白质纤维。

20世纪30到40年代，美国学者博伊尔研制成功大豆蛋白质纤维。

1938年，日本油脂公司也开发了大豆蛋白质纤维。

1948年，美国弗吉尼亚—卡罗莱纳化学公司了开发了玉米蛋白纤维。

早期研制的再生蛋白质纤维因纤维力学性能差、技术难度大等原因，在市场上没有取得重要的地位。英国的花生蛋白质纤维早在1957年停产，美国的玉米蛋白质纤维和大豆蛋白质纤维也只进行过短期生产。其中日本东洋纺公司的酪素蛋白质纤维1968年成为世界化学纤维的十大发明之一。但其主成分是酪素蛋白质和丙烯腈的接枝共聚物。由于原料成本过高，而且其强力不足，耐热性能不好，至今未大量使用。

（六）氯纶

1913年，德国人克莱特取得用合成原料制造聚氯乙烯纤维的第一个专利。

1931年，德国IG化学公司采用克莱特的发明，于1934年实现了聚氯乙烯纤维的工业化，使它成为世界上最早生产的合成纤维。但由于其耐热性差等缺点，发展缓慢。

（七）聚酰胺（尼龙）纤维

合成纤维发展史上最有名的是聚酰胺（尼龙）纤维。

1928年，美国哈佛大学教授卡托尔斯发表了关于缩聚成链状分子和环状分子的研究。这一开拓性工作导致了合成纤维时代的真正开始。

1935年春，他用己二胺和己二酸成功合成聚酰胺66，并纺成丝条。杜邦公司于1938年建立了中间试验厂，1939年成功生产了当时称为尼龙的聚酰胺66纤维，并于1940年投放市场，成为世界上第一种大规模生产的纺织用合成纤维大品种。

在这期间，德国IG公司的施拉克成功合成了聚酰胺6，1938年用聚酰胺6首先纺制成粗单丝，1940年又纺成长丝，称之为尼龙6。但由于战争关系，直到1950年才进行尼龙6的大规模生产。

第二节 纤维的分类

纤维通常是指长宽比在1000倍以上，粗细为几微米到上百微米的柔软细长体，有长丝和短纤之分。纤维不仅可以纺织加工，还可以作为填充料、增强基体或直接形成多孔材料或构成刚性或柔性复合材料。

到目前为止，对纤维仍没有统一的分类方法。纤维可以按来源、用途、几何形状等来分类，其中按来源的分类见图15-2。

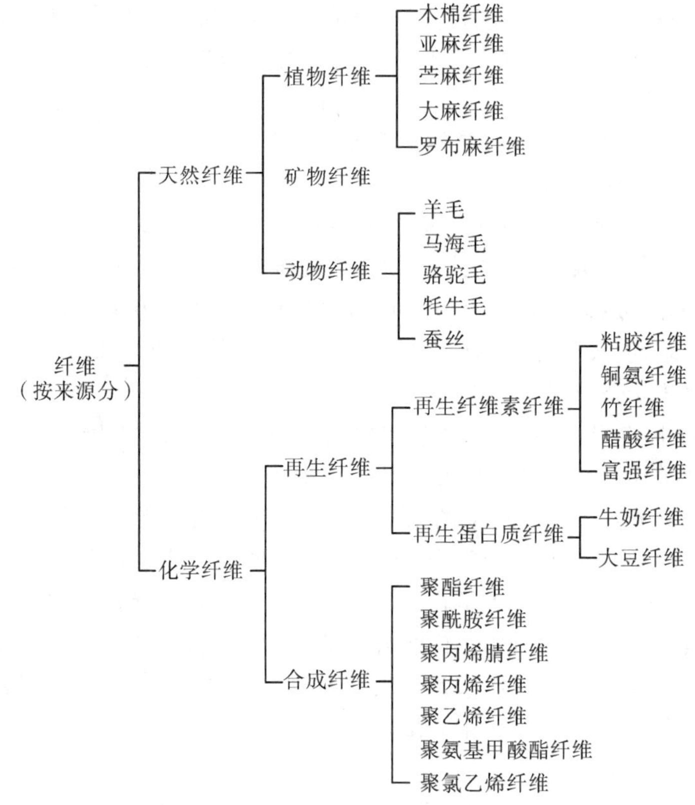

图15-2 纤维按来源分类

第三节 纤维的结构

纤维的结构包括纤维形态结构和化学结构等。纤维形态结构的性能特征主要指纤维的长度、细度和在显微镜下可观察到的横断面和纵截面形状、外观以及纤维内部存在的各种缝隙和孔洞。

一、纤维的长度和细度

纤维的长度对织物的外观、纱线质量以及织物手感等有影响。长丝纤维织成的织物表面光滑、轻薄和光洁，而短纤维织物的外观比较丰满和有毛羽。棉花、羊毛和亚麻等天然纤维，其纤维长度越长，在同等线密度下品质越好，纤维长度均匀度也越好。

纤维细度是衡量纤维品质的重要指标，纤维越细手感越柔软，在同等纱线粗细的情况下，纱线断面内纤维根数越多，其强力品质越好。各类纤维的长度和细度见表 15－1。

表 15－1 常见纤维的长度和细度

纤维名称	长度/mm	直径/μm	细度/dtex
海岛棉	28～36	11.3～13.0	1.6～2.0
美国棉	16～30	13.5～17.0	2.2～3.4
亚麻	25～30	15.0～25.0	2.7～6.8
苎麻	120～250	20.0～45.0	47.0～75.4
美利努羊毛	55～75	18.0～27.0	3.4～7.5
蚕丝	5×10^5～10×10^5	10.0～30.0	1.1～9.8
马海毛	160～240	30.0～50.0	9.3～25.9
化学纤维	任意	任意	任意

二、纤维断面形态

在显微镜下观察纤维纵向和截面外观，可以发现纤维的差异见表 15－2。

表 15－2 常见纤维的断面特征

纤维种类	纵向外观特征	截面外观特征
棉	扁平带状，有天然转曲	腰圆形，有中腔
苎麻	有横节，竖纹	腰圆形，有中腔及裂缝
亚麻	有横节，竖纹	多角形，中腔较小
羊毛	表面有鳞片	圆形或接近圆形，有些有毛髓
兔毛	表面有鳞片	哑铃形
桑蚕丝	表面如树干状，粗细不匀	不规则的三角形或半椭圆形
柞蚕丝	表面如树干状，粗细不匀	相当扁平的三角形或半椭圆形
粘胶纤维	纵向有细沟槽	锯齿形，有皮芯结构
醋酯纤维	有 1～2 根沟槽	不规则的带状
大豆纤维	有梭子形条纹	皮芯结构
竹纤维	光滑	不规则的三角形
维纶	有 1～2 根沟槽	腰圆形
腈纶	平滑或有 1～2 根沟槽	圆形或哑铃形
氯纶	平滑或有 1～2 根沟槽	接近圆形
涤纶、锦纶、丙纶	平滑	圆形

三、纤维的化学结构

纤维的种类很多，不同的纤维其化学结构各不相同，常见纤维的化学结构式见表 15－3。

表 15－3　常见纤维的化学结构式

纤维品种		英文缩写	结构式
纤维素纤维	棉纤维		HO，HO，$\mathrm{CH_2OH}$，OH $\left[\mathrm{O}, \mathrm{CH_2OH}, \mathrm{HO}, \mathrm{OH}\right]_n$ $\mathrm{O}, \mathrm{CH_2OH}, \mathrm{HO}, \mathrm{OH}, \mathrm{OH}$
	麻纤维		
	再生纤维素纤维		
蛋白质纤维	毛纤维		$\left[\mathrm{N(H)CH(R)C(=O)}\right]_n$
	丝纤维		
聚酯纤维	聚对苯二甲酸乙二酯纤维	PET	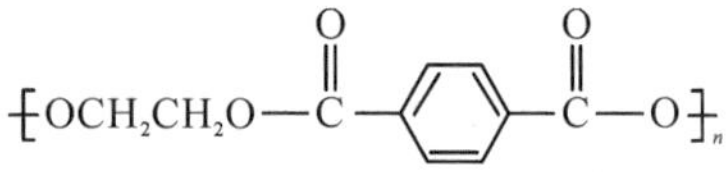 $\left[\mathrm{OCH_2CH_2O-C(=O)-C_6H_4-C(=O)-O}\right]_n$
	聚对苯二甲酸丙二酯纤维	PTT	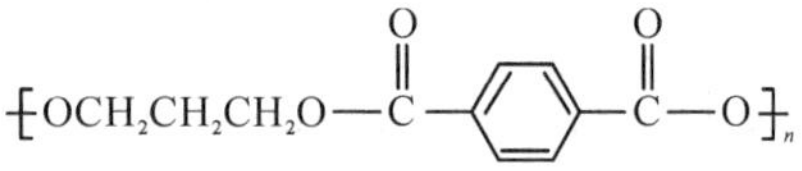 $\left[\mathrm{OCH_2CH_2CH_2O-C(=O)-C_6H_4-C(=O)-O}\right]_n$
	聚对苯二甲酸丁二酯纤维	PBT	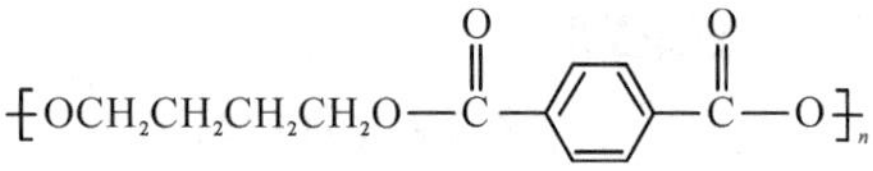 $\left[\mathrm{OCH_2CH_2CH_2CH_2O-C(=O)-C_6H_4-C(=O)-O}\right]_n$
聚酰胺纤维	聚酰胺 6	PA6	$\left[\mathrm{NH(CH_2)_5CO}\right]_n$
	聚酰胺 66	PA66	$\left[\mathrm{NH(CH_2)_6NHCO(CH_2)_4CO}\right]_n$
聚乙烯纤维		PE	$\left[\mathrm{CH_2-CH_2}\right]_n$
聚丙烯腈纤维		PAN	$\left[\mathrm{CH_2-CH(CN)}\right]_n$
聚丙烯纤维		PP	$\left[\mathrm{CH_2-CH(CH_3)}\right]_n$
聚四氟乙烯纤维		PTFE	$\left[\mathrm{CF_2-CF_2}\right]_n$

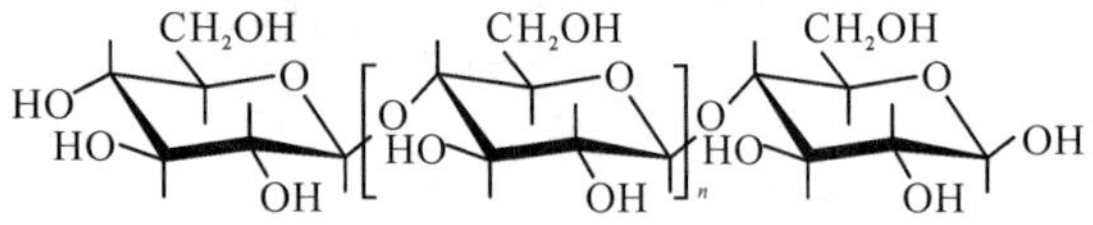

第四节　几类常见纤维

一、棉纤维

棉纤维中的组成物质主要是天然纤维素，它决定棉纤维的主要物理、化学性质。成熟正常的棉纤维纤维素含量约为 94％。另外，还含有蛋白质、脂肪、蜡质糖类等。棉纤维若含有较多的糖分，在纺纱过程中容易绕罗拉、绕胶辊等，影响工艺过程的顺利进行和产品质量。在纺纱前要进行降糖处理。棉纤维的蜡质有利于纺纱工艺顺利进行，但蜡质影响纤维的吸湿性、染色性，因此在染整加工时须将蜡质去除。

二、麻纤维

麻纤维的主要组成物质是纤维素，但其纤维素的含量比棉纤维少。原麻纤维素含量一般只有 60％～80％，苎麻、亚麻含量高些，黄麻、槿麻则低些。除纤维素外还有木质素、果胶、脂肪及蜡质、灰分和糖类物质等。

麻纤维的手感大都比较粗硬而不柔软，尤其是黄麻、植麻等，因此麻类织物做成的服装穿着时有刺痒感。大麻是麻类纤维中最细软的一种，单纤维纤细而且末端分叉呈钝角绒毛状，用其制作的纺织品无需经特殊处理就可避免其他麻类产品对皮肤的刺痒感和粗硬感。

三、毛纤维

毛纤维的种类很多，有从绵羊身上取得的绵羊毛；有从山羊身上取得的山羊线、山羊毛；有从骆驼身上取得的骆驼绒、骆驼毛；有从羊驼身上取得的羊驼毛；有从兔子身上取得的兔绒、兔毛以及从牛、马、牦牛、鹿身上取得的牛毛、马毛、牦牛毛和鹿绒等。

毛纤维的主要组成物质为不溶性蛋白质，称为角蛋白。羊毛的细度与它的各项物理性质都有密切的联系。一般来说，羊毛越细，其细度就越均匀，强度越高，天然卷曲多，鳞片密，光泽柔和脂肪含量高，但长度偏短。细度是决定羊毛品质好坏的重要指标。细度细有利于成纱，能织制精纺毛织物，使织物表面光洁，纹路清晰，手感滑爽。

四、蚕丝

蚕丝的主要组成物质是丝朊，也是一种蛋白质，与羊毛纤维相似，但耐酸性较羊毛差，是较耐弱酸而不耐碱。蚕丝具有其他纤维所不能比拟的美丽光泽，优雅悦目。

天然纤维及化学纤维产业主要在纺织领域，研发各种适于市场需求的物美价廉纺织产品及服装制品等，是纺织行业的主要目标之一。天然纤维作为高分子化合物，研究它的化学改性及高分子资源的综合利用，是天然纤维资源另一方面的研究课题。

五、粘胶纤维

黏胶纤维是再生纤维中的一个主要品种，也是最早研制和生产的化学纤维。黏胶纤维是从纤维素原料中提取纯净的纤维素，经过烧碱、二硫化碳处理之后，将其制成黏稠的纺丝溶液，采用湿法纺丝加工而成。

(一)黏胶纤维的组成与结构

黏胶纤维的主要组成物质是纤维素，其分子结构式与棉纤维相同。黏胶纤维聚合度低于棉纤维，一般为250～550。纤维的截面边缘为不规则的锯齿形，纵向平直有不连续的条纹，结晶结构见图15－3。

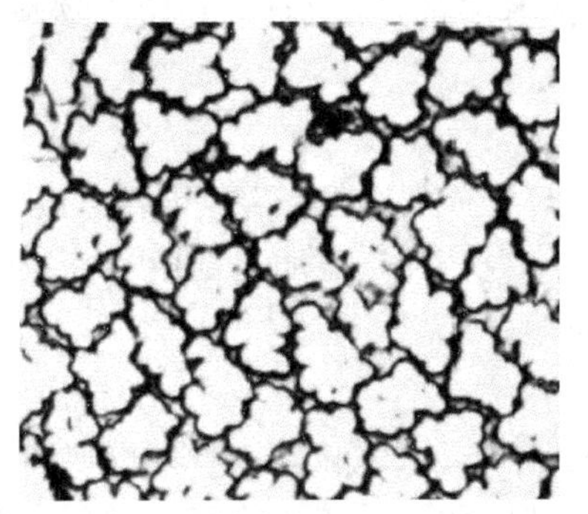
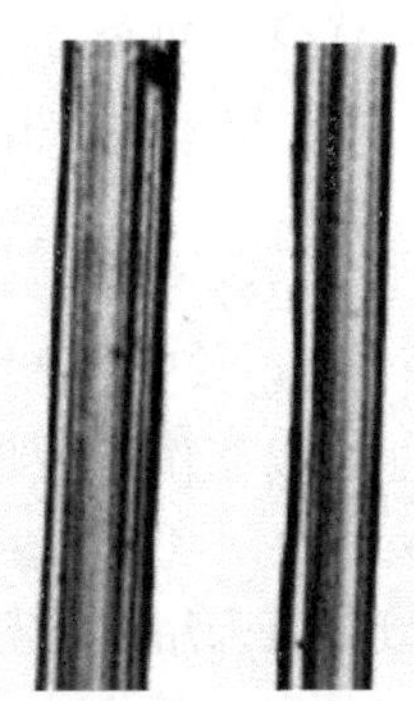

图15－3　黏胶纤维横截面及纵向形态

(二)黏胶纤维的种类和用途

黏胶纤维按纤维素浆粕来源不同可分为木浆（木材为原料）黏胶纤维、棉浆（棉短绒为原料）黏胶纤维、草浆（草本植物为原料）黏胶纤维、竹浆（以竹为原料）黏胶纤维、黄麻浆（以黄麻秆芯为原料）黏胶纤维、汉麻浆（以汉麻秆芯为原料）黏胶纤维等。按结构不同可分为普通黏胶纤维、高湿模量黏胶纤维、新溶剂黏胶纤维等。

1.普通黏胶纤维

普通黏胶纤维有长丝和短纤维之分。可与棉、毛等天然纤维混纺，也可与涤纶、腈纶等合成纤维混纺，还可纯纺，用于织制各种服装面料和家庭装饰织物及产业用纺织品。其特点是成本低，吸湿性好，抗静电性能优良。长丝可以纯织，也可与蚕丝、棉纱、合成纤维长丝等交织，用于制作服装面料、床上用品及装饰织物等。

2.高湿模量黏胶纤维

高湿模量黏胶纤维又称富强纤维，是通过改变普通黏胶纤维的纺丝工艺条件而开发的，其横截面近似圆形，厚皮层结构，断裂比强度为3.0～3.5 cN/dtex，高于普通黏胶纤维，湿干强度比明显提高，为75%～80%。我国商品名称为富强纤维或莫代尔(Modal)。莫代尔(Modal)是奥地利兰精公司开发的高湿模量黏胶纤维，该纤维的原料采用欧洲的榉木，先将其制成木浆，后经湿法纺丝工艺加工成纤维(见图15-4)。

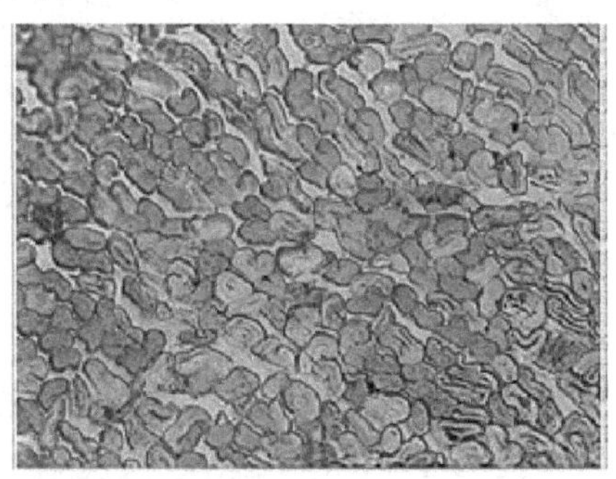

图15-4　手绘莫代尔纤维制品及其横截面图

莫代尔纤维的干强接近于涤纶，湿强要比普通黏胶提高了许多，光泽、柔软性、吸湿性、染色性、染色牢度均优于纯棉产品；莫代尔面料展示出一种丝面光泽，具有宜人的柔软触摸感觉和悬垂感以及极好的耐穿性能，但因其织物挺括性差，现在多用于针织内衣的生产。但是莫代尔具有银白的光泽、优良的可染性及染色后色泽鲜艳的特点，足以使之发展成为外衣所用之材。

3.强力黏胶丝

强力黏胶丝结构为全皮层，是一种高强度、耐疲劳的黏胶纤维，断裂比强度为3.6～5.0 cN/dtex，其湿干强度比为65%～70%。广泛用于工业生产，经加工制成的帘子布，可供作汽车、拖拉机的轮胎，也可以制作运输带、胶管、帆布等。

4.新溶剂法黏胶纤维

新溶剂法黏胶纤维是采用专用溶剂(N-甲基吗啉-N-氧化物，NMMO或离子溶液)直接溶解纤维素后纺制成的黏胶纤维。纤维截面呈圆形，巨原纤结构致密，拉伸、钩接、打结强度高。有的品种在挤破表面包膜后，分裂成超细的巨原纤，有利于生产桃皮绒类织物；有的品种皮芯不分，使产品悬垂性、柔软性良好。

天丝纤维采用有机溶剂纺丝工艺，在物理作用下完成，整个制造过程无毒、无污染、故“天丝”被誉为“21世纪的绿色纤维”。

天丝纤维的性能主要表现在：具有高的干、湿强力，干湿强比85%；具有较高的溶胀性：干湿体积 1∶1.4；独特的原纤化特性，即天丝纤维在湿态中经过机械摩擦作用下，会沿纤维轴向分裂出原纤，通过处理后可获得独特桃皮绒风格；具有良好可纺性。天丝纤维可纯纺，也可与棉、毛、丝、麻、化纤、羊绒等纤维混纺交织，适用纺制各类针织纱。

六、铜氨纤维

铜氨纤维是将纤维素浆粕溶解在铜氨溶液中制成纺丝液，再经过湿法纺丝而制成的一种再生纤维素纤维。铜氨溶液是深蓝色液体，它是将氢氧化铜溶解于浓的氨水中制得。

将棉短绒(或木材)浆粕溶解在铜氨溶液中，可制得铜氨纤维素纺丝液(纺丝液中含铜约为4%、氨约为29%、纤维素约为10%)，再经喷丝头细孔压出后，被喷水漏斗中喷出的高速水流所拉伸，纺丝液变细并凝固，凝固丝通过稀酸浴还原再生成铜氨纤维，再进行酸洗、水洗等后处理得产品。

(一)铜氨纤维的结构特征

铜氨纤维纺丝液的可塑性很好，可承受高度拉伸，因此可制成很细的纤维，其单纤维线密度为 0.44～1.44 dtex。横截面是结构均匀的圆形无皮芯结构，纵向表面光滑(见图 15-5)。

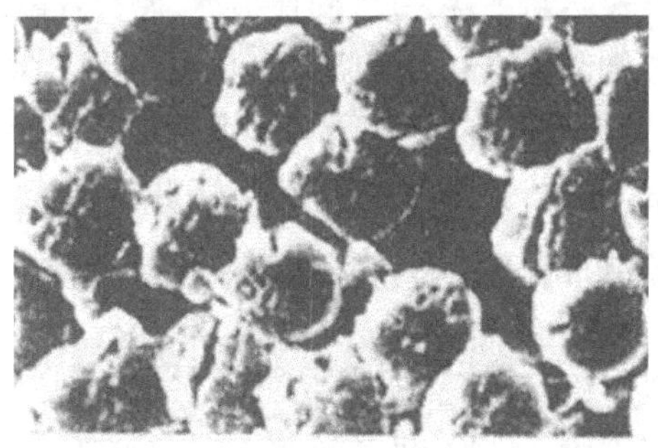

图 15-5　铜氨纤维的截面电镜图

在铜氨纤维的制造过程中，纤维素的破坏比较小，平均聚合度比黏胶纤维高，可达450～550。

(二)铜氨纤维的性能

在标准状态下，铜氨纤维的回潮率约为 12%～13.5%，吸湿性与黏胶纤维相近，但吸水量比黏胶纤维高 20%左右，吸水膨胀率也较高。铜氨纤维的无皮层结构使其对染料的亲和力较大，上色较快，上染率较高。铜氨纤维的断裂比强度较黏胶纤维稍高，干态断裂比强度为 2.6～3.0 cN/dtex，湿干强度比为 65%～70%。此外，铜氨纤维的密度与棉纤维及黏胶纤维接近或相同，为 1.52 g/cm^3；耐酸性与黏胶纤维相似，能被热稀酸和冷浓酸溶解；遇强碱会发生膨化并使纤维的强度降低，直至溶解。铜氨纤维一般不溶于有机溶剂，但溶于铜氨溶液。铜氨纤维的耐磨性和耐疲劳性也比黏胶纤维好。铜氨纤维的单纤维很细，制成的织物手感柔软光滑，成纱散射反射增加，光泽柔和，具有蚕丝织物的风格。

七、醋酯纤维

(一)醋酯纤维的合成

醋酯纤维俗称醋酸纤维，即纤维素醋酸纤维，是一种半合成纤维。纤维素和醋酸酐作用，羟基被乙酰基置换，生成纤维素醋酸酯。经纺丝而制成纤维素醋酯纤维。

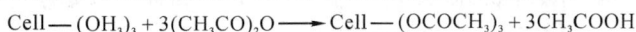

$$\text{Cell}-(OH_3)_3 + 3(CH_3CO)_2O \longrightarrow \text{Cell}-(OCOCH_3)_3 + 3CH_3COOH$$

(二)醋酯纤维的结构特征

纤维素分子上的羟基被乙酰基取代的百分数称为酯化度。二醋酯纤维的酯化度一般为75%～80%,三醋酯纤维的酯化度为93%～100%。

醋酯纤维无皮芯结构,横截面形状为多瓣形叶状或耳状(见图15-6)。

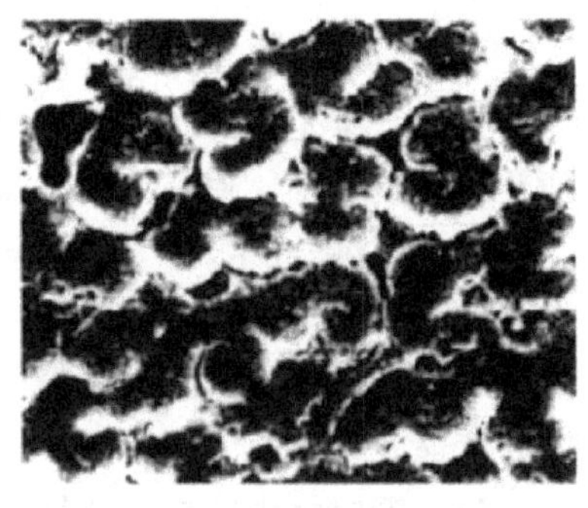

图15-6 醋酯纤维横截面电镜图

二醋酯纤维素大分子的对称性和规整性差,结晶度很低。三醋酯纤维的分子结构对称性和规整性比二醋酯纤维好,结晶度较高。二醋酯纤维的聚合度为180～200;三醋酯纤维的聚合度为280～300。

(三)醋酯纤维的应用

醋酯纤维表面平滑,有丝一般的光泽,适合于制作衬衣、领带、睡衣、高级女装等;用于卷烟过滤嘴。

三醋酯纤维是一种手感丰满和悬垂性优异的中重型纤维,其回弹性良好,在热定型后可保留优异的褶皱。此纤维可以水洗和干洗,没有起球现象,偶尔有静电问题。三醋酯纤维的主要用途是各种需要褶裥或折皱保留性能好的服装(例如褶裥上衣和裙子)以及针织睡衣和长袍。

八、聚酰胺纤维

聚酰胺纤维是指其分子主链由酰胺键(— CO — NH —)连接的一类合成纤维,我国称聚酰胺纤维为锦纶。聚酰胺纤维是世界上最早实现工业化生产的合成纤维,也是化学纤维的主要品种之一。

脂肪族聚酰胺主要包括锦纶6、锦纶66、锦纶610等;芳香族聚酰胺包括聚对苯二甲酰对苯二胺即对位芳纶(我国称芳纶1414)和聚间苯二甲酰间苯二胺即间位芳纶(我国称芳纶1313)等;混合型的聚酰胺包括聚己二酰间苯二胺(MXD 6)和聚对苯二甲酰己二胺(聚酰胺6T)等。

(一)聚酰胺纤维的结构特征

1.分子结构

聚酰胺分子是由许多重复结构单元(链节)通过酰胺键连接起来的线型长链分子,在晶体中为完全伸展的平面曲折形结构。通常成纤聚己内酰胺的相对分子质量为14000～20000,成纤聚己二酰己二胺的相对分子质量为20000～30000。

2.形态结构和聚集态结构

截面近似圆形,纵向无特殊结构,电镜下可观察到丝状的原纤组织(见图15-7)。锦纶66的原纤宽度为10～15 nm。聚集态结构是折叠链和伸直链晶体共存的体系。一般纤维的皮层取向度较高,结晶度较低,而芯层则结晶度较高,取向度较低。

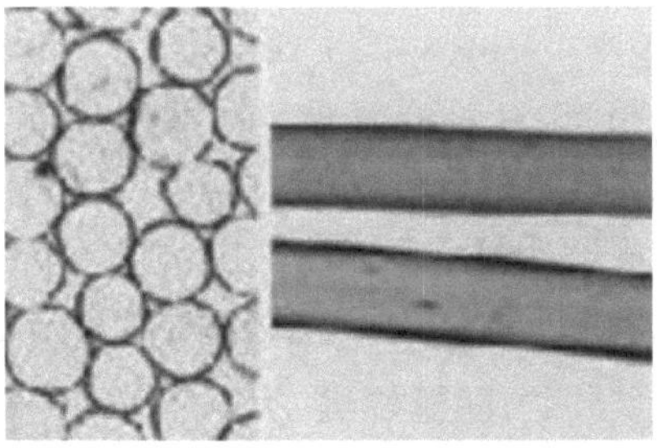

图15-7 聚酰胺纤维结构电镜图

(二)聚酰胺的应用

由于聚酰胺纤维只有良好的力学性能及染色性能,因此其应用非常广泛,在衣料服装、产业和装饰地毯等三大领域均有很好的应用。在生活用品方面,它主要用于制作袜子、内衣、衬衣、运动衣物等,并可和棉、毛、黏胶纤维等混纺,使混纺织物具有很好的耐磨损性。还可制作寝具、室外饰物及家具用布等。在产业方面，它主要用于制作轮胎帘子线、传送带、运输带、渔网、绳缆等，涉及交通运输、渔业、军工等许多领域。

九、聚酯纤维

聚酯纤维通常是以二元酸和二元醇缩聚而得的高分子化合物，其基本链节之间以酯键连接。聚酯的品种很多，以聚对苯二甲基乙二酯含量在85%以上的纤维为主，相对分子量一般控制在18000～25000，国内简称为涤纶，也称聚酯纤维，其主分子结构简式为：

$$H\left(OCH_2CH_2O-\underset{\underset{O}{\|}}{C}-C_6H_4-\underset{\underset{O}{\|}}{C}-O\right)_n CH_2CH_2OH$$

(一)涤纶的结构特征

1.分子组成

从涤纶分子组成来看，它是由短脂肪烃类、酯基、苯环、端醇羟基构成。

2.分子结构

聚对苯二甲酸已二酯(PET)是具有对称性苯环的线性大分子，没有大的支链，分子线型好，大分子几乎呈平面构型，易于沿纤维拉伸方向取向而平行排列。

聚酯分子链结构具有高度的立体规整性。所有的苯环几乎处在同一平面上，这使相邻大分子上的凹凸部分便于彼此镶嵌，从而具有紧密敛集能力与结晶倾向。

3.形态结构和聚集态结构

采用熔体纺丝制成的聚酯纤维，具有圆形实心的横截面，纵向均匀而无条痕(见图15-8)。

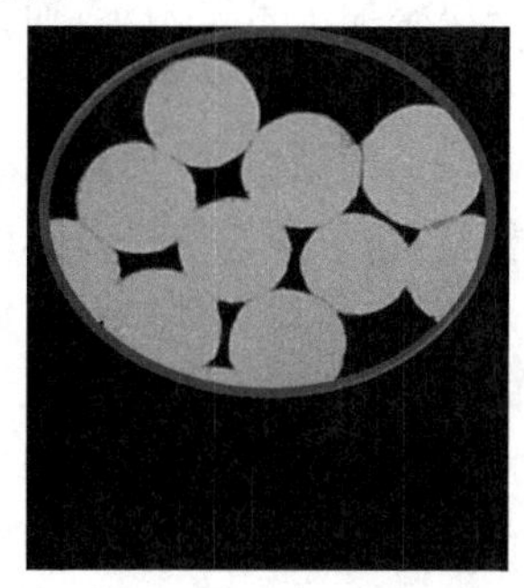

图15-8　涤纶纤维截面电镜图

聚酯纤维大分子的聚集态结构与生产过程的拉伸及热处理有密切关系，采用一般纺丝速度纺制的初生纤维几乎是完全无定形的，密度为1.335～1.337 g/cm^3；经拉伸和热处理后，获得一定的结晶度和取向度。结晶度和取向度与生产条件及测试方法有关，涤纶的结晶度可达40%～60%，取向度高的双折射可达0.188，密度为1.38 g/cm^3。

(二)涤纶的基本性能

1.吸湿性

涤纶除了大分子两端各有一个羟基(—OH)外，分子中不含有其他亲水性基团，而且其结晶度高，分子链排列很紧密，因此吸湿性差，在标准状态下回潮率只有0.4%，即使在相对湿度100%的条件下吸湿率也仅为0.6%～0.9%。由于涤纶的吸湿性低，在水中的溶胀度小，湿、干比强度和湿、干断裂伸长率比值皆近1.0，导电性差，容易产生静电现象，并且染色困难。高密涤纶织物穿着时感觉气闷，但具有易洗快干的特性。

2.热性能

涤纶具有良好的热塑性能，在不同的温度下产生不同的变形。涤纶在无张力的情况下，纱线在沸水中的收缩率为7%，在100 ℃的热空气中纤维收缩率为4%～7%，200 ℃时可达16%～18%。这种现象是涤纶纺丝时拉伸条件下应力残留的影响和结晶状况所造成的。如将未拉伸、未定形的纤维预先在高于其结晶温度、有张力的条件下处理，然后在无张力的条件下热处理，纤维就不会有显著的收缩。经过高温定形处理后，涤纶的尺寸稳定性提高。

在几种主要合成纤维中，涤纶的热稳定性最好。在温度低于150 ℃时涤纶的色泽不变；在150 ℃下受热168 h后，涤纶比强度损失不超过3%；在150 ℃下加热1000 h，仍能保持原来强度的50%。

3.力学性能

涤纶具有较高的强度和伸长率；涤纶的弹性比除锦纶外的其他合成纤维都高，与羊毛接近，耐磨性仅次于锦纶；涤纶织物最大的特点是优异的抗皱性和保形性，制成的衣服挺括不皱，经久耐用，且能达到易洗、快干、免烫的效果。

4.化学稳定性

涤纶的耐酸性较好，对无机酸和有机酸都有良好的稳定性；涤纶在热的稀碱液作用下，涤纶表面的大分子发生水解，水解作用由表面逐渐深入，使纤维表面一层层剥落下来，造成纤维的失重和强度下降，称“剥皮现象”或“碱减量处理”；涤纶染色比较困难，主要原因在于涤纶中缺少和染料发生结合的活性基团，而且涤纶分子排列紧密，纤维中空隙小，染料分子很难渗透到纤维内部去；涤纶缺乏亲水性，在水中膨化程度低。涤纶的最大缺点之一是织物表面容易起毛起球。这是因为其纤维截面呈圆形，表面光滑，纤维之间抱合力差，纤维末端容易浮出织物表面形成绒毛，经摩擦后，纤维纠绸在一起结成小球，并且由于纤维强度高，弹性好，小球难于脱落，因而涤纶织物起球现象比较显著。涤纶由于吸湿性低，表面具有较高的电阻率，当它与别的物体相互摩擦又立即分开时，涤纶表面易积聚大量电荷而不易逸散，产生静电，这不仅给纺织染整加工带来困难，而且使穿着者有不舒服的感觉。

(三)涤纶的应用

涤纶的强度高、模量高、吸水性低，作为民用织物及工业用织物都有广泛的用途。作为纺织材料，涤纶短纤维可以纯纺，也特别适合与其他纤维混纺；既可与天然纤维如棉、麻、羊毛混纺，也可与其他化学短纤维如粘纤、醋酯纤维、聚丙烯腈纤维等短纤维混纺。其纯纺或混纺制成的仿棉、仿毛、仿麻织物一般具有聚酯纤维原有的优良特性，如织物的抗皱性和褶裥保持性、尺寸稳定性、耐磨性、洗可穿性等。而聚酯纤维原有的一些缺点，如纺织加工中的静电现象和染色困难、吸汗性与透气性差、遇火星易熔成空洞等缺点，可随亲水性纤维的混入在一定程度上得以减轻和改善。涤纶加捻长丝(DT)主要用于织造各种仿丝绸织物，也可与天然纤维或化学短纤维纱交织，还可与蚕丝或其他化纤长丝交织，这种交织物保持了涤纶的一系列优点。

本章小结

(1)天然纤维的使用历史悠久，化学纤维发展历史较短，但发展非常迅猛，尤其在19世纪末20世纪初。

(2)纤维的长度、细度和横断面等结构特征对纤维的性能影响较大。

(3)常见的天然纤维有棉纤维、麻纤维、毛纤维、蚕丝等；常见的化学纤维有粘胶纤维、铜氨纤维、醋酯纤维、聚酰胺纤维等。这些常用纤维对我们的衣食住行和社会生产等方面有着重要作用。

习题

15-1.什么是纤维？纤维的分类有哪些？

15-2.简述铜氨纤维的结构和主要性能。

15-3.简述粘胶纤维的主要用途和品种。

15-4.涤纶有哪些特征？试说明其主要用途。

第五部分　健康与有机化学

人类的日常生活离不开一日三餐，如何正常饮食，使之有利于人体健康？吃是一种需要，会吃是一门学问，会吃的人，能在享受美食的同时享受健康的快乐。糖类、油脂和蛋白质是构成人类身体的重要物质，共同维持人体生命活动。糖类、油脂和蛋白质的正常生理代谢为人体提供能量，维持人体的健康状态，代谢异常则会造成各种病理改变，引发疾病。合理膳食是维持人类身体健康的惟一路径。合理的饮食，充足的营养，能提高人类健康水平，预防多种疾病的发生发展，延长寿命、提高民族素质；不合理的饮食，营养过度或不足，都会给健康带来不同程度的危害。

第十六章　糖类化合物与人体健康

糖类化合物是生物体维持生命活动所需能量的主要来源，是合成其他化合物的基本原料，同时也是生物体的主要结构成分。

在人类摄取食物的总能量中，大约60%～80%是由糖类提供的。因此，糖类是人类及动物的生命源泉。糖类化合物是自然界中分布广泛、数量最多的有机化合物，是食品的主要组成成分之一，也是绿色植物进行光合作用的直接产物。在自然界的生物物质中，糖类化合物约占3/4，从细菌到高等动物体内都含有糖类化合物，植物体中含量最丰富，约占其干重的85%～90%，其中又以纤维素最为丰富。

一般意义的糖是指碳水化合物，从结构上看，糖是含醛基或酮基的多羟基化合物和它们的缩聚产物及某些衍生物的总称，曾用 $C_n(H_2O)_m$ 通式表示，并统称为碳水化合物。有些糖如鼠李糖（$C_6H_{12}O_5$）和脱氧核糖（$C_5H_{10}O_4$）并不符合上述通式，而且有些糖类还含有氮、硫、磷等元素，显然“碳水化合物”这一名称已经不适当，但由于沿用已久，至今仍然使用“碳水化合物”的名称表示糖类化合物。糖经人体消化吸收以后很快转化为血糖，供应人体所需的能量，恢复体力、备战备荒，并起着保健的作用。

我们要正确地认识糖类对人体的重要作用，在日常生活中要注意正确摄入糖类，适当进食糖有助于健康与长寿。然而，糖的摄入量一旦过量，很可能影响健康，甚至导致疾病。

第一节　糖的分类与结构

糖类主要有单糖（葡萄糖、果糖、木糖等）、低聚糖（蔗糖、麦芽糖等）和多糖（淀粉、纤维素等）。粮食中的糖最常见的是淀粉和纤维素。

一、单糖

单糖是多羟基醛或多羟基酮，是不能再被水解的糖。根据所含碳原子的数目单糖分为丙糖、丁糖、戊糖和己糖等;根据官能团的特点又分为醛糖和酮糖,也包括糖醛酸和糖醇。单糖在水溶液中是环式和链式的互变平衡体系。例如:

$$\beta\text{-D-(+)-葡萄糖} \rightleftharpoons \text{开链式} \rightleftharpoons \alpha\text{-D-(+)-葡萄糖}$$

	β-D-(+)-葡萄糖	开链式	α-D-(+)-葡萄糖
平衡浓度	~63%	~0.1%	~37%
$[\alpha]_D^t$	+19°	+52°	+112°

重要的单糖有葡萄糖、果糖、半乳糖、核糖和脱氧核糖。

(1)葡萄糖。

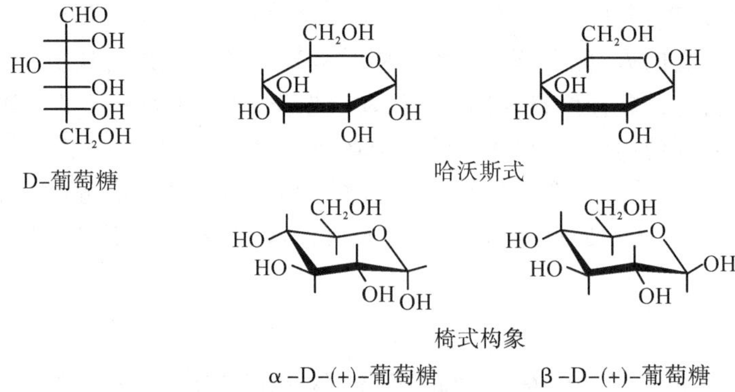

D-葡萄糖　　哈沃斯式

椅式构象

α-D-(+)-葡萄糖　　β-D-(+)-葡萄糖

(2)果糖。

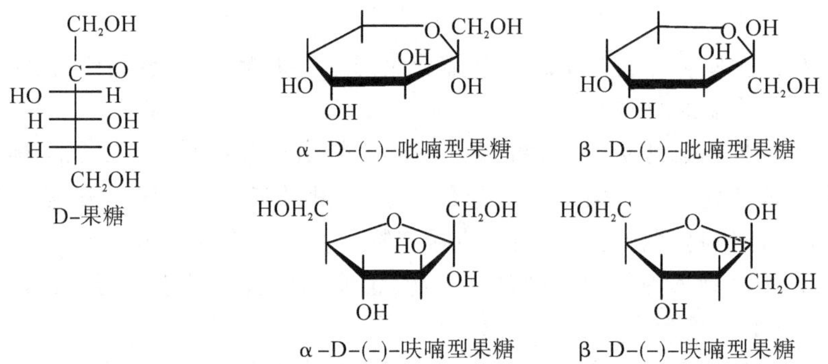

D-果糖

α-D-(-)-吡喃型果糖　　β-D-(-)-吡喃型果糖

α-D-(-)-呋喃型果糖　　β-D-(-)-呋喃型果糖

(3)半乳醣。

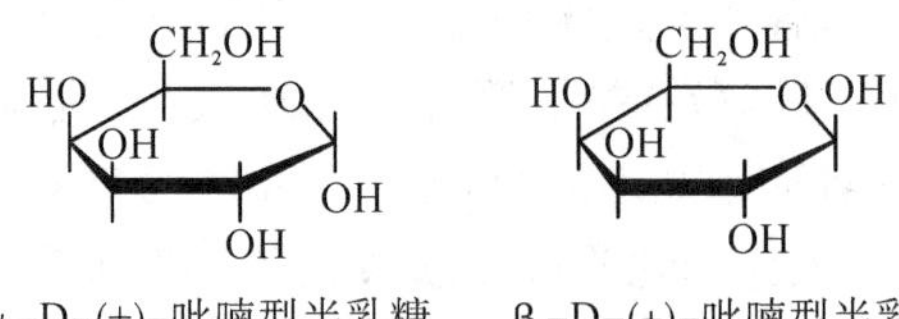

α-D-(+)-吡喃型半乳糖　　β-D-(+)-吡喃型半乳糖

(4)核糖。

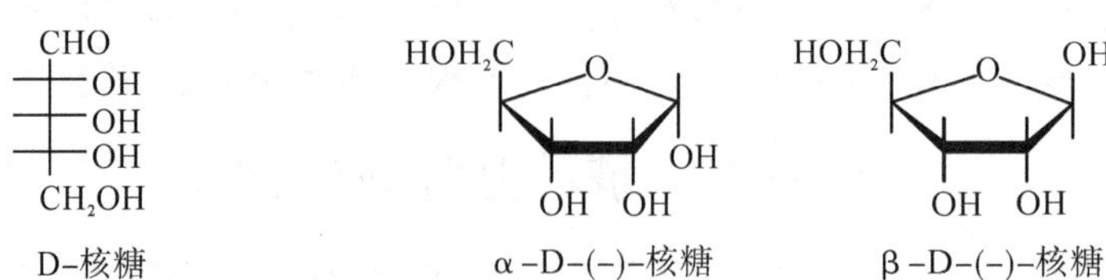

D-核糖　　α-D-(-)-核糖　　β-D-(-)-核糖

(5)脱氧核糖。

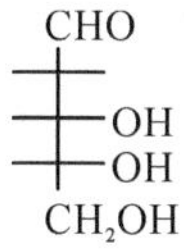

D-2-脱氧核糖 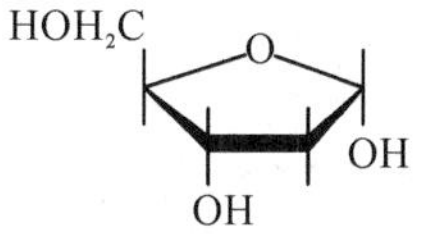　　α-D-2-(-)-脱氧核糖 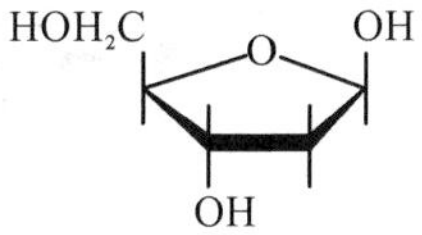　　β-D-2-(-)-脱氧核糖

二、低聚糖

低聚糖又称为寡糖，一般是由2～10个单糖分子缩合而成，水解后产生单糖。最常见的是双糖，如麦芽糖、蔗糖、乳糖。麦芽糖水解后生成两分子葡萄糖；蔗糖水解生成一分子葡萄糖和一分子果糖；乳糖水解后生成一分子葡萄糖和一分子半乳糖。

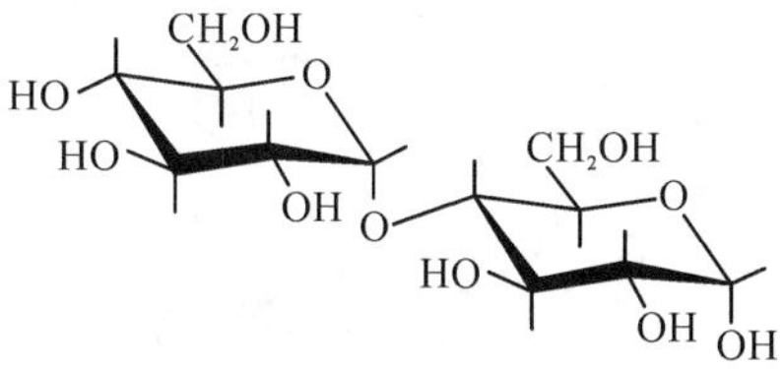

麦芽糖

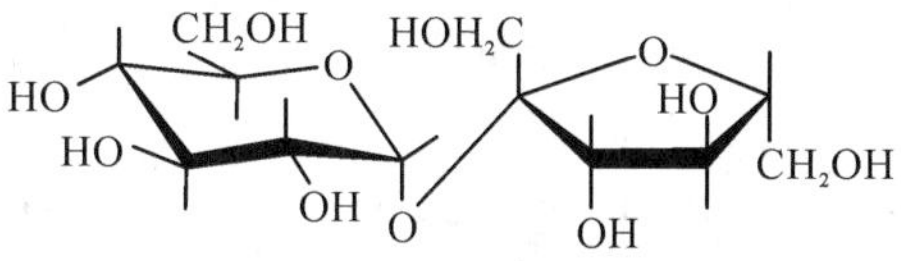

蔗糖

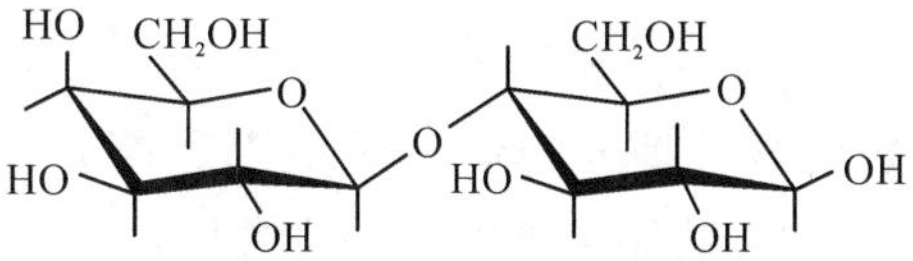

乳糖

三、多糖

多糖是由多个单糖分子缩合而成，其聚合度很大，如淀粉(直链淀粉、支链淀粉)、纤维素。淀粉和纤维素水解的最终产物都是葡萄糖，但纤维素不能作为人类的营养物质。因为人的消化道中仅有水解淀粉的淀粉酶，而没有水解纤维素的纤维素酶。

多糖按其组成中单糖的异同，可分为同聚多糖(由相同的单糖基组成的多糖)和杂聚多糖(由不同的单糖基组成的多糖)；按其分子中有无支链，可分为直链多糖和支链多糖；按其功能不同，可分为结构多糖、贮存多糖、抗原多糖等。

多糖的性质不同于单糖和低聚糖，在大多数情况下多糖不溶于水，也没有甜味，其物理、化学性质与它们的分子质量、结构和形状相关。

不同来源的食品或食品原料中存在的糖类是不同的，大多数植物只含少量蔗糖，大量膳食蔗糖来自经过加工的食品；在加工食品中，添加的蔗糖量一般较多。蔗糖是从甜菜或甘蔗中分离得到的，果实和蔬菜中只含少量蔗糖、D-葡萄糖和D-果糖。

动物产品所含的糖类化合物比其他食品少，肌肉和肝脏中的糖原是一种葡聚糖，结构与支链淀粉相似，以与淀粉代谢相同的方式进行代谢。

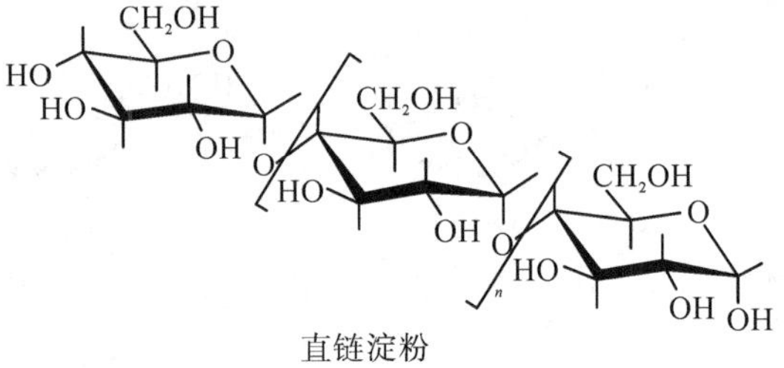

直链淀粉

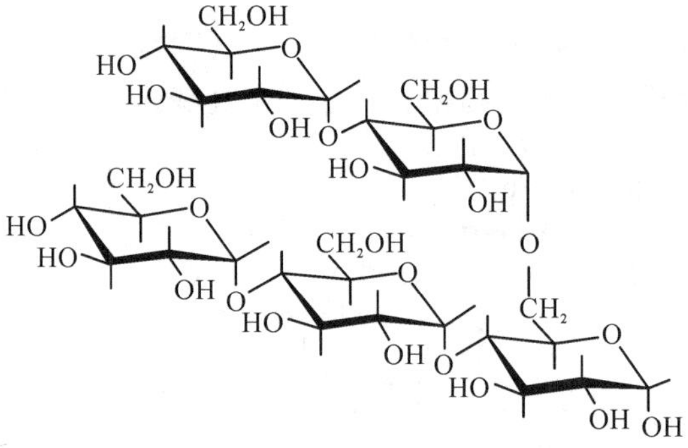

支链淀粉

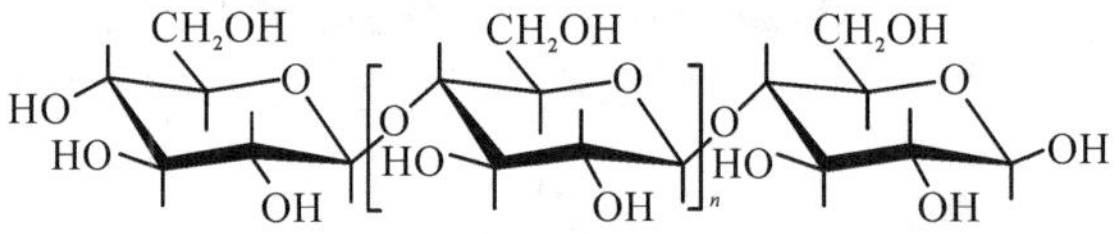

纤维素

乳糖存在于乳汁中，牛奶中含乳糖4.8%，人乳中含乳糖6.7%，市售液体乳清中含乳糖5%，工业上采取从乳清中结晶的方法制备乳糖。一些常见食品的含糖量见表16－1。

表16－1　一些食品的含糖量

产品	总糖量/%	单糖、双糖/%	多糖/%
苹果	14.5	葡萄糖1.17　果糖6.04　蔗糖3.78	淀粉1.50　纤维素1.00
葡萄	17.3	葡萄糖2.09　果糖2.40　蔗糖4.25	纤维素0.60
胡萝卜	9.7	葡萄糖2.07　果糖1.09　蔗糖4.25	淀粉7.80　纤维素1.00
甜玉米	22.1	蔗糖12.00～17.00	纤维素0.70
甘薯	26.3	葡萄糖0.87　蔗糖2.00～3.00	淀粉14.65　纤维素0.70
肉		葡萄糖0.10	糖原0.10

第二节　糖与人体健康的关系

一、糖对人体健康的作用

(一)供给热能

糖类是人体最重要的热能来源。理论上，每摩尔葡萄糖在体内完全氧化时，释放的热量为2872 kJ，即每克释能16 kJ。等量的葡萄糖在肝脏、心脏、肾脏等器官中，完全氧化分解释放出的能量，比在肌肉、大脑和骨骼的多。在人类的饮食中，碳水化合物最常见，也最便宜，所占比例也最大，是人体内最主要、最有效的能源。

糖类在体内释放的大量热能，既维系人类的生命活动，维持基础代谢和正常体温，又作为碳源参与体内物质的合成并提供合成过程的能源。我们知道，心脏活动的能量主要是靠磷酸葡萄糖和糖原供给的。神经系统的热能的唯一来源是葡萄糖，而不能利用其他物质。当血液中的葡萄糖含量过低，会导致神经系统障碍。人脑重量只占体重的3%，但其能耗量却占人的能耗总量的1/6，其中的80%是来自葡萄糖。因此，人体内一旦缺糖，脑组织的活动必然出现紊乱。

（二）构成机体组织

糖类食物进入人体以后，经酶的水解作用，变成可被人体直接利用的单糖，其中主要是葡萄糖，进入血液循环以供给机体需要，形成血糖。血糖是糖在体内的运输形式，血液流经各组织时，一部分被直接氧化利用，一部分变成组织糖原储存起来以备急用。其中以肌糖原为最多，它的氧化可以为肌肉收缩做功，满足人体运动的需要。血糖的浓度基本上是恒定的，当进食后，葡萄糖的大量增加，使得超过血糖浓度的那部分葡萄糖就在肝脏和肌肉内迅速转变成肝糖原和肌糖原储存起来，以备血糖浓度不足时“紧急调用”，维持血糖浓度的恒定。

（三）保肝解毒作用

当肝糖原贮备较充足时，肝脏对某些化学毒物如C_2H_5OH、砷等有较强的解毒作用，对各种细菌感染所引起的毒血症也有较强的解毒作用。因此我们要保证身体需要的糖供给，尤其是肝脏患病时能供给充足的糖，使肝脏中有丰富的糖原，在一定程度上可以保护肝脏免受损害，并维持其正常的解毒作用。

（四）控制脂肪和蛋白质的代谢

如果人体从饮食中得不到所需的糖，人体内就需要氧化更多的脂肪来满足人体热量的消耗。脂肪在氧化时会积累较多的中间产物——酮酸，当酮酸积累量过大又不能及时排出体外时，会引起酮酸中毒。其症状主要有恶心、疲乏、呕吐及呼吸急促，严重者可能会昏迷。只要糖、脂肪和蛋白质的比例恰当，人体是不会发生酮酸中毒的。

二、糖类与人体疾病的关系

糖的代谢紊乱而导致的疾病，常见的有糖尿病、低血糖症等多种。

（一）糖尿病

糖尿病是一种以高血糖为特征的代谢性疾病。高血糖则是由于胰岛素分泌缺陷或其生物作用受损，或两者兼有引起的。糖尿病患者长期存在的高血糖，会导致各种组织，特别是眼、肾、心脏、血管、神经的慢性损害、功能障碍。糖尿病的诊断是空腹血糖大于或等于7.0 mmol/L，餐后两小时血糖大于或等于11.1 mmol/L即可确诊。目前尚无根治糖尿病的方法，但通过多种手段可以控制好糖尿病，比如：糖尿病患者的教育、自我监测血糖、饮食治疗、运动治疗和药物治疗等。

（二）低血糖症

低血糖是指成年人空腹血糖浓度低于2.8 mmol/L。低血糖者血糖值小于或等于3.9 mmol/L即可诊断为低血糖。低血糖症是一种多种病因引起的以静脉血浆葡萄糖（简称血糖）浓度过低，临床上以交感神经兴奋和脑细胞缺氧为主要特点的综合症。低血糖的症状通常表现为出汗、饥饿、心慌、颤抖、面色苍白等，严重者还会出现精神不集中、躁动、易怒甚至昏迷等。其治疗包括两个方面：一是解除低血糖症状，二是纠正导致低血糖症的各种潜在原因。对于轻中度低血糖，口服糖、含糖饮料，或进食糖果、饼干、面包、馒头等即可缓解。对于药物性低血糖，应及时停用相关药物。重者和疑似低血糖昏迷的患者，应及时测定毛细血管血糖，及时给予 40～60 mL 50%葡萄糖静脉注射，继以 5%～10%葡萄糖液静脉滴注。神志不清者，切忌喂食以免呼吸道窒息。

(三)眼疾病

糖在人体内的代谢，需要维生素的参与，若糖的摄入量过多，则维生素的消耗量相应增加，后者一旦供应不足，视觉神经很容易出现炎症；而人体内过量的糖又会引起钙缺乏，致使眼膜的弹性降低，最终发展为近视眼病，甚至导致失明。

(四)不耐乳糖症

乳糖酶缺乏的人，在食入奶或奶制品后，奶中乳糖不能完全被消化吸收而滞留在肠腔内，使肠内容物渗透压增高、体积增加、肠排空加快，乳糖很快排到大肠并在大肠吸收水分，受细菌的作用发酵产生气体。轻者症状不明显，较重者可出现腹胀、肠鸣、排气、腹痛、腹泻等症状。应对的办法是避免空腹饮用鲜牛奶。乳糖不耐症者应选低乳糖奶制品，如酸奶、奶酪等。市面上含脂肪 1.0%～1.5%的低脂奶和含脂肪 0.5%的全脱脂牛奶适合高血压、高血脂、糖尿病患者及肥胖者或老年人。

从营养学观点来看，糖是“空的卡路里”，即除了产生能量以外不含有任何营养素。如果吃糖过多，必然影响其他营养元素的吸收。但是，糖本身并没有什么坏处，相反，糖是食物中的一种天然成分，可以在食物加工过程中产生，增加食物的风味。

从我国目前的状况看，主要的食糖方式有主食和辅食两种。主食多是通过膳食中的主粮，辅食包括吃含糖的食品、制剂，或单独吃糖如冲服甘蔗糖、蜂蜜等。糖与人们的日常生活息息相关，我们不能忽略它在我们体内的作用，担心发胖而不吃糖更是不可取。我们也不能忽视高糖饮食的危害。因此，合理摄入糖，才能保持身体的健康。

第三节　重要的糖类

一、D-(+)-葡萄糖

D-(+)-葡萄糖是人体不可缺少的糖，又称为右旋糖。它以游离态存在于葡萄、蜂蜜及甜水果中，又是多糖(淀粉、纤维素等)的组分。葡萄糖以糖苷的形式广泛存在于自然界中。葡萄糖在工业上一般是由淀粉水解得到，也可以由纤维素如木屑等水解得到。葡萄糖在发酵工业、食品工业、化学工业以及合成和转化等方面起着重要作用。

1.发酵工业

微生物的生长需要合适的碳氮比，葡萄糖作为微生物的碳源，是发酵培养基的主料，如抗生素、味精、维生素、氨基酸、有机酸、酶制剂等都需大量使用葡萄糖，同时也可用作微生物多聚糖和有机溶剂的原料。

2.食品工业

目前结晶葡萄糖主要用于食品行业，随着生活水平的提高和食品行业科技的不断发展，葡萄糖在食品行业的应用越来越广泛。

3.化学工业

葡萄糖在工业上的应用也很广，印染制革工业、制镜工业、热水瓶胆镀银及玻璃纤维镀银等常用葡萄糖作还原剂。

4.合成和转化

葡萄糖可氢化、氧化、异构、碱性降解、酯化、乙缩醛化反应等，合成或转化为其他产品。如氢化制山梨醇；氧化制葡萄糖醛酸、二酸等，并可进一步制成酸钙、酸钠、酸锌以及葡萄糖酸δ内酯；异构化为F42、F55、F90果葡糖浆和结晶果糖；也可异构化为甘露糖(生产甘露糖醇原料)，其中山梨醇可进一步生成维生素C，被广泛应用于临床治疗；15%的甘露醇在临床上作为一种安全有效地降低颅内压药物，来治疗脑水肿和青光眼。

二、D-(-)-果糖

D-(-)-果糖以游离态存在于水果和蜂蜜中。它是蔗糖的组分，以多聚果糖存在于自然界中。果糖最甜，又称为左旋糖。果糖是酮糖，与盐酸-间苯二酚试剂共热，立刻呈现深红色(醛糖只出现很浅红色)，此反应可用于鉴别酮糖和醛糖。果糖与氢氧化钙反应可生成络合物，络合物极难溶于水，此反应可用于果糖的检验。

果糖在食品领域起初是作为蔗糖的替代性产品出现的。由于果糖具有蔗糖不可比拟的性能优势，果糖在食品加工中的很多领域，逐渐取代了蔗糖。这种取代的目的不仅仅是解决甜度问题，更主要是改善食品性能、增进风味口感、提高产品档次。果糖作为甜味剂有显明的优点：①甜度高，用量少，不需添加特殊助剂。②其代谢途径与胰岛素无关，人体摄入后不会引起血糖及胰岛素水平波动。③在肝脏中代谢快，对肝脏具有保护作用，合成肝糖元迅速，可改善肝功能，保护肝脏。④不易发生蛀牙。⑤属于天然糖类，绿色安全。⑥口味好。

目前，有的国家已经将果糖广泛应用于食品、医药、保健品生产中。果糖浆的消费量也呈较快的增长形式。一些发达国家在糖果与饮料中基本不用蔗糖而用果糖。如加拿大法律规定，所有饮料必须使用果葡糖浆(经酶法生产的含果糖42%的糖产品)。

三、维生素C

维生素C多存在于新鲜水果和蔬菜中，在柑橘、柠檬、番茄中含量尤为丰富。人体自身不能合成维生素C，必须从食物中获得。人体若缺乏维生素C，会出现坏血病，故维生素C又称为抗坏血酸。维生素C不属于糖类，但它可用D-葡萄糖来合成，在结构上可以看成是不饱和糖酸内酯，所以常将维生素C当作单糖的衍生物。

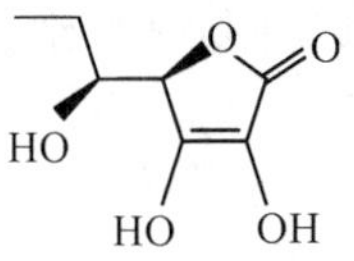

HO　O　O
HO　OH

维生素C

维生素C是白色结晶，味酸、易溶于水、稍溶于乙醇、不溶于乙醚等有机溶剂。它的构型是L-型。由于分子中烯醇式羟基上的氢较易离解，使它呈现明显的酸性，并且易被氧化成脱氢抗坏血酸。所以它是一种较强的还原剂，可用作食品的抗氧化剂；脱氢抗坏血酸还原后又重新变成抗坏血酸，所以，它在动物体内生物氧化过程中具有电子传递和氢传递的作用。维生素C作为常用保健品，其作用主要表现在以下几方面。

(1)维生素C可预防缺铁性贫血。维生素C是一种人体无法自身合成的水溶性维生素，主要来源于新鲜的蔬菜和水果，适当补充维生素C是可以起到预防缺铁性贫血的作用。

(2)维生素C的抗氧化作用。维生素C的抗氧化作用可以理解为一种“保护作用”。例如，保护人类机体或新鲜果蔬不易被氧化剂氧化损害。而维生素C的抗氧化作用其实就是维生素C还原性的另一种体现，这种“体现”我们可以通过一个日常生活小实验直观的体验一下。具体实验步骤如下：①取一个新鲜的苹果，切成两半(A半和B半)；②取出A半，在该半侧涂上含有维生素C的溶液，另一侧不涂；③将A半苹果暴露在空气中，放置半天后，发现没有涂抹维生素C溶液的一侧颜色变深，而涂抹维生素C溶液的一侧，颜色无明显变化。该实验说明：由于维生素C具有较强的还原性，因此会先与空气中的氧发生氧化还原反应，从而保护苹果表面不被氧化变色。在现代医疗上也可以利用维生素C较强的抗氧化作用，抑制自由基对人体氧化的损害，从而预防肿瘤和癌症的侵袭。

(3)维生素C参与胶原蛋白的合成。维生素C除了可以预防坏血病、缺铁性贫血外，还会参与人体胶原蛋白的合成，使我们的肌肤有光泽，延缓衰老；使我们的血管壁富有弹性，从而有效预防动脉粥样硬化等心血管疾病；使我们的骨骼关节润滑，韧带富有弹性，有利于伤口快速愈合。

四、麦芽糖

麦芽糖是淀粉的基本组成单元，在淀粉酶或唾液酶的作用下，淀粉水解得到麦芽糖。麦芽糖继续水解产生D-葡萄糖。麦芽糖主要存在于发芽的种子中，特别是麦芽中含量最高。在用大麦酿造的啤酒中，麦芽糖的含量为10%～12%，甜度为蔗糖的40%。

麦芽糖用途广泛，可制成麦芽糖浆，用于食品行业的各个领域。

(1)麦芽糖浆中含有大量糊精，具有良好的抗结晶性。在冷冻食品中也不会有晶体析出，还有防止其他糖产生结晶的效果。在生产果酱和果冻时可防止蔗糖的结晶析出，延长食品的保存期。

(2)麦芽糖浆具有良好的发酵性，大量用于面包、糕点、啤酒的制造。

(3)麦芽糖浆甜度低、吸湿性低、保湿性高，具有一分子结晶水的麦芽糖非常稳定，增加了食品的保湿性。在糕点中加入麦芽糖浆，可使糕点新鲜可口，但当麦芽糖吸收了6%～12%的水分后，就不再吸水，也不失水，这种特性能抑制食品脱水和防止食品的老化，使食品长期处于绵软、湿润、新鲜、可口，从而增加食品的货架期。

麦芽糖在医药业上的应用：①麦芽糖浆可直接服用，能够促进肠胃蠕动，以补充机体所需的碳源和能量；②麦芽糖静脉注射液可以抑制腐败细菌的滋生，从而减少毒性代谢物的产生，起到保护肝脏的作用。

五、蔗糖

蔗糖是主要的非还原性二糖，广泛存在于植物中，利用光合作用合成的植物的各个部分都含有蔗糖。例如，甘蔗含蔗糖14%以上，北方甜菜含蔗糖16%～20%，但蔗糖一般不存在于动物体内。

蔗糖被人食用后，在胃肠中由转化酶转化成葡萄糖和果糖，一部分葡萄糖随着血液循环运往全身各处，在细胞中氧化分解，最后生成二氧化碳和水，为脑组织功能、人体的肌肉活动等提供能量并维持体温。血液中的葡萄糖(血糖)，除了供细胞利用外，多余的部分可以被肝脏和肌肉等组织合成糖原而储存起来。当血糖含量由于消耗而逐渐降低时，肝脏中的肝糖原可以分解成葡萄糖，并且陆续释放到血液中；肌肉中的肌糖原是作为能源物质，供给肌肉活动所需的能量。

蔗糖是食品中有营养的甜味剂，它不但是食品的重要的添加剂，而且由于蔗糖具有独特的功能，有利于食品的加工和品质的提高。蔗糖的甜味纯正稳定，易于溶解和调色，还能从饱和溶液中迅速结晶出来，这些性能对糖果的生产是十分有利的；蔗糖在冰淇淋等食品中，除了作为甜味剂，还被用作冷冻改良剂、结晶改良剂和膨松剂；蔗糖可以在高温下发生焦化作用，能使烹调食品和焙烤食品着上所需的棕褐色；蔗糖具有渗透作用，能抑制有害微生物的生长，以延长食品的贮藏期；蔗糖具有很好的水溶性，不同浓度的蔗糖溶液会产生不同的黏度，可以为饮料、罐头等提供令人满意的口味，并能保持其风味的稳定性；蔗糖可以作为酵母的营养剂，为发酵过程提供能源，这也是化学合成的甜味剂所不具备的性能。

六、乳糖

乳糖存在于哺乳动物的乳汁中，人乳中乳糖含量为5%～8%，牛乳中乳糖含量为4%～6%。乳糖的甜味只有蔗糖的70%。乳糖分子由一分子葡萄糖和一分子半乳糖组成。

乳糖和其他糖类一样都是人体热能的来源，1 g乳糖分解可生成16.72 kJ的热量。牛乳中的总热量的1/4来自乳糖。除供给人体能源外，乳糖还具有与其他糖类所不同的生理意义。乳糖在人体的胃中不被消化吸收，可直达肠道。在人体肠道内乳糖易被乳糖酶分解成葡萄糖和半乳糖，从而被吸收。半乳糖是构成脑及神经组织的糖脂质的一种成分，对婴儿的智力发育十分重要，它能促进脑苷和黏多糖类的生成。乳糖能促进人体肠道内某些乳酸菌的生成，能抑制腐败菌的生长，有助于肠的蠕动作用。由于乳酸的生成有利于钙以及其他物质的吸收，能预防佝偻病的发生，婴儿食品中常强化乳糖含量。

七、淀粉

淀粉是人类的三大食物之一，又是植物的储存物质，大量存在于植物的种子和地下块茎中。例如，稻米中淀粉含量为62%～82%，小麦中淀粉含量为57%～75%，玉米中淀粉含量为65%～72%，马铃薯中淀粉含量为12%～14%。

淀粉可用淀粉酶水解得到麦芽糖，在酸的作用下，能彻底水解为葡萄糖。所以淀粉是麦芽糖的高聚体。

淀粉是白色无定形粉末，由直链淀粉和支链淀粉两部分组成。直链淀粉可溶于热水，又叫作可溶性淀粉，占10%～20%。支链淀粉是不溶性淀粉，占80%～90%。

直链淀粉不能发生还原糖的一些反应，遇碘显深蓝色，可用于鉴定碘的存在。直链淀粉不是伸开的一条直链，而是由于分子内氢键作用，呈螺旋状结构。每个螺圈约含6个葡萄糖单位。螺旋状空穴正好与碘的直径相匹配，允许碘分子进入空穴中，形成包合物而显色，加热解除吸附，则蓝色褪去。

支链淀粉相对分子质量比直链淀粉相对分子质量更大，平均相对分子质量为1×10^6～6×10^6，它是一个高度分支化的结构。一般由几千个葡萄糖羟基组成。支链淀粉难溶于水，其分子中有许多个非还原性末端，但却只有一个还原性末端，故不显现还原性。支链淀粉遇碘产生棕色反应。

淀粉的功效主要表现在以下几个方面。

(1)补充能量。淀粉能为人体补充大量能量。因为淀粉的主要成分是葡萄糖的聚合物，人们食用淀粉以后，在口腔和胃肠中就能转化成葡萄糖，而且在人体内能快速转化成能量，满足人体正常工作时对能量的消耗。

(2)缓解低血糖。生活中不但高血糖是疾病，低血糖也是一种疾病。如果一个人有低血糖的疾病，容易出现四肢无力和头晕等多种不良症状，这时可以及时食用一些淀粉，因为淀粉在口腔中会与唾液之间发生反应，会产生大量的麦芽糖，而这些麦芽糖进入肠胃以后，又能转化成葡萄糖，能满足人体对糖类物质的需要可以让血糖指数尽快升高。

(3)促进体重增加。淀粉是一种高糖食物，人们食用以后可以快速将糖类物质吸收和利用。人体吸收过多的糖类物质会转化成脂肪堆积在体内，使体重明显增加。因此，淀粉最适合身体偏瘦和需要增肥的人群食用。

(4)防肠癌。"耐消化性"淀粉在小肠内未被消化进入结肠时，肠内的细菌将其发酵分解，生成短链脂肪酸，尤其是丁酸。丁酸可直接抑制大肠内壁任何潜在致癌细胞的增殖。实验室研究也证实，丁酸是癌细胞生长的强效抑制剂。此外，"耐消化性"淀粉可以增加大便量，稀释结肠的内容物，加速致癌物质排出体外。

八、纤维素

纤维素是地球上最古老、最丰富的天然高分子，是人类最宝贵的天然可再生资源。棉花中纤维素含量为90%以上，亚麻中纤维素含量为80%，木材中纤维素含量在40%～60%。含大量纤维素的食物有粗粮、麸子、蔬菜、豆类等；不含纤维素食物有鸡、鸭、鱼、肉、蛋等。目前国内的植物纤维食品，多是用米糠、麸皮、麦糟、甜菜屑、南瓜、玉米皮及海藻类植物等制成的。

膳食纤维素的主要功能有以下6个方面：

(1)治疗糖尿病。膳食纤维可提高胰岛素受体的敏感性，提高胰岛素的利用率；膳食纤维能包裹食物的糖分，使其逐渐被吸收，有平衡餐后血糖的作用，从而达到调节糖尿病患者的血糖水平，治疗糖尿病的作用。

(2)预防和治疗冠心病。血清胆固醇含量的升高会导致冠心病。胆固醇和胆酸的排出与膳食纤维有着极为密切的关系。膳食纤维可与胆酸结合，而使胆酸迅速排出体外；同时膳食纤维与胆酸结合的结果，会促使胆固醇向胆酸转化，从而降低了胆固醇水平。

(3)降压作用。膳食纤维能够吸附离子，与肠道中的钠离子、钾离子进行交换，从而降低血液中的钠钾比值，进而起到降低血压的作用。

(4)抗癌作用。自20世纪70年代以来，膳食纤维在抗癌方面的研究报道日益增多，尤其是膳食纤维与消化道癌的关系。早期在印度的调查显示，生活在印度北部的人们膳食纤维的食用量大大高于南部，而结肠癌的发病率也明显低于南部。根据这一调查结果，科学家做了更加深入的研究，发现膳食纤维防治结肠癌有以下几点原因：①结肠中一些腐生菌能产生致癌物质，而肠道中一些有益微生物能利用膳食纤维产生短链脂肪酸，这类短链脂肪酸能抑制腐生菌的生长；②胆汁中的胆酸和鹅胆酸可被细菌代谢为细胞的致癌剂和致突变剂，膳食纤维能束缚胆酸等物质并将其排出体外，防止这些致癌物质的产生；③膳食纤维能促进肠道蠕动，增加粪便体积，缩短排空时间，从而减少食物中致癌物与结肠接触的机会；④肠道中的有益菌能够利用膳食纤维产生丁酸，丁酸能抑制肿瘤细胞的生长增殖，诱导肿瘤细胞向正常细胞转化。

(5)治疗肥胖症。膳食纤维取代了食物中一部分营养成分的数量，而使食物总摄取量减少。膳食纤维能促进唾液和消化液的分泌，对胃起到填充作用，同时吸水膨胀，能产生饱腹感而抑制进食欲望。膳食纤维与部分脂肪酸结合，这种结合使得当脂肪酸通过消化道时，不能被吸收，因此减少了对脂肪的吸收率。

(6)治疗便秘。膳食纤维具有很强的持水性，其吸水率高达 10 倍，吸水后使肠内容物体积增大，大便变松变软，通过肠道时会更顺畅更省力。与此同时，膳食纤维作为肠内异物能刺激肠道的收缩和蠕动，加快大便排泄，起到治便秘的功效。

九、糖原

糖原是由葡萄糖结合而成的支链多糖，是人体内的储备糖，以肝脏和肌肉中含量最大，因而也叫肝糖。

糖原是粉末状，易溶于热水，不成糊状，而成胶体溶液，溶液与碘作用，呈紫红到红褐色，在酸或酶的作用下最终水解成 D-葡萄糖。

糖原在人体内的重要功能是调节血液中的含糖量。当血液中葡萄糖含量较高时，它就结合成糖原，储存在肝脏和肌肉中；当血液中葡萄糖含量降低时，糖原可分解为葡萄糖，供给肌体能量。

肝脏是调节血糖浓度恒定的重要器官。肝脏原有糖原约占肝脏重量的 5%～6%，成人平均约有糖原 100 g 左右。当长时间大量摄入糖类食物后，糖原可达 150 g 左右，健康胖者甚至可达 150～200 g。当饥饿十余小时后，大部分糖原被消耗。

肝病患者应供给足量糖类，以确保蛋白质和热量的需要，以促进肝细胞的修复和再生。肝脏内有足够糖原储存，可增强肝脏对感染和毒素的抵抗力，保护肝脏免遭进一步损伤，促进肝功能的恢复。但肝脏内糖原储存有一定限度，过多供给葡萄糖，也不能合成过多糖原。

本章小结

(1)糖类化合物分为单糖、低聚糖和多糖三类。单糖是多羟基的醛或酮，分子结构中含有多个手性碳原子，自然界的单糖一般为 D-型，通常以环状结构存在。

(2)糖类化合物是生物体维持生命活动所需能量的主要来源，是合成其他化合物的基本原料，同时也是生物体的主要结构成分。但不能忽视高糖饮食的危害而过量的、无选择的摄入各种糖类。因此，合理摄入糖类，才能保持我们的健康体魄。

(3)重要的糖类化合物有葡萄糖、果糖、维生素 C、麦芽糖、蔗糖、乳糖、淀粉、纤维素、糖原等。

习　题

16-1. 糖类化合物主要有哪几类？各有什么特点？

16-2. 请写出葡萄糖的链状结构式和环状结构式。

16-3. 葡萄糖分子结构中含有哪些官能团？试推测葡萄糖能发生哪些反应。

16-4. 简述糖对人体的作用。

16-5. 食用膳食纤维素对身体有哪些好处？

第十七章　油脂与人体健康

油脂是油和脂肪的统称，通常把液态的称为油，固态的称为脂。从化学成分上来讲，油脂都是高级脂肪酸与甘油形成的酯。油脂除了能供给人体热能和必需的脂肪酸外，尚可提供食品的色、香、味，增进适口性和饱食感，递送人体需要的脂溶性物质如维生素 A、D、E 和 K 等。一些文献报道指出，油脂在人体生理机能上扮演极重要的角色，特别对癌症、冠状动脉疾病的预防，或促进血小板的凝集、血栓的形成以及胆固醇和三酰甘油的增减等均有正负面的作用。

第一节　油脂中的脂肪酸

油脂主要成分为三甘油酯类，约占油脂的 95%，其他少数成分为单酰单甘油酯、二甘油酯等。植物油加工过程中也混进一些脂溶性物质，如磷脂、糖脂、植物甾醇、脂溶性维生素和其他微量物质等，工业上称为油脂伴随物，它们与油脂一起，统称为脂类。三甘油酯类水解，可产生甘油和脂肪酸，脂肪酸约占其重量的 95%。所以油脂所含的脂肪酸的种类、结构和性质，影响着食用油脂的物化特性和生物功能，是食用油脂重要的营养成分。

脂肪酸按其结构，可分为饱和脂肪酸和不饱和脂肪酸。不饱和脂肪酸按所含双键数目，又分为单不饱和脂肪酸和多不饱和脂肪酸，后者以 ω-3 和 ω-6 型不饱和脂肪酸最为重要。常见油脂所含的主要脂肪酸见表 17-1。

表 17-1　常见油脂所含的主要脂肪酸

	名称(俗名)	构造式	熔点/℃
饱和脂肪酸	十二酸(月桂酸)	$CH_3(CH_2)_{10}COOH$	44.0
	十四酸(豆蔻酸)	$CH_3(CH_2)_{12}COOH$	52.0
	十六酸(软脂酸)(棕榈酸)	$CH_3(CH_2)_{14}COOH$	63.0
	十八酸(硬脂酸)	$CH_3(CH_2)_{16}COOH$	70.0
	二十酸(花生酸)	$CH_3(CH_2)_{18}COOH$	76.5
不饱和脂肪酸	$\triangle^{9}$-十八碳烯酸(油酸)	$CH_3(CH_2)_7CH=CH(CH_2)_7COOH$	13.0
	$\triangle^{9,12}$-十八碳二烯酸(亚油酸)	$CH_3(CH_2)_4CH=CHCH_2CH=CH(CH_2)_7COOH$	−5.0
	12-羟基-$\triangle^{9}$-十八碳烯酸(蓖麻油酸)	$CH_3(CH_2)_5CH(OH)CH_2CH=CH(CH_2)_7COOH$	50.0
	$\triangle^{9,12,15}$-十八碳三烯酸(亚麻油酸)	$CH_3CH_2(CH=CHCH_2)_3(CH_2)_6COOH$	−11.0
	$\triangle^{9,11,13}$-十八碳三烯酸(桐油酸)	$CH_3(CH_2)_3(CH=CH)_3(CH_2)_7COOH$	49.0

第二节　油脂的基本性能

油脂是高级脂肪酸和甘油生成的酯。

$$\begin{array}{l} CH_2-O-COR \\ | \\ CH\ -O-COR' \\ | \\ CH_2-O-COR'' \end{array} \qquad (R,R',R''\text{可以相同或不同})$$

一、物理性能

纯净的油脂是无色、无味的物质。天然油脂因含有脂溶性色素和其他杂质而有一定的色泽和气味。由于油脂是混合物，所以油脂没有固定的熔点和沸点，但有一定的凝固温度范围，如猪油为 36～46 ℃，花生油为 28～32 ℃。

不饱和脂肪酸分子的碳碳双键大多为顺式构型，整个分子占有较大体积，分子不能紧密排列，分子间的吸引力较小。因此，不饱和脂肪酸含量较高的油脂，其熔点往往较低，室温下常为液体；而含饱和脂肪酸较多的油脂在室温下往往呈固态或半固态。

油脂比水轻，植物油脂的相对密度一般在 0.9～0.95，而动物油脂常在 0.86 左右。油脂不溶于水，易溶于乙醚、石油醚、氯仿、丙酮、苯和四氯化碳等有机溶剂。

二、化学性能

(一)水解

由于油脂的主要成分是高级脂肪酸甘油三酯，而且具有不同程度的不饱和性，所以油脂可以发生水解、加成、氧化、聚合等反应。

油脂在酸、碱、酶作用下水解成甘油和高级脂肪酸。在酸性条件下的水解反应是可逆的。

$$\begin{array}{l} CH_2-O-COR \\ | \\ CH-O-COR \\ | \\ CH_2-O-COR \end{array} + 3H_2O \underset{}{\overset{H^+}{\rightleftharpoons}} \begin{array}{l} CH_2-OH \\ | \\ CH-OH \\ | \\ CH_2-OH \end{array} + 3RCOOH$$

在碱的催化下，水解生成的脂肪酸又生成盐，该反应是不可逆的。

$$\begin{array}{l} CH_2-O-COR \\ | \\ CH-O-COR \\ | \\ CH_2-O-COR \end{array} + 3NaOH \xrightarrow{\triangle} \begin{array}{l} CH_2-OH \\ | \\ CH-OH \\ | \\ CH_2-OH \end{array} + 3RCOONa$$

油脂的碱性水解反应常称为皂化反应。这是工业上制取肥皂的重要方法。

1 g 油脂完全皂化所需氢氧化钾的质量(以 mg 计)称为皂化值。各种油脂都有一定的皂化值，由皂化值可以检验油脂的纯度，还可以算出油脂的平均分子质量。皂化值越大，油脂的平均分子质量越小。

油脂的平均分子质量＝3×56×1000/皂化值

(二)加成

油脂中的不饱和脂肪酸的双键具有烯烃的性质，与氢、卤素能发生加成反应。如在催化剂(Ni、Pt、Pd)作用下，油脂中的不饱和脂肪酸能加氢转化成饱和脂肪酸。

$$\begin{array}{l} CH_2-O-CO(CH_2)_7CH=CH(CH_2)_7CH_3 \\ | \\ CH-O-CO(CH_2)_7CH=CH(CH_2)_7CH_3 \\ | \\ CH_2-O-CO(CH_2)_7CH=CH(CH_2)_7CH_3 \end{array} + 3H_2 \xrightarrow[175\sim190\ ℃]{Ni} \begin{array}{l} CH_2-O-CO(CH_2)_{16}CH_3 \\ | \\ CH-O-CO(CH_2)_{16}CH_3 \\ | \\ CH_2-O-CO(CH_2)_{16}CH_3 \end{array}$$

氢化后得到的油脂叫作氢化油。经氢化后，油脂由原来的液体转变成固态或半固态，所以把油脂的氢化过程又称为油脂的硬化。氢化油又称为硬化油。

不饱和脂肪酸与碘发生加成反应，常用来测定不饱和脂肪酸的不饱和度。每 100 g 油脂所能吸收的碘的质量(以 g 计)称为碘值。碘值大表示油脂中不饱和脂肪酸的含量高。由于碘的加成速度较慢，常采用氯化碘(ICl)或溴化碘(IBr)代替碘，以提高加成速度。反应完毕，根据卤化碘的量换算成碘，即得碘值。碘值在 130 以上的不饱和油脂如桐油、亚麻油等，在空气中慢慢形成一层坚硬、光亮并富有弹性的薄膜，这种性质称为油的干性。一般把碘值在 130 以上的油称为干性油(桐油)；碘值在 100 以下的油称为非干性油(如花生油、猪油)；碘值在 100～130 的油叫作半干性油(如棉籽油)。油脂干性的化学本质还不十分清楚，一般认为与油脂的不饱和度有关，尤其是油脂中含有共轭多烯烃结构的不饱和脂肪酸，干性更显著。如桐油、亚麻油都具有干性，但桐油的干性更快一些，而且薄膜坚韧、经久耐用。

（三）酸败

油脂长期贮存，由于受到光、热、空气中的氧气和微生物的作用，会逐渐产生难闻的气味，其酸度也明显增大，这种现象称为油脂的酸败。油脂酸败的化学过程比较复杂，引起酸败的原因主要有两方面：一是由于油脂组成中的不饱和脂肪酸的碳碳双键被空气中的氧所氧化，生成分子质量较低的醛和羧酸等复杂混合物，光和热可加速这一反应的进行；二是由于微生物的作用，在温度较高、湿度较大和通风不良的环境中，微生物易于繁殖，它们分泌的酶使油脂发生水解，产生脂肪酸并发生进一步的作用。油脂酸败所产生的难闻气味主要来自上述过程中产生的低级醛和羧酸。

油脂的酸败降低了油脂的食用价值。种子中的油脂发生酸败会严重影响种子的发芽率。油脂中游离脂肪酸的多少可以衡量油脂的酸败程度。中和 1 g 油脂中游离脂肪酸所需氢氧化钾的质量（以 mg 计）叫作酸值。酸值是衡量油脂品质的主要参数之一。一般酸值大于 6 的油脂不宜食用。为了防止油脂酸败，应将油脂保存在密闭容器里，并置于阴凉、干燥和避光处，或者加入少量抗氧化剂，如维生素 E、芝麻酚等。

皂化值、碘值和酸值是油脂重要的理化指标，药典对药用油脂的皂化值、碘值和酸值均有严格的要求。一些常见油脂的分析数据见表 17－2。

表 17－2　常见油脂的分析数据

油脂	皂化值	酸值	碘值
蓖麻子油	177～187	0.8～1.0	81～91
花生油	186～196	0.8～4.0	83～93
芝麻油	188～193	9.8	103～117
豆油	189～194	0.3～1.8	124～136
亚麻油	190～195	1～3.5	173～205
桐油	190～197	2.0	160～180
棉籽油	191～196	0.6～1.5	103～115
棕榈油	196～205	—	53～58
鱼肝油	168～190	—	135～198
羊油	192～196	2.0～3.0	33～34
牛油	193～200	0.7～0.9	35～47
猪油	195～203	0.5～0.8	47～53
奶油	221～233	—	25～50

第三节　各类脂肪酸对人体生理功能的影响

一、饱和脂肪酸

在食用油脂中，除了少量低碳（$C_4 \sim C_{10}$）饱和脂肪酸及硬脂酸外，其他饱和脂肪酸被认为能够增加血液中胆固醇的浓度。硬脂肪酸由于在体内转化为油酸，故不易影响血液中的胆固醇的浓度。

二、单不饱和脂肪酸

单不饱和脂肪酸通常指的是油酸（$\triangle^{9}$-十八碳烯酸）。其结构式为：

COOH

苦茶油、橄榄油和菜籽油等油脂含油酸较多。橄榄油和山茶油之所以适合做皮肤护理，最主要的原因是其中富含油酸。油酸的 pH 值是 5～6，呈弱酸性，对皮肤的刺激很小，同时将油酸涂在皮肤表面，可抑制金黄色葡萄球菌、溶血性链球菌等化脓球菌的繁殖。单不饱和脂肪酸中还有一种酸——芥酸（$\triangle^{13}$—二十二碳烯酸）。菜籽油中约含 20%～50%的芥酸，其结构式为：

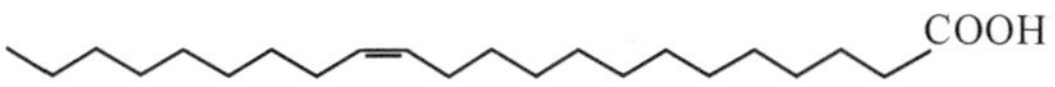

COOH

目前认为低芥酸油有利于人体健康。动物摄入大量芥酸后，体内各器官来不及将其完全分解，过多的芥酸便沉积在心肌等处，引起心肌病变。但到目前为止还未看到有关人类吃菜籽油产生心肌病变的报道，研究者认为这是由于人食入的量少，同时人体含有分解芥酸的酶，所以尚无芥酸对人体有害的直接证据。但也有人对此持慎重的态度，认为长期吃较多的菜籽油会产生不明显的不良反应，如体重减轻、疲乏等。所以有些国家规定食用菜籽油的芥酸含量不得超过 5%，我国尚无这方面的规定。

三、多不饱和脂肪酸

多不饱和脂肪酸按其结构又可分为 ω－3 型不饱和脂肪酸和 ω－6 型不饱和脂肪酸。ω－3 型不饱和脂肪酸是指从脂肪族羧酸疏水端算起第三个碳原子是双键碳；ω－6 型不饱和脂肪酸是指从脂肪族羧酸疏水端算起第六个碳原子是双键碳。例如：

COOH　亚麻酸

COOH　亚油酸

ω－3 型不饱和脂肪酸主要代表品种有亚麻酸（ALA）、二十碳五烯酸（EPA）、二十二碳六烯酸（DHA）等。EPA 和 DHA 的结构式如下：

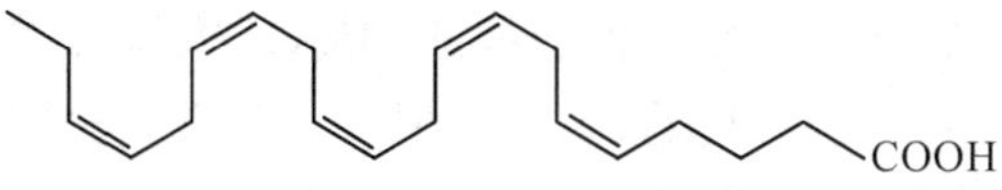

COOH　EPA

COOH　DHA

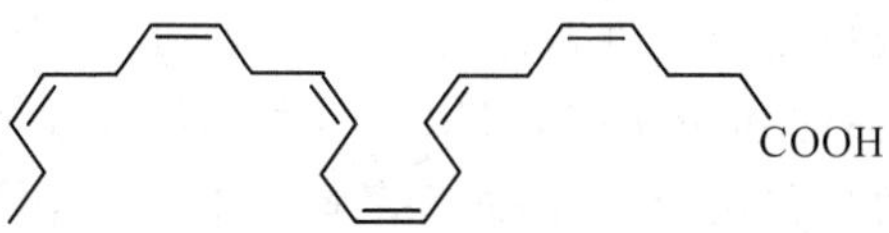

ALA 存在于亚麻油中，EPA 和 DHA 存在于鱼肉、鱼油和海藻中，特别是深海鱼体的脂肪中含量较高。

现代营养学对油脂的营养生理功能分析表明，亚麻酸是维系人类脑进化的生命核心物质，它是构成人体组织细胞的重要成分，是维系人体进化，保持身体健康的必须脂肪酸。在体内参与磷脂的合成、代谢，转化为人体必需的生命活性因子 DHA 和 EPA，它是生命进化过程中最基本、最原始的物质。亚麻酸具有增长智力、保护视力、降低血脂、胆固醇、延缓衰老、抗过敏、抑制癌症的发生和转移等功效。然而，它在人体内不能合成，必须从体外摄取。人体一旦长期缺乏亚麻酸，将会导致脑器官、视觉器官的功能衰退和老年性痴呆症发生，并会引起高血压、癌症等现代病的发生率上升。

经研究证明 DHA 与 EPA 具有抗动脉粥样硬化的作用，有较明显降低血脂的效果；可抑制血小板凝集、减少血栓形成；DHA 还有增加大脑神经原发育和功能提高的作用。含 DHA 和 EPA 的鱼油制剂已应用于药品和保健食品。

第四节　如何选用食用油

随着我国人民生活越来越富裕，疾病结构也有明显的变化，尤其是中老年人群，生理机能逐渐退化，癌症、心脑血管病变有上升的趋势。其原因很多，可能与食物摄取不平衡有关，其中与不同种类油脂摄取不平衡也有一定关系。对身体状况不同的人来说，要有最佳的饮食搭配，其中不同碳的饱和脂肪酸油脂的搭配是极为重要的。

油脂的热量高出蛋白和糖类两倍，摄取过多热能，会促进体内胆固醇和三甘油脂合成过快。极端限制热量的摄取，亦会降低高密度脂蛋白胆固醇的含量。国外很多营养学者建议：把食用油脂的摄取量由总热量的 40%降为 30%，其中饱和脂肪酸的摄取量不多于 10%，单不饱和脂肪酸要高于 10%，而多不饱和脂肪酸要低于 10%。也就是说，在膳食结构中要降低脂类总量和关注各种脂肪酸摄取的比例合理性。

过去，有人认为富含多不饱和脂肪酸的植物油有益健康，而富含饱和脂肪酸的动物脂肪有害身体这个观念已经受到质疑，因为人体对必需酸需求量约 45 mg/kg · d，而且必需 ω_6/ω_3 型不饱和脂肪酸处于合理平衡状态，才有助于健康。多不饱和脂肪酸容易发生氧化，产生过氧化物，其安全性不佳，易产生负面影响，如引起细胞膜的结构、胆固醇、维生素 E 性状的变化，进而引发一些慢性病。当然，膳食中含有大量类胡萝卜素、维生素 A、E、C 和硒等微量元素均有助于延缓脂类的氧化作用。人体食用含各种脂肪酸的油脂，必须按一定比例平衡摄取，才有助于健康。

大量实验证实，棕榈油饱和脂肪酸含量最高，且亚麻酸含量极少，所以其营养品质甚至比猪油还差，是最不利于健康的食用植物油。花生油、玉米油、芝麻油、棉籽油、葵花籽油、红花油等虽然亚油酸含量较高，但亚麻酸含量极少，不能协调地满足人体需要的各种脂肪酸。橄榄油、茶籽油尽管油酸含量极高，亦含有一定量的亚油酸，但缺乏人体必需的亚麻酸，所以这两种油只能说是最易消化的植物油，不能算是最具营养价值或最健康的食用植物油。亚麻籽油、紫苏油的亚麻酸含量很高，油酸含量过低，脂肪酸组成不理想，需要通过调和进行改造。高芥酸菜籽油因芥酸含量极高，其脂肪酸结构必须进行改良。与花生油、玉米油、大豆油、橄榄油、茶籽油、葵花籽油等相比，双低菜籽油饱和脂肪酸含量最低，而油酸含量达 60%以上，仅次于橄榄油与茶籽油，且含有合理的亚油酸和亚麻酸，因而低芥酸菜籽油在国际上被称为“最健康的食用植物油”。

本章小结

(1)油脂是油和脂肪的统称，一般将常温下呈液态的油脂称为油，呈固态时称为脂肪。三甘油酯类水解，可产生甘油和脂肪酸，脂肪酸的种类、结构和性质，影响着食用油脂的物化特性和生物功能。

(2)油脂的碱性水解反应是制备肥皂的重要方法，利用油脂的加氢反应可将油脂硬化。为了防止油脂酸败，可以加入少量抗氧化剂，如维生素 E、芝麻酚等。

(3)在食用油中,各类脂肪酸对人体的一些生理功能有重要的影响,选用食用油,要根据个人身体状况,合理搭配,按一定比例平衡摄取,才有利于健康。

习　题

17－1.解释下列名词。

油脂、皂化、酸败、碘值。

17－2.日常的食用油(如大豆油、菜籽油、花生油等)均为液体,而猪油、牛油都为膏状固体,请简述原因。

17－3.在食用油中,各类脂肪酸对人体的一些生理功能的影响有哪些?

17－4.在日常生活中,如何选用食用油?

第十八章　蛋白质与人体健康

蛋白质是生命物质的基础,是组成人体一切细胞、组织的重要成分。蛋白质占人体重量的16%～20%,即一个60 kg的成年人其体内约有蛋白质9.6～12 kg。蛋白质的英文是protein,源于希腊文的proteios,意思是"头等重要",表明蛋白质是生命活动中头等重要的物质,生命活动的基本特征就是蛋白质的不断自我更新,几乎没有一种生命活动能离开蛋白质,所以没有蛋白质就没有生命。

第一节　蛋白质的分类、组成和结构

一、蛋白质的分类

蛋白质的种类非常多。依据蛋白质分子的某一特征曾经出现过很多的分类方法。

(一)根据蛋白质的形状

根据蛋白质的形状,蛋白质分为纤维蛋白质和球蛋白质,纤维蛋白质如丝蛋白、角蛋白等;球蛋白质如蛋清蛋白、酪蛋白等。

(二)根据蛋白质的功能

根据蛋白质的功能,其可分为:

(1)活性蛋白质,包括在生命运动过程中一切有活性的蛋白质。按生理作用不同又可分为:起催化作用的酶、起调节作用的激素、起免疫作用的抗体、主管生物体或有机体运动的收缩蛋白;在生物体内起输送作用的蛋白质,如运输蛋白等。

(2)非活性蛋白质,主要包括一大类担任生物的保护或支持作用的蛋白质,从现有的了解看,都是不具有生物活性的物质。例如,起贮存蛋白作用的清蛋白、酪蛋白、麦醇溶蛋白等;起构造作用的角蛋白、丝蛋白、弹性蛋白、胶原等。

以上分类方法也是不尽合理的,因为蛋白质的功能是多种多样的,一种蛋白质往往有交叉的功能出现。例如,肌球蛋白是一种典型的纤维结构蛋白,但在肌肉运动时,它也起酶的作用。

(三)根据蛋白质所含氨基酸的种类与数量

在营养学上,根据蛋白质所含氨基酸的种类和数量将食物蛋白质分为:

(1)完全蛋白质,是一类优质蛋白质,它们所含的必需氨基酸种类齐全,数量充足,彼此比例适当。这一类蛋白质不但可以维持人体健康,还可以促进生长发育。

(2)半完全蛋白质,这类蛋白质所含氨基酸虽然种类齐全,但其中某些氨基酸的数量不能满足人体的需要,它们可以维持生命,但不能促进生长发育。

(3)不完全蛋白质,这类蛋白质不能提供人体所需的全部氨基酸,单纯靠它们既不能促进生长发育,也不能维持生命。

二、蛋白质的组成

人体内蛋白质的种类很多,其性质、功能各异,但都是由 20 多种氨基酸按不同比例组合而成的,其中有 8 种氨基酸,人体不能合成,必须从食物中摄取,故称为必需氨基酸。组成蛋白质的氨基酸见表 18－1,表中带“ * ”表示必需氨基酸。

表 18－1　蛋白质中的 α－氨基酸

类别		名称	英文缩写	字母代号	汉文代号	结构式
中性氨基酸	脂肪烃基氨基酸	甘氨酸	Gly	G	甘	$\underset{NH_2}{\underset{\vert}{CH_2}}COOH$
		丙氨酸	Ala	A	丙	$CH_3\underset{NH_2}{\underset{\vert}{CH}}COOH$
		缬氨酸 *	Val	V	缬	$\begin{matrix}H_3C\\H_3C\end{matrix}>CH\underset{NH_2}{\underset{\vert}{CH}}COOH$
		亮氨酸 *	Lcu	L	亮	$\begin{matrix}H_3C\\H_3C\end{matrix}>CHCH_2\underset{NH_2}{\underset{\vert}{CH}}COOH$
		异亮氨酸 *	Ile	I	异亮	$CH_3CH_2\underset{CH_3}{\underset{\vert}{CH}}-\underset{NH_2}{\underset{\vert}{CH}}COOH$
		苯丙氨酸 *	Phe	F	苯丙	$C_6H_5-CH_2\underset{NH_2}{\underset{\vert}{CH}}COOH$
	含羟基氨基酸	丝氨酸	Ser	S	丝	$HOCH_2\underset{NH_2}{\underset{\vert}{CH}}COOH$
		苏氨酸 *	Thr	T	苏	$HO\underset{CH_3}{\underset{\vert}{CH}}-\underset{NH_2}{\underset{\vert}{CH}}COOH$
		酪氨酸	Tyr	Y	酪	$HO-C_6H_4-CH_2\underset{NH_2}{\underset{\vert}{CH}}COOH$
	含硫氨基酸	半胱氨酸	Cys	C	半胱	$HSCH_2\underset{NH_2}{\underset{\vert}{CH}}COOH$
		蛋氨酸 *	Met	M	蛋	$CH_3SCH_2CH_2\underset{NH_2}{\underset{\vert}{CH}}COOH$
		脯氨酸	Pro	P	脯	$\underset{H}{N}$(五元环)—COOH

续表

类别		名称	英文缩写	字母代号	汉文代号	结构式
碱性氨基酸	含氨基氨基酸	色氨酸 *	Trp	W	色	吲哚-3-基-$CH_2CH(NH_2)COOH$
		赖氨酸 *	Lys	K	赖	$H_2NCH_2(CH_2)_3CH(NH_2)COOH$
		精氨酸	Arg	R	精	$H_2NC(=NH)NH(CH_2)_3CH(NH_2)COOH$
		组氨酸	His	H	组	咪唑-4-基-$CH_2CH(NH_2)COOH$
		门冬氨酸	Asp	D	门冬	$HOOCCH_2CH(NH_2)COOH$
		谷氨酸	Glu	E	谷	$HOOCCH_2CH_2CH(NH_2)COOH$
		门冬酰胺	Asn	N	门—NH_2	$H_2NC(=O)CH_2CH(NH_2)COOH$
		谷氨酰胺	Gln	Q	谷—NH_2	$H_2NC(=O)CH_2CH_2CH(NH_2)COOH$

三、蛋白质的结构

蛋白质是由各种 α-氨基酸通过酰胺键即肽键联成长链分子，即肽链，再由一条或一条以上的多肽链经过盘曲折叠形成的具有一定空间结构的生物高分子。蛋白质具有一级、二级、三级、四级结构，蛋白质分子的结构决定了它的功能。

（一）一级结构

氨基酸残基在蛋白质肽链中的排列顺序称为蛋白质的一级结构，也称为初级结构。每种蛋白质都有唯一而确切的氨基酸序列。

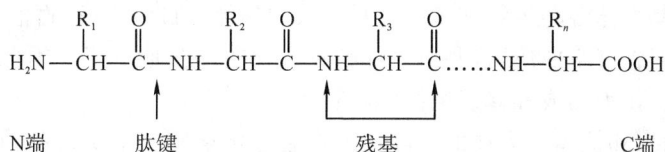

$$H_2N-\underset{R_1}{CH}-\overset{O}{\overset{\|}{C}}-NH-\underset{R_2}{CH}-\overset{O}{\overset{\|}{C}}-NH-\underset{R_3}{CH}-\overset{O}{\overset{\|}{C}}\cdots\cdots NH-\underset{R_n}{CH}-COOH$$

N端　　肽键　　残基　　C端

对某一蛋白质，若结构顺序发生改变，则可引起疾病或死亡。例如，血红蛋白是由两条 α-肽链（各为 141 肽）和两条 β-肽链（各为 146 肽）四条肽链（共 574 肽）组成的。在 β-肽链，N-6 为谷氨酸，若换为缬氨酸，则造成红血球附聚，即由球状变成镰刀状，若得了这种病（镰刀形贫血症）不到十年就可能死亡。

（二）二级结构（次级结构）

蛋白质分子中肽链并非直链状，而是按一定的规律卷曲（如 α-螺旋结构）或折叠（如 β-折叠结构)形成特定的空间结构。蛋白质的二级结构主要依靠肽链中氨基酸残基亚氨基(— NH —)上的氢原子和羰基上的氧原子之间形成的氢键而实现的。

(三)三级结构

在二级结构的基础上,多肽链经过卷曲折叠形成三级结构,在分子表面上形成了某些发挥生物学功能的特定区域,如酶的活性中心等。

(四)四级结构

具有三级结构的多肽链按一定空间排列方式结合在一起,形成的聚集体结构称为蛋白质的四级结构。如血红蛋白由 4 个具有三级结构的多肽链构成,其中两个是 α-链,另两个是 β-链,其四级结构近似椭球形状。

蛋白质的结构见图 18-1。

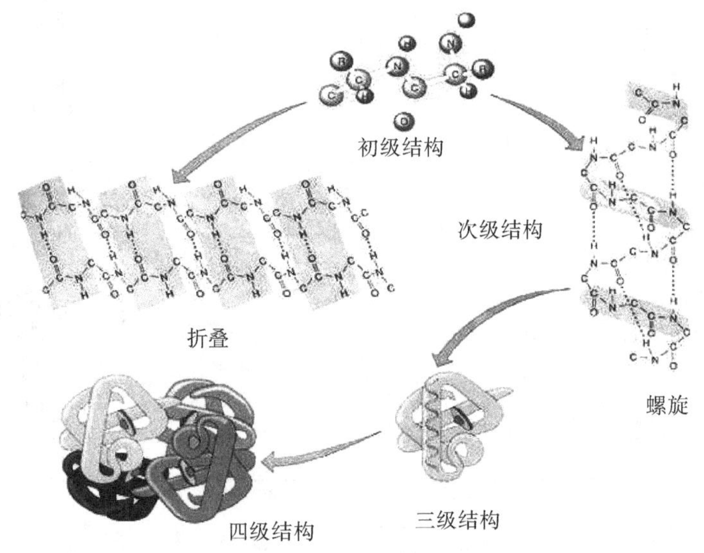

图 18-1　蛋白质的结构示意图

第二节　蛋白质与人体健康的关系

一、蛋白质的生理功能

在人体中,蛋白质的主要生理作用表现在六个方面。

(1)构成和修复身体各种组织细胞的材料。人的神经、肌肉、内脏、血液、骨骼等,甚至包括体外的头皮、指甲都含有蛋白质,这些组织细胞每天都在不断地更新。因此,人体必须每天摄入一定量的蛋白质,作为构成和修复组织的材料。

(2)构成酶、激素和抗体。人体的新陈代谢是通过化学反应来实现的,在人体化学反应的过程中,离不开酶的催化作用,如果没有酶,生命活动就无法进行,这些各具特殊功能的酶,均是由蛋白质构成。此外,一些调节生理功能的激素和胰岛素,以及提高肌体抵抗能力而保护肌体免受致病微生物侵害的抗体,也是以蛋白质为主要原料构成的。

(3)维持正常的血浆渗透压,使血浆和组织之间的物质交换保持平衡。如果膳食中长期缺乏蛋白质,血浆蛋白特别是白蛋白的含量就会降低,血液内的水分便会过多地渗入周围组织,造成临床上的营养不良性水肿。

(4)供给肌体能量。在正常膳食情况下，肌体可将完成主要功能而剩余的蛋白质，氧化分解转化为能量。不过，从整个肌体而言，蛋白质的这方面功能是微不足道的。

(5)维持肌体的酸碱平衡。肌体内组织细胞必须处于合适的酸碱度范围内，才能完成其正常的生理活动。肌体的这种维持酸碱平衡的能力是通过肺、肾脏以及血液缓冲系统来实现的。蛋白质缓冲体系是血液缓冲系统的重要组成部分，因此说蛋白质在维持肌体酸碱平衡方面起着十分重要的作用。

(6)运输氧气及营养物质。血红蛋白可以携带氧气到身体的各个部分，供组织细胞代谢使用。体内有许多营养素必须与某种特异的蛋白质结合，将其作为载体才能运转。例如运铁蛋白、钙结合蛋白、视黄醇蛋白等都属于此类。

二、蛋白质与疾病的关系

人体必须摄取适当的蛋白质，全身的细胞才能维持正常的运转，人的肌体才能健康，过量或缺乏蛋白质均会引起疾病。

(一)蛋白质过量危害

(1)摄取过量的蛋白质会在体内转化成脂肪，造成脂肪堆积，引起肥胖症，影响健康。另外，一旦蛋白质在体内转化为脂肪，血液的酸性就会提高，这样就会消耗大量的钙质，结果储存在骨骼当中的钙质就被消耗了，使骨质变脆。

(2)肾脏要排泄进食的蛋白质，分解蛋白质时会产生大量的氮素，这样会增加肾脏的负担。蛋白质尤其是动物性蛋白摄入过多，对人体损害较大。过多的摄入动物蛋白质，就必然会摄入较多的动物脂肪和胆固醇；蛋白质过多，也对身体有害。在正常情况下，必须将过多的蛋白质脱氨分解，氮则由尿排出体外，这会加重代谢负担，而且，这一过程需要大量水分，从而加重了肾脏的负荷，若肾功能本来不好，危害就更大。

(3)蛋白质过量还会导致脑损害、骨质疏松、心脏病以及精神异常等疾病。经常摄取过量蛋白质，会导致人体肠道内出现有害物质的堆积，进而会出现未老先衰的情况。

(二)蛋白质缺乏症状

蛋白质是人体中最重要的营养素，人体中除了尿液和胆汁不含蛋白质以外，所有的脏器都需要蛋白质来修复和更新。人体每天都有3%的蛋白质消耗，比如头发、胡须和指甲每天都在长，都需要一定量的蛋白质。所以，我们需要每天都有所补充，才是健康和养生的前提。蛋白质缺乏的症状主要表现如下：

(1)免疫力低下，易感冒等。因为蛋白质是构成人体免疫物质的主要材料。

(2)骨质疏松。人体骨骼包括两部分，一部分是以钙、镁等矿物质为代表的无机化合物，它们主要维持人体骨骼的硬度；另一部分是以骨胶原蛋白为代表的有机化合物，它们主要维持人体骨骼的韧性。当人体缺乏蛋白质时，骨胶原蛋白合成不足，可能导致骨骼韧性下降，变得松脆易折。此外，由于骨骼中的矿物质是需要附着在蛋白质架起的结构上的，如果骨骼中缺乏蛋白质，无机盐无处附着，可能导致人体出现骨质疏松。

(3)身体出现“肥胖纹”。皮肤当中有胶原蛋白与弹性蛋白，它们能够增加皮肤的弹性。如果缺乏，皮肤就会变脆，在受到外力拉扯时就会被撕开而无法复原。许多肥胖者在小腿、腰、臀部会有一些“肥胖纹”，其实是因为他们的皮下脂肪过多，而皮肤中缺乏胶原蛋白与弹性蛋白，导致皮肤拉伸后无法复原。有些女性在怀孕分娩后会出现“妊娠纹”也是同样的道理。

(4)容易疲乏。有的人易疲乏，尤其是在人多、空气不流通这样相对缺氧的情况下。这可能是因为血液中的血红蛋白含量较低。人体血红蛋白主要是为人体各个组织器官运输氧气，排出二氧化碳的载体。如果血红蛋白缺乏，人体对氧气的获取能力下降，身体得不到足够的氧气，就容易疲乏、犯困、精神不振。女性由于其特殊的生理机制，缺乏血红蛋白的可能性及程度较男性会更高。

(5)血管内胆固醇沉积。如果人体从饮食中摄入了过多的胆固醇，就会导致胆固醇在血管内沉积，从而引起一系列的心脑血管疾病。其实，人体缺乏蛋白质，也会引起血管内的胆固醇沉积。这是因为胆固醇在人体血液中需要一种载体蛋白来运输，只有这种载体蛋白保持正常的水平，才能够保证胆固醇在血液中正常的运转。如果缺乏这种载体蛋白，胆固醇在血液中的运转速度就会大大降低，甚至陷入停顿，就会导致胆固醇在血管壁中沉积，最终形成血栓。

(6)水肿。许多营养不良的患者都会有一个症状，那就是水肿。按理说，营养不良的人应该身材消瘦，可为什么有些人会出现水肿？原因是血液中的蛋白质有一个很重要的作用就是维持人体中的“胶体渗透压”，如果人体缺乏蛋白质，渗透压失去平衡，大量的水就会进入细胞间隙，导致人体出现水肿的症状。

(7)儿童佝偻病。人体肌肉中的蛋白质为肌肉提供力量支持，如果缺乏，就会出现肌肉乏力，表现在儿童身上就是“站不直”。

(8)糖尿病。糖尿病是一种代谢综合征，与许多营养素的代谢有关。蛋白质与人体中的许多激素有关，如果人体缺乏蛋白质，体内合成的胰岛素(一种多肽类激素)的量就会减少，而胰岛素是控制血糖上升的关键激素。所以，如果人体缺乏蛋白质，可能会导致患糖尿病风险的提高。

第三节　人体蛋白质的需求量与来源

一、人体蛋白质的需求量

蛋白质是人体中重要的营养物质，保证优质蛋白质的补给是关系到身体健康的重要问题，怎样选用蛋白质既经济又能保证营养？

(1)保证有足够数量和质量的蛋白质食物。根据营养学家研究，一个成年人每天通过新陈代谢大约要更新 300 g 以上蛋白质，其中 3/4 来源于机体代谢中产生的氨基酸，这些氨基酸的再利用大大降低了人体补给蛋白质的数量。中国营养学会提出，成年男子及轻体力劳动者蛋白质推荐摄入量为 70 g/d，相当于 525 g 鸡蛋；女子为 65 g/d，相当于 490 g 鸡蛋。

表 18 - 2 为不同年龄和劳动强度蛋白质需要量。

表 18 - 2　不同年龄和劳动强度蛋白质需要量

类别 年龄/岁	体重/kg		蛋白质量/g	
	男	女		
初生～6 个月	6.7	6.2	2～4/kg 体重	
7～12 个月	9.0	8.4		
儿童			男	女
1～	9.9	9.2	35	35
2～	12.2	11.7	40	40

续表

类别 年龄/岁	体重/kg		蛋白质量/g	
	男	女		
3～	14.0	13.4	45	45
4～	15.6	15.2	50	45
5～	17.4	16.8	55	50
6～	19.8	19.1	55	55
7～	22.0	21.0	60	60
8～	23.8	23.2	65	60
9～	26.4	25.8	65	65
10～	28.8	28.8	70	65
11～	32.1	32.7	70	70
12～	35.5	37.2	75	75
少年				
13～	42.0	42.4	80	80
16～	54.2	48.3	90	80
成年				
18～	63(参考值)	53(参考值)		
轻劳动			80	70
中劳动			90	80
重劳动			100	90
孕妇(4～6 个月)				15
孕妇(7～9 个月)				25
乳母				25
老年前期				
45～				
轻劳动			75	70
中劳动			80	75
重劳动			90	
老年				
60～				
轻劳动			75	65
中劳动			80	70
70～				
轻劳动			70	60
80～			60	55

(2)各种食物合理搭配是一种既经济实惠,又能有效提高蛋白质营养价值的有效方法。每天食用的蛋白质最好有1/3来自动物蛋白质,2/3来源于植物蛋白质。我国人民有食用混合食品的习惯,把几种营养价值较低的蛋白质混合食用,其中的氨基酸相互补充,可以显著提高营养价值。例如,谷类蛋白质含赖氨酸较少,而含蛋氨酸较多;豆类蛋白质含赖氨酸较多,而含蛋氨酸较少。这两类蛋白质混合食用时,必需氨基酸相互补充,接近人体需要,营养价值大幅提高。

(3)每餐食物都要有一定质和量的蛋白质。人体没有为蛋白质设立储存仓库,如果一次食用过量的蛋白质,势必造成浪费。相反如食物中蛋白质不足时,青少年发育不良、成年人会感到乏力,体重下降,免疫力下降。

(4)食用蛋白质要以足够的热量供应为前提。如果热量供应不足,肌体将消耗食物中的蛋白质来作能源,每克蛋白质在体内氧化时提供的热量是18 kJ,与葡萄糖相当。用蛋白质作能源是一种浪费,是大材小用。

二、蛋白质的主要食物来源

蛋白质对于人体健康具有重要作用,哪些食物能供给人体蛋白质?表18－3列出了一些常见食物中蛋白质的含量。

表18－3　常见食物中蛋白质的含量

豆制品类		肉类	
食品名称	蛋白质含量/g	食品名称	蛋白质含量/g
谷物	6.5～23	鸡蛋	12～14
鲜豆类	11～14	鱼肉	5～24
干豆类	18.8～25	猪肉	8.7～27.8
花生	25～26	鸡肉	13～23
黄豆	36.5	牛肉	12.5～22.8
腐竹、豆腐衣	40～50	干贝	55.6
大豆浓缩蛋白	58～64	鱿鱼(干)	60
大豆分离蛋白	81～88	墨鱼(干)	65.3
奶酪	7.6～42	鱼翅(干)	84.1

蛋白质的食物来源可分为植物蛋白质和动物蛋白质两大类。在植物蛋白质中,谷类含蛋白质10%左右,因能量需要,一般是膳食蛋白质的主要来源。豆类含有丰富的蛋白质,大豆含蛋白质高达36%～40%,氨基酸组成也比较合理,利用率也较高,是植物蛋白质中的优质蛋白质。

蛋类含蛋白质为11%～14%,是优质蛋白质的重要来源。鸡蛋因其氨基酸组成与人体蛋白质氨基酸模式最为接近,被称为理想蛋白质。奶类(牛奶)一般含蛋白质为3.0%～3.5%,是婴幼儿除母乳外蛋白质的最佳来源。肉类包括禽、畜和鱼的肌肉。新鲜肌肉含蛋白质为15%～22%,动物蛋白质营养价值优于植物蛋白质,是人体蛋白质的来源之一。

为改善膳食蛋白质质量,在膳食中应保证有一定数量的优质蛋白质。一般要求动物蛋白质和大豆蛋白质应占膳食蛋白质总量的30%～50%。

本章小结

(1)蛋白质种类很多,根据功能分为活性蛋白质和非活性蛋白,根据蛋白质所含氨基酸的种类和数量分为:完全蛋白质、半完全蛋白质和不完全蛋白质。

(2)蛋白质是由 20 多种 α-氨基酸通过酰胺键联成肽链,再由肽链经过盘曲折叠形成的生物高分子,具有一级、二级、三级、四级结构,蛋白质分子的结构决定了它的功能。

(3)蛋白质是生命物质的基础,一切生命活动都是蛋白质的自我更新。蛋白质是构成机体组织、器官的重要成分,也是身体受伤后的修复材料,另外,蛋白质参与调节生理功能,同时也供给人体能量。蛋白质对人体很重要,缺乏和过量摄入是有害健康的。

(4)蛋白质食物是人体重要的营养物质,不同食物中蛋白质的种类和含量各不相同,不同年龄、不同劳动强度的人群对蛋白质需要量是不同的,饮食中应合理搭配,控制好质和量,保持健康体魄。

习　题

18-1.组成蛋白质的氨基酸有多少种?人体必需的氨基酸有哪些?

18-2.蛋白质的种类很多,根据所含氨基酸的种类和数量,蛋白质可分为几类?各有什么特点?

18-3.请简述蛋白质的结构。

18-4.蛋白质对人体的作用有哪些?

18-5.蛋白质对人体非常重要,是不是摄入蛋白质越多越好?为什么?

18-6.蛋白质缺乏对人体有哪些危害?

第六部分　能源与有机化学

能源是能量资源或能源资源的简称，是自然界中能为人类提供某种形式能量的物质资源。能源是人类活动的物质基础，从某种意义上讲，人类社会的发展离不开优质能源的出现和先进能源技术的使用。

能源按转换传递过程分类可分为一次能源和二次能源。一次能源是指直接取自自然界没有经过加工转换的各种能量和资源。一次能源又分为可再生能源和不可再生能源。可再生能源是指具有自然恢复能力，不会随本身的转化或人类的利用而日益减少的能源，如水能、风能、生物能、太阳能、地热能、海洋能等。不可再生能源是指不能自然再生的能源，如煤炭、石油、天然气、核能、油页岩等。二次能源是由一次能源经过加工转换以后得到的能源产品，如焦炭、煤气、汽油、柴油、各种电能等。

能源按开发利用状况分类可分为常规能源和新能源，常规能源是指当前被广泛利用的一次能源。如煤、石油、天然气、水能、生物能等。新能源是指目前尚未广泛利用而正在积极研究以便推广利用的一次能源，如核能、地热能、海洋能、太阳能、风能等。

能源消耗是能源消费的别称，指生产和生活所消耗的能源。能源消费的人均占有量是衡量一个国家经济发展和人民生活水平的重要标志。当前，从世界规模来看，石油消耗占世界能源消耗的第一位，接下来依次是煤炭、天然气、核能、水电。石油、煤和天然气的消耗约占总能源消耗的 90%。在我国现今能源结构中，以煤炭消耗为主，石油消耗为辅，天然气消耗则很少。富煤贫油是我国能源资源的现状，煤消耗量的增加必然造成较严重的环境污染和较低的能源利用效率。在未来 50 年或更长时间内，世界能源结构仍以煤、石油、天然气为主，而且煤炭将会成为世界第一能源。其主要原因是世界煤炭资源远远超过石油和天然气。高技术的应用已经并将继续降低煤炭生产成本，煤炭利用新技术正在取得重大突破，进而使煤炭成为经济洁净的能源，并可大规模商业化生产油气替代品。

随着技术进步和大规模示范应用过程的启动，以风电、光伏发电等为代表的新能源技术实现了快速发展。但从总体上看，油、气开发将进一步转向边远地区、地球深部、海上及非常规资源，因而新增资源难度大且变得昂贵。以可再生能源为基础的持久能源系统实现大规模商业化应用尚需时日。

第十九章　煤

第一节　煤的化学组成和加工

一、煤的化学组成

煤炭是古代植物经过演变而形成的固体可燃性矿物，是能源、冶金、化学工业的重要原料。煤主要由碳、氢、氧、氮、硫和磷等元素组成，碳和氢是煤炭燃烧过程中产生热量的重要元素，氧是助燃元素，三者构成了有机质的主体，碳、氢、氧三者总和约占有机质的95%以上。煤中有机质元素的组成，随煤化程度的变化而有规律地变化。一般来讲，煤化程度越深，碳的含量越高，氢和氧的含量越低，氮的含量也稍有降低，硫的含量则与煤的成因类型有关。煤的主要组成元素见表19－1。

表19－1　煤的主要元素

煤的种类	元素分析			煤的种类	元素分析		
	C/%	H/%	O/%		C/%	H/%	O/%
泥煤	60～70	5～6	23～25	烟煤	80～90	4～5	5～15
褐煤	70～80	5～6	15～25	无烟煤	90～98	1～3	1～3

煤炭燃烧时，氮不产生热量，常以游离状态析出，但在高温条件下，一部分氮转变成氨及其他含氮化合物，可以回收制造硫酸铵、尿素及氮肥。硫、磷、氟、氯、砷等是煤中的有害元素。含硫多的煤在燃烧时生成硫化物气体，不仅腐蚀金属设备，与空气中的水反应形成酸雨，污染环境，危害植物生产。将含有硫和磷的煤用作冶金或炼焦时，煤中的硫和磷大部分转入焦炭中，冶炼时又转入钢铁中，严重影响焦炭和钢铁质量，不利于钢铁的铸造和机械加工。用含有氟和氯的煤燃烧或炼焦时，各种管道和炉壁会遭到强烈腐蚀。将含有砷的煤用于酿造和食品工业的燃料，砷含量过高，会增加产品毒性，危及健康。煤中的无机质主要是水分和矿物质，它们的存在降低了煤的质量和利用价值。另外，还有一些稀有分散元素和放射性元素，例如，锗、镓、铟、钍、钒、钛、铀等，它们分别以有机或无机化合物的形态存在于煤中。其中某些元素的含量，一旦达到工业品位或可综合利用时，就是重要的矿产资源。

二、煤的加工利用

煤早在800年前就已经作为一种燃料被人类使用，而它被广泛用作工业生产的燃料是从18世纪末的欧洲产业革命开始的，而煤炭工业的发展直接推动了钢铁、化工、采矿、冶金等工业的快速发展。煤炭热量较高，标准煤的发热量约7000大卡/千克，因煤炭在地球上具有储量丰富、分布广泛、容易开采的特点，因此被广泛用作各种工业生产中的燃料。煤炭对于现代化工业来说，无论是重工业，还是轻工业；无论是能源工业、冶金工业、化学工业、机械工业，还是轻纺工业、食品工业、交通运输业，都发挥着重要的作用。各种工业部门都在一定程度上要消耗一定量的煤炭，因此有人称煤炭是工业真正的“粮食”。

煤化工是以煤为原料，经过化学加工转化为气体、液体和固体燃料及化学品的工业，其中主要应用为煤的干馏、气化和液化。

(一)煤的干馏

煤的干馏是将煤隔绝空气加热，随着温度的升高，煤中有机化合物逐渐开始分解，其中挥发性物质呈气态释放，残留的不挥发性产物为焦炭或半焦。

煤的干馏过程关键是控制温度。按加热的终点温度的不同，可分为三种：500～600 ℃为低温干馏；700～900 ℃为中温干馏；900～1100 ℃为高温干馏。低温干馏的固体产物为结构疏松的黑色半焦，煤气产率低，焦油产率高；高温干馏的固体产物为结构致密的银灰色焦炭，煤气产率高而焦油产率低；中温干馏的固体产物结构、收率，介于低温干馏和高温干馏之间。

煤干馏过程中生成的煤气主要成分为氢气和甲烷，可作为燃料或化工原料。高温干馏主要用于生产冶金焦炭，所得的焦油为芳香烃、杂环化合物的混合物，是工业上获得芳香烃的重要来源；低温干馏产生的煤焦油比高温煤焦油含有较多烷烃，是人造石油重要来源之一。

煤焦油的组成相当复杂，已验证的成分约有 500 多种。将煤焦油进行精馏，可分成若干馏分，见表 19－2。

煤焦油中虽含有多种从石油加工中不能得到的有价值成分，但因分离困难，至今尚未充分利用。

粗苯主要由苯、甲苯、二甲苯、三甲苯组成，尚含有少量不饱和化合物、硫化物、酚类和吡啶。将粗苯进行分离精制，可得到苯、甲苯、二甲苯等基本有机化工原料。粗苯中各组分的平均含量见表 19－3。

焦炉煤气是热值很高的气体燃料，从中也可取得基本有机化工所需的原料。用吸附分离法分离焦炉煤气，可得纯度达99.99％的氢气。此外，从焦炉煤气中也可分离出甲烷馏分(甲烷含量为 75％～80％)和乙烯馏分(乙烯含量为 40％～50％)。焦炉煤气的组成见表 19－4。

表 19－2　煤焦油精馏所得各馏分

馏分	沸点范围/℃	含量(质量分数)/％	主要组分	可得产品
轻油	＜170	0.4～0.8	含苯芳香烃	苯、甲苯、二甲苯
酚油	180～210	1.0～2.5	酚和甲酚 20％～30％、萘 5％～20％、吡啶碱类 4％～6％	苯酚、甲酚、吡啶
萘油	210～230	10～13	萘 70％～80％、酚、甲酚、二甲酚 4％～6％、重吡啶碱类 3％～4％	萘、二甲酚、喹啉
洗油	230～300	4.5～6.5	甲酚、二甲酚及高沸点酚 3％～5％、重吡啶碱类 4％～5％、萘＜15％	萘、喹啉
蒽油	300～360	20～28	蒽 16％～20％、萘 2％～4％、高沸点酚 1％～3％、重吡啶碱类 2％～4％	
沥青	＞360	54～56		

表 19-3　粗苯的组成

组分含量(质量分数)/%							
芳香烃		不饱和烃		硫化物		其他	
苯	55～80	戊烯	0.5～0.8	二硫化碳	0.3～1.5	吡啶	0.1～0.5
甲苯	12～22	环戊二烯	0.5～1.0	噻吩		甲基吡啶	
二甲苯	3～5	C_6～C_8烯烃	0.3～0.6	甲基噻吩	0.3～1.2	酚	0.1～0.6
乙苯	0.5～1.0	苯乙烯	0.5～1.0	二甲基噻吩		萘	0.5～2.0
三甲苯	0.4～0.9	茚	1.5～2.5	硫化氢	0.1～0.2		

表 19-4　焦炉煤气的组成

组分	含量(体积分数)/%	组分	含量(体积分数)/%
氢	54～59	一氧化碳	5.7～7
甲烷	24～28	二氧化碳	1～3
C_nH_m(乙烯等)	2～3	氮	3～5

(二)煤的气化

煤的气化是煤、焦炭或半焦和汽化剂在 900～1300 ℃的高温下转化成煤气的过程。汽化剂是水蒸气、空气或氧气。煤气组成因燃料、汽化剂种类和汽化条件而异。以无烟煤为原料加工的煤气组成见表 19-5。

表 19-5　无烟煤为原料加工的煤气组成

组　分	含量(体积分数)/%			
	空气煤气	水煤气	混合煤气	半水煤气
H_2	5%～0.9%	47%～52%	12%～15%	37%～39%
CO	32%～33%	35%～40%	25%～30%	28%～30%
CO_2	5%～1.5%	5%～7%	5%～9%	6%～12%
N_2	64%～66%	2%～6%	52%～56%	20%～33%
CH_4	—	3%～0.6%	5%～3%	3%～0.5%
O_2	—	1%～0.1%	1%～0.3%	2%
H_2S	—	0.2%	—	0.2%
汽化剂	空气	水蒸气	空气、水蒸气	空气、水蒸气
用途	燃料气 合成氨(N_2+H_2)	合成甲醇 合成氨(N_2+H_2)	燃料气	合成甲醇($CO+H_2$) 合成氨(N_2+H_2)

(三)煤的液化

煤通过化学加工转化为液体燃料的过程称为煤的液化。煤的液化分为直接加氢液化和间接液化两类。煤直接加氢液化是在高压(10～20 MPa)、高温(420～480 ℃)和催化剂作用下转化成液态烃的过程;煤间接液化是先把煤炭在高温下与氧气和水蒸气反应,使煤炭全部气化、转化成合成气(一氧化碳和氢气的混合物),然后再在催化剂的作用下合成为液体燃料的工艺技术。煤液化产品也称人造石油,可进一步加工成各种液体燃料。

第二节　煤基有机化学品

煤化工是以煤为原料,经过化学加工使煤转化为气体(主要是 CO 和 H_2)、液体、固体燃料以及化学品的过程。以煤为原料经煤气化制合成气,由合成气可以合成一系列化工产品,见图 19－1。

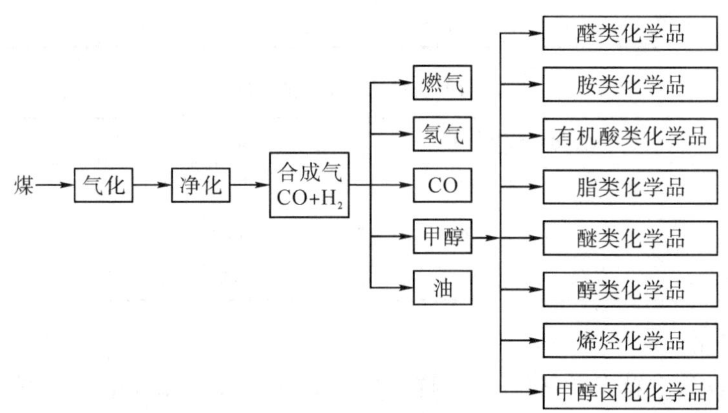

图 19－1　由煤合成的化学产品

其中甲醇是极为重要的有机化工原料和清洁液体燃料,是煤基合成化学品的基础产品。主要用于生产甲醛,其消耗量约占甲醇总量的 30%～40%;其次作为甲基化剂,生产甲胺、甲烷氯化物、丙烯酸甲酯、甲基丙烯酸甲酯、对苯二甲酸二甲酯等;甲醇羰基化可生产乙酸、乙酐、甲酸甲酯、碳酸二甲酯等。甲醇低压羰基化生产乙酸,近年来发展很快。随着碳化工的发展,由甲醇出发合成乙二醇、乙醛、乙醇等工艺正在日益受到重视。由甲醇为原料生产的主要有机化学品见图 19－2。

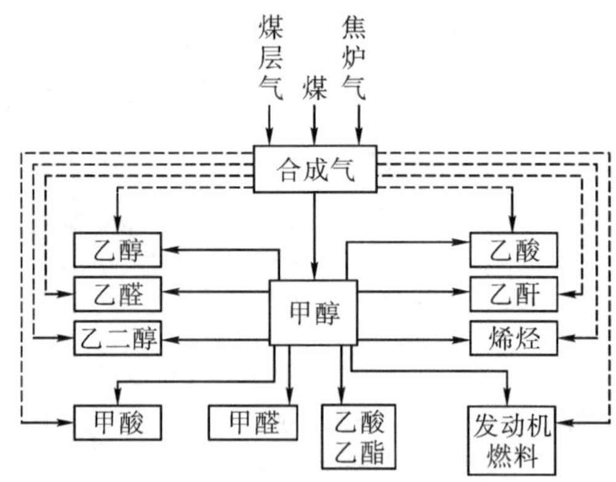

图 19－2　由甲醇生产的有机化学品

一、甲醇

煤制甲醇主要包括煤气化、变换、合成、精制等过程,煤制甲醇工艺流程简图见图 19－3。

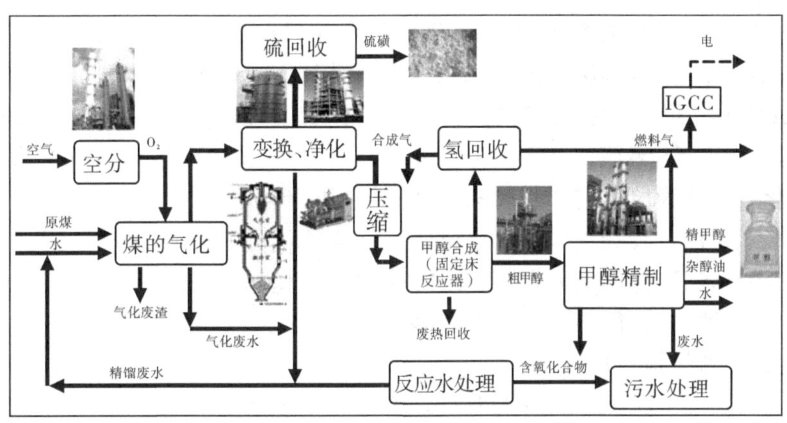

图 19－3　煤制甲醇工艺流程简图

在气化过程中，原料煤炭、水与高压氧的共同作用，在气化炉内发生反应，生成合成气。合成气的主要成分是 CO、H_2、CO_2、H_2O 和少量 CH_4、H_2S 等气体。反应式如下：

$$C_mH_nS_r + m/2O_2 \longrightarrow mCO + (n/2-r)H_2 + rH_2S$$

$$CO + H_2O \longrightarrow H_2 + CO_2$$

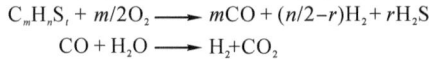

整个气化反应过程会在瞬间完成，产生的气体经冷却后再洗涤、除尘送至变换反应过程。在变换过程中，CO 和水发生反应，生产所需要的 H_2。变换反应式如下：

$$CO + H_2O \longrightarrow H_2 + CO_2$$

净化过程目的是为除去合成气中的 CO_2、硫化物以及其他的杂质。净化后的合成气经过压缩，进入甲醇反应器，在一定压力和催化剂的共同作用下，生产出粗甲醇，将粗甲醇进一步精制得到甲醇产品。

$$CO + 2H_2 \longrightarrow CH_3OH \ + Q$$

$$CO_2 + 3H_2 \longrightarrow CH_3OH + H_2O \ + Q$$

合成甲醇用的催化剂组成见表 19－6。

表 19－6　合成甲醇用的催化剂组成

成　份	ICI 催化剂	Lurgi 催化剂
Cu	25%～90%	30%～80%
Zn	8%～60%	10%～50%
Gr	2%～3%	—
V	—	1%～25%
Mn	—	10%～50%

注：适宜的温度为 230～280 ℃，压力为 5～10 Mpa。

二、甲醛

甲醛是一种基本有机化工原料，它广泛地应用于木材加工、塑料和树脂生产、涂料、医药、农药、化纤等工业。甲醛是一种极为活泼的化合物，几乎能与所有的有机和无机化合物反应，在工程塑料、胶黏剂、染料、炸药、农业等领域得到了广泛应用。甲醛可以生产新型塑料聚甲醛，聚甲醛可代替有色金属用于汽车、拖拉机、飞机等的零件制作。甲醛与苯酚或尿素缩合生成酚醛或脲醛树脂，这两种树脂广泛用于制造各种电器材料，也可制造各种用途的油漆和化工耐腐蚀材料；甲醛可以用于生产乌洛托品，进而生产炸药；在农业、医药生产及日常生活中，甲醛可用作杀虫剂和杀菌剂，如医药卫生部门用福尔马林作消毒剂等。

1859年由俄国人布特列洛夫首次发现甲醛以来，工业上甲醛的生产方法与原料的供应就密不可分。因而自1888年德国实现甲醛工业化以来，历史上曾经出现过以下几种类型的生产方法：①以液化石油气为原料的非催化氧化法；②二甲醚氧化法；③甲烷氧化法；④甲醇空气氧化法；⑤甲缩醛氧化法。1923年，德国BASF公司实现合成气大规模生产工业甲醇后，工业甲醇的大规模发展具备了良好的原料基础，其中甲醇空气氧化法是甲醛工业生产的主要方法。为了制取高浓度甲醛，提高能量的综合利用效率，又开发了甲缩醛氧化法工艺。

甲醇空气氧化法合成反应如下：

$$CH_3OH + O_2 \longrightarrow HCHO + H_2O$$

利用甲醇空气氧化法制备甲醛主要有两类不同的工艺。其一是采用银催化剂的甲醇过量法，也称为银催化法；其二是采用铁钼氧化物催化剂的空气过量法，也称为铁钼催化法。两种工艺在竞相发展过程中都在不断改进催化剂和生产工艺。国外现有生产装置中约70%使用的是银催化法工艺，近几年新建甲醛装置大部分采用铁钼催化法。

三、乙酸

乙酸是重要的基础有机化工原料之一，主要可用于生产乙酸乙烯、乙酐、乙酸酯和乙酸纤维素等。聚乙酸乙烯酯可用来制备薄膜和粘合剂，也是合成纤维维纶的原料。乙酸纤维素可制造人造丝和电影胶片。乙酸酯是优良的溶剂，广泛用于油漆工业。乙酸还可用来合成丙二酸二乙酯、乙酰乙酸乙酯、卤代乙酸、阿司匹林、乙酸盐等。在农药、医药、染料、照相、织物印染和橡胶工业中都有广泛应用。

在食品工业中，乙酸用作酸化剂、增香剂和香料。制造食醋时，用水将乙酸稀释至4%～5%，再添加各种调味剂而得到食用醋。作为酸味剂，使用时适当稀释，可用于调饮料、罐头等，如制作番茄、芦笋、婴儿食品、沙丁鱼、鱿鱼等罐头；也可制作软饮料、冷饮、糖果、焙烤食品、布丁类、胶媒糖、调味品等。

乙酸工业合成法有甲醇羰基化法、乙醇氧化法、乙醛氧化法、乙烯氧化和丁烷氧化法，其中甲醇羰基化法为最主要的合成乙酸的方法，75%的工业用乙酸是通过甲醇的羰基化制备的。甲醇与一氧化碳在碘化钴均相催化剂存在下，压力63.7 MPa、温度250 ℃时进行反应，制得乙酸。反应式如下：

$$CH_3OH + CO \longrightarrow CH_3COOH$$

四、甲醚

甲醚是一种新兴的基本化工原料，由于其良好的易压缩、冷凝、汽化等特性，使得甲醚在制药、燃料、农药等化学工业中有许多独特的用途。如高纯度的甲醚可代替氟利昂用作气溶胶喷射剂和制冷剂，减少对大气的环境污染和臭氧层的破坏。由于其良好的水溶性、油溶性，使得其应用范围大大优于丙烷、丁烷等石油化学品。代替甲醇用作甲醛生产的新原料，可以明显降低甲醛生产成本，在大型甲醛装置中更显示出其优越性。作为民用燃料气，其储运、燃烧安全性、预混气热值和理论燃烧温度等性能指标均优于石油液化气，可作为城市管道煤气的调峰气、液化气掺混气，也是柴油发动机的理想燃料。与甲醇燃料汽车相比，不存在汽车冷启动问题。甲醚还是未来制取低碳烯烃的主要原料之一。

甲醚的生产方法有一步法和二步法。一步法是指由原料气一次合成二甲醚，二步法是由合成气合成甲醇,然后再脱水制取二甲醚。

$$CO+2H_2 \longrightarrow CH_3OH$$

$$2CH_3OH \longrightarrow CH_3OCH_3 + H_2O$$

一步法是由天然气转化或煤气化生成合成气后,合成气进入合成反应器内,在反应器内同时完成甲醇合成与甲醇脱水两个反应过程和变换反应,产物为甲醇与二甲醚的混合物,混合物经蒸馏装置分离得二甲醚,未反应的甲醇返回合成反应器。一步法多采用双功能催化剂,该催化剂一般由两类催化剂混合而成,其中一类为合成甲醇催化剂,如 Cu - Zn - Al(O)基催化剂、BASFS3 - 85 和 ICI - 512 等;另一类为甲醇脱水催化剂,如氧化铝、多孔 SiO_2 - Al_2O_3、Y 型分子筛、ZSM - 5 分子筛、丝光沸石等。

二步法是分两步进行的,即先由合成气合成甲醇,甲醇在固体催化剂下脱水制二甲醚。目前多采用含 γ - Al_2O_3/SiO_2 制成的 ZSM - 5 分子筛作为脱水催化剂。反应温度控制在 280～340 ℃,压力为 0.5～0.8 MPa。甲醇的单程转化率在 70%～85%之间,二甲醚的选择性大于 98%。

二步法合成二甲醚是目前二甲醚生产的主要方法,该方法以精甲醇为原料,进行脱水反应,副产物少,二甲醚纯度达 99.9%,工艺成熟,装置适应性广,后处理简单,可直接建在甲醇生产厂,也可建在其他公用设施好的非甲醇生产厂。

五、甲基叔丁基醚

甲基叔丁基醚(MTBE)主要用作汽油添加剂,具有优良的抗爆性。它与汽油的混溶性好,吸水少,对环境无污染。MTBE 能改善汽油的冷起动特性和加速性能。虽然甲基叔丁基醚热值低,但行车试验证明使用含 10%MTBE 的汽油能使燃料消耗下降 7%,并使废气中含铅量、CO 量特别是致癌的多环芳香烃的排放物明显降低。

MTBE 是由甲醇与异丁烯反应(醇/烯摩尔比为 1.05～1.2 : 1),在 60～70 ℃和 1.0～2.0 MPa 压力条件下,通过大孔强酸性阳离子交换树脂催化剂床层,发生合成(醚化)反应制得。反应式如下:

$$CH_2{=}C(CH_3)_2 + CH_3OH \longrightarrow CH_3OC(CH_3)_3 + H_2O$$

六、甲基丙烯酸甲酯

甲基丙烯酸甲酯(MMA)既是一种有机化工原料,又可作为一种化工产品直接应用。作为有机化工原料,主要应用于有机玻璃(聚甲基丙烯酸甲酯,PM - MA)的生产,也用于聚氯乙烯助剂聚丙烯酸酯(ACR)的制造以及作为第二单体应用于腈纶生产。此外,在胶黏剂、涂料、树脂、纺织、造纸等行业也得到了广泛的应用。作为一种化工产品,可直接应用于皮革、离子交换树脂、纸张上光剂、纺织印染助剂、皮革处理剂、润滑油添加剂、原油降凝剂、木材和软木材的浸润剂、电机线圈的浸透剂、绝缘灌注材料和塑料型乳液的增塑剂、地板抛光、不饱和树脂改性、甲基丙烯酸高级酯类等许多领域。

目前 MMA 生产普遍采用直接甲基氧化法,该技术由日本旭化成公司首先提出并实现工业化。其工艺为:先将异丁烯氧化得到甲基丙烯醛(MAL),然后将 MAL 溶解在过量甲醇中,与气态氧在负载 Pd 和 Pb 的固体催化剂上进行氧化酯化反应,一步制得 MMA。MMA 经过精馏等操作分离后得浓度为 99.9%的产品。

制备 MAL 主反应为:

$$CH_2{=}C(CH_3)_2 + O_2 \longrightarrow CH_2{=}CCH_3CHO + H_2O$$

制备 MMA 主反应为：

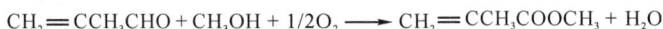

$$CH_2{=}CCH_3CHO + CH_3OH + 1/2O_2 \longrightarrow CH_2{=}CCH_3COOCH_3 + H_2O$$

七、低碳烯烃

低碳烯烃通常是指碳原子数小于等于 4 的烯烃，如乙烯、丙烯及丁烯等。低碳烯烃是石油化工生产中最基本的原料，是生产其他有机化工产品的基础，目前制取低碳烯烃的方法，总体可分为两大类，一是石油路线，二是非石油路线。由于我国原油组分大多偏重，生产乙烯的原料构成中 50%以上是柴油，每吨乙烯的原料消耗平均在 3.5 吨以上，给能耗和成本等经济指标带来较大的不利影响。自 20 世纪 70 年代爆发二次石油危机以来，各国纷纷致力于研究和开发非石油资源合成低碳烯烃的路线。如以天然气、煤或其他含碳有机化合物为原料，经由合成气直接合成制取低碳烯烃；以天然气或煤为原料制得合成气，再经由甲醇或二甲醚间接制取低碳烯烃。直接制取低碳烯烃尚处于研发阶段，间接制取低碳烯烃是国内外已开发成功的生产低碳烯烃最重要的非石油路线技术，并取得了一些重大的进展。

甲醇制烯烃(MTO)和甲醇制丙烯(MTP)是两个重要的碳化工新工艺，是指以煤或天然气合成的甲醇为原料，借助类似催化裂化装置的流化床反应形式，生产低碳烯烃的化工技术。MTO 及 MTP 的反应历程为：甲醇首先脱水为二甲醚(DME)，形成的平衡混合物包括甲醇、二甲醚和水，然后转化为低碳烯烃。MTO、MTP 合成反应如下：

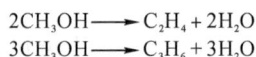

$$2CH_3OH \longrightarrow C_2H_4 + 2H_2O$$
$$3CH_3OH \longrightarrow C_3H_6 + 3H_2O$$

获取乙烯和丙烯后可进一步生产烯烃下游有机化学产品。详见图 19-4。

2010 年 8 月，采用中国科学院大连化学物理研究所开发的甲醇制烯烃(DMTO)技术，神华集团在包头建成了世界上首套煤制烯烃工业装置(规模 60 万吨/年烯烃)并顺利投产。截至 2018 年底，我国煤制烯烃项目合计产能 1386 万吨，主要分布在宁夏、内蒙古、新疆、陕西、贵州等煤炭资源丰富的地区。另外，全国有约 1500 万吨/年的煤(甲醇)制烯烃产能在建或拟建，这些装置全部建成后，我国烯烃工业将进入原料和工艺多元化发展的新时代。

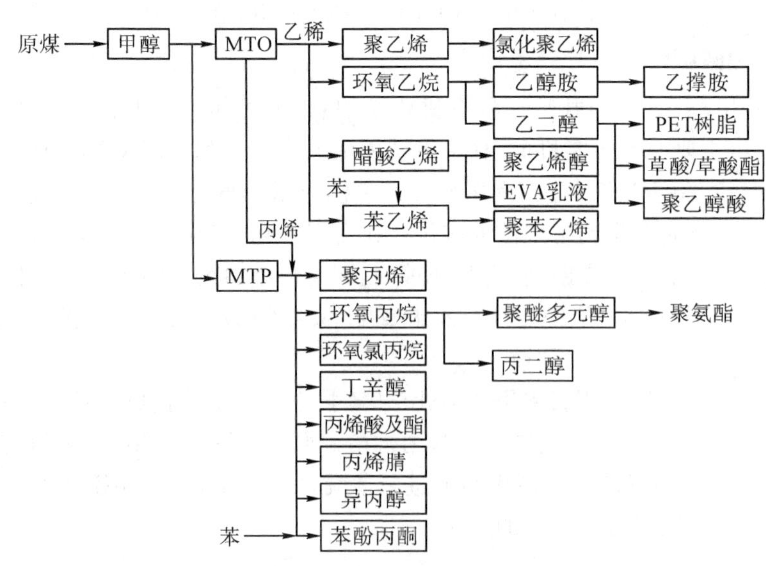

图 19-4　烯烃下游有机化学产品的生产

本章小结

(1)煤是能源、冶金、化学工业的重要原料，主要由碳、氢、氧、氮、硫和磷等元素组成，碳、氢、氧是有机质的主体，约占有机质的95%以上。煤炭中有机质元素的组成，随煤化程度的变化而有规律地变化。煤炭中的无机质主要是水分和矿物质，此外还有一些稀有分散元素和放射性元素。

(2)煤在现代化工业中有广泛的应用。煤化工是以煤为原料，经过化学加工转化为气体、液体和固体燃料及化学品的工业，其中包括煤的干馏、气化和液化。煤的干馏是将煤隔绝空气加热，随着温度的升高，煤中有机化合物逐渐开始分解，其中挥发性物质呈气态释放，残留的不挥发性产物为焦炭或半焦。煤的气化是煤、焦炭或半焦和汽化剂在900～1300 ℃的高温下转化成煤气的过程。煤通过化学加工转化为液体燃料的过程称为煤的液化。

(3)甲醇是重要的有机化工原料和清洁液体燃料，是煤基合成化学品的基础产品。利用甲醇可以进一步合成甲醛、乙酸、甲醚、甲基叔丁基醚、甲基丙烯酸甲酯、烯烃化学品等有机化学品，其中甲醇制烯烃和甲醇制丙烯是两个重要的碳化工新工艺，我国煤制烯烃项目产业发展速度迅速。

习　题

19－1.什么是煤化工？什么是煤干馏、煤气化和煤液化？

19－2.简述煤制甲醇的生产工艺。

19－3.煤制烯烃的技术有哪几种？并描述MTO技术具体反应过程。

19－4.查阅相关资料简述现代煤化工制取有机化学品的技术与产品。

19－5.查阅相关资料简述煤经由合成气直接合成制取低碳烯烃的研究现状。

第二十章　石油

第一节　石油的组成及加工利用

一、石油的组成

石油的主要元素成分为C、H、O、S、N等，其中C和H两者约占97%～99%；O、S、N总量仅占1%～3%，但高硫石油中的O、S、N总量可达3%～7%。此外，石油中还有其他微量元素，当前发现的微量元素达54种。原油中所含各种元素并不是以单质存在，而是以相互结合的各种碳氢及非碳氢化合物的形式存在，以烃类化合物为主，另外还有少量含氧、含硫、含氮的非烃化合物。

(一)石油的烃类组成

从石油中已分析和鉴定出的烃类化合物有420多种。按C、H两种元素之间结合的化学结构的不同，基本上可分为烷烃、环烷烃、芳香烃3大类。

1.烷烃类

常温常压下，烷烃有气态、液态、固态三种状态。C_1～C_4的气态烷烃主要存在于石油气体中。石油气体可分为天然气和石油炼厂气两类。炼厂气是石油加工过程中产生的，主要含有气态烷烃以及烯烃、氢气、硫化氢等。石油气通常含有少量易挥发的液态烃蒸气，液态烃含量低于 100 g/m^{3}的石油气称为干气，含量高于 100 g/m^{3}的石油气称为湿气。$C_5 \sim C_{11}$的烷烃存在于汽油馏分中，$C_{11} \sim C_{20}$的烷烃存在于煤、柴油馏分中，$C_{20} \sim C_{36}$的烷烃存在于润滑油馏分中。烷烃的化学性质较稳定，但在加热或催化剂以及光的作用下，会发生氧化、卤化、硝化、热分解以及催化脱氢、异构化等反应。

2.环烷烃类

石油中的环烷烃多为五元环或六元环。环烷烃在一定条件下脱氢生成芳香烃，是生产芳香烃的重要原料。

3.芳香烃

在石油的低沸点馏分中，芳香烃含量较少，且多为单环芳香烃，随着沸点升高，芳香烃含量增加，并出现双环芳香烃。在重质馏分中，还可出现稠环芳香烃。

芳香烃可与硫酸等强酸发生化学反应，例如苯及其同系物与硫酸作用生成苯磺酸，利用这一反应可从油品中分离芳香烃，也可用于油品精制和石油馏分的组成分析；芳香烃与烯烃可进行烷基化反应，生产石油化工原料(如烷基苯)；芳香烃被氧化生成醛和酸，进一步氧化可生成胶状物质。

石油中的烷烃、环烷烃、芳香烃常常是互相包含，一个分子中往往同时含有芳香环、环烷环及烷基侧链。

(二)石油的非烃组成

石油中非烃化合物主要包括含硫、含氮、含氧化合物。

1.含硫化合物

含硫化合物在石油中的含量变化较大，从万分之几到百分之几。硫在石油中可以呈单质硫 S、硫化氢(H_2S)、硫醇(RSH)、硫醚、环硫醚、二硫化物及其同系物等形态。硫是石油中的一种有害杂质，因为它易产生硫化氢、硫化铁等，对机械、管道、油罐、塔器等金属设备产生腐蚀。所以含硫量常作为评价原油质量的一项重要指标。我国的石油多为低硫石油。通常将含硫量大于 2%的石油称为高硫石油，低于 0.5%称为低硫石油，介于 0.5%～2%称含硫石油。一般产于砂岩层中的石油含硫量低，多为低硫石油；产自碳酸盐岩地层中的石油多为高硫石油。石油中的蜡与硫不互溶，产出高蜡石油的地层含硫量低，产出高含硫量石油的层系中含蜡量低。

2.含氮化合物

含氮化合物一般含量为万分之几至百分之几。含氮量高于 0.25%的石油称为高氮石油，而低于 0.25%的称为贫氮石油。石油中含氮化合物分为碱性和非碱性两种，碱性化合物有吡啶、喹啉、异喹啉和吖啶及其同系物；非碱性化合物包括吡咯、卟啉、吲哚和咔唑及其同系物。其中金属卟啉化合物最为重要，动物血红素和植物叶绿素都属于卟啉化合物。

3.含氧化合物

含氧化合物一般氧含量只有千分之几，个别石油氧含量可高达 2%～3%。原油中的氧含量随馏分沸点升高而增加，主要集中在高沸点馏分中，大部分富集在胶状沥青状物质中。胶状沥青状物质中的氧含量约占原油总含氧量的 90%。原油中的含氧化合物包括酸性含氧化合物和中性含氧化合物，以酸性含氧化合物为主。酸性含氧化合物包括环烷酸、芳香酸、脂肪酸和酚类等，总称为石油酸。中性含氧化合物包括酮、醛和酯类等。环烷酸在石油馏分中的分布较特殊，中间馏分（沸程 250～400 ℃）环烷酸含量最高，低沸点馏分及高沸点重馏分中含量都比较低。环烷酸呈弱酸性，容易与碱反应生成各种盐类，也可与很多金属作用而腐蚀设备；酚有强烈的气味，呈弱酸性。石油馏分中的酚可以用碱洗法除去。酚能溶于水，炼油厂污水中常含有酚，导致环境污染。

二、石油的炼制

石油炼制工业是把原油通过石油炼制过程加工为各种石油产品的工业，包括石油炼厂、石油炼制的研究和设计机构等。石油炼厂中的主要生产装置有：原油蒸馏（常、减压蒸馏）、热裂化、催化裂化、加氢裂化、石油焦化、催化重整以及炼厂气加工、石油产品精制等，主要生产汽油、喷气燃料、煤油、柴油、燃料油、润滑油、石油蜡、石油沥青、石油焦和各种石油化工原料，见图 20－1。

（一）石油的常减压蒸馏

常减压蒸馏就是利用原油中所含各组分沸点的不同，以物理方法进行分离的工艺手段。

石油馏分的蒸馏原理与一般精馏基本相同，但也有其特点。石油蒸馏是根据一定的沸点范围收集馏出物，而不是分离出纯组分。石油蒸馏时不仅从塔顶获得馏出物，同时也从塔侧的不同高度出料。石油的加热是在塔外管式炉内进行，而不是在塔釜中进行，以防止石油在釜中长时间受热而分解。

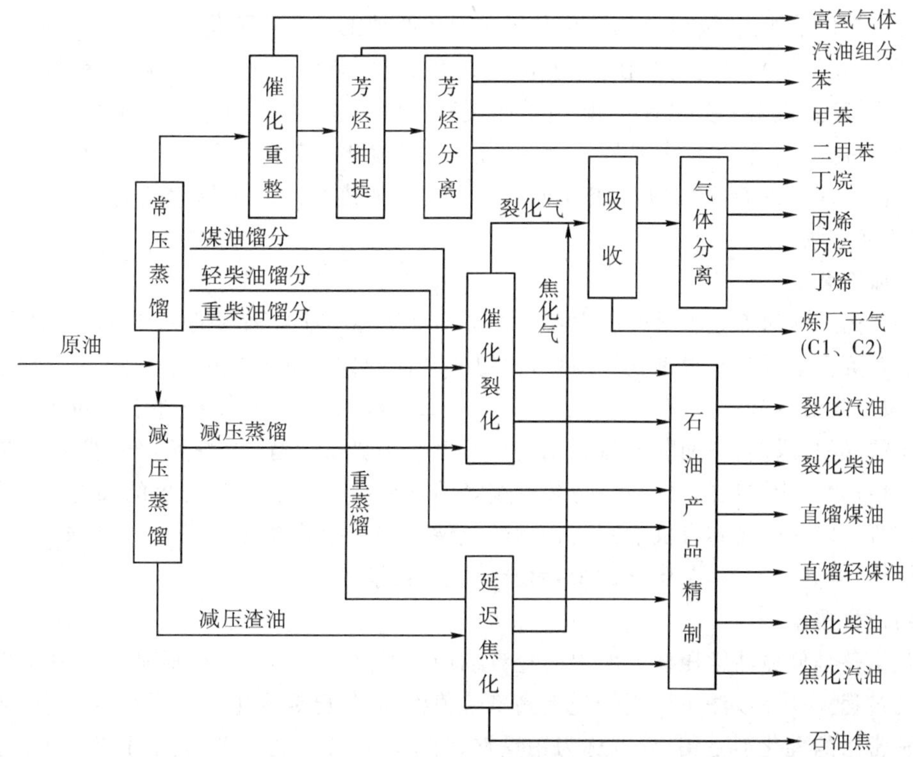

图 20－1　石油炼制工业示意图

表 20-1　原油中各馏分的沸点范围

产　品		沸点范围	大致组成	用　途
石油气		40 ℃以下	$C_1 \sim C_4$	燃料、化工原料
粗汽油	石油醚	40～60 ℃	$C_5 \sim C_6$	溶剂
粗汽油	汽油	60～205 ℃	$C_7 \sim C_9$	内燃机燃料、溶剂
粗汽油	溶剂油	150～200 ℃	$C_9 \sim C_{11}$	溶剂(溶解橡胶、油漆等)
煤油	航空煤油	145～245 ℃	$C_{10} \sim C_{15}$	喷气式飞机燃料油
煤油	煤油	160～310 ℃	$C_{11} \sim C_{16}$	照明、燃料、工业洗涤油
柴油		180～350 ℃	$C_{16} \sim C_{18}$	柴油机燃料
机械油		350 ℃以下	$C_{16} \sim C_{20}$	机械润滑
凡士林		350 ℃以下	$C_{18} \sim C_{22}$	制药、防锈涂料
石蜡		350 ℃以下	$C_{20} \sim C_{24}$	制皂、制蜜蜡、蜡纸、脂肪酸、造型等
燃料油		350 ℃以下		船用燃料、锅炉燃料
沥青		350 ℃以下		防腐绝缘材料、铺路及建筑材料
石油焦				制电石、炭精棒、用于冶金工业

(二)催化裂化

催化裂化的目的是将不能用作轻质燃料的常减压馏分油加工成辛烷值较高的汽油等轻质燃料。裂化是化学加工过程,有热裂化和催化裂化两种工艺。热裂化是在 480～500 ℃条件下进行的,催化裂化是在催化剂存在下,于 500 ℃左右温度条件下进行的。直链烷烃在催化裂化条件下,主要发生的化学变化有:①碳链的断裂和脱氢反应,生成相对分子质量较小的烷烃和烯烃;②异构化反应,使产物中异构烃含量增加;③环烷化和芳构化反应,使产物中芳香烃含量增加;④叠合、脱氢缩合等反应生成分子量更大的烃如焦炭。由于催化裂化过程中有焦炭生成,故催化剂需频繁再生。

(三)加氢裂化

加氢裂化是炼油工业中增产航空喷气燃料和优质轻柴油常采用的一种方法。加氢裂化所用催化剂有贵重金属和非贵重金属两种,常用的载体固体酸如硅酸铝分子筛等。将重质馏分油(例如减压柴油)在催化剂存在下,于 10～20 MPa 和 430～450 ℃条件下进行加氢裂解,可得到优质的汽油、煤油、柴油。加氢裂化过程发生的主要反应有:①烷烃加氢裂化生成分子量较小的烷烃;②正构烷烃的异构化;③多环烷烃的开环裂化和多环芳香烃的加氢开环裂化;同时发生有机含硫化合物和有机含氮化合物的氢解。加氢裂化产品产率高、质量好。产品中含不饱和烃少,重芳香烃少,杂质含量少,而异构烷烃含量较高。

(四)催化重整

催化重整是使原油常压蒸馏所得的轻汽油馏分经过化学加工转变成富含芳香烃的高辛烷值汽油的过程。现在该法不仅用于生产高辛烷值汽油,且已成为生产芳香烃的一个重要方法,催化重整常用的催化剂是铂,故也称为铂重整,为了增加芳香烃产率,近年来发展了铂铼、铂铱等两种以上多金属重整催化剂。

催化重整过程所发生的化学反应主要有以下几类:

(1)环烷烃脱氢芳构化。

$$\rightleftharpoons + 3H_2$$

(2)环烷烃脱氢异构化。

$$CH_3 \rightleftharpoons \rightleftharpoons + 3H_2$$

(3)烷烃脱氢芳构化。

$$n\text{-}C_6H_{14} \xrightleftharpoons{-H_2} \rightleftharpoons + 3H_2$$

第二节　石油基有机化学品

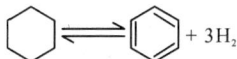

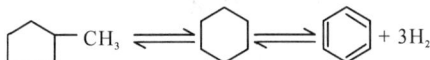

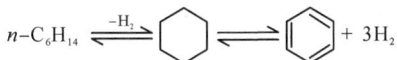

以石油为原料生产的化学品品种极多、范围极广。石油化工原料主要是来自石油炼制过程产生的各种石油馏分和炼厂气，以及油田气、天然气等。石油馏分(主要是轻质油)通过烃类裂解、裂解气分离可制取乙烯、丙烯、丁二烯等烯烃和苯、甲苯、二甲苯等芳香烃，芳香烃亦可来自石油轻馏分的催化重整。石油轻馏分和天然气经蒸汽转化、重油经部分氧化可制取合成气，进而生产合成氨、合成甲醇等。从烯烃出发，可生产各种醇、酮、醛、酸类及环氧化合物等。随着科学技术的发展，上述烯烃、芳香烃经加工可生产包括合成树脂、合成橡胶、合成纤维等高分子产品及一系列制品。石油化工生产，一般与石油炼制或天然气加工结合，相互提供原料、副产品或半成品，以提高经济效益。石油化工生产基本路线见图 20－2。

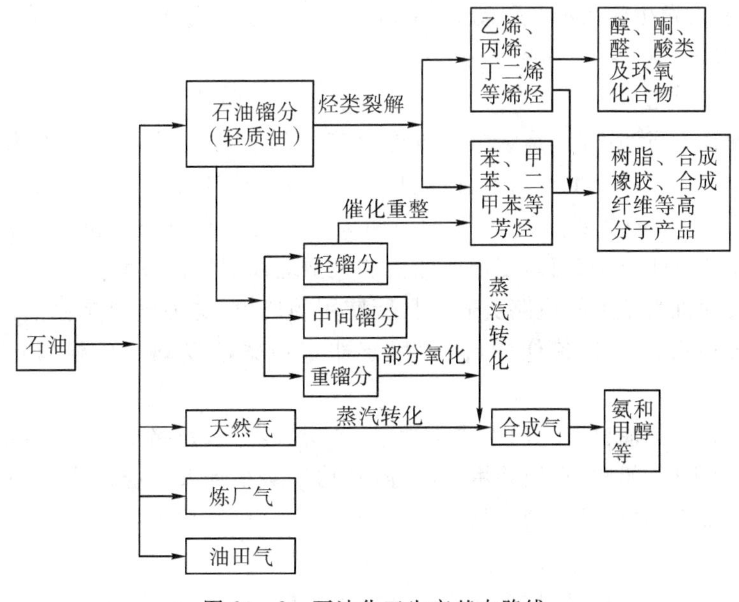

图 20－2　石油化工生产基本路线

一、石油燃料

石油燃料是最重要的石油炼制产品，也是当前全球用量最大的油品，包括汽油、柴油、煤油、喷气燃料、燃料油和炼厂气等。

(一)汽油

汽油是碳原子数约为 5～12 的烃类混合物，为无色至淡黄色的易流动液体。沸点范围为

30～205 ℃，密度为 0.70～0.78 g/cm³，空气中含量为 74～123 g/m³ 时遇火爆炸。汽油的热值约为 44000 kJ/kg。

根据制造过程，汽油组分可分为直馏汽油、热裂化汽油（焦化汽油）、催化裂化汽油、催化重整汽油、叠合汽油、加氢裂化汽油、烷基化汽油和合成汽油等；根据用途可分为航空汽油、车用汽油、溶剂汽油三大类。

汽油是点燃式发动机如汽车、其他小型车及轻型飞机中所使用燃料的通称。汽油是石油馏分的轻组分，是用量最大的轻质石油产品之一，是引擎的一种重要燃料。

（二）煤油

煤油是一种轻质石油产品，碳原子数约为 10～16 的烃类混合物，沸点范围为 180～310 ℃，相对密度约为 0.8。主要由原油蒸馏所得的煤油馏分经精制制得。煤油是石油炼制工业初期的主要产品，灯用煤油和煤油灯一起在 19 世纪后半期行销全球，给世界带来光明，目前产量已居次要地位。煤油主要用于照明、生活炊事、取暖，也可作为溶剂和洗涤剂。根据用途的不同，有灯用煤油、炉用煤油、信号灯煤油、矿灯煤油、荧光探伤煤油等。

煤油作为照明是人们必需的生活资料，所以其最主要的使用性能是点燃性和安全性。煤油的点燃性要求吸油通畅、发光明亮、火焰稳定、不冒黑烟。对此要求有合适的馏程和适当的挥发性。馏分太重则吸油不畅，挥发不完全，灯芯易结焦；馏分太轻则使闪点太低，不利于使用的安全性。煤油中芳香烃含量过高，燃烧时容易冒黑烟，灯芯也容易结焦。芳香烃含量在 8%～10%左右的煤油，灯光既有必需的亮度而又不冒黑烟。为了使用安全，煤油的闪点（在闪点测定仪中，油品遇明火发生闪火的最低温度）应大于 4 ℃；硫含量要低，燃烧时不产生刺激性臭味，对人畜无毒害。

（三）柴油

柴油是一种轻质石油产品，是碳原子数约为 11～20 的烃类混合物，主要由原油蒸馏、催化裂化、加氢裂化、焦化等过程生产的柴油馏分调配而成。柴油分为轻柴油（沸点范围约 180～370 ℃）和重柴油（沸点范围约 350～410 ℃）两大类。由于高速柴油机燃料耗量（50～75 g/MJ）低于汽油机（75～100 g/MJ），使用柴油机的大型运载工具日益增多。

柴油是以柴油机为动力的道路交通工具所使用的燃料，这种燃料是原油加工得到的中间馏分。相同馏分也可以作为其他燃料，如用于非车用柴油发动机的燃料（称为工业柴油，IGO）。

柴油作为燃料的柴油机广泛用于载重货车、公交大客车、铁路机车、发电机、拖拉机、矿山机械、建筑用工程机械、船舶、军用装甲车辆等，其功率从小到大一应俱全，因此柴油也就成为炼油行业中用途最广、数量最大的产品。

（四）喷气燃料

喷气燃料即喷气发动机燃料，是当今在军事和民航上广泛使用的喷气式飞机上的航空涡轮发动机的燃油，是一种轻质石油产品，馏程约为 150～300 ℃。喷气燃料主要由原油蒸馏的煤油馏分经精制加工，有时还需加入添加剂，也可由原油蒸馏的重质馏分油经加氢裂化生产。在第二次世界大战后，随喷气式飞机的发展，喷气燃料急剧增长，目前已远远超过航空汽油。喷气燃料的质量有严格规定，在石油轻质燃料的规格标准中其指标项目最多。

（五）燃料油和炼厂气

燃料油又称为重油，主要作为锅炉燃料为家庭供暖、为工业提供热能，广泛用于冶金、电力、炼焦、陶瓷、玻璃等工业和船舶锅炉燃料。大部分燃料油由渣油和柴油馏分调和制成，有些是减黏裂化产物，一般对颜色没有特别要求。

炼厂气是石油炼制过程中产生的烃类气体的统称，也称为装置尾气。炼厂气的产率，一般占所加工原油的5%～10%。其组成除甲烷、乙烷等低分子烷烃外，还含有乙烯、丙稀等不饱和烃。将炼厂气直接当燃料使用，不经济、不合理，可用来制造高辛烷值汽油组分，如叠合汽油、烷基化汽油、工业异辛烷、异戊烷；也可用作石油化工原料，如合成橡胶、塑料、化肥、化纤、酒精、溶剂等。

二、烯烃和芳香烃

烯烃是最重要的石油化工产品之一，不仅拥有完备的生产工艺，也具有丰富的下游产业链条，近年来，伴随着下游产品聚丙烯、环氧丙烷、聚酯等产品的发展，乙烯、丙烯、丁二烯作为这些大宗化学商品的主要原料，得到了快速的发展。此外，芳香烃也是石油化工产品的重要组成部分，在染料、树脂、织物和薄膜等方面都有广泛使用。

(一)乙烯

乙烯是世界上产量最大的化学产品之一，乙烯工业是石油化工产业的核心，乙烯产品占石化产品的75%以上，在国民经济中占有重要的地位。世界上已将乙烯产量作为衡量一个国家石油化工发展水平的重要标志之一。

乙烯是合成纤维、橡胶、塑料、乙醇的基本化工原料，也用于制造氯乙烯、苯乙烯、环氧乙烷、醋酸、乙醛、乙醇和炸药等，具体情况见图20-3。

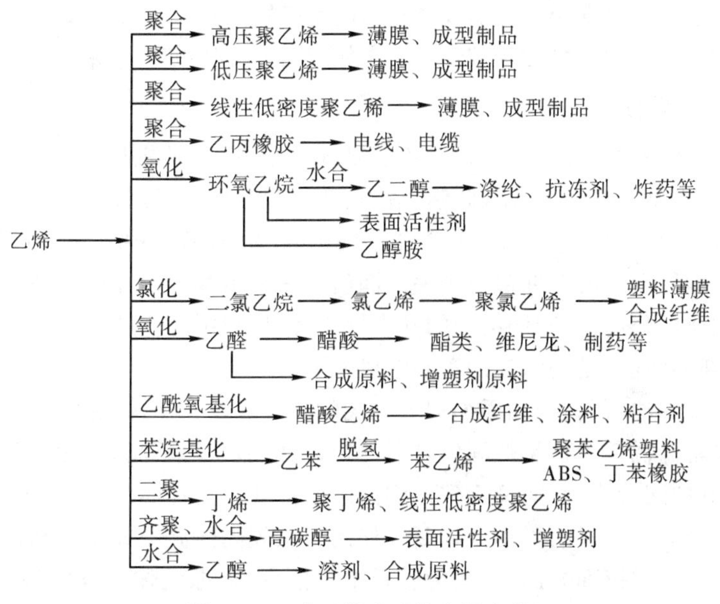

图20-3　由乙烯合成的主要产品

(二)丙烯

丙烯是常温下为无色、稍带有甜味的气体；易燃，爆炸极限为2%～11%；不溶于水，溶于有机溶剂，属低毒类物质。丙烯是三大合成材料的基本原料，用于制丙烯腈、环氧丙烷、丙酮等；可用以生产多种重要有机化工原料，如合成树脂、合成橡胶及多种精细化学品等；用丙烯配置的丙烯颜料可用以绘画。丙烯颜料是用一种化学合成胶乳剂(含丙烯酸酯、甲基丙烯酸酯、丙烯酸、甲基丙烯酸，以及增稠剂、填充剂等）与颜色微粒混合而成的新型绘画颜料。

（三）丁二烯

丁二烯是一种重要的石油化工基础有机原料，在石油化工烯烃原料中的地位仅次于乙烯和丙烯，用途十分广泛。它不仅可用于生产己二腈、1，4－丁二醇等有机化工产品，更主要的用途是合成顺丁橡胶（BR）、丁苯橡胶（SBR）、丁腈橡胶（NBR）、苯乙烯－丁二烯－苯乙烯弹性体（SBS）、丙烯腈－丁二烯－苯乙烯（ABS）树脂等多种橡胶产品。

（四）苯

在原油中含有少量的苯，从石油产品中提取苯是最广泛使用的制备方法。由重柴油等石油组分生产烯烃，其副产物之一裂解汽油富含苯，含量大约有40％～60％。

苯最主要的用途是生产苯乙烯（用于生产聚苯乙烯、树脂和橡胶），其他用途还可以生产异丙苯（用于生产苯酚）、苯胺（用于生产聚氨基甲酸酯和染料）、环己烷（用于生产尼龙纤维和塑料）。

（五）甲苯

选用直馏汽油为原料，经过催化重整得到重整油，再经过加氢精制，除去重整油中的微量烯烃，然后用溶剂进行芳香烃抽提，采用精馏分离法可得到甲苯。

甲苯主要用作溶剂和高辛烷值汽油添加剂，也是有机化工的重要原料，目前甲苯的产量相对过剩，因此相当数量的甲苯用于脱烷基制苯或歧化制二甲苯。

（六）二甲苯

从重整产品中可以通过多种抽提方式得到混合二甲苯。混合二甲苯包括间二甲苯、邻二甲苯和对二甲苯，混合二甲苯可以按需要进行不同程度的分离。对二甲苯的产量最大，是主要生产聚酯类树脂和纤维的原料；邻二甲苯用于生产邻苯二甲酸酐；间二甲苯用于生产间苯二甲酸。

三、润滑油和润滑脂

润滑油可用在各种类型汽车、机械设备上以减少摩擦、保护机械，也可作为加工件的液体或半固体润滑剂，主要起润滑、冷却、防锈、清洁、密封和缓冲等作用。

润滑油是石油产品中的一类，其生产和消费数量虽少，但品种繁多，使用范围广泛，与汽车、机械、交通运输等行业的发展密切相关。润滑油一般由基础油和添加剂两部分组成。基础油是润滑油的主要成分，决定着润滑油的基本性质，添加剂则可弥补和改善基础油性能方面的不足，赋予某些新的性能，是润滑油的重要组成部分。

润滑脂是由基础油、稠化剂和添加剂等组成的一种在常温下呈油膏状（半固体）的塑性润滑剂。润滑脂在常温低负荷下类似固体，能保持自己的形状而不流动，能粘附于机械摩擦部件的表面，起到良好的润滑作用，而又不致使润滑脂滴落或流失；同时还能起到保护和密封作用，减少设备因与其他杂质的接触而受到的腐蚀作用。在较高的温度或受到超过一定限度的外力时或当机械部件运动摩擦而升温时，润滑脂开始塑性变形，像流体一样能流动，类似黏性流体而润滑机械部件，从而减少运动部件表面间的摩擦和磨损。当运动停止后润滑脂又能恢复一定的稠度而不流失。正因为润滑脂有这样的特殊性能，因此被广泛地应用于航空、汽车、纺织和食品等工业的机械和轴承的润滑上。

四、蜡和石油脂

蜡广泛存在于自然界，在常温下大多为固体。按其来源可分为动物蜡、植物蜡和从石油或煤中得到的矿物蜡。在化学组成上，石油蜡和动、植物蜡有很大区别，石油蜡是由含蜡馏分油或渣油经加工精制得到的一类石油产品，主要成分是烃类；动、植物蜡则是高级脂肪酸的酯类。石油蜡包括液蜡、石油脂、石蜡（微晶蜡）等。目前，石油蜡占蜡总耗量的 90%。

液蜡一般是指 $C_9 \sim C_{16}$ 的正构烷烃，它在室温下呈液态。液蜡是原油蒸馏所得的煤油或轻柴油馏分，经分子筛脱蜡或尿素脱蜡制得的液态正构烷烃。主要用于生产烷基苯磺酸盐、烷基磺酸盐、烷基硫酸盐以及非离子型合成洗涤剂，主要用于氧化生产高级醇，也作为生产石油蛋白的原料。

石油脂又称凡士林，是含油的微晶蜡，为油膏状半固体，通常是以残渣润滑油料脱蜡所得的蜡膏为原料，按不同稠度的要求掺入不同量的润滑油，并经过精制后制成的一系列产品。商品石油脂滴点为 55 ℃，用于制造提纯微晶蜡或用作润滑脂；商品凡士林中的医药用凡士林是经发烟硫酸——白土法或加氢精制法深度精制而成，滴点约为 40～54 ℃，用于配制药膏。工业用凡士林精制深度较浅，用于金属防锈或作润滑脂。

石蜡又称为晶形蜡，是从原油中蒸馏所得的润滑油馏分经溶剂精制、溶剂脱蜡或经蜡冷冻结晶、压榨脱蜡制得蜡膏，再经溶剂脱油或发汗脱油，并充分精制而得的片状或针状结晶。其主要成分为正构烷烃，也有少量带个别支链的烷烃和带长侧链的环烷烃。烃类分子的碳原子数约为 $C_{17} \sim C_{35}$，平均相对分子质量为 300～450。

本章小结

（1）石油的主要元素成分为 C、H、O、S、N 等，以烃类化合物为主，另外还有少量含氧、含硫、含氮的非烃化合物。烃类组成主要为烷烃、环烷烃、芳香烃 3 大类，非烃化合物主要包括含硫、含氮、含氧化合物。

（2）石油是极其复杂的混合物，将原油分割为不同沸程的馏分以便获得多种多样的燃料、润滑油和其他产品。石油有机化学工业指化学工业中以石油为原料生产化学品的领域，一般由石油炼制和石油化工两部分构成。借助于原油蒸馏过程，可以按所制定的产品方案将原油分割成相应的直馏汽油、煤油、轻柴油或重柴油馏分及各种润滑油馏分等，将切割出的各馏分再通过催化裂化、加氢裂化、催化重整等二次加工手段，可以进一步提高轻质油的产率或改善产品质量。

（3）石油燃料是最重要的石油炼制产品，包括汽油、柴油、煤油、喷气燃料、燃料油和炼厂气等。同时，石油生产的化学品品种极多，石油馏分（主要是轻质油）通过烃类裂解、裂解气分离可制取乙烯、丙烯、丁二烯等烯烃和苯、甲苯、二甲苯等芳香烃，芳香烃亦可来自石油轻馏分的催化重整，烯烃和芳香烃均是石油化工产品的重要组成部分。

习　题

20－1.石油按化学组成可分为哪两大类？分别包含哪些化合物？

20－2.石油的加工利用方式有哪些？各自的目的是什么？

20－3.石油燃料和石油化工原料包括哪些？

20－4.催化重整过程所发生的化学反应主要有哪几类？

20－5.查阅相关资料绘制由丙烯合成的主要产品路线图。

20－6.查阅相关资料简述现阶段石油化工生产有机化学品的发展方向。

第二十一章　天然气

第一节　天然气的组成与加工利用

一、天然气的组成

天然气的组分主要为甲烷，其他为天然气凝液、H_2S(包括有机硫化合物)、CO_2、N_2、He等。大部分气田含甲烷90%以上，其余组分含量较少；凝析气田的天然气除甲烷外含有较多液化天然气(C_2～C_6烃类)；含硫气田天然气含有极少量的He，但不值得回收，只有极少数气田含有回收价值的He。天然气的代表性组成见表21－1。

表21－1　天然气的代表性组成

组分含量(体积分数)/%					热值/(kJ·m^{-3})	相对密度
CH_4	C_2以上烷烃	CO_2	H_2	H_2S		
96.5	—	1.4	2.1	—	38738	0.58
86.7	9.5	1.7	2.1	—	37683	0.63
67.6	31.3		1.1	—	49063	0.71
16.2		30.4	7.4	—	64965	0.85
23.6	69.7	2.5	1.3	2.9	58333	0.91
51.3	10.4	0.1	38.2	—	27885	0.76

液化天然气中C_2～C_6烃类可用作生产乙烯的原料，C_3、C_4是液化石油气(LPG)，主要用作民用和汽车燃料。H_2S加工成硫磺，是目前生产硫磺的主要原料。CO_2、N_2大部分在加工中排入大气，只有少量CO_2供多种使用；He供尖端技术应用。多年来世界各国都研发天然气中副产品的回收和利用，以提高天然气的综合利用价值。

二、天然气的加工利用

当前，天然气的应用有两种方向：作为能源种类的气体燃料和作为化工基本原料。作为化工基本原料的天然气的化工利用包括天然气制合成氨及尿素、天然气制甲醇及下游产品、天然气制乙炔及下游产品、富乙烷和丙烷天然气用于裂解制乙烯、天然气合成低碳烯烃。天然气化工主要产品见图21－1。

在20世纪，天然气加工主要是通过间接转化，特别是经合成气的路线取得了巨大成就，形成了合成氨、甲醇、液态烃以及它们的衍生产品。就世界化工行业而言，天然气的利用占有举足轻重的地位，以天然气为原料生产的化工产品已超过1.6×10^8 t/a，世界上85%以上的合成氨和甲醇都是以天然气为原料生产的。

由于我国天然气产量不多，在化工行业的总能源结构中仅占6%～7%，我国天然气化工利用结构的情况经统计，天然气用于制备合成氨的比例超过80%、甲醇尚不到10%、乙炔约占3%、炭黑也有5%左右，而甲烷氯化物及氢氰酸所消耗的天然气则平均不到1%。

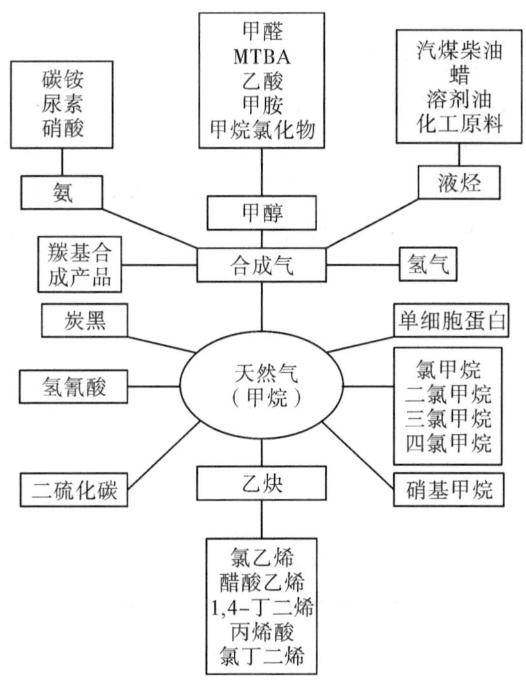

图 21－1　天然气化工主要产品

天然气化学转化利用的战略目标在于替代石油获取液体燃料及重要化工原料。20 世纪时，石油化工发展成为现代文明社会的支柱产业，而石油化工的科学基础是不饱和烃化学。天然气化工所涉及的科学基础则是不活泼的甲烷的化学。甲烷分子中 C — H 键的平均键能为 414 kJ/mol、CH_3— H 键的离解能则达到 435 kJ/mol。如何实现甲烷分子有效的化学转化，一直是化学家，特别是催化化学家所面临的棘手问题。

目前，天然气经合成气路线转化制备合成油已成功地实现了工业化，但由于步骤较多，投资费用相当高。采用更简捷的路线将天然气转化为乙烯及甲醇等，虽然已进行了广泛的工作，由于其固有的难度，仍有待突破。

第二节　天然气基有机化学品

一、天然气裂解制乙炔

以天然气（主要是甲烷）为原料制造乙炔，由于甲烷分子的 C－H 键键能较大，反应需在高温下才能进行，而且甲烷热裂解生成乙炔又是一个强吸热反应，故需要提供大量能量。此外，目标产物乙炔的性质又十分活泼且易于分解。因此，高温、供热及控制反应时间是天然气裂解制乙炔的主要工艺要素。

天然气在部分氧化炉内的反应十分复杂，其主要反应如下。

$$2CH_4 \longrightarrow C_2H_4 + 3H_2$$

提供高温和热量的反应：

$$CH_4 + O_2 \longrightarrow CO + H_2O + H_2$$

$$CO + H_2O \longrightarrow CO_2 + H_2$$

乙炔分解反应：

$$C_2H_2 \longrightarrow 2C + H_2$$

除这些反应外，还有一些乙炔聚合生成高级炔烃、烯烃及芳香烃等反应。

乙炔可用以照明、焊接及切断金属（氧炔焰），也是制造乙醛、醋酸、苯、合成橡胶、合成纤维等的基本原料。乙炔燃烧时能产生高温，氧炔焰的温度可以达到 3200 ℃左右，用于切割和焊接金属。供给适量空气，乙炔可以完全燃烧发出亮白光，在电灯未普及或没有电力的地方可以用作照明光源。乙炔化学性质活泼，能与许多试剂发生加成反应。目前，乙炔仍是有机合成的最重要原料之一，乙炔及下游产品见图 21－2。

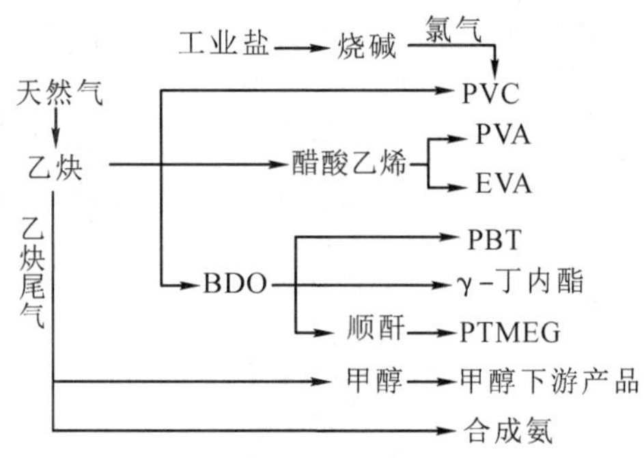

图 21－2 乙炔及其下游产品

二、天然气转化制备合成气

当前，天然气化工最主要的方法是在催化剂作用下经高温水蒸气转化或经部分氧化法制成合成气（$CO+H_2$），再以合成气为原料，合成一系列的重要化学品。

天然气制备合成气的方法有水蒸气转化法、部分氧化转化法和二氧化碳转化法。采用不同的工艺，所得合成气的 H/CO 比不同。水蒸气重整制备合成气的反应式为：

$$CH_4 + H_2O \longrightarrow CO + 3H_2$$

该反应是强吸热反应。为获得约 900 ℃的反应温度，在反应炉里要燃烧一定量的天然气。同时，反应过程必须使用过量的水以阻止催化剂失活。

近年来正在研究开发的天然气直接部分氧化制备合成气的反应式为：

$$CH_4 + 1/2O_2 \longrightarrow CO + 2H_2$$

部分氧化反应可以采用非催化路线和催化路线，非催化路线反应温度高达 1600 ℃，对设备材质要求非常苛刻，另外会产生大量烟雾和焦油副产物；催化路线可降低反应温度，但采用贵金属催化剂投资过大，而镍基催化剂，稳定性相对较差。

进入 21 世纪，已经工业化的天然气化学转化工艺将在环保要求和科技进步的推动下进一步降低成本和拓展市场，新的、更有效率的天然气化学转化工艺的研究、开发将加速进行并陆续实现工业化。原油价格的上扬将会有力地推动天然气化学转化（特别是制合成油和乙烯）的发展，一旦天然气制造合成油或乙烯的工艺、其产品成本具有对原油的竞争力，其市场的广阔程度和发展前景将是难以估量的，人类对石油的依赖程度将有所减轻，能源的战略安全问题也就多了一重保障。

本章小结

（1）天然气的组分主要为甲烷，其他为天然气凝液、H_2S（包括有机硫化合物）、CO_2、N_2、He 等。液化天然气中 C_2～C_6 烃类可用作生产乙烯的原料，C_3、C_4 是液化石油气，主要用作民用和汽车燃料；当前天然气的应用作为能源种类的气体燃料和作为化工基本原料。

(2)以天然气为原料制造乙炔是发展乙炔及下游化工的重要手段，另外，天然气化工利用中最主要的方法是在催化剂作用下经高温水蒸气转化或经部分氧化法制成合成气(CO 和 H_2)，再以合成气为原料，合成一系列的重要化学品。

习　题

21－1.简述天然气的组成。

21－2.天然气的化工利用方向有哪些？

21－3.天然气化工的主要产品有哪些？

21－4.简述天然气裂解制备乙炔和天然气转化制备合成气的基本原理。

21－5.查阅相关资料简述当前天然气化工制取有机化学品的发展方向。

第七部分　自然环境与有机化学

自然环境，是相对社会环境而言的，指的是由水土、地域、气候等自然事物所形成的环境，是环绕生物周围的各种自然因素的总和。如大气、水、土壤、岩石、矿物、太阳辐射等，是生物赖以生存的物质基础。

自然环境是人类生存、繁衍的物质基础；保护和改善自然环境，是人类维护自身生存和发展的前提，这是人类与自然环境关系的两个方面，缺少一个就会给人类带来灾难。

人类为了生存和发展，要向环境索取资源。早期，由于人口稀少，人类对环境没有什么明显影响和损害。在相当长的一段时间里，自然条件主宰着人类的命运。到了“刀耕火种”时代，人类为了生存并发展下去，开始毁林开荒，这就在一定程度上破坏了环境。于是，出现了人为因素造成的环境问题。但因当时生产力水平低，对环境的影响还不大。到了产业革命时期，人类学会使用机器以后，生产力大大提高，对环境的影响也就增大了。到了 21 世纪，人类利用、改造环境的能力空前提高，规模逐渐扩大，创造了巨大的物质财富。据估算，现代农业获得的农产品可供养 50 亿人口，而原始土地上光合作用产生的绿色植物及其供养的动物，只能供给一千万人的食物。由此可见，人类已在环境中逐渐处于主导地位。但是，严重的环境污染和生态破坏也逐渐出现在人类面前。大气严重污染、水的资源空前短缺、森林惨遭毁灭、可耕地不断减少、大批物种濒临灭绝，人类赖以生存的自然环境正处在危机之中。日益恶化的环境向人类提出：保护大自然，维持生态平衡是当今最紧迫的问题。

第二十二章　自然环境的污染源及污染物种类

第一节　大气环境的主要污染源及污染物种类

凡是能使空气质量变差的物质都是大气污染物。已知的大气污染物有100多种。污染源有自然(如森林火灾、火山爆发等)引起的天然污染源和人为(如工业废气、生活燃煤、汽车尾气等)引起的人为污染源两种。

一、大气污染源

(一)天然污染源

大气污染的天然污染源主要有火山喷发、森林火灾、森林植物释放等,排放出碳的各类氧化物。

(二)人为污染源

通常所说的大气污染源是指由人类活动向大气输送污染物的发生源,称为人为污染源,可以概括为以下四方面。

(1)燃料燃烧。燃料(煤、石油、天然气等)的燃烧过程是向大气输送污染物的重要发生源。燃料燃烧时除产生大量烟尘外,还会形成一氧化碳、二氧化碳、二氧化硫、氮氧化物、有机化合物等物质。

(2)工业生产过程的排放。如石化企业排放的硫化氢、二氧化碳、二氧化硫、氮氧化物;有色金属冶炼企业排放的二氧化硫、氮氧化物及含重金属元素的烟尘;磷肥厂排放的氟化物;酸碱盐化工企业排出的二氧化硫、氮氧化物、氯化氢及各种酸性气体;钢铁企业在炼铁、炼钢、炼焦过程中排出的粉尘、硫氧化物、氰化物、一氧化碳、硫化氢、酚、苯类、烃类等,以上污染物组成与工业企业性质密切相关。

(3)交通运输过程的排放。汽车、船舶、飞机等排放的尾气是造成大气污染的主要来源。内燃机燃烧排放的废气中含有一氧化碳、氮氧化物、碳氢化合物、含氧有机化合物、硫氧化物和铅的化合物等物质。

(4)农业活动排放。田间施用农药时,一部分农药会以粉尘等颗粒物形式飘散到大气中,残留在作物体上或粘附在作物表面的仍可挥发到大气中。进入大气的农药可以被悬浮的颗粒物吸收,并随气流向各地传播,造成大气农药污染。

二、大气环境污染物种类

大气污染的类型很多,根据其存在形态分为两大类,即颗粒态污染物(颗粒物)和气态污染物,主要包括有毒粉尘、烟雾、气体和蒸汽。一些有机污染物可以在气相和颗粒相之间发生转化。此外,它们在以气体和颗粒形式进行短距离或长距离运输后,通过干湿大气沉降可在土壤或水中积累。

(一)颗粒物

颗粒物因其是形成雾霾天气的主要空气污染物,逐渐受到社会各界的关注。不仅如此,它还在气候变化和大气化学中扮演着重要的角色,含有各种可能影响人类健康的有害物质。颗粒物的大小和组成各不相同,各种各样的自然和人为活动是其主要来源,除了直接排放产生,气态前体物质的转化也是颗粒物的主要来源,主要包括工业生产、交通排放、火山、火灾、燃料燃烧和自然风尘。

颗粒物根据其空气动力学直径的不同有 PM_{10}(颗粒直径小于 10 nm)和 $PM_{2.5}$(颗粒直径小于 2.5 nm)两种分类标准。根据颗粒对肺的穿透能力,PM_{10}和 $PM_{2.5}$分别被称为粗颗粒物和细颗粒物。$PM_{2.5}$包含于 PM_{10},能够穿过呼吸道深入肺部,而 PM_{10}主要沉积在上呼吸道。大气颗粒物的主要化学成分通常包括硝酸盐、硫酸盐、碳、金属元素(如铁、铜、镍、锌和钒)和多环芳香烃。颗粒物因其大小、表面和化学成分的不同可产生不同的作用和影响,它们可以吸收和转化成为多种污染物。金属元素和多环芳香烃等有机成分的含量是造成颗粒物毒性的主要原因。

(二)气态污染物

气态污染物包括二氧化硫、氮氧化物、碳氧化物和碳氢化合物。有机化合物是大气环境中的重要化学物质,主要包括挥发性有机化合物(VOCs)、中等挥发性有机化合物(IVOCs)和半挥发性有机化合物(SVOCs)。挥发性有机化合物的组分十分复杂,主要有烷烃、烯烃、芳香烃和含氧化合物等几类,主要产生于各种化工原料的生产、加工(如汽车喷涂等),石油、煤炭、木材、烟草等的不完全燃烧过程,汽车尾气及动植物的自然排放物(如反刍动物的反刍过程)。这些有机化合物大多不溶于水,可混溶于正己烷、苯、醇、醚等有机溶剂,多数对人类皮肤、黏膜有刺激性作用,对中枢神经系统有麻醉作用。它们所表现出的毒性、刺激性、致癌作用和具有的特殊气味能导致人体呈现种种不适反应,对健康造成较大的影响。

第二节　水体环境的主要污染源及污染物种类

一、水体环境的主要污染源

水污染主要是由人类活动产生的污染物造成的。造成污染的主要污染源有工业污染源、农业污染源和生活污染源三大部分。

(一)工业污染源

工业废水的任意排放是造成我国水污染的主要污染源。轻工业如造纸、纺织、食品加工、制革等行业,加工过程的耗水量大,加工 1 t 纺织品,消耗 100～200 t 水,80%为排放的废水。所以轻工业排放废水占工业废水的 50%以上。废水中含有大量的有机化合物,在水体中降解、消耗大量的溶解氧,易引起水质发黑、变臭等,不但影响水质的感官性状,而且有些颜料、色素不仅有毒,还可能是致癌物质。重工业如冶炼、机械加工等行业,产生冷却水、洗尘水、洗煤气水、电镀用水等废水,其中含有油、酚、焦油、酸等有机污染物。在各种废水中,尤以含酚和含氰废水最为突出,危害也最大。一般生产 1 t 焦炭,排放 0.2～0.3 m^3 的废水,其中含酚 2000 mg/L、硫氰酸盐 500 mg/L、硫化物 400 mg/L,以及油类、焦油、吡啶等其他有害物质 70 多种。石油工业炼 1 t 油,消耗 30 t 水,废水中含有大量的油和酚。化学工业的废水中有许多有毒物质,不易降解,能在生物体内积累,如 DDT(双对氯苯基三氯乙烷)、多氯联苯等,有的还是致癌物质,如多环芳香烃、芳香胺、含氮杂环化合物等。

(二)农业退水

农业退水包括农村污水和灌溉排水,往往是量小分散,通过曲折渠道,影响地下水,污染地表水。如水体的农药污染,来自农业污水;水体的富营养化作用,与施用化肥有关。在污染灌溉区，河流水库和地下水均出现污染。在我国农村，污水主要由畜圈排出，有机化合物含量高，生化需氧量高，这些有机化合物容易被微生物分解。含氮有机化合物经过生化作用形成氨，生物需氧量高，易被细菌分解。如与硝酸细菌和亚硝酸细菌作用，转化为硝酸盐和亚硝酸盐，污染浅层地下水和井水，人畜不能饮用。

(三)生活污水

生活污水主要来源于城市生活用水。生活污水中含有大量的合成洗涤剂。生活污水总的特点是氨、磷、硫含量高，在厌氧细菌的作用下产生恶臭物质，如硫化氢、硫醇、吲哚、粪臭素(3-甲基吲哚)等。

(四)医院污水

医院污水中含有大量病原菌及某些有毒物质。

二、水体中常见的有机污染物

(一)耗氧有机污染物

轻工业废水和生活污水中，含有大量的碳氢化合物、蛋白质、脂肪、木质素等有机污染物。这些物质排入河流、湖泊和水库里，它们将被分解而消耗水中的氧，使水中的溶解氧急剧降低，造成水溶解氧缺乏，使水生动物缺氧死亡，造成水质恶化。如果水中溶解氧耗尽，有机化合物又被厌氧微生物分解，即发生腐败现象，产生甲烷、硫化氢、氨等恶臭物质，使水变质发臭，影响渔业生产和危害人体健康。故称这些污染物为耗氧有机污染物。其污染程度可用溶解氧(DO)、生化需氧量(BOD)、化学耗氧量(COD)、总有机碳(TOC)、总需氧量(TOD)等各种指标来表示。溶解氧反映水体中存在氧的数量，其他几种指标反映水体中有机污染物所消耗的氧量。

(二)酚类化合物

自然界存在着2000余种酚类化合物，大部分是植物生命活动的结果。随着工业生产的发展，酚污染主要是指含酚废水对水体的污染。含酚废水是当今世界上危害大、污染范围广的工业废水之一，是环境中水污染的重要来源。在许多工业领域诸如煤气、焦化、炼油、冶金、机械制造、玻璃、石油化工、木材纤维、化学有机合成工业、塑料、医药、农药、油漆等工业排出的废水中均含有酚类化合物。这些废水若不经过处理，直接排放、灌溉农田则可污染大气、水、土壤和食品。

酚对植物、动物生长均有毒害。对人体健康而言，它是一种细胞原浆毒，与细胞原浆中的蛋白质发生化学反应，形成不溶性蛋白质，而使细胞失去活性。低浓度时，可使细胞变性；而高浓度时，则使蛋白质凝固，且可继续向深部组织渗透，侵犯神经中枢，引起骨髓刺激，进而导致全身中毒。典型的酚中毒症状是腹泻、口腔灼烧感等，但没有后遗症。

(三)水体中有机致癌物质

水体中的致癌物质大部分是因污染而带入的，也有在水中发生化学变化而产生的。例如给富含腐殖质的饮用水加氯消毒会产生致癌的氯代烃，如氯苯、多氟联苯、三氯甲烷等。富含氮的水体，在缺氧环境中会逐步产生具有致癌作用的胺类化合物。

第三节　土壤环境污染源及污染物种类

土壤处于陆地生态系统中的无机界和生物界的中心，不仅在本系统内进行着能量和物质的循环，而且与水域、大气和生物之间也不断进行物质交换，一旦发生污染，三者之间就会有污染物质的相互传递。

一、土壤环境主要污染来源

(一)污水排放

生活污水和工业废水中,含有氮、磷、钾等许多植物所需要的养分,所以合理地使用污水灌溉农田,一般有增产效果。但污水中还含有重金属、酚、氰化物等许多有毒有害的物质,如果污水没有经过必要的处理而直接用于农田灌溉,会将污水中有毒有害的物质带至农田,污染土壤。例如冶炼、电镀、燃料、汞化物等工业废水能引起镉、汞、铬、铜等重金属污染;石油化工、肥料、农药等工业废水会引起酚、三氯乙醛、农药等有机化合物的污染。

(二)废气

大气中的有害气体主要是工业中排出的有毒废气,它的污染面大,会对土壤造成严重污染。工业废气的污染大致分为两类:气体污染,如二氧化硫、氟化物、臭氧、氮氧化物、碳氢化合物等;气溶胶污染,如粉尘、烟尘等固体粒子及烟雾、雾气等液体粒子,它们通过沉降或降水进入土壤,造成污染。例如,有色金属冶炼厂排出的废气中含有铬、铅、铜、镉等重金属,对附近的土壤造成污染;生产磷肥、氟化物的工厂会对附近的土壤造成氟污染。

(三)化肥

施用化肥是农业增产的重要措施,但不合理的使用,也会引起土壤污染。长期大量使用氮肥,会破坏土壤结构,造成土壤板结,生物学性质恶化,影响农作物的产量和质量。过量地使用硝态氮肥,会使饲料作物含有过多的硝酸盐,妨碍牲畜体内氧的输送,使其患病,严重的导致死亡。

(四)农药

农药能防治病、虫、草害,如果使用得当,可保证劳作物增产,但它是一类危害性很大的土壤污染物,施用不当,会引起土壤污染。喷施于作物体上的农药(粉剂、水剂、乳液等),除部分被植物吸收或扩散到大气外,约有一半左右散落于农田,这一部分农药与直接施用于田间的农药(如拌种消毒剂、地下害虫熏蒸剂和杀虫剂等)构成农田土壤中农药的基本来源。农作物从土壤中吸收农药,在根、茎、叶、果实和种子中积累,通过食物、饲料危害人体和牲畜的健康。此外,农药在杀虫、防病的同时,也使有益于农业的微生物、昆虫、鸟类遭到伤害,破坏了生态系统。

(五)固体污染

工业废物和城市垃圾是土壤的固体污染物。例如,各种农用塑料薄膜作为大棚、地膜覆盖物被广泛使用,如果管理、回收不善,大量残膜碎片散落田间,会造成农田的“白色污染”。这样的固体污染物既不易蒸发、挥发,也不易被土壤微生物分解,是一种长期滞留土壤的污染物。

二、土壤污染物种类

土壤污染物主要分为以下 4 类。①化学污染物,包括无机污染物和有机污染物。前者如汞、镉、铅、砷等重金属,过量的氮、磷植物营养元素以及氧化物和硫化物等;后者如各种化学农药、石油及其裂解产物,以及其他各类有机合成产物等。有机污染物主要包括有机农药、酚类、氰化物、石油、合成洗涤剂、3, 4 -苯并芘以及由城市污水、污泥等带来的有害微生物等。②物理污染物,指来自工厂、矿山的固体废弃物如尾矿、废石、粉煤灰和工业垃圾等。③生物污染物,指带有各种病菌的城市垃圾和由卫生设施(包括医院)排出的废水、废物以及厩肥等。④放射性污染物，主要存在于核原料开采和大气层核爆炸地区，以锶和铯等在土壤中生存期长的放射性元素为主。

本章小结

(1)大气污染源有天然污染源(如森林火灾、火山爆发)和人为污染源(如燃料燃烧、工业生产过程的排放、交通运输过程的排放和农业活动排放等)。大气污染物的类型主要为颗粒态污染物和气态污染物。

(2)水污染主要是由人类活动产生的污染物造成，造成水污染的主要来源有工业污染源、农业污染源和生活污染源三大部分。水体中的污染物主要有耗氧有机污染物、酚类化合物和有机致癌物质。

(3)土壤污染主要是由污水排放、废气、化肥、农药、固体废弃物造成的。土壤污染物有4类：化学污染物、物理污染物、生物污染物和放射性污染物。

习　题

22－1.大气中 $PM_{2.5}$ 的颗粒污染物对人体有哪些危害?

22－2.名词解释：耗氧有机污染物、DO、BOD、COD、TOC、TOD。

22－3.水体中的酚类化合物对人体有哪些危害?

22－4.造成土壤污染的因素主要有哪些?

第二十三章　自然环境污染的危害

第一节　大气环境污染的危害

一、影响气候变化

大气污染物对天气和气候的影响是十分显著的，具体表现在以下几个方面。

(一)减少到达地面的太阳辐射量

从工厂、发电站、汽车、家庭取暖设备向大气中排放的大量烟尘微粒，使空气变得非常浑浊，遮挡了阳光，使得到达地面的太阳辐射量减少。据观测统计，在大工业城市烟雾不散的日子里，太阳光直接照射到地面的量比没有烟雾的日子减少了近40%。大气污染严重的城市，天天如此，就会导致人和动、植物因缺少阳光照射而生长发育不好。

(二)增加大气降水量

从大工业城市排出来的微粒，其中有很多具有水气凝结核的作用。因此，当大气中有其他一些降水条件与之配合的时候，就会出现降水天气。在大工业城市的下风地区，降水量更多。

(三)产生温室效应

温室效应是指太阳短波辐射可以透过大气射入地面，而地面增暖后放出的长波辐射却被大气中的 CO_2 等气体所吸收，从而产生大气变暖的效应。经粗略估算，如果大气中 CO_2 含量增加25%，近地面气温可以增加0.5～2 ℃。如果增加100%，近地面温度可以升高1.5～6 ℃。

有的专家认为，大气中的 CO_2 含量按照 2000 年以后的速度增加下去，会使得南、北极的冰融化加速，导致全球的气候异常。CO_2 是导致“温室效应”的主要气体，其他气体如甲烷、氟利昂、臭氧等也会吸收红外辐射，引起温室效应。这些气体在大气中的浓度虽比 CO_2 小得多，有的要小好几个量级，但它们的温室效应作用却比 CO_2 强得多。

二、危害人体健康

大气污染物对人体的危害是多方面的，主要表现在呼吸道疾病与生理机能障碍，以及眼、鼻、喉等黏膜组织受到刺激而患病，造成老年哮喘的慢性因素，肺气不足导致体力下降。

比如甲醛对眼、鼻、喉的黏膜有强烈的刺激作用。最普遍的症状就是眼睛受刺激和头痛，严重的可引起过敏性皮炎和哮喘。由于甲醛可与蛋白质反应生成氮次甲基化合物而使细胞中的蛋白质凝固变性，因而可抑制细胞机能。此外，甲醛还能和空气中的离子性氯化物反应生成二氯甲基醚，而后者是一种致癌物质。我国《室内空气质量标准》规定室内空气中甲醛的限值为 0.10 mg/m^3。再比如汽车废气(尤其是柴油引擎)、烟草与木材燃烧产生的烟以及炭烤食物中存在的苯并(a)芘，是公认的一种突变原和致癌物质。

大气中污染物的浓度很高时，会造成急性污染中毒，或使病状恶化，甚至在几天内夺去几千人的生命。其实，即使大气中污染物浓度不高，但人体长年累月呼吸这种污染了的空气，也会引起慢性支气管炎、支气管哮喘、肺气肿及肺癌等疾病。国家卫生计生委最新发布的我国城市居民死亡原因排序中，恶性肿瘤死亡排在第一，其中肺癌又居首位，我国肺癌发病在恶性肿瘤构成比，男性为 27%、女性为 22%。

三、危害植物生长

大气污染物，尤其是二氧化硫、氟化物等对植物的危害是十分严重的。当污染物浓度很高时，会对植物产生急性危害，使植物叶片表面产生伤斑，或者直接使叶子枯萎脱落；当污染物浓度不高时，也会对植物产生慢性危害，使植物叶片褪绿，或者表面上看不见什么危害症状，但植物的生理机能已受到了影响，造成植物产量下降，品质变坏。

四、产生光化学烟雾

光化学烟雾指大气中的氮氧化物和碳氢化合物等一次污染物及其受紫外线照射后产生的以臭氧为主的二次污染物所组成的混合污染物。光化学烟雾污染的成分非常复杂，主要物种有脱氧单糖苷、正构烷烃、正构烷酸、多环芳香烃以及其他多种源的示踪物。过氧乙酰硝酸酯又称为过氧乙酰硝酸盐，是光化学烟雾的主要组分，为强氧化剂，常温下为气体，易分解生成硝酸甲酯(CH_3ONO_2)、二氧化氮(NO_2)、硝酸(HNO_3)等。

光化学烟雾是一种带有刺激性的棕红色烟雾，主要危害表现为：①对人的眼睛产生刺激，会引起红眼病，长期吸光化学烟雾会引起慢性呼吸系统疾病恶化、呼吸障碍、损害肺部功能等症状。②影响植物生长。植物受到臭氧的损害，开始时表皮褪色，呈蜡质状，经过一段时间后色素发生变化，叶片上出现红褐色斑点。③对建筑材料的破坏。因平流层臭氧损耗导致阳光紫外线辐射的增加会加速建筑、喷涂、包装及电线电缆等所用材料，尤其是聚合物材料的降解和老化变质。特别是在高温和阳光充足的热带地区，这种破坏作用更为严重。由于这一破坏作用造成的损失估计全球每年达到数十亿美元。④降低大气的能见度。光化学烟雾的重要特征之一是使大气的能见度降低、视程缩短。这主要是由于污染物质在大气中形成的光化学烟雾气溶胶所引起的。这种气溶胶颗粒大小一般多在 0.3～1.0 μm 范围内，由于这样大小的颗粒实际上不易因重力作用而沉降，能较长时间悬浮于空气中，会长距离迁移。它们与人视觉能力的光波波长相一致，能散射太阳光，从而明显地降低了大气的能见度，因而妨碍了汽车与飞机等交通工具的安全运行，导致交通事故增多。

第二节　水体环境污染的危害

日趋加剧的水污染，已对人类的生存安全构成重大威胁，成为人类健康、经济和社会可持续发展的重大障碍。据世界权威机构调查，在发展中国家，在各类疾病中有80％是因为饮用了不卫生水而引起的，每年因饮用不卫生水至少造成全球2000万人死亡，因此，水污染被称作“世界头号杀手”。

一、对人体健康的危害

水质污染后，污染物通过饮水或食物链进入人体，使人体急性或慢性中毒。砷、铬、铵类、苯并(a)芘等还可诱发癌症。被寄生虫、病毒或其他致病菌污染的水，会引起多种传染病和寄生虫病。有机磷农药会造成神经中毒，有机氯农药会在脂肪中蓄积，对人和动物的内分泌、免疫功能、生殖机能均造成危害。稠环芳香烃多数具有致癌作用。氰化物也是剧毒物质，进入血液后，与细胞的色素氧化酶结合，使呼吸中断，造成呼吸衰竭而窒息死亡。

二、对工农业生产的危害

水质污染后，工业用水必须投入更多的处理费用，造成资源、能源的浪费，食品工业用水要求更为严格，水质不合格，会使生产停止。农业使用污水，会使农作物减产，品质降低，甚至使人畜受害，大片农田遭受污染，降低土壤质量。海洋污染的后果也十分严重，如被石油污染的海水，会造成海鸟和海洋生物的死亡。

三、水体的富营养化

水体富营养化指的是水体中氮、磷等营养盐含量过多而引起的水质污染现象。其实质是由于营养盐的输入或输出失去平衡，从而导致水生态系统物种分布失衡，单一物种疯长，破坏了系统的物质与能量的流动，使整个水生态系统逐渐走向灭亡。

在正常情况下，氧在水中有一定溶解度。溶解氧不仅是水生生物得以生存的条件，而且氧参加水中的各种氧化还原反应，促进污染物转化降解，是天然水体具有自净能力的重要原因。含有大量氮、磷、钾的生活污水的排放，大量有机化合物在水中降解释放出营养元素，促进水中藻类丛生，植物疯长，使水体通气不良，溶解氧下降，甚至出现无氧层，以致水生植物大量死亡、水面发黑、水体发臭形成“死湖”“死河”“死海”，进而变成沼泽。

第三节　土壤环境污染的危害

一、残留农药对人体健康的影响

农药在土壤中受物理、化学和微生物的作用，按照其被分解的难易程度可分为两类：易分解类(如有机磷制剂)和难分解类(如有机氯、有机汞制剂等)。难分解的农药成为植物残毒的可能性很大。

植物对农药的吸收率因土壤质地不同而异，其从砂质土壤吸收农药的能力要比从其他黏质土壤中高得多。不同类型农药在吸收率上差异较大，通常农药的溶解度越大，被作物吸收也就越容易。农药在土壤中可以转化为其他有毒物质。人类吃了含有残留农药的各种食品后，残留的农药转移到人体内，这些有毒、有害物质在人体内不易分解，经过长期积累会引起内脏机能受损，使肌体的正常生理功能发生失调，造成慢性中毒，影响身体健康。特别是杀虫剂所引起的致癌、致畸、致突变问题。

二、重金属对人体健康的影响

植物对重金属吸收的有效性，受重金属在土壤中活动性的影响。一般情况下，土壤中有机质、黏土矿物含量越多；盐基代换量越大；土壤的 pH 值越高；重金属在土壤中活动性越弱，重金属对植物的有效性越低，也就是植物对重金属的吸收量越小。在上述土壤因素中，最重要的可能是土壤的 pH 值。

农作物体内的重金属主要是通过根部从被污染的土壤中吸收的。土壤重金属被植物吸收以后，可通过食物链危害人体健康。

三、放射性物质对人体健康的影响

放射性物质进入土壤后能在土壤中积累，形成潜在的威胁。由核裂变产生的两个重要的长半衰期放射性元素是^{90}锶和^{137}铯。空气中的放射性^{90}锶可被雨水带入土壤中。因此，土壤的含^{90}锶的浓度常与当地的降雨量成正比。^{137}铯在土壤中吸附的更为牢固。有些植物能积累^{137}铯，所以高浓度的放射性^{137}铯能通过这些植物进入人体。放射性物质主要是通过食物链经消化道进入人体，其次是经呼吸道进入人体。放射性物质进入人体后，可造成体内照射损伤，使受害者头昏、疲乏无力、脱发、白细胞减少或增多，发生癌变等。此外，长寿命的放射性核素因衰变周期长，一旦进入人体，其通过放射性裂变而产生的 α、β、γ 射线，将对人体产生持续的照射，使人体的一些组织细胞遭受破坏或变异。此过程将持续至放射性核素蜕变成稳定性核素或全部被排出体外为止。

本章小结

(1)大气污染对人体健康、植物生长、气候变化均有危害，大气中的氮氧化物和碳氢化合物还会产生光化学烟雾，对环境危害极大。

(2)水污染被称作“世界头号杀手”，对人类健康、工农业生产、水体生态都有很大危害。

(3)土壤中的残留农药、重金属和放射性物质对人体健康都有极大危害，引起致癌、致畸、致突变问题。

习　题

23-1.大气被污染后，为什么降水量会增加？试加以说明。

23-2.温室效应是如何形成的？

23-3.什么是光化学烟雾？它有哪些危害？

23-4.水体富营养化现象是如何造成的？它有什么危害？

第二十四章　自然环境污染的防治措施

第一节　大气污染的防治措施

所谓大气污染综合防治，实质上就是为了达到区域环境空气质量控制目标，对多种大气污染控制方案的技术可行性、经济合理性、区域适应性和实施可能性等进行最优化选择和评价，从而得出最优的控制技术方案和工程措施。例如，对于我国大中城市存在的颗粒物和 SO_2 等污染的控制，除了应对工业企业的集中点源进行污染物排放总量控制外，还应同时对分散的居民生活用燃料结构、燃用方式、炉具等进行控制和改革，对机动车排气、城市道路扬尘、建筑施工现场环境、城市绿化、城市环境卫生、城市功能区规划等方面，一并纳入城市环境规划与管理，才能取得综合防治的显著效果。

大气污染防治既是重大民生问题，也是经济升级的重要抓手。中国日益突出的区域性复合型大气污染问题是长期积累形成的。治理好大气污染是一项复杂的系统工程，需要付出长期艰苦不懈的努力。

大气污染治理措施主要从控制污染物的排放、治理排放的主要污染物、环境绿化等方面入手。

一、减少污染物的排放

减少污染物的排放应做到以下几点。

(1)改革能源结构。减少煤、石油能源的利用，采用无污染能源(如太阳能、风力、水力)和低污染能源(如天然气、沼气、酒精)。

(2)对燃料进行预处理。比如燃料进行脱硫、煤的液化和气化，以减少燃烧时产生污染大气的物质。

(3)改进燃烧装置和燃烧技术。比如改革炉灶、采用沸腾炉燃烧等，以提高燃烧效率和降低有害气体排放量。

(4)采用无污染或低污染的工业生产工艺。比如不用和少用易引起污染的原料，采用闭路循环工艺等。

(5)节约能源和开展资源综合利用。

(6)加强企业管理，减少事故性排放和逸散。

(7)及时清理和妥善处置工业、生活和建筑废渣，减少地面扬尘。

二、治理排放的主要污染物

燃烧过程和工业生产过程在采取上述措施后，仍有一些污染物排入大气，应控制其排放浓度和排放总量使之不超过该地区的环境容量。主要方法有：

(1)利用各种除尘器去除烟尘和各种工业粉尘。

(2)采用气体吸收塔处理有害气体(如用氨水、氢氧化钠、碳酸钠等碱性溶液吸收废气中的二氧化硫；用碱吸收法处理排烟中的氮氧化物)。

(3)应用其他物理的(如冷凝)、化学的(如催化转化)、物理化学的(如分子筛、活性炭吸附、膜分离)方法回收利用废气中的有用物质,或使有害气体无害化。

三、发展植物净化

植物具有美化环境、调节气候、截留粉尘、吸收大气中有害气体等功能,可以在大面积的范围内,长时间地、连续地净化大气。尤其是大气中污染物影响范围广、浓度比较低的情况下,植物净化是行之有效的方法。在城市和工业区有计划地、有选择地扩大绿地面积是大气污染综合防治具有长效能和多功能的措施。

四、利用环境的自净能力

大气环境的自净能力包括物理、化学作用(扩散、稀释、氧化、还原、降水洗涤等)和生物作用。在排出的污染物总量恒定的情况下,污染物浓度在时间上和空间上的分布同气象条件有关,认识和掌握气象变化规律,充分利用大气自净能力,可以降低大气中污染物浓度,避免或减少大气污染危害。例如,以不同地区、不同高度的大气层的空气动力学和热力学的变化规律为依据,可以合理地确定不同地区的烟囱高度,使经烟囱排放的大气污染物能在大气中迅速地扩散稀释。

第二节　水污染的防治措施

水污染防治的根本原则是“防”“治”“管”三者结合起来。

一、“防”

对污染源的控制,通过有效控制和预防措施,使污染源排放的污染物量削减到最小量。

(1)对工业污染源,最有效的控制方法是推行清洁生产。清洁生产是指资源能源利用量最小,污染排放量也最少的先进的生产工艺。清洁生产采用的主要技术路线有:改革原料选择及产品设计,以无毒无害的原料和产品代替有毒有害的原料和产品;改革生产工艺,减少对原料、水及能源的消耗;采用循环用水系统,减少废水排放量;回收利用废水中的有用成分,使废水浓度降低等。清洁生产提倡对产品进行生命周期的分析及管理,而不是只强调末端处理。

(2)对生活污染源,可以通过有效措施减少其排放量。如推广使用节水用具、提高民众节水意识、降低用水量,从而减少生活污水排放量。

(3)对农业污染源,为了有效地控制污染源,更必须从“防”做起。提倡农田的科学施肥和农药的合理使用,可以大大减少农田中残留的化肥和农药,进而减少农田径流中所含氮、磷和农药的量。

二、“治”

通过各种措施治理污染源以及已被污染的水体,使污染源实现“达标排放”,令水体环境达到相应的水质功能。

污染源要实现“零排放”是很困难的,或者几乎是不可能的,因此,必须对污(废)水进行妥善的处理,确保在排入水体前达到国家或地方规定的排放标准。应十分注意工业废水处理与城市污水处理的关系。对于含有酸碱、有毒有害物质、重金属或其他特殊污染物的工业污水,一般应在厂内就地进行局部处理,使其能满足排放至水体的标准或排放至城市下水道的水质标准。那些在性质上与城市生活污水相近的工业污水,则可优先考虑排入城市下水道与城市污水共同处理。单独对其设置污水处理设施不仅没有必要,而且不经济。城市污水收集系统和处理厂的设计，不仅应考虑水污染防治的需要，而且应考虑缓解水资源矛盾的需要。在水资源紧缺的地区，处理后的城市污水可以回用于农业、工业或市政建设，成为稳定的水资源。为了适应废水回用的需要，其收集系统和处理厂不宜过分集中，而应与回用目标相接近。

另外，对于已经遭受污染的水体，应根据水体污染的特点积极采取物理、化学、生物工程等手段进行污染治理，使恶化的水生态系统逐步得到修复。

三、“管”

加强对污染源、水体及水处理设施的监控管理，以管促治。“管”在水污染防治中也占据十分重要的地位。科学的管理包括对污染源、水体处理设施以及污水处理厂进行经常监测和检查，以及对水体环境质量进行定期的监测，为环境管理提供依据和信息。

第三节　土壤污染的防治措施

一、科学使用污水灌溉

工业废水种类繁多，成分复杂，有些工厂排出的废水可能是无害的，但与其他工厂排出的废水混合后，就变成有毒的废水。因此，在利用废水灌溉农田之前，应按照《农田灌溉水质标准》规定的标准进行净化处理，这样既利用了污水，又避免了对土壤的污染。

二、合理使用农药

合理使用农药，这不仅可以减少对土壤的污染，还能经济有效地消灭病、虫、草害，发挥农药的积极效能。在生产中，不仅要控制化学农药的用量、使用范围、喷施次数和喷施时间，提高喷洒技术，还要改进农药剂型，严格限制剧毒、高残留农药的使用，重视低毒、低残留农药的开发与生产。

三、合理施用化肥

根据土壤的特性、气候状况和农作物生长发育特点，配方施肥，严格控制有毒化肥的使用范围和用量。增施有机肥，提高土壤有机质含量，可增强土壤胶体对重金属和农药的吸附能力。如褐腐酸能吸收和溶解三氯杂苯除草剂及某些农药，腐殖质能促进镉的沉淀等。同时，增加有机肥还可以改善土壤微生物的流动条件，加速生物降解过程。

四、施用化学改良剂

在受重金属轻度污染的土壤中施用抑制剂，可将重金属转化成为难溶的化合物，减少农作物的吸收。常用的抑制剂有石灰、碱性磷酸盐、碳酸盐和硫化物等。例如，在受镉污染的酸性、微酸性土壤中施用石灰或碱性炉灰等，可以使活性镉转化为碳酸盐或氢氧化物等难溶物，改良效果显著。因为重金属大部分为亲硫元素，所以在水田中施用绿肥、稻草等，在旱地上施用适量的硫化钠、石硫合剂等有利于重金属生成难溶的硫化物。对于砷污染土壤，可施加 $Fe_2(SO_4)_3$ 和 $MgCl_2$ 等来生成 $FeAsO_4$、$MgNH_4AsO_4$ 等难溶物，以减少砷的危害。另外，可以种植抗性作物或对某些重金属元素有富集能力的低等植物，用于小面积受污染土壤的净化。如玉米抗镉能力强，马铃薯、甜菜等抗镍能力强等。有些蕨类植物对锌、镉的富集浓度可达数百甚至数千 ppm，例如，在被砷污染的土壤上谷类作物无法生存，但在其上生长的苔藓，砷富集量可达 1250×10^{-6} g/kg。

总之，按照“预防为主”的环保方针，防治土壤污染的首要任务是控制和消除土壤污染源，对已污染的土壤，要采取一切有效措施，清除土壤中的污染物，控制土壤污染物的迁移转化，改善农村生态环境，提高农作物的产量和品质，为广大人民群众提供优质、安全的农产品。

本章小结

(1)大气污染治理措施主要从控制污染物的排放、治理排放的主要污染物、环境绿化等方面入手。

(2)水污染防治的根本原则是“防”“治”“管”三者结合起来，达到防治目的。

(3)防治土壤污染的首要任务是控制和消除土壤污染源，对已污染的土壤，要采取一切有效措施，清除土壤中的污染物，控制土壤污染物的迁移转化。

习　题

24-1.减少大气中污染物排放的方法措施有哪些？

24-2.对水体污染源的控制有哪些措施？

24-3.土壤污染防治的措施有哪些？